电子工程技术丛书

半导体照明技术(第二版)

方志烈　编著

電子工業出版社
Publishing House of Electronics Industry
北京·BEIJING

内 容 简 介

本书在介绍半导体照明器件——发光二极管的材料、机理及其制造技术的同时，详细讲解了器件的光电参数测试方法，器件的可靠性分析、驱动和控制方法，以及各种半导体照明的应用技术。本书内容系统、全面，通过理论联系实际，重点突出了“半导体照明”主题，反映了国内外最新的应用技术。

本书可供半导体照明方面的科研人员和工程技术人员参考，也可作为高等院校相关专业的教学参考书。

图书在版编目（CIP）数据

半导体照明技术/方志烈编著. —2 版. —北京：电子工业出版社，2018. 5
（电子工程技术丛书）
ISBN 978 - 7 - 121 - 34036 - 9

Ⅰ. ①半…　Ⅱ. ①方…　Ⅲ. ①半导体发光灯 - 照明技术　Ⅳ. ①TM923. 34

中国版本图书馆 CIP 数据核字（2018）第 069710 号

责任编辑：刘海艳
印　　刷：涿州市般润文化传播有限公司
装　　订：涿州市般润文化传播有限公司
出版发行：电子工业出版社
　　　　　北京市海淀区万寿路 173 信箱　邮编 100036
开　　本：787 × 1092　　印张：24. 75　　字数：634 千字
版　　次：2009 年 5 月第 1 版
　　　　　2018 年 5 月第 2 版
印　　次：2025 年 1 月第 11 次印刷
印　　数：200 册　　定价：79. 00 元

凡所购买电子工业出版社图书有缺损问题，请向购买书店调换。若书店售缺，请与本社发行部联系，联系及邮购电话：（010）88254888，88258888。

质量投诉请发邮件至 zlts@ phei. com. cn，盗版侵权举报请发邮件至 dbqq@ phei. com. cn。

本书咨询联系方式：lhy@ phei. com. cn。

序

半导体照明是指用全固态发光器件(发光二极管,即LED,是由半导体材料制成的光电器件,可将电能转换为光能)作为光源的照明,具有高效、节能、环保、寿命长、易维护等显著特点,是近年来全球最具发展前景的高新技术领域之一,是人类照明史上继白炽灯、荧光灯之后的又一场照明光源的革命。半导体照明有着巨大的市场与技术创新空间,对提升传统照明工业、带动相关产业发展、扩大就业、培育新的经济增长点意义重大。

自2003年6月启动国家半导体照明工程以来,以节能、环保,实现绿色照明,促进传统照明产业升级,培育有国际竞争力的半导体照明新兴产业为目标,以“政府引导、企业主体、市场化运作”为原则,经过几年努力,已经形成了从上游材料、芯片到中、下游封装、应用的比较完整的研发与产业体系。2008年,我国半导体照明产业产值已达700亿元,芯片国产化率接近50%,企业总数突破3000家。我国已成为LED全彩屏、太阳能LED灯、景观照明等应用产品世界最大的生产和出口国,以及国际重要的LED器件封装基地。我国半导体照明产业进入了自主创新、实现跨越式发展的重大历史机遇期,正迎来蓬勃发展的春天。预计2010年,产业规模将达1000亿元。

本书作者从事发光二极管科研和教学工作近40年,曾于1992年编著出版《半导体发光材料和器件》一书,以信息显示为主要内容。近20年的发展,LED发光效率提高了100倍,特别是蓝光和白光LED的发展,使之成为照明领域的新秀。半导体照明科研和产业的发展迫切需要一本半导体照明技术方面的专著。本书从半导体发光器件和照明两个角度,在介绍半导体照明器件——发光二极管的材料、机理及其制造技术的同时,详细阐述了器件的光电参数测试方法、器件的可靠性分析、驱动和控制方法,以及各种半导体照明的应用技术。

本书内容系统、全面,理论联系实际,重点突出了“半导体照明”主题,反映了国内外最新的技术进展。书中有些内容也反映了作者及其同事们在这一领域的科研成果。

我们希望本书对半导体照明的研发和应用感兴趣的相关人员有所帮助。本书可供高等学校相关专业的教师和学生阅读,也可供从事半导体照明研究和制造的科研人员和生产技术人员参考。

国家半导体照明工程研发及产业联盟秘书长 吴玲

北京新材料科技促进中心主任

2009年5月4日

二版前言

2014 年 10 月 7 日，诺贝尔物理学奖揭晓，赤崎勇、天野浩、中村修二因发明"高亮度蓝色发光二极管"而荣获瑞典皇家科学院授予的 2014 年度诺贝尔物理学奖。颁奖词称：蓝光 LED 的出现使得我们可以用全新的方式创造白光。随着 LED 灯的诞生，我们有了更加持久、更加高效的新技术来取代古老的光源。白炽灯照亮 20 世纪，而 LED 灯将照亮 21 世纪。此次获奖是对半导体照明产业巨大价值予以的最大肯定，也是对我国半导体照明产业界的充分肯定和莫大鼓舞。

我国自 2003 年 6 月启动国家半导体照明工程以来，在薄弱的基础上，努力拼搏，团结奋进，建成了从上游材料、芯片到中、下游封装应用，以及制造设备、测试仪器完整的产业链。2017 年，半导体照明总产值达 6538 亿元，与通用照明启动的半导体照明元年——2010 年产值的 1200 亿元相比增长了 5.4 倍。通用照明已占应用市场的 47.9%，成为应用市场的第一驱动力。已有四五家企业超过 50 亿元营收规模，向 100 亿元进军。全年 LED 照明产品产量达 106 亿只，同比增长 34%。国内市场渗透率达 65%。LED 已成为主流光源。全年节电 1983 亿千瓦时，减少碳排放 1.78 亿吨。全年出口达 129 亿美元，国际市场上 80% 以上的产品产自中国。产业拥有 MOCVD 设备超过 1700 台，占国际拥有量首位，而且国内已有多家企业批量生产 MOCVD 设备，并投入使用。全套芯片、器件、灯具的自动化生产设备已能批量生产。我们已经成为半导体照明大国，并且正在做强，照明强国雏形已现。我们已从早春二月，创造出阳春三月，正在创造 LED 照明的四月艳阳天，从胜利走向辉煌，实现半导体照明的中国梦！

《半导体照明技术》自 2009 年出版以来共印一万多册，深得读者之厚爱。更值得欣慰的是，书中所述各种技术已基本实现，仅有全 LED 白光和光子晶体这两项技术尚待最后突破。

2009 年以来半导体照明产业的蓬勃发展，不仅充实和丰富了原书提出的技术内容，还出现了许多如芯片级封装（CSP）、智能灯具、COB 组件、Micro - LED 等新技术和新产品，显色指数、中间视觉、色容差等研究成果也开始付诸应用，大量的 LED 照明灯具开始进入千家万户，而科研和产业的发展还有更大的空间，预计到 2020 年左右，总产值将达万亿元。电子工业出版社副总编辑赵丽松建议，对原版修改和增补，以新的面貌再版，使之更能反映当前该领域的科技进步和最新科技成果，展示半导体照明研发和产业的发展方向。

本书可供半导体照明领域的科研人员和工程技术人员参考，也可作为高等院校相关专业的教学参考书。

我对电子工业出版社的建议和鼎力支持深表感谢！限于时间仓促，书中不当和欠缺之处在所难免，请读者批评指正。

复旦大学　方志烈
2018 年 3 月于上海

目 录

第1章 光 视觉 颜色

1.1 光

1.1.1 光的本质

什么是光？光的本质是什么？这是一个难以用简单语句表述的问题。光的传播、干涉、衍射和偏振现象可以用波动学说来解释。早在1864年，麦克斯韦就提出了光是电磁波的理论。而在考虑光和物质粒子相互作用的场合里，光就又具有粒子的性质。例如，作为光电管机理的光电效应，当光照射到金属板上时，金属中的电子吸收光的能量而逸出金属板，一个电子从光吸收的能量是一定的，这能量值为 $h\nu$，普朗克常数 $h=6.626\times10^{-34}$ J/s，ν 称为光的振动频率，单位是Hz。电子从光吸收的能量 $h\nu$ 不是分成许多次，如每次为 $0.1h\nu$ 或 $0.01h\nu$ 吸收的，电子只是每次吸收 $1h\nu$ 的能量。电子吸收的能量大于此值，则逸出金属，小于此值则不逸出。按照通常道理理解，在以极弱的光长时间照射金属时，由于金属板中的电子长时间地一点一点吸收能量，金属板中的电子迟早会逸出金属。然而，事实并非如此，即 $h\nu$ 只和照射光的频率有关，当此频率达到电子能逸出的频率时，不管光如何弱，电子都会逸出。光的强弱与每秒内逸出的电子数有关，而与能否逸出无关。就是说，逸出电子的动能与光的强度无关，而简单地依赖于频率，即随频率线性增加。为了解释这个现象，必须认为光波中的能量，即一份一份的 $h\nu$ 附于一个一个的粒子中，这种粒子就是光子，光线就是流动的光子。这就是光的波粒二重性。

光的波动性，是指光是一种电磁波。电磁波频谱如图1-1所示。从中可以看出，可见光只占极小的一部分，和其他电磁波一样，可见光也具有波长、频率、发射、吸收、传播速度等特性。电磁波能量的传播称为辐射，辐射在通过物质时一般不改变频率，速度则随物质而改变。在真空中，光速是一常数 $c=2.9979\times10^8$ m/s，光的速度、频率与波长之间的关系为

$$c=\lambda\nu \tag{1-1}$$

式中，λ 为波长。

电磁波包括电波、微波、红外线、可见光、紫外线、X射线、γ 射线、宇宙射线等。通常所谓的光就是指人眼所能感觉到的辐射，称可见光，波长范围为380~780nm。由单一波长组成的光称为单色光。实际上，严格意义上的单色光几乎是不存在的，所有光源所产生的光至少要占据很窄的一段波带。激光可以说是最接近于理想单色光的光源。

到达地球表面的太阳光的波长范围为290~1700nm，比可见光范围宽得多。波长短于290nm的太阳辐射光被大气层中较高部位的臭氧所吸收，而波长大于1700nm的部分则被大

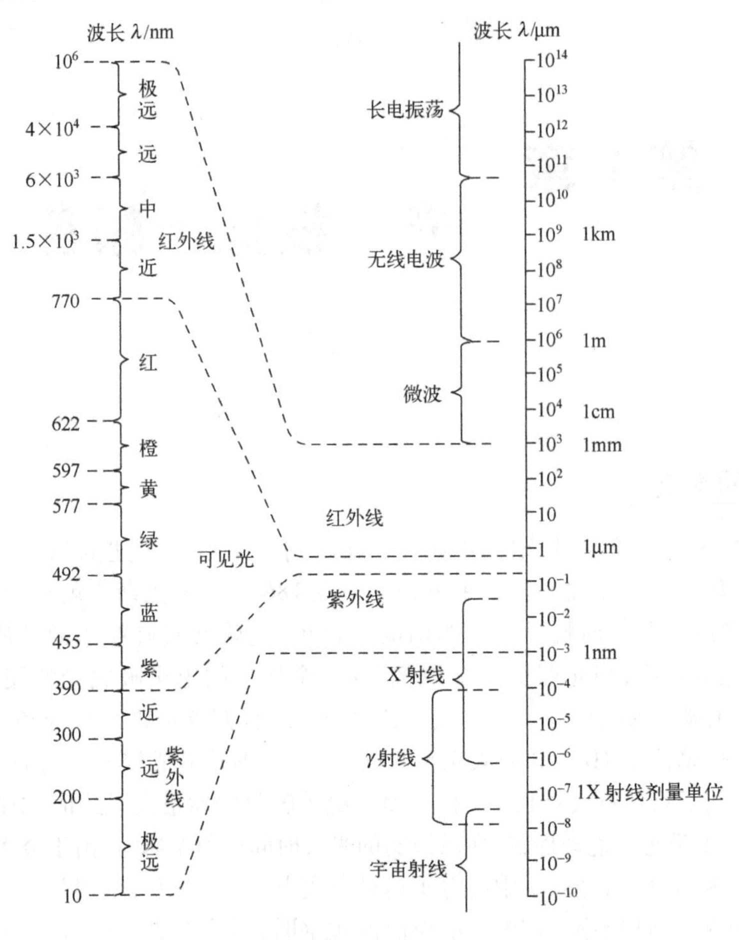

图 1－1　电磁波频谱

气层中较低部位的水气和二氧化碳强烈吸收。波长超出可见光谱的紫色和红色两端的电磁辐射,分别称为紫外辐射和红外辐射。紫外延伸至 1nm,红外延伸到 1mm。虽然人眼不能感觉紫外和红外辐射的存在,但从生理上是能感觉到的,如果辐射强度足够的话,人们会感到皮肤发热,所以所有辐射一旦被吸收都能产生热,并不是像通常所认为的只有红外辐射才伴随有特殊的发热效应。此外,波长小于 320nm 的紫外辐射对生物组织有损害,照射皮肤过久,往往会使皮肤发红和起疱。

光的微粒性就是指光束是微粒流,发光体不断发射出微粒,微粒的运动速度就是光速,这些粒子就是光子。不同波长的光,具有不同的能量,即由不同能量的光子组成。光子具有的能量 E 正比于光的频率:

$$E = h\nu \tag{1-2}$$

光子所具有的能量 $h\nu$ 是频率为 ν 的光所具有的能量的最小单位,不能再分割了,故光子又称光量子。在光和其他物质相互作用时,能量的交换是以 $h\nu$ 的形式一份一份地进行的,也就是说,能量是不连续的。

1.1.2 光的产生和传播

1.1.2.1 光的产生

通常,光按两种方式产生,即温度辐射和发光。

温度辐射又称热辐射,就是指物质在高温下辐射出热能。蜡烛、白炽灯的发热就是人所共知的发热现象。在热辐射进程中,发出辐射的物体内部能量并不改变,只依靠加热来维持它的温度,使辐射得以持续地进行下去。低温时辐射红外光,500℃左右即开始辐射暗红色的可见光,温度越高,短波长的辐射便更丰富,1500℃时即发出白炽光,其中相当多的是紫外光。对某一温度下,作为最大温度辐射的物体,称为黑体,这种辐射即是黑体辐射。黑色的物体对光和热有良好的吸收作用,辐射是吸收的逆进程。因此吸收好的黑体其辐射也最大。通常的标准灯便是热辐射光源,这种光源有两个主要参数:一个是描述发光强弱的,称光强;另一个是描述光源的辐射能量随波长变化的光谱分布的,称色温。当某一白炽灯光源的光谱分布和温度为 T 的黑体的辐射的光谱分布相同时,T 即为该光源的色温。黑体辐射的能量分布曲线 $E(\lambda)$ 可由普朗克公式描述为

$$E(\lambda)=\frac{2\pi c^2 h}{\lambda^5(e^{hc/\lambda kT}-1)}\quad(\mathrm{W/m^3})\qquad(1-3)$$

式中,λ 为波长(m);h 为普朗克常数(J/s);c 为真空中光速(m/s);k 为玻耳兹曼常数(J/K);T 为绝对温度(K)。

当知道光源的色温,即可由式(1-3)求得其光谱分布。不同温度黑体辐射的能量分布如图1-2所示。

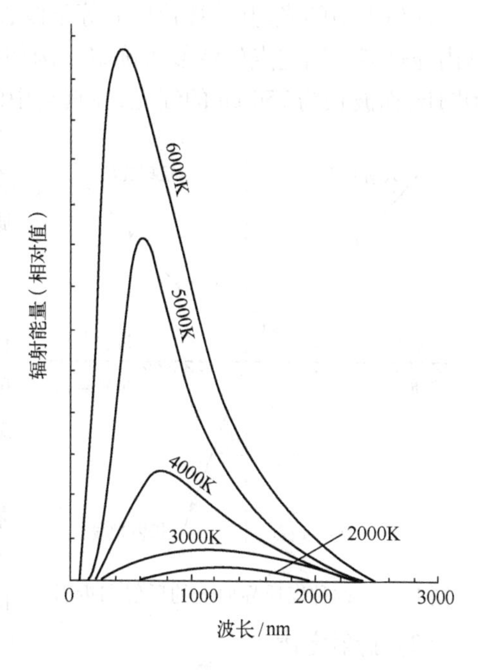

图1-2 不同温度黑体辐射的能量分布

发光是发光物体依靠除温度以外的原因产生可见光的现象的总称。发光就是其他任何种类能量变换成光能的过程,通常通过激发过程来完成,所以又称激发发光。由于物质的种类和激发的种类不同,它发出光的波长范围也不同。按激发的方式不同分如下几类。

(1) 生物发光:萤火虫、发光细菌等的生物发光。

(2) 化学发光:由化学反应直接引起的发光,物质的燃烧属于化学反应,由这种反应引起的发光是热辐射。黄磷因氧化而自燃发光就是这种例子。

(3) 光致发光:由光、紫外线、X射线等激发而引起的发光。由汞蒸气产生的紫外线激发荧光粉,能高效率地转变为可见光,这就是已广泛使用的荧光灯。X射线和γ射线激发也能产生可见光。

(4) 阴极射线发光:由电子束激发荧光物质发光,其应用例子是电视机的显像管,又称阴极射线管。

(5) 燃烧发光:碱金属和碱土金属及其盐类,放在火中发出特有的光,被用作焰色反应,如钠离子为黄光,锶离子为猩红色光等。

(6) 电致发光:没有像白炽灯那样转变为热能再发光的现象,而直接由电能转变为光能。

① 气体或伴随气体放电而发光,如霓虹灯和各种放电灯。

② 加交流或直流电场于硫化锌等粉末材料产生发光,如场致发光板。

③ 在磷化镓、磷砷化镓、镓铝砷、铟镓铝磷、铟镓氮等一类半导体 pn 结处注入载流子时的发光,如通常的发光二极管。还有一些小分子有机物或聚合物半导体制成有机物发光二极管的发光。

激发是一个能量转移过程。一个系统得到激发,得到能量由低能态 E_1 跃迁到高能态 E_2,当它由高能态回到低能态时,根据能量守恒定律,多余的能量就可能以光的形式释放出来,这就是激发发光。发光波长的长短决定于能量差 $\Delta E = E_2 - E_1$,ΔE 正是发射的光子所具有的能量,由式(1-1)和式(1-2)得

$$\Delta E = h\nu = hc/\lambda \qquad (1-4)$$

当由高能态回到低能态时,不一定就有辐射,非辐射复合还是存在的,在实际激发过程中,要使辐射复合增加,应尽量减少非辐射复合。

1.1.2.2 光的传播

光在真空中以 3×10^8m/s 的速度沿直线传播。当通过某种媒质时,例如空气或玻璃,其传播速度就会减小。光在真空中的速度和在媒质中的速度的比值就称为该媒质的折射率。

任何类型的光,其传播速度 c 等于波长 λ 和频率 ν 的乘积,如式(1-1)。式中,频率由每秒内通过某一固定点的波数所确定。例如波长为 400nm 的紫色光,在真空中的频率为 7.5×10^{14}Hz;而波长为 750nm 的红光,在真空中的频率为 4×10^{14}Hz。

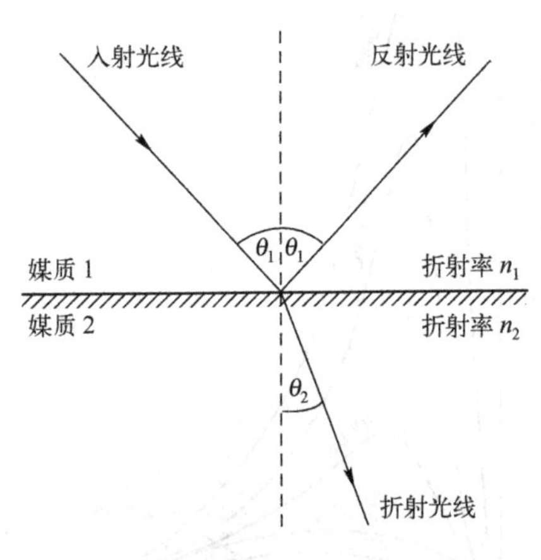

图 1-3 两种媒质界面上的反射和折射

在折射率不同的两种媒质的界面上,入射光线会分成两部分,一部分反射回第一种媒质,另一部分则折射入第二种媒质,如图 1-3 所示。

(1) 镜面反射定律

在和入射光波长相比为光滑的界面上所产生的反射称为镜面反射。入射光线、反射光线以及过入射点的界面法线都位于同一个平面。入射光线、反射光线与法线的夹角相等,分别位于法线的两边。

反射光线和入射光线的能量之比,除受其他因素的影响外,主要取决于两种媒质折射率的比值和入射角的大小。入射角越接近 90°时,反射光的能量比就越接近于 100%。

(2) 折射定律

光线穿过光滑界面进入第二种媒质时,会按下述规律改变方向:入射光线、折射光线以及过入射点的界面法线都位于同一个平面。如果入射光线处在折射率为 n_1 的媒质中,且和法线的夹角是 θ_1,折射光线处在折射率为 n_2 的媒质中,且和法线的夹角是 θ_2,则

$$n_1\sin\theta_1 = n_2\sin\theta_2 \qquad (1-5)$$

式中，θ_1 和 θ_2 分别在法线的两边。这就是斯涅耳（Snell）定律。

（3）全反射

当光线从高折射率媒质进入到低折射率媒质，例如从玻璃到空气时，只有当入射角 θ_1 小于临界角 $\arcsin(n_1/n_2)$ 时才会有折射光线，其临界角即相应于式（1-5）中 $\theta_2=90°$。例如对折射率为1.5的玻璃，其临界角为 $\theta_1=41°49'$。如果光线的入射角大于临界角，那么就没有折射光线，入射光线的能量都被反射了。这种现象就称为全反射。全反射提供了一种理想镜面反射的方法，并已被广泛应用于棱镜式双筒望远镜、反射式信号和灯具的制造。它的另一种应用是纤维光学，即光沿着可弯曲的光纤可传得很远。

（4）吸收和散射

光线在通过物质媒介的过程中，由于吸收和散射的原因，其能量总会有所损失。

吸收是由于光能转换成能量的其他形态时引起的，一般光能会转换成热能，也可能转换成不同波长的辐射如荧光，而在光电池中就转换成电能，在植物的光合作用中转换成化学能。光在媒质中穿过时，其光强呈指数衰减。

光在不均匀媒质中传播会产生散射，这是由于无数个杂乱无章的界面对光进行多次的反射和折射引起的。云和雾就是由于空气中存在的悬浮水滴而造成散射的例子。

（5）漫反射和漫透射

当光线遇到某种表面，该表面的不平整程度与光的波长差不多或大于光的波长时，就不再存在单一的反射或折射光线，而像光的散射一样，光能在入射点上向四面八方散开。这种光回到入射光所在媒质的现象称为漫反射，而透射入第二种媒质的现象称为漫透射。一般来说，反射光和透射光的精确角分布既取决于表面入射角的大小，又取决于表面的粗糙程度。

均匀漫射体就是指它的反射光分布和光的入射角无关，而在与表面法线成 θ 角的方向上，反射光强度和 $\cos\theta$ 成正比。这就是适用于均匀漫射体的余弦定律。测量光源光通量的积分球内壁的氧化镁或硫酸钡涂层很接近于均匀漫射体。

（6）偏振

作为电磁波的光波有垂直于光传播方向的电场，对每个波，有一个由场方向和传播方向组成的平面，这就是波的偏振平面。某种透明晶体仅对偏振面和某一特定方向相同的光波有透射作用，这样生成的光又称为面偏振光。

对于特定的入射角，我们可发现在由入射光和入射点的表面法线所组成的入射平面和偏振平面重合时，反射光强度为零。这一特定的入射角就称为布儒斯特（Brewster）角。当 $\theta_1+\theta_2=90°$ 时，布儒斯特角就等于 θ_1（见图1-3），从式（1-5）得知，其值等于 $\arctan(n_2/n_1)$，对于从空气到玻璃界面的反射来说，布儒斯特角约为56°。

当非偏振光以布儒斯特角入射时，反射光线在垂直于折射光线的平面上产生偏振。我们可利用此特性，来减少光滑表面上的反射光线所产生的眩光。

（7）干涉和衍射

在照明领域，干涉和衍射这两种现象会有技术方面的应用。

当屏幕被两个分开的但又相干的光源照明时，就会出现干涉现象。“相干”是指两个光源辐射出来的光有着完全相同的波长，并有固定的位相关系。这两个光源的光线互相合并后，在屏幕的某一处，同相位的两个光波互相叠加；而在另一处，异相位的两个光波彼此抵消，通常在屏幕上可以看到两束光波间的干涉为明暗相间的图案。现代照明技术已把干涉应用于分色滤光片,用它来反射和透射光谱中某些指定波长的光。

衍射就是光线绕着障碍物边缘发生弯曲的现象。衍射效应一般很小,肉眼是不易觉察到的,但在像高倍率的望远镜和显微镜那样的光学仪器中,衍射的影响相当重要。在检测光源光谱的仪器中所使用的衍射光栅,就同时应用了干涉和衍射两种效应。

1.1.3 人眼的光谱灵敏度

人眼在可见光范围内的视觉灵敏度是不均匀的,它随波长而变化(见图1-4)。另外,人眼的光谱灵敏度,随环境亮度的改变而变化。图1-4中右面的曲线是明视觉条件下的灵敏度曲线,左面的曲线是暗视觉条件下的灵敏度曲线。照明技术大多与较多的亮度环境有关,所以我们应重视明视觉条件,明视觉条件下的相对视见度数值列于表1-1中。像路灯一般在明视觉和暗视觉之间的亮度条件下使用,这就需要采用中间视觉亮度条件下的光谱灵敏度曲线,其应位于上述两条曲线之间。

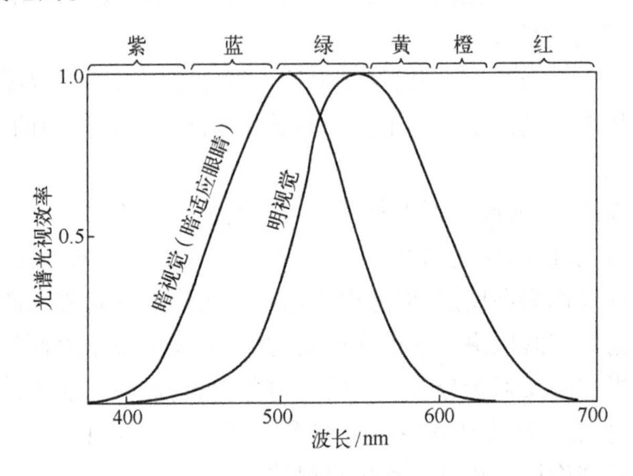

图1-4 人眼的相对光谱灵敏度

表1-1 相对视见度数值

波长/nm	明视觉 $V(\lambda)$	暗视觉 $V'(\lambda)$
350	—	0.0003
360	—	0.0008
370	—	0.0022
380	0.00004	0.0055
390	0.00012	0.0127
400	0.0004	0.0270
410	0.0012	0.0530
420	0.0040	0.0950
430	0.0116	0.157
440	0.023	0.239
450	0.038	0.339
460	0.060	0.456
470	0.091	0.576

续表

波长/nm	明视觉 $V(\lambda)$	暗视觉 $V'(\lambda)$
480	0.139	0.713
490	0.208	0.842
500	0.323	0.948
510	0.503	0.999
520	0.710	0.953
530	0.862	0.849
540	0.954	0.697
550	0.995	0.531
560	0.995	0.365
570	0.952	0.243
580	0.870	0.155
590	0.757	0.0942
600	0.631	0.0561
610	0.503	0.0324
620	0.381	0.0188
630	0.265	0.0105
640	0.175	0.0058
650	0.107	0.0032
660	0.061	0.0017
670	0.032	0.0009
680	0.017	0.0005
690	0.0082	0.0002
700	0.0041	0.0001
710	0.0021	—
720	0.00105	—
730	0.00052	—
740	0.00025	—
750	0.00012	—
760	0.00006	—
770	0.00003	—

1.1.3.1 明视觉

在亮度超过10cd/m^{2}的环境里，视觉完全由眼中视网膜背面的锥状感受细胞起作用，最大的视觉响应在绿色区的555nm处。这条明视觉视见度函数曲线是在大量实验工作的反复比较之后，于1924年得到国际公认的。它在光度单位、颜色和光测量中起着极为重要的作用。在明视觉条件下，正常人的眼睛都能感受到颜色。相应波长的颜色标在图的上方，曲线以

$V(\lambda)$表示,即图1-4中右边的曲线。

1.1.3.2 暗视觉

当环境亮度低于10^{-2}cd/m^{2}时,就属于暗视觉的范围。眼睛适应暗视觉状态所需时间约45min,而明视觉的适应时间仅需2~3min。暗视觉视见度曲线以$V'(\lambda)$表示,即图1-4中左面的曲线,其峰值约在507nm,和$V(\lambda)$相比较,峰值波长移向可见光谱的蓝端,相距48nm。此外,单色视见度峰值也从680lm/W提高到1725lm/W,达到2.54倍。

暗视觉的特点是,用视觉中心看物体时反而不如用眼角看得清楚。其原因是,在亮度水平极低的情况下主要由视网膜背面的柱状感受细胞起作用,而在视网膜的中央凹处柱状感受细胞很少。与锥状感受细胞不同,柱状感受细胞对颜色差异不灵敏,因此,暗视觉状态下的世界是无色的。

1.1.3.3 中间视觉

当景物的亮度增加到10^{-2}cd/m^{2}以上时,除明亮度增加外,还可以发现三个效应。第一,中央凹处的视觉开始变得和边缘部分一样容易,随后还会变得更容易。第二,可以感觉到的颜色,开始时很弱,随后逐渐增强。第三,不同颜色的相对明亮度发生变化,尤其是红色的明亮度比蓝色的明亮度显得更强。这些都是由于随着亮度的变化,锥状感受细胞和柱状感受细胞对视觉的作用也发生了变化,这在1.1.4节中将深入讨论。中间视觉(10^{-2}~10cd/m^2)下对不同波长的总响应,均位于如图1-4所示的两条曲线之间,且随着亮度的增加,从左边移向右边,视见度的峰值则逐渐下降。

2010年国际照明委员会(CIE)出台了中间视觉光度学推荐系统。新描述的中间视觉光谱光视效率函数$V_{mes}(\lambda)$是明视觉光谱光视效率函数$V(\lambda)$与暗视觉光谱光视效率函数$V'(\lambda)$的线性组合。

$$M(m)V_{mes}(\lambda)=mV(\lambda)+(1-m)V'(\lambda),0\leqslant m\leqslant 1$$

$$L_{mes}=\frac{683}{V_{mes}(\lambda_0)}\int V_{mes}(\lambda)L_e(\lambda)\mathrm{d}\lambda$$

式中,$M(m)$为规一化因子,当$V_{mes}(\lambda)$达到最大值时,为1;$V_{mes}(\lambda_0)$为555nm处的$V_{mes}(\lambda)$值;L_{mes}为中间视觉亮度;$L_e(\lambda)$是在量纲W·m^{-2}·sr^{-1}·nm^{-1}下的辐射光谱。

假如$L_{mes}\geqslant 5.0$cd/m^2,$m=1$。

假如$L_{mes}\leqslant 0.005$cd/m^2,$m=0$。

应用中间视觉光度学时,需要使用背景亮度和光源光谱数据得出的S/P值作为输入量,S/P值是暗视觉光输出量与明视觉光输出量的比值,光源的S/P值越高,在中间视觉设计中的光效就越高。也就是说,确切获取S/P数据和建立中间视觉的数学模式是中间视觉光度学必要的基础。

1.1.4 光度学及其测量

照明光源和灯具的主要性能指标是光学参数。

1.1.4.1 能量的辐射分布

光源的总辐射能量是各种波长能量的总和,波长不同,能量也不同。我们称发光器件的辐射能量随波长而变化的情况为发光器件辐射能量的光谱分布,以 P_λ 表示。发光器件在 $\lambda_1 \sim \lambda_2$ 波长范围内的辐射功率可表示为

$$P_{\lambda_1\lambda_2} = \int_{\lambda_1}^{\lambda_2} P_\lambda \mathrm{d}\lambda \tag{1-6}$$

如果是全部波长范围内的辐射功率,则为

$$P(\lambda) = \int_0^\infty P_\lambda \mathrm{d}\lambda \tag{1-7}$$

P_λ 是一个相对的分布函数。光谱分布的两个主要参数是它的峰值波长和光谱带宽。

1.1.4.2 辐射度量及单位

(1) 辐射能 U

度量辐射能的物理量称辐射度。

辐射能是一种传播着电磁波的能量,度量辐射能的单位是 J。

(2) 辐射通量或辐射功率 P

单位时间内流过面积元 $\mathrm{d}\sigma$ 的能量,称为流过 $\mathrm{d}\sigma$ 的辐射通量。

$$P = \frac{\mathrm{d}Qe}{\mathrm{d}t} \tag{1-8}$$

辐射通量的单位是 W。

(3) 辐射强度 J

辐射强度 J 是单位时间在单位立体角内所辐射的能量。

$$J = \frac{\mathrm{d}P}{\mathrm{d}\omega} \tag{1-9}$$

J 的单位是 W/sr。

对点辐射源,在整个空间的辐射通量 P 为

$$P = \int J \mathrm{d}\omega = \int_0^{2\pi} \mathrm{d}\varphi \int_0^{\pi} J_{\varphi\theta} \sin\theta \mathrm{d}\theta \tag{1-10}$$

如果辐射通量在空间分布均匀,即 $J_{\varphi\theta}$ 不随 φ 和 θ 而改变,则

$$P = 4\pi J \tag{1-11}$$

(4) 面辐射度 M

对于实际的辐射体,由于占有一定的面积,常用面辐射度来度量物体的辐射能力,定义为单位面积所辐射的通量。

$$M = \frac{\mathrm{d}P}{\mathrm{d}\sigma} \tag{1-12}$$

式中,$\mathrm{d}P$ 为辐射体的表面 $\mathrm{d}\sigma$ 向一切方向(在 2π 立体角内)所发出的辐射通量。面辐射度可以用 $\mathrm{W/m^2}$ 作为单位。

(5) 辐射照度 H

落在单位面积上辐射通量的数值,称为辐射照度 H。

$$H = \frac{\mathrm{d}P}{\mathrm{d}\sigma} \tag{1-13}$$

式中,$\mathrm{d}P$ 为落在元表面 $\mathrm{d}\sigma$ 上的通量值。辐射照度 H 也用 $\mathrm{W/m^2}$ 作为单位。

(6) 辐射亮度 R

定义 R_θ 为面辐射源在角 θ 所决定方向 v 上的亮度,也就是在给定方向上单位有效面积在单位立体角内的辐射通量值:

$$R_\theta = \frac{dP}{d\sigma\cos\theta d\omega} \tag{1-14}$$

R_θ 的数值与辐射面的性质有关,并且随给定方向而改变,通常以 W/(m^2 · sr)为单位。

1.1.4.3 朗伯定律

对于某些面辐射源或理想的漫射面,辐射亮度 R_θ 不随给定方向 θ 变化,我们称这些面辐射源是遵守朗伯定律的辐射源。这种源又称为余弦辐射体或朗伯光源,对于这些表面,所有方向亮度都相等,而且源表面 $d\sigma$ 的辐射强度 dJ_θ 与表面法线和给定方向间夹角 θ 的余弦成正比,即

$$dJ_\theta = R_\theta d\sigma\cos\theta \tag{1-15}$$

也可以写成

$$J_\theta = J_o\cos\theta \tag{1-16}$$

式中,J_o 为垂直方向的辐射强度;J_θ 为与 J_o 成 θ 角方向的辐射强度。式(1-16)表示该光源辐射强度分布符合余弦分布。

1.1.4.4 光度量及单位

对于可见光的辐射通常采用光度学的量来描述。度量辐射能的上述各个量是仅与客观条件有关的物理量。但光度学的量不仅与客观条件有关,而且还与人眼的视见度有关,也就是说,它是一种生物物理量。在辐射度学中引入的各个量,乘上一个与视觉有关的比例系数——即视见度 K_λ,就得到光度学中的各个量,见表1-2。

表1-2 辐射度学量与光度学量的对应关系

辐射度学量			光度学量			
量	符号,公式	单位名称	量	符号,公式	与辐射量的关系	单位名称
辐射能	U	J	光能	Q	$Q_\lambda = K_\lambda U_\lambda$	lm · s
辐射通量(功率)	$P = \frac{dU}{dt}$	W = J/s	光通量	$F = \frac{dQ}{dt}$	$F_\lambda = K_\lambda U_\lambda = K_\lambda \Phi_\lambda P_\lambda$	lm
辐射强度	$J = \frac{dP}{d\omega}$	W/sr	发光强度	$I = \frac{dF}{d\omega}$	$I_\lambda = K_\lambda J_\lambda$	cd = lm/sr
辐射照度	$H = \frac{dP}{d\sigma}$	W/m^2	照度	$E = \frac{dF}{d\sigma}$	$E_\lambda = K_\lambda H_\lambda$	lx = lm/m^2
面辐射度	$M = \frac{dP}{d\sigma}$	W/m^2	面发光度	$L = \frac{dF}{d\sigma}$	$L_\lambda = K_\lambda M_\lambda$	lm/m^2
辐射亮度	$R_\theta = \frac{dJ}{d\sigma\cos\theta}$	W(m · sr)	亮度	$B_\theta = \frac{dT_\theta}{d\sigma\cos\theta} = \frac{dF}{d\sigma\cos\theta d\omega}$	$B_\lambda = K_\lambda p_\lambda$	cd/m^2 = lm/m^{2}sr

(1) 光能 Q

光能就是辐射能落于人眼而引起视觉的这部分能量的大小,其单位是 lm · s。

$$(\text{光能})Q_\lambda = (\text{辐射能})U_\lambda \cdot K_\lambda \tag{1-17}$$

(2) 光通量 F

假定某辐射体发出的光线是波长为 λ 的单色光,该辐射体单位时间内所辐射的能量就是

辐射通量 P_λ，由该量中能为人眼所感觉的那部分称为光通量 F_λ，它表示单位时间流出光能的大小，单位是 lm。

$$F_\lambda = K_\lambda P_\lambda = V_\lambda K_m P_\lambda \quad (1-18)$$

各波长发出的总光通量则为

$$F = K_m \int_0^\infty V_\lambda \cdot P_\lambda \mathrm{d}\lambda = 680 \int_0^\infty V_\lambda \cdot P_\lambda \mathrm{d}\lambda \quad (1-19)$$

式中，K_m 为辐射的最大发光效率，等于 683lm/W。

由它可以计算器件的效率，用以判别发光器件或材料的性能好坏。

(3) 发光强度 I

一光源在单位立体角内所发出的光通量称为该光源的光强 I。

$$I = \frac{\mathrm{d}F}{\mathrm{d}\omega} \quad (1-20)$$

一个点光源所发出的光强是各方向相同，则光通量

$$F = 4\pi I \quad (1-21)$$

就是说一个光源的发光强度 I 确定后，它的总光输出也就完全确定了，其他的光学结构(如反射腔、二次配光透镜等)不能使它增大，而只是可以将光从其他方向向某一方向集中，以提高该方向的光强，或者将光按设计方案进行重新分布，以适应照明环境的要求。

发光强度的单位是坎德拉(cd)，1 单位立体角内发出 1lm 的光称为 1cd。坎德拉是一光源在给定方向上的发光强度，该光源发出频率为 540×10^{12} Hz 的单色辐射，且在此方向上的辐射强度为 1/683W/sr。

(4) 面发光度 L

对于有一定面积的发光体来说，在单位面积上所发出的光通量被称为面发光度。

$$L = \frac{\mathrm{d}F}{\mathrm{d}\sigma} \quad (1-22)$$

即面积为 $1\mathrm{m}^2$ 的均匀发光面发出 1lm 的光通量，它与方向无关。

(5) 亮度 B

发光体的表面 $\mathrm{d}\sigma$ 在与其法线成 θ 角的方向上的亮度 B_θ 等于

$$B_\theta = \frac{\mathrm{d}F}{\mathrm{d}\sigma \cos\theta \mathrm{d}\omega} \quad (1-23)$$

式中，$\mathrm{d}F$ 为立体角 $\mathrm{d}\omega$ 的光通量。

亮度单位为 $\mathrm{cd/m^2}$，即每平方米表面沿法线方向产生 1cd 的光强。

(6) 照度 E

照度表示被照明物体的单位面积所接受的总光通量，即

$$E = \frac{\mathrm{d}F}{\mathrm{d}\sigma} \quad (1-24)$$

照度的单位是勒克斯(lx)。1lx 为 $1\mathrm{m}^2$ 面积上接受 1lm 的光通量，即 $1\mathrm{lx} = 1\mathrm{lm/m^2}$。

1.1.4.5 光度学参数的测量

光度学参数包括法向光强、光强分布、半值角、总光通量和亮度、面发光度、照度等。

(1) 法向光强 I_v

光强 I 的测定是非常重要的，如总光通量、亮度等都可以从 I 导出。有了标准光源和校正

好视见度的接收器即可进行法向光强 I_v 的测定。将标准光源置于距接收器 r_0 处,如图 1-5 所示。这时 r_0 的大小至少要比光源和接收器本身线度大 10 倍以上,以满足点光源的条件。驱动电源采用数值可调的恒流电源。强度为 I 的标准光源在接收器上产生的照度 σ 为

$$\sigma = \frac{I}{r_0^2}\cos\theta \tag{1-25}$$

接收器处于光源正前方,$\theta = 90°$,故

$$\sigma = I/r_0^2 \tag{1-26}$$

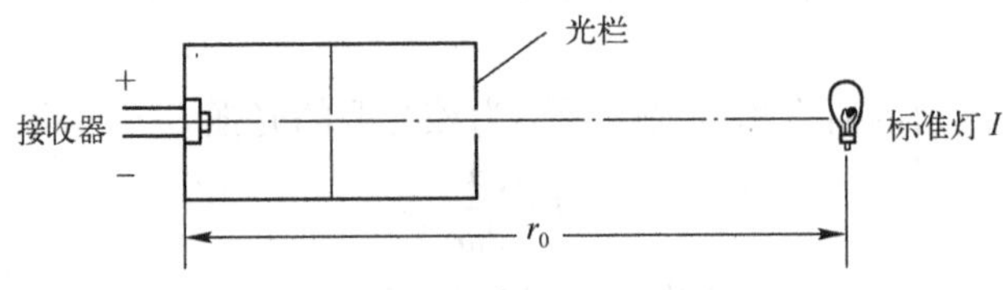

图 1-5　测量 I_v 实验布置

如此定标后,将待测光源置于同样距离的位置,可测出该光源的法向光强 I_v。将 I_v 乘上相对强度的角分布 R_θ,可以求得其他任何方向的发光强度 I_θ。从 I_v 和 I_θ 可用球带系数法求出此光源的总光通量。

(2) 总光通量 F

光源的总光通量是描述光源总的光输出的重要参数。总光通量也可以直接测量,常用方法是积分球法。积分球实际是由两个半球体组成的一个空心球体,球体上开有出射窗口,此处安装视见度校正过的接收器。球的内表面涂有白色的氧化镁或硫酸钡涂料,使其反射为符合朗伯定律(即为余弦反射体)的漫反射,以使在积分球的内表面各处产生均匀的照度。待测光源置于球中,并以一屏挡住光源向出射窗口的直射光。接收器上的照度正比于光源的总光通量 F。实际测定时只要用标准光源标定仪器,然后将标准光源换成待测光源即可测出。

积分球法是一种比较法,由于球的内表面的反射率是波长的函数,因此严格地讲,标准光源应与待测光源具有相同的光谱分布。此外,由于球内的光源会吸收自己发出的光,当标准光源与待测光源形状、大小相差悬殊时,它们的吸收也不相同,必须进行校正。这时可在球壁的另一处安上一个辅助光源,并用挡板挡住其向接收器的直射光,测量有无待测光源时接收器的读数比,此即为校正值。当然,也可以将光源放在球外,但此时接收器窗口与接收器的距离应是大于进光窗口直径的 10 倍以上。

测出一个光源的光通量后,即可根据输入功率求得发光效率,单位是 lm/W。

(3) 发光强度的角分布

发光强度的角分布 I_θ 是描述器件在空间各个方向上的发光强度分布的。I_θ 主要取决于光源封装形式、封装透镜的几何参数。测量设备如图 1-6 所示。灯具支架最好是左右和上下都可由计算机控制转动的。国际规定,测试汽车前照灯的距离应是 25m,而测试体育场用的常用泛光灯具,距离最好达到 33m。

(4) 亮度测量

按前面的方法可以测量光强,只要用测得的光强除以在给定方向上表面的投影面积就可以得到亮度。常用的简便方法是在表面前放一块已知大小的光栏,特别是在发光表面的亮度不同时,这种方法更为有用,可以确定亮度分布和平均亮度。

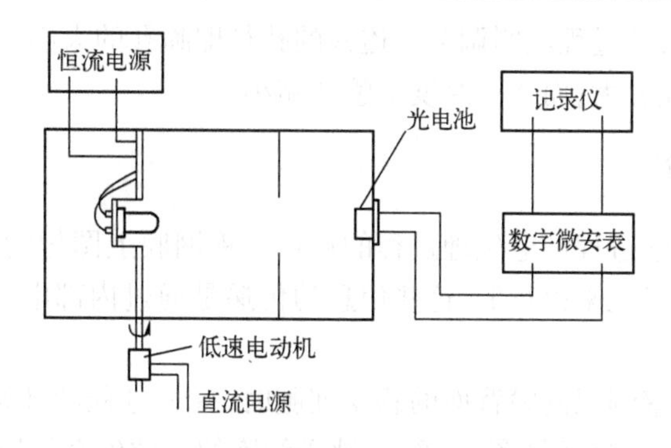

图 1－6 测量发光强度角分布的设备

(5) 照度测量

照明工程师常需在现场进行照度测量,便携式照度计最为适用。照度计通常由进行过视见度曲线校正的硅光电池和数字式电表组成。垂直入射照明,光电池的响应是 I_o,则同样的照明以 θ 角入射时,理想的响应 I_θ 为 $I_\theta = I_o\cos\theta$。而实际的光电池由于表面反射性质的影响并不具有这种响应,且误差随着 θ 角的增大而增大。在光电池上放上漫射的圆板或穹形圆盖,就可以大大减小误差,这就是余弦修正。

1.2 视觉

视觉是多步编码和分析的最终产物,这些编码和分析的过程综合起来给出了环境亮度和色度变化图样的含义。照明工程设计者正是利用这些过程的知识,有效地控制和创造光的环境。

1.2.1 作为光学系统的人眼

光线进入人眼(见图 1－7)是产生视觉的第一阶段。

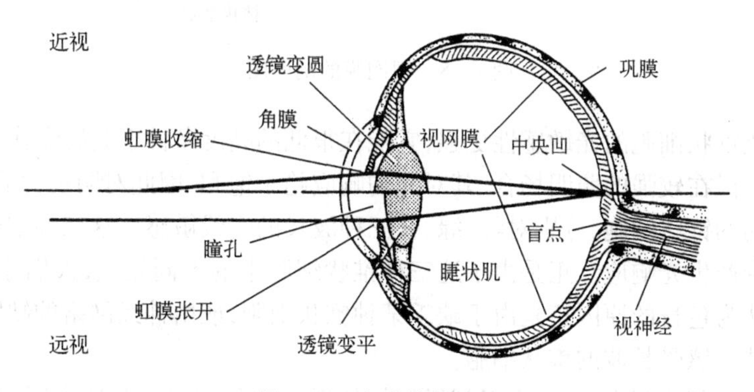

图 1－7 人眼的剖面图

1.2.1.1 人眼的光学

人眼的工作状态很像一架简单的照相机,其中把倒像投射到视网膜上的透镜是有弹性的,它的焦距由睫状肌控制,其过程就叫调节。透镜的孔径即瞳孔的大小由虹膜控制,像自动照相机一样,在低照度下瞳孔变大;而在高照度下瞳孔缩小。

1.2.1.2 视网膜

视网膜是视觉的光学过程和电生理过程的接口。视网膜上图像的传递、分析和译码都是由神经细胞的网络或神经元来执行的,这些信息的传递是通过内部电位突变所引起的神经脉冲来实现的。

当光线通过透镜会聚到视网膜背面的感受细胞时,视觉过程就开始了。感受细胞根据其形状分成柱状细胞和锥状细胞(见图 1-8)。感受细胞的光敏色素就如转换器,能有效地把光能转换成神经脉冲,从而启动视觉过程。

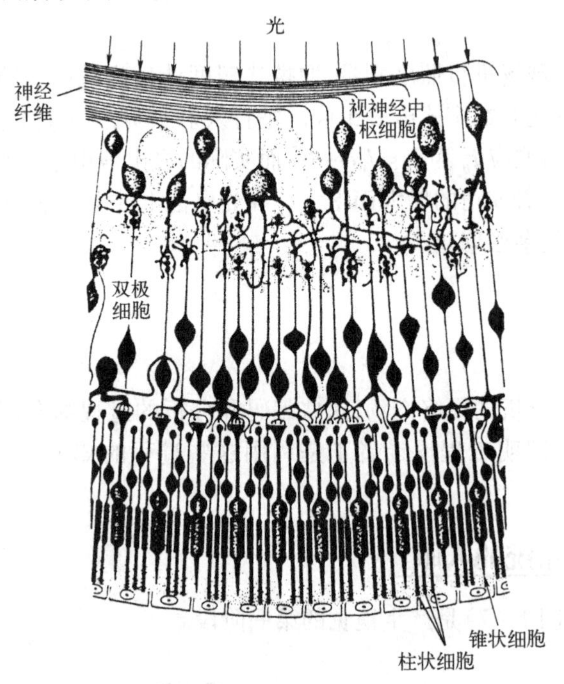

图 1-8 视网膜的剖面图

柱状细胞比锥状细胞的光敏感性更强,它能在很低的亮度条件下起感觉作用,所以对暗视觉起重要作用。但在较强的照明场合,其对光的响应趋于饱和,因此对明视觉的作用很小。眼睛里有三种不同的锥状细胞,分别对红、绿、蓝三种波长的光线敏感。这三种细胞能对不同的、部分重叠的波带产生光响应。正是由于这三种锥状细胞中的不同效应,人们才能分辨出不同的颜色。现在认为色盲的原因正是由于缺乏某种锥状细胞,或由神经网络的缺陷而造成的,如红色盲是由于缺乏感受长波的锥状细胞。

视网膜的中心部位叫中央凹,它对细微物体的视感十分敏感。此处表层细胞和纤维被拉向一边,增加了光的灵敏度,而微小的锥状感受细胞挤得较紧,增加了视觉分辨率。但中央凹的中心部位没有柱状细胞,随着离中心远些,会出现和增加柱状细胞,越向外,其对锥状细胞的数量比值越大。

1.2.2 视觉的特征与功能

1.2.2.1 视觉的控制

我们的眼睛在观察物体时一直处于运动之中。很小的视觉变动就会使视网膜上的像也跟着变化,通过神经网络的调节达到检测亮度的持续的局部改变,这就是视觉过程作用的根本。如果没有这些变化,视觉就会消失。因此我们对亮度剧烈改变的敏感性胜过亮度本身。正是视觉的这一特性使我们能看清周围各种物体的边缘部位,才能看清各种物体。许多反馈系统的结合得到了最佳的视觉功能。外围视网膜的主要功能是检测视网膜像上的视觉信息的浓度,将需要观察的信号传递到控制眼球的肌肉,使所需的目标成像于中央凹,以便让人们仔细地观察。两眼一起工作就像双筒测距仪,能有立体的感觉。调节透镜的焦距使之与所观察物体的距离相匹配。在低亮度下瞳孔放大,以允许较多的光进入;在高亮度下,瞳孔收缩以减少色差。视网膜的光敏色素浓度是由光化学逆过程的平衡来控制的,光线暗时浓度增加,从而加强低亮度时的感受灵敏度。光线明亮时能逆转这个效应,光敏色素浓度反而降低,使我们在更高亮度下也能够分辨出相似比例的差别。

细胞网络里的激发和抑制同样有着完善视觉功能的作用。如高亮度背景往往会减少物体的感觉亮度,其原因是周围的感光细胞抑制了所见物体在视网膜上像的信号。而对于某些较细微的结构,相互刺激强于侧向抑制,会造成同化效果,例如,在灰色的均匀背景上,排列上较密的黑线会使背景变暗,而排列上较密的白线会使背景变亮。

视觉反馈涉及人们活动的方方面面。像艺术、驾驶飞机和汽车以及许多其他技能都依赖于动眼控制。

1.2.2.2 表观明度

表面的表观明度,不仅取决于其本身的亮度,还取决于其周围环境的亮度,并且在复杂状况下,还和不同表面的形状、大小和位置有关,这些构成了视觉环境。亮度虽然能够测量,但相应的视觉印象的明度在原则上更难于定量。所以,在不同的照明系统里,有一种比较和表达不同表面的视觉明度的方法是有用的。

马斯登(Marsden)发现可用表面亮度 $L(cd/m^2)$、室内不发光表面最亮的亮度 L_{max},以及估算室内最亮不发光表面的表观明度 B_{max} 来表示表观明度,关系式如下:

$$B/B_{max} = (L/L_{max})^{0.58} \tag{1-27}$$

即不同表面的表观明度约和其亮度的 0.6 次幂成正比。但是最亮表面是个例外,它符合下式:

$$B_{max} = 常数 \times L_{max}^{0.37} \tag{1-28}$$

由式(1-27)和式(1-28)就可得任何表面的表观明度 B 和亮度 L 之间的关系式:

$$B = 常数 \times L^{0.58}/L_{max}^{0.21} \tag{1-29}$$

这些式子对照明设计具有重要意义。考虑总体照度从 E_1 改为 E_2 时的效果,L 和 L_{max} 都会随 E_2/E_1 的比值而改变,从式(1-29)可以得出新的表观明度 B_2 和原来的表观明度 B_1 的比值是

$$B_2/B_1 = (E_2/E_1)^{0.37} \tag{1-30}$$

另外考虑一个表面的反射率从ρ_1变为ρ_2,这时L_{max}不变,B_{max}也不变,而L按比率ρ_2/ρ_1改变。从式(1-27)可得新的表观明度B_2和原来的表观明度B_1的比值为

$$B_2/B_1=(\rho_2/\rho_1)^{0.58} \tag{1-31}$$

比较式(1-30)和式(1-31),可以发现反射率的变化对有关表面明度的影响要比总照度变化的影响大。若要将表观明度增加1倍,照度必须增加$\alpha^{1/0.37}$倍=6.5倍,而反射率仅需增加$\alpha^{1/0.58}$倍=3.3倍。两者相比,竟是2倍。

1.2.2.3　对比定律

眼睛的辨别能力,与亮度反差即对比度C有密切关系。

$$C=\left|\frac{L_t-L_b}{L_b}\right| \tag{1-32}$$

式中,L_t为光源亮度;L_b为背景亮度。最小视觉对比在照明工程中十分重要,对比度太小则无法看清细节。一般C的最小值取10。

韦伯(Weber)定律指出,最小的可察觉的亮度差$|L_t-L_b|$和L_b成比例。即照度的变化是不起作用的。当L_b的值很小时,韦伯定律显然是错的,否则我们在黑暗中也能看清东西了。但韦伯定律在相当宽广的照明条件范围内仍有一定的可靠性。

最小视觉对比也依赖于作业细节的大小,对非常小的目标,当和眼睛构成的角小于6′(阅读距离为30mm,目标大小约是5mm)时,视觉就会受到衍射和眼睛生理光学上不完善的影响。由于对这样微小的目标视网膜完全不能分辨,因此对给定的观察距离,阈值对比一定和所观察对象的投影面积A成反比。这就是里科(Ricco)定律:

$$\text{可检测性}=f(CA) \tag{1-33}$$

当目标大到能足以分辨时,里科定律不再适用。当视角在2°~20°时,最小对比度与投影面积A的平方根成反比,即毕蓬(Piper)定律:

$$\text{可检测性}=f(C\sqrt{A}) \tag{1-34}$$

若目标的表面非常大,则当视角大于20°时,视觉和面积无关,而只和对比度有关。

闪光的可检测性遵循布朗德尔-兰依(Blondel-Rey)定律:

$$E_e=E_t/(a+t) \tag{1-35}$$

式中,E为在闪光过程中眼睛上的平均照度;E_e为相同可检测稳定信号的照度;t为闪光时间(s);a对非彩色光是0.2s。对非常短暂的光,式(1-35)就成为

$$E_e=E_t/a \tag{1-36}$$

这个关系式就是波拉希(Bloch)定律或波森-路可(Bunsen-Roscoe)定律,即短暂闪光的可见度由照度和闪光时间的乘积所决定。

1.2.2.4　眩光

眩光,是对过高亮度的一种感受,常常与过分的对比相伴在一起。它以两种不同的效果同时发生或分开发生,即失能眩光和不舒适眩光。

失能眩光是因为不良照明会使眼睛的视觉反馈系统的精细调节控制系统失去平衡。过亮的光源还会产生其他的干扰,使视网膜像的边缘出现模糊,从而妨碍了对附近物体的观察,同时侧向抑制还会使这些物体变得更暗。这些效应统称为失能眩光。例如黄昏时在街上骑自行

车尚可看见障碍物,可以大胆地前行。突然对面来的汽车,开足了汽车前照灯,使得骑车人不敢前行,因为眼前看不见任何东西,这就叫作失能眩光,也叫生理眩光。

不舒适眩光是眩光源即使不降低观察者的视觉功能,也会造成分散注意力的效果。此外,亮度的进一步提高,会使控制瞳孔的肌肉把瞳孔收缩得更小,肌肉的过度疲劳会造成瞳孔本身的不稳定,这也是引起不舒适眩光的部分原因。例如在照明工程中,设计者用了大功率灯安装在不合适的地方,既浪费电又使人们讨厌。有的图书馆阅览室用了大量的灯,照度提得很高,希望人们喜欢,但适得其反,许多读者不愿意去,宁可找其他的地方读书,为什么呢?就是因为坐在里面心里烦躁,这就是不舒适眩光,也叫作心理眩光。

不舒适眩光不能直接测量,但对于照明工程,只要确定主要的物理决定因素的相对效应就够了。即在观察方向上光源的亮度 L_s、背景亮度 L_b 和眼睛对光源所张的立体角 ω(弧度)。

根据对比定律和表观明度定律,对大多数实际光源,应用毕蓬定律后,式(1-34)就可改写为

$$光源的注目度 = f(L_s\sqrt{\omega}) \tag{1-37}$$

式(1-37)确定了表观明度的比例标度,所以可以假定,一个分散注意力光源的注目度取决于光源的表观明度 B_s 和总的背景表观明度 B_b 之比。

将式(1-30)、式(1-27)代入式(1-37),并把 L_b 的指数归一化可得

$$注目度 = f\left(\frac{L_s^{1.6}\omega^{0.8}}{L_b}\right) \tag{1-38}$$

照明设备的眩光指数由英国建筑研究所提供的公式确定:

$$眩光指数 = 10\lg\left[\frac{0.239}{L_b}\sum\frac{L_s^{1.6}\omega^{0.8}}{P^{1.6}}\right] \tag{1-39}$$

通常可对室内某一最不舒服的观察点计算眩光指数,并对这点可看到的所有灯具的作用进行累加。P 是个经验指数,它表示在固定的视向上移去眩光光源后的效果。眩光指数的一个单位就是在实验室条件下能察觉到的最小间隔。眩光指数的6个单位就是传统的经验不舒服临界值之间的间隔——“感觉到”,“能接受”,“不舒服”,“不能接受”。

式(1-39)中包含了一种矛盾情况,若将一个长度为2m的灯具看成是两个1m长度的灯具,那么计算出来的眩光指数将不同,而不舒适眩光的感觉程度是相同的。为此国际照明委员会推出一个新的统一眩光等级UGR:

$$\mathrm{UGR} = 8\lg\frac{0.25}{L_b}\sum\frac{L_s^2\omega}{P^2} \tag{1-40}$$

此式与式(1-39)相比较,改进之处是 L_b 和 ω 采用相同的幂次,在给定环境内,眩光与灯具数量无关。

1.2.2.5 频闪

频闪的感知取决于振荡的振幅和频率。觉察频闪的灵敏度随视网膜上的位置而异。在高频处,柱状细胞比锥状细胞的灵敏度低,但对低频且振幅小的频闪,柱状细胞变得更敏感(大约低于15Hz)。因此在眼睛的锥状细胞以外的地方不易直接察觉到频闪,这也是中央凹视觉

的特点。

尽管100Hz与可察觉视觉的阈值相差甚远,但近来研究表明,在荧光灯照明下,100Hz频闪可以造成眼睛紧张和头痛,这些研究支持了频闪或许影响视觉系统阈值的说法。

1.2.2.6 可见度水平

作业的可见度水平(VL)是实际作业亮度对比C和通过调节薄膜刚好能看清的阈值对比$\overline{C}$之比:

$$VL = C/\overline{C} \tag{1-41}$$

可见度水平取决于下述因素:

(1) 作业本身。对比和视角大小的改进有利于提高可见度水平。

(2) 背景亮度L_b。L_b增大包含了照度的增加。

(3) 作业本身的光泽和装置不当的灯具的反射光同时进入观察者的眼睛,从而削弱了作业和背景之间的对比,因此降低了可见度水平。

(4) 失能眩光也能降低给定作业的可见度水平。

(5) 离开作业的一瞥会伴有不同的视见反馈过程。当注意力重新集中到作业上来时,平衡逐渐恢复,这段时间内,作业的可见度水平会暂时降低。

失能眩光和暂时降低这两个因素对可见度的影响一般可以忽略。

1.2.2.7 表观模式

表观模式有好多种,简介如下。

- 表面模式:用这种方式感受到的视觉是物体的颜色表面。
- 立体模式:感受到的是表层里面的颜色,如在带色的透明介质里(表面模式和立体模式有时一起称为客体模式)。
- 发光模式:看到的光和颜色是来自发光体,如荧光灯发光而被察觉的。
- 孔径模式:典型的例子是通过衰减管观察,或在均匀辽阔的蔚蓝天空里观察,在这些场合,光和颜色因缺乏视觉信息而无法识别。
- 照明模式:这种方式关心的是入射光的组成。

表观模式并不描述物体本身,而仅仅是我们感受到的一种形式。一个给定的物体并不总是以同一种模式显现。例如,对熄灭的荧光灯,我们所看到的是表面模式,有确定的反射比。而一旦荧光灯点亮以后,它则以发光模式显现,而它的表面特征例如反射,是不可能识别的。通过衰减管看到的即使是它的发光本性,但也是不能验证的,它是通过孔径模式看到的。

(1) 发光模式

用发光模式感知的刺激能分辨形状、大小、亮暗、颜色和透明度,但不能分辨光洁度、光泽度等表面性质。许多植物和有机体,包括人都会被亮光所吸引,这种吸引力称为趋光效应。

(2) 客体模式

客体模式有时称为定位模式,包括表面模式和立体模式,这种模式中感知的刺激能区别形状、大小、明度、颜色、透明度、光泽、纹理、光彩和光辉,它从本质上更富有视觉信息。

照明物体在入射光特性和密集性变化较大的范围内,其感觉到的明度保持相对不变的倾向称为视亮度恒定性。即照明的变化对物体的表现无任何影响,实际上,恒定性总是不完全的。当照度增加时,被照表面的表观亮度也增加了。视亮度恒定性是客体模式的一个基本特征,恒定性减小的倾向会使被照景象的表观形式从客体模式转为孔径模式。所以保持视亮度恒定性必须遵循下列规则:避免强光或明显的阴影轮廓;有足够的照度;颜色显现性应是好的;失能眩光应极小;在暗淡的表面上应该用高彩度的颜色和高反射率的材料;光的来源应明显;颜色的彩度变化应能看清;应带有特征颜色和纹理的天然有机物质;光泽面应很小;小的白色面应分散在视场周围;应充分显露表面纹理。以上规则可以和我们采用的照明实际符合得很好。由于背离这些条件会减少从环境得到的视觉信息,显而易见,保持视亮度恒定性通常认为是良好照明条件的标准。但也有例外,如戏剧照明就不要求视亮度恒定。

(3) 照明模式

照明模式是一种最不可捉摸的显现模式,因为当客体模式与其共存时,它远不如客体模式明显。在照明模式里感知的刺激在视亮度和颜色方面有所不同,但形状和大小不一定不同。当存在明显的阴影时,体验到的照明模式最明显:作为极端的例子,如夜总会上颜色光的闪烁。

房间的空间印象提供了照明模式和客体模式相互作用的实例。任何非常明亮的表面会显得远离观察者,因此总体的高照度会使房间显得更宽敞。感觉的范围以及房间的特征都能通过改变天花板、墙壁和工作平面的相对照度来调节。于是天花板较亮和墙壁较暗的房间看起来就比较高,因而显得较整齐。而对墙壁较亮的房间,使人感到较为宽敞,气氛也较为和谐。

(4) 照明设计的要点

照明标准可归纳为两条:

① 与视觉功能有关的量,例如作业照度、对比显现系数等。

② 与空间的一般显现和其内容有关的量,例如眩光指数、照度比等。

照明设计的技巧就是要会评价不同标准的作用,创造性地去满足看来是相互矛盾的各种要求,或者是最佳的折中。实际上,规则要求一般办公室的标准照度是500lx,这也是目前流行的照度水平。如果要求更明亮或较暗淡一点,则可将照度水平调整到1000lx或300lx。创造性的照明设计是首要问题,好的照明工程师对不同的项目都应重新确定照明空间所应具备的特征,然后再以光度学标准为工具,来确定和获得恰当的明暗格调。

1.3 颜色

1.3.1 颜色的性质

发光光源的多色化显然可以使照明效果更加丰富多彩以及显示的信息量大大增加,而要了解、分析和应用颜色问题,就必须了解色度学。

人们还不是很清楚人眼色觉的确切机理,但是已经确定色觉的确定是受人眼和大脑共同支配的。三原色理论认为,人眼的视网膜是由三种不同感色物质镶嵌而成的。每种感色物质的响应分别对应于蓝光、绿光和红光的特定波长。这三种感色物质在响应中出现大量的重叠信息,而且都通过神经与大脑沟通。色觉就是这三种感色物质的有关刺激被传到大脑,经大脑分析后得到的。人们所感觉到的彩色都是由这些不同程度的刺激所合成的。就是说,任何颜色的光都是由上述三种原色合成的,如红 + 蓝 + 绿 = 白,红 + 蓝 = 紫,红 + 绿 = 黄,蓝 + 绿 = 青,如果用 R、G、B 来表示三原色,则任意颜色 C 便可表示为

$$C = XR + YG + ZB \tag{1-42}$$

X、Y、Z 就是某一颜色 C 的 3 个分量,采用归一化的办法消去其中一个非独立变量而引入 2 个新的变量。

$$\left.\begin{aligned} x &= X(X+Y+Z) \\ y &= Y(X+Y+Z) \\ z &= Z(X+Y+Z) \end{aligned}\right\} \tag{1-43}$$

$$x + y + z = 1 \tag{1-44}$$

只要确定其中的 x 和 y,z 即可由式(1-44)求得,因此颜色就可以按图 1-9 所示的二维图形的某一点来确定,其中 x 和 y 都是从 0 到 1。这就是颜色三角形或色度图,又可称舌形曲线或马蹄形曲线。

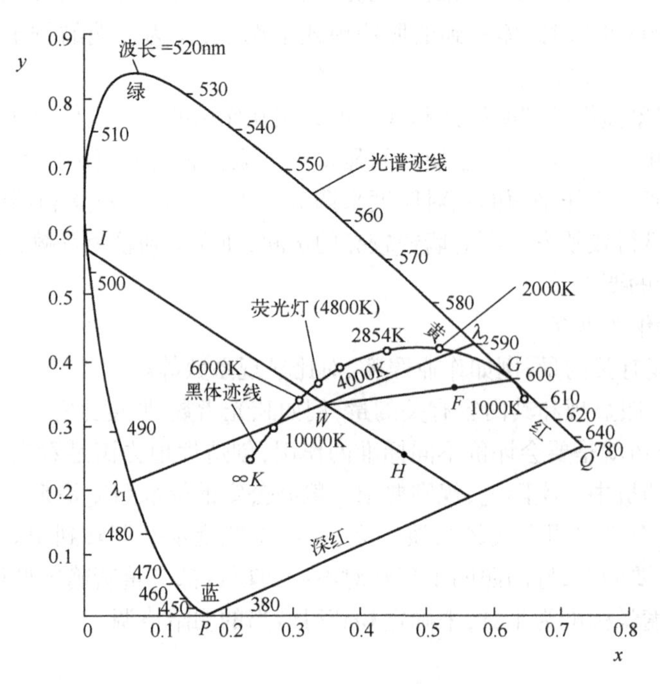

图 1-9 CIE(1931)色度图

1.3.2 国际照明委员会色度学系统

1.3.2.1 1931 年标准色度观察者

国际照明委员会在 1931 年采用了一种色度坐标,即 CIE 色度图,x、y、z 即称三色系数。要描述某种颜色,还需知道三原色的标准。国际照明委员会所规定的三原色标准为 $\bar{X}$、$\bar{Y}$、$\bar{Z}$,其光谱分布曲线如图 1-10 所示。X、Y、Z 又称为三色视觉值。各单色光的三色视觉值见表 1-3。

表1-3 各单色光的三色视觉值

波长/nm	$\bar{X}$	$\bar{Y}$	$\bar{Z}$
400	0.0143	0.0004	0.0679
410	0.0435	0.0012	0.2074
420	0.1344	0.0040	0.6456
430	0.2839	0.0116	1.3856
440	0.3483	0.0230	1.7471
450	0.3362	0.0380	1.7721
460	0.2908	0.0600	1.6692
470	0.1954	0.0910	1.2876
480	0.0956	0.1390	0.8130
490	0.0320	0.2080	0.4562
500	0.0049	0.3230	0.2720
510	0.0093	0.5030	0.1582
520	0.0633	0.7100	0.0782
530	0.1655	0.8620	0.0422
540	0.2904	0.9540	0.0203
550	0.4334	0.9950	0.0087
560	0.5945	0.9950	0.0039
570	0.7621	0.9520	0.0021
580	0.9163	0.8700	0.0011
590	1.0263	0.7570	0.0011
600	1.0662	0.6310	0.0008
610	1.0026	0.5030	0.0003
620	0.8544	0.3810	0.0002
630	0.6424	0.2650	—
640	0.4479	0.1750	—
650	0.2835	0.1070	—
660	0.1649	0.0610	—
670	0.0874	0.0320	—
680	0.0468	0.0170	—
690	0.0227	0.0082	—
700	0.0114	0.0041	—
710	0.0058	0.0021	—

某单色光 λ 的三色视觉值就是图1-10中该波长分别对应的 $X(\lambda)$、$Y(\lambda)$、$Z(\lambda)$，这也就是该单色光的3个分量，即

$$\left.\begin{aligned}\bar{X}(\lambda)&=X(\lambda)\\\bar{Y}(\lambda)&=Y(\lambda)\\\bar{Z}(\lambda)&=Z(\lambda)\end{aligned}\right\}\tag{1-45}$$

由表1-3中的各值，以式(1-45)即可计算出各单色光的3个系数 X、Y、Z。

例如 $\lambda=590\text{nm}$ 的单色光，从表1-3可以查得

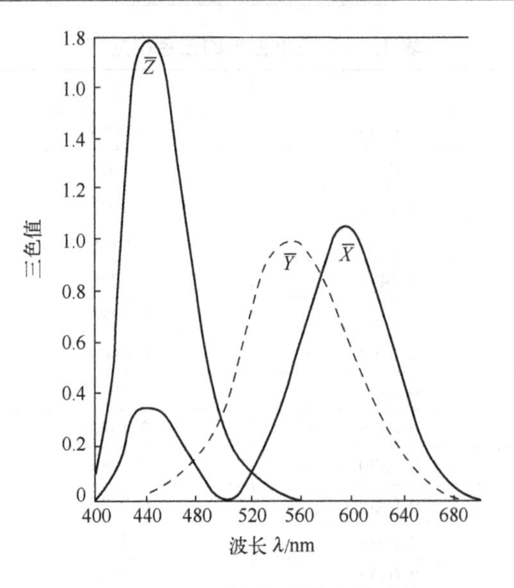

图 1－10 三原色标准的光谱分布

$$\left.\begin{aligned} X &= \overline{X} = 1.0263 \\ Y &= \overline{Y} = 0.7570 \\ Z &= \overline{Z} = 0.0011 \end{aligned}\right\} \tag{1-46}$$

则

$$\left.\begin{aligned} x &= X(X+Y+Z) = 0.5752 \\ y &= Y(X+Y+Z) = 0.4242 \\ z &= Z(X+Y+Z) = 0.0006 \end{aligned}\right\} \tag{1-47}$$

将可见光各波长的 x、y 值均在 CIE 色度图上画出来，则得到所有可见光的色坐标轨迹为一舌形曲线，如图 1－9 所示。自然界中任何一种可能的颜色都在舌形曲线及其下端连线之内，此范围外的点均为不存在的颜色。

1.3.2.2 1964 年补充的标准色度观察者

1931 年标准化了的 2°视场角数据适用于 1°～4°视场。后来，为适应大视场系统的需要，国际照明委员会又于 1964 年采用 10°视场的配色函数。二者的数据存在相当大的差别。许多配色和视觉环境都用 2°视场，而 1964 年推荐的 10°数据则用于视场角大于 4°的情况。这两个标准已作为一个与国际标准委员会(ISO)联合的标准文件(ISO/CIE，1991b)出版。

1.3.2.3 均匀色度标尺

后来在进行以 x、y 表示颜色“显著差别”的研究时，发现使用(x、y)图进行颜色辨别工作有严重的缺陷。最小可辨色差的大小，随其在图上的位置和产生色差的方向变化而不同，椭圆表示离开中心点的任何方向上的等色差。这说明(x、y)图是不均匀的，就是说在 x、y 上有相等的距离并不意味着在视觉上有相同的色差。1960 年国际照明委员会推荐了一种变换，使得均匀度得到了一定程度的改善。在 6500K 完全辐射体轨迹附近的中心位置，最小可辨色差轨迹近乎是个圆。这个系统的坐标可由下式得到：

$$
\left.\begin{aligned}
u &= \frac{4X}{X+15Y+3Z} = \frac{4x}{-2x+12y+3} \\
v &= \frac{6Y}{X+15Y+3Z} = \frac{6y}{-2x+12y+3}
\end{aligned}\right\} \tag{1-48}
$$

但后来1964年又发现在估算小色差时并未得到改善。于是，又推荐了一个1976年均匀色度标尺(UCS)图，它将标度 v 扩大了，其变换如下：

$$
\left.\begin{aligned}
u' &= u = \frac{4X}{X+15Y+3Z} = \frac{4x}{-2x+12y+3} \\
v' &= 1.5v = \frac{9X}{X+15Y+3Z} = \frac{9x}{-2x+12y+3}
\end{aligned}\right\} \tag{1-49}
$$

图1－11是国际照明委员会1931年色度图上的麦克亚当椭圆。

图1－12给出了1976年的均匀色度标度(u',v')图，图中各种放大10倍的最小可辨色差椭圆的长轴和短轴的比值要比图1－11上的相应比值更均匀。

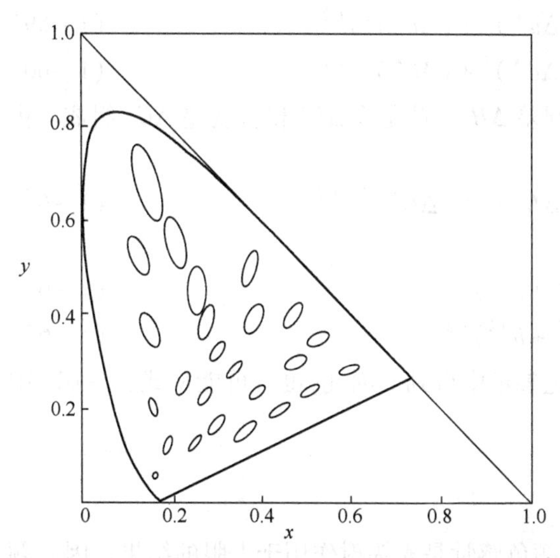

图1－11 在国际照明委员会1931年色度图上的麦克亚当椭圆(图中椭圆放大了10倍)

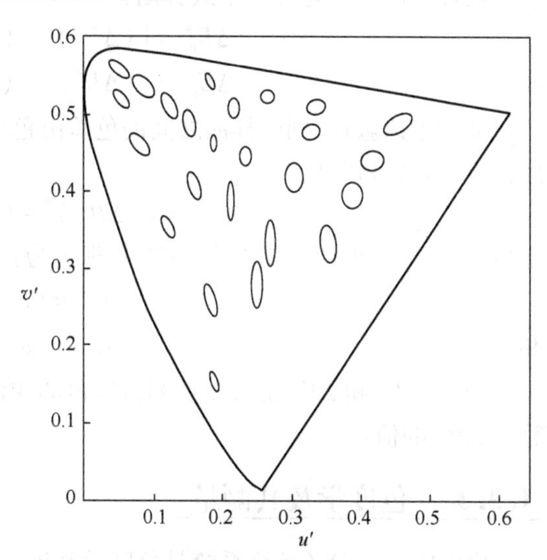

图1－12 在国际照明委员会1976年均匀色度图上的麦克亚当椭圆(放大10倍)

1.3.2.4 颜色空间和色差方程

1964年国际照明委员会决定把1960年的均匀色度系统扩大到颜色空间，但简单地作为亮度系数又不够满意，所以又定义了另一个明度函数 W^*：

$$W^* = 25Y^{1/8} - 17 \tag{1-50}$$

通常用 u_n、v_n 表示发光体的色坐标。另两个变量由下式决定：

$$U^* = 13W^*(u - u_n) \tag{1-51}$$

$$V^* = 13W^*(v - v_n) \tag{1-52}$$

两个样品的色差由下式得出：

$$\Delta E = [(\Delta U^*)^2 + (\Delta V^*)^2 + (\Delta W^*)^2]^{\frac{1}{2}} \tag{1-53}$$

实际上，一个单位的 ΔE 约等于在最佳实验条件下能觉察的最小颜色差异的5倍。后研究发现，计算和实际的主观判断符合得不是很好，所以进一步修正。

1976 年国际照明委员会推荐修订的色空间,定义了明度 L^* 的修正函数:

$$L^* = 116[Y/Y_n]^{1/3} - 16 \tag{1-54}$$

式中,$Y/Y_n > 0.008856$,Y_n 为非彩色(白)刺激的亮度系数,另两个变量是

$$u^* = 13L^*(u' - u'_n) \tag{1-55}$$

$$v^* = 13L^*(v' - v'_n) \tag{1-56}$$

式中,u'和 v'由式(1-49)得出,u'_n 和 v'_n 为白点或发光体的色坐标。这就是 CIELUV 色空间。

国际照明委员会在 1976 年还推荐了另一个色空间 CIELAB,L^* 确定同上,并确定下述变量:

$$a^* = 500[(X/X_n)^{1/3} - (Y/Y_n)^{1/3}] \tag{1-57}$$

$$b^* = 500[(Y/Y_n)^{1/3} - (Z/Z_n)^{1/3}] \tag{1-58}$$

式中,X/X_n、Y/Y_n 和 Z/Z_n 都大于 0.008856,X、Y、Z 和 X_n、Y_n、Z_n 分别为样品和白点的三刺激值。纺织和染料工业等涉及混色工作的人员偏爱使用此色差方程。

两样品的颜色差异由下式算出:

$$\Delta E^*_{uv} = [(\Delta L^*)^2 + (\Delta u^*)^2 + (\Delta v^*)^2]^{1/2} \tag{1-59}$$

或

$$\Delta E^*_{ab} = [(\Delta L^*)^2 + (\Delta a^*)^2 + (\Delta b^*)^2]^{1/2} \tag{1-60}$$

如按术语叙述,则两样品之间的色差由色调差 ΔH^*、明度差 ΔL^* 和彩度差 ΔC^* 组成。由此色差公式也可写成:

$$\Delta E^* = [(\Delta H^*)^2 + (\Delta L^*)^2 + (\Delta C^*)^2]^{1/2} \tag{1-61}$$

变量 C^* 由国际照明委员会在 1976 年规定为:

$$C^*_{uv} = (u^{*2} + v^{*2})^{1/2} \tag{1-62}$$

和

$$C^*_{ab} = (a^{*2} + b^{*2})^{1/2} \tag{1-63}$$

ΔC^*、ΔL^* 和 ΔE^* 都可以从测量所得的颜色参量中得到。因此,也有可能从式(1-61)中算出 ΔH^* 的值。

1.3.3 色度学及其测量

CIE 1931—XYZ 色度系统是色度学基础。颜色感觉是光辐射作用于人眼的结果。因此颜色不仅取决于光刺激,也取决于人眼的视觉特性。任何一种颜色均可以用 CIE 1931 色度图中它的色度坐标 X、Y 和刺激值 Y 来表示,色度图如图 1-9 所示。

如果已知光源的光谱功率(能量)分布 $P(\lambda)$,则可按下式计算它的色度坐标及其他参数:

$$X = K\int_{380}^{780} P(\lambda)\,\bar{X}(\lambda)\,d\lambda = K\sum_{\lambda=380}^{780} P(\lambda)\,\bar{X}(\lambda)\,\Delta\lambda \tag{1-64}$$

$$Y = K\int_{380}^{780} P(\lambda)\,\bar{Y}(\lambda)\,d\lambda = K\sum_{x=380}^{780} P(\lambda)\,\bar{Y}(\lambda)\,\Delta\lambda \tag{1-65}$$

$$Z = K\int_{380}^{780} P(\lambda)\,\bar{Z}(\lambda)\,d\lambda = K\sum_{\lambda=380}^{780} P(\lambda)\,\bar{Z}(\lambda)\,\Delta\lambda \tag{1-66}$$

由于实际上很难用数学表达式来写出 $P(\lambda)$,因此常用求和来近似积分。这里的 Y 是光源的亮度。K 称为调整系数,它是将光源的 Y 值调整为 100 时得出,即

$$K = \frac{100}{\sum_{\lambda=380}^{780} P(\lambda)\,\bar{Y}(\lambda)\,\Delta\lambda} \tag{1-67}$$

因为 $P(\lambda)$ 的绝对单位是已知的，且 $\bar{Y}(\lambda)=V(\lambda)$，所以光源的光通量可以根据式(1-19)算出。

光谱发射功率最大的波长称峰值发射波长 λ_p。而光谱辐射功率等于最大值一半的波长间隔称为光谱带宽。

另一种用色度图确定颜色的方法是应用主波长和纯度的概念。它给出了色调和饱和度主观属性的大致关系。实际存在的最饱和色是那些光谱波长色，当颜色移向色度图的中心时，就变得欠饱和了。色调就是表示颜色相互区分的属性。可见光谱中不同波长的光辐射在视觉上表现为不同的色调，如红、绿、蓝和黄等。表1-4列出了光谱中对应波长的颜色。光源的色调取决于人眼对其辐射的光谱构成产生的感觉，物体的色调则取决于人眼对光源光谱组成和物体表面反射(或透射)的各波长辐射的比例所产生的感觉。饱和度就是指颜色的纯度。可见光谱中各单色光的饱和度最高，当单色光中掺入的白光越多时，则饱和度越低。在图1-9上给出色坐标点为 F 的光源在色度图上的位置。从白点 W 向 F 作一直线，与单色光轨迹线交于 G，距离 WF 占总长 WG 的百分数即为 F 的饱和度。

$$P_F=\frac{WF}{WG} \tag{1-68}$$

表1-4 颜色和对应波长

颜 色	波长/nm
紫外	≤390
紫	390~455
蓝	455~490
蓝绿	490~515
绿	515~560
黄绿	560~575
黄	575~590
橙黄	590~600
橙	600~625
红	625~720
红外	>720

图1-9中 F 点的饱和度为75%，则 G 点饱和度为100%。并定义 G 处的波长为光源 F 的主波长 λ_D，如图1-9所示，F 点的主波长为600nm。如果 F 与 W 连线的交点落在直线 PQ 上时，则其主波长数值以其补偿波长来代表，而在其补偿波长下附以注脚“C”来表示。例如对光源 H，从 W 向 H 作直线的交点在 PQ 上，将此线延长并与轨迹线相交于 I，H 的主波长即为502nm，而 H 点的饱和度仍以502nm的 I 点为准，与 F 点饱和度求法相同。

色度图中的 $W(1/3,1/3)$ 点代表白色光，称白点。由于互补色的定义是它们之和组成白光，故通过 W 点而与舌形轨迹线相交的 λ_1 和 λ_2 两点所代表的颜色便是互补色。

1.3.3.1 色温和相关色温

光源的光辐射所呈现的颜色与在某一温度下黑体辐射的颜色相同时，称黑体的温度 T_c 为光源的色温，用绝对温度K表示。当光源新发出的光的颜色与黑体在某一温度下辐射的颜色接近时,黑体温度就称为该光源的相关色温。图1-2给出了在不同温度下的完全辐射体(或黑体)的光谱功率分布曲线,将由这些曲线计算出的色坐标画在色度图上,就构成了一条称为完全辐射体色度轨迹的光滑曲线(见图1-9)。对照两图,如果光源的色度位于完全辐射体的色度轨迹上,即使它们之间的光谱功率分布有所不同,我们也说它和该特定的完全辐射体有相同的色温。如果不落在完全辐射体的色度轨迹上,也可以用相关色温来描述,也就是说,当一个完全辐射体被人感知的颜色和光源的颜色最相近时,该完全辐射体的温度称为该光源的相关色温。确定某光源相关色温的方法如下:找出具有光源色度的等温线和完全辐射体色度轨迹交点的色温。在等温线上所有的色度都具有相同的相关色温,在(u,v)或$\left(u',\frac{2}{3}v'\right)$色度图上,等温线和完全辐射体色度轨迹通常是垂直的,如图1-13所示。

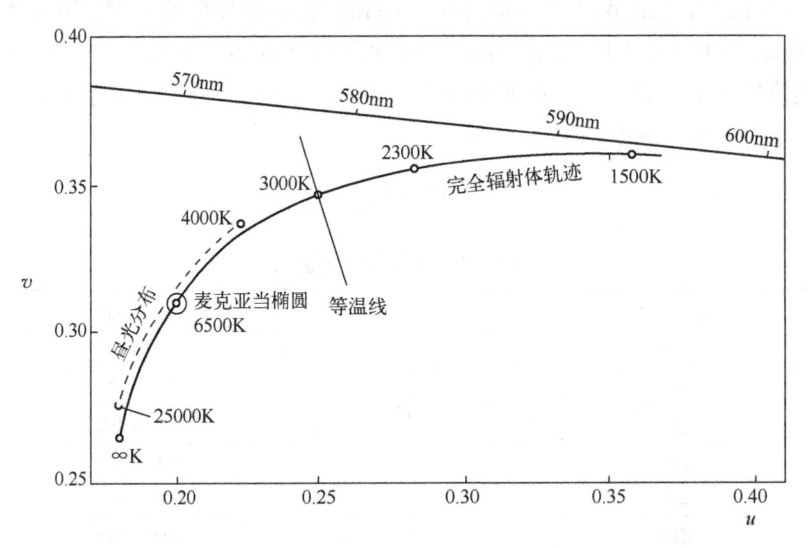

图1-13 有完全辐射体色度轨迹、等温线和昼光照明体色度轨迹的国际照明委员会(u,v)色度图

1.3.3.2 显色指数

表明光源发射的光对被照物颜色正确反映的量称为显色指数。CIE于1974年推荐了测试方法。光源显色指数通常用一般显色指数R_a表示。R_a是光源对8个色样显色指数的算术平均值。

$$R_a = \frac{1}{8}\sum_{i=1}^{8} R_i \tag{1-69}$$

R_i是光源对8个色样中任一种的特殊显色指数,该显色指数R_i,由下式计算得到:

$$R_i = 100 - 4.6\Delta E_i \tag{1-70}$$

式中,E_i为色样在被测光源与参照光源下该样品的色差。计算中所有数值除了其中涉及被测光源光谱功率分布外,包括坐标变换公式及样品分光反射率和参照灯的参量均可从有关书中查得。

CIE 13.3—1995标准定义了光源显色性评价方法。标准规定评价色温在5000K以下的光源显色性时,将5000K以下的相同色温的黑体作为参考光源,认为对应黑体的显色指数为100;把相同色温的标准照明体D作为评价色温在5000K以上的高色温光源显色性的参考光源。在评价光源的显色性时,采用一套共14种试验色用于光源一般显色指数和特殊显色指数的计算,其中$R_1 \sim R_8$代表了各种不同的常见颜色,其饱和度适中、明度值接近相等,用于计算一般显色指数CRI R_a;6种附加颜色,亮红、亮黄、亮蓝、亮绿4种饱和的颜色及欧美人的皮肤色和树叶绿色用于特殊显色指数CRI R_i。考虑到13号样品为欧美女性的面部肤色,1984年我国制定的光源显色性评价方法的国家标准中,增加了我国女性面部的色样,作为第15种试样。而$R_9 \sim R_{15}$号共7种饱和色和皮肤色,专门用于特殊显色指数的计算,常见的R_9就是专门针对红色的光源显色性。现在一般是R_a和R_9同时使用,且要求$R_9>0$,R_9越大,饱和红色越逼真。

然后计算在CIE 1964均匀颜色空间内试验色在待测光源与参考光源下的色差,分别记为$\Delta E_i C_i$,为15种颜色的序号,即$i=1、2、3、\cdots、15$,那么计算出各种试验色的特殊显色指数R_i为

$$R_i = 100 - 4.6\Delta E$$

光源的显色指数越高,其显色性越好。如果$R_i=100$,表示该号试验色样品在待测光源下为参考光源照明下的色坐标一致。

显色指数是光源质量的重要参量,它决定着光源的应用范围,提高白光LED的显色指数是LED照明研发的重要任务之一。

1.3.3.3 峰值波长、光谱辐射带宽和光谱功率分布

单色仪的波长分辨率和带宽应该使测试有合适的精度。辐射探测系统的光谱响应应进行校准。单色仪的光谱透过率和辐射探测系统的光谱灵敏度如果不是常数,记录的测量数据应该进行修正。探测元件如采用光电二极管阵列或CCD,则可进行瞬态测量,时间可大大缩短。这对随时间增加而因发热或其他因素致使上述光学参数变化的则必须采用瞬态测量,在需要获得上述参数因时间变化而改变时,则可进行分时瞬态测量。当然如需获得平衡后即变化停止时的参数,则可在平衡后进行瞬态测量。所以瞬态测量是更灵活并能反映实际情况的测试方法。

在需要的光谱范围内调整单色仪的波长直到辐射测量系统获得最大读数,相应的波长就是峰值波长λ_p。然后往λ_p的两边调整单色仪的波长直到峰值波长读数的一半,获得相对应的波长λ_1和λ_2,两者之差就是光谱辐射带宽。按照要求的波长间隔分别测量记录每个波长时的光谱功率数值,即为光谱功率分布。

1.3.3.4 色度坐标测量

色度坐标测量有分光光度和光电积分两种方法。

分光光度法是采用分光光度计测量被测光源的CIE标准色度系统色度坐标。用1.3.3.3节所述方法测得光谱功率分布$P(\lambda)$。按式(1-64)到式(1-67)可计算出X、Y、Z,再根据式(1-43)和式(1-44)可计算出色度坐标x、y。

光电积分法又称三刺激值法。本质上讲,是采用3个分别具有三种原色的相对光谱灵敏度函数的检出器,即$\bar{x}(\lambda)$、$\bar{y}(\lambda)$、$\bar{z}(\lambda)$,在实际工作中采用硅光电池,配以多层有色玻璃滤色片,可以很好地相符。光电池产生的光电流I_x、I_y和I_z正比于三刺激值X、Y、Z。用电流/电压转换器转成电压再积分放大,色度值x和y可以在数字电压表上显示出来。

1.3.3.5 主波长测量

先按1.3.3.4节的方法测得光源的色度坐标。在CIE 1931色度图上作白点W与被测光

源色度坐标点的连线,并延长交光谱轨迹线于坐标点(x_d, y_d),相应的波长即为λ_d。

1.3.3.6 色温和相关色温测量

先按1.3.3.5节的方法测得光源的色度坐标,即CIE 1960 UCS均匀色度图色度坐标(u, v)。查色温表得到坐标(u,v)两边等色温线有关数据。如果被测光源的色度坐标(u,v)位于黑体轨迹线上或位于相关色温线上,则相应的黑体的温度或相关色温即为被测光源的色温或相关色温。如果被测光源的色度坐标(u,v)位于两相关色温线之间,如图1-14所示,则运用内插法,在图上求出Q_1和Q_2,再按下式计算相关色温。

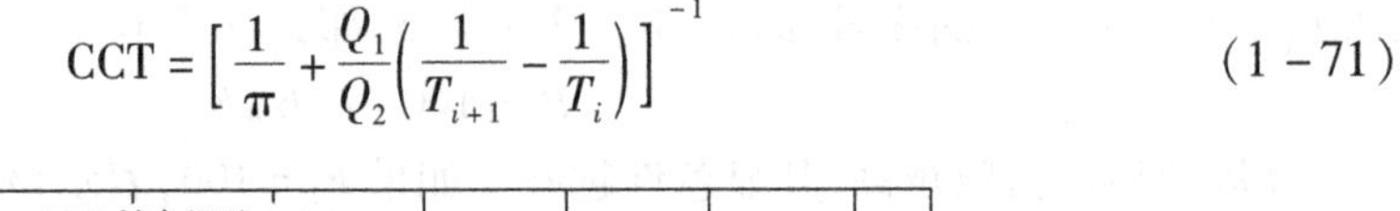

$$\mathrm{CCT}=\left[\frac{1}{\pi}+\frac{Q_1}{Q_2}\left(\frac{1}{T_{i+1}}-\frac{1}{T_i}\right)\right]^{-1} \tag{1-71}$$

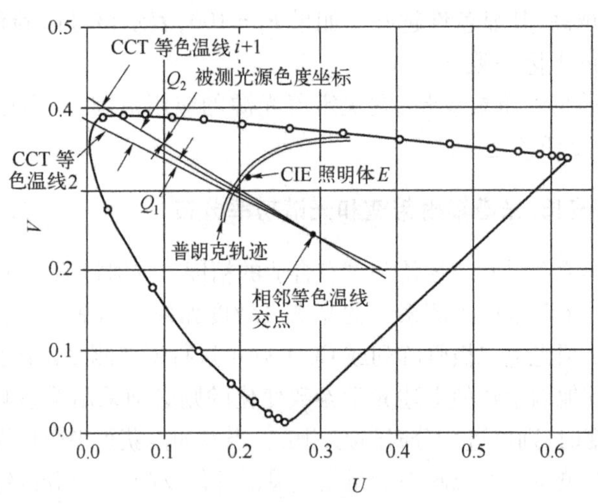

图1-14 相关色温(CCT)计算

1.3.3.7 色差测量

先按1.3.3.5节的方法测得被测光源的CIE 1931色度系统色度坐标(x_i, y_i)和亮度Y_i,转换成CIE 1964均匀颜色空间,再按色差公式(1-53)求得色差值。

1.3.3.8 色容差

色容差是衡量光源颜色性能的一个重要指标。生产光源的厂家用色容差来调整工艺和分档产品,照明应用中可控制光色的均匀性。

色容差(Standard Deviation of color Matching, SDCM)的概念由美国柯达公司的颜色科学家D. L. MacAdam(1942)提出。由于色温值和色坐标(x,y)是一对多的关系,所以无法用色温值来判断配制颜色和目标颜色的差异。

色容差是表征产品色度坐标(x,y)值与标准光源之间的差别等级,数值越小,一致性越好。

麦克亚当通过颜色视觉试验,得出25种色彩的颜色匹配试验得到不同的近似于椭圆的颜色区域,这些椭圆称麦克亚当椭圆。在色容差为5的椭圆中,曲线上的点色容差为5,圈内所有坐标点的色容差都小于5。这些椭圆可以用一些方程式来表示。图1－11是CIE 1931年色度图上的麦克亚当椭圆,可以看出不同颜色的椭圆是不一样的。

如果要指出测量值的色容差,就必须提供目标值坐标和计算公式。

色容差的计算公式为

$$\mathrm{SDCM}=\sqrt{g_{11}\Delta x\Delta x+2g_{12}\Delta x\Delta y+g_{22}\Delta y\Delta y} \tag{1-72}$$

式中,Δx 为 x 相对于目标坐标值的误差;Δy 为 y 相对于目标坐标值的误差;g_{11}、g_{12}、g_{22} 为由标准颜色确定的系数,见表1－5。

表1－5　标准色温的系数值(对荧光灯白光)

颜　色	名　称	g_{11}	g_{12}	g_{22}	x	y
2700K	白炽灯色	440000	－186000	270000	0.463	0.420
3000K	暖白色	390000	－195000	275000	0.440	0.403
3500K	白色	380000	－200000	250000	0.409	0.394
4000K	冷白色	395000	－215000	260000	0.380	0.380
5000K	中性白色	560000	－250000	280000	0.346	0.359
6500K	日光色	860000	－400000	450000	0.313	0.337

通常测试仪器会报出被测光源的色容差有多少SDCM,如其值小于5,人眼还感觉不明显,所以IEC中规定灯的色坐标不得偏离目标坐标值(x,y)5个SDCM,也就是说灯的光色坐标都应该在规定的椭圆内。

对于荧光灯,国标GB/T 17262—1998单端荧光灯性能要求,其进圈数据见表1－5。据此可在色度圈上画出如图1－15所示的白光色容差小于或等于5的椭圆圈。

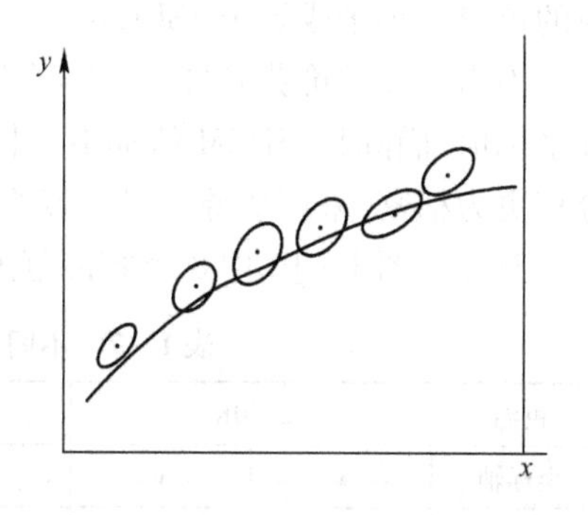

图1－15　按表1－5参数画的椭圆圈

能源之星(ANSI)提出了LED标准色温容差系统——四边形容差系统,比之处理紧凑型荧光灯的CIE 1931色度图中的麦克亚当椭圆方法,可认为是相似处理,借助的是LED原先已采用的分级的方法,如图1－16所示,显示出8个CCT的四边形。

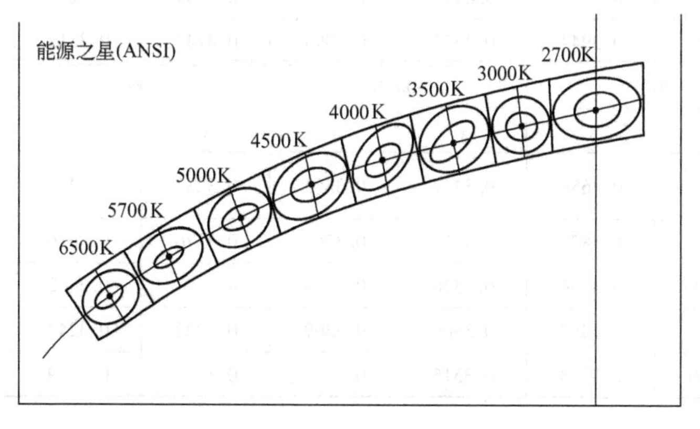

图1－16　CIE 1931色度图中显示的8个四边形
(能源之星标准5步与7步图)

能源之星(ANSI)指定了8个色容差色区的标准中心点位置,见表1-6。

表1-6 能源之星(ANSI)色容差色区标准中心点

标准点	x	y
6500K	0.3123	0.3282
5700K	0.3287	0.3417
5000K	0.3447	0.3553
4500K	0.3611	0.3858
4000K	0.3818	0.3797
3500K	0.4073	0.3917
3000K	0.4338	0.4030
2700K	0.4578	0.4101

这8个标准中心点都在CIE 1931色度图的完全辐射体色度轨迹线上。

在行业标准水平中,能源之星ANSI C78.376的色容差小于或等于7SDCM;欧盟IEC 60081的色容差小于或等于7SDCM;欧盟ERP指令1194/2012的色容差小于或等于6SDCM;国标GB 10682—2002的色容差小于或等于5SDCM;国标GB 24823—2009普通照明用LED模块的色容差小于或等于7SDCM。

因为以前评价荧光灯的色容差和现在评价LED的能源之星标准的色容差不仅所取的目标坐标值、椭圆数、SDCM值都不一样,加之目前LED均使用四边形色区自动检测分挡,而且分挡更为精密,采用能源之星色容差标准较为适当和方便。

对应于图1-16中8个容许范围四边形色坐标的x、y值见表1-7。

表1-7 不同色温下的光色容许范围四边形的坐标值

色温	2700K		3000K		3500K		4000K	
坐标轴	x	y	x	y	x	y	x	y
中心点色坐标	0.4578	0.4101	0.4338	0.4030	0.4073	0.3917	0.3818	0.3797
容许范围色坐标	0.4813	0.4319	0.4562	0.4260	0.4299	0.4165	0.4006	0.4044
	0.4562	0.4260	0.4299	0.4165	0.3996	0.4015	0.3736	0.3874
	0.4373	0.3893	0.4147	0.3814	0.3889	0.3690	0.3670	0.3578
	0.4593	0.3944	0.4373	0.3893	0.4147	0.3814	0.3898	0.3716
色温	4500K		5000K		5700K		6500K	
坐标轴	x	y	x	y	x	y	x	y
中心点色坐标	0.3611	0.3658	0.3447	0.3553	0.3287	0.3417	0.3123	0.3282
容许范围色坐标	0.3736	0.3874	0.3551	0.3760	0.3376	0.3616	0.3205	0.3481
	0.3548	0.3736	0.3376	0.3616	0.3207	0.3462	0.3028	0.3304
	0.3512	0.3465	0.3366	0.3369	0.3222	0.3243	0.3068	0.3113
	0.3670	0.3578	0.3515	0.3487	0.3366	0.3369	0.3221	0.3261

第2章 光源

日出而作，日落而息。自有人类以来，在漫长的历史长河中，人类受照明条件的制约安排生活、工作、休息等一切活动。即使有了火的照明，乃至蜡烛、油灯，仍基本上限制了人们在夜间的生活和活动。爱迪生于1879年发明白炽灯，才结束了人类"黑暗"的历史。随着科学技术的发展，其后又研发生产了荧光灯、高强度气体放电灯，并投入大量使用。从人造卫星拍摄的夜间地球照片上我们可以看出，地球上比较发达地区是一片光明，而仍有相当一部分地区是一片黑暗，如何使地球上有人的地方夜间都亮起来，仍是一个重要任务。

2.1 自然光源

2.1.1 太阳

太阳是最重要的天然光源。到达地球表面的太阳光，是通过几乎处于真空状态的宇宙，以电磁波的形式传播过来的。假如考虑地球和太阳之间平均距离为一亿五千万公里，太阳光在地球表面就几乎是平行光。太阳光谱具有很宽的范围，但进入大气层后，从X射线到宇宙射线的高能粒子因散射而损失掉，到达地球表面的直射光部分具有与约5700K的黑体辐射能谱几乎一致的连续光谱分布，如图2-1所示。

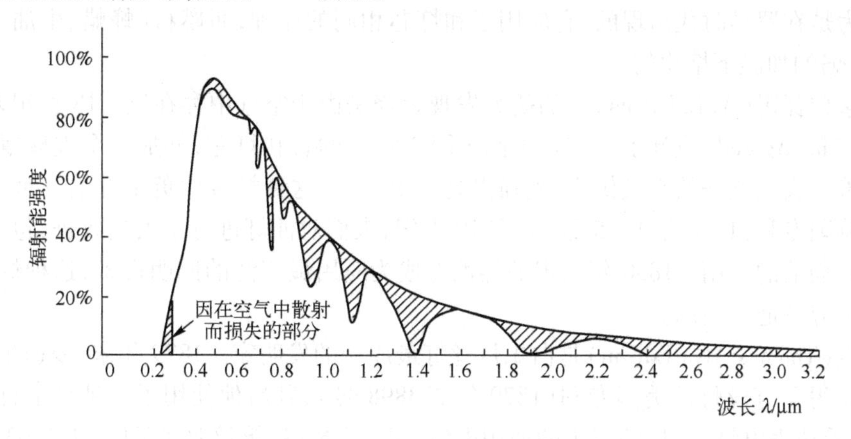

图2-1 地球表面的太阳光谱分布

在地球表面上，太阳光在500nm处达到极大值，紫外部分只延伸到290nm，即地球大气上层的臭氧强烈吸收的区域。

单位时间内从太阳表面辐射出来的能量换算成电能后可推断为3.8×10^{23}kW左右。到达地球大气层附近的辐射能量密度为1.395kW/m^2左右，这个值称为太阳常数(Solar Constant)，是由人造卫星实测得到的。到达地球的总辐射能即为太阳常数与地球的投影面积的乘积,计算值为 177×10^{12}kW。其中又有30%以光的形式再次被反射到宇宙中去,约有70%的太阳辐射能到达地球表面。地球表面太阳辐射能量密度为86~100mW/cm^2。

太阳光通过大气层时,一部分被尘埃、水蒸气和其他的悬浮粒子所散射,散射与云层一起作用形成了天空光。

在照明工程设计中,充分利用太阳光、天空光是创造舒适环境和节约能源的重要措施。日光的缺点是不稳定,会因天气的晴、阴、雨、雪的变化而出现强弱、明暗的变动。

2.1.2 月亮和行星

月亮和行星作为天体辐射源,仅仅是反射太阳的辐射,因此它们给出的光几乎(但不完全)与太阳的相同,产生5900K的辐射,但弱得多,而且有满月、弦月之分,所以对照明来说,利用价值极低。

2.2 人工光源

2.2.1 人工光源的发明与发展

火是人工照明的第一个光源,50万年以前,人类已经广泛地使用火作为照明光源了,人们举起燃烧的木头,就成为现在还有人使用的火把。

接着的史前发明是在熔化的油脂中燃烧纤维。这个发明诞生了灯芯,它是具有毛细作用的一束线,使燃料上升进入火焰中,它改善了以热发光为基础的照明效率。灯芯和蜡烛芯成为油灯和蜡烛的关键部件。那时的灯是一个浸有灯芯的浅容器,考古证明石制的灯在三万到七万年前开始使用,其后贝壳、陶器和金属的灯出现了,但是发光过程并没有本质上的改变。蜡烛通常认为是在罗马时代出现的,它应用了和灯芯相同的原理,而燃料(蜂蜡、牛油,后来是石蜡)是在火焰的加温下熔化的。

化学家拉瓦锡(A. L. Lavoisier)的研究发现燃烧是由于空气中存在氧。18世纪末,日内瓦的阿格兰(Ami Agrand)设计了具有置于两个同心管中的管状灯芯,外加一个玻璃罩的灯。这种设计改善了火焰燃烧的空气供应,光强提高了10倍。这种灯曾向英王乔治三世演示,并获得了一项英国专利(1784年1425号)。在19世纪,人们对油灯进行了大量改进,包括灯芯、灯头设计和矿物油的应用。1850年出现的煤油灯成为应用最广泛的照明设备,这种灯至今仍在没有电力供应的地区使用。

爱迪生(Thomas Alva Edison)是白炽灯丝灯最成功的发明家。1879年末,爱迪生演示了他的装置并获得了灯丝灯的美国专利(1879年223898号),其后他使用了一种日本竹的碳化纤维,成立了爱迪生电灯公司(即后来的通用电气,GE)。最终,钨丝取代了碳,于1903年完成了白炽灯的基本形式(A. Just, F. Hanaman,德国专利,1903年154262号)。

休伊特(Peter Cooper Hewitt)获得了汞蒸气灯的专利。1938年,通用电气和西屋电气公司将新型彩色和白色荧光灯投入市场,这种灯就是在内壁涂有荧光粉的低压汞蒸气放电灯,汞的紫外发射激发光致发光。最早的荧光粉是天然矿物,其后被合成的无机材料所替代,从1948年起,通用的白色荧光灯用荧光粉是 Sb^{3+} 和 Mn^{2+} 激活的卤磷酸钙 $Ca_5(PO_4)_3(F,Cl)$。荧光灯效率可达白炽灯的几倍,但缺点也是很明显的,它含有污染环境的汞,汞进入人体内难以排出,具有积累效应。

20世纪90年代末,照明界深感有必要开发新世纪照明光源,全力研制21世纪新光源。在欧洲召开专门会议制订了计划,世界上著名电光源公司如Philips、Osram和GE公司以及欧洲有关大学、研究所均参与并开始实施。主要目标是:①研究高效、节能、新颖光源;②研究照明工业新概念、新材料,防止使用有害于环境的材料;③设计模拟自然光的理想白色光源,显色指数接近100。

发明于1962年的半导体发光二极管经过30年的发展,其发光效率大幅度提高,每10年提高10倍,30年提高了1000多倍,超过了当时的白炽灯。美国HP公司的哈兹(R. Haitz)等人于1999年10月6日发表文章提出,半导体已在电子学方面完成了一场革命,第二场将在照明领域发生。他们预计,到2020年左右,半导体照明光源的效率有可能达到200lm/W,超过其他电光源,且能符合上述目标。接着在国际范围内掀起了竞相成立LED照明公司的热潮。三大照明公司都与半导体发光器件行业中的佼佼者成立合资的半导体照明公司,Philips照明公司与HP Agilent公司成立Lumileds Lighting公司,Osram公司与西门子光电子部门成立Osram光电子公司,GE公司与Emcore公司成立Gelcore公司,均投入大量人力和财力加紧进行研发工作,目标是使LED成为21世纪新光源。

实现这一目标的实际意义是可以减少用于照明的全球电量的50%,即减少全球总电能消耗的10%,全球节电每年达1000亿美元;相应地节省照明灯具开支1000亿美元(其中相应的光源开支为200亿美元);还可免去超过125GW的发电容量,节省开支500亿美元。以上合计节支2500亿美元,并可减少二氧化碳、二氧化硫等污染废气排放3.5亿吨。

2.2.2 白炽灯

19世纪末发明的白炽灯是利用热辐射原理制成的第一代人工照明光源。其灯丝用钨做成,它熔点高(3683K)、蒸发率很低、机械性能好、加工容易。为减少钨丝与灯中填充气体的热交换,从而减少由于热传导所引起的热损失,常将直线钨丝绕成螺旋状。采用双重螺旋灯丝的白炽灯,发光效率更高。

芯柱由铅玻璃制成,它有较好的绝缘性,还能很好地与电导丝进行真空气密封接。电导丝由3部分组成,上面的部分即内导丝,用以与灯丝焊接;中间部分是杜美丝,与铅玻璃进行气密封接;下部称外导丝,熔点较低,可起熔丝的作用。

为了减少灯丝的蒸发,从而提高灯丝的寿命,必须在灯泡中充入合适的惰性气体。一般采用氩氮混合气,氮的作用是防止灯泡产生放电。混合气的比例依工作电压、灯丝温度和导丝之间距离而定。也可用氪取代氩,不仅提高寿命,还可提高发光效率。

灯头是白炽灯电连接和机械连接部分,主要有插口灯头和螺口灯头两种。

白炽灯的发光效率在8~15lm/W,100W以上可达15lm/W,100W以下功率越小发光效率越低。这与其热辐射发光的本质有关。在复杂的设计中,为提高发光效率,用红外反射膜把长波辐射反射回灯丝,使它保持更高的温度。

引起白炽灯失效的主要原因是灯丝蒸发消耗钨。由于几何结构的不均匀性灯丝会存在“热点”,此高温点往往是最易损坏之处。白炽灯的典型寿命是1000~2000h。高寿命的措施如加粗钨丝等方法虽然有一定效果,但都是以损失发光效率为代价的。可以说,寿命和发光效率是白炽灯的基本矛盾。白炽灯的发光效率之所以很低,主要是由于它的大部分能量都变成红外辐射,可见光辐射所占的比例很小,一般不到10%。

白炽灯色温较低,约为2800K,与6000K的太阳光相比,白炽灯的光线带黄色,显得温暖。它的辐射覆盖了整个可见光区,在人工光源中,它的显色性是最好的,显色指数 $R_a = 100$。

白炽灯可以进行调光,没有限制。调光灯的灯丝工作温度降低,从而使光的色温降低,灯的发光效率降低,但寿命延长。当电源电压变化时,白炽灯的工作特性会发生变化。例如,当电源电压升高时,灯的工作电流和功率增大,灯丝工作温度升高,发光效率和光通量增加,寿命缩短。

白炽灯的寿命一般是指平均寿命,即足够数量的同一批寿命试验灯的全寿命的算术平均值。

2.2.3 卤钨灯

对白炽灯来说,钨丝的蒸发是不可避免的,如果能让蒸发出来的钨又重新回到钨丝上,这样钨丝的温度,也就是灯的发光效率可以大大提高,泡壳也不会发黑,灯的寿命不会因为发光效率的升高而下降,卤素正好能实现这个功能。早在1882年,就有一项专利阐述了利用氯元素来减慢泡壳发黑速度的化学输运循环。第二年,就有人进行试验,成功地减慢了白炽灯壳的黑化率。但由于控制较难,这一原理长期未得到广泛应用。直到1959年第一个实用型卤钨灯才被成功开发。它是由一根线状灯丝和少量碘一起充入熔融二氧化硅(石英)管构成的。其后,数千种型号和规格的卤钨灯被开发出来,广泛应用于泛光照明、投影、商店橱窗展示等,用以取代普通白炽灯。

卤钨循环的简单解释如下:

$$W + nX \rightleftharpoons WX_n \tag{2-1}$$

式中,X 为所用卤素;W 为钨;n 为原子数。在泡壳附近,蒸发并扩散到泡壳的钨原子和气体中的卤素原子化合成卤化钨,因此,几乎没有钨会聚集在泡壁上,泡壳温度必须足够高以保持卤化物为气态,而最低泡壳温度是由所含的卤化物的分解温度决定的,即泡壳温度不能达到卤化物的分解温度。

泡壳处的卤化物浓度最高,它们会向灯泡的中心扩散,直到它们在靠近高温灯丝的地方热分解,而分解产生的钨原子沉积在灯丝或支架上,这样一个卤钨循环的动态平衡建立起来了。这个输运过程使灯泡壁上钨的量几乎为零,增加了灯丝上钨的量。结果,灯丝温度可达3450K,发光效率也相应得到改善,而灯的寿命也得到相应延长。

为了使管壁处生成的卤化钨处于气态,卤钨灯的管壁温度要比普通白炽灯高得多(250℃)。所以卤钨灯的泡壳尺寸要小得多,必须用耐高温的石英制成或用硬质玻璃制成。因为没有金属与石英的低膨胀系数相匹配,通常是将熔融的灯泡压在钼箔上制成气密封接。

卤素(碘、溴、氯和氟)通常以卤代烃(如 CH_3Br)的形式引入作为卤钨循环剂。碘钨灯寿命相对长些,而溴钨灯的发光效率相对高些。

卤钨灯的失效机理和传统的白炽灯类似。但是一般来说在同样发光效率下卤钨灯的寿命至少是白炽灯的2倍,或者在同样寿命下有较高的发光效率。卤钨灯分为单端和双端两种,两者都可以采用红外反射膜来提高发光效率,一般可提高15%~20%。

一般照明用的卤钨灯的色温为 2800 ~ 3200K,较白炽灯光色更为白一些,色调也稍冷一些,其显色性特别好,一般 $R_a = 100$。

对卤钨灯也可以调光。对于低压卤钨灯,可选用常规的电感变压器,但调光范围会受到限制,若选用电子变压器,调光范围可以扩大,但不能太暗,因为降低温度会中止卤素循环。

卤钨灯是一种方便、紧凑、不闪烁的强光光源,广泛应用于泛光灯、汽车前灯、照相和电视工作室照明,甚至也用于居室照明的局部照明。

2.2.4 荧光灯

由放电产生的紫外辐射激发荧光粉而发光的放电灯,称为荧光灯。它是一种低电压汞蒸气弧光放电灯。由于具有高于白炽灯许多倍的发光效率,得到广泛应用,被人们称为第二代人工光源。

荧光灯通常为长管状,两端各封有一个电极。灯内含有低气压的汞蒸气和少量的惰性气体。灯管的内壁涂有荧光粉层。灯内的低气压汞蒸气放电将 60% 左右的输入电能转变成波长为 253.7nm 的紫外辐射,照射到荧光粉涂层上,被荧光材料所吸收,其中一部分转化为可见光并释放出来。一个典型的荧光灯发出的可见光,大约相当于输入到灯内总能量的 28%。其光电性能主要取决于灯管的几何尺寸,即长度和直径、填充气体和压强、涂敷荧光粉以及制造工艺。

荧光灯可分为以下几类。

(1) 直管型

直管型荧光灯的标准化尺寸和额定功率已在 IEC81(1984)文件中作了明确规定。直径可以分为 T_5、T_6、T_8 和 T_{12} 等。T 下数字表示直径为多少个 1/8 英寸(3.175mm),例如,T_8 表示灯管直径为 1 英寸(1 英寸 =2.54cm),T_{12} 表示灯管直径为 1.5 英寸。在 20 世纪 90 年代中期又生产设计了 T_5(ϕ16mm)荧光灯,并将原来使用的卤磷酸钙荧光粉改用稀土三基色荧光粉,进一步提高了发光效率,比 T_8 节电 20%,显色指数也从原来的 50 ~ 70 提高到 80 ~ 85,灯管的平均寿命也提高到了 8000 ~ 10000h。

(2) 环形荧光灯

环形荧光灯管径为 29mm,它的功率和环形尺寸有 20W(ϕ227mm)、30W(ϕ308mm)、40W(ϕ397mm)。近年来又有生产管径为 16mm 的 T_5 环形灯管,它又分为两类:高发光效率型和高光通型,据介绍高发光效率型耗电比 T_9 环形荧光灯节省 10% 左右;高光通型的光通量比 T_9 环形荧光灯提高 30% 左右。

(3) 高光通单端荧光灯

单端荧光灯是一种具有单灯头的装有内启动装置或使用外启动装置并连接在外电路上工作的荧光灯。此类荧光灯长度仅为直管型的一半,不仅结构紧凑,并且由于采用稀土三基色荧光粉,光通量、发光效率均高,维持率也好。这种灯单端接线,布线简单方便,其灯管直径为 20mm,相当于 T_6。

(4) 紧凑型荧光灯

紧凑型荧光灯是以其形状非常紧凑而得名的,通常管径较细,在 20mm 以下。通常有四种:H 形、U 形、螺旋形和球形,一般都是单端型。由于比较节电,又称节能灯。

它的管径有 ϕ7mm、ϕ9mm、ϕ12mm、ϕ14mm、ϕ16mm、ϕ20mm 等,其功率为 3 ~ 120W,各种

规格,应有尽有。

一般整灯发光效率可达 65 ~ 70lm/W,优质的球形荧光灯整灯发光效率可达 75 ~ 80lm/W,平均寿命为 8000 ~ 10000h。

球形荧光灯可克服普通节能灯的内侧管壁光直接利用率低和管壁温度偏高的缺点。当球形灯的管径为 16.5mm,球外径为 132mm 时,发光直接利用率可达 80%。当 4U 灯管径为 16.5mm,外径为 70mm 时,发光直接利用率仅为 48%,螺旋灯的发光直接利用率为 47% 左右。球形灯功率为 13 ~ 110W。

(5) 无极荧光灯

无极荧光灯又称为电磁感应荧光灯。它由高频发生器、功率耦合线圈和无极荧光灯管组成。由于没有电极,所以寿命较长,是一般荧光灯的几倍。目前生产的无极荧光灯功率范围在 20 ~ 200W。

荧光灯的驱动电路主要有电感式镇流器和电子式镇流器两种。电感式镇流器优点明显,性能稳定可靠,价格低,但缺点同样突出,功率因数低、功率损耗大。其功率因数仅为 0.4 ~ 0.5。而电子式镇流器功率因数一般可达 0.9 以上。

通常要求照明设备校正后的功率因数不小于 0.85,要求高的场合需达到 0.9 以上。对于低于 30W 的照明电路,一般可以不校正,故而市场上 26W 以下的荧光灯,多数低功率因数,只有 0.5 左右。

荧光灯的失效通常是由阴极劣化所决定的,寿命在 5000 ~ 24000h。由于荧光灯的劣化,寿命结束时,灯的光输出降到初始值的 70% ~80%。

荧光灯的寿命认定是根据 IEC81.1984 规定进行测试的,即足够数量的一批荧光灯用特制的镇流器点灯,每 3h 开关一次,每天开关 8 次,直到 50% 的灯管损坏的时间就是该批荧光灯的寿命。

和所有的放电灯一样,荧光灯中含有汞。欧洲一些国家已对每只荧光灯中的汞量进行限制,并要求生产厂负责收集和循环利用废灯管,但实际上这是一个很麻烦的事,需要全国性和国际性的基层设施。

在工业化的国家,荧光灯提供了最主要的人工照明。在工业、商业建筑物和学校以及办公室和家居中,荧光灯占据了统治地位。

2.2.5 低压钠灯

低压钠灯是另一种低压放电光源,与荧光灯的汞蒸气放电不同,它是钠蒸气放电。低压钠灯内填充了钠金属和少量 Ne 和 Ar 混合的惰性气体,Na 原子在放电时受到激发和电离,当受激 Na 原子从激发态跃迁回基态时,将在 589.0nm 和 589.6nm 波长位置产生共振辐射,这两根谱线被称为钠的双黄线或 D 线。由于该辐射位于人眼明视觉光谱光视曲线的峰值附近,因此低压钠灯具有很高的发光效率,其发光效率是目前所有人造光源中最高的,达 200lm/W。

低压钠灯的设计以一个抗钠复合玻璃制成的 U 形电弧管为基体。电弧管的外表面微凹,使钠均匀分布。在工作温度下,钠蒸气压保持在 0.7 ~ 1Pa。阴极靠离子轰击加热到电子发射温度。为减少热损失,电弧管封装在一个外套管中,两管之间抽真空并放入吸气剂,在灯的使用寿命内维持真空度。外套管的内壁镀有反射红外线的氧化铟膜。开灯时,氖开始放电,加热 10 ~ 15min 后,钠蒸气达到最佳值。

低压钠灯的标称功率是 18 ~ 180W,光输出是 1800 ~ 33000lm。失效主要是由于阴极劣化,典型寿命值为 14000 ~ 18000h。

其主要缺点是显色性差,显色指数 $R_a = -44$。另一个缺点是预热时间长。这些缺点使得低压钠灯仅应用于部分道路照明和安全照明。

2.2.6 高压放电灯

高压放电和低压放电在物理上的不同在于,在高压放电中,由于高的弹性碰撞速率,原子和离子这些重粒子被加热到几乎和电子一样的温度。在 101325Pa 左右的压力下,等离子体的温度在 4000 ~ 6000K。由于和周围壁的相互作用,电弧中建立了一个径向温度梯度。大部分光是在电弧的中心部分产生的。然而由于温度梯度,热从中心流出,使辐射效率降低到大约60%。高气压引起谱线碰撞宽化,产生的宽发射带大大改善了光的显色性。

高压放电灯(HID 灯)的灯体是一个带有固定电极的电弧管,为降低热损失,电弧管装在一个外套管中。灯的供电装置包括一个镇流器和能在高气压下开始放电的高压点火器。高压放电灯的结构类似,主要有汞灯、高压钠灯和金属卤化物灯三类。

(1) 汞灯

汞蒸气放电仅在高压下才能有效地发射可见光。在 0.2 ~ 1MPa 下,发射光谱移向宽的长波谱线(405nm、436nm、546nm 和 578nm)且含有连续发射的本底。其放电管采用熔融石英管制成,以允许在高温、高压下工作,以获得高的发光效率。管中有一定量的汞。电极用掺入电子发射材料的钨制成。为了加速启动,维持氩气压在 2400 ~ 4800Pa 并引入辅助电极。把软化的石英压在钼箔上实现气密性封装。外套管一般用硼硅玻璃,充入氮气或氮氩混合气体防止内部结构氧化并抑制内部放电。

透明的汞灯由于红光不足显色性能极差($R_a = 16$)。改善办法是在外套管的内壁上涂敷能受紫外线激发产生红光的荧光粉,典型材料是铕激活的钒酸钇,可将显色指数提高到 50,并提高发光效率。

高压汞灯开始工作时,电压加在两个主电极和主电极与辅助电极之间,由于辅助电极与同端主电极距离很近,两者之间就产生辉光放电,并向主电极之间的弧光放电过渡。随着放电产生的热量使管壁温度上升,汞逐渐气化使蒸气压上升,开始时的蓝色低气压放电逐渐过渡到高气压放电,长波长的辐射增多,而且产生一些连续发射,光色逐渐变白;当汞全部蒸发后,放电管电压稳定,就成为稳定的高压汞蒸气放电,这一过程需要 4 ~ 10min。

在汞灯中,消耗的能量一半以上变成了热量,发光效率 45 ~ 1000W 的是 20 ~ 50lm/W。汞灯的失效一般都是由于电极不再发射电子,汞灯的寿命可达 24000h。由于光输出逐渐降低,汞灯通常使用 8000 ~ 10000h 就要更换。汞灯主要用于道路照明,作为钠灯的补充。显色性能改善的汞灯也可用于商场和广场照明。

(2) 高压钠灯

高压钠灯是利用高气压钠蒸气放电来发光的。其研制成功是因为制造出了适合作为高压钠灯电弧管的多晶氧化铝陶瓷材料,它是半透明的,能承受高温下钠的侵蚀。低气压的钠蒸气放电,有近 85% 的辐射能量集中于近乎单色光的双 D 线。提高钠蒸气压到 7000Pa 左右时,谐振谱线 D 线放宽,灯的显色性得到明显的改善,R_a 达到 20 ~ 25,发光效率降至 100lm/W 左右。提高钠蒸气压,可使 R_a 达到 60 甚至更高,但发光效率会进一步下降,寿命也会缩短。高压钠灯的典型寿命为24000h,失效原因是电弧管部件劣化。高压钠灯的显色性能较低压钠灯有较大改善,但对于道路照明以外的其他应用来说仍然太低。

高压钠灯主要用于道路照明,道路照明的亮度环境是0.1~3cd/m^2,属于人眼的中间视觉范围(10^{-2}~10cd/m^2)。由于人眼的视感曲线从明视觉向暗视觉过渡时,会出现向短波长方向移动的现象,所以实际发光效率还会下降,这是在与全光谱的白光光源作实际发光效率比较时必须考虑的。

(3) 金属卤化物灯

金属卤化物灯是在放电管内添加金属卤化物,使金属原子或分子参与放电而发出可见光。调配金属卤化物的成分和配比,可以得到全光谱(白光)的光源。

其电弧管目前大部分采用石英制成,为了提高电弧管的冷端温度,在电极周围的泡壳区域涂以白色的氧化锆红外反射层。单端的金属卤化物灯的外套壳也由硬质玻璃制成。外套壳的形状有管状的,也有椭球形的,前者是透明管,后者是涂有荧光粉的。单端灯一般采用E40螺口灯头,也可采用双插脚灯头。双端灯则有的没有外壳,有的用石英做外壳。椭球外壳内壁所涂的荧光粉可将放电产生的紫外线转换成可见光。

电弧管中充入惰性气体(氩、氖、氖-氩、氪-氩)和精确定量的汞,以及适量的金属卤化物。

金属卤化物灯的蒸气扩散到电弧弧心时,在高温作用下分解成金属原子和卤素原子,金属原子辐射出所需要的光谱,以改善高压汞灯的光谱并能提高发光效率。当金属和卤素原子扩散到电弧外围的管壁区域时,两者又复合成金属卤化物。扩散→分解→扩散→分解这样的循环过程,在灯中不断地重复进行。其光谱主要由添加的金属辐射的光谱所决定,汞的辐射谱线的贡献很小。根据辐射光谱的特性,金属卤化物灯可以分成以下四类:

① 选择几种发出强线光谱的金属卤化物,将它们加在一起,得到白色的光源,如钠-铊-铟灯。

② 利用在可见光区能发射大量密集线光谱的稀土金属,得到类似日光的白光,如镝灯。

③ 利用超高气压的金属蒸气放电或分子发光产生连续辐射,获得白色的光,如超高压铟灯和锡灯。

④ 利用具有很强的近乎单色辐射的金属,产生色纯度很高的光,如铊灯产生绿光,铟灯产生蓝光。

最近开发了一种采用半透明陶瓷作为电弧管的金属卤化物灯。由于陶瓷能耐更高的温度,化学性质极其稳定,因而制成的金卤灯不仅发光效率更高、光色更好,而且颜色稳定,灯的寿命更长。小功率陶瓷金卤灯发光效率可达90~95lm/W,显色指数$R_a=94$,平均寿命9000~15000h。中功率陶瓷金卤灯有250W和400W,发光效率100lm/W左右,显色指数$R_a=90$,寿命达20000h。它们可以在商店作为一般照明和重点照明,也可进入办公室照明和家居照明,另一种应用是汽车前照灯。

2.2.7 无电极放电灯

各类放电灯失效的主要原因都是电极劣化。无电极放电早在100年前就发明了,但只是到最近才得到使用。无电极放电主要是由电感或微波辐射激发的。

无电极电感灯应用了灯中的等离子体和电感线圈的磁耦合。气体最初的击穿是加在线圈上的电压引起的,击穿后靠分布电容维持。放电开始后,电弧在线圈周围形成了一个环。在高于 1MHz 频率下能获得较高的耦合系数。通常,灯泡中装有一个电感为 10μH 的铁氧体芯线圈。灯泡内充有惰性气体,并且有一个汞源。为将汞的紫外辐射转换为可见光,灯泡内壁涂敷荧光粉。目前制成的无极电感灯一般在 23 ~ 85W,发光效率为 47 ~ 71lm/W,显色指数 $R_a=80$,寿命可长至 100000h。

硫灯是另一类无电极放电灯,它利用微波驱动硫蒸气放电。利用微波硫等离子体辐射可见光的新机理,将充有硫元素和氩气的石英泡壳,在频率为 2.45GHz 微波能量的驱动下,通过硫分子的跃迁,实现连续可见光谱的辐射。其发射光谱接近太阳光谱。

硫灯结构无电极,寿命较长,可达 30000 ~ 40000h,发光效率较高,大于 91lm/W,显色指数 $R_a=83$。

目前小功率的 100W 微波硫灯也已制成,它是唯一无汞的放电型白色光源,适用于许多大面积照明应用,如仓库、飞机库、停车场、会议厅、广场等。

2.2.8 发光二极管

发光二极管是一种半导体二极管,它能将电能转化成光能。电能造成比热平衡时更多的电子和空穴,与此同时,由于复合而减少电子和空穴,造成新的热平衡,在复合过程中,能量以光的形式放出。发光二极管的实质性结构是半导体 pn 结,它通常是指在一种导电类型的晶体上以扩散、离子注入或生长的方法产生另一种导电类型的薄层来制得的。

小功率发光二极管是在支架上以银浆黏结具有 pn 结的芯片,外加环氧树脂封帽,它的作用一是保护芯片和引线,二是可起到透镜的作用,以决定光束角的大小。大于 1W 输出功率的称功率发光二极管,为了加强散热功能,将较大的芯片(如 1mm × 1mm)采用合金固晶工艺固定在金属或导热陶瓷基板上,再以透明硅胶进行封装。

发光二极管作为一种新颖的半导体光源,其特点如下。

(1) 节能

LED 能耗较小,随着技术进步,它将成为一种新型的节能照明光源,目前白光功率 LED 的发光效率已经达到 161lm/W,商品也已达到 100lm/W,超过了荧光灯的平均水平,远远高于白炽灯和卤钨灯的发光效率。预计到 2020 年,白光 LED 的发光效率将达到或超过 200lm/W,即超过所有传统光源。LED 的理论发光效率可达到 300lm/W。

(2) 环保

现在广泛使用的荧光灯、节能灯以及汞灯、金卤灯等电光源中都含有危害人体的汞,而且是积累性的,较难排出。这些光源的生产过程和废弃的灯管都会对环境造成污染,LED 则没有这些问题。LED 的可见发射光不含有紫外及红外光,是一种“清洁”光源。此外由于节能,可减少二氧化碳、二氧化硫以及氮氧化物等有害气体排放。

(3) 美化生活

发光二极管已能发出各种颜色的光,而且发光效率很高,加上先进的驱动和控制技术,可以得到五光十色、鲜艳、灵动的各种效果,景观照明得到了空前的发展,正向人性化、智能化和艺术化方向前进。

(4) 寿命长

LED 的使用寿命可以长达 50000 ~ 100000h,传统光源在这方面无法与之相比。白炽灯的使用寿命为 1000h,荧光灯、金卤灯的使用寿命为 10000h,高压钠灯的使用寿命为 20000h。而且从照明成本来讲,不仅要考虑一段时间内的光源消耗量问题,还要考虑一些维护和换灯困难的场合,采用 LED 作为光源将大大降低人工费用。

(5) 启动时间短

LED 的响应时间只有几十纳秒。白炽灯的响应时间为零点几秒,气体放电灯从启动到光辐射稳定输出,需要的时间为几十秒至十几分钟。在一些需要快速响应或高速运动的场合,应用 LED 作为光源是很合适的。

(6) 结构牢固

LED 是一种全固态的光源,其结构中不含玻璃、灯丝等易损坏的部件,所以耐振动、抗冲击,不易损坏。这一特性使它可以用于条件苛刻和恶劣的环境。

(7) 发光体接近点光源

这给灯具设计的二次配光带来许多方便。

(8) 可以做成薄型灯具

传统光源一般都是向光源的四面八方发射,设计成灯具时为了提高光线利用率,往往用反射器收集光线并向需要的方向照射,反射器与光源之间有一定的距离,而反射器又有一定的曲率,因此灯具就有相当的厚度。而发光二极管的方向性很强,很多情况下只需用透镜将其发出的光线进行准直、偏折,而不需要使用反射器,这样设计的灯具厚度较小,可以做成薄型美观的灯具,尤其适合于没有太多灯具安装空间的场合。

发光二极管不仅可以用作指示灯、显示光源和信号光源,而且可以取代白炽灯、荧光灯、钠灯等用于通用照明。人们认为 LED 是继白炽灯、放电灯光源之后的第三代电光源,也称之为 21 世纪新光源。

2.2.9 照明的经济核算

表 2-1 总结了各种光源的重要数据。从经济的角度看,不同光源产生光的价格是一个很有意义的问题。

表 2-1 主要光源的技术指标

光 源 种 类	发光效率/(lm/W)	显色指数(R_a)	色温/K	平均寿命/h	1Mlm · h/美元
白炽灯	15	100	2800	1000	7.4
卤钨灯	25	100	3000	2000	12
普通荧光灯	70	70	全系列	10000	1.2
三基色荧光灯	93	80~98	全系列	12000	1.6
节能灯	60	85	全系列	8000	3.9
金属卤化物灯	75~95	65~92	3000~5600	6000~20000	2.0
高压钠灯	80~120	23/60/85	1950/2200/2500	24000	1.3
低压钠灯	200	-44	1750	28000	1.6
高频无极灯	50~70	85	3000~4000	40000~80000	2.0
LED(2008 年)	100~161	75~90	2700~7000	50000	1.8
LED(2020 年)	200	80~100	2700~7000	100000	0.48

光的价格可以由灯的价格和消耗的电的价格除以整个寿命中产生的流明数来粗略估计。这样，1Mlm · h 的价格为

$$C_{1\mathrm{Mlm\cdot h}} = 10^6 \frac{C'_{\mathrm{L}}}{p_{\mathrm{L}}\tau_{\mathrm{L}}\eta'_{\mathrm{L}}} + 10^3 \frac{C_{1\mathrm{kW\cdot h}}}{\eta'_{\mathrm{L}}} \tag{2-2}$$

式中，C'_{L} 为考虑外电路价格(如果所考虑的灯需要外电路)修正的灯的价格；$C_{1\mathrm{kW\cdot h}}$为每千瓦时的电价；η'_{L} 为考虑镇流器损耗后的发光效率；P_{L} 和 τ_{L} 分别为灯的额定功率和寿命。式(2-2) 右边的第一项考虑灯的价格，第二项表示 1Mlm · h 耗电的价格。应该说明的是，在式(2-2)中没有考虑维护和处理含汞废灯的费用。

表 2-1 最右边的一列是估计的结果。外部镇流器价格引起的修正占总价格的 25%，启辉器的价格忽略。外镇流器的损耗大约是灯额定功率的 20%。电价以 1kW · h 0.10 美元计算，灯和镇流器价格用出厂价。

从表 2-1 可以看到，价格最低的光是钠灯产生的质量最差的光。对于有高显色性的通用照明光源，荧光灯是价廉物美的。节能灯光的价格是白炽灯光的 1/3 ~ 1/2。白炽灯光是最贵的光，它仍被应用的原因是发射的光有家居照明偏爱的高质量以及诱人的低的灯价。

为了节能减排和保护环境，澳大利亚于 2008 年 2 月宣布一项计划，将在 2010 年前全面禁用白炽灯，预计到 2012 年此举可使澳大利亚每年减少 80 万吨温室气体的排放。欧盟、美国和日本也相继宣布从 2010—2012 年起禁产、禁销、禁用白炽灯的政策。

全球每年耗电量为 1×10^{13}kW · h，其中 21% 用于照明，发光效率提高 1%，每年就能节约 20 亿美元。但是，传统光源的发光原理本质上是耗散型的，效率已难以提高，而新的发光原理的半导体光源呢？能否成为高效新光源呢？

LED 的发明者 Holonyak 在发明的第二年初，即 1963 年 2 月的《读者文摘》杂志上报道说："我们坚信 LED 会发展成实用的白色光源"，接着 Holonyak 作了下述明确的预言："将来的灯可以是铅笔尖大小的一块合金，实用而不易破碎，决不会烧毁，比起今天通用的灯泡来说，转换效率至少大 10 倍。"

第3章 半导体发光材料晶体导论

半导体发光器件的材料主要是Ⅲ-Ⅴ族化合物半导体单晶，例如GaAs、GaP、GaN，或者是三元化合物晶体GaAsP、GaAlAs、InGaN，以及四元化合物晶体InGaAlP、InGaAsP、AlGaAsSb等。本章主要介绍这些晶体的构造、能带结构以及电学特性。这些内容是了解、制造、测试发光材料和应用这些材料制作发光器件的基础。

3.1 晶体结构

自然界物质存在的形态大致可以分为固体、液体、气体三大类。固体又可分为晶体和非晶体。晶体是指由原子、离子、分子或某些基团的重心有规则排列而成的固体。晶体又可分成单晶体和多晶体。单晶是指其内部的原子都是有规则排列的晶体。多晶则不然，从局部看，其原子、离子或分子是有规则排列的，但从总体来看，它又是不规则的。因此可以说，多晶是由单晶组成的。单晶具有比较明显对称的外形，如用作GaAsP外延片衬底的直拉GaAs单晶，〈111〉方向生长的具有三根相互间隔120°的对称分布的棱，而〈100〉方向生长的则是四根相互间隔90°的对称分布的棱，这也是单晶内部原子结构呈有规则排列的反映。

3.1.1 空间点阵

经过长期的研究，在19世纪提出了布拉菲的空间点阵学说，认为晶体的内部结构可以概括为一些相同的点子在空间有规则地做周期性的无限分布，这些点子代表原子、离子、分子或某基团的重心，这些点子的总称为点阵，其结构称为空间点阵。我们把这些点子的位置称为结点，所以点阵中每个结点是与一个结构的一定的基元相对应的。

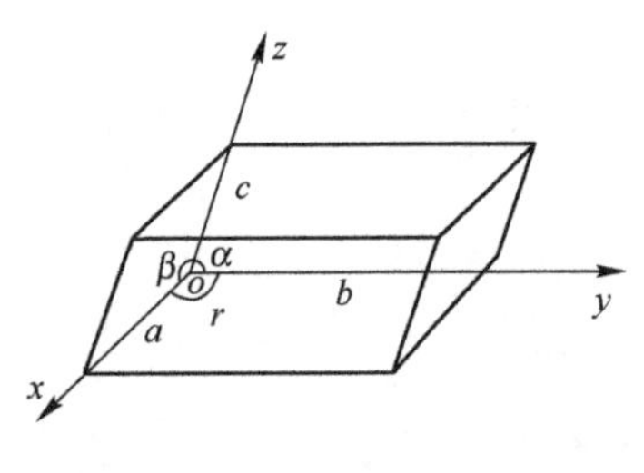

图3-1 晶胞

通过点阵中的结点，可以作许多平行的直线族和平行的晶面族，这样点阵就组成晶格。由于晶格的周期性，可取一个以结点为顶点、边长等于该方向上的周期的平行六面体作为重复单元，称为晶胞，用以表征晶格的特征。这平行六面体的三个棱线叫作晶轴，用x-、y-、z-轴表示，设这些轴方向上的单位原胞矢量用$\boldsymbol{a}$、$\boldsymbol{b}$、$\boldsymbol{c}$表示，三个轴之间的夹角分别以α、β、γ表示。a、b、c为单位原胞矢量$\boldsymbol{a}$、$\boldsymbol{b}$、$\boldsymbol{c}$的长度，称为点阵常数。a、b、c、α、β、γ为原胞的6个参数，如图3-1所示。

对晶体的分析研究表明，晶胞的6个参数，可以将晶体分为7个晶系：

（1）立方（或等轴）晶系　$a=b=c, \alpha=\beta=\gamma=90°$

（2）四方（或正方）晶系　$a=b\neq c, \alpha=\beta=\gamma=90°$

（3）正交晶系　$a\neq b\neq c, \alpha=\beta=\gamma=90°$

(4) 三角(或菱形)晶系　$a=b=c,\alpha=\beta=\gamma\neq 90°$

(5) 六角(或六方)晶系　$a=b\neq c,\alpha=\beta=90°,\gamma=120°$

(6) 单斜晶系　$a\neq b\neq c,\alpha=\gamma=90°\neq\beta$

(7) 三斜晶系　$a\neq b\neq c,\alpha\neq\beta\neq\gamma\neq 90°$

在7个晶系的晶胞中,原子是存在于晶胞的顶点上,但是也可以出现在晶胞的侧面中心、底中心或体中心,把这些情况考虑在内,7个晶系则有简立方、体心立方、面心立方,简正方、体心正方,三角,六角,简正交、面心正交、底心正交、体心正交,简单斜、底心单斜,简三斜共14种空间点阵形式。晶系只是反映晶胞的对称性,而空间点阵形式(又称布拉菲格子)则在晶系的基础上进一步指出原子在晶胞中的确切分布。立方晶系的三种晶胞如图3-2所示。

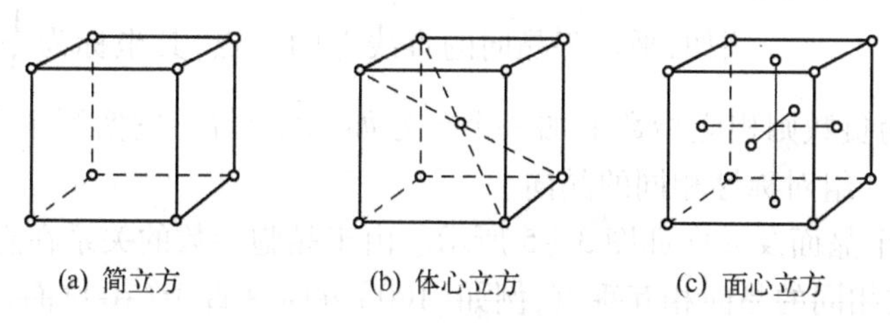

(a) 简立方　(b) 体心立方　(c) 面心立方

图3-2　立方晶系的三种晶胞

半导体材料Ge、Si、GaAs、GaP、GaAsP等的点阵结构属于立方晶系的面心立方结构。

3.1.2　晶面与晶向

通过点阵中若干结点而成的一个平面,称为点阵平面,在晶体中称为晶面。如图3-3中$OA=2a,OB=2b,OC=3c$,ABC即为晶面。

一个晶面通常可以用一种晶面指数来表示,晶面指数又称为密勒(Miller)指数,决定方法如下:

(1) 写出该晶面与$x-y-z-$轴相交的长度(用a、b、c的倍数r、s、t表示),然后取其倒数$\frac{1}{r}$、$\frac{1}{s}$、$\frac{1}{t}$。如图3-3中的A、B、C面$\frac{1}{r}$、$\frac{1}{s}$、$\frac{1}{t}$分别为$\frac{1}{2}$、$\frac{1}{2}$、$\frac{1}{3}$。

(2) 对其通分,取各个分数分母的最小公倍数作为分母。对ABC晶面则为$\frac{3}{6}$、$\frac{3}{6}$、$\frac{2}{6}$。

(3) 取通分后3个分数的分子,作为该晶面的指数,这样ABC面的指数应为332。当泛指某一晶面的指数时一般用hkl来表示。

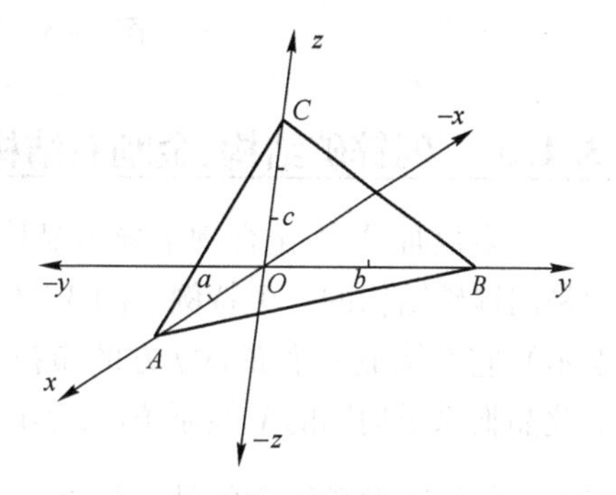

图3-3　晶面

当晶面和一晶轴平行时,则可以认为与该轴在无穷远处相交,而无穷大的倒数为0,所以晶面相应于这个轴的指数为0。例如,某晶面与y轴平行,与x轴和y轴都相交于一个单位长度处,则该晶面指数为101。

如晶面与某一轴的负方向相交,则与相应的指数上加一负号来表示,如$\bar{2}\bar{2}\bar{1}$等。点阵中平行于h、k、l的一族晶面用(hkl)表示,如(101)表示一族晶面。如果有若干个晶面族可以通过对称动作重复出现的等同晶面,则它们的晶面间距和晶面上质点的分布完全相同。如四方晶体晶

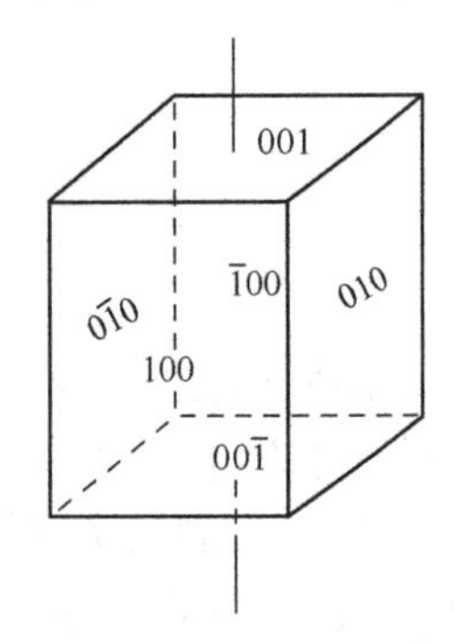

图 3-4 等同晶面构成晶族{100}

胞的一个柱面通过4次对称轴关系形成4个面,如图3-4所示。其指数分别为100、010、$\bar{1}00$、$0\bar{1}0$,这几个晶面构成一个晶族,用{*hkl*}表示。在立方晶系中{100}晶形包括100、010、001、$\bar{1}00$、$0\bar{1}0$、$00\bar{1}$六个晶面。

晶体点阵中任何一个穿过许多结点的直线方向称为晶向,其指数用以下方法求出:

(1) 先作一条平行于该晶向的直线,并通过晶胞原点。

(2) 在该直线上任取一点,求出其在 *x*-、*y*-、*z*-轴上的坐标。

(3) 将这3个坐标值用同一数相乘或相除,化成最小的整数比 *u*、*v*、*w*,则〔*uvw*〕为该晶向的指数。

例如,平行于晶向的直线上的一点,其坐标为$\frac{1}{3}$、$\frac{1}{2}$、$\frac{1}{4}$,则晶向指数为〔463〕。坐标为负数则相应指数上加一个负号如〔$4\bar{6}3$〕等。它实际上表示一族平行的晶向,而〈*uvw*〉则表示一组对称性相同的晶向。

立方晶体中几个晶面及晶向如图3-5所示。由于晶胞参数的关系在立方晶体中,某一晶面(*hkl*)与指数和它相同的晶向相互垂直,例如〔100〕方向垂直于(100)面,〔111〕方向垂直于(111)面;但在其他晶系的晶体中,这种关系不一定存在。

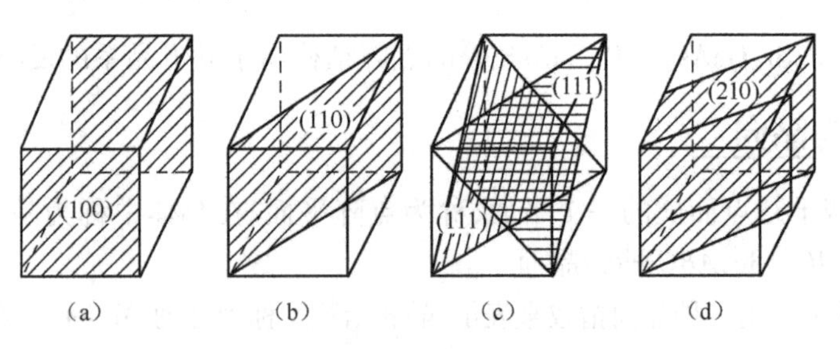

图 3-5 立方晶体中的几个晶面及晶向

3.1.3 闪锌矿结构、金刚石结构和纤锌矿结构

大多数Ⅲ-Ⅴ族化合物半导体晶体是闪锌矿结构,而锗、硅等的金刚石晶体结构则可以认为是闪锌矿结构的一个特例。图3-6是闪锌矿结构。我们先看晶体中的Ⅲ族原子(以白球表示),它们构成一个面心立方的布拉菲格子,a_0 是晶胞的边长,就是晶格常数。图中还画出了此晶胞原子周围的Ⅴ族原子(以黑球表示),实际上Ⅴ族原子也构成一个面心立方的布拉菲格子,所以,闪锌矿结构的晶胞是由沿晶胞的对角线方向,相距$\frac{1}{4}$对角线长度的两种不同原子的面心立方布拉菲格子相套而成的。布拉菲格子的每个原子及其周围的情况应是相同的,所以闪锌矿结构并不是布拉菲格子,而是复式结构,又称复式格子。

金刚石结构就是指金刚石的晶体结构。硅、锗晶体也是这种结构,如果我们把图3-6中的黑球也看作白球,这就是一个金刚石结构。显然,它也是两种面心立方格子相套而成的,差别只是闪锌矿结构的两种面心立方格子分属两类不同的原子,而金刚石结构中的两种面心立方格子则属于同一类型的原子,如碳、硅、锗等。因此,从这个意义上讲,金刚石结构可以认为是闪锌矿结构的一个特例。进一步分析金刚石结构,发现虽然原子相同,每个碳原子和周围4

个原子共价键合，一个碳原子在正四面体中心，另外4个同它共价键结合的碳原子在正四面体的顶角上，在中心的碳原子和顶角上的每个碳原子共有两个价电子。棒状线即代表共价键。可以想象，在正四面体中心的碳原子价键取向同顶角上的碳原子是不相同的。由于价键取向不同，这两种碳原子的周围情况也不相同，因此金刚石结构也是个复式格子。

GaN等部分Ⅲ-Ⅴ族晶体具有纤锌矿结构，如图3-7所示，在这种晶体结构中，各原子与其周围等距离的4个异种原子相键合。半导体的晶体结构和晶格常数值见表3-1。

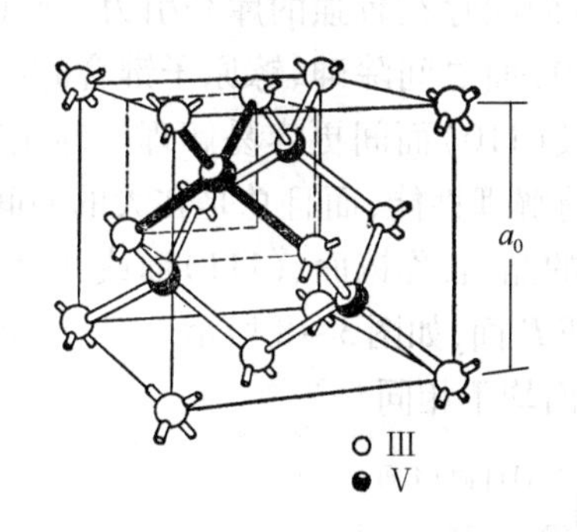

图3-6　闪锌矿结构

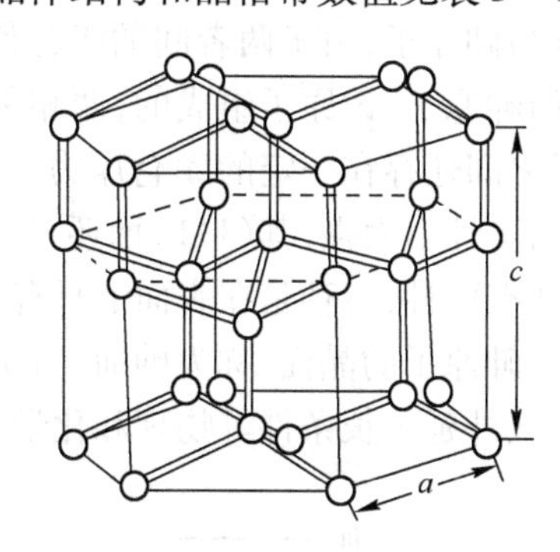

图3-7　纤锌矿结构

表3-1　半导体的晶体结构和晶格常数

晶　体	结构类型	晶格常数/nm	T/℃
C	金刚石	0.356683 ±0.00001	25
Si	金刚石	0.5430951 ±0.0000005	25
Ge	金刚石	0.5656133 ±0.0000010	25
α-Sn	金刚石	0.64892 ±0.00001	20
SiC(6H)	纤锌矿	$a=0.30865$ $c=1.511738$	24
BN	闪锌矿	0.3615 ±0.0001	25
BP	闪锌矿	0.4538	
BAs	闪锌矿	0.47718	
AlN	纤锌矿	$a=0.3111$ $c=0.4978$	
AlP	闪锌矿	0.5451	
AlAs	闪锌矿	0.56622	
AlSb	闪锌矿	0.61355 ±0.00001	18
GaN	纤锌矿	$a=0.3189$ $c=0.5185$	25
GaP	闪锌矿	0.545117	25
GaAs	闪锌矿	0.565321 ±0.00003	
GaSb	闪锌矿	0.609593 ±0.000004	
InN	纤锌矿	$a=0.3533$ $c=0.5693$	
InP	闪锌矿	0.586875 ±0.00001	18
InAs	闪锌矿	0.60584 ±0.00001	18
InSb	闪锌矿	0.647937 ±0.000003	25

在Ⅲ-Ⅴ族晶体中,因为原子间的键具有离子性,所以各晶面的性质并不相同,例如在闪锌矿结构的 GaAs 中,(110)面就具有容易解理的性质,由于在成键时电子云较多地集中在砷原子周围的极性键,使砷原子、镓原子带有一定程度的离子性。曾经指出,对于金刚石结构的硅、锗晶体,(111)面之间有一最大面间距,因此(111)面是解理面。但对 GaAs 单晶来说,虽然(111)面间的面间距$\frac{\sqrt{3}}{4}a$大于(110)面间的面间距$\frac{\sqrt{2}}{4}a$,由于在(111)面的两边,一边全是镓原子,另一边全为砷原子,由于两者间的极化使(111)面间存在较强的库仑引力。而(110)面是由相同数目的砷原子、镓原子组成的,两相邻的(110)面之间除砷、镓原子键合时的库仑引力外,相同原子之间还存在一定的库仑斥力。因此,其(110)面间更容易解理。砷化镓中镓、砷极化造成的离子性不太强,其(111)面还可有微弱的解理性能,而且总是在大的面间距之间解理。该晶面共有两种,一种是在表面上只有镓原子的晶面,称镓面、(111)面或 A 面;另一种是在表面上只有砷原子的晶面,称为砷面、($\bar{1}\bar{1}\bar{1}$)面或 B 面,如图3-8所示。(111)面和($\bar{1}\bar{1}\bar{1}$)面在腐蚀速度、外延生长条件等物理和化学性质方面均不相同。

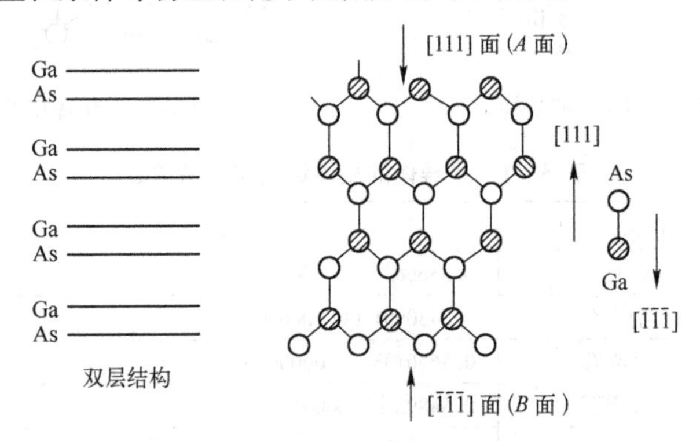

图3-8 闪锌矿结构在(110)面上的投影

3.1.4 缺陷及其对发光的影响

理想的晶体具有严格的周期性结构,而实际晶体又总是不完整的,这种不完整性就叫作缺陷。缺陷的存在可以影响晶体对杂质的溶解度、杂质扩散速度和杂质分布。因此,缺陷和材料的发光性能有密切的关系。

按照缺陷的几何结构,可以分为下列几种。

(1) 点缺陷:如晶格空位、杂质原子、填隙原子等。

(2) 线缺陷:如位错。

(3) 面缺陷:如晶粒间界、孪晶间界、层错。

(4) 体缺陷:如空洞、第二相夹杂物等。

下面介绍点缺陷和线缺陷及其对发光的影响。

3.1.4.1 点缺陷

在化合物 M_nX_m 中,一部分原子 M 和 X 偏离正常位置形成本征点缺陷。基本类型是空位 V_M 或 V_X(称肖特基缺陷)、填隙原子 M_i 和 X_i、错位原子 M_X 和 X_M。如果同时存在空位或填隙原子 V_M+M_i 或 V_X+X_i,就形成所谓的弗兰克尔缺陷。杂质原子 W 进入化合物 M_nX_m 中,形

成替位缺陷 W_M、W_X 或杂质填隙缺陷 W_i。图 3-9 所示就是化合物半导体中各种点缺陷的模型。各种点缺陷之间还可以相互作用,结合形成更复杂的络合缺陷。

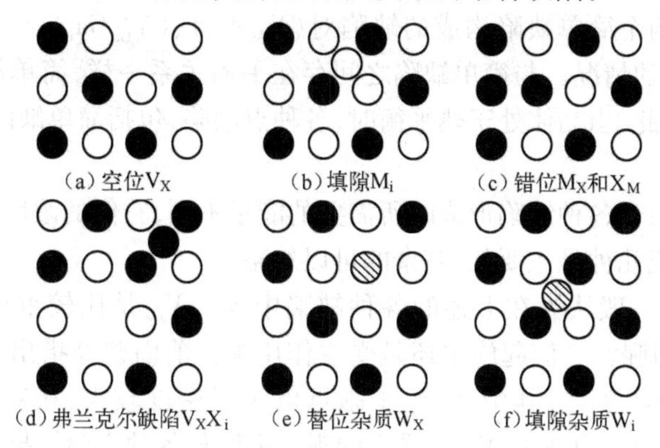

图 3-9　化合物 M_nX_m 中的点缺陷

○原子 M　●原子 X　◎杂质原子 W

缺陷形成的定域能级可以成为辐射复合中心,即发光中心。结构缺陷型发光中心是由于晶格本身的结构缺陷,如空位、填隙原子等形成的。如 ZnS 中产生自激活蓝色发射带的自激活发光中心就是 Zn^{2+} 空位阴极射线发光材料的 ZnO,不加激活剂就能有绿色发光,其发光中心是过剩的 Zn。另一类发光中心叫杂质缺陷型发光中心,这种发光中心是激活剂离子或者激活剂离子和其他缺陷组成的络合缺陷。如在 ZnS、Mn 发光体中,发光中心是处在 Zn 离子位置上的替位离子 Mn^{2+},产生橙黄色发射。稀土离子在发光体中形成的发光中心也属于这一类。

结构缺陷也可以形成非辐射复合中心,如在 p-GaAs 中镓空位形成的非辐射复合中心俘获电子后,能量不是以光子的形式放出,而是转化为热,它的浓度增大时,光致发光强度减弱。在 n-GaP 中,镓空位这一非辐射复合中心也使绿色发光效率下降。

在晶格中,一方面按上述结构可产生各种缺陷,另一方面也可按上述结构的相反方向使缺陷相互复合而消灭。在热平衡条件下,这些缺陷的产生和消灭之间的平衡可用反应式表示,例如,在砷化镓中的这些反应式为

$$\mathrm{GaAs} \longrightarrow \mathrm{Ga}_{(1-\delta)}(\mathrm{V}_{\mathrm{Ga}})_{\delta}(\mathrm{Ga}_{\mathrm{i}})_{\delta}\mathrm{As} \tag{3-1}$$

$$\mathrm{GaAs} \longrightarrow \mathrm{Ga}(\mathrm{V}_{\mathrm{As}})_{\delta}(\mathrm{As}_{\mathrm{i}})_{\delta}\mathrm{As}_{(1-\delta)} \tag{3-2}$$

$$(1-\delta)\mathrm{GaAs} \longrightarrow \mathrm{Ga}_{(1-\delta)}(\mathrm{V}_{\mathrm{As}})_{\delta}(\mathrm{V}_{\mathrm{Ga}})_{\delta}\mathrm{As}_{(1-\delta)} \tag{3-3}$$

$$\mathrm{GaAs} \longrightarrow \mathrm{Ga}_{(1-\delta)}(\mathrm{Ga}_{\mathrm{As}})_{\delta}(\mathrm{As}_{\mathrm{Ga}})_{\delta}\mathrm{As}_{(1-\delta)} \tag{3-4}$$

在上面各平衡反应式中,$\delta \ll 1$。

对这些平衡反应可应用质量作用定律,从而得到各种点缺陷的浓度之间的相互联系,即

$$[\mathrm{V}_{\mathrm{Ga}}][\mathrm{Ga}_{\mathrm{i}}] = K(T) \tag{3-5}$$

$$[\mathrm{V}_{\mathrm{As}}][\mathrm{As}_{\mathrm{i}}] = K'(T) \tag{3-6}$$

$$[\mathrm{V}_{\mathrm{As}}][\mathrm{V}_{\mathrm{Ga}}] = K''(T) \tag{3-7}$$

$$[\mathrm{As}_{\mathrm{Ga}}][\mathrm{Ga}_{\mathrm{As}}] = K'''(T) \tag{3-8}$$

$K(T)$、$K'(T)$、$K''(T)$和$K'''(T)$都是温度的函数,即上面各反应的平衡常数。

上面讨论了形成简单缺陷的情况。各种简单缺陷还可以通过相互间的引力而结合成各种缺陷的组合,例如由两个简单缺陷构成的缺陷对($V_{As}As_i$)、($V_{Ga}Ga_i$)、($V_{As}V_{Ga}$)、($As_{Ga}Ga_{As}$),以及可能有的更复杂的情况。与简单缺陷之间存在平衡关系一样,简单缺陷和缺陷组合之间也存在平衡关系。因此,当晶体处于热平衡时,各种点缺陷,包括简单缺陷以及它们的组合,都应有一定的平衡浓度。

在实际晶体中,由于各种缺陷形成时所需要的能量不同,它们的浓度相互间会有很大的差别,以致常常仅一种或几种是主要的,其余的可以忽略。

对于 GaAs 来说,一般认为在上述的各种缺陷中 V_{As}、V_{Ga}是比较重要的,那么 V_{As}、V_{Ga}对 GaAs 导电的影响如何呢?它们起施主还是受主作用呢?前面曾经指出,GaAs 中的 As、Ga 原子也带有一定程度的离子性,其中 As 原子附近电子云密度较大,相对带负电荷。因此,在 GaAs 中许多人都采用 V_{As}为施主、V_{Ga}为受主的观点来解释各种实验结果,也有人实验估计 V_{Ga}的能级位置为 +0.19~0.21eV。

对于化合物半导体,其组成应具有一定的化学计量比关系,例如在砷化镓中,砷、镓原子间的化学计量比是1:1。但在实际晶体中,都或多或少地偏离严格的化学计量比关系,晶体偏离化学计量比的结果也以晶体缺陷的形式表现出来,例如,在砷化镓中,如果砷镓原子数量之比 $N_{Ga}/N_{As}>1$,则多余的镓原子可能在晶体中成为填隙原子 Ga_i,也可能表现为相应数量的砷空位 V_{As}或代位原子 Ga_{As}。因此,对化学计量比的偏离与晶体中的点缺陷直接有关。晶体偏离化学计量比不会改变式(3-5)、式(3-6)、式(3-7)、式(3-8)以及其他有关的平衡关系式,但会使有关的各种平衡改变原来的平衡位置,从而影响晶体中某些缺陷的平衡浓度。

那么,晶体中偏离化学计量比的程度是由什么因素决定的呢?实践表明,在晶体生长时晶体所处的气氛条件是一个重要的因素。在从熔体中生长砷化镓单晶时,砷压对晶体组成有很大影响。若一个砷原子从气相进入晶格而在晶格中相应地产生一个空位 V_{Ga},则可用反应式表示为

$$(1-\delta)\text{GaAs(固)}+\frac{\delta}{4}\text{As}_4\text{(气)}\longrightarrow \text{Ga}_{(1-\delta)}(\text{V}_{\text{Ga}})_{\delta}\text{As(固)} \tag{3-9}$$

式中,$\delta \ll 1$。

反应式(3-9)按质量作用定律应有

$$\frac{[\text{V}_{\text{Ga}}]}{P_{\text{As}_4}^{\frac{1}{4}}}=K \tag{3-10}$$

式中,K 为平衡常数,是温度的函数;P_{As_4}为砷压;As_4 为砷在气相中高温平衡时的主要形态。

由式(3-10)可见,在一定温度下,砷压一定时将有一定的缺陷平衡浓度。显然,砷压增高不仅使 V_{Ga}的浓度增大,也应使晶体中 As_i 和 As_{Ga}的浓度增加。在从熔体中生长砷化镓单晶时为了防止砷化镓高温解理和较易成晶,一般都保持略高于解理压力的砷压,因此,生长出来的晶体大都是富砷的。

当从镓溶液中进行砷化镓的液相外延时,晶体生长显然是在富镓条件之下进行的。富镓条件使生长晶体中的砷空位 V_{As}相应增加,以致通常的污染杂质硅代砷位而成受主的可能性增大,因此不掺杂液相外延,甚至可得到 p 型的砷化镓材料。

至于气相外延的砷化镓材料,其偏离化学计量比的情况则由外延过程中的气相组成和相

应的各化学平衡反应决定。

除了晶体生长时的气氛条件是晶体偏离化学计量比的重要因素外，将已生长的晶体在一定气氛条件下进行长时间的高温热处理，也可能改变晶体内原有的化学计量比关系。

3.1.4.2 线缺陷(位错)

位错是由于在各种引力作用下晶面间的滑移造成的，位错线就是已滑移区与未滑移区的分界线。按照滑移性质的不同，位错可分为三类。①滑移方向和位错线垂直的称棱位错(又称刃位错)，如图3-10(a)所示。②滑移方向和位错成平行的称螺旋位错，这种位错不存在多余的半晶面，在位错线上，晶体原子呈螺旋状分布，是由于在圆周方向的滑移产生的，如图3-10(b)所示。③位错线与滑移方向既不平行，也不垂直，称复合错位。位错以复合位错为多。

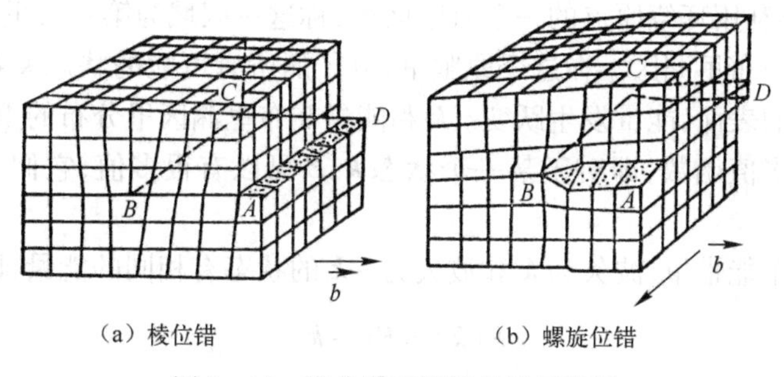

(a) 棱位错　　(b) 螺旋位错

图3-10　棱位错和螺旋位错示意图

位错中对材料性能影响最大的是棱位错。杂质易于从位错线这种“管道”中扩散，使扩散结前沿不平整，使反向击穿电压降低或出现二次击穿，甚至造成结穿通、短路等。其次，位错线附近应力集中，易于被腐蚀成坑并淀积杂质，使漏电增加。同时，位错还会在禁带中提供能级，成为非辐射复合中心，从而降低发光效率。位错引起的悬挂键可以接受电子而成为受主，会改变材料的电阻率。

3.2 能带结构

各种固体发光都是固体内不同能量状态的电子跃迁的结果，因此对于了解固体发光现象，研究固体中电子的能量状态是基础之一。

晶体中的许多原子接近时，内外各层电子轨道发生不同程度的重叠。当然，晶体中两个相邻原子的最外层电子的轨道重叠最多，这就是电子不再局限于一定的原子，而是可以转移到相邻原子上去，从而电子可以在整个晶体中运动，这就是晶体中电子的共有化。这一过程可以定性地以图3-11来表示。虚线表示电子的共有化运动，其表达式仍可采用相似于自由电子的$E(\boldsymbol{k})$关系。人们把这种描述电子能量和电子在半导体晶体中做共有化运动的波矢$\boldsymbol{k}$间的关系$E(\boldsymbol{k})$称为能带结构。当然晶体中复杂的相互作用，使$E(\boldsymbol{k})$关系极为复杂。于是采用绝热近似、静态近似和单电子近似等近似处理后就简化为单电子问题了。再以现代运算方法和高速电子计算机，采用适当的势函数，求解薛定谔方程。确定本征波函数和本征能量值$E(\boldsymbol{k})$，其问题的实质是只需要考虑一个电子在固定的原子核势场以及其他电子的平均势场中的运动，此时电子的能量状态成为能带。因此，用单电子近似研究晶体中电子能量状态的理论又称为能带论。

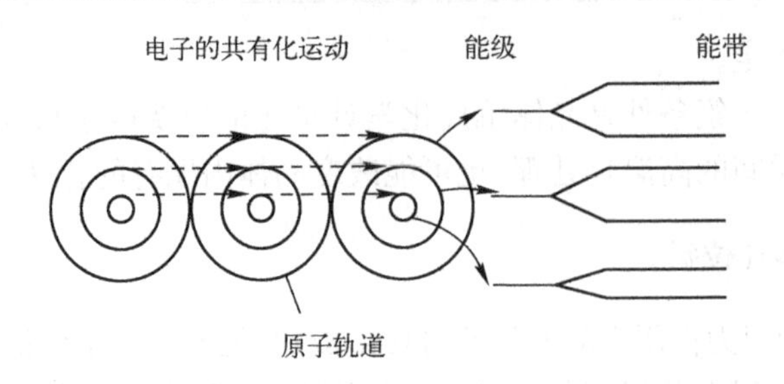

图 3-11 晶体中电子的共有化运动,电子能级变为能带

计算固体的能带结构只需要在 $\boldsymbol{k}$ 空间的一个区域内进行,而不需要像标志所有的自由电子运动状态而需要整个 $\boldsymbol{k}$ 空间。由于晶体的周期性和对称性,可以证明为了表示晶体中电子的状态,我们只需要利用环绕原点的一个有限区域,称这一区域为第一布里渊区。通常所说的布里渊区就是指第一布里渊区。在这个原胞里,电子的所有可能的状态 $\boldsymbol{k}$ 都包含在这个原胞里了。在布里渊区的表面,能量发生跃变。$\boldsymbol{k}$ 和能量在布里渊区里分布的重要性质如下。

(1) E 是 $\boldsymbol{k}$ 的多值函数,即对于某一个状态 $\boldsymbol{k}$,E 可以有很多值,它们分别对应于不同的能带。

(2) 在任何一个能带里,波矢为 $\boldsymbol{k}$ 和波矢为 $-\boldsymbol{k}$ 的状态有相同的能量,即

$$E(\boldsymbol{k}) = E(-\boldsymbol{k}) \tag{3-11}$$

(3)

$$En(\boldsymbol{k}) = En(R\boldsymbol{k}) \tag{3-12}$$

R 代表晶体的任何对称操作,也就是说,在 $\boldsymbol{k}$ 空间也具有和晶体结构完全相同的对称性。如果 R 代表平移操作,则有

$$En(\boldsymbol{k}) = En(\boldsymbol{k} + \boldsymbol{k}_j) \tag{3-13}$$

式中,$\boldsymbol{k}_j$ 为倒格矢。式(3-13)代表了 $\boldsymbol{k}$ 空间里的周期性。

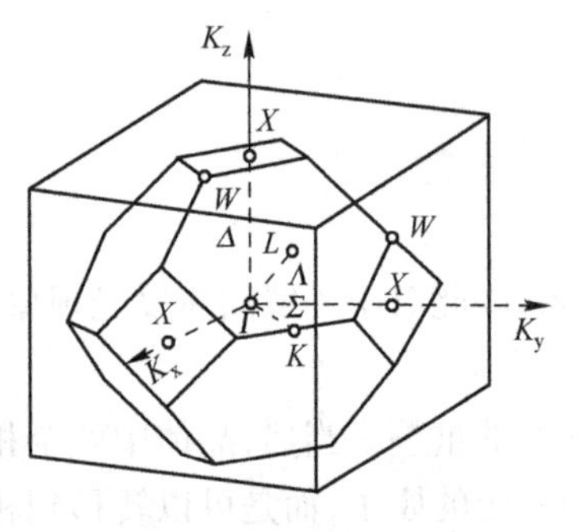

图 3-12 闪锌矿结构的布里渊区

进一步分析知道,$\boldsymbol{k}$ 空间实际上和晶格的倒格子空间一致,而布里渊区就是倒格子空间中的原胞。图 3-12 就是闪锌矿结构的布里渊区。

由于晶体的对称性,布里渊区的特殊点具有能量最大值和最小值,为了决定这些点,布里渊区的中心表示成 $\Gamma = \frac{2\pi}{a}(0,0,0)$,⟨111⟩轴($\boldsymbol{\Delta}$)方向布里渊区的边界表示成 $L = \frac{2\pi}{a}\left(\frac{1}{2},\frac{1}{2},\frac{1}{2}\right)$,⟨100⟩轴($A$)方向布里渊区的边界表示成 $X = \frac{2\pi}{a}(1,0,0)$。

晶体中 $\boldsymbol{k}$ 可以取许多方向,但较重要的是〔111〕和〔100〕,故一般均画出这两个方向的 $E(\boldsymbol{k})$ 关系。图 3-13 绘出了 GaAs 和 GaP 的能带结构。能带结构图中下部的顶点向上,即具有峰值的那些类似抛物线的曲线是描述晶体中外层价电子的能带,称价带,由于通常被电子填满,所以又称满带;而上部那些顶点向下具有谷值的类似抛物线的曲线是描述受到激发后参与导电的电子的能态的,称为导带。价带顶与导带底之间就是电子所不能具有其能量值的禁带,其宽度称带隙宽度或禁带宽度,用 E_g 表示,单位为 eV(电子伏特)。

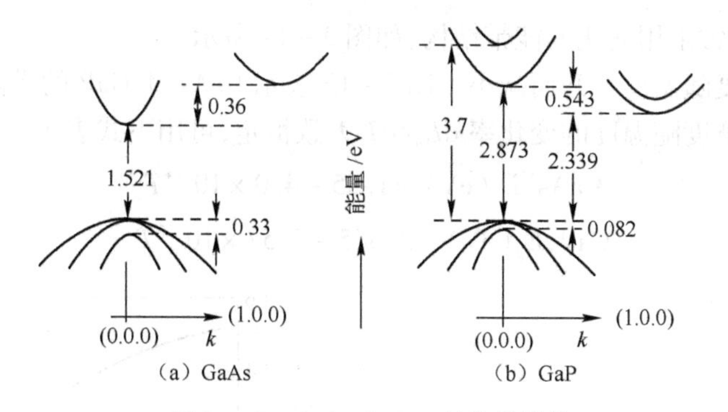

图3-13 GaAs和GaP的能带结构

导带底和价带顶是否在布里渊区中的同一个位置上对晶体的光学性质有很大的影响。具有相同 $\boldsymbol{k}$ 值的称为直接带隙半导体，具有不同 $\boldsymbol{k}$ 值的则称为间接带隙半导体。前者又称直接跃迁半导体，跃迁复合发光概率大；后者又称间接跃迁半导体，其跃迁复合发光时必须有晶格参与动量交换，即有声子参与，这是一个二级过程，概率较小，发光效率较低。GaAs能带结构是直接跃迁型，导带底、价带顶具有相同的 $\boldsymbol{k}$ 值，都在 Γ 点。GaP的能带结构的导带底和价带顶具有不同 $\boldsymbol{k}$ 值，分别为 X 和 Γ 点。表3-2给出了半导体晶体的能带结构和带隙宽度的实验值和计算值。

表3-2 半导体晶体带隙宽度的实验值和计算值

晶体	带隙类型	带隙宽度实验值/eV		带隙宽度计算值/eV	熔点/℃
		0K	300K		
C(金刚石)	间接	5.48	5.47	5.48	1420
Si	间接	1.166	1.120	1.04	1420
Ge	间接	0.744	0.663	0.61	953
α-Sn	直接	0.082	*	0.13	(150)
SiC(6H)	间接	3.033	2.996	4.54	
BN	间接	—	5?	9.57	
BP	间接	—	2.0	1.81	2000~3000
BAs	间接	—	—	0.85	
AlN	间接	—	5.9	8.35	>2400
AlP	间接	2.52	2.45	2.63	>1500
AlAs	间接	2.238	2.16	1.87	约1700
AlSb	间接	1.6	1.5	2.15	1050
GaN	直接	—	3.7?	4.80	
GaP	间接	2.338	2.261	2.75	1465
GaAs	直接	1.521	1.435	1.58	1237
GaSb	直接	0.813	0.72	1.00	712
InN	直接	—	2.4	2.33	
InP	直接	1.421	1.351	1.45	1062
InAs	直接	0.42	0.35	0.84	942
InSb	直接	0.228	0.180	0.39	525

*表示室温不稳定。

在实际应用中,常采用简化的能带结构,如图 3-14 所示。

晶体的带隙宽度随温度上升而减小。图 3-15 表示 GaAs 和 GaP 的带隙宽度随温度的变化。室温附近带隙宽度随温度的变化率 dE_g/dT 大致恒定,可用下式表示:

$$\begin{aligned} &GaAs, E_g(eV) = 1.55 - 4.0 \times 10^{-4}T \\ &GaP, E_g(eV) = 2.365 - 3.57 \times 10^{-4}T \end{aligned} \tag{3-14}$$

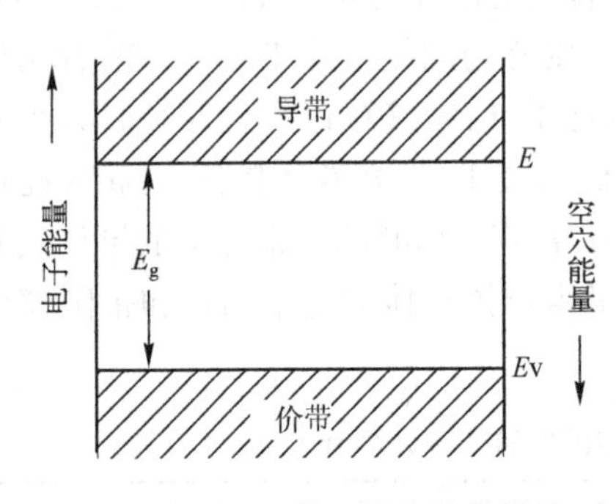

图 3-14 半导体的简化能带结构

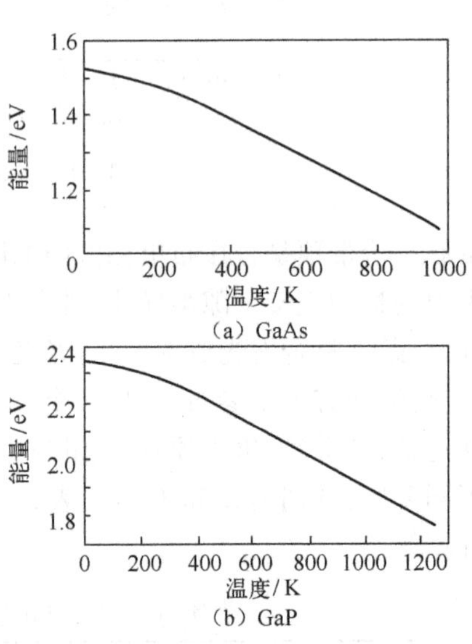

图 3-15 GaAs 和 GaP 的带隙宽度随温度的变化

这一特性是发光器件的发光波长随温度上升向长波方向移动的原因。

对于三元或四元固溶体,如 $GaAs_{1-x}P_x$ 和 $In_xGa_{1-x}As_yP_{1-y}$,它们的带隙宽度可以随固溶体成分的改变而连续变化。如 $GaAs_{1-x}P_x$ 的带隙宽度可以从 GaAs 的 1.43eV,连续变化到 GaP 的 2.26eV。这样就可以通过控制固溶体的组分来设计制造所需 E_g 的材料,以获得不同的发光波长。

用作发光材料的半导体晶体都不是无杂质无缺陷的本征半导体。杂质有的是特意掺进的,有的是因沾污带进来的。杂质在带隙中产生杂质能级。通常的杂质能级有浅施主能级和浅受主能级,当杂质原子取代半导体晶体中的原子时,会把多余的价电子施出的称施主杂质或称 n 型杂质,价电子少于取代掉原子的杂质原子会接受电子,称受主杂质或称 p 型杂质。在Ⅲ-Ⅴ族化合物半导体中,Ⅱ族原子如 Zn 替代Ⅲ族原子时形成受主,用Ⅵ族原子如 S 替代Ⅴ族原子时形成施主,而Ⅳ族原子如 Si 则是两性杂质,它替代Ⅲ族原子时形成施主,替代Ⅴ族原子时形成受主。实际上,Ⅳ族原子形成施主还是受主,是由晶体生长和热处理等条件决定的。位于靠近带隙中央的称深能级,靠近导带底的称浅施主能级,靠近价带顶的称浅受主能级。

晶体中的一些缺陷也会在禁带中引入孤立能级,如空位(V_P、V_{Ga})、反结构缺陷 As_{Ga}、棱位错等都能引入孤立能级。此外,杂质与缺陷的络合物如 $GaAs_{0.60}P_{0.40}$ 中的 Te 与 V_{Ga} 可能形成 $V_{Ga}Te$ 络合物,从而引入深施主能级,产生无用的红外辐射;填隙原子 O_i 和 Si_{Ga} 也可能形成 $Si_{Ga}O_i$ 络合物引入深施主能级,而发光中心 ZnO 对也能引入孤立能级。

GaAs 中杂质的电离能见表 3-3;GaP 中杂质的电离能见表 3-4。

表3-3 GaAs中杂质的电离能

施主		受主	
杂质	电离能/eV	杂质	电离能/eV
O	0.75 和 0.4	Be	0.030
S	0.00610	Mg	0.030
Se	0.00589	Zn	0.029
Te	0.0058	Cd	0.030
C	0.006	C	0.019
Si	0.00581	Si	0.030
Ge	0.00608	Ge	0.038
Sn	0.006	Cr	0.79
不明	0.17	Mn	0.10
		Cu	0.15 和 0.47
		Li	0.023 和 0.05

表3-4 GaP中杂质的电离能

施主		受主		等电子陷阱	
杂质	电离能/eV	杂质	电离能/eV	杂质	结合能/eV
O	0.896	Be	0.050	N	0.008
S	0.104	Mg	0.0535	Bi	0.038
Se	0.102	Zn	0.064	ZnO	0.30
Te	0.0895	Cd	0.0965	CdO	0.396
Si	0.082	C	0.048		
Sn	0.058	Si	0.203		
		Ge	约 0.30		

激子是库仑引力束缚在一起的电子-空穴对，也是一种激发的能量状态，电子-空穴对不离不合。自由激子能在晶体内部运动，而束缚激子则可受到施主、受主、等电子陷阱、等杂质中心和晶体缺陷的束缚。

具有与晶体组成原子相同的外层电子排列的杂质，例如GaP晶体中的杂质原子N，由它的电荷不能形成杂质能级。但是，当这种杂质原子周围的势场与晶体本身的势场有很大差异时，则借助于短程势场的作用往往形成俘获电子或空穴的能级。这种能级称等电子陷阱。通常周期表上同一列的轻原子电负性大，当它替代重原子时可形成电子陷阱。如以重原子替代轻原子则可形成空穴陷阱。等电子陷阱俘获载流子后有了多余的电荷，这样就能进一步俘获具有相反电荷的载流子，这就形成了被等电子陷阱所束缚的束缚激子。这种束缚激子中的电子和空穴可以直接跃迁复合，产生高效率发光。这对于间接跃迁型半导体发光材料甚为重要，像GaP原来发光效率极低，当加进等电子陷阱杂质N和Zn-O对后，制成了目前大量应用的绿色和红色发光器件。

3.3 半导体晶体材料的电学性质

半导体材料的电学性质,通常以一些描述材料中载流子的运动和行为来表征,了解这些参数对研制和生产发光器件有重要意义。

3.3.1 费米能级和载流子

就像原子中电子轨道上按由能量低的状态先排列电子,就是说从内层轨道填补到外层轨道一样,晶体内的电子也按这次序填充电子。在绝对温度为0K时,存在着这样一个能量,即在比这能量低的能级全部填满电子;在比这个能量高的能级一个电子也没有。我们称这个能量为费米能量,称这个能级为费米能级。在一定温度下处于热平衡状态时,电子浓度随能量的分布是遵从一定的统计规律的,这就是费米分布,电子分布的数学表达式是

$$f(E)=\frac{1}{1+e^{(E-E_F)/kT}} \tag{3-15}$$

式中,$f(E)$为电子占有能量为E的能级的概率;k为玻耳兹曼常数;T为绝对温度;E_F为一能级,就是费米能级。

当$T>0K$时,若$E<E_F$,$f(E)>\frac{1}{2}$;若$E>E_F$,则$f(E)<\frac{1}{2}$;若$E=E_F$,则$f(E)=\frac{1}{2}$。就是说,$T>0K$时能量为E_F的能级被电子占有的概率为$\frac{1}{2}$。费米能级是标志电子随能量分布的一个基准,但它不是一个真正的电子能级。高于E_F的能级,与E_F的距离越大,电子占有它的概率就越小,而低于E_F的能级,与E_F之差越大,电子占有它的概率就越大,E_F值越大,则处于高能态的电子就越多。

能级由空穴占有的概率则为

$$1-f(E)=1-\frac{1}{1+e^{(E-E_F)/kT}} \tag{3-16}$$

即在一定温度下,E_F越低,处于高能态的空穴就越多。

p型半导体中的空穴和n型半导体中的电子被称为多数载流子;反之,p型中的电子和n型中的空穴,被称为少数载流子。利用费米分布求得的半导体中的载流子浓度表达式为

$$n=N_C\cdot e^{(-E_C-E_F)/kT} \tag{3-17}$$

$$p=N_V\cdot e^{-(E_F-E_V)/kT} \tag{3-18}$$

式中,n、p分别为电子和空穴浓度;N_C、N_V分别为导带底和价带顶的有效态密度;E_C和E_V分别为导带底和价带顶的能量。

在本征半导体中,本征激发时,载流子是成对地产生的,所以

$$n=p=n_i \tag{3-19}$$

在一定温度下,当没有外加电压,处于热平衡状态时,

$$n\cdot p=n_i^2=Ae^{-E_g/kT}=常数 \tag{3-20}$$

它是半导体中多数载流子、少数载流子与本征载流子浓度间的一个重要表示式。

n型材料与p型材料中费米能级的位置可以用下面两式表达:

$$E_F^n = E_C - kT\ln\left(\frac{N_C}{N_D}\right) = E_i^n + kT\ln\frac{N_D}{n_i} \tag{3-21}$$

$$E_F^p = E_V + kT\ln\left(\frac{N_V}{N_A}\right) = E_i^p - kT\ln\frac{N_A}{p_i} \tag{3-22}$$

可以看出，n型和p型材料的E_F分别靠近导带底和价带顶。掺杂浓度越大，则费米能级从本征时的带隙中央越向导带或价带靠近。当掺杂很重时，费米能级可能十分接近，甚至进入导带或价带。这种情况称为“简并”。

当系统受到光照或外加电压时，平衡达到破坏，这时两种载流子都增加，电子的E_F向上移，空穴的E_F向下移，从而使费米能级分离。我们把这种在非平衡状态下的分离的(不统一)费米能级称为准费米能级。

3.3.2　载流子的漂移和迁移率

载流子在电场作用下的运动称漂移，其漂移速度的度量便是迁移率。当然，客观上也成为半导体中某些妨碍载流子漂移运动的因素大小的度量。在强度为E的电场中荷电量为q的载流子的受力为

$$F = q \cdot E \tag{3-23}$$

因为$F = ma$，所以载流子的加速度为

$$a = qE/m^* \tag{3-24}$$

在半导体中，由于载流子之间、载流子与热振动的晶格之间，以及电离杂质与晶格缺陷之间，载流子均会产生碰撞而受到散射，从而损失能量而减速。两次碰撞的平均自由时间t和载流子的平均速度V间的关系为

$$V = at \tag{3-25}$$

从式(3-24)和式(3-25)可得

$$V = \left(\frac{qt}{m^*}\right) \cdot E = \mu E$$

$$\mu = \frac{t}{m^*} \cdot q\mathrm{cm}^2/(\mathrm{V \cdot s}) \tag{3-26}$$

式(3-26)中μ即为载流子的迁移率，迁移率是衡量材料纯度、补偿度、完整性的重要标志，特别在低温(约77K)下对杂质含量非常敏感，所以是一个质量参数。某些半导体材料的室温迁移率见表3-5。

表3-5　某些半导体材料的室温迁移率

材　料	迁移率/[$\mathrm{cm^2/(V \cdot s)}$]	
	电　子	空　穴
Si	1900	500
Ge	3800	1820
AlAs	1200	420
AlSb	200~400	550
GaP	300	100

续表

材　料	迁移率/[$cm^2/(V\cdot s)$]	
	电　子	空　穴
GaAs	8800	400
GaSb	4000	1400
InP	4600	150
InAs	33000	460
InSb	78000	750

3.3.3 电阻率和载流子浓度

电阻率和载流子浓度也是描述载流子运动的重要参数。在常温下,本征激发的载流子很少,故载流子浓度主要由杂质提供 $n=N_D-N_A$,$p=N_A-N_D$,其电阻率分别为

$$\rho_n=\frac{1}{q\mu_n(N_D-N_A)} \tag{3-27}$$

$$\rho_p=\frac{1}{q\mu_p(N_A-N_D)} \tag{3-28}$$

3.3.4 寿命

寿命是反映材料中非平衡载流子复合行为的。我们定义非平衡载流子从产生到复合的平均生存时间为寿命,以 τ 表示。

设非平衡载流子数目为 N,它复合消失的速度为 dN/dt,则这一速度与 N 成正比,而与 τ 成反比:

$$\frac{dN}{dt}=-\frac{N}{\tau} \tag{3-29}$$

负号表示随时间 t 而减少,解方程得

$$N(t)=N_0e^{-t/\tau} \tag{3-30}$$

式中,$N(t)$ 为 t 时刻的载流子数;N_0 为起始时刻载流子数。可以看出,非平衡载流子的消失规律是呈指数下降的。当 $t=\tau$ 时,得

$$N=N_0/e \tag{3-31}$$

因此,我们把非平衡载流子下降到原来的 $\frac{1}{e}$ 的时间称为材料非平衡载流子的寿命。寿命是材料中复合中心如深能级杂质和各种缺陷多少的标志。

非平衡载流子的扩散长度可表示为

$$L_n=D_n\tau_n \tag{3-32}$$

$$L_p=D_p\tau_p \tag{3-33}$$

式中,D 为扩散系数;L 为扩散长度。

3.4 半导体发光材料的条件

3.4.1 带隙宽度合适

pn 结注入的少数载流子与多数载流子复合发光时释放的光子能量小于带隙宽度。因此,晶体的带隙宽度必须大于所需发光波长的光子能量。因为可见光的长波限约为 700nm,所以对可见发光二极管而言,E_g 必须大于 1.78eV。因为视觉灵敏度的峰值在 550nm 处,所以要得到可见发光效率高的发光二极管应采用 $E_g > 2.3$eV 的晶体。如果要得到短波长的蓝色发光二极管,就需满足 $E_g > 3$eV 的条件。发光二极管与光探测器组合可用来传递光信号,硅光探测器适合达到这一目的。硅光探测器的灵敏度随波长的分布在 900nm 处出现峰值,长波限由硅的 $E_g = 1.12$eV 确定,短波长方面,灵敏度缓慢减小。由此看来,采用带隙宽度稍大于硅的 GaAs 作为红外发光二极管的晶体最为恰当。半导体材料晶体带隙宽度值见表 3-2。

3.4.2 可获得电导率高的 p 型和 n 型晶体

为了制备优良的 pn 结,要有 p 型和 n 型两种晶体,而且为获得较大的结电场,p 区和 n 区的掺杂浓度要足够高。通常掺杂不应小于 $1 \times 10^{17} \text{cm}^{-3}$。另一方面,为获得较高的电导率,还应尽量选取高迁移率材料。Ⅱ-Ⅵ族化合物半导体晶体的带隙宽度适当,但是只呈现出 n 型(或 p 型)导电性,所以仍不宜作为发光二极管的材料。

3.4.3 可获得完整性好的优质晶体

晶体的不完整性对发光效率有很大的影响。此处所说的不完整性是指能缩短少数载流子寿命并降低发光效率的杂质和晶格缺陷。因此获得完整性好的优质晶体是制作高效率发光二极管的必要条件,晶体的性质和晶体的生长方法均与其完整性有关。SiC 能满足 3.4.1 节和 3.4.2 节两方面的条件,但晶体生长温度很高,不能得到完整性好的晶体,这就成为研制高效率 SiC 发光二极管的障碍。GaN 制作蓝色发光器件量产化方面的困难,主要也是晶体质量仍有问题,严重的会产生裂缝,后来采用了金属有机化学气相沉积生长 InGaN 薄膜材料,才找到了蓝光发光器件的合适材料。

对于外延发光材料来讲,衬底与外延材料的晶格常数和热膨胀系数的匹配程度也大大影响晶体的完整性。晶格失配严重的失配位错就也很多。从目前 InGaN 外延使用的衬底来看,SiC 就比蓝宝石更为合适,晶格失配率分别为 -3.4% 和 -13.8%,热膨胀系数分别为 -1.4×1.0^{-6} 和 -1.9×10^{-6}。当然如果如表 3-1 所示,我们如果采用 GaN 或 AlN 作衬底,有可能会取得更好的效果。

3.4.4 发光复合概率大

发光复合概率大对提高发光效率是必要的,发光二极管经常用直接跃迁型能带结构的晶体制作原因就在于此。直接和间接带隙半导体的理论复合概率见表 3-6。

表 3-6 直接和间接带隙半导体的理论复合概率(300K)

材 料	带隙类型	复合概率/(cm^3/s)
GaAs	直接	7.21×10^{-10}
GaSb	直接	2.39×10^{-10}
InP	直接	1.26×10^{-9}
InAs	直接	8.5×10^{-11}
InSb	直接	4.6×10^{-11}
Si	间接	1.79×10^{-15}
Ge	间接	5.25×10^{-14}
GaP	间接	5.37×10^{-14}

如果按上述4个条件寻找可见光、红外或紫外发光二极管的晶体,则由表3-2可见,直接跃迁型通带结构晶体有GaAs、GaN、GaSb、InN、InP、InAs、InSb等,GaAs则制成了高效的近红外光发光器件。间接跃迁型能带结构的晶体有AlP、AlAs、AlSb、GaP、SiC等,其中AlP、AlAs、AlSb在空气中不稳定,GaP比较容易得到优质晶体,加上在外延时引入等电子陷阱杂质发光中心,制成了发红光的GaP:ZnO材料和发黄绿光的GaP:N材料,它们曾经是20世纪70年代前期的主要产品。GaP成了发射可见光的唯一二元化合物晶体材料。

随着科技的发展,人们开始应用“能带裁剪工程”来设计和创造新的发光晶体材料,采用改变半导体合金组成的办法获得增加二元合金的带隙宽度到光谱的可见区,而保持其能带结构仍是直接跃迁型的三元合金或四元合金。

首先的例子是加磷到GaAs中,得到了红光发射的GaAsP,其次是AlGaAs,它与GaAs晶格很匹配,发展了高效的红色和红外LED。接着AlGaInP又开发产生了更加高效且从红到绿光谱范围的LED,其后,InGaN、AlInGaN也相继研制成功,产生了高效的紫外、蓝色、蓝绿以及绿色LED,这样红外、可见光、紫外光谱范围内LED均达到了新的亮度和功率水平。可以说材料的发展在LED的进展中起了主导作用。

第 4 章 半导体的激发与发光

让电能变为光能有许多种方法，白炽灯和卤钨灯是钨丝通电，高温的钨丝辐射出光；荧光灯和节能灯是汞蒸气气体放电产生紫外光，紫外光激发荧光粉，荧光粉受激发发出可见光；电视机的显像管，是电子枪射出电子，打到荧光屏上，荧光粉受电子激发发出可见光。

半导体发光二极管中电能直接转变为光能，其原理是电能造成比热平衡时为多的电子和空穴，同时，由于复合而减少电子和空穴，造成新的热平衡，在复合过程中，能量以光的形式放出。

下面要讨论的问题是：

(1) 如何高效地产生电子和空穴？

(2) 以什么方式复合产生高效的光辐射？

(3) 以什么结构产生高效的光辐射？

4.1 pn 结及其特性

发光二极管的实质性结构是半导体 pn 结。在 pn 结上加正向电压时注入少数载流子，少数载流子的发光复合就是发光二极管的工作机理。pn 结就是指在一单晶中，具有相邻的 p 区和 n 区的结构，它通常是在一种导电类型的晶体上以合金、扩散、离子注入或生长的方法产生另一种导电类型的薄层来制得的。对于其他方法，如利用光照、雪崩过程等均因效率低而不予考虑。发光二极管的 pn 结发光机理如图 4－1 所示。

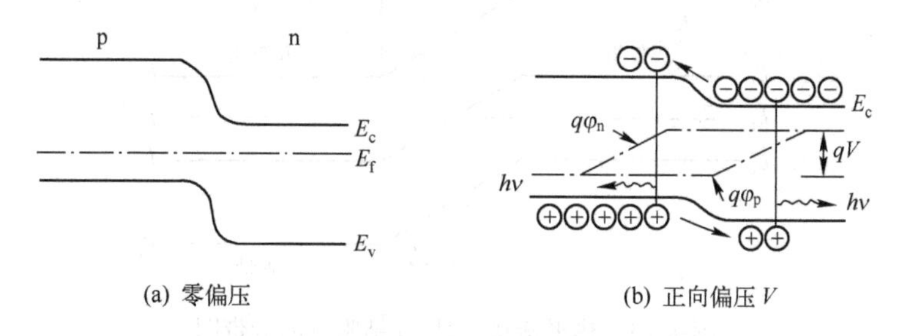

图 4－1　发光二极管的 pn 结发光机理

4.1.1 理想的 pn 结

用 pn 结不仅可以高效地产生过剩的电子和空穴，并且，为了造成过剩电子和空穴所必要的电压——一般在 4V 以下的直流电压，与半导体集成电路及其他半导体器件的匹配是极为有利的。

在这里首先将简单的突变结（作为 pn 结的界面，即一定杂质浓度的 n 型区和 p 型区交界面称为 pn 结的突变结)置于理想条件之下。

p 区的空穴由于扩散而移动至 n 区;n 区的电子扩散到 p 区,在 p 区和 n 区界面附近如图 4－2 那样形成空穴电荷区,即耗尽层。

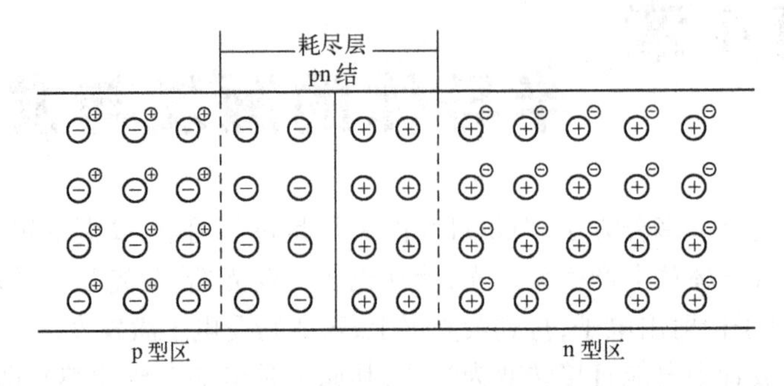

图 4－2　突变形 pn 结模型图

形成空间电荷的耗尽层夹在 p 区和 n 区之间,产生接触电位差,从而抑制电子和空穴的继续扩散。扩散和接触电位差均衡时,就是热平衡状态。耗尽层的电荷,负的在 p 区,正的在 n 区。因为原来呈电中性,电子和空穴移动到对方后也呈电中性。

另外,耗尽层中的电荷被固定在晶格上不能运动,因此 p 区耗尽层中的负电荷总量和 n 区耗尽层中的正电荷总量是相等的。

p 区和 n 区的界面就是 pn 结,从图 4－2 中可以十分清楚地看到,横切 pn 结电力线密度最大的在耗尽层。而且,pn 结的电场最大。对于电子的势能,可以预想到在耗尽层中,n 区端连续升高,从热力学可以看出,当 p 区和 n 区的费米能级相等时,形成耗尽层的过程就停止。热平衡状态时 pn 结附近的能带如图 4－3 所示。

(1) pn 结的接触电位差

由图 4－3 可知,pn 结的接触电位差可用算式表示。

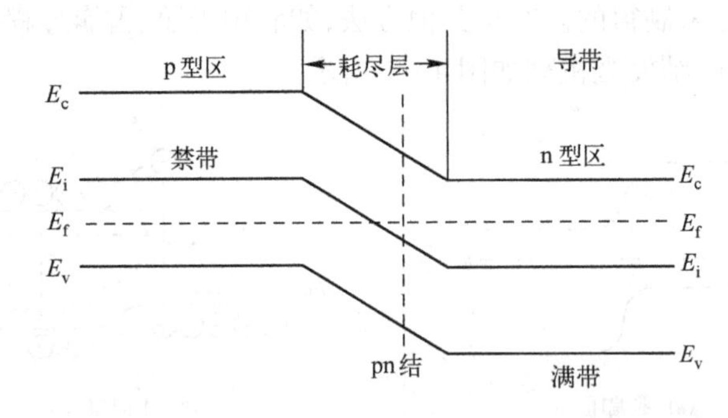

图 4－3　热平衡状态时 pn 结附近的能带图

E_c:导带下端能量;

E_v:满带顶能量;

E_f:费米能量;

$E_i = \frac{1}{2}(E_c + E_v)$:带隙中心能量。

对应的电位用 $\psi = -E_i/q$ 来表示(电子电荷为 $-q$)。

同样，对于费米能量的电位用 $\varphi = -E_f/q$ 来表示。

另外，由上所述，利用 ψ 和 φ 表示在热平衡状态时半导体中载流子的浓度，可以表示为

$$n = n_i e^{q(\psi - \varphi)/kT} \tag{4-1}$$

$$p = n_i e^{-q(\psi - \varphi)/kT} \tag{4-2}$$

$$p \cdot n = n_i^2 \tag{4-3}$$

式中，n_i 为本征半导体的载流子浓度；k 为玻耳兹曼常数；T 为绝对温度。

对于式(4-1)、式(4-2)、式(4-3)，无论是在耗尽层中或是其他场合，都是成立的。

在 n 区和 p 区中考虑式(4-1)、式(4-2)成为

$$\psi = \psi_n = \varphi + \frac{kT}{q}\ln\left(\frac{n_n}{n_i}\right) \tag{4-4}$$

$$\psi = \psi_p = \varphi - \frac{kT}{q}\ln\left(\frac{p_p}{n_i}\right) \tag{4-5}$$

式(4-4)是在 n 区中的情况，式(4-5)是在 p 区中的情况。在这时，ψ_n、ψ_p 分别表示 n 区和 p 区中的电位。n_n、p_p 分别表示在 n 区中的电子浓度和 p 区中的空穴浓度。由式(4-4)、式(4-5)得出 pn 结的电位差（即接触电位差 Φ）为

$$\Phi = \psi_n - \psi_p = \frac{kT}{q}\ln\left(\frac{n_n \cdot p_p}{n_i^2}\right) \tag{4-6}$$

假如给一个外部附加电压用以抵消这个接触电位差，则电流将通过这个 pn 结。对于发光二极管，假如加一个仅比接触电位差大的电位，就能使之发光了。

(2) 少数载流子注入

pn 结在没有附加电压即仍然处于热平衡时和在有外部附加电压而破坏了热平衡时，对横越 pn 结的载流子移动的状态（因而有电流流过）分别加以考虑。

① 热平衡状态。

这种情况用式(4-1)、式(4-2)、式(4-3)、式(4-6)简单求出各区的载流子浓度。n 区的载流子浓度为

$$\left.\begin{aligned} n_n &= n_i e^{q(\psi_n - \varphi)/kT} \\ p_n &= n_i e^{-q(\psi_n - \varphi)/kT} \end{aligned}\right\} \tag{4-7}$$

p 区的载流子浓度为

$$\left.\begin{aligned} n_p &= n_i e^{q(\psi_p - \varphi)/kT} \\ p_p &= n_i e^{-q(\psi_p - \varphi)/kT} \end{aligned}\right\} \tag{4-8}$$

因而有

$$\frac{p_p}{p_n} = \frac{e^{-q(\psi_p - \varphi)/kT}}{e^{-q(\psi_n - \varphi)/kT}} = e^{q(\psi_n - \psi_p)/kT} = e^{\frac{e\psi}{kT}} = \frac{n_n}{n_p} \tag{4-9}$$

这证明在热平衡状态下没有流过结的电流。

② 热不平衡状态。

由于光或辐射线轰击半导体，使载流子处在热不平衡状态，在这里，把由于附加电压到 pn 结而产生的热不平衡现象进行重点说明。在说明时为了直观起见，认为 n 区和 p 区的载流子浓度是相等的，即 $n_n = p_n$。在这种情况下来考虑突变结。这个结在热平衡状态时，能量如

图4-3所示,pn结处在耗尽层当中,这时载流子浓度用式(4-1)、式(4-2)、式(4-3)表示,相互关系服从式(4-9),这在前面已经讲过。

图4-4表示在对称形pn结外部加上电压的情况下,是处在正向偏置时的情况(p侧正,n侧负),反向偏置也可同样描述。

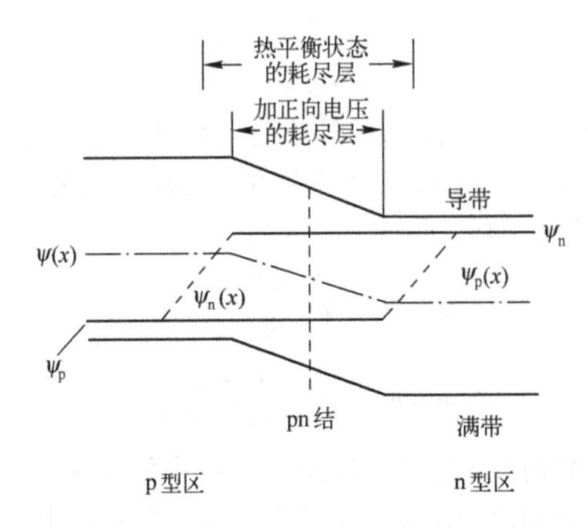

图4-4 对称突变型pn结加上正向电压时的能带图

因为处在热不平衡状态,因此不能考虑连接全部的共同的电压,因而式(4-1)、式(4-2)、式(4-3)就不能适应。而根据肖克莱(W. Shockley)的pn结理论,如果把考虑称为准费米能级的这个能级代替式(4-1)、式(4-2)中的费米能级,来表示载流子浓度,即式(4-1)、式(4-2)、式(4-3)在热不平衡时的形式为

$$n = n_i e^{q[\psi - \varphi_n(x)]/kT} \tag{4-10}$$

$$p = n_i e^{-q[\psi - \varphi_p(x)]/kT} \tag{4-11}$$

$$np = n_i^2 e^{q[\varphi_p(x) - \varphi_n(x)]/kT} \tag{4-12}$$

对准费米能级在这里不作详细说明。

进而,如果忽略耗尽层中的电子和空穴的复合,准费米能级在耗尽层中是一定的,即意味着在耗尽层中有$\varphi_p(x)=\varphi_p$,$\varphi_n(x)=\varphi_n$。在这里,φ_p、φ_n分别是p区和n区在热平衡时的费米能级。现在的情况是,因为有电流通过,严格地说,因全部处在热不平衡状态下,因而全部的$\varphi_p(x)\neq\varphi_p$,$\varphi_n(x)\neq\varphi_n$。因从耗尽层端离开和急剧地从平衡状态移动其为数不多,所以除在耗尽层极近的以外,都可以认为是$\varphi_p(x)=\varphi_p$,$\varphi_n(x)=\varphi_n$。

进而,由上所述,耗尽层端处式(4-12)可以写成

$$np = n_i^2 e^{q[\varphi_p(x) - \varphi_n(x)]/kT} = n_i^2 e^{q(\varphi_p - \varphi_n)/kT} \tag{4-13}$$

而因为$\varphi_p-\varphi_n$等于外部附加电压,故有

$$np = n_i^2 e^{q(\varphi_p - \varphi_n)/kT} = n_i^2 e^{qV/kT} \tag{4-14}$$

式中,V为外部附加电压正方向时取正号,反方向时取负号。

用$n_i^2=n_p p_n$来改写式(4-14),就求出关于少数载流子注入的极为重要的式子,即

$$p = \frac{n_i^2}{n} e^{qV/kT} = p_n e^{qV/kT} \tag{4-15}$$

同样，

$$n = n_p e^{qV/kT} \tag{4-16}$$

式(4-15)、式(4-16)的意义说明如下：

在pn结上外加一个电压，使结的势垒变低，空穴从p区注入n区，电子由n区注入p区。n区耗尽层侧的空穴浓度和p区耗尽层侧的电子浓度，分别由热平衡状态时n区的空穴浓度和p区电子的浓度和附加电压来表示。

(3) 流过pn结的电流

通过前面的叙述知道，随着在pn结上加上外部电压，就有如式(4-15)、式(4-16)所表示的数量很小的少数载流子注入，而由于注入的少数载流子的扩散，该扩散电流是半导体中(包括pn结)的主要电流。

为了说明方便起见，只注意注入p区的电子(n区的电子浓度比p区空穴的浓度高一个数量级，这个模型才是充分的)。

随着电子注入p区，多数载流子的空穴在极短的时间内，由于库仑力的作用而与电子相吸引，与电子作同样的分布，即满足通常的电中性条件。在p点我们拟定与pn结垂直的方向为x轴，把耗尽层p区的端面看作原点，对任意点x的少数载流子的增减只与扩散和复合有关。

一般来说，物质由于扩散，在单位时间内通过截面的量，与这个面垂直方向上物质浓度的梯度成比例。因此，单位时间内通过面x(在点x处在pn结平行的面即为x面)的电子数表示为

$$f = -D_n \frac{\partial n}{\partial x} \tag{4-17}$$

式中，D_n为比例常数，称为电子扩散系数。

同样，在$x+dx$截面的电子数为

$$f + \frac{\partial f}{\partial x} dx \tag{4-18}$$

因而在面x和$x+dx$之间，在单位时间内储存电子数为

$$f - \left(f + \frac{\partial f}{\partial x}\right) = -\frac{\partial f}{\partial x} \tag{4-19}$$

又式(4-19)

$$-\frac{\partial f}{\partial x} dx = -\frac{\partial}{\partial x}\left(-D_n \frac{\partial n}{\partial x}\right) dx = D_n \frac{\partial^2 n}{\partial x^2} dx \tag{4-20}$$

一方面，在面x和$x+dx$间，由于复合，在单位时间内消灭的电子数表示为

$$-\frac{n - n_p}{\tau} dx \tag{4-21}$$

对于式(4-21)增加时取正号，减少时取负号。

如考虑通常状态，则基本式为

$$D_n \frac{d^2 n}{dx^2} - \frac{n - n_p}{\tau} = 0 \tag{4-22}$$

在$x=0$和$n=n_0$，$x=\infty$和$n=n_p$的边界条件下，解式(4-22)，则

$$n - n_p = (n_0 - n_p)\mathrm{e}^{-x\sqrt{D_n\tau}} \quad (4-23)$$

在这里取 $L_n = \sqrt{D_n\tau}$，L_n 称为电子的平均自由程，在物理上表示在 $x=0$ 处注入电子行程距离1/e；另外，τ 表示在 $t=0$ 时瞬间产生的电子行程 1/e 时一起消失的时间。式(4－23)变成

$$\left.\frac{\mathrm{d}n}{\mathrm{d}x}\right|_{x=0} = -\frac{n_0 - n_p}{L_n} \quad (4-24)$$

因而电流密度

$$J = J_n = qD_n\left.\frac{\mathrm{d}n}{\mathrm{d}x}\right|_{x=0} = qD_n\frac{n_0 - n_p}{L_n} \quad (4-25)$$

而 J_n 表示由电子而产生的电流密度。

因为 $n_0 = n_p\mathrm{e}^{qV/kT}$，则式(4－25)成为

$$J = \frac{qD_n n_p}{L_n}(\mathrm{e}^{qV/kT} - 1) \quad (4-26)$$

附加电压和扩散电流的关系由式(4－26)给出。

在室温下，$kT \approx 0.026\mathrm{eV}$，即使在小信号下，$qV \gg kT$ 也成立，故式(4－26)变成

$$J = A\mathrm{e}^{qV/kT} \quad (4-27)$$

这就是小信号情况下，忽略势垒区复合时的理想 pn 结的扩散电流的公式。由此可以看出，正向电流随正向电压的增加呈指数增加。但开始时电流增加很慢，因为这时势垒高度仍很高，注入的载流子很少，当正向电压达到一定值时，电流才急剧增加，我们把这一电压称为二极管的正向导通电压。显然，E_g 愈大，势垒愈高，导通电压也愈高。这正是不同材料发光二极管导通电压不同的原因。如 GaP 的带隙宽度大于 $GaAs_{0.60}P_{0.40}$，则前者的导通电压较后者的高，并因而工作电压也较高。

对辐射复合贡献最大的是扩散电流。

(4) pn 结的其他性质

对于发光二极管，因为使用对 pn 结注入少数载流子的手段，因此重要的是关于载流子的注入问题，所以对它的其他性质只简单地谈一谈。

① 耗尽层的电压和电势分布。

在耗尽层中，如前所述，固体在晶格上的杂质原子离子化，因而泊松方程式为

$$\nabla^2\psi = \frac{\rho(x)}{K\varepsilon_0} \quad (4-28)$$

式中，K 为半导体的相对介电常数；ε_0 为真空的介电常数；ρ 为电荷密度。

如耗尽层端没有电荷，耗尽层端的电场强度消失，p 区的电荷密度为 N_A，n 区的电荷密度为 N_D，在这样的边界条件下解式(4－28)能够得到简单的解。这个解如图 4－5 所示。

随着加在 pn 结上的反向电压的增加，耗尽层变宽。在图 4－5 中外加点 $-a_1$ 要向左移动，外加点 a_2 要向右移动，这时电场分布呈三角形，保持相似地扩大。

② pn 结击穿电压。

在耗尽层中，在外加反向电压的情况下得到对应于饱和电流(pn 结反向大电流时，流过的电流称饱和电流)的运动电荷，它在电压的加速下，得到动能，冲击晶格上的原子，电荷具有的

动能充分大时，晶格原子的核外电子被轰击，造成一个自由电子和空穴，轰击的电子和空穴是在电场的作用下得到能量的，轰击另外的原子的电子，这样电流越来越大，无限制地增加，使电流变到极大的反向电压称为“击穿”电压。

现在，在耗尽层中，电子和空穴一面从晶格上轰击电子，一面前进时，平均在单位距离内载流子进行 α 次倍增。这时 α 称为电子或空穴的电离常数，而温度一定时，α 可看作电势的函数。

$$\alpha(E)=A\mathrm{e}^{-(b/E)/m} \tag{4-29}$$

式中，E 为电势；A、b、m 为常数。

另外，显而易见，电子和空穴的电离常数是相等的。

假定 $\alpha_n=\alpha_p$，一般地说电子在宽为 W 的耗尽层的一端，在横越耗尽层时，产生 N 对电子－空穴对。根据定义

$$N=\int_0^W\alpha(E)\,\mathrm{d}x \tag{4-30}$$

一个电子产生 N 对电子－空穴对，N 对电子－空穴对产生 N^2 对电子－空穴对，这样无限增大，因而从初始电流为 I_0，倍增到 I 时的情况可表示成

$$I=MI_0=I_0(1+N+N^2+\cdots)=\frac{I_0}{1-N} \tag{4-31}$$

式中，M 为载流子倍增系数，因而用式(4－32)表示。

$$N=\int_0^W\alpha(E)\,\mathrm{d}x=1 \tag{4-32}$$

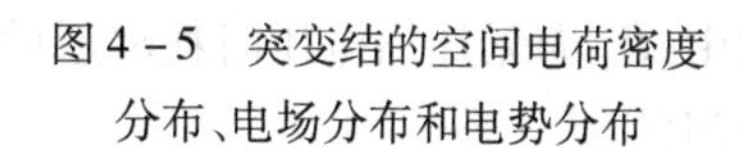

图4－5 突变结的空间电荷密度分布、电场分布和电势分布

即在 $x=0$ 时，进入耗尽层的电子或空穴，在穿通耗尽层间平均地产生一对电子－空穴对时，流过pn结的电流变成无限大。严格地说因为 $\alpha_n\neq\alpha_p$，式(4－18)就成了如下形式：

$$\left.\begin{aligned}&\int_0^W\alpha_p\exp\left[-\int_0^x(\alpha_p-\alpha_n)\,\mathrm{d}x'\right]\mathrm{d}x=1\\ \text{又}\quad&\int_0^W\alpha_n\exp\left[-\int_0^x(\alpha_n-\alpha_p)\,\mathrm{d}x'\right]\mathrm{d}x=1\end{aligned}\right\} \tag{4-33}$$

式(4－29)的电离常数，当然根据物质不同而不同，在表4－1中给出了其数值。

表4－1 各种半导体的电子和空穴的电离常数

物　质	电　子		空　穴		m
	A/cm^{-1}	$b/(\mathrm{V/cm})$	A/cm^{-1}	$b/(\mathrm{V/cm})$	
Ge	1.55×10^7	1.56×10^6	1.0×10^7	1.28×10^6	1
Si	3.8×10^6	1.75×10^6	2.25×10^7	3.26×10^6	1
GaAs	3.5×10^5	6.85×10^5	3.5×10^5	6.85×10^5	2
GaP	4.0×10^5	1.18×10^6	4.0×10^6	1.18×10^6	2

进而对于突变结和缓变结(耗尽层中的杂质浓度是距离的一次函数)的雪崩击穿电压由式(4－27) 及式(4－32)分别给出为

$$V_B = E_m \frac{W}{2} = \frac{K\varepsilon_0 E_m^2}{2q} \cdot \frac{1}{N_B} \tag{4-34}$$

$$V_B = \alpha E_m \frac{W}{3} = \frac{4E_m \frac{3}{2}}{3}\left(\frac{2K\varepsilon_0}{gq}\right)^{\frac{1}{2}} \tag{4-35}$$

式中，E_m 为耗尽层中的最大电场；g 为杂质浓度的梯度；N_B 为低杂质区的杂质浓度；W 为耗尽层宽度。

反向偏置时，随着反向电压增加到一定数值，反向电流会突然增加并无限制地增大，这种现象称为 pn 结的击穿。击穿有电击穿和热击穿，而电击穿又有雪崩击穿和隧道击穿之分。从公式可以看出，耗尽层越宽，杂质浓度越低，带隙越宽，击穿电压越高。

③ 耗尽层的电容。

在 pn 结内的耗尽层中，存在相对的正负电荷，根据外加电压能变化耗尽层的宽度，因而电容量也就随之变化；所以耗尽层是具有电容的。正确地解式(4－27)，就可以得到电容值。在耗尽层单位面积上的电容量为

突变结的情况下 $$C_j = C_0\left(1 - \frac{V}{\phi}\right)^{-\frac{1}{2}} \tag{4-36}$$

缓变结的情况下 $$C_j = C_0\left(1 - \frac{V}{\phi}\right)^{-\frac{1}{3}} \tag{4-37}$$

式中，C_0 为无外加电压时耗尽层的容量。耗尽层的电容在高频脉冲驱动发光二极管时将是一个问题。

4.1.2 实际的 pn 结

实际上得到的 pn 结与至今所描述的理想的 pn 结相比有许多不同。在这里，有几点对发光管的特性有重大影响，因此想对理想 pn 结的模型进行修正，使之切合实际。

至今为止的讨论都是假定在耗尽层中的载流子不存在由于复合而消失的情况下进行的，实际上，对于在错综形成的 pn 结，这样的假定是能成立的。然而，在能带结构中禁带宽度如硅和比硅宽的发光二极管用的半导体来说，耗尽层中的载流子的复合和产生，是影响 pn 结特性的一个重要因子。对于耗尽层中的载流子的复合和产生，我们建议用下面的模型，这个结果与实际应用较一致。

在图 4－6 中，在禁带的中心位置上，单一的电位俘获中心(也就是说复合中心)具有均匀的浓度。在俘获的最后，空穴被俘获，如图 4－6 中的(1)那样，与导带中的电子复合，如图 4－6 中(4)那样空穴由满带释放出。同样，电子被俘获时，如图 4－6 中的(2)那样，电子由导带释放与满带中的空穴复合(3)。

(1) 外加正向电压时

对像硅及发光二极管用的半导体，禁带宽度宽的半导体，为了让在禁带中心附近具有电位的俘获中心所俘获的载流子成为自由的(这表示电子由导带放出，空穴由满带放出)，则必须

使它具有较大的能量。而在室温下，由于耗尽层中的俘获中心很多，因此电子和空穴将被俘获。

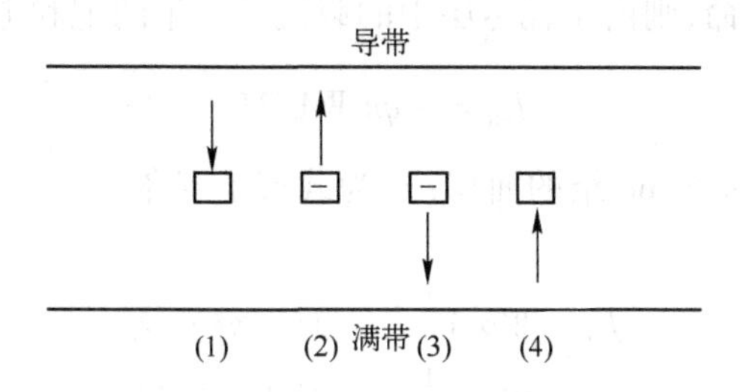

（1）电子的俘获　（2）电子的释放　（3）空穴的俘获　（4）空穴的释放

图4－6　在俘获中的载流子的复合和产生

在这种状态下，空穴和电子向耗尽层注入，就存在空穴因被俘获中心所俘获且与电子复合而消失。电子在被俘获中心俘获而与空穴复合。总之，没有消失而穿过耗尽层的载流子也还很多，载流子由于被复合消失变空，电子和空穴就落进这些孔里，上述过程就又重复出现。因此，禁带宽的半导体的pn结，如果载流子注入太少，则几乎全部载流子在耗尽层由于复合而消失。

因为俘获中心的量是有限的，随着载流子注入量的增多，在耗尽层中复合载流子的比例就减少。在制作发光二极管时，最好是耗尽层中没有复合，所以必须采用不携带俘获中心的晶体作管子。俘获中心的形成是由于半导体晶格的缺陷、活性杂质以外的有害杂质，或者半导体表面的缺陷等。特别是对于GaP来说，铜是极为有害的物质。那么，从图4－6和前面的叙述，可以用式(4－38)来表示耗尽层中的复合电流密度$J_{\tau g}$

$$J_{\tau g}=2(kT/qE)qn_{\mathrm{i}}\exp(qV/2kT)/2\tau_0 \tag{4-38}$$

式中，E为在pn结上的电压；V为外加电压；τ_0为载流子寿命。

式(4－38)相当于式(4－26)。那么外加电压是kT/q的几倍，耗尽层中的复合电流一般地可认为是

$$I=A\exp\left(\frac{qV}{nkT}\right) \tag{4-39}$$

式中，A为常数；n在电流小时等于2，电流大时近似于1。

（2）加反向电压时

随着在pn结外加反向电压，耗尽层如前所述将展宽，流过饱和电流(J_{B})［参看图4－5和式(4－26)］。

产生饱和电流最重要的原因是由于耗尽层的载流子生成，从能带结构上来说，具有硅和较硅以上禁带宽度宽的发光二极管用半导体，满带中的电子从导带直接上跃的概率在常温附近是极小的。

然而，如图4－6所示，在禁带中心附近有俘获中心的情况下，经过空的俘获中心的满带电子上升到导带的概率就增大，即满带的电子由于吸收热能，上升到空的俘获中心，在满带留下空穴。上升到俘获中心的电子长时间地不复合，再吸收热能，上升到导带。

由于上述机构，导带和满带中的空穴成为饱和电流，禁带宽度大的半导体的饱和电流几乎都由此而产生。

空的俘获中心在耗尽层中存在很多(在耗尽层以外的地方挤满了载流子),通过俘获中心的饱和电流值与耗尽层体积成正比例,因此依赖于外加电压。现在假定注入 p 区的电子和注入 n 区的空穴存在同一寿命,则由于耗尽层中的载流子产生的饱和电流,一般为

$$J_{SR} = -qn_i WA/2\tau_0 \tag{4-40}$$

式中,W 为耗尽层的宽度;A 为 pn 结的面积;τ_0 为载流子寿命。

由式(4-26)得

$$J_{SR} \propto W \propto V^{\frac{1}{2}} \quad \text{对于突变结} \tag{4-41}$$

$$J_{SR} \propto W \propto V^{\frac{1}{3}} \quad \text{对于缓变结} \tag{4-42}$$

4.2 注入载流子的复合

前面就耗尽层中通过俘获中心的载流子的复合进行了论述。耗尽层中载流子的复合是决定 pn 结性质(好或差)的重要原因,为此,特地做了前面的介绍。

在本节中,将统一地对半导体中的载流子复合进行介绍,当然也包括上述各节已论述过的内容。本节把伴随光辐射的复合列为重点,逐项地描述。

4.2.1 复合的种类

复合分为两大类,一个是伴随光辐射的复合(辐射型复合);一个是不伴随光辐射的复合(非辐射型的复合)。前者是由于空穴和电子的复合以光能的形式辐射能量,即对发光二极管来说是重要的复合,不伴随光辐射的复合对固体发光来说是有害的东西。在这方面提出了很多有关解决发光效率的问题,分以下几类。

(1) 辐射型复合

① 电子和空穴由于碰撞而复合。分为不通过声子的复合(直接跃迁型)和必须通过声子为媒介的复合(间接跃迁型)两种。

② 通过杂质能级的复合。

③ 通过相邻能级的复合。

④ 激子复合。

(2) 非辐射型复合

① 伴随多数的声子的复合。分为与晶格缺陷等缺陷能级有关系的情况和无关的情况。

② 称为“俄歇过程”的复合。分为与缺陷能级有关和无关的情况。

③ 器件表面的复合。

4.2.2 辐射型复合

4.2.2.1 直接跃迁和间接跃迁

在导带底的电子落到满带,与空穴复合时,最初的状态和最后的状态的能量差以光的形式辐射。在这时存在如图 4-7 所示的两种情况,一种称为直接跃迁型,另一种称为间接跃迁型。下面对两者进行分别介绍。

在常温附近，认为导带中的电子在能量最小处附近集结。即图4－7(a)和(b)的情况。电子具有能量E_1，另外上面所说的电子落入满带空穴中后，能量变成E_2，光就被辐射。电子从E_1转移到E_2期间，应该具有能量和动量。

那么，因为光的动量和电的能量相比是可以忽略的，对于光辐射来说，如图4－7(a)中能量与动量的同一能量状态之间，对于垂直跃迁是有利的。

如考虑碰撞模型，电子和空穴两者碰撞时，辐射光的频率ν为

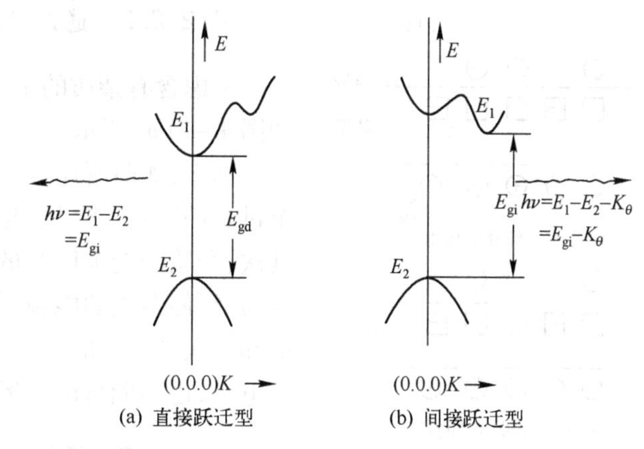

图4－7 两种能带结构和辐射发光

$$h\nu = E_1 - E_2 \tag{4-43}$$

式中，h为普朗克常数。

GaAs、GaN是直接跃迁型的典型例子，$GaAs_{1-x}P_x$、$Ga_{1-x}Al_xAs$的三元化合物半导体，在x较小的时候也是直接跃迁型的。在图4－7(b)中，由于最初和复合的状态的动量差不能引起电子跃迁而得到光辐射，这时由于晶格的振动，则声子保持着动量。假如作为碰撞模型，则形成电子、空穴和声子三者碰撞，发生的概率比在二者的情况下少，所以效率较低。另外辐射光的频率为

$$h\nu = E_1 - E_2 - K_\theta \tag{4-44}$$

式中，K_θ为声子的能量，也就是晶格振动的热能。

能量K_θ由于声子的生成而消耗，正因为这一原因，辐射的光能就变小了。GaP是间接跃迁型的典型例子。表4－2列出了直接和间接带隙半导体的理论复合概率。为了提高发光效率，因此寻求新的掺杂剂，以使形成激子。

表4－2 直接和间接带隙半导体的理论复合概率(300K)

材　料	带隙类型	复合概率/(cm^3/s)
GaAs	直接	7.21×10^{-10}
GaSb	直接	2.39×10^{-10}
InP	直接	1.26×10^{-9}
InAs	直接	8.5×10^{-11}
InSb	直接	4.6×10^{-11}
Si	间接	1.79×10^{-15}
Ge	间接	5.25×10^{-14}
GaP	间接	5.37×10^{-14}

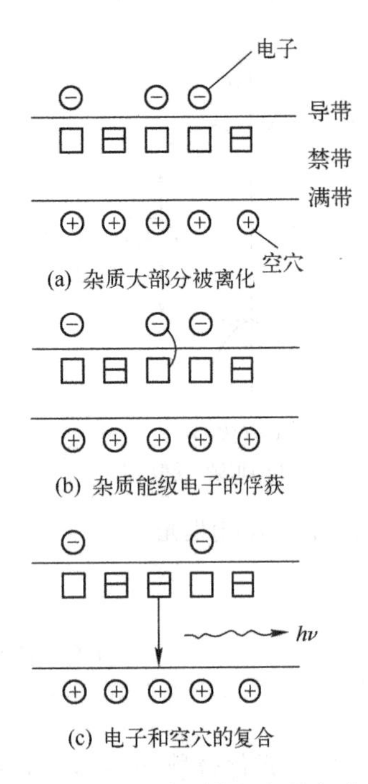

图 4 – 8　在杂质能级间的复合

4.2.2.2　通过杂质能级的复合

考虑含有杂质的半导体在常温附近大部分的杂质被离化，如图 4 – 8(a)所示。

那么，如前所述，在空的杂质能级上导带的电子被俘获，这个过程如图 4 – 8(b)表示。这时多余的能量变成热消耗了。其次，杂质的能级俘获的电子，再落入满带中的空穴而发生复合，必须使杂质的能级俘获的电子再吸收热能，在回到导带之前和空穴复合，如图 4 – 8(c)所示。假如不这样，一时被俘获的电子，也不能自由地运动。

4.2.2.3　相邻能级的复合

活性杂质及其他杂质，并且由于缺陷数目多，这样就产生了互相影响，即互相带导电的杂质，且在缺陷团间有库仑引力的作用。换言之，这在波动力学上，电子的波动函数跨越两个能级，引起电子的跃迁，对于这样两个能级间的能量差以光的形式辐射出来。

并且在最终，电子与空穴复合，连续地引起光辐射，如图 4 – 9 GaAs 中掺杂硅的红外发生就是这样的发光机构。由于能量比禁带宽度小，即辐射波长长的光，所以晶体自身吸收少，因此，在晶体外得到了光辐射。

4.2.2.4　激子复合

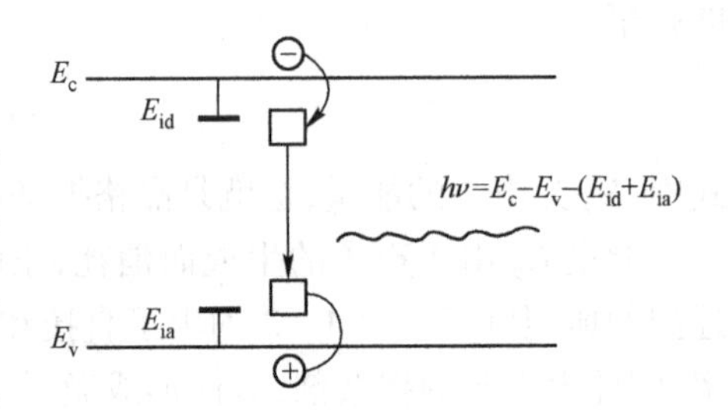

图 4 – 9　相邻能级间的复合

在半导体晶体中，除了固定在晶格原子上的电子(满带的电子)和能自由地在晶体中运动的电子(导带的电子)外，还有处于它们中间能量的固定在格点上的电子，如用波动力学来解释，波动函数告诉我们，不只存在达到一个原子电子，而且存在有达到几个原子的电子。

以气体原子为例，在常态下，其外电子牢牢地固定在原子核上(满带电子)。核外电子如得到足够大的能量，则成为完全摆脱原子核限制的自由电子(导带电子)，然而在得到比这个少一点的相当大的能量时，核外电子飞起到下一个外侧轨道上(激发状电子)，那么与核只有较弱的结合力。

这就是处于激发态的电子，具有激发态的原子。随之与空穴产生空穴 – 电子对，这个激子可因扩散而转移到另一个原子上去。电子 – 空穴对作为总体来说是中性的，这个带有能量的电子 – 空穴对由于复合释放出能量，以光的形式向外辐射。

由激子的复合而辐射光，如 GaP 的发红光、发绿光是熟知的。即在发红光的情况下，在 GaP 晶体中置换 P 原子的氧原子和置换 Ga 原子的 Zn 原子，处在相邻的情况下就形成上述的电子 – 空穴对。由于氧的电子亲合势是较强的，注入 p 区的电子比注入 n 区的电子首先被氧原子俘获而成为激发态电子。这个电子由于库仑力而被 Zn 的空穴俘获而复合。GaP 尽管是间接跃迁型的晶体,但是这种机理发光的外部量子效率还是较高的。GaP: Zn: O 的效率可达 15%,GaP: N 的效率也可达0.7%。

由于等电子陷阱的引入,形成束缚激子。束缚激子虽不能输运能量,但它却可通过复合而传递能量。通过复合发射出光子和声子,两者分别是辐射复合与非辐射复合。束缚在等电子陷阱上的激子复合是一种高效的辐射复合。

4.2.3　非辐射型复合

4.2.3.1　阶段地放出声子的复合

作为固体发光的重要的半导体材料,从发光波长来考虑,禁带宽度必须在1eV以上。另外,因为声子的能量是0.06eV左右,导带的电子落入满带时,电子的能量假如全部生成声子,那么必生成20个以上的声子。

这么多的声子同时生成的概率等于零,从碰撞模型来考虑,我们认为这么多数目的声子同时碰撞的概率也是极小的。

在实际的晶体中,多数的声子同时生成是不可能的,由于有害的金属及晶体缺陷,如空位和 Fe、Cu 等深中心杂质,电子会落到禁带中的这些能级上,声子也就阶段性地产生。

4.2.3.2　俄歇过程

在电子能量变换成热能这个重要过程称为俄歇过程,它是非辐射型的复合过程。俄歇过程是在自由载流子的浓度比较高的情况下和有晶格缺陷的情况下发生。实际器件的发光效率之所以较低,是因为后者的影响很大,先从图4-10(a)来说明。导带的一个电子和满带的一个空穴复合时,能量将转移到导带的另外的电子上。得到能量的电子,就上升到导带中高的能级,一面逐渐地放出声子,一面落到导带的下端。

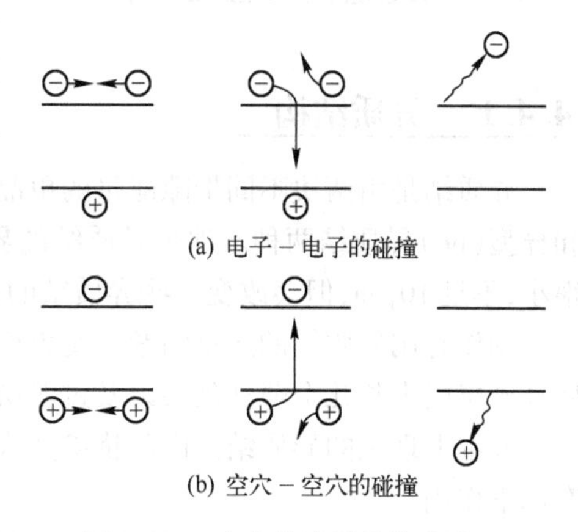

图4-10　自由载流子的俄歇过程

这样,由于电子和空穴复合放出的能量不以光的形式辐射而转变为热能。图4-10(b)表示另外的空穴获得由复合而放出的能量。

除上述外,由于晶体的缺陷所产生的能级中落入自由载流子时多余的能量为其他的电子和空穴所获得,结果产生声子而消耗了。实际上发光二极管的发光效率低的重要原因就是通过缺陷能级的俄歇过程。如何减少这样的能级成为制造技术的重要问题。

4.2.3.3　表面复合

在直观的晶体表面,可以想到存在着比内部还要多的缺陷,因此,在表面引起的各种非辐射性复合的概率比晶体内部还要高。另外,在晶体表面由于内部周期性的破坏,当然,载流子迁移的情况与内部也不相同。

发光二极管和其他半导体管子一样,以发光效率为主的特性及管子的寿命、可靠性都与表面有密切关系。用 GaP 时,管芯表面的氧化膜的形成,以及用 $GaAs_{1-x}P_x$ 时,氮化硅膜的覆盖,都使表面状态得以改善。

4.3 辐射与非辐射复合之间的竞争

少数载流子既可辐射复合也可非辐射复合。二者之间的竞争决定了发光二极管的内量子效率。

$$\eta_i = \frac{1}{1 + \frac{N_t \alpha_0 p}{N_L \beta n} \exp\left[-\frac{E_t - E_L}{KT} \right]} \tag{4-45}$$

式中,N_t 为非辐射复合中心密度;E_t 为非辐射复合中心能级能量;N_L 为辐射复合中心密度;E_L 为辐射复合中心能级能量;α_0 为通过一个电子陷阱从价带俘获一个空穴而发生的非辐射复合概率;β 为通过一个空穴发光中心俘获一个电子而发生的辐射复合概率;n、p 为自由电子和空穴浓度。

显而易见,发光中心密度大,非辐射复合中心密度小,发光中心浅、自由电子密度越大,则内量子效率越高。因此采用制作发光二极管的原材料和各道加工工艺均要努力避免非辐射复合中心如位错和深能级杂质的引入,这是提高内量子效率的重要措施。

4.4 异质结构和量子阱

4.4.1 异质结构

异质结是由两块不同带隙能量的单晶半导体连接而成的。异质结可分为同型(nn 或pp)和异型(pn)异质结两种。理想异质结的界面是突变的,实际的异质结存在一个缓变区,虽然很小,不足 10μm,但会改变一些异质结的特性,却不会破坏有用性质。

制作有用异质结的严重问题是交界面上由于晶格失配所造成的缺陷。可以用生长多次突变外延层或生长几个薄外延层以及过渡层、缓冲层的办法来减少缺陷。

基本上理想的异质结是由晶格参数失配很小(小于 0.1%)的材料制成的,在发光器件中有如下作用。

① 同型异质结可以由透明的(带隙较高)导电衬底和包含器件的有源区的外延层构成。这里衬底和外延层的界面仅用作无源区,并未应用它的电学性质,如用于 GaAsP 生长在 GaP 上。

② 同型异质结能够提供一个很靠近有源区的透明层,以降低如果采用一个自由表面时的表面复合速度。这里起的是钝化作用。

③ 同型异质结能形成限制载流子的势垒来有效地缩短载流子的扩散长度,因而缩短复合区。这个异质结是激光二极管和高亮度发光二极管的关键部分。

④ 异型异质结可通过改变结两侧带隙能量的相对大小来提高电子或者空穴的注入效率。

⑤ 同型或异型异质结提供一个折射率突变,从而形成一个光波导的界壁。

⑥ 同型“盖顶”可以在金属接触的表面提供一层带隙能量小的材料，有助于制作欧姆接触。

材料组分的变化引起带隙的变化，这种对带隙可以“裁剪”的方法称为能带工程。简单的例子是单异质结构（SH，也称pn异质结）的LED，其能带图如图4－11所示。

p型导电区用带隙宽度E_{g2}的半导体制成。E_{g2}小于n型区的带隙宽度E_{g1}。能带的不连续性使向n型区扩散的空穴势垒高度增加了价带偏移量ΔE_v。电子的势垒高度可能降低的值在$0 \sim \Delta E_c$范围内，与界面的陡峭程度有关。结果，注入电流之比I_n/I_p增加到$\exp(\Delta E/K_BT)$，这里$\Delta E_v < \Delta E < (\Delta E_v + \Delta E_c)$。另一个重要优点是n型区对于p型区中产生的光子是透明的，这就减少了向n型区一侧传播的光的再吸收。

实际上，许多高亮度LED一开始都采用双异质结构（DH），这种结构能把能带工程带来的好处发挥得更好。双异质结LED的能带图如图4－12所示。它是由一层窄带隙p型有源层夹在分别为n型和p型的宽带隙导电层中构成的。这样使过剩载流子可以从两个方向注入有源层，电子和空穴在有源层中复合。此外，扩散过一个异质界面的少数载流子被第二个异质界面阻挡在有源层中不能继续扩散出去。这就增加了有源区中过剩载流子的浓度，从而增加了辐射复合的概率。而且，两个导电层对于发射光都是透明的，再吸收效应都极小，但是在有源层内仍存在再吸收。

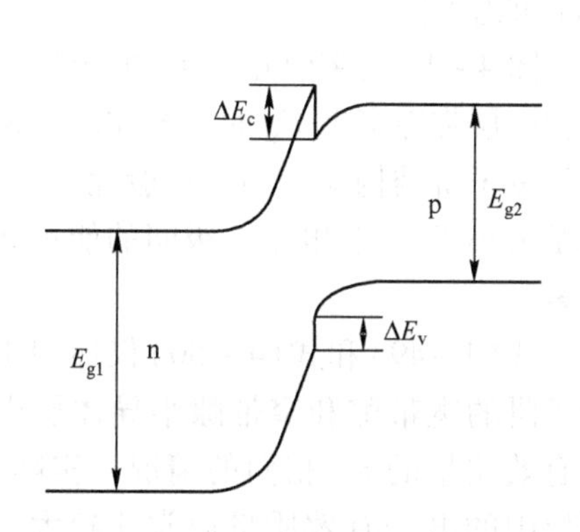

图4－11 pn异质结LED的能带图

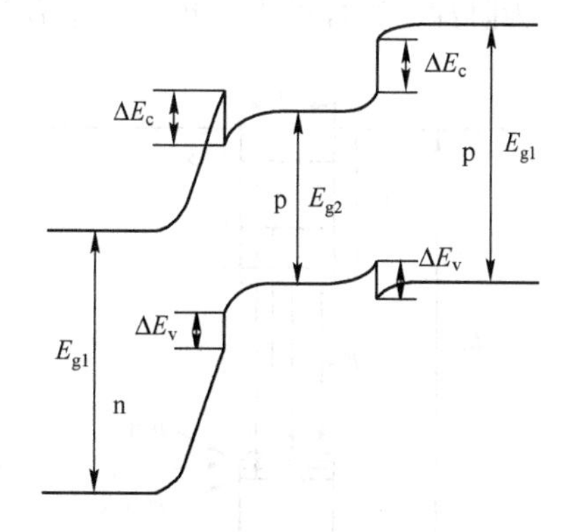

图4－12 双异质结LED的能带图

当然，单异质结构和双异质结构都要求材料之间具有较好的晶格匹配，如果晶格常数相差较大，异质界面上就会产生很高的缺陷（通常是位错）密度，引起非辐射复合。

4.4.2 量子阱

把有源层变薄是继续增加辐射复合概率和减少再吸收的有效措施。另外，采用非常薄的有源层能够克服某些晶格失配问题，因为这种薄层能顺应厚的限制层而不产生缺陷。但是，当有源层的厚度可以和晶体中电子的德布罗意波长相比拟或比它小时，载流子会被量子限域。这种双异质结构称为量子阱（QW）结构，所以量子阱结构应该是异质结构的一种特殊结构。单量子阱（SQW）和多量子阱（MQW）是高亮度LED的最通用的结构。

量子阱光学性质与体材料的不同在于：它不再是体材料的三维材料，而是二维材料。由于在与异质界面垂直的x方向上的限域作用，出现了分离的能级E_n，而不是自由运动对应的连续的能量。对于无限深的量子阱，这些能级距导带底E_c的关系如下。

$$E_n - E_c = \frac{\pi^2 \hbar^2 n^2}{2m_e a^2} \tag{4-46}$$

式中,$n=1$、2、3、…(任意正整数)为量子数;a 为量子阱的宽度;m_e 为电子有效质量。在与异质界面方向平行的 yz 平面中,电子运动不是量子化的,于是,子带 n 中电子的能量由式(4-47)给出。

$$E = E_n - E_c + \frac{\hbar^2 k^2}{2m_e} = \frac{\pi^2 \hbar^2 n^2}{2m_e a^2} + \frac{\hbar^2 k^2}{2m_e} \tag{4-47}$$

式中,k 为二维波矢。电子波函数可表示为

$$\Phi(x,y,z) = \sqrt{\frac{2}{a}} \sin\left(\frac{\pi n}{a} x\right) \exp(iky) \exp(ikz) \tag{4-48}$$

在实际器件中势阱不会无限深。对于有限的对称势阱,电子能量由式(4-49)给出。

$$E = \frac{\hbar^2 k^2}{2m_e} + \frac{\hbar^2 q n^2}{2m_e} \tag{4-49}$$

式中,q、n 的值通过解以下方程式求得。

$$\frac{qna}{2} = \frac{n\pi}{2} - \arcsin\left(\frac{\hbar q n}{\sqrt{2m_e U_o}}\right) \tag{4-50}$$

式中,U_o 为阱深。同样的考虑也适用于有效质量为 m_n 的空穴。

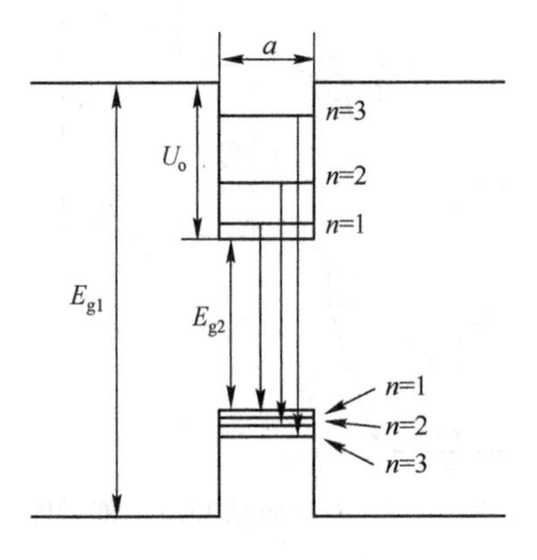

图 4-13　一个量子阱结构的能带图

图 4-13 为带隙宽度 E_{g2} 的半导体薄层夹在两层带隙宽度 E_{g1} 的半导体厚包覆层之间的量子阱结构能带图。一般地,电子有效质量远小于空穴,电子能级间的能量间距更显著。

式(4-49)和式(4-50)仅适用于组成量子阱的宽带隙和窄带隙半导体层中电子的有效质量的 m_e 相同的情况。实际上,包覆层中的电子有效质量通常比较大。异质结构中有效质量的空间依赖关系使能谱的描述更为复杂,此时量子阱的有效深度(还有子带的位置和电子在量子阱中的定域程度)依赖于波矢 $\boldsymbol{k}$,也就是依赖于电子沿异质结界面运动的动能。

子带间光跃迁出现在具有相同量子数($n_e = n_n$,见图 4-13)的电子和空穴能级间。量子阱中电子和空穴波函数的强交叠导致非常有效的两类载流子注入的双分子复合,所以不需要激活区掺杂,本征复合也使发射谱域的宽度比通过杂质能级复合的窄。此外,量子阱中激子束缚能比体单晶中大得多,在许多材料中,因限域减小了电子-空穴距离而使二维激子光跃迁增强的现象即使在室温下也能观察到。再者,量子阱的一个特征是子带中的态密度与能量无关,而体单晶中的态密度在能带极值处等于零并以 $E^{1/2}$ 规律随能量增加。态密度为常数导致辐射复合概率对温度的依赖关系变弱,峰值波长等于带间能量差,几乎不随温度变化。

当量子阱中存在电场时,能带发生倾斜,如图 4-14 所示。倾斜原因可能有 3 个,外部偏

置、应力结构中的压电效应或者非立方晶格中的自发极化。

无限深三角势阱中的能级由式(4－51)给出：

$$E_n \approx \left(\frac{\hbar^2}{2m_e}\right)^{\frac{1}{3}}\left(\frac{3\pi qF_s}{2}\right)^{\frac{2}{3}}\left(n+\frac{3}{4}\right)^{\frac{2}{3}} \tag{4-51}$$

式中，n 为量子数；qF_s 为势能斜率；F_s 为表面场。

外电场或自建电场最重要的结果之一是电子和空穴的空间分离，如图4－14所示。由于波函数交叠减少，可能导致辐射复合概率降低，发射谱域红移。

为了阻止电子漏入p型导电区，以提高注入效率，在量子阱和p型导电层之间加以带隙更宽的p型材料($E_{g3} > E_{g1} > E_{g2}$)制作的电子阻挡层，如图4－15所示。图中所示的有源层是一个右边和左边势垒高度分别为 U_1 和 U_2 的非对称QW。非对称QW中的电子能级也可以用式(4－49)表示，但 q_n 值现在要由式(4－52)给定。

$$q_n a = n\pi - \arcsin\left(\frac{\hbar q_n}{\sqrt{2m_e U_1}}\right) - \arcsin\left(\frac{\hbar q_n}{\sqrt{2m_e U_2}}\right) \tag{4-52}$$

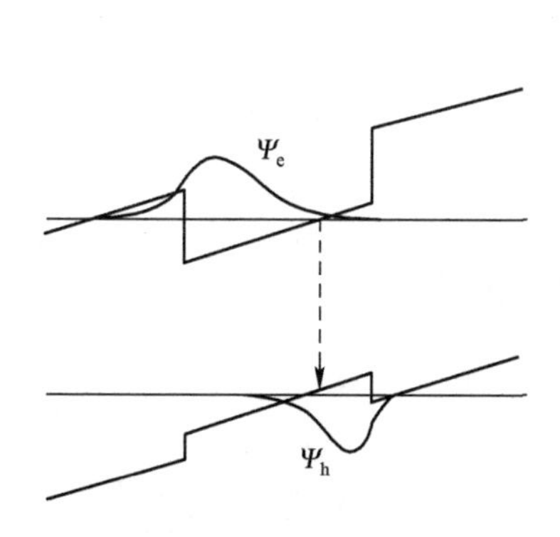

图4－14　外电场下量子阱结构的能带
（电子和空穴状态保持在三角阱中，波函数在空间上分离）

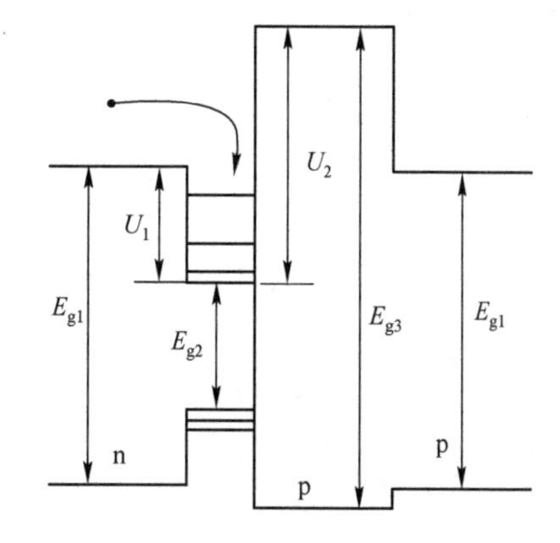

图4－15　有电子阻挡层的量子阱电致发光结构的能带图

双异质结和量子阱LED的正向电流－电压特性比起pn结LED更为复杂。一般的LED的正向电流电压特性用一个非理想的二极管方程描述。

$$I = I_n + I_p + I_{nr} = (I_{n0} + I_{p0})\left[\exp\left(\frac{U - IR_s}{U_T}\right) - 1\right] + I_{nro}\left[\exp\left(\frac{U - IR_s}{\gamma U_T}\right) - 1\right] \tag{4-53}$$

式中，I_{nro} 为反向无辐射复合电流；γ 为复合电流的理想因子($1 \leqslant \gamma \leqslant 2$)。

而双异质结和量子阱LED的正向电流－电压特性也可以用三项之和表示。

$$I(U) = I_D(U) + I_R(U) + I_t(U) \tag{4-54}$$

其中扩散电流为

$$I_D = I_{D0}\left[\exp\left(\frac{U - IR_s}{U_T}\right) - 1\right] \tag{4-55}$$

复合(辐射和非辐射)电流为

$$I_{\mathrm{R}} = I_{\mathrm{R0}}\left[\exp\left(\frac{U - IR_{\mathrm{s}}}{\gamma U_{\mathrm{T}}}\right) - 1\right] \tag{4-56}$$

而与温度无关的隧穿电流为

$$I_{\mathrm{t}} = I_{\mathrm{t0}}\left[\exp\left(\frac{U - IR_{\mathrm{s}}}{E_{\mathrm{t}}/q}\right) - 1\right] \tag{4-57}$$

式中,E_{t} 为一个数值约为 0.1eV 的特征能量常数;反向电流 I_{D0}、I_{R0} 和 I_{t0} 没有明确的普遍表达式,通常以经验拟合常数的形式引入。

第5章 半导体发光材料体系

半导体发光材料是发光器件的基础，如果没有砷化镓、磷化镓、磷砷化镓等材料的研究进展，发光器件也绝不可能会取得今天这样大的发展，今后器件性能的提高在很大程度上还是取决于材料的进展。从Ⅱ－Ⅵ族二元化合物半导体发光器件的迟缓进展也可说明这个关系。50多年前，Ⅱ－Ⅵ族材料就被认为是可见光和近紫外区发光器件最自然的候选材料，如CdSe（红）、ZnTe（绿）、CdS（蓝绿）、ZnSe（蓝）及ZnO和ZnS（近紫外）。尽管有过一些进展，但由于容易形成缺陷是Ⅱ－Ⅵ族化合物的固有性质，致使发光器件的进展十分迟缓。尽管这样，探索这个问题解决方案的研究工作仍在继续。

成为半导体发光材料的起码条件是半导体带隙宽度与可见和紫外光子能量相匹配。光子能量和波长的关系为

$$\lambda(\mathrm{nm}) = \frac{1239.5}{h\nu(\mathrm{eV})} \tag{5-1}$$

其次，只有直接带隙半导体才有较高的辐射复合概率。图5－1比较了一些半导体的带隙能量和人眼的相对灵敏度。半导体元素Ge、Si是间接带隙材料，也不满足光谱区域的要求。SiC和某些Ⅲ－Ⅴ族材料，如AlSb、AlAs和AlP能够发射可见光，但由于是间接带隙，因此也难以得到高效发光。

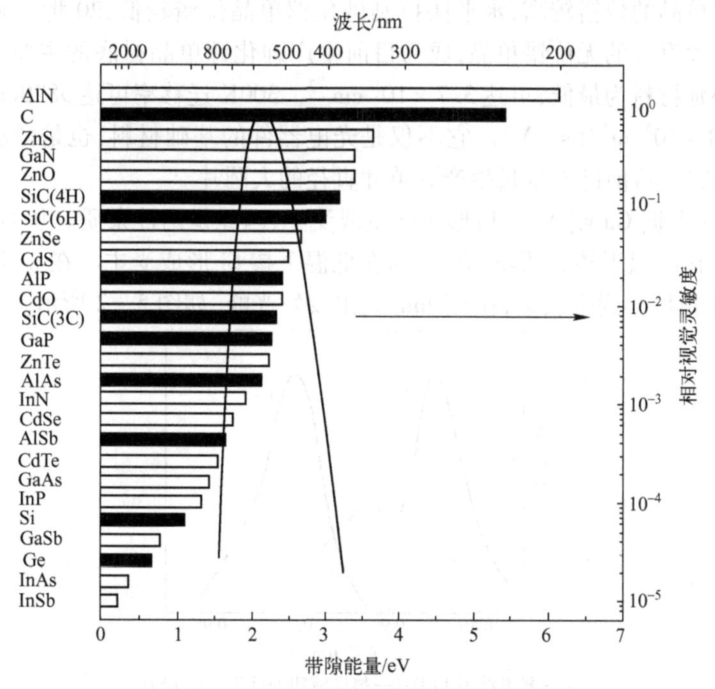

图5－1　一些半导体的带隙能量与人眼光谱灵敏度的比较（黑色表示间接带隙半导体）

此外,还要求半导体发光材料有好的晶体完整性、可以用合金方法调节带隙、有可用的 p 型和 n 型材料,以及可能制备能带形状预先设计的异质结构和量子阱结构。

Ⅲ - Ⅴ族二元化合物 InP、GaAs、GaN 和 AlN 具有与所需光谱范围重叠的带隙。这些材料即使与间接带隙Ⅲ - Ⅴ族化合物 GaP 等也能形成稳定的直接带隙三元或四元合金。含有Ⅲ族金属 Al、Ga、In 及Ⅴ族元素 As、P 或 N 中一种的三元和四元合金是当前 LED 工业的基础。下面分别介绍重要材料体系的主要性质。

5.1 砷化镓

砷化镓是一种重要而且研究得最多的Ⅲ - Ⅴ族化合物半导体,是典型的直接跃迁型材料,其光子能量为 1.4eV 左右,相应发射波长为 900nm 左右,属于近红外区。它是许多发光器件的基础材料,外延生长用的衬底材料。有关砷化镓材料研究的资料都是值得其他Ⅲ - Ⅴ族材料借鉴的。

砷化镓属闪锌矿结构,是极性共价键结合,离子性占 0.31。砷化镓的自然解理面是(110),因为(111)面极性大,有较强的库仑吸收力,加上(110)面是由相同数目的砷原子和镓原子组成的,除引力外还有斥力,所以最易解理。

砷化镓中的缺陷主要是位错和化学计量比偏离造成的缺陷,如空位(镓空位和砷空位)、填隙原子(镓填隙原子和砷填隙原子)和代位原子(镓占砷位和砷占镓位)。空位特别是镓空位对发光效率影响很大,如液相外延富镓条件生长的发光效率比富砷条件熔体生长的高得多。此外,重掺杂材料中的杂质偏析和显微沉淀也是砷化镓中重要的缺陷。氧是深能级杂质,非辐射复合中心。铜是砷化镓中最有害的杂质,能参与砷化镓晶体中所有的结构缺陷和杂质的相互作用,可造成大量的有害能级。铜还是一种快扩散杂质,特别是填隙型铜,会造成器件性能的劣化。

直拉砷化镓单晶的位错较高,水平法拉制砷化镓单晶位错较低,20 世纪末发展的垂直梯度冷凝法能生产大直径的无位错单晶,成为目前生产砷化镓单晶衬底的主要方法。本征载流子浓度以液相外延材料为最低,可达 $3.7\times10^{12}cm^{-3}$。300K 迁移率可达 $9820cm^2/(s\cdot V)$,77K 迁移率可达 $2.44\times10^5cm^2/(s\cdot V)$。它不仅是光电器件的基础材料,也是微波器件和高速集成电路的重要材料。目前已能批量生产 6 英寸直径的大圆片。

GaAs 中的 Si 占据 Ga 或 As 位后形成施主或受主,因此是两性杂质。从 Ga 溶液中液相外延生产 GaAs 时,在高温下掺 Si 形成施主,而在低温下掺 Si 形成受主。在 n-GaAs 衬底上进行掺 Si 液相外延生长可得到生长结,在 940nm 处出现发光峰,如图 5 - 2 所示。

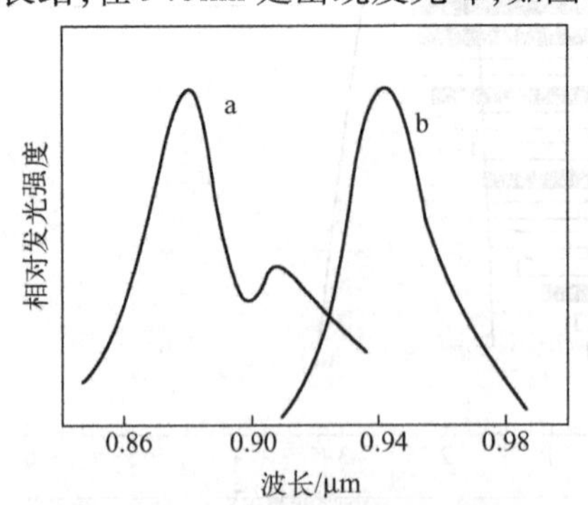

a— 扩散结型 LED;b—掺硅液相外延生长结 LED

图 5 - 2 GaAs 发光二极管的发光光谱

砷化镓发光二极管采用普通封装结构时的发光效率为4%，而采用半球形结构时的发光效率可达20%以上。它们被大量应用于遥控器和光电耦合器。

5.2 磷化镓

磷化镓是Ⅲ－Ⅴ族化合物半导体中重要的显示用可见光器件材料，是典型的间接跃迁型材料，从理论上讲，辐射复合概率很小。然而磷化镓却是20世纪90年代前发光效率最高的可见光材料，通过掺入不同的等电子陷阱发光中心，可以直接发射红、绿等颜色的光，曾在市场上占据主导地位。

磷化镓属闪锌矿结构，化学键结构中存在的离子性为0.374，解理面为(110)。在磷化镓的缺陷中，除位错外，化学计量比偏离造成的缺陷较为严重。其中主要是镓空位，镓空位是受主，浓度增加时器件效率降低，特别是影响绿光器件的效率。这种影响可用来解释为什么气相外延法制备的材料不如液相外延法制备的效率高。因为液相外延是富镓生长条件，镓空位较少。另外，镓空位还是许多复合缺陷的重要组成部分，还能参与和杂质的相互作用构成复合体，大大影响材料的质量。如由镓空位与反结构缺陷构成的复合体 $V_{Ga}^{1-}P_{Ga}^{2+}$，在磷化镓中起着非辐射复合“消光”中心的作用。

在磷化镓中，Ⅵ族元素硫、硒、碲为浅施主，电离能约为0.1eV，常用作n型掺杂剂。硅也能给出具有上述电离能的浅施主能级。Ⅱ族元素锌、镉、镁在磷化镓中是浅受主，电离能在0.05～0.1eV范围内。其中，锌是最常用的p型掺杂剂，电离能约为0.06eV。氧是磷化镓中的一种主要杂质，孤立的氧在导带下方0.8eV处引入一个施主能级。氧还能与镓空位、杂质硅等相互作用形成 V_{Ga}-O、Si-O等复合体，使发光效率下降。另外，当掺氮磷化镓绿色发光管的液相处延层被氧污染时，二极管的效率也会降低。磷化镓中另一个有害杂质是铜。已经明确，结区附近P侧存在的铜能使外量子效率下降，铜在价带上方0.54eV和0.39eV处引入两个深受主能级。磷化镓的载流子迁移率随载流子浓度的上升而减小，当载流子浓度为 $10^{18}cm^{-3}$ 时，电子和空穴的迁移率分别为 $100cm^2/(s\cdot V)$ 和 $50cm^2/(s\cdot V)$。

含氮 $5\times10^{18}cm^{-3}$ 左右GaP晶体的发光光谱如图5－3所示。磷化镓绿色发光二极管的发光机理是在磷化镓间接跃迁型半导体中掺入等电子陷阱杂质氮。N原子可取代GaP晶体中的P。N和P都是Ⅴ族原子，有相同的外层电子组态。但是N替代P不像P替代As形成合金那样能连续改变带隙宽度。掺N GaP晶体的低温光致发光光谱出现A线(2.3177eV)和B线(2.3168eV)。这种发光是被N俘获的激子复合引起的。因为N的电子亲和力比P大，所以N替代P后既俘获电子，又靠该电子的电荷俘获空穴而形成激子($E_{BX}=11meV$)。当N浓度增大时，从长波侧到A线上，出现许多条发光谱线，从长波侧依次为 NN_1、NN_2、…。其直接结果是总的光通量增加和主波长向长波方向移动。在室温情况下，绿色发光二极管的发光谱中，A线起主要作用，这是由于复合跃迁概率非常大的缘故。A线复合寿命为38ns，这样大的跃迁概率是由于在N周围有窄而深的电子势阱的缘故。也就是说，电子被束缚在N附近使K空间的波函数展宽，对应 $K=0$ 的直接跃迁导带底的分量增加，具有与直接跃迁带隙晶体同样的发光性质。

N等电子陷阱俘获的激子复合发光具有较高的发光效率。绿色GaP:N发光二极管是用气相外延加扩散或液相外延制作的，但液相外延的发光效率高。在液相外延中，含 NH_3 的氢气流入反应管中，因而掺入了N。在缓慢冷却晶体上液相外延生长的发光二极管，已报道的较

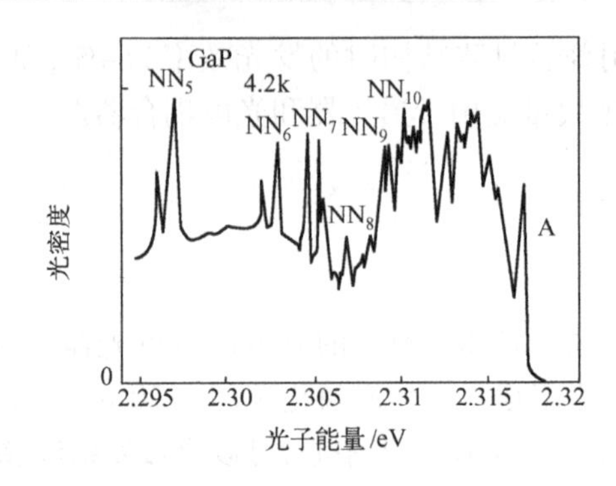

图 5-3　GaP: N(N 浓度 $5\times10^{18}cm^{-3}$)的低温光荧光谱

高的发光效率为 0.6%(脉冲工作,电流密度为 $80A/cm^2$)。在液封直拉的单晶衬底上液相外延生长两层的发光二极管,已报道的较高的发光效率为 0.7%(电流密度为 $200A/cm^2$)。在 5mA 直流电流下(电流密度为 $10A/cm^2$),发光效率约为脉冲工作时的一半。采用液相外延法在 n 层上生长 p 层和在 p 层上生长 n 层的发光二极管,一般以前者的发光效率为高。n 层和 p 层的发光效率均随掺氮浓度的增加而提高,最高可增加到 $1\times10^{19}cm^{-3}$,经 600~700℃热处理,效率都能提高 1.5~3 倍。

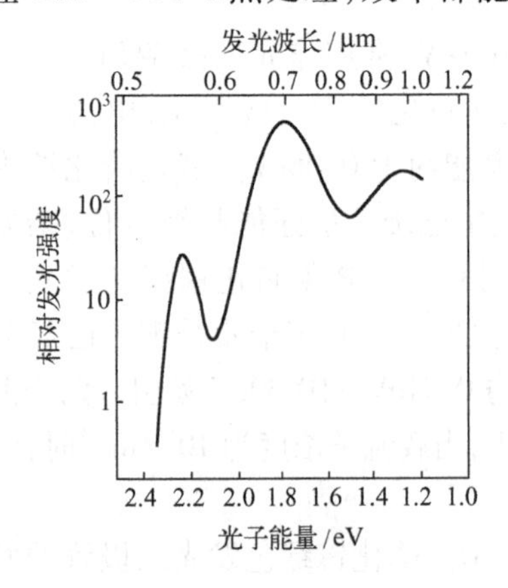

图 5-4　GaP: ZnO 红色发光二极管的室温发光光谱

在液相外延生长 GaP 时,氮的掺入浓度受到一定的限制。而采用气相外延时,由于氮的掺入受动力学控制,不像液相外延那样受溶解度限制,可形成高浓度的氮对束缚激子。氮的浓度可达 $10^{19}cm^{-3}$数量级。此时的光荧光谱或发光光谱中 NN 对峰增加,而且向长波方向移动,其发光光谱显示峰值波长为 590nm,属于黄色发光二极管。在掺氮 GaAsP 黄色发光二极管之前,它是市场上黄色发光二极管的主流产品。

磷化镓红色发光二极管的发光机理是在 GaP 晶体中掺入 ZnO 对等电子陷阱,其激子发光光谱的峰值波长为红光 700nm。以液封直拉法在高压单晶炉内(通常大于 6080kPa),1477℃下拉制出的 GaP 单晶为衬底,以浸渍法液相外延制得的发光材料发光效率最高可达到 15%。在发光效率为 7%的发光二极管的 pn 结附近,估算出 Zn 浓度为 $7\times10^{17}cm^{-3}$,氧浓度为 $3\times10^{17}cm^{-3}$。图 5-4 是 GaP: ZnO 红色发光二极管的室温发光光谱。

5.3 磷砷化镓

磷砷化镓是目前应用较为广泛的显示用发光材料。$GaAs_{1-x}P_x$ 是闪锌矿型结构,由直接跃迁型的砷化镓与间接跃迁型的磷化镓组成的固溶体。在室温下,$x<0.45$ 时为直接跃迁型,$x=0.40$ 时发红光,峰值波长为 650nm,发光效率较高,即 $GaAs_{0.60}P_{0.40}$。这也正是 Holonyak 发明发光二极管时所用的材料,是能带裁剪工程的成功例子。当 $x>0.45$ 时变为间接跃迁,效率大幅度下降。后来,Craford 等人采用磷化镓透明衬底,并在外延层中掺入等电子陷阱杂质氮后，就如同磷化镓一样，发光效率大大提高，从而使 $GaAs_{0.35}P_{0.65}$: N/GaP、$GaAs_{0.25}P_{0.75}$: N/GaP、$GaAs_{0.15}P_{0.85}$: N/GaP 成为发光效率相当高的橙红色、橙色和黄色发光材料。图5-5和图5-6描述了上述情况。

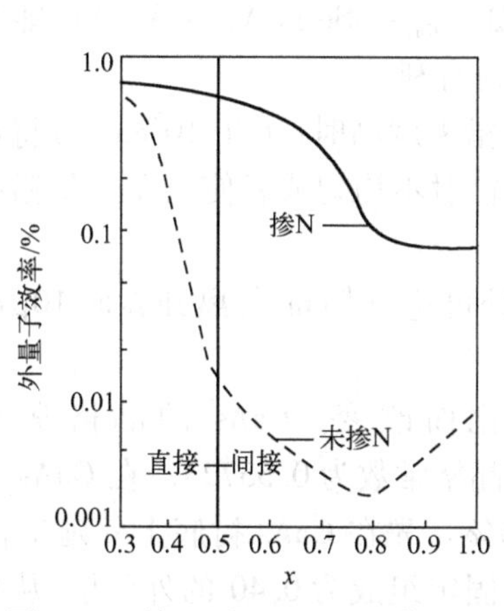

图5-5 掺N对 $GaAs_{1-x}P_x$ 外量子效率的影响

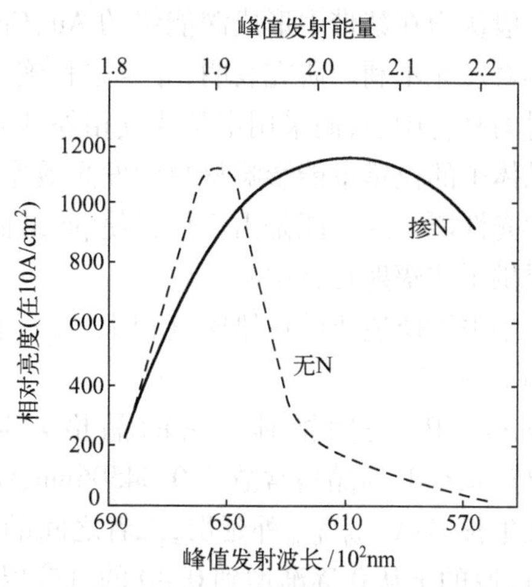

图5-6 掺N与无N $GaAs_{1-x}P_x$ 的不同波长时亮度比较

5.3.1 $GaAs_{0.60}P_{0.40}$/GaAs

此材料是生长在(100)砷化镓衬底上的。从图5-5可以看出未掺N $GaAs_{1-x}P_x$ 组成 x 与外量子效率的关系。根据实验结果，发光波长与组成 x 间符合关系式

$$\frac{1.24}{\lambda} \times 10^3 = 1.43 + 1.23x \tag{5-2}$$

再考虑到人眼对不同波长的视感度是不同的，综合两方面的因素可知，外量子效率随组成 x 的增加而减小(特别在 $x>0.38$ 以后)，从而使亮度下降，但由于发射的波长变短，其相对视感度却反而增加而使亮度增加。因此应存在一个最佳的组成 x 值，相应得到最高的发光亮度，如图5-7所示。其最佳组成值 $x=0.40$，这时发射的波长为650～660nm。

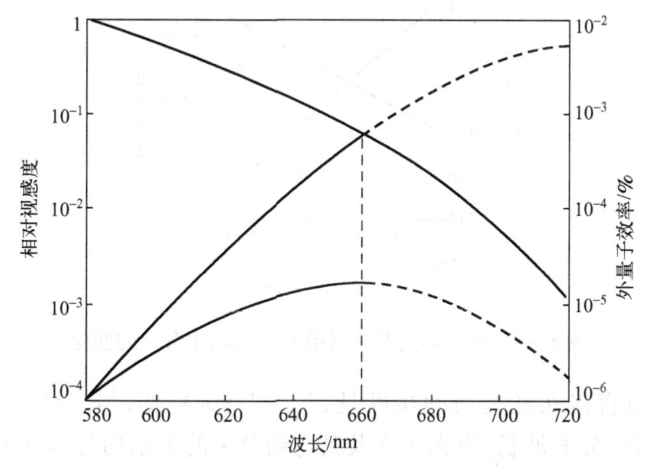

图5-7 发光波长、x 值与相对视感度、外量子效率的关系

5.3.2 晶体中的杂质和缺陷对发光效率的影响

如果材料中存在非辐射复合中心和红外辐射复合中心,就会降低可见光的发光效率。

一般认为在禁带中形成深能级的 Au、Cu、Fe、Cr 等重金属,Na、Li 等碱金属,以及 O、C 等元素都对发光不利。研究表明,镓空位和施主的络合物(如 $V_{Ga}-3Se$ 或 $V_{Ga}-3Te$)可能是红外辐射的复合中心,而采用富Ⅲ族气相外延对抑制红外发射有利。

晶体中的位错也能影响材料的发光效率,特别是在位错密度高时(大于 10^5cm^{-2})将显著降低发光性能。这可能是由于位错使 pn 结面不平而导致辐射不均匀或者使杂质向位错线集结而提供了非辐射复合中心。

晶格失配所造成的位错密度很大,有资料称,在界面处可达 $10^{10}cm^{-2}$,离开界面 10μm 则降低到 10^6cm^{-2}。

$GaAs_{1-x}P_x$ 是固溶体。它的晶格常数随 x 的变化而改变。GaAs 的晶格常数为 0.56535nm,GaP 的晶格常数为 0.54506nm,$GaAs_{0.60}P_{0.40}$的晶格常数为 0.55723。在 GaAs 衬底上直接生长 $GaAs_{0.60}P_{0.40}$外延层,二者之间的失配率为 1.5%。先在 GaAs 衬底上外延生长 20~40μm 厚的 x 从 0 逐渐增到 0.40 的过渡层,再固定生长固定组成为 0.40 的外延层,从理论上讲,过渡层厚些为好,最好为 40μm,但考虑到成本问题,一般是取 20μm。

引进等电子陷阱杂质氮可使 $GaAs_{1-x}P_x$ ($x>0.45$)材料的发光效率大为提高,但如果仍用 GaAs 作为衬底,则不如用 GaP 衬底,晶格失配可减小些。Craford 等人开发成功 $GaAs_{0.35}P_{0.65}$:N/GaP峰值波长为 630nm 的高效红发光二极管和 $GaAs_{0.15}P_{0.85}$:N/GaP 峰值波长为 590nm 的黄光发光二极管。前者掺 N 后,发光效率提高 20 倍以上,这可从图 5-5 中看出。在这些器件中,当氮含量增高时,还会有氮-氮对等电子陷阱(N-N),也能形成激子,从而造成峰值波长向长波方向移动及由于两种能量激子复合致使光谱带宽变宽。目前生长此材料的方法主要是气相外延。

5.4 镓铝砷

$Ga_{1-x}Al_xAs$ 是 GaAs 和 AlAs 的固溶体。其晶格常数和密度随组分 x 的变化如图 5-8 所示。

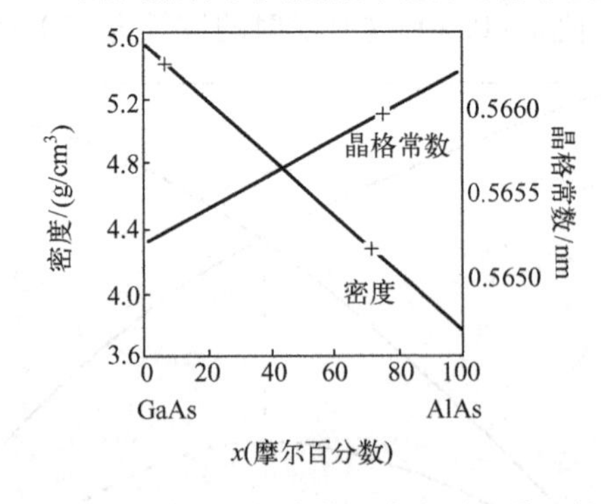

图 5-8 镓铝砷的晶格常数和密度随组分 x 的变化

在 $x=0.35$ 时由直接跃迁变成间接跃迁,$E_g\approx1.90eV$ 处,与 $GaAs_{1-x}P_x$ 相比稍许靠近 GaAs 端。其带隙宽度、发光波长、发光效率及其与组分 x 的关系均与 GaAsP 类似。

镓铝砷的一个突出优点是 GaAs 与 AlAs 的晶格常数十分接近,分别为 0.56532nm 和

0.56622nm，晶格失配的问题很小，故在砷化镓衬底上直接生长外延层时，不需要像磷砷化镓那样需要很厚的过渡层就能获得很高晶体质量的 $Ga_{1-x}Al_xAs$ 外延层。镓铝砷材料及 pn 结一般都是用液相外延生长的办法获得的。

单异质结掺 Zn 生长 pn 结的发光二极管，当 $x=0.32$ 时，外量子效率为 4%，发射波长为 660nm，效率超过 GaAsP。掺硅器件使 900nm 左右的红外发光二极管效率提高一个数量级，但在 700nm 附近趋于相同。

在纯 GaAs 中，内量子效率可以超过 99%，但在接近镓铝砷的直接带隙向间接带隙的转变点时，内量子效率迅速降低，由于这个因素和视觉灵敏度，最佳发光效率在 640 ~ 660nm，相应的 $x=0.34\sim0.40$，在这一区域内，内量子效率在 50% 左右。

采用双异质结结构更加加强了载流子的限制作用，可大幅度提高器件的外量子效率。采用温差法连续液相外延生长技术生产的透明衬底双异质结发光二极管的结构为 N-$Ga_{1-x}Al_xAs$ ($x=0.65$)/P-$Ga_{1-x}Al_xAs$($x=0.35$)/P-$Ga_{1-x}Al_xAs$($x=0.65$)，在工作电流 20mA 下，外量子效率达到 16%，发光强度为 5000mcd，成为第一种超过 1cd 的发光二极管。

镓铝砷体系的优点是可用价廉的液相外延方法进行大批量生产。但这种技术不能保证充分消除氧沾污，另一个严重的问题是材料容易退化，由于 Al 有与水和氧化合生成氧化物的趋势，因此这种退化随铝含量的增加变得更加严重，限制了 GaAlAs LED 在高温高湿环境中的应用。其解决方案之一是生成一层稳定的氧化物钝化层。

5.5 铝镓铟磷

Ⅲ族元素的磷化物材料也具有闪锌矿型立方晶格，较Ⅲ族元素的砷化物有更宽的带隙能量，能用于可见光区的发光器件。但是 AlP 和 GaP 及它们的三元系合金都具有间接带隙，幸好在 AlP、GaP 和直接带隙的 InP 组成合金时能产生直接带隙的四元素 AlGaInP 单晶。其特点是 $(Al_xGa_{1-x})_yIn_{1-y}P$ 合金的可用性，y 约为 0.5 的材料晶格常数几乎完美地与 GaAs 匹配，而且具有十分接近的热膨胀系数。改变 Al 的摩尔比 x 能在可见光谱区域的红到绿之间改变直接带隙能量，如图 5-9 所示。现在，在 GaAs 上生长的高质量 $(Al_xGa_{1-x})_{0.5}In_{0.5}P$ 薄膜是半导体照明中重要的异质结构材料。

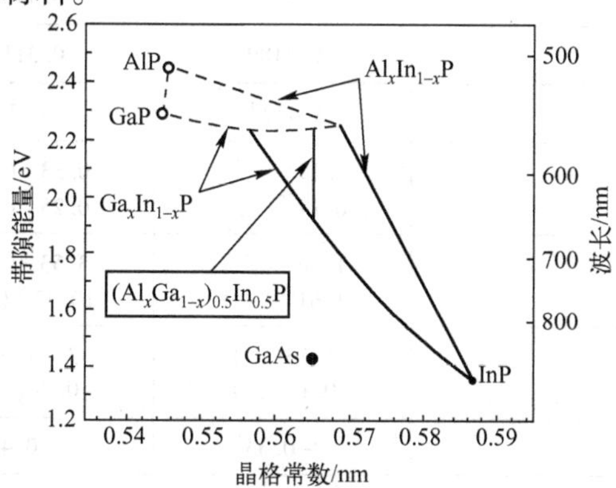

图 5-9 AlGaInP 材料体系带隙能量、波长与晶格常数的关系
(实点和实线表示直接带隙，空心点和虚线表示间接带隙)

直接带隙到间接带隙的转变出现在 $x \approx 0.65$,对应于带隙能量 2.3eV,能得到 656 ~ 540nm 范围内的光发射。

通常,n 型掺杂可以 Te 或 Si 作为施主而实现,p 型掺杂的典型受主是 Zn 和 Mg。用它制成的发光二极管曾得到了可见光中 2000 年最高的发光效率,在 614nm 达到 108lm/W。生长这种四元化合物的成熟技术是金属有机物化学气相淀积(MOCVD),能保持对组分的高精度控制,同时达到氧污染最小。

5.6 铟镓氮

由于应用的需要,如全色显示屏、全色指示灯,对蓝光 LED 材料进行了许多研究,如对 GaN、SiC、ZnSe 等的研究进行了二三十年时间,都没有达到较高的亮度,一般 20mA 下都为8 ~ 20mcd。

作者曾在 1992 年出版的《半导体发光材料和器件》一书中预测过这种材料。“铟镓氮是一种引人注意的材料,它在整个组分范围内全是直接跃迁结构,带隙宽度的整个范围为 1.95(对应于 636.6nm) ~ 3.4eV(对应于 365nm),覆盖了整个可见光谱。”

而铝镓铟氮的带隙宽度更宽,为 1.95 ~ 6.2eV,因此,GaN 及有关化合物半导体是认为在短波长 LED 方面最有前途的材料。最近,已经制得高质量 GaN、AlGaN 和 InGaN 晶体和 p 型低阻 GaN、AlGaN。1993 年年底,日亚公司的中村修二研制出高亮度的蓝光 LED,发光强度超过了 1cd,并很快商品化。高亮度的单量子阱(SQW)蓝、绿 InGaN LED 也已商品化,绿光 LED 超过了 12cd。最近的研究更开发出 21mW 的 405nm 和 1.5mW 的 280nm 紫外 LED。日亚公司开发成功的 InGaN 蓝光(460nm)芯片涂覆 YAG(Ce)荧光粉产生白光的技术加快了向半导体白光照明进军的过程。

二元化合物 InN、GaN、AlN 和它们的三元、四元合金的热力学稳定相是纤锌矿结构。其 300K 下的基本参数见表 5-1。

表 5-1 300K 下 GaN、AlN 和 InN 的基本参数

参数	GaN	AlN	InN
晶格常数 c/nm	0.5186	0.4982	0.5693
晶格常数 a/nm	0.3189	0.3112	0.3533
带隙能量 E_g/eV	3.439①	6.2	1.97
电子有效质量 m_e/m_0	0.19②(//) 0.17②(⊥)	0.33③(//) 0.25③(⊥)	0.11②(//) 0.10②(⊥)
重空穴有效质量 m_{hh}/m_0	1.76③(//) 1.61③(⊥)	3.53③(//) 10.42③(⊥)	1.56②(//) 1.68②(⊥)
轻空穴有效质量 m_{lh}/m_0	1.76(//) 0.14(⊥)	3.53(//) 0.24(⊥)	1.56(//) 0.11(⊥)
压电常数 e_{31}/(C/m²)	-0.33	-0.48	-0.57
压电常数 e_{33}/(C/m²)	0.65	1.55	0.97
自发极化强度 P_s④/(C/m²)	-0.029	-0.081	-0.032

续表

参　　数	GaN	AlN	InN
辐射复合系数⑤/($10^{-11}cm^3/s$)	4.7	1.8	5.2
555nm 处的折射率	2.4	2.1	2.8
光子能量 $h\nu=E_g$ 处的吸收系数/10^5cm^{-1}	1	3	0.4

注:① 由无应变 GaN 的激发位置得到(Korona 等 1996 年)。
② Yeo 等(1998 年)。
③ Suzuki 等(1995 年)。
④ Bernardini 等(1997 年)。
⑤ Dmitriev 和 Oruzheinikov(1999 年)。
除①~⑤外,数据均取自 Levinshtein(2001 年)。

Ⅲ族元素氮化物最重要也是最令人吃惊的成功是在晶格失配的衬底上生长,从而使含有高密度位错($10^{10}cm^{-2}$)的材料仍能有高的内量子效率。在晶格失配的衬底上外延生长高质量 GaN 是通过 Yoshida 等(1983 年)及 Amano 等(1986 年)引入低温生长的 AlN 和 AlGaN 缓冲层,Nakamura(1991 年)引入 GaN 缓冲层而推动的。最广泛使用的衬底是蓝宝石(Al_2O_3),与 GaN 的晶格常数 a 相差了 16%。另一类广泛应用的衬底 6H-SiC 及有应用潜力的衬底 ZnO 与 GaN 的失配较小,分别为 3.5% 和 2%。其他应用于这类 LED 的衬底有尖晶石和硅。图 5-10 表示 AlGaInN 体系材料带隙能量与晶格常数的关系及蓝宝石、6H-SiC 和 ZnO 的晶格常数数据。

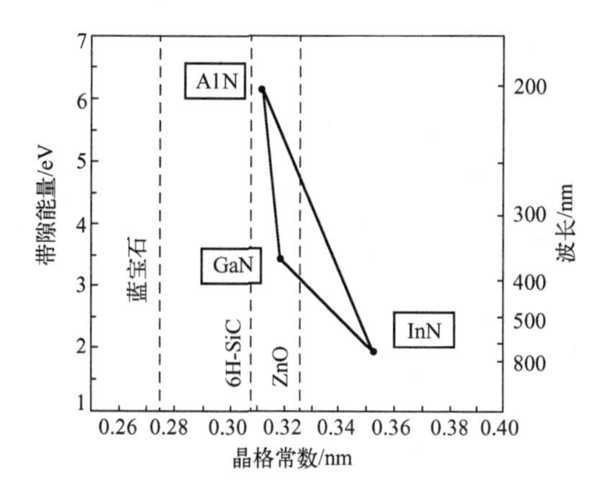

图 5-10　AlGaInN 体系材料带隙能量与晶格常数的关系
(虚线表示适用衬底的晶格常数)

$Al_xIn_yGa_{1-x-y}N$ 合金的晶格常数 l($l=a$ 或 $l=c$)由韦格(Vegard)定律给出。

$$l=xl_{AlN}+yl_{InN}+(1-x-y)l_{GaN} \tag{5-3}$$

式中,l_{AlN}、l_{InN}和 l_{GaN}分别为 AlN、InN 和 GaN 相应的晶格常数(见表 5-1)。由于在晶格失配的衬底上生长及生长后冷却这些因素,外延层会受平面内应力的影响。此外,点缺陷的出现也可能引起静压应力。这些应力会导致形变。

AlGaInN 材料体系的二元、三元和四元化合物在整个摩尔比范围内都有直接带隙,非常适宜于做成高效的发光二极管。AlGaInN 中典型的 n 型杂质是 Si。最适合的 p 型杂质为 Mg。由于 Mg-H 络合物的形成,Mg 掺杂的薄膜表现出较高的电子导电性。赤崎勇等人通过用低能电子束辐照活化掺杂剂成功地克服了这个问题。后来,中村修二等发展了一种热退火的活化过程。尽管如此,由于镁受主的电离能高(约为 0.2eV),室温下只有一小部分受主离化,这是Ⅲ族元素氮化物即使在可能的最高掺杂浓度下 p 型电导率仍然相对低的原因。

Ⅲ族氮化物中非辐射复合的来源也未完全研究清楚。虽然由晶格失配的衬底引起的位错被认为是非辐射复合的中心,但也受到了载流子扩散长度可能短于位错间距这种观点的反驳。大批材料的载流子寿命表现出依赖于生长所用衬底的趋势。例如,蓝宝石上生长的未掺杂 GaN 在室温下的载流子寿命接近 250ps,而在晶格匹配的衬底上生长的 GaN 薄膜中,载流子寿命可以长达 890ps。在较厚的 InGaN 外延层中,载流子寿命也在 100ps 数量级。

在单量子阱和多量子阱中,典型的载流子寿命要长一些。这可能是由内建电场所引起的电子和空穴空间分离及薄膜赝形态生长使材料结构质量更高所造成的。此外,载流子寿命还与合金组分有关。例如,在 $Al_xGa_{1-x}N$ 单量子阱中测得的电致发光衰减时间对于 $x=0.45$(绿色 LED)为 10 ~ 20ns,对于 $x=0.35$(蓝色 LED)为 2 ~ 2.5ns,对于 $x=0.15$(近紫外 LED)为 1.5ns。

至今,AlGaInN 材料体系的主要生产技术是 MOCVD。

第6章 半导体照明光源的发展和特征参量

在20世纪即将结束的1999年，照明界提出了开发21世纪新光源的宏伟目标，要求新光源高效节能、绿色环保和显色性好。美国HP公司的Haitz等人提出了半导体将在照明领域进行继电子学领域之后的第二场革命，到2020年，半导体照明光源的效率将有可能达到200lm/W，超过目前所有的电光源，能满足新光源的要求。其后，各国纷纷制订规划，加大研究和发展力度。我国也启动了国家半导体照明工程，至今已取得了很好的进展。

自1879年爱迪生发明白炽灯后，1910年开始批量生产，改变了人们以火作为照明光源的历史，此后又有荧光灯等新光源出现，但近些年来，照明界深感有必要开发新世纪照明光源，全力研制21世纪新光源。在欧洲专门制订了计划，世界上著名电光源公司，如Philips、Osram和GE公司及欧洲有关大学、研究所均参与并开始实施。主要目标是：① 研究高效、节能、新颖光源；② 研究照明工业新概念、新材料，防止使用有害于环境的材料；③ 设计模拟自然光的理想白色光源，显色指数接近100。美国HP公司的Haitz R. 等人于1999年10月6日发表文章提出，半导体已在电子学方面完成了一场革命，第二场革命将在照明领域发生。2020年左右，半导体照明光源的效率将有可能达到200lm/W，超过其他电光源，且能符合上述3个要求。接着，在国际范围内掀起了竞相成立LED照明公司的热潮。三大照明公司都与半导体发光器件行业中的佼佼者成立合资的半导体照明公司，Philips照明公司与HP Agilent公司成立Lumileds Lighting公司，Osram公司与西门子光电子部门成立Osram光电子公司，GE公司与Emcore公司成立Gelcore公司，并投入大量人力和财力加紧进行研发工作，目标是使LED成为21世纪的新光源。

实现这一目标的实际意义是可以减少用于照明的全球电量的50%，即减少全球总电耗的10%，全球节电每年达1000亿美元，相应的照明灯具1000亿美元（其中，相应的光源200亿美元），还可免去超过125GW的发电容量，节省开支500亿美元，合计节省2500亿美元，并可减少二氧化碳、二氧化硫等污染废气3.5亿吨。

美国启动了“下一代照明光源计划”，10年投资5亿美元。日本已投资50亿日元实施“21世纪光计划”。欧洲正在开展名为“彩虹计划”的固态白光发展计划，由欧盟补助基金给予全力资助。韩国启动了“GaN光半导体”开发计划。中国台湾地区自2002年建立“次世代照明光源研发联盟”，计划5年时间达到量产发光效率为50lm/W的半导体白光器件。中国则以科技部牵头，信息产业部、建设部等共同发起，于2003年6月19日成立了跨部门、跨行业、跨地区的“国家半导体照明工程”协调领导小组，由科技部拨出专款作为引导经费，“十五”期间拨款1亿元，“十一五”期间拨款3.5亿元，大力推进半导体照明事业的发展，并决定充分给予政策支持，利用我国发展这一高新产业的优势，抓紧进行部署，加快建立产业标准，形成自主知识产权，在全球范围内整合资源，加快打造产业链。

6.1 发光二极管的发展

发光二极管发明于1962年,美国通用电气公司的Holonyak博士用气相外延(VPE)制成的化合物半导体材料磷砷化镓研制出第一批发光二极管,它们不怎么亮(小于0.1lm/W,大约比白炽灯效率低150倍),后来Monsanto和HP公司在此基础上改进性能并降低成本,并于1968年生产这种$GaAs_{0.60}P_{0.40}/GaAs$的红色发光二极管,在其后10年左右的时间内,它成为市场上的主导产品。从GaAsP LED开始,连续不断的科研成果使LED发光效率提高的速度大约达到每10年提高10倍,30年提高了约1000倍,导致今日LED比之传统光源白炽灯甚至卤素灯具有更高的效率。可见光LED的发光效率随时间的进展情况如图6-1所示。此图的规律首先由M. G. Craford提出,所以又称其为Graford定律。

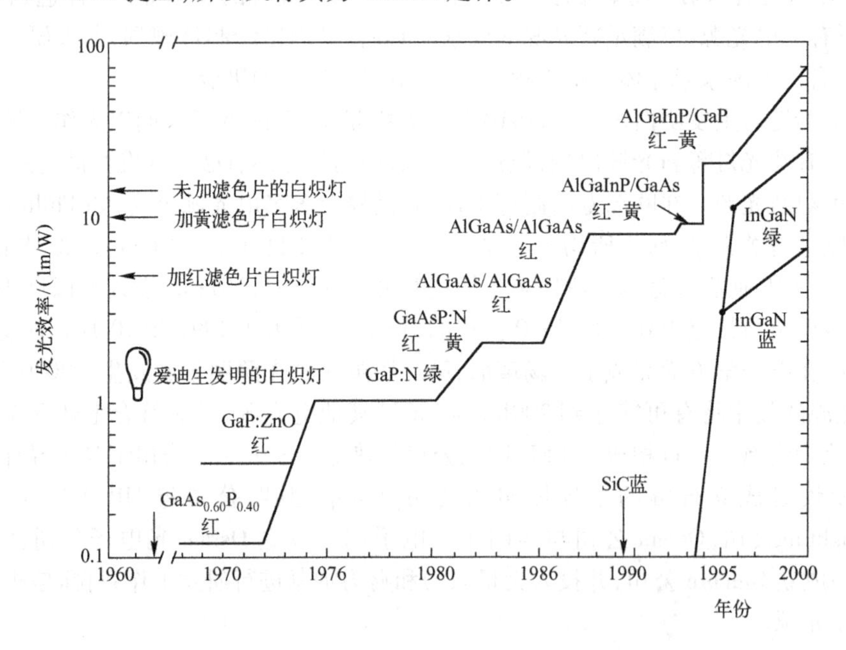

图6-1 可见光LED的发光效率随时间的进展

继GaAsP红色发光器件之后,先后研发成功的液相外延生长GaP: ZnO红色LED和GaP: N绿色LED在20世纪70年代中期进入市场。其后,Craford等人研制的氢化物气相外延,以磷化镓为衬底(即透明衬底技术),掺有等电子陷阱发光中心N的$GaAs_{0.35}P_{0.65}$: N/GaP橙红色LED和$GaAs_{0.15}P_{0.85}$: N/GaP黄色LED面世,不久也成为商品。在20世纪80年代初,由日本西泽润一教授研制成功的液相外延生长AlGaAs/GaAs单异质结LED性能又有提高。但直至1985年前,LED的发光效率还小于2lm/W,其应用仅限于指示灯。这种应用只要求LED亮或不亮,显示两种状态而已,即使是数码管和字符管,也只是这种功能的延伸。此后,在日本Stanley公司发展并进行生产的GaAlAs/GaAlAs采用了双异质结结构和透明衬底技术,使单个ϕ5mm器件的光强超过1cd,20世纪80年代后期90年代初曾大量使用,但由于退化问题较为突出,因此逐渐淡出市场。发展新材料已成为当时的迫切任务。

用于制造高亮度LED的材料、器件和相应的技术见表6-1。

表 6-1　高亮度 LED 商品技术

材　料	技　　术	颜　　色	起始年份
AlGaAs	LPE，金属有机物化学气相沉积（MOCVD）	红外、红（880～650nm）	1983
AlGalnP	低压金属有机物化学气相沉积（LPMOCVD）	红、橙、黄、绿（650～570nm）	1991
InGaN	双气流金属有机物化学气相沉积（TFMOCVD）	绿、蓝、紫外（525～385nm）	1993

20 世纪 90 年代初，由美国 HP 公司和日本东芝公司采用 LPMOCVD 技术研制成功的 InGaAlP LED 器件，由于发光效率高，颜色范围宽，受到了广泛重视，发展迅速，通常采用 GaAs 作为衬底。其后，Craford 等人又开发了 GaP 透明衬底技术，使双异质结器件的发光效率达到 20lm/W，这就使 LED 的发光效率超过了白炽灯的 15lm/W，后又提高到 40～50lm/W，加上量子阱（QW）结构和截头锥体倒装结构（TIP）技术，红、黄光 LED 可分别达到 108lm/W 和 68lm/W。中国台湾的 UEC 公司采用透明胶质黏结蓝宝石晶片到外延片正面，再除去 GaAs 衬底，制成黄、红色 LED，发光效率普遍可达 40～50lm/W，效果很好。

1986—1989 年，赤崎勇和天野浩在名古屋大学采用低温缓冲层的办法提高了晶体质量，并用掺 Mg 的 GaN 以低能电子束处理首次制得 p 型 GaN、双异质结的 GaN pn 结蓝光 LED，效率达到 1.5%。

1993 年，日本日亚公司的中村修二采用双气流金属有机化学气相沉积技术，同时解决了 p 型 GaN 的退火工艺后，研制成功了以蓝宝石为衬底的高亮度蓝色 LED，不久又相继推出了绿色和蓝绿色 LED，蓝色芯片上涂敷以钇铝石榴石（YAG）为主的荧光粉白色发光二极管。它是由蓝光激发荧光粉产生黄绿光并与蓝光合成的白光，由于荧光光谱较宽，几乎覆盖了整个可见光谱范围，发光效率可达 25lm/W，最近已达 249lm/W ϕ5LED。美国的 Cree 公司采用 SiC 作衬底制作 InGaN 蓝光器件，由于晶格失配较小，仅为 3.4%，热膨胀系数失配较小，为 25%（而用蓝宝石分别为 13.8% 和 -34%），且导热性能较好，蓝光辐射功率容易提高，到 2006 年 6 月，小尺寸管芯已获得 131lm/W 的白光 LED 发光效率值。XB900（900μm×900μm）在 350mA 下，流明可达 67lm，发光效率是 57lm/W；在较高电流 1A 下，效率虽然下降到 34lm/W，但单芯片的总流明输出达到了 142lm。2008 年 12 月，Cree 1W 功率 LED 发光效率达 161lm/W。德国的 Osram 公司改进了 InGaAlP LED 的出光效率，采用隐埋棱镜结构，使 614nm 红光 LED 的发光效率达 108lm/W。当前，LED 的性能水平见表 6-2。

表 6-2　LED 的性能水平

材　　料	衬　底	峰值/nm	颜　色	结　构	外量子效率/%	发光效率/（lm/W）
$GaAs_{0.60}P_{0.40}$	GaAs	650	红	HJ	0.2	0.15
$GaAs_{0.35}P_{0.65}$:N	GaP	630	红	HJ	0.7	1
$GaAs_{0.15}P_{0.85}$:N	GaP	585	黄	HJ	0.2	1
GaP	GaP	555	绿	HJ	0.1	0.6
GaP:N	GaP	565	黄绿	HJ	0.4	2.5
GaP:ZnO	GaP	700	深红	HJ	2	0.4
AlGaAs	GaAs	650	红	SH	4	2
	GaAs	650	红	DH	8	4
	AlGaAs	650	红	DH-TS	16	8

续表

材　料	衬　底	峰值/nm	颜　色	结　构	外量子效率/%	发光效率/(lm/W)
AlGaInP	GaP	636	红	DH-TS	24	35.5
	GaP	632	红	MQW-TS	32	73.7
	GaAs	620	橙红	DH	6	20
	GaAs	614	橙红	BP		108,145
	GaP	614	橙	TIP-MQW-TS	-30	108(在100mA下)
	GaP	607	橙	DH-TS		50.3
	GaP	598	橙	TIP-MQW-TS	-35	68(在100mA下)
	GaP	590	琥珀	DH-TS	10	40
	GaAs	585	黄	DH	5	20
	GaP	570	黄绿	DH-TS	2	14
InGaN	蓝宝石	570	黄绿	DH-TS	2	14
	蓝宝石	520	绿	SQW-TS	11.6	46
	蓝宝石	525	绿		32	109
	蓝宝石	460	蓝		69	
	硅	565	黄绿			130
	硅	520	绿			180
	蓝宝石	460	白光	荧光粉	ϕ5	249
	SiC	460	白光	荧光粉	功率LED	200(在350mA下)
	蓝宝石	460	白光	荧光粉	功率LED	180(在350mA下)

HJ为异质结,DH为双异质结,TS为透明衬底,MQW为多量子阱,SQW为单量子阱,TIP为锥头倒装锥体,BP为隐埋棱镜结构,表中未给电流数据的是指20mA下外量子效率和发光效率。

Haitz在总结过去30多年来单个LED封装器件输出光通量的进展后得出了Haitz定律:单个LED的光通量每18~24个月翻一番,如图6-2所示。

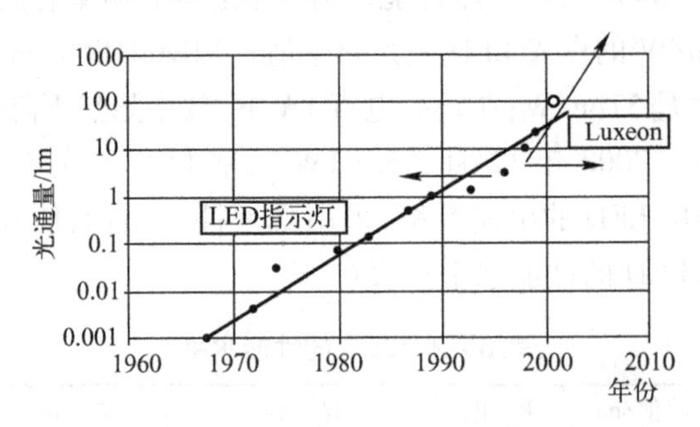

图6-2　单个LED的光通量18~24个月翻倍

从2000年以后,LED封装器件进入照明用的功率器件阶段,单个LED封装器件输出光通量继续增长。

6.2　发光二极管材料生长方法

大多数Ⅲ-Ⅴ族二元化合物半导体都能直接从熔体中生长体单晶,用这些材料,应用扩散、离子注入等技术以形成 pn 结，可以制成场效应管和双极型晶体管，也可以制造同质结构的便宜的 LED，但 GaAs 和 GaP 都是在红外光谱区域。在发射可见光谱的区域，包括很高性能的异质结和量子阱 LED 的合金层及复杂结构，难以用熔体生长单晶制成。因此，高亮度 LED 材料只能用外延技术生长。较早生长的 $GaAs_{1-x}P_x$ 等材料是气相外延法（VPE），是用Ⅲ族卤化物和Ⅴ族氢化物作为原料。它的缺点是不够灵便，不能生长很薄的外延层和复杂的结构。另一种早期方法就是液相外延（LPE），能生长较高质量的 LED 材料，也能生长异质结，较多地用于 GaP 和 GaAlAs 材料的生长。

两种更现代的技术成为研制和生产先进器件（包括 LED）的主要方法，那就是分子束外延（MBE）和金属有机物化学气相沉积（MOCVD），它们比较灵便，可以方便地制造异质结、量子阱和超晶格结构，特别是金属有机化学气相沉积，生长速度较 MBE 快得多，特别适合生产。

1968 年，Manesevit 等人用三甲基镓（TMG）作为镓源，AsH_3 作为砷源，H_2 作为载气在绝缘衬底（α-Al_2O_3，$MgAl_2O_4$ 等）上首次成功气相沉积了 GaAs 外延层，创立了金属有机物化学气相沉积技术。后来的研究进展表明，这是一种具有高可靠性的技术，控制厚度、组成、掺杂浓度精度高，重复性好，灵活性大，非常适合于进行高亮度 LED 外延材料的大规模生产。由于金属有机物化学气相沉积的晶体生长是在热分解中进行的，所以又叫热分解法，通常用Ⅲ族烷基化合物（Al、Ga、In 等的甲基或乙基化合物）作为Ⅲ族源，用Ⅴ族氢化物（NH_3、PH_3、AsH_3 等）作为Ⅴ族源。Ⅲ族烷基化合物在室温附近一般是蒸气压较高的液体（TMIn 是固体），所以用氢气作为载气鼓泡并使之饱和，再将其与Ⅴ族氢化物一起通入反应炉中，即在加热条件下的衬底上进行热分解，生成沉积在衬底上的化合物晶体。

先进的金属有机物化学气相沉积设备应具有一个同时生长多片均匀材料，并能保持稳定的生长系统。设备的精确过程控制是保证重复和灵活地调节生产先进外延材料结构的必要条件，所以应具有对载气流量和反应剂压力的精密控制系统，并配备有快速的气体转换开关和压力平衡装置，采用合适的结构，使热场均匀、气流稳定，以保证生长的外延片在厚度、组成、掺杂方面达到均匀（片内、片与片、炉与炉之间），并具有满意的结晶质量和表面形面貌。

目前，国际上供应金属有机物化学气相沉积设备的公司主要有 3 个公司，即美国的 Veeco 公司（原 Emcore 公司）、德国的 Aixtron 公司和英国的 Thomas Swan 公司（Thomas Swan 公司已被 Aixtron 并购）、日本的 Nippon Sanso 公司。国内也有三四个单位已研制成功并批量投入使用。

6.3　高亮度发光二极管芯片结构

刚开始研制成的高亮度 LED，毫无例外都是在半导体激光器件中已成功采用的双异质结（DH）结构。这种结构生长的特点是生长容易，提高发光效率的效果明显。它的特制双异质结构形成的势垒将注入的载流子限制在复合区内，大大提高了发光复合概率。但为了提高发光效率，又对芯片结构进行了许多新的改进，且都已应用到产品上，下面分别进行介绍。

6.3.1　单量子阱（SQW）结构

这种结构是对双异质结结构的改进。不同的是将原来双异质结结构中的有源层厚度从

0.1～1μm减到nm数量级,原来有源层掺杂,现改为未掺杂。如单量子阱蓝色LED结构由2nm的$In_{0.20}Ga_{0.80}N$阱层和50nm n型$In_{0.02}Ga_{0.98}N$与100nm p型$Al_{0.30}Ga_{0.70}N$两个势垒层组成;光谱半宽从70nm降为25nm,光更纯了;而发光效率提高了1倍。单量子阱绿色LED由3nm的$In_{0.45}Ga_{0.55}N$阱层和4μm厚的n型势垒层及100nm厚的p型$Al_{0.20}Ga_{0.80}N$势垒层组成。用这种结构已制成的绿色LED法向光强达到12cd,比双异质结的高3倍多。

6.3.2 多量子阱(MQW)结构

采用$In_{0.22}Ga_{0.78}N/In_{0.06}Ga_{0.94}N$的薄层交替结构,曾制作阱宽和势垒宽相同而分别为10nm和3nm的两种结构,周期数为20。这种结构在AlGaInP LED中也用得较多。阱宽可以是3～10nm,势垒宽也可以不与阱宽相同,而阱数可以从3增加到40,明显提高了效率。

6.3.3 分布布拉格反射(DBR)结构

AlGaInP外延生长采用GaAs作衬底,晶格匹配固然可以很好,但衬底的光吸收造成相当一部分损失。采用分布布拉格反射结构可以将射向衬底的那部分光由分布布拉格反射镜反射出来,大大减少衬底吸收。

6.3.4 透明衬底技术(Transparent Substrate,TS)

在AlGaInP外延片面上最后用气相外延(VPE)方法再生长一层厚的透明的p型GaP层,50μm左右。然后将砷化镓衬底腐蚀移除。或者在原外延片衬底被腐蚀后再将暴露出的n型AlGaInP加温加压,与GaP黏结起来,均可提高光输出接近一倍。

6.3.5 镜面衬底(Mirror Substrate,MS)

利用芯片融合技术以形成镜面衬底。AlGaInP、金属、二氧化硅、硅,其使用AuBe-Au作共晶焊黏结,以黏结外延片和硅衬底。这种方法后来用到InGaN倒装芯片上非常有效,硅取代了导热的蓝宝石衬底,再加上金属反射效果,适合于功率LED制造。

6.3.6 透明胶质黏结型

采用旋涂式玻璃将AlGaInP外延片与透明衬底蓝宝石黏结,再将GaAs衬底腐蚀移除,并在其上形成n型欧姆接触电极,同时部分刻蚀至p型电流分布层而形成另一个p型欧姆接触电极。两个电极位于同一方向。由于蓝宝石透光性能极好,LED的发光效率得以大幅度提升,特别是黄光尤为明显,因为与此相似的GaP透明衬底略带棕红色,对黄光有一定的吸收作用,而蓝宝石则是无色透明的。

6.3.7 表面纹理结构

将芯片窗口层表面腐蚀成能够提高出光效率的纹理结构,其基本单元为具有斜面的三角形结构,可大大减少全反射,增加光输出。加上分布布拉格反射结构,其效率可达到常规器件的两倍,与采用晶片键合技术的透明衬底(TS)LED相当。此方法工艺简单,效果明显,是值得大力推广的技术。

6.4　照明用 LED 的特征参数和要求

在发光二极管发展的早期，由于发光效率比较低，仅为 0.2lm/W，其应用目标仅是显示指示器，相当长时间锁定在这一目标上，所以尽管 LED 材料和器件的效率不断提高，制造商们为了降低成本和降低售价，往往将这种技术进步用于减小发光二极管的芯片面积。早期的芯片面积为 0.6mm × 0.6mm，到 2000 年普遍为 0.25mm × 0.25mm，最小的做到了 0.20mm × 0.20mm，原来做一个 LED 芯片的材料，后来做到 8 个，这样电流密度也从 5.6A/cm^2 上升到 50A/cm^2。而从封装的结构上，为了适应自动化生产，将原来的 TO-18 镀金金属外壳内填绝缘陶瓷或玻璃的管座，环氧树脂封帽结构改造成两个电极引线金属支架的环氧树脂全塑封结构，这在 LED 的散热问题上实在是倒退了一大步。等到人们需要加大光通量时，又从 ϕ5nm 全塑封器件出发，加粗、加多金属引出脚开发出“食人鱼”，加上散热片的“Snap”，但从其散热效果看，还是比不上 TO-18 金属管座的。说这些过程，只是想说明科技发展的导向目标是很重要的。我们现在要将 LED 的发展目标定到照明上来，作为一个照明光源来考虑，考察 LED 的优缺点，扬长避短，不仅继续提高效率，也要在器件结构等方面全方位设计各种方案，努力提高器件功率，让 21 世纪的新光源不断成熟起来。

6.4.1　光通量

实用白炽灯所发出的光通量和发光效率见表 6-3。

表 6-3　白炽灯的光通量和发光效率

输入功率/W	15	25	40	60	100	150	200
光通量/lm	120	220	345	620	1240	2070	2900
发光效率/(lm/W)	8	8.8	8.6	10.3	12.4	13.8	14.5

从表 6-3 可以看出，通常所说的白炽灯发光效率为 15lm/W，是在很高输入功率时才能达到的，15～60W 白炽灯的发光效率仅为 8～10lm/W，这也为半导体光源取代白炽灯提供了更有利的条件。表内数据可为设计半导体照明光源的光输出提供参考。

目前，市售的 ϕ5 白色 LED 直接作为照明光源显然不行，因为光通量很小，每只只有几流明。如组合起来用，则灯具的可靠性会下降。所以提出了研制功率型 LED 的课题。经过几年的努力已取得了较好的结果，如 Lumileds 公司推出的 Luxeon 商品，1W 的光通量达 25lm，5W 的达到 120lm，实验室达到 187lm。最近又推出一种结构较为简单的 Luxeon K2，1W 的红光光通量达到 65lm，最近又提高到 140lm/W，输入电流为 350mA。由于允许结温可达 185℃，较一般器件高 65℃，所以可加大电流使光输出增加至 130lm。Philips Lumileds 实验室 1mm^2 单芯片器件数据表明，色温为 4600K 的白光光通量在 350mA、1A 和 2A 时，分别为 146lm、369lm 和 582lm，相应的发光效率达到 132lm/W、107lm/W 和 79lm/W。其流明输出相当于白炽灯的 15W、40W 和 60W。近期又推出小型陶瓷封装的 Luxeon Rebel 1W 器件，白光输出达 100lm。Cree 公司推出陶瓷封装的 Xlamp 白光器件，光输出最高挡 Q_5 的最小值达 107lm。

制作 LED 照明光源的另一种思路是做成组件。采用这种组件可直接制成灯具或再加组合制成灯具。

6.4.2 发光效率

从节能角度看,发光效率这是一个衡量电光源质量高低的最重要参量。表6-4给出了常用传统光源和LED光源的典型特性和成本比较。

表6-4 常用传统电光源和LED光源的典型特性和成本比较

光源类型	规格	性能		寿命/kh	成本/($/klm)
		发光效率/(lm/W)	CRI		
白炽灯	>100W	15	100	1	0.5
	<40W	8	100	3	5
荧光灯	大功率	70~100	70~90	20	0.5
	紧凑型	55~70	82	10	5~10
白光LED	2008年产品	100	80	50	17
	将来产品的目标	200	80+	>100	<2

希望在2020年白光LED的发光效率达到200lm/W,2002年只有25~30lm/W,需要提高6~8倍,而2008年已达到功率LED商品100lm/W,只需再提高1倍,实际上已有多家公司实验室水平达到136~161lm/W,ϕ5 LED更达到249lm/W。从实际技术状况分析,如果将目前现有工艺优化,并加以优化组合,在近期,LED功率达到150lm/W,无须新的突破,6年之内增加了4倍,提高速度甚快。而其他传统光源则几乎无进展或进展甚微,如图6-3所示。

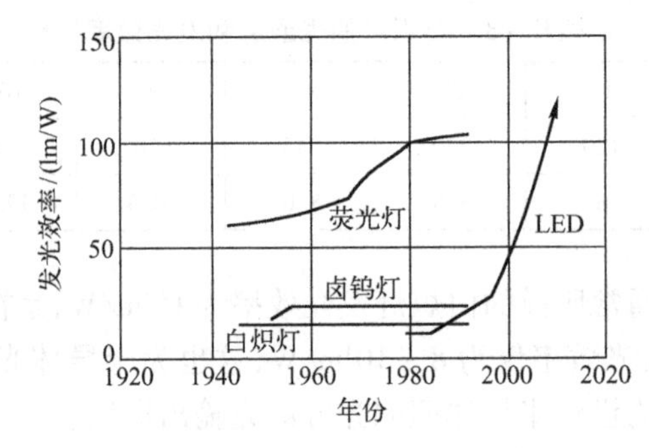

图6-3 LED的发光效率增长和常用传统光源的比较

6.4.3 显色指数

不同的环境对照明光源的显色指数(CRI)R_a有不同的要求,见表6-5。

表6-5 环境对照明光源显色性的要求

环境		R_a
室内	展览会、商店	90+
	办公室、家居	80
	车间	60
室外	行人区	60+
	一般照明	40-

在传统光源中，发光效率和显色性始终是个矛盾。显色性好的光源，发光效率极低，且长期没有进展。而发光效率高的传统光源又往往显色性很差，如钠灯，见表6-6。

表6-6 传统光源的发光效率和显色性

光源类型	发光效率/(lm/W)	R_a
白炽灯(150W)	14.4	100
卤钨灯(150W)	17	100
多荧光粉灯	65	95
三基色荧光灯	93	80
高压钠灯(高 R_a)	86	60
高压钠灯(高效)	116	25
低压钠灯(180W)	178	-45
高压汞灯	54	50

LED光源的优点是既可将发光效率提高，又可同时提高显色性。近几年，发光效率大幅度提高的同时，显色指数方面的进展也很可观。采用蓝色InGaN LED涂敷以钇铝石榴石(掺铈)荧光粉的白光LED，已从原来的 $R_a=75$ 通过加入少许激发产生红光的荧光粉而提高到 $R_a=85+$。由R、G、B 3种LED芯片制成的白光LED可达85以上。而由4种LED芯片配成的白光 R_a 可达95，由5种色光芯片配成的白光 R_a 可达98。此外，采用紫外385～405nm波长的LED激发三基色荧光粉也可达到 R_a 为90+的白光。

$R_a>80$ 的光源就可以认为是较好质量的白光，适用于对显色性要求较高的室内照明，而大于95则可应用于视觉要求高的场合。就半导体照明光源来说，$R_a>80$ 是没有问题的，$R_a>95$ 也是可以的。

6.4.4 色温

此特性能用色坐标(X、Y)来量化，可以从图1-9的CIE 1931色度图上看出。根据 X、Y 值可以得出色温或相关色温。例如，混合两种等强度的LED光，其波长在485nm(蓝色)和583nm(橙黄色)就可得到色温大约为4000K的白色光。但这种白光显色指数很低，仅为7。

对于三色白光源来说，可以调节三色的成分控制光源的色温。目前，通过调节LED或荧光粉的波长和带宽及相对成分可以得到从低到高色温区的所有白光。所以应该说，对半导体照明光源来说，色温也不是困难。目前已形成两种色温器件，2850～3800K暖白型和5000～8000K通用型。当然也可按色温分成许多挡。

6.4.5 寿命

寿命能以不同的方法定义，因光源而异。半导体照明光源现常取光通量流明值下降到初始值的50%和70%的时间来定义。实际上，50%就是半衰期的概念。对 $\phi5$ LED，通常的说法是，在室温情况下，在20mA电流驱动下，寿命在100000h，就是说100000h后，光通量还保持原来的一半。实际上，寿命在很大程度上依赖于驱动状况和环境条件，所以要小心定义 LED 的寿命。

不管如何测量,半导体照明光源的寿命通常是比较长的,这对 LED 的信号应用来说是一个很有意义的因素,如交通信号灯、显示灯、汽车灯,它们更换光源劳动成本和失效安全后果成本都很高。但像办公室、车间照明这种情况就会缓和些。如白光 LED 寿命 20000h 已经可以认为相当长了。在典型的办公室中,每年用灯 50 星期,每星期 60h,那么就可以认为寿命可达 7 年,但是在 24h 使用照明的情况下,相应的寿命就只有 2 ~3 年了。

对于功率 LED 来说,目前制订的技术指标是以 L70 为标准的,室内应用大于 25000h,室外应用大于 35000h。

6.4.6 稳定性

光通量和色度、色温都要求稳定,但视照明环境要求而定。例如,娱乐场所的彩色变化动态照明,其亮度和颜色处于变化之中,对稳定性没有要求;景观照明的稳定性要求也不高;但对于展览馆和阅览室则要求稳定性较高,否则会影响观察和阅读效果。

6.4.7 热阻

热阻作为照明的半导体光源功率 LED 的导热性能是一个重要的特征参量。它不仅与器件和灯具的寿命有关,还直接影响发光效率,因为 LED 的发光效率均随温度的升高而降低,一个发光效率高的功率器件如果热阻较大,用其做成灯具工作时,发光效率下降会相当严重,所以功率 LED 除给出光电参量外,还应标明热阻值。所谓热阻,就是器件对散热所产生的阻力。通常将两个节点之间单位热功率输运所产生的温度差定义为两个节点间的热阻。器件的总热阻就是 LED 各个结构层热阻和扩展热阻之和。LED 的热阻值可用热阻测试仪测得。目前,较差的 1W 功率 LED 热阻值在 10 ~20℃/W,较好的是 8 ~9℃/W,最好的是 2℃/W。随着优质导热材料的采用和器件热结构技术的进展,功率 LED 热阻值有望继续减小,使器件工作时的结温上升降到相当低。

6.4.8 抗静电性能

铟镓氮类 LED,特别是蓝宝石为衬底的 LED,由于蓝宝石是绝缘体,器件对静电甚为敏感,极易因静电放电而损坏,所以这类器件应非常注意防静电。

器件对静电放电的灵敏度等级分为三类: Ⅰ类 ≤100V; Ⅱ类 ≤500V; Ⅲ类 ≤1000V。InGaN 类 LED 为Ⅰ类器件。

经过对器件结构的不断改进,目前实际 InGaN 类白光、蓝光、绿光高亮度器件的抗静电性能已提高到大于或等于 500V 和大于或等于 1000V,少数达到 2000V。抗静电性能高的 LED 可以防止因静电放电而造成的器件失效。

尽管目前 InGaN 类 LED 抗静电性能已有较大提高,但在制造、测量、安装、储存和使用过程中仍应非常注意防静电。因为在温度较低的环境中,如果没有防静电措施,则产生几千伏甚至上万伏的静电电压,造成器件的 pn 结放电而使器件失效的危险依然存在。

第7章 磷砷化镓、磷化镓、镓铝砷材料生长

早期研制成功的磷砷化镓、磷化镓和镓铝砷材料目前仍旧大量生产且广泛应用于LED的显示、信号指示等领域。本章概要地介绍其主要的生产方法。磷砷化镓采用氢化物气相外延生长，磷化镓和镓铝砷则采用液相外延方法生长。

7.1 磷砷化镓氢化物气相外延生长(HVPE)

$GaAs_{0.60}P_{0.40}$外延通常生长在〈100〉取向的中等掺杂砷化镓衬底上，$GaAs_{0.35}P_{0.65}$∶N和$GaAs_{0.15}P_{0.85}$∶N则生长在〈100〉取向的透明磷化镓衬底上，通常采用立式炉，如图7-1所示。

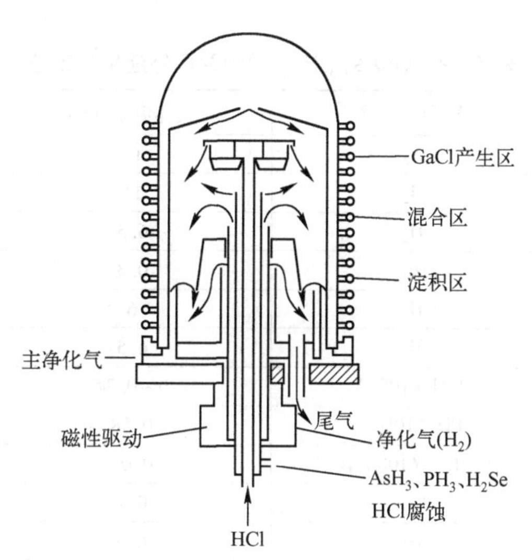

图7-1 高频加热立式反应器

各温区的外延反应如下：

在镓源区：

$$2Ga(l)+2HCl(g)\rightleftharpoons 2GaCl(g)+HCl(g)+H_2(g) \tag{7-1}$$

氢化物热分解

$$4AsH_3\rightleftharpoons As_4+6H_2 \tag{7-2}$$

$$4PH_3\rightleftharpoons P_4+6H_2 \tag{7-3}$$

在淀积区：

$$GaCl(g)+\frac{1-x}{4}As_4+\frac{x}{4}P_4+\frac{1}{2}H_2\rightleftharpoons GaAs_{1-x}P_x+HCl \tag{7-4}$$

V族元素的氢化物在相应温度下热分解,温度越高,分解越完全。在600~900℃温度范围内,分解AsH_3、PH_3的摩尔数见表7-1。

表7-1 600~900℃范围内AsH_3和PH_3分解的摩尔数

温度/℃	600	700	800	900
AsH_3	0.80	0.89	0.95	0.98
PH_3	0.75	0.81	0.86	0.90

从分解率来看,总有一部分尚未分解的AsH_3和PH_3,对含有这类有毒气体的尾气进行处理很有必要。

工艺过程如下:当生长$GaAs_{0.60}P_{0.40}/GaAs$时,外延所用原料是被H_2稀释的,AsH_3为10%,PH_3为5%,H_2Se为$0.1\times10^{-6}\sim500\times10^{-6}$。开始生长前,先将抛光、清洗过的衬底置于衬底支架上,通氢清洗系统,然后升温,当衬底温度达到600℃时,通入AsH_3和掺杂剂,建立As气氛防止衬底分解,到三温区均控制恒温,以HCl进行气相腐蚀,然后将HCl流过Ga源,生成GaCl,在衬底上先发生GaAs淀积,然后引入PH_3和掺杂剂,并逐渐增加PH_3,以生长过渡层,当过渡层生长完毕后,再生长恒组分层,各层厚度分别为20μm和40μm左右。

当生长$GaAs_{1-x}P_x$: N/GaP时,工艺各有不同,表7-2为生长$GaAs_{0.35}P_{0.65}$: N/GaP的工艺。

表7-2 $GaAs_{0.35}P_{0.65}$: N/GaP外延生长工艺

工艺步骤	气体种类	气体流量/min	延续时间/min
冲洗	N_2	11	5
	H_2	11	5
加热	H_2	6.5	20
衬底腐蚀	HCl	0.3	1
	H_2	6	
过渡层	H_2	6.5	40
	AsH_3(10%)	0~0.34	
	PH_3(10%)	0.58	
	$Te(C_2H_5)_2(100\times10^{-6})$	0.02	
	HCl	0.1	
恒组分层	H_2	6.5	50
	AsH_3(10%)	0.34	
	PH_3(10%)	0.58	
	$Te(C_2H_5)_2(100\times10^{-6})$	0.02	
	HCl	0.1	
掺N恒组分层	H_2	6.5	60
	AsH_3(10%)	0.34	
	PH_3(10%)	0.58	
	$Te(C_2H_5)_2(100\times10^{-6})$	0.02	
	HCl	0.1	
	NH_3	1.02	
冷却	H_2	11	20
	N_2	11	5

在其他生长参数都相同时，衬底温度对外延片的表面形貌有很大的影响，衬底温度降低10℃则发生丘状物，而升高10℃则形成坑。当用有坑的外延片制备二极管时，毫无例外地都会导致降低外量子效率，而用仅有少量丘的外延片制备二极管时，则常可测得较高的外量子效率。

随着生长气氛中 NH_3 成分的增加，以放射化学法测定外延层中氮含量也相应增加，因为它的发光与氮原子相联系的激子辐射复合密切相关。当 NH_3 的浓度从2.5%的增加到20%的过程中，起初导致氮浓度增加，发光效率随之提高，到15%左右到达最佳值，而后再增加氨，则效率降低。这是因为 GaN 析出使晶体生长质量变差，如图7－2所示。

图7－3给出了外量子效率与净施主浓度之间的关系，在 $5\times10^{16}\sim2\times10^{17}cm^{-3}$，量子效率有一较宽的极大值，浓度高于 $2\times10^{17}cm^{-3}$ 或低于 $5\times10^{16}cm^{-3}$，量子效率明显下降。

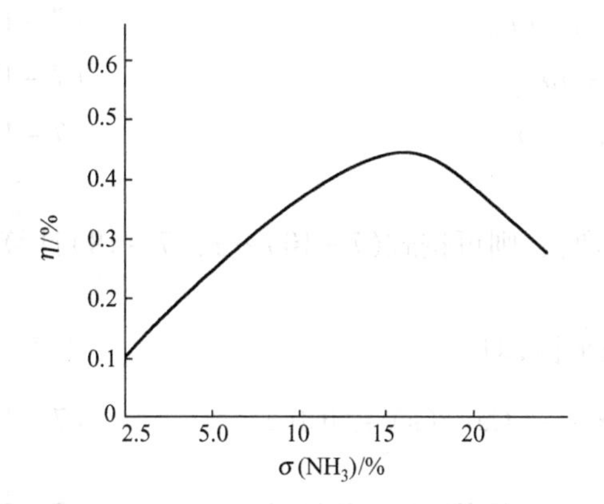

图7－2　外量子效率与生长气氛中氨浓度的关系

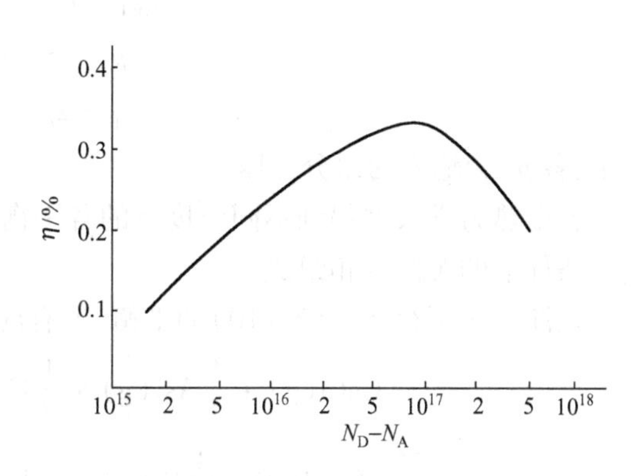

图7－3　外量子效率与净施主浓度之间的关系

7.2　氢化物外延体系的热力学分析

在 $Ga\text{-}AsH_3\text{-}PH_3\text{-}HCl\text{-}H_2$ 氢化物体系中，质谱分析结果表明，在平衡时，气相中主要存在 HCl、$GaCl$、$GaCl_3$、P_4、P_2、As_4、As_2、H_2 和 PH_3，而 $AsCl_3$、PCl_3、AsH_3 和 Cl_2 等的量则可忽略，这时在 Ga 源区有下列化学平衡：

$$Ga(l)+HCl(g)\rightleftharpoons GaCl(g)+\frac{1}{2}H_2(g) \tag{7-5}$$

$$CaCl(g)+2HCl(g)\rightleftharpoons GaCl_3(g)+H_2(g) \tag{7-6}$$

$$P_4(g)=2P_2(g) \tag{7-7}$$

$$As_4(g)=2As_2(g) \tag{7-8}$$

$$\frac{1}{2}P_2(g)+\frac{3}{2}H_2(g)=PH_3(g) \tag{7-9}$$

相应的平衡常数分别为

$$K_1=\frac{p_{GaCl}\cdot p_{H_2}^{\frac{1}{2}}}{p_{HCl}} \tag{7-10}$$

$$K_2=\frac{p_{GaCl}\cdot p_{H_2}}{p_{HCl}^2\cdot P_{GaCl}} \tag{7-11}$$

$$K_3 = \frac{p_{P_2}^2}{p_{P_4}} \tag{7-12}$$

$$K_4 = \frac{p_{As_2}^2}{p_{As_4}} \tag{7-13}$$

$$K_5 = \frac{p_{PH_3}}{p_{P_2}^{\frac{1}{2}} \cdot p_{H_2}^{\frac{3}{2}}} \tag{7-14}$$

对开管系统，

$$总压 = 101.325\text{kPa} = \sum_i p_i \tag{7-15}$$

式中，p_i 为各组分的分压。

另外由物料守恒，有

$$p_{HCl}^0 = p_{GaCl} + 3p_{GaCl_3} + p_{HCl} \tag{7-16}$$

$$p_{AsH_3}^0 = 2p_{As_2} + 4p_{As_4} \tag{7-17}$$

$$p_{PH_3}^0 = 2p_{P_2} + 4p_{P_4} + p_{PH_3} \tag{7-18}$$

式中，各 p_i^0 为输入的组分分压。

若由热力学数据得到不同温度下的各平衡常数值，则可按式(7－10)～式(7－18)计算在确定条件下的源区气相组成。

在淀积区不存在式(7－10)的平衡，但有淀积平衡，即

$$GaCl(g) + \frac{1}{4}As_4(g) + \frac{1}{2}H_2(g) = GaAs(s) + HCl(g) \tag{7-19}$$

$$GaCl(g) + \frac{1}{4}P_4(g) + \frac{1}{2}H_2(g) = GaP(s) + HCl(g) \tag{7-20}$$

若忽略 GaAs 和 GaP 的固溶体混合热，则有平衡常数

$$K_6 = \frac{p_{HCl}}{p_{GaCl} \cdot p_{As4}^{\frac{1}{4}} \cdot p_{H_2}^{\frac{1}{2}}} \tag{7-21}$$

$$K_7 = \frac{p_{HCl}}{p_{GaCl} \cdot p_{P_4}^{\frac{1}{4}} \cdot p_{H_2}^{\frac{1}{2}}} \tag{7-22}$$

在淀积区条件，式(7－15)、式(7－16)仍成立，而式(7－17)、式(7－18)则由淀积反应的计量关系代替，即

$$\begin{aligned}
\Delta n_P + \Delta n_{As} &= \Delta N_{Ga} \\
\Delta n_P &= (p_{PH_3} + 4p_{P_4} + 2p_{P_2}) - (p'_{PH_3} + 4p'_{P_4} + 2p'_{P_2}) \\
\Delta n_{As} &= (4p_{As4} + 2p_{As_2}) - (4p'_{As_4} + 2p'_{As_2}) \\
\Delta n_{Ga} &= (p_{GaCl} + p_{GaCl_3}) - (p'_{GaCl} + p'_{GaCl_3})
\end{aligned} \tag{7-23}$$

式中，p_i 为从源区进入沉积区时的组分分区；p_i' 为在淀积区平衡后的组分分压。

显然，淀积 $GaAs_{1-x}P_x$ 的组成为

$$x = \frac{\Delta n_P}{\Delta n_P + \Delta n_{As}} = \frac{\Delta n_P}{\Delta n_{Ga}} \tag{7-24}$$

由式(7－19)～式(7－20)和式(7－21)～式(7－23)可计算淀积区的平衡气相组成和 $GaAs_{1-x}P_x$ 的组成，并可像处理 GaAs 外延时一样，估计理论最大淀积速度。

按上述方法用计算机计算的结果可用图表示：图7-4代表淀积温度$T_{淀积}$和输入HCl分压p^0_{HCl}对淀积区平衡组成的影响；图7-5代表T淀积和输入的磷含量(输入的磷含量定义为$p^0_{PH_3}/(p^0_{PH_3}+p^0_{AsH_3})$)对淀积组成$x$的影响)。

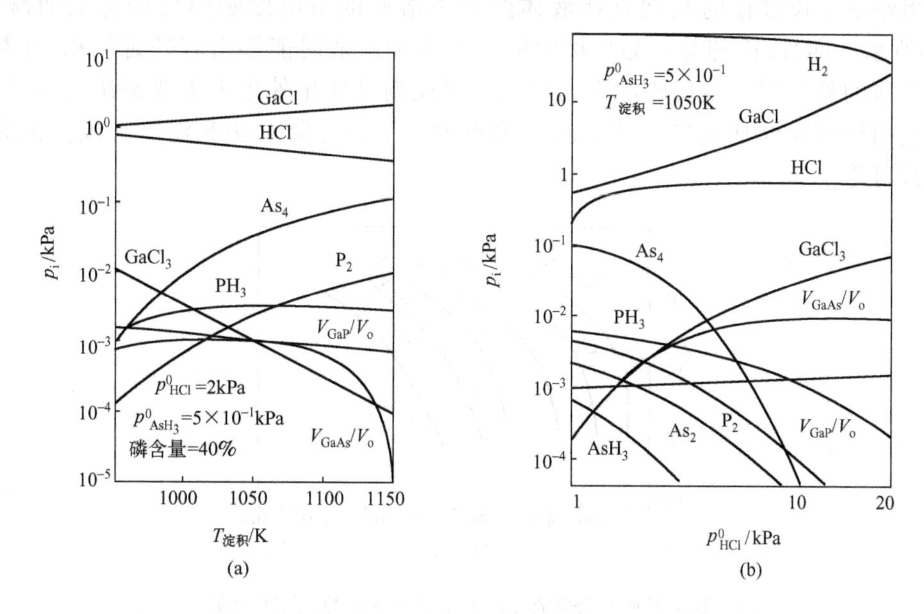

图7-4 $T_{淀积}$和p^0_{HCl}对淀积区平衡组成和淀积速度的影响

(V_{GaP}和V_{GaAs}是两者的淀积速度，单位为g/min，V_0是气流总流速)

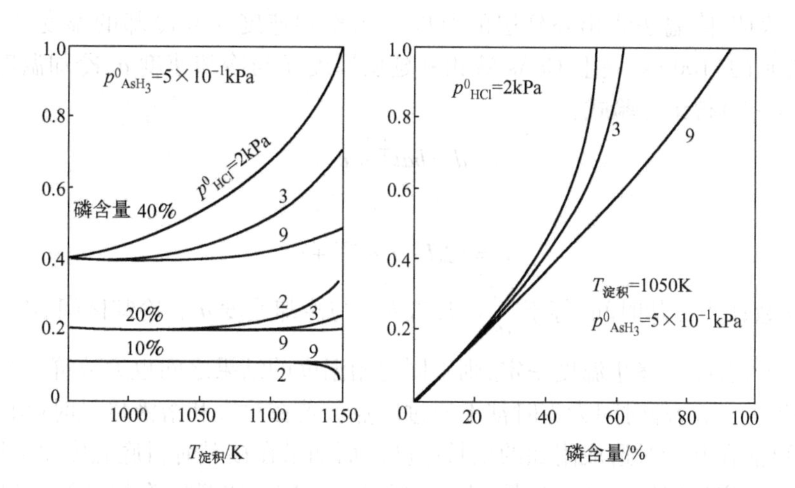

图7-5 $T_{淀积}$和P对淀积组成x的影响

由以上结果可见，在气相磷含量不太低时，外延层组成x随$T_{淀积}$和气相磷含量的增加而增加，但随p^0_{HCl}的增加而减少。为生长恒定组成的外延层必须使淀积温度，气相输入的磷含量和p^0_{HCl}都不变，而改变磷含量或P^0_{HCl}均可能生长过渡层。

上面所进行的热力学处理分析方法原则上可适用于其他类似的体系。也有人考虑GaP和GaAs在固溶体中的混合热，并用上述类似的方法讨论处理了$GaAs_{1-x}P_x$气相生长的一般体系(Ga-As-P-Cl-H体系)，这里就不再讨论了。

7.3 液相外延原理

液相外延生长过程的基础是在液体溶剂中溶质的溶解度随温度的降低而减少,如图7－6所示。而且,冷却与单晶相接触的初始饱和溶液时能够引起外延沉积,在衬底上生长一个薄的外延层。生长厚度不均匀和如何控制是液相外延中需要解决的重要问题,这在其应用于薄层外延或多层外延时尤为重要。下面分降温法和温度梯度法两种情况分别进行讨论。

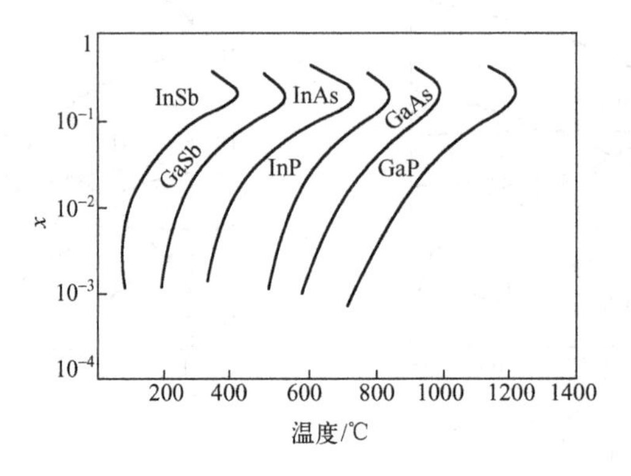

图7－6 Ⅲ－Ⅴ族化合物在Ga或In中的溶解度(曲线为实验数据)
x为P、As和Sb在液体Ga或In中饱和所需要的原子分数

许多实验表明,降温法液相外延层的厚度d与冷却速度a和冷却的温度区间ΔT有关。可根据研究得到的〈100〉衬底上GaAs液相外延层厚度d与冷却速度a、冷却温度区间ΔT间的关系(见图7－7)得出经验式:

$$d = bat^{\frac{3}{2}} + c \tag{7-25}$$

或

$$d = b\Delta T^{\frac{3}{2}} \cdot a^{-\frac{1}{2}} + c \tag{7-26}$$

式中,b、c为常数;t为冷却时间,等于$\dfrac{\Delta T}{a}$。常数b、c与冷却速度a和冷却区间ΔT有关,但在薄层外延的情况下,若冷却终止温度一定,则不同起始温度的结果之间也大致符合式(7－25)。

在图7－7中,当冷却时间为零时都不通过原点。若在衬底和溶液接触时衬底比溶液冷或溶液过冷,都可能在开始时造成附加的生长厚度。而如果在接触时衬底温度比溶液高,则衬底表面层会被溶解,产生回熔现象。另外,由于炉子的热惯性,使开始冷却时的冷却速度不能立即从零增加到设定的a值,而要比设定值小些,这也会造成负的截距。然而这些因素都只在开始生长时间内起作用,只影响常数c,而并不改变图中直线的斜率b。

对降温法液相外延的生长速度一般都认为速度控制过程是扩散过程,有人从理论上解相应的扩散方程后得式(7－27),即

$$d = \frac{4}{3}\left(\frac{a}{C_0 \cdot m}\right)\left(\frac{D}{\pi}\right)^{\frac{1}{2}} \cdot t^{\frac{3}{2}} \tag{7-27}$$

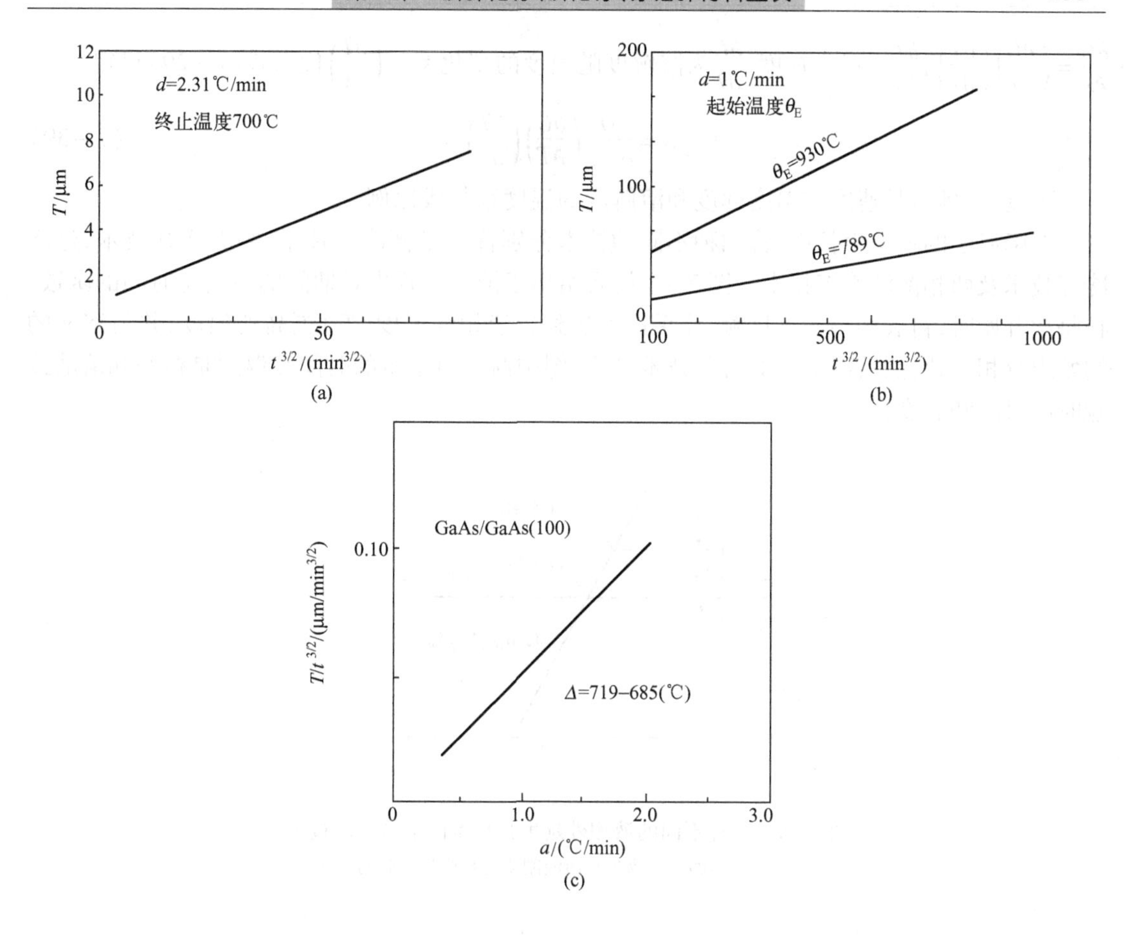

图7－7 GaAs液相外延层厚度与冷却速度、冷却区间的关系

式中，D为相应组分的扩散系数；C_0为溶液的起始浓度；m为溶解度曲线（$C \sim T$）的斜率。式（7－27）和式（7－25）、式（7－26）两式的结果一致。

当然，冷却速度不能过快，否则溶液内部出现过冷会引起均匀成核，破坏外延层的正常生长。实际经验认为，生长良好的液相外延层用GaAs＋Ga溶液时的冷却速度不宜超过20℃/h，用GaAs＋Sn溶液时的冷却速度不宜超过80℃/h。

对于温度梯度法液相外延的情况，当达到稳定状态后，溶液表面和溶液－衬底界面间应建立稳定的温度梯度和浓度梯度。通常认为其生长速度由组分的扩散过程速度决定。因此对于稳定的生长过程，其生长速度是常数，外延层厚度等于生长速度与生长时间之积，即

$$d = \alpha t \tag{7-28}$$

GaAs向溶液－衬底界面方向的扩散流密度j（用g/scm^{2}表示）有

$$j = -D\frac{\partial C}{\partial x} = -\rho_{\mathrm{GaAs}} \cdot \alpha \tag{7-29}$$

式中，$\frac{\partial C}{\partial x}$为扩散方向上的浓度梯度；$D$为相应的扩散系数；$\rho_{\mathrm{GaAs}}$为GaAs晶体的密度（g/cm^3）；

$\frac{\partial C}{\partial x}=\left(\frac{\partial C}{\partial T}\right)\left(\frac{\partial T}{\partial x}\right)$，$\frac{\partial T}{\partial x}$为温度梯度，$\frac{\partial C}{\partial T}$为溶解度随温度的变化率。$\left(\frac{\partial T}{\partial x}\right)$代入式(7－29)可得

$$\alpha=\frac{D}{\rho_{\mathrm{GaAs}}}\left(\frac{\partial C}{\partial T}\right)\left(\frac{\partial T}{\partial x}\right) \tag{7-30}$$

可见，外延生长速度与温度梯度和溶解度的温度系数成比例。

在降温法的瞬态生长中，将四种不同的技术分别称为平衡冷却技术、突然冷却技术、过冷冷却技术及两相溶液冷却技术。图7－8简要给出了液相外延生长期间的温度是时间的函数。在每次开始时，衬底和溶液不接触，体系被加热到较液相线温度(T_1)更高的温度，并与溶液的初始组分相一致，然后冷却。对每种技术来说，图中箭头所指示的时间和温度是衬底和溶液接触时的时间和温度。

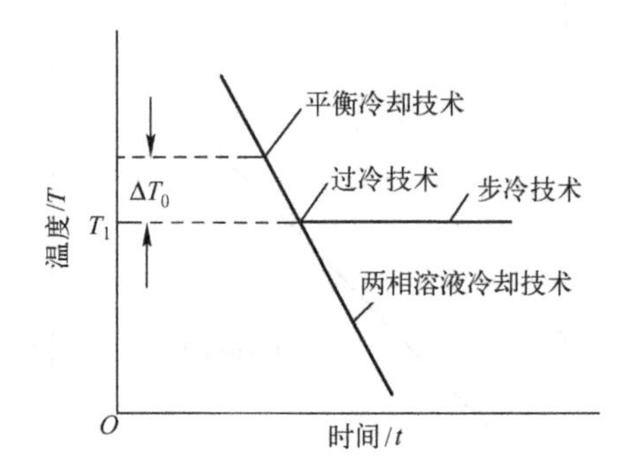

图7－8 四种不同的液相外延生长技术的溶液冷却过程

注：箭头表示的时间为生长溶液刚刚与衬底接触时的时间

平衡冷却技术在整个生长期间使用一个恒定的冷却速率。当温度达到T_1时使衬底和溶液接触(即溶液刚好变成饱和)。这样在接触的瞬间，它们是处于平衡状态。这种方法在两晶片技术中有所变化，在开始启动时温度保持恒定，并使溶液与源晶片接触，溶液被平衡之后，源晶片被衬底所代换，并且开始冷却。

如果生长溶液与晶体不接触能够有很大的过冷而不会发生自发的沉淀作用，则突然冷却和过冷冷却技术可以应用。在突然冷却技术中衬底和溶液以恒定速率开始冷却到T_1以下，即温度接近于发生自发沉淀时的温度，并且还保持这个温度。然后使它们接触并保持在同样的温度下，直到生长终止，这种技术又称为步冷技术，因为它相当于在T_1使衬底和溶液之间平衡，然后突然冷却到较低的温度。

过冷技术像步冷技术那样，衬底和溶液以恒定速率冷却到T_1以下而没有自发沉淀作用后再接触，在此情况下，冷却是以同样的速率连续下去而不中断，直到生长完毕。

瞬态生长技术中最后一个是两相溶液冷却技术，在T_1以下足够低的温度，以至于在溶液中产生自发沉淀作用，这时使溶液和衬底接触，并以相同的速率连续冷却而不中断。达到自发沉淀作用时，在溶液中的溶质浓度降低到饱和值。这种方法可以近似地认为是平衡冷却技术，但是T_1低于对应于初始溶液组分的温度。

除假设没有对流输送之外，从稀释溶液中液相外延生长的简单扩散控制模型附有3个假设：① 生长溶液是等温的；② 在生长界面上建立平衡，该界面上溶液中溶质的浓度由平

衡相图的液相线绘出；③ 除了在衬底上发生淀积作用外，溶液或边界上不发生沉淀作用。为推导厚度－时间方程，还必须引进两个假设：④ 溶液自由表面的溶质浓度在生长过程中是不变的，即溶液是半无穷大，这相当于生长时间较扩散时间 $t=W^2/D$ 小得多的情况，其中，W 是液体的厚度，D 是扩散系统；⑤ 扩散系数和液相线的斜率在每次生长过程中是恒定的。

根据所列的假设，溶质向衬底输送是由扩散进行的。从源到生长界面之间的溶液具有恒定的溶质浓度 C_1，在时间 t 时的溶质浓度为 $C(t)$。其由温度决定，也依靠于实际上所使用的生长技术。对于平衡冷却技术来说，$C(t)=C_1-\alpha t/m$。这里，$\alpha=\mathrm{d}T/\mathrm{d}t$ 是冷却速率；$m=\mathrm{d}T_1/\mathrm{d}C_1$ 是液相线的余率，衬底和溶液刚接触时的时间 $t=0$。对于突然冷却技术，则 $C(t)=C_1-\Delta T_0/m$。其中，ΔT_0 是 T_1 和对应于 C_1 的 T_1 之间的差，在 $t=0$ 时的温度为 T_0。

在生长界面应用质量守恒定律，对于上述边界条件，解扩散方程能得出在衬底上淀积溶质总量与时间的函数关系。这个总量转化为淀积结晶的厚度(d)可由下列方程得出，即

平衡冷却技术为

$$d=(2/C_s m)(D/\pi)^{\frac{1}{2}}\cdot(2/3)at^{\frac{3}{2}} \tag{7-31}$$

步冷技术为

$$d=(2/C_s m)(D/\pi)^{\frac{1}{2}}\Delta T_0 t^{\frac{1}{2}} \tag{7-32}$$

过冷技术为

$$d=(2/C_s m)(D/\pi)^{\frac{1}{2}}\cdot(\Delta T_0 t^{\frac{1}{2}}+2/3at^{\frac{3}{2}}) \tag{7-33}$$

因为过冷技术可认为是其他两种技术的结合，所以式(7－33)是从式(7－31)和式(7－32)得到的，应用线性微分方程定理两个解答的和数就是它本身的一个解。

在式(7－31)～式(7－33)中，C_s 为生长固体中每单位体积中溶质的原子数，m 为溶解度曲线的斜率。

应用这些方程进行计算，与各种技术的实验结果能很好地符合，如图7－9、图7－10、图7－11、图7－12所示。

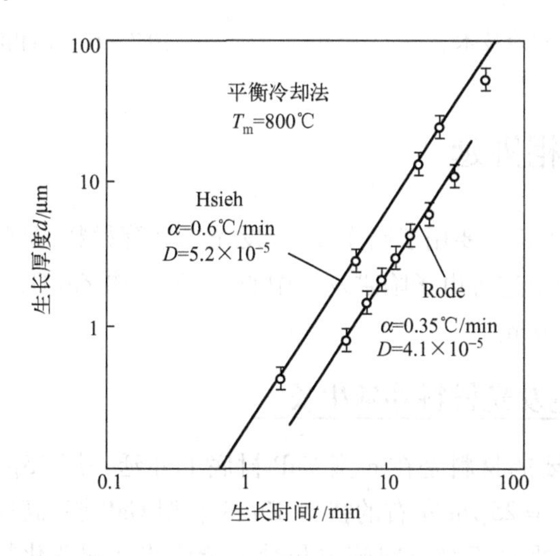

图7－9 平衡冷却技术

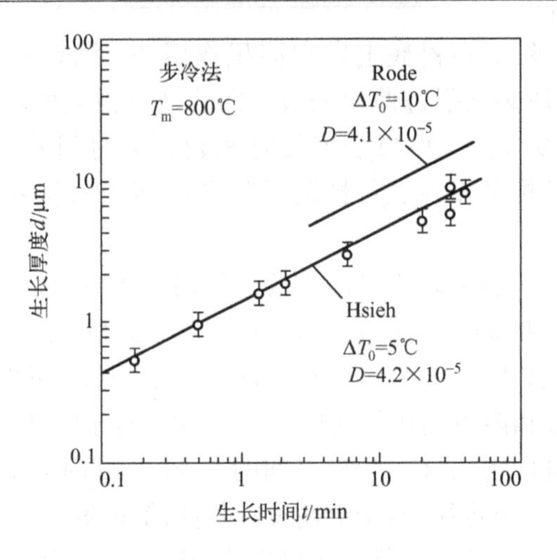

图7-10 步冷技术

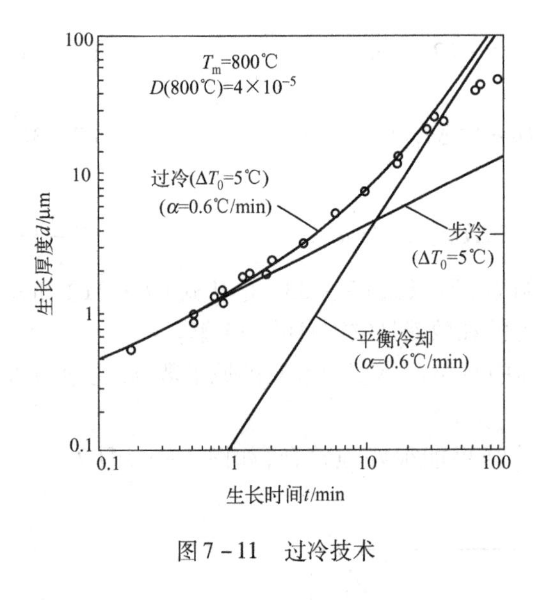

图7-11 过冷技术

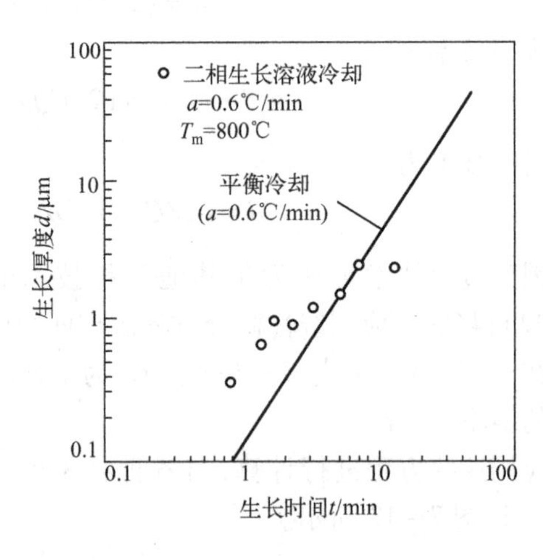

图7-12 两相溶液冷却技术

7.4 磷化镓的液相外延

磷化镓的液相外延生长主要用于制作红、绿发光二极管材料，是间接跃迁型半导体，为了提高发光效率，通常都要引进等电子陷阱发光中心，红色的掺 Zn: O，绿色的掺 N，相应的发光峰值波长为 700nm 和 565nm。

7.4.1 磷化镓绿色发光材料外延生长

绿色发光二极管需要的材料是在 n 型 GaP 衬底上外延一层 25μm 左右的 n 型掺 N GaP 层，再在其上生长一层也是 25μm 左右的掺 N、Zn 的 p 型 GaP 层，高质量的器件要求材料：在结平面上杂质分布均匀；垂直于结方向施主和受主杂质浓度的变化尽可能小；光滑的表面形貌。另外，从经济考虑要求原料镓的消耗节省，生产容量要大，重复性好，以降低成本。

绿光二极管的液相外延要 n 层、p 层连续生长，又要以 NH_3 形式在熔体中掺氮以形成发光中心，p 层生长掺 Zn 时又需保持一定的 Zn 分压，因此外延装置和工艺比较复杂，方式也很繁多。生长方式基本上是用冷却法生长，也有人用恒温梯度法生长。掺杂方法有投入法和气相掺杂法。有在两个池中分别生长 p 层和 p 层，也有在一个池中用过补偿法生长 n 层和 p 层。操作方法有旋转双箱法、浸渍法和滑动法。

浸渍式过补偿法曾获得 $5A/cm^2$ 时 0.23% 的较高外量子效率，但必须指出并非由于此法的作用，而是由于生长温度较低，为 900～700℃，而一般为 1000～850℃，系统严格除氧，并用石墨基座，使氧转化为 CO_2，严格避免非辐射复合杂质混入等改进措施。

过补偿的缺点可被气相掺杂法克服。气相掺杂用气体进行，长 n 层时通 H_2S 掺 S，至 n 层长好后，用 H_2 将 H_2S 从反应管内清除出去，溶解的 S 转回到 H_2S，同时 Zn 蒸气引入气相，平衡一定时间后，继续冷却生长 p 层，如图 7－13 所示。

设 C_{Zn}^{s} 为掺入半导体的 Zn 浓度，则

$$C_{Zn}^{s}=K(T,C_{Zn}^{l})C_{Zn}^{l} \tag{7-34}$$

式中，K 为分配系数，随 T 降低而减小；C_{Zn}^{l} 为液相中 Zn 浓度。对于理想溶液（$\gamma_{Zn}^{l}=1$），液相中的 Zn 浓度如下。

$$C_{Zn}^{l}\approx p_{Zn}(f,T_s)/p_{Zn}^{0}(T) \tag{7-35}$$

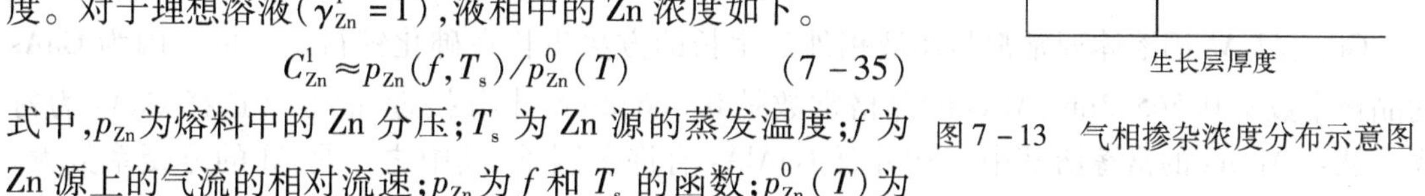

图 7－13　气相掺杂浓度分布示意图

式中，p_{Zn} 为熔料中的 Zn 分压；T_s 为 Zn 源的蒸发温度；f 为 Zn 源上的气流的相对流速；p_{Zn} 为 f 和 T_s 的函数；$p_{Zn}^{0}(T)$ 为在生长温度 T 时单质 Zn 的蒸气压。所以

$$C_{Zn}^{s}=[K(T,C_{Zn}^{l})/p_{Zn}^{0}(T)]p_{Zn}(f,T_s) \tag{7-36}$$

因此，虽然分配系数 K 随降温而变化，但冷却时改变流速 f 或 Zn 源温度 T_s，就不难控制 Zn 的分布。

若采用抽真空装置，在开始生长 n 型层后进行减压，以加快除去 H_2S 杂质，减少补偿程度，可提高光输出 30%～50%。其生长温度程序如图 7－14 所示。

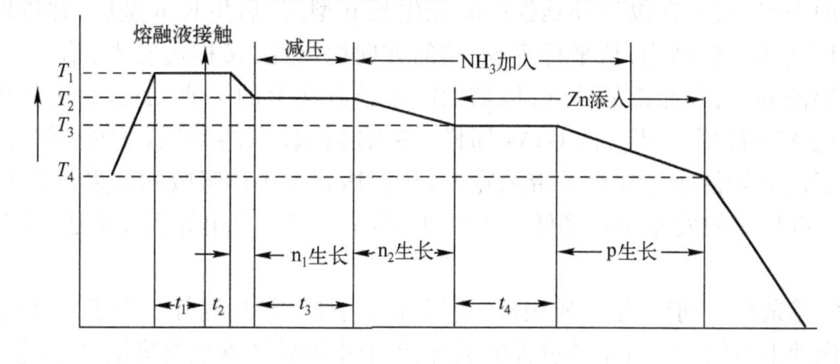

图 7－14　液相外延 GaP: N 温度程序

7.4.2　磷化镓红色发光材料外延生长

生长 GaP 红色发光材料时，掺的杂质是 Te、Ga_2O_3 和 Zn，在 GaP(111) 面上先生长 $8\times10^{17}cm^{-3}$ 载流子浓度的 n 型层，再生长 $2\times10^{17}cm^{-3}$ 左右的 p 型层，发光二极管平均外量子效率为 6%，

最高达10%,每次装片10~60个2英寸片,采用浸渍法、溶液流动法和转动舟法,连续生长10次,对外延片测试结果表明有较好的重复性。

在GaP晶体中的缺陷和杂质方面,降低发光二极管发光效率的主要有三个因素:第一,空位和与空位结合的络合物;第二,铜等重金属杂质;第三,pn结界面上的缺陷如位错坑、碟形坑或其他沉淀物。

研究表明,镓空位和占磷位的氧形成的络合物 V_{Ga}-O_P 发出特征的橙光,能量为2.125eV,在退火时可能消失,而代之为红光。认为 V_{Ga}-O_P 络合物中的镓空位被Zn填入,形成Zn-O对的红色辐射。此外,Ⅳ族杂质占据Ga位与 O_P 形成的络合物 Si_{Ga}-O_P,是非辐射复合中心。因此,降低镓空位浓度对于GaP绿色发光二极管来说显得非常重要。

当GaP生长温度过高时,即使在富镓溶液中生长,镓空位浓度也是很高的,温度低时,如低于1000℃,镓空位浓度可减少至 $10^{15}cm^{-2}$ 以下。

当然,高浓度的磷空位也是不欢迎的,它导致晶体完整性差,也会影响发光效率。实验曾证明,GaP在一定磷压下(1.3×10^4Pa最佳)退火,可得到比较完美的晶体。

7.5 镓铝砷的液相外延

$Ga_{1-x}Al_xAs$ 固溶体通常都是用液相外延生长的方法生长在砷化镓衬底上的。因为GaAs的晶格常数是0.56532nm,AlAs的晶格常数是0.56622nm,十分接近,故通常选择GaAs为衬底。从含Al、As的富镓溶液中液相外延GaAlAs有许多困难,其中之一是Al的分凝系数大。这就使得生长的外延层,在衬底-外延层界面到外延层表面的生长方向上,AlAs的含量降低,即外延层的 x 值随着外延层厚度的增加而逐渐减小,这种递降的梯度随Al含量的减少而增大。因此,对于 $x\approx0.30$ 的可见光发光二极管来说,这种情况尤为严重。x 值降低,带隙宽度减小,这就势必造成pn结处宽带隙(x 值大)产生能量较高的光,在从窄带隙的表面(x 值小)射出时会遭到很强的吸收,这就是所谓的"逆窗效应"。

解决逆窗效应有几个办法:第一,从宽带隙的n侧取出光,这时可将砷化镓衬底磨去,让光从n型面射出,或者在设计外延程序时先生长p型层,后生长n型层,并以此为光出射面;第二,采用边缘发射结构,从平行于pn结的方向取出光,又称边发光;第三,采用外延生长过程中加铝的办法,补充铝的消耗,以增大沿生长方向上的 x 值,加铝后生长出一个吸收小的宽带隙透光"窗口";第四,像GaAs那样,掺入能级较深的杂质(如硅)作为发光中心,这样产生光子的能量便小于材料的带隙宽度,从而达到减小体吸收的效果。在 $Eg=1.49\sim1.86$eV时,掺硅后可使发光能量降低0.12~0.33eV;第五,采用等温外延法,生长组分不变的外延层。

外延层的掺杂剂,一般n型杂质用碲、锡等,p型杂质用锌、镉等。由于锌蒸气压较高,其行为与在磷化镓中相似。随着生长过程的进行,溶液中的锌浓度也会降低,从而造成生长层表面的锌浓度降低。硅在镓铝砷中也具有两性行为。在开始外延时的较高温度(900℃左右)下,硅占镓或铝位而成施主,这时生长的是n型层;随着冷却,温度降低,这时硅占砷位而成受主,外延层转变为p型。这样便可通过一次生长而获得pn结。

GaAlAs液相外延生长一般采用降温法,有人采用蒸气压控制温度差法(又称等温法)来生长获得较好的效果,外量子效率最高可达2.6%,平均1%,峰值波长为665nm。这种方法的生长装置如图7－15所示。这种方法外延生长时不必降低温度，而利用生长舟本身所具有的温度梯度，将源材料放在舟的高温端，利用源材料从高温向低温及从高浓度向低浓度的扩散，在舟的低温端形成溶液的过饱和，从而在衬底上实现外延淀积。这样便实现了不降低温度下的外延生长。生长温度为800～900℃，生长层的厚度随生长时间线性地增加，生长层的完整性较好，厚度均匀。外延生长时的舟仍是滑动舟，将衬底放在2个储料池下，即可连续生长n型层和p型层，而且生长铝成分不随厚度而变化。已制成的自动化连续液相外延炉，生产效率和质量大为提高。此法生长的材料，非辐射复合中心减少，厚度均匀性好，发光效率高。

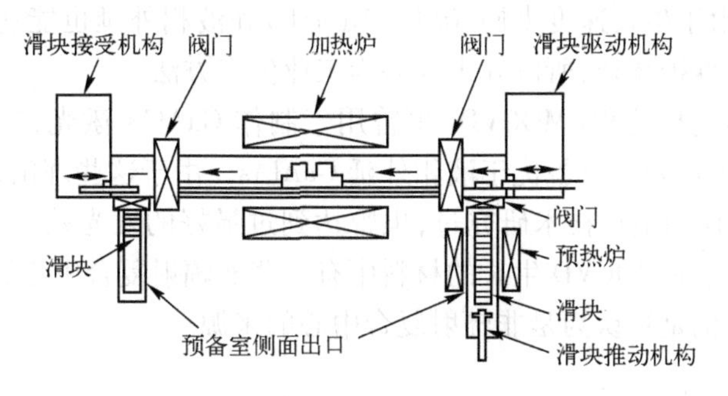

图7－15　温差法连续液相外延生长装置

后来，器件结构不断改进，从单异质结SH GaAlAs LED发展为双异质结DH GaAlAs LED，又发展为透明衬底的DHTS GaAlAs LED，这种结构实质上是将双异质结的两个盖层长得较厚，而且透明，制成管芯前将GaAs衬底除去再制作电极，这种结构器件发光效率最高，后来又被TS-InGaAlP超越。各种红色发光二极管的发光效率比较如图7－16所示。

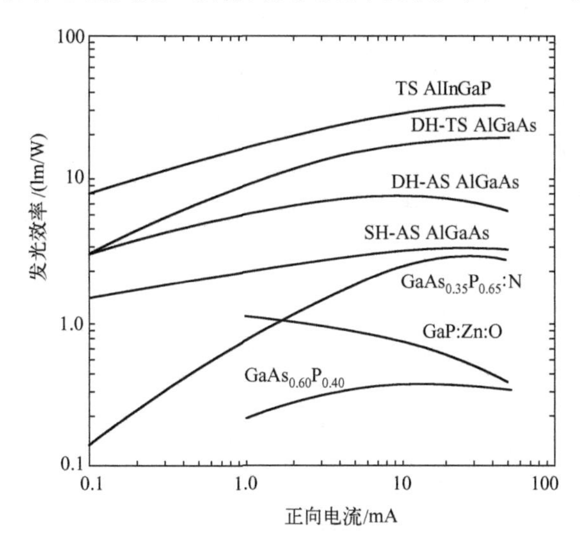

图7－16　各种红色发光二极管发光效率的比较

GaAlAs LED的可靠性问题值得讨论，在通常情况下，能工作几年而光输出的效率仅有少许降低。曾做过在55℃、47A/cm^{2}电流密度下工作1000h、5000h、10000h后的测量，出现比起初效率增加的现象。

曾有报道说，在－20℃下工作1000h后竟使发光效率大幅度下降，下降超过70%。观察退化的芯片表明,在器件作用区形成许多暗线缺陷,大大降低了光输出效率。

此外,在高温和高湿度(85℃和85% R. H.)条件下工作,特别是DH-TS GaAlAs结构容易引起效率的退化,如工作500h后,发光效率下降超过50%,这主要是由于在芯片表面形成氧化物的暗吸收。在更多的典型条件下工作,氧化物的形成很慢,几年工作仍会有一定的光输出效率下降。后来的研究表明,如果形成稳定的清洁氧化物或其他透明的钝化膜以保护芯片,则在高温、高湿度(85℃,85% R. H.)下工作的性能会有所改善。

曾经用分子束外延(MBE)方法生长GaAlAs,制成高质量的激光二极管,虽然用此法也能制得好的发光管,但由于生长速度太慢(0.1~2μm/h)和液相外延也能达到同样性能水平,再加上MBE设备昂贵,维护复杂,所以并未发展为工业生产方法。

金属有机物化学气相淀积(MOCVD)也曾用于制作GaAlAs激光二极管。这种方法生产量大、均匀性好和外延片表面形貌优于液相外延GaAlAs。由于这些理由,MOCVD曾被认真地作为GaAlAs红色LED的生长技术研究过,也曾达到过最好的发光效率。但是大致有两个因素导致仍用LPE生产:在MOCVD生长的材料中有一些非辐射复合中心影响着发光效率;气体源中低含量的氧和水仍是被认为是非辐射复合中心的来源。

第8章 铝镓铟磷发光二极管

AlGaInP四元合金是可见光波段半导体激光器和发光二极管的重要材料。当生长晶格匹配于砷化镓(GaAs)衬底,$(Al_xGa_{1-x})_{0.5}In_{0.5}P$合金具有1.9～2.26eV直接带隙宽度($x=0$, $x\approx0.5$),覆盖了可见光谱从红到绿的部分,如图5-9所示。这一特性使它成为引人注目的材料,可制成宽广颜色范围内的高效双异质结器件。但是它不能用通常的气相外延和液相外延技术来制造。AlP和InP的热力学稳定性的不同使得LPE的组分控制十分困难。此外,当氢化物或氯化物气相外延时形成稳定的AlCl化合物,会在气相外延时阻碍含Al磷化物的成功生长。这些技术问题妨碍到用AlGaInP材料制作半导体激光器和发光二极管,直到20世纪80年代后期。器件质量的AlGaInP仅仅是在1985—1989年开始报道,使用方法是金属有机物化学气相沉积(MOCVD)、分子束外延(MBE)及金属有机物源分子束外延(MOMBE)。今天,高功率的AlGaInP可见光激光器可以在625～680nm用金属有机物化学气相沉积实现。在560～660nm波长范围内的AlGaInP发光二极管的性能也取得了重大进展,这些高亮度AlGaInP LED已能大量生产,在橙红色到黄绿色范围内性能大大超过了原有掺N的GaP和掺N的GaAsP。AlGaInP和其后发展的AlInGaN发光二极管已成为新的LED应用的主要产品,如显示屏、汽车内外照明和信号灯、道路交通信号灯、机场信号灯等。

8.1 AlGaInP金属有机物化学气相沉积通论

金属有机物化学气相沉积(MOCVD)晶体生长起始于20世纪60年代后期,大量的研究工作是在70年代集中于改进源的纯度和生长技术。这些工作的最终结果是在1977年实现了AlGaAs半导体激光二极管的室温连续工作。20世纪80年代中期开始研究AlGaInP,90年代初,美国HP公司和日本东芝公司分别报道了使用MOCVD技术批量生产高亮度AlGaInP发光二极管的科研成果。

8.1.1 源材料

一些源材料组合起来可用于金属有机物化学气相沉积生长AlGaInP。某些关键问题是围绕烷基源的传送控制。Ⅲ族有机金属源通常用三甲基或三乙基源或二者同时使用。三乙基源在生长AlGaAs时曾报道能减少碳沾污。但是为了达到降低碳沾污,必须全部用三乙基物。假如一个源保留了甲基配位体,从它而来的碳能结合到固体中。碳结合能通过在气相中三甲基物源和Al源之间的基本交换反应时发生,或者甲基配位体能经过简单裂解并在表面与Al结合,因为Al—C键很强。因此,单独以三乙基铝(TEAl)替代三甲基铝(TMAl),而不取代其他三甲基源,将不能解决碳沾污问题。但是,专门用全三乙基源通常发现是不切实际的,因为三乙基铟(TEIn)和三乙基镓(TEGa)源蒸气压很低,不能给大容量金属有机物化学气相沉积反应器提供足够的生长速度,幸好碳结合在含 In 合金中极为无效。对于 AlGaInP,碳结合也受到限制,因为 In 是主要成分,此时,Al 绝不会占到大于固体组成的 50% 。因为这个理由,大多数通用的Ⅲ族源是 TMAl、TMGa、TMIn。

AlGaInP 外延层生长的气体输运系统如图 8 - 1 所示。在输送烷基物时,在温度控制浴中,专用的压力控制烷基物鼓泡瓶提供可靠的和恒定的速度。在金属有机物化学气相沉积的气体管道中,常常是严格要求提供快速、有效、能控制的气体开关通入反应室,而不能产生反应器压力和从烷基物鼓泡瓶输送压力的扰动。通过这几年的发展,许多方案试图去除"死角"和当开关时发生瞬态压力最小化,以最好地达到特殊应用的要求。

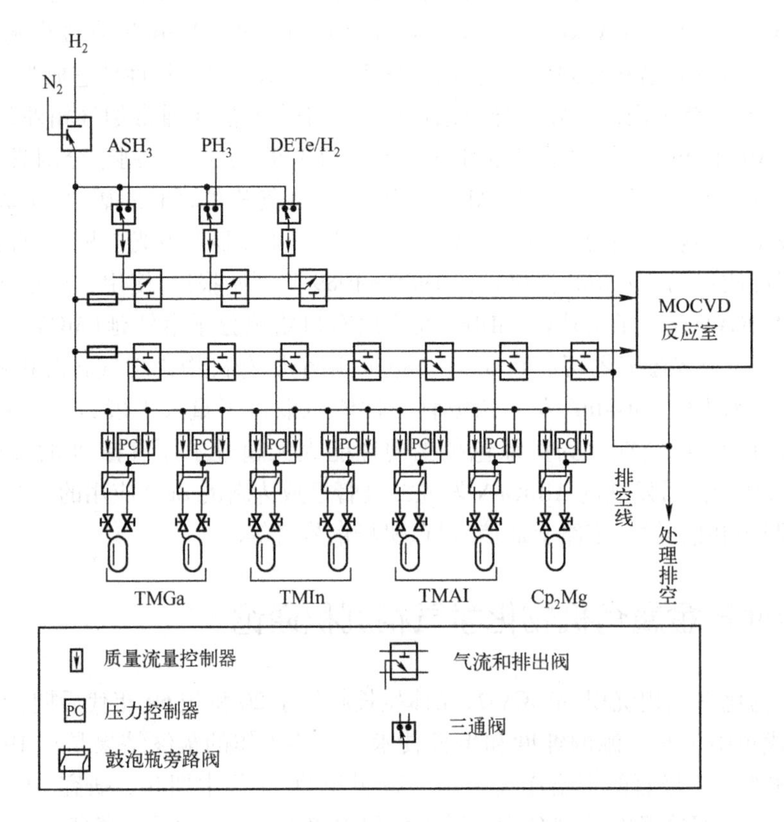

图 8 - 1 AlGaInP 金属有机物化学气相沉积反应器的气体输运系统

金属有机物的液体或固体的输送速度取决于温度和金属有机物鼓泡瓶载气通过的流速及鼓泡瓶的压力。源的流量能表示为

$$Q_s = Q_{载气}[P_s(T)/P_{total}] \tag{8-1}$$

式中,Q_s 为金属有机物源的摩尔流速;$Q_{载气}$ 为通过鼓泡瓶载气的摩尔流速;$P_s(T)$ 为金属有机物源在温度 T 时的蒸气压;P_{total} 为金属有机物鼓泡瓶内的总压力。

随后,金属有机物和氢化物源通过多种管道进入反应室。一方面化学反应在接近 GaAs 衬底的热区之内发生,且在 GaAs 表面外延生长 AlGaInP,典型的 AlGaInP 金属有机化学气相沉积生长用 TMAl、TMGa、TMIn 和磷烷(PH_3)发生在 700 ~ 800℃ 温度处,以及在低的反应器压力 2.03 ~ 20.26kPa。在高生长温度,由于甲基配位体的连续失去,TMAl、TMGa 和 TMIn 很可能在气相中部分分解。另一方面,氢化物 PH_3 十分稳定,且主要在 GaAs 衬底表面分解。AlGaInP

在衬底表面外延生长可以描述为：

$$XAl(CH_3)_n + YGa(CH_3)_n + ZIn(CH_3)_n + PH_3 = Al_xGa_yIn_zP + CH_4 \quad (8-2)$$

式中，$n=0$、1、2 或 3。

使用 TMAl 和 TMGa 源相对地说没有什么麻烦，但是使用 TMIn 需要特别注意，因为它是固体源。影响固体源的蒸气压依赖于鼓泡瓶旁路的固体表面积。解决这一问题有两种方法：一是采用乙基－二甲基铟，在室温是液体；另外则是将 TMIn 溶解在溶剂中，可以达到更一致的条件。

由于砷烷（AsH_3）和磷烷（PH_3）氢化物是剧毒物品，曾作过许多努力找Ⅴ族源的取代物，如三丁基胂（TBAs）和三丁基膦（TBP）曾被发现是优良的 AsH_3 和 PH_3 取代物。然而大多数生长 AlGaInP 的氢化物还是继续用 AsH_3 和 PH_3，因为它的纯度较高且较便宜。这种原料可以有不稀释的和氢气混合的两种形式供应。

通用的 n 型掺杂剂是硅（Si）和碲（Te）。Si 源可以用硅烷（SiH_4）和乙硅烷（Si_2H_6）。其后者的掺杂效率较少受温度影响。Te 源可以用 H_2 气作为载气从鼓泡瓶输送或以高压钢瓶以体积分数 10^{-6}级水平与 H_2 混合储存。大多数 p 型掺杂剂是锌（Zn）和镁（Mg）。Zn 源可以采用 DEZn 或者 DMZn，储存在液体鼓泡瓶中。由于 DMZn 具有较高的蒸气压和 Zn 的结合效率通常又很低，因此为了获得较高的蒸气压，一般都采用 DMZn。Mg 源常采用二茂镁（$C_{P2}Mg$），储存在一个旁路鼓泡瓶中。

8.1.2 生长条件

生长高质量的$(Al_xGa_{1-x})_{0.5}In_{0.5}P$ 是十分困难的。因为它是四元体系，所以为了保证与 GaAs 衬底的晶格匹配必须小心控制生长条件，这是获得高质量材料的关键。因此，要从控制晶格匹配从片到片和炉次到炉次这个角度来设计生产型的金属有机物化学气相沉积反应器。另外，铝很容易与氧反应而结合。以前曾做了许多工作使氧结合最小化，曾发现抑制氧结合的最有效方法是增加生长温度（抑制氧结合另外一条有效途径是适当提高反应Ⅴ/Ⅲ比）。但是对于含 In 合金来说较高的生长温度不理想，它要求较低的生长温度。因为假如生长温度太高，In 会再蒸发，因此对于$(Al_xGa_{1-x})_{0.5}In_{0.5}P$ 来说，最佳生长温度区间较窄。当为生长温度较低时，晶体生长以动力学限制模式发生，调节生长温度为 500～800℃，生长以扩散限制模式发生。晶体在高温发生气相分解并在反应器壁预沉积，结果生长速度降低。AlGaInP 生长温度通常在 650～800℃，生长是以扩散限制模式。在这种模式下，Ⅲ族元素晶格中的组分几乎与输入气相组分成正比，除非在较高的生长温度，某些 In 再蒸发。

类似于金属有机物化学气相沉积生长其他磷化物的情况，生长 AlGaInP 时，Ⅴ/Ⅲ比通常维持值高 200，这是由于 PH_3 的无效分解。在生长系统中用过高的Ⅴ/Ⅲ比，在短时间内就会发生很严重的磷沉积。

图 8－2 给出了 AlGaInP 体系的等带隙宽度线和等晶格常数线。虚线是等晶格常数线。实线是等带隙宽度线。在左边（粗线下面）是直接跃迁能带结构材料，而右边的（粗线上方）是间接跃迁能带结构的材料。对于晶格匹配 GaAs 的，能简单地固定 In/（Al＋Ga＋In）的比值为 0.5，如图 8－2 所示。因为 AlGaInP 的金属有机物化学气相沉积生长是以扩散限制模式发生的，首先改变气相的 TMIn/（TMAl＋TMGa）比可以使 AlGaInP 在 GaAs 上晶格匹配，然后，能简单地改变 TMAl/TMGa 比（此时保持 TMAl 加上 TMGa 的摩尔流速总和不变）就可以获得有源

层和盖层的 AlGaInP 材料的不同带隙宽度。

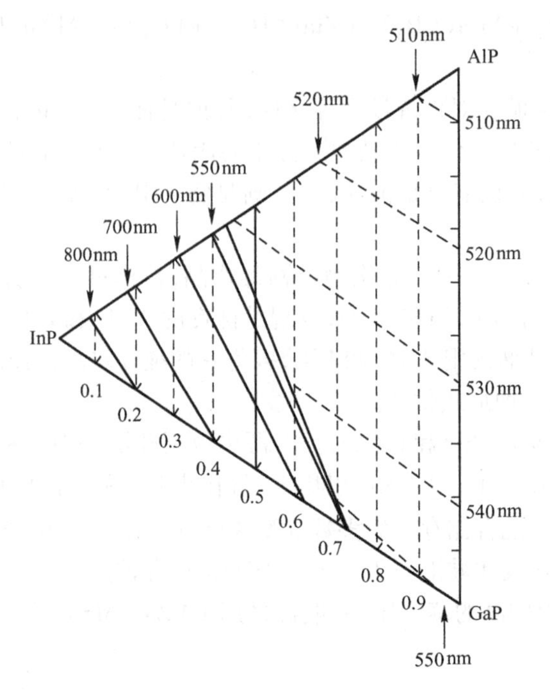

图 8－2 AlGaInP 材料体系的等带隙宽度线和等晶格常数线

因为在 AlGaInP 外延层和 GaAs 衬底之间存在不同的热膨胀系数，所以在生长温度下，外延层与 GaAs 衬底符合晶格匹配条件时，在室温下，外延层就存在压应变。表 8－1 给出了二元化合物的热膨胀系数(α)。图 8－3 和图 8－4 画出了三元合金 GaInP 和 AlInP 的晶格常数例子。它们是分别在室温和 975K 下的晶格常数。从室温下 X 射线回摆曲线测量可以看出，在压应变(富 In 条件)下，AlGaInP 可以最好地生长。当然，最佳的压应变依靠于特殊生长温度和合金组成。

表 8－1 主要二元化合物在室温(300K)和生长温度(975K)的晶格常数(以及晶格膨胀系数)

化 合 物	300K 时的 a/nm	α/($\times 10^{-6}$/K)	975K 时的 a/nm
GaAs	0. 56533	6. 86	0. 56795
InP	0. 58686	4. 75	0. 58874
GaP	0. 54512	5. 91	0. 54729
AlP	0. 54511	4. 50	0. 54677

另一个重要问题是在 AlGaInP 外延层生长时，从用 AsH_3 生长 GaAs 到 PH_3 生长磷基材料时的转换。类似的问题也存在，当 GaInAs 在 InP 衬底上生长时，需要Ⅴ族预先转换。大多数Ⅲ-Ⅴ族材料，在Ⅴ族源转换时Ⅴ族元素会挥发，这是个难题。当Ⅴ族转换时，会发生Ⅴ族元素的再蒸发。当在生长温度下Ⅴ族元素的蒸发速率高显得特别明显。假如不采取措施，则会导致材料的质量下降。另一方面，假如 PH_3 和 AsH_3 气体重叠太多，界面层将存在 As 和 P，导致此层晶格失配严重并且材料质量变差。这一课题在金属有机物化学气相沉积界曾研究了很长时间。通常必须很快地转换Ⅴ族气体，以及按正确的转换次序转换，且计时要非常严格。

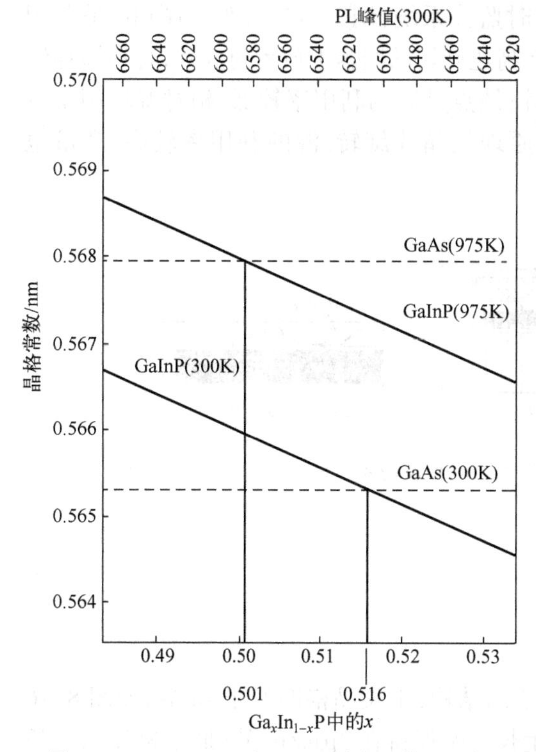

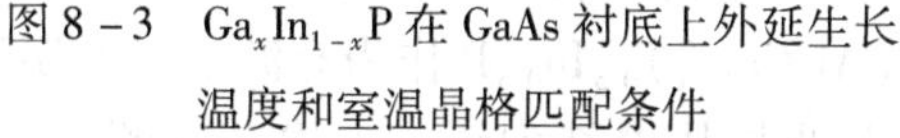

图 8-3 $Ga_xIn_{1-x}P$ 在 GaAs 衬底上外延生长温度和室温晶格匹配条件

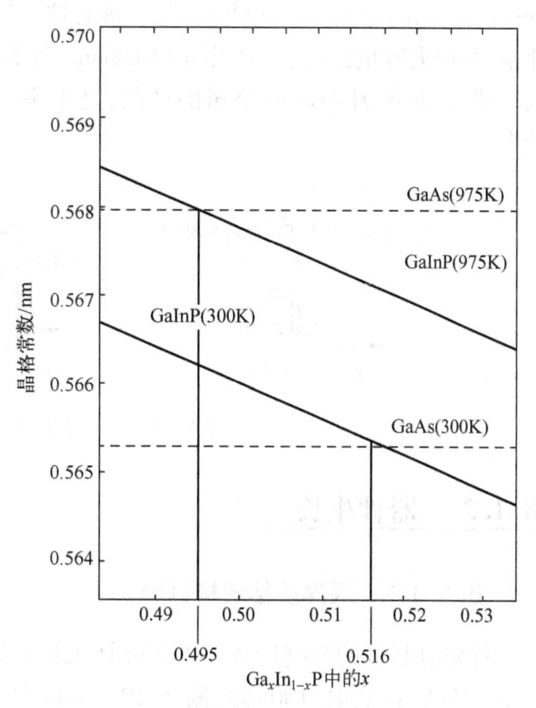

图 8-4 $Al_xIn_{1-x}P$ 在 GaAs 衬底上外延生长温度和室温晶格匹配条件

低压条件(2.026~20.26kPa)可用来解决某些问题,如有关气体的转换均匀性和气相预反应的最小化。这些因素导致了金属有机化学气相沉积设备制造的发展及 AlGaInP 低压生长。用低压的优点是解决了常压下外延片均匀性在很大程度上依赖反应器几何形状的难题。高速转盘垂直反应器的几何形状需要低压或者高速气流喷向圆盘。也就是说,在旋转圆盘反应器中,稳定气流特别需要低压。对于水平气流反应器,低压结合小的反应室体积以其短的进口长度提供了有效的气体转换和稳定的气流。假如反应器的几何形状允许在常压下生长,则为了稳定和结果重复性的精密需要,维持室内压力的真空系统仍很有必要。

通过压力平衡和气体注入开关的正当次序及一个有效的(低滞留时间)反应室,气体转换问题能解决在低压下以气体输运系统。假如在一个较大空间有气体滞留且流速较慢时,扩散影响将支配气体的组成。假定气体流速较高,而且反应室只有很短的滞留时间,在气体输运系统中转换开关的影响将决定气流和外延薄膜的组成。均匀性改进通常通过增加流过晶片的气体速度来实现,在气相中的烷基物耗尽可达最小化,特别是 In。在水平反应器中,采用低压和转动的有效反应室设计可以达到高的烷基物利用率、好的厚度和组成的均匀性,也可以达到优异的均匀性;在垂直气流旋转圆盘反应器,高的烷基物利用率、好的厚度和组成的均匀性依赖于反应器压力。

三种常用的金属有机化学气相沉积反应室如图 8-5 所示。图(a)是英国 Thomas Swan 公司的设备,是立式的,采用了独特的喷淋头技术(Shower Head),即把Ⅲ族和Ⅴ族源的进气管道做成许多很细的喷管,交错排列成一个气体喷头,直接把各种进气吹到衬底表面进行反应,管口离衬底仅 11mm,喷头采用水冷却,既实现了进气的均匀混合,又可使预反应尽可能减小,源的利用率和生长速率也很高。此设备还配备了生长实时监控系统,调节也较方便。图(b)是美国 Emcore 公司的专利产品,也是立式的,核心技术是在高速旋转的圆盘上放置衬底片,容易增加装片量,目前大容量已可装 ϕ2 英寸(50.8mm)片 54 片;缺点是源的利用率较低,相对源耗用量较大。图(c)是德国 Aixtron 公司的产品,是水平式,原理是晶片旋转,源的利用率较高,产量也较大。

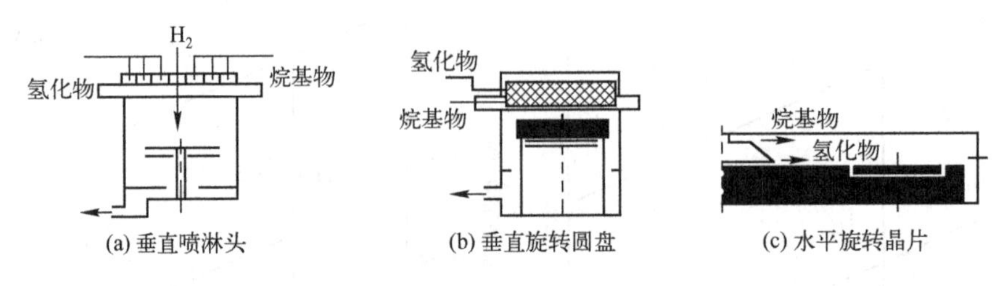

图 8－5　金属有机物化学气相沉积反应室

8.1.3　器件生长

8.1.3.1　双异质结结构(DH)

首先研制成的高亮度 AlGaInP LED 采用双异质结结构,生长晶格匹配于 GaAs,如图 8－6 所示。GaAs 衬底取(100)面,偏 <110> 方向 2°,生长速率保持在 2μm/h,V/Ⅲ比为 250,生长温度为 700～800℃。双异质结结构,AlInP 作为包层,$(Al_xCa_{1-x})_{0.5}In_{0.5}P$ 作为有源层。有源层的组成是 $x=0.2$ 到 $x\approx0.43$,所生产 LED 器件的发射波长从橙红到绿。未掺杂有源层,厚 0.5～1μm。AlInP 层 p 型和 n 型掺杂剂是 Cp_2Mg 和 DETe,Mg 掺杂 p 型 AlInP 层厚 0.5μm,典型的掺杂浓度是 0.5×10^{18}～$1.0\times10^{18}cm^{-3}$。Te 掺杂 n 型 AlInP 厚 1.0μm,典型的掺杂浓度是 $1\times10^{18}cm^{-3}$。p 型 GaP 窗层沉积在双异质结结构的顶部,用作透明的电流扩展层。

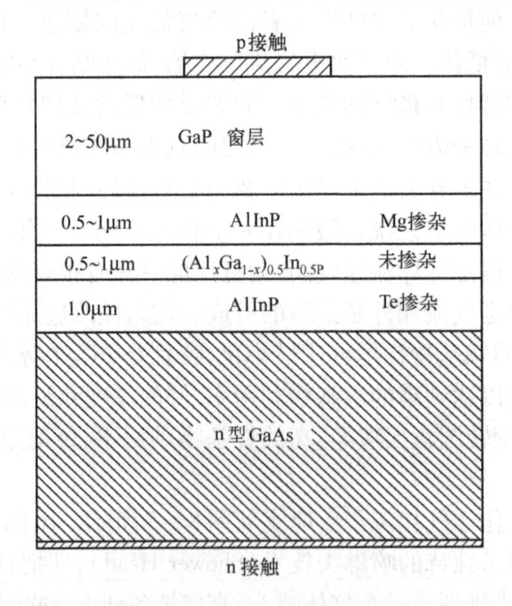

图 8－6　AlGaInP LED 结构图

AlGaInP 的光学性质强烈地依赖于合金的 Al-Ga 比。如图 8－7 所示，$(Al_xGa_{1-x})_{0.5}In_{0.5}P$ 层的铝含量从 0 增加到 0.6，带隙宽度从 1.9eV 增加到大约 2.3eV。材料的带隙宽度可以描述为

$$E_g = 1.91 + 0.61X(\text{eV}) \tag{8-3}$$

材料光致发光(PL)效率的降低意味着铝含量从 0 增加到 0.6。光致发光强度的下降随铝含量的增加使 AlGaInP 进入间接带结构，如氧等杂质在高 Al 含量材料中也可造成发光效率的下降。

图 8－8 示出了典型的 1μm 厚 AlInP 层的双晶 X 射线衍射回摆曲线，半峰全宽(FWHM) 28rad/(″)，GaAs 衬底为 15rad/(″)，清楚地证明了金属有机物化学气相沉积可以生长高质量 AlInP 的能力。双异质结结构的性能强烈地依赖于 AlInP 包层的质量。未掺杂层的背景浓度测出 GaInP 低至 $10^{15}cm^{-3}$，AlInP 则接近 $1\times10^{16}cm^{-3}$，主要的残留施主常常是 TMAl 源中的 Si。通过掺 Si、Se 或 Te，容易生长低电阻率 n 型 AlGaInP 材料。生长高 p 型掺杂 AlGaInP 较为困难，如图 8－9 所示。图 8－9 中，[Ⅲ]表示Ⅲ族总摩尔浓度。当[DMZn]/[Ⅲ]比从 0.1 增加到近于 10，GaInP 的空穴浓度仅仅从 $10^{17}cm^{-3}$ 增加到 $10^{18}cm^{-3}$。用 DMZn p 型掺杂，最高的 AlInP p 型掺杂仅是 $1\times10^{17}\sim2\times10^{17}cm^{-3}$。这种情况在用 Cp_2Mg 作为 p 型掺杂源时得到改进。典型的掺 Mg p 型 AlInP 层在此结构中是在 $0.5\times10^{18}\sim1\times10^{18}cm^{-3}$ 范围，电阻率达到 0.5Ω/cm。

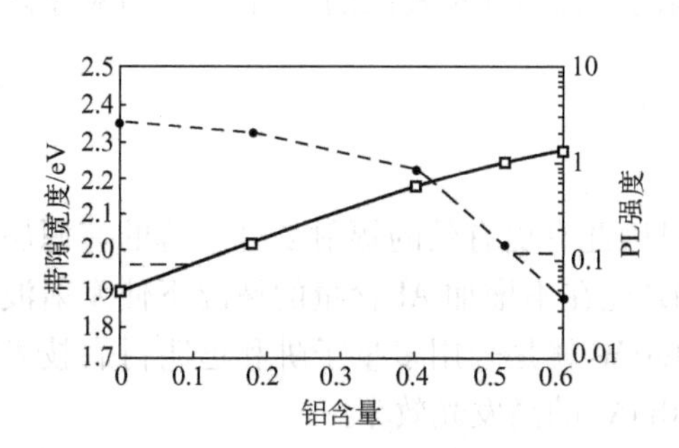

图 8－7　AlGaInP 的带隙宽度、光致发光强度与铝含量 X 的关系

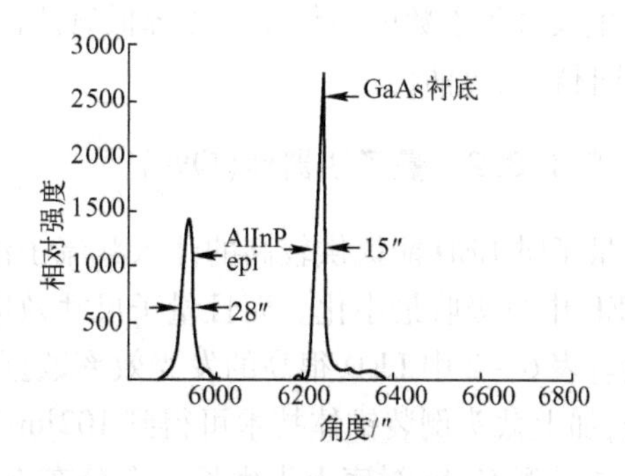

图 8－8　在 GaAs 衬底上的 AlInP 的双晶 X 射线衍射回摆曲线

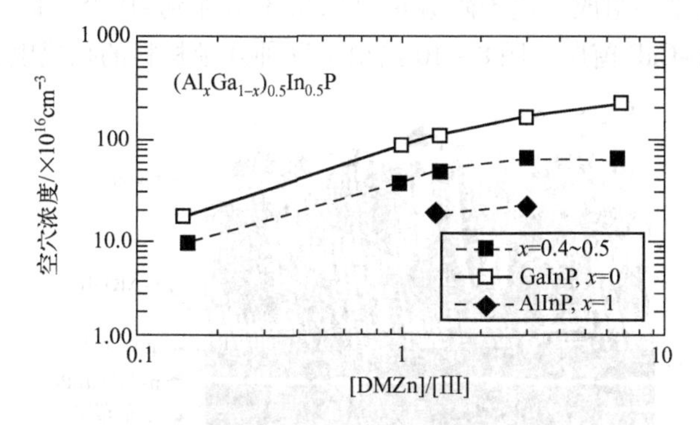

图 8－9　AlGaInP 合金(x＝0,0.4～0.5,1)空穴浓度与[DMZn]/[Ⅲ]的关系

两个最大的问题是在生长 AlGaInP 时,Al 对氧的亲和力和 Al 氧化物的低挥发性。例如,曾计算过在 700℃ 时氧与 Al 金属的平衡浓度低至 10^{-45} atm(1atm = 101325Pa)。早期生长 AlGaInP 的主要结果是光致发光很小或没有所谓的黑外延层,因为氧的背景浓度很高,外延层含有大量 Al 的氧化物,氧形成补偿深能级和材料成为半绝缘。深的氧能级也是非辐射复合中心,所以降低了光致发光和电致发光(EL)。也曾发现甚至在气相中只有微量的氧,在含 Al 固体材料中也能导致 $1\times10^{19}\text{cm}^{-3}$ 的氧含量。因此,在生长含 Al 材料时,减少氧的结合是关键问题。

首先要减少金属有机物化学气相沉积系统的氧沾污。保持金属有机物化学气相沉积系统不漏气很必要。可以用 He 检漏仪检测。此外,通常 H_2 载气纯化是由通过加热的钯(Pd)膜来实现的。手套箱或前置室通常用来装载晶片时隔开反应室和大气。

源材料是氧沾污的另一个常见问题,早期的结果显示,AsH_3 和 PH_3 常常是水残留的主要来源。氢气纯化的进展在很大程度上改进了氢气的纯度,加之分子筛或其他在线纯化单元能用于进一步纯化氢中残留的水和氧。

Ⅲ族源中会有烷基氧化物,也可导致氧沾污。通常,TMGa 和 TMAl 比 TMIn 中的氧少得多,所以选用 TMIn 一定要特别注意含氧量要尽量少。

在生长 AlGaInP 器件结构之前,在 GaAs 上生长一个高 Al 含量的 AlGaAs 层,可以在较大程度上除去反应器中的残留氧,可改进 AlGaInP 材料的质量。

生长过程参数的最佳化也能降低氧沾污,较高的生长温度和较高的Ⅴ/Ⅲ比也有利于降低含 Al 材料的氧沾污。

8.1.3.2 量子阱器件(QW)

量子阱 LED 能提供较高的注入载流子浓度,且因此有更有效的辐射复合。薄的有源层也使 LED 中自吸收最小化。而且量子尺寸效应(QSE)能在不增加 Al 含量的情况下使发射波长缩短。表 6-2 中 LED 很高的发光效率数据 73.7lm/W 就是采用多量子阱和透明衬底技术得到的,加上截头倒装锥体技术可得到 102lm/W(100mA)的高发光效率。

在 n 型 GaAs 衬底上先生长一个分布布拉格反射反射层,然后生长 n-AlGaInP 层,再生长一个多量子阱(MQW)结构。有源层由 5nm 的 $(Al_{0.2}Ga_{0.8})_{0.5}In_{0.5}P$ 的阱层和 4nm 的 $(Al_{0.5}Ga_{0.5})_{0.5}In_{0.5}P$ 势垒层组成。量子阱数量可以从 3 增加到 40 个。再长一个 p-AlGaInP 层,最后生长一个较厚的 p-GaP 窗层。图 8-10 给出了这种外延材料的扫描电子显微镜的剖面图。

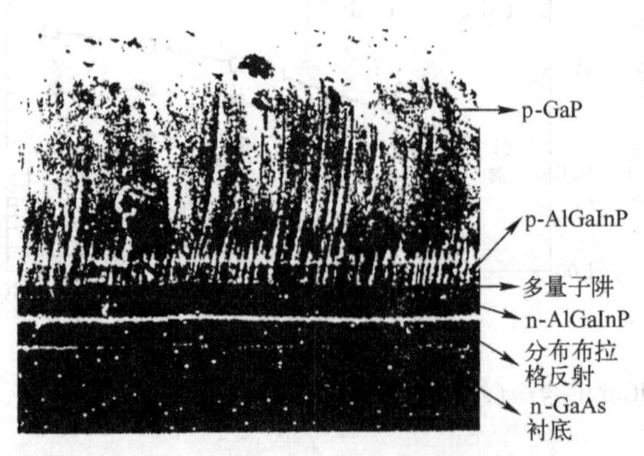

图 8-10　多量子阱 LED 外延材料 SEM 剖面图

8.2　外延材料的规模生产问题

8.2.1　反应器问题:输送和排空处理

Ⅲ－Ⅴ族金属有机物化学气相沉积的重要和实际问题是Ⅴ族氢化物的安全使用,以及含砷和磷的沉积物的联合处理,必须小心地考虑金属有机物化学气相沉积材料生产的安全性和实验室设计的许多方面问题。砷烷(AsH_3)在空气中的允许暴露水平(PEL)是体积分数仅为50×10^{-12},所以绝对需要毒气检出器。磷烷(PH_3)的毒性稍弱些,PEL值为300×10^{-12},但仍具有较高的毒性。三丁基砷和三丁基磷的危险性虽然降低了很多,但其有机取代物的毒性仍较高。除了有毒性的氢化物气体之外,也必须注意磷元素和Ⅴ族元素氧化物,因为这些物质将存在于气体输运管道和排空系统中。元素磷既有毒,又极易自燃,遇到磷的沉积必须极端小心地处理。

不管是用垂直气流或水平气流的多片反应器,由于增加了沉积面积,也增加了PH_3的流量,发展规模型反应器就比单片式反应器有更多的问题。在反应器压力下,假如气体温度降到气相平衡曲线之下,就会给排空系统造成很高的磷的负担。为了阻止磷的凝结,必须加热排空系统,管道也要加热以使磷转到排空系统。在某些点,需要处理磷,采用凝结或者是化学转换方式。

反应室定期清洁之后还要排空处理。对金属有机物化学气相沉积操作来说,为了安全和环保,小心地考虑清除残留的氢化物气体很有必要。通常的方法是用在大的多片反应器的PH_3,需用大罐的活性炭,处理成本很高。树脂床擦洗同样也成本很高。液体化学擦洗劳动强度大而且肮脏。燃烧和分解的方法通常必须收集Ⅴ族氧化物的细粒。磷和PH_3的化学转换是放热的,清洗系统的热处理在这种情况下是必需的。图8－11给出了一个由磷的冷凝器、氢化物燃烧室和氧化物粒子收集室组成的排空系统及流动清洗系统的例子。有效、简易的系统对使用者来说常常是最正确的。

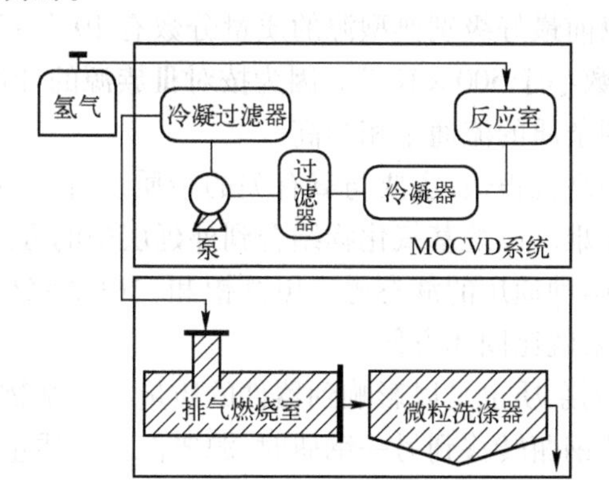

图8－11　金属有机物化学气相沉积反应器流动清洗系统和排空系统

8.2.2　均匀性的重要性

对于成功地制造LED来说,高均匀性的外延层很重要。任何LED制造流程的目标都是要求整片单色性好,仓储要求是2.5nm。然而,AlGaInP材料的发光正好从琥珀色到绿色横跨可见光谱灵敏区的大多数波长,高均匀性地量产外延晶片的任务实在是一个挑战。

早期的金属有机物化学气相沉积晶体生长操作者都知道,生产整个晶片都高度均匀的外延层是很困难的。在水平反应器中,一种标准的途径是增加流速,以达到高流速通过晶片,容许较少的气体耗尽发生。但是这种途径成功地用于单个晶片反应器,不足之处在于要用高的反应剂速率。低压是增加气体流过晶片速度而又不必增加Ⅲ族反应剂的另一种方法。低压的不足之处是因较低的Ⅴ族分压,为了保持同样的Ⅲ/Ⅴ比,必须增加氢化物气流。

反应器的精心设计和细微的工艺流程最佳化使晶片达到了很好的均匀性。在20世纪90年代,通过努力,金属有机物化学气相沉积设备和工艺已经过关。商品反应器已能一炉多片,并实现晶片很优异的组成、厚度和掺杂浓度均匀性。现代量产型金属有机物化学气相沉积反应器同样都用了旋转、低压以生长普通的均匀性产品。高速旋转圆盘反应器降低了界面层的厚度和垂直注入通过晶片,获得了高均匀性和高的烷基物利用率。一种类似的技术是垂直滞流反应器,它没有高速旋转,而是以高度均匀的气体注入得到高均匀性的沉积。另一种竞争的途径是在水平气流中旋转晶片生长薄膜。这种方法既能达到烷基物的有效利用,又能实现高均匀性的薄膜生长。

就像片与片之间的均匀性和炉与炉之间的重复性一样,片内好的组成均匀性对高的产率来说也是个关键问题。晶片内的不均匀性可以是晶片内温度不均匀性造成的。好的加热器设计能调节反应器温度剖面提供最好的均匀性,结合创造性的工艺发展,克服以往设计的不足,可生产出高均匀性的外延晶片。

可用光致发光测量仪扫描测试得到组成均匀性分布图(边缘2mm除外),也可用双晶X射线扫描得到组成均匀性分布图。

8.2.3 源的质量问题

源的质量包括氢化物源的质量和烷基物源的质量,从20世纪80年代中期到90年代中期有了显著的提高,现存的首要问题是源的氧沾污问题。

就氢化物气体而言,以前最好级别典型源的质量分数有$10^{-6} \sim 3\times10^{-6}$的氧和水,但现在通常能检出杂质的质量分数小于$500\times10^{-9}$。因为按对Ⅲ族源的计量比计算,$PH_3$的用量是过量的,所以由氢化物带来的杂质的流通量相当高。

同样,烷基物的纯度提高也很快,主要与氧有关的杂质以烷基氧化物形式存在,造成了检出困难,因为制造检出器极难。以烷基氧化物结合到外延层中的方式,用以估计烷基物源的纯度是可以理解的。与其他两种通用的液态源三甲基铝和三甲基镓相比,三甲基铟的纯化更为困难。液体的纯化方案本来就比固体方便。

金属和其他残留掺杂剂杂质也足以影响到器件的质量。烷基物杂质中一般会发现硅。除非小心地掩蔽烷基源,当从钢瓶转移到另一钢瓶时,源要保持高质量和好的一致性非常困难。

8.2.4 颜色控制问题

颜色是LED的基本性质,为了严格控制LED的颜色,制造AlGaInP需要有一个稳定的工艺流程。许多设备会影响到颜色的控制,压力控制器和质量流量控制器定标漂移,以及外延过程中温度的改变都会影响颜色的控制。

LED制造企业生产中的外延层光致发光常常被用来预计将生产出的LED的颜色,及时的光致发光反馈可以用于有效地控制产品的颜色。但是,AlGaInP 有源层可以是有序的或无序的这一事实,使得基于光致发光来正确决定颜色变得复杂化,因为在双异质结结构生长条件下,GaP 窗层再生长及器件工艺过程中的有序程度可以变化。

幸运的是,从炉到炉之间的颜色改变仅仅是Ⅲ族元素 In 控制不佳而造成的。因此,首先重视反应器中 In 的输送和消耗控制。AlGaInP 生长结构的特征是 In 与 Ga 加上 Al 之和的比在每层之中几乎是相同的。因此,In 的结合是控制 LED 颜色的主要系数,而 In 的结合依赖于生长温度。有源层的组成可以很容易由双晶 X 射线衍射仪测得。

热电偶的标定漂移或位置的稍微移动肯定会影响晶片的温度。加热器与传感器耦合效率的变化结果影响温度漂移,可以显著影响颜色。在金属有机化学气相沉积工艺流程中,温度控制是很基本的,但要做好却是困难的。最好测量高温的技术是晶片温度改变达到最小化的保证。

8.2.5 生产损耗问题

生产损耗类问题一般有貌相、颜色控制、晶格匹配、电学性质、光输出和器件光输出的稳定性。产量主要依赖于衬底、貌相、晶片操作。

考虑到生长速率和器件厚度的需要,AlGaInP 的生长很可能一次为 10 片以上,外延层的非破坏性测试限于光致发光、X 射线回摆曲线和表面掺杂。破坏性测试是需要的,如测量载流子浓度剖面和其他杂质的测量。破坏性试验可以在试验片上完成,可以小于通常的晶片。试验片和晶片之间的校正并不正确,但常常可能用这种方法控制流程,习惯上称其为陪片。

器件制造流程的新问题通常是产率损耗,从电学特性上能得到关于掺杂水平或界面问题的产率信息。但是有效的电学数据常常太晚,而且许多炉外延片已经生产出来。同样,器件的真实颜色测量也是在制造流程之后。必须校正从外延层薄膜预计的器件的发光颜色。此外,稳定的器件性能(光学和电学)必须保证满足主顾要求并在制造流程中被证实。为了提供合适的工艺流程控制,需要有样品技术。当今的金属有机物化学气相沉积的水平,应该是制造流程的最佳化,具备有效的外延片筛选方法和很短的晶片评估周期。

8.3 电流扩展

为了使 LED 芯片高效发光,电流扩展是主要关键之一。在通用情况下,有如图 8-6 所示的结构,器件的上方实际上是覆盖了一个圆形的金属顶,在其上可键合金线。电流从芯片的顶部接触通过 p 型层流下到达结区,在结区发出光。但是假如 p 型层的电阻太高,电流将扩展很少,仅仅限制在金属之下,光仅仅发生在电极之下,而且被芯片内部吸收。

在发展 AlGaInP LED 早期,很早就认识到电流扩展问题对 AlGaInP 材料体系是一个基本限制问题。了解 AlGaInP 材料体系的三种特性有助于了解电流扩展问题。首先,p 型 $(Al_xGa_{1-x})_{0.5}In_{0.5}P$ 的载流子迁移率很低,对于用在器件上方的高含 Al 量合金限制层迁移率仅是 $10cm^2/(V \cdot s)$。第二,$(Al_xGa_{1-x})_{0.5}In_{0.5}P$ 中的掺杂水平在 $10^{18}cm^{-3}$左右达到饱和,试图增加掺杂水平会发生外延晶体质量的严重退化。第三,为了增加薄层电导率,增加 AlGaInP 上限制层的厚度超过 2~5μm,结果,这一层的晶体质量会下降。

8.3.1 欧姆接触的改进

有一系列探讨以解决电流扩展问题,克服材料的限制。一个简单的改进是欧姆接触的图形从芯片的中心伸展到外边,如图 8-12 所示。其中,图(a)是原来的图形,仅是一个位于中央的圆形接触。图(b)是改进型,加了一些放射形手指状条。进一步的改进如图(c)所示,在芯片的周围再加上一个环形的金属接触。图(c)常用于较大的芯片,如高功率的红外发射器件。其他图形也是可用的。

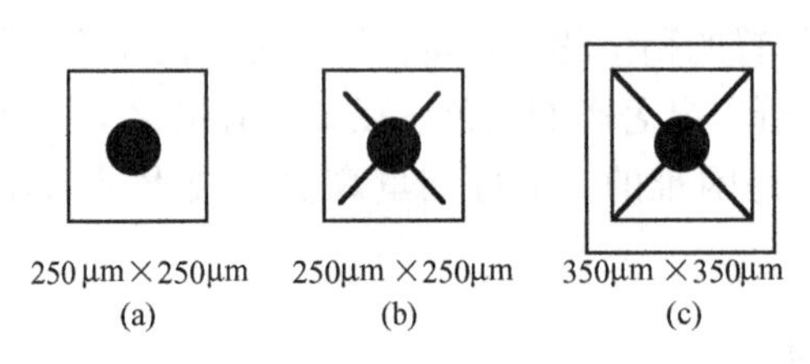

图 8-12　LED 的不同上部欧姆接触图形

假如薄层电阻不是太高的话,则欧姆接触的改进可有效地增强电流扩展。然而,AlGaInP 外延层的层电阻相当高,这样的技术改进不足以达到 LED 性能的提高。而且,任何有利于增强电流扩展的结果实际上都要被加到芯片表面的金属覆盖物的阻挡效应所补偿。如首次 AlGaInP 器件的双异质结结构,其上限制用 p 型 AlGaInP,没有分成电流扩展窗或欧姆接触层。因此,电流扩展就被忽略了。用简单圆形欧姆接触器件的最大发光效率是 0.4lm/W,它的光发射仅发生在它的上电极的边上(大部分光在金属电极下面被阻挡了)。如图 8-12(c)所示,使用更复杂的欧姆接触图形,光输出效率达到 1.0lm/W,但并没有进一步的性能改进。

8.3.2 p 型衬底上生长

改进材料电导性能的另一措施是反转掺杂结构,变成上部是 n 型,代替 p 型。高铝含量的 AlGaInP 型合金的迁移率大约在 $400\mathrm{cm}^2/(\mathrm{V\cdot s})$,几乎是 p 型合金的 40 倍。这确实能改进电流扩展,但是生长厚的高质量晶体比较困难。而且,衬底必须是 p 型,比之 n 型衬底,p 型掺 Zn 衬底有较高的缺陷密度。在器件的外延层中,高缺陷密度可以形成位错和非辐射复合中心。还有,Zn 有比较容易迁移的杂质,当生长处延层时,容易扩散并补偿 p 型层,所以器件性能反而更差。

8.3.3 电流扩展窗层

提升 AlGaInP LED 性能的最好方式是在通常的双异质结顶部再生长一个厚的 p 型窗层,而不用 $(\mathrm{Al}_x\mathrm{Ga}_{1-x})_{0.5}\mathrm{In}_{0.5}\mathrm{P}$ 材料。相较于 $(\mathrm{Al}_x\mathrm{Ga}_{1-x})_{0.5}\mathrm{In}_{0.5}\mathrm{P}$ 合金,它首先要有高的薄层电导率,其次对发射光要透明。薄层电导能提高从提高迁移率和载流子浓度、加大层的厚度入手,或者二者结合。透明性则取决于所用窗层材料和这器件通常所发射的波长。

GaP 和 AlGaAs 两种材料成功地用作 AlGaInP LED 窗层。Toshiba 和 HP 公司的研究组独立地发展了窗结构。

化合物 $\mathrm{Al}_x\mathrm{Ga}_{1-x}\mathrm{As}$ 选择作为 AlGaInP LED 的窗层有一系列理由。首先,p 型 $\mathrm{Al}_x\mathrm{Ga}_{1-x}\mathrm{As}$ 可以重掺杂,而且保持相对高的载流子迁移率以满足有效器件的电流扩展需要。第二,在组分

$x \geq 0.7$，$Al_xGa_{1-x}As$ 对红到黄绿波长范围的光是透明的，吸收损失极小。第三，AlGaAs 固有的所有 Al 组分 x 均匹配于 GaAs 和 $(Al_xGa_{1-x})_{0.5}In_{0.5}P$ 结构，因此 AlGaAs 相对较容易用金属有机物化学气相沉积外延生长在 AlGaInP 双异质结构中。

磷化镓也是优异的窗材料。用 AlGaAs，p-GaP 能重掺杂达到足够的电流扩展，它也是间接半导体且对相关波长是透明的。事实上，GaP 在 600nm 以下的波长甚至比 AlGaAs 更透明。GaP 对 GaAs 衬底和 $(Al_xGa_{1-x})_{0.5}In_{0.5}P$ 有 3.6% 的晶格失配。GaP 能生长在异质结构的顶部而不影响 LED 器件的内量子效率和可靠性，除了在窗层和上限制层之间的界面存在密集的位错网。侥幸地，此位错限制在起初的几微米 GaP 窗层内，且不再延伸到器件结构中，而在有源区，它们会成为非辐射复合中心。同样，GaP 层的透明性和导电性并没有被位错影响。在生长了 $(Al_xGa_{1-x})_{0.5}In_{0.5}P$ 双异质结构之后，GaP 可以在金属有机物化学气相沉积反应器中生长。在 HP 的结构中，小于 50μm 的 GaP 厚层是在分开的反应器中用氢化物气相外延生长的。这种分开的气相外延生长程序比较经济，能很快生长厚度为 20μm 的 GaP 层。

从 15μm 增加到 50μm 的 GaP 层试验说明，发光性能改进很小，而从 2μm 到 5μm 再到 15μm 的 GaP 层试验说明，15μm 几乎已达到光发射的最大强度，所以 15～20μm 的 GaP 层电流扩展层是合适的。

8.3.4　氧化铟锡（ITO）

最近报道的另一种改进 AlGaInP LED 电流扩展的技术是在双异质结构的表面用一个透明的欧姆接触。这类似于电流扩展窗的概念，而不是生长一个外延窗层。氧化铟锡导电薄膜用电子束蒸发沉积到双异质结的顶部。氧化铟锡的薄层电导率很高（大约是 5Ω/□），且对有兴趣波长的透明度达到 90% 以上。不幸的是，在 AlGaInP 和氧化铟锡之间不能直接做欧姆接触，当用 50nm 的 GaAs 较低带隙接触层生长在 AlGaInP 上部时发射光被吸收。曾在 AlGaInP 上限制层和 GaAs 之间加一个透明层 $Ga_{0.5}In_{0.5}P$。$Ga_{0.5}In_{0.5}P$ 的影响是使高带隙 AlGaInP 和低带隙 GaAs 之间的势垒最小化，正向电压降低。事实上，曾有 20mA 下，正向 1.71V 的报道。最近有用氧化铟锡网眼状接触层应用到 AlGaInP LED 中的实例，亮度有所增加，可靠性也有所提高。

8.4　电流阻挡结构

LED 芯片如前所述在器件表面有部分被顶部的金属电极所覆盖。这种结构的优点是简单，但是通常光在电极下面，此外电流密度最高，或是被电极阻挡和吸收，或是反射到芯片的背面。反射光有很高的比例被芯片自己吸收。这问题特别严重。假如电流扩展层相对较薄，则在此情况下，电极下面的光通过多次反射从芯片边上射出的机会很小。有一系列技术可使电极之下发生的光最小化，以使电极阴影问题最小化，阻挡电流直接流向电极下面，而是流过器件电极区的外面。阻挡电流有许多方法。一种方法是在外延结构内所选的电流阻挡区引入一个异质结势垒或 pn 结势垒。在制造 pn 结阻挡结构时必须实行二步生长工艺，首先完成 p 边上的双异质结生长，再在顶部生长薄（约为 50nm）的 n 型层，如可以是 $Al_{0.5}Ga_{0.5}P$、$Ga_{0.5}In_{0.5}P$ 或 GaAs。晶片从金属有机物化学气相沉积反应室中取出，用光刻和腐蚀工艺在顶上的 n 型层形成限定的岛，这里随后沉积欧姆接触。晶片再进入金属有机物化学气相沉积反应器，最后的 p 型电流扩展窗层生长盖住 n 型岛。最后工序使晶片（包含调准顶部欧姆接触）在 n 型岛之上。由于电极之下存在外 pn 结,强迫电流横向通过窗层且在流出下面电极之前能在双异质结结构中通过 pn 结流下。阻挡层的组成按实际考虑,此材料要能成功地生长又能被腐蚀而不干扰其他的$(Al_xGa_{1-x})_{0.5}In_{0.5}P$ 外延层。理想地说,要求材料对发射光是透明的,很少吸收光。然而,许多人不用 GaAs 和 $Ga_{0.5}In_{0.5}P$,因为它们有些吸收光,有人用是因为有利于选择腐蚀。

异质结阻挡层也包含二步生长流程,但是取代在双异质结结构顶部的 n 型层,是生长 50nm 厚度的 p 型 GaAs。在这种情况下,在高带隙 $Al_{0.5}In_{0.5}p$ 上限制层和低带隙 GaAs 之间的异质结势垒足以提供电流阻挡。工艺和再生长步骤类似于 pn 结阻挡结构的。

另一种技术是利用选择区域扩散工艺制造一个 pn 结阻挡层。在此流程中,通常的$(Al_xGa_{1-x})_{0.5}In_{0.5}P$ 双异质结是生长直至接近完成一半,掺 Zn p 型上限制层做成。此时,适度掺 Si 的 n 型$(Al_{0.7}Ga_{0.3})_{0.5}In_{0.5}P$ 0.5μm 厚层嵌进后,完成剩余的掺 Zn 上限制层。接着生长 p 型 AlGaAs 电流扩展窗层,再以 0.5μm 厚的重掺 Si 的 GaAs 层盖住窗层。一旦外延生长完成,在 GaAs 盖层用光刻限制腐蚀孔,此外将随后沉积欧姆接触。然后晶片退火,Zn 从上限制层扩散到 n 型$(Al_{0.7}Ga_{0.3})_{0.5}In_{0.5}P$ 薄层且转为 p 型。但是扩散和转型仅仅发生在这一区域,掺 Si GaAs 盖层仍未移动。结果 n 型$(Al_{0.7}Ga_{0.3})_{0.5}In_{0.5}P$ 保留在 p 型上限制层之内,且其作用相当于电流阻挡区。最后的流程包括除去 GaAs 盖层留下的部分和欧姆接触图在电流阻挡区上面。

虽然选择区域扩散的实际机理还不是很清楚,但是绿色 AlGaInP LED 采用这种结构后比通常的 GaP LED 发光性能高 2 倍。此技术的限制在于扩散工艺不容易控制和重复。也就是说,扩散机理依赖于邻近重掺 Si GaAs 盖层到下层的扩散和转型。因为 GaAs 盖层是在电流扩展窗层上面,所以窗层必须做得足够薄,仍旧允许扩散过程发生。必须限制厚度,才能形成有效的电流扩展层,以及导致电流扩展层和电流阻挡层之间交替的最佳化。尽管这样,这技术仍是很吸引人的,因为简单而成本又很低。

8.5 光的取出

本节主要讨论 AlGaInP LED 芯片发光后如何取出光的问题。光从发光二极管芯片的 pn 结发出后一分为二。光的一半向上传向芯片的顶部,会逸出;另一半向下传向芯片的衬底一边,会被吸收。因为这样分法,就有理由寻找每一部分取出光的问题所在。首先,在光向上方向的情况下叙述窗层的设计;其次光向下方向的情况下将叙述用分布布拉格反射器(DBR)反射使这些光回到芯片的顶部,并用透明衬底(TS)替代 GaAs 吸收衬底(AS)。

8.5.1 上窗设计

因为半导体的折射率通常是较高的,发生在芯片内部光的射线的反射临界角较小,所以光折射后被全反射限制射出。具有 Gap 窗层的 AlGaInP LED 芯片简图如图 8-13 所示。发光的双异质结 LED 表示在 GaAs 吸收衬底上方覆盖一层限定厚度的透明 GaP 窗层。为了说清理由,忽略顶部的接触电极,从芯片中央的任意点发出的光射向每一个方向。实际上,所有向下面方向的光全被衬底吸收。向下方向的光中能射出的也仅仅是射到表面后那些角度小于反射临界角的那部分,否则发生全反射,射线倾向于被俘获在芯片中,最终被吸收。此处小于临界角的部分称为逸出圆锥。图 8-13 中的全圆锥是向上的,四个半圆锥是向芯片的每一侧的(另一半被衬底吸收)。为了保持图形简明,在图中仅画出了一个侧方向的半圆锥。落在逸出

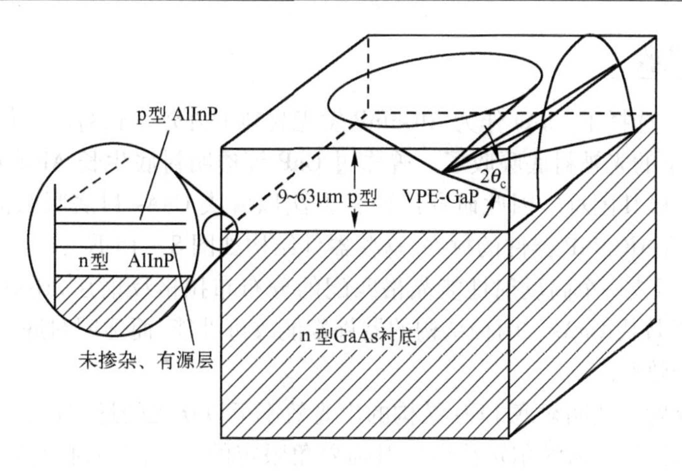

图 8－13　具有 GaP 窗层的 AlGaInP LED 简图

圆锥方向之外的射线因全反射,多数被俘获且在芯片内吸收。当然,一些射线可经过多次反射后逸出,但是作为近似是可以忽略的。决定圆锥大小的临界角由斯涅耳(Snell)定律定义为

$$Q_c = \arcsin(n_1/n_2) \tag{8-4}$$

式中,n_1 和 n_2 为 GaP 窗层和芯片周围介质的折射率。假如周围的介质是空气,$n_2=1$,$n_1=3.4$,临界角大约是 17.1°,圆锥角就是 34.2°。在大多数情况下,器件采用环氧树脂封装,折射率为 1.5,临界角扩展到 26.2°,圆锥角也扩大到 52.4°,增加了 53%。此计算清楚地说明了 LED 芯片用环氧树脂封装的优点。封装后芯片的出光量会自动增加 2 ~4 倍。

再看图 8－13,可以用逸出圆锥来理解窗的厚度与出光效率之间的关系。很清楚,窗的厚度并不影响向上方向圆锥内的射线,不管厚度大小,圆锥之内逸出同样量的光。但是假如窗层薄,则边方向射线在达到侧壁之前就已全反射。对于无限小的发射区和给定的边壁,光取出可以用侧方向光的逸出圆锥和窗层边壁之间相交的立体角按比例估计。总的出光效率是覆盖整个发光区 4 个侧壁的每一个立体角的积分,再加上向上圆锥。AlGaInP LED 芯片和用环氧树脂封装的 AlGaInP LED 灯的出光效率与 GaP 窗层厚度的关系如图 8－14 所示。用上述模型进行理论计算。总的出光效率在零厚度时是 1,因为只有向上方向圆锥,增加窗的厚度直至侧方向射线的半圆锥状态。对封装芯片,逸出圆锥角较大,为了出光效率达到较高水平,较大的窗层厚度是需要的。将各数据点做曲线,可以看出与理论相符。

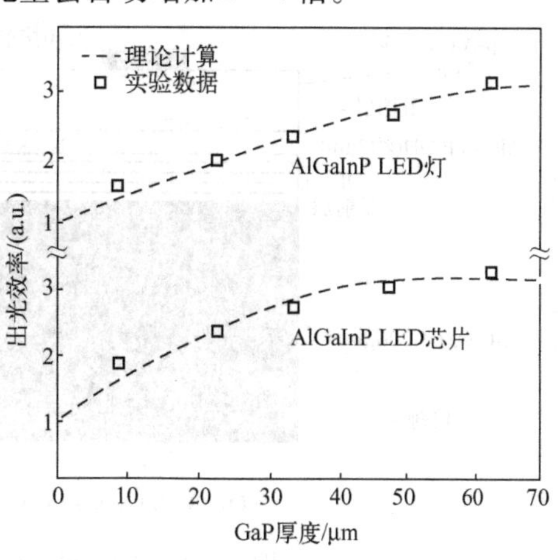

图 8－14　GaP 窗层厚度与出光效率的关系

理论和测量结果显示了厚窗能改进出光效率的重要性。例如,50μm 厚窗发射的光大约是 10μm 厚窗的 2 倍。用气相外延生长很容易做到厚和高生长速率的 GaP 层。因此,对生长厚的 GaP 窗层,气相外延工艺是经济的、吸引人的技术。另一方面,厚的 AlGaAs 窗层通常不用于生产,因为所需的金属有机物化学气相沉积工艺成本较高。

8.5.2 衬底吸收

为了晶格匹配,选择了 GaAs 作为 AlGaInP 发光材料的外延生长衬底。但其缺点是吸收光的问题,大约有一半的光被衬底吸收了。曾作过 GaP 等透明衬底生长 AlGaInP 的努力,然而,提高这种晶体质量极其困难。因此研究出两种方法以解决 GaAs 衬底吸收问题,而仍旧采用 GaAs 作为双异质结 AlGaInP 器件的衬底,这些器件结构如图 8-15 所示。一种是在有源层和吸收 GaAs 衬底之间放一个高反射性能晶格匹配的分布布拉格反射层,还有一种是黏结一个透明的 GaP 衬底以替代 GaAs。两种结构的器件都能改进性能,而透明衬底器件结构的结果可大大提高光的出光效率。

分布布拉格反射和透明衬底 LED 结构的出光效率可以从光的逸出圆锥数考虑来估计,如图 8-16 所示。圆锥是由斯涅尔定律全反射临界角限定的。如前面讨论所述,发射临界角到空气($n_2=1$)和环氧树脂($n_2=1.5$)是 17.1°和 26.2°(半导体的折射率是 3.4)。出光效率(η_u)定义为外量子效率和内量子效率的比值(见图 8-16),可由下式估计,即

$$\eta_u = N\frac{\int_0^{2\pi}\int_0^{\theta_c}[1-R(\theta)]\sin\theta d\theta d\phi}{\int_0^{2\pi}\int_0^{\pi}\sin\theta d\theta d\phi} \tag{8-5}$$

式中,θ、ϕ 为垂直于有源层的方位角和有源层平面的发射角;θ_c 为临界角;$[1-R(\theta)]$ 为平面波入射到电介质界面时横向电磁极化的平均功率传递系数;N 为存在于器件中的光逸出圆锥总数。

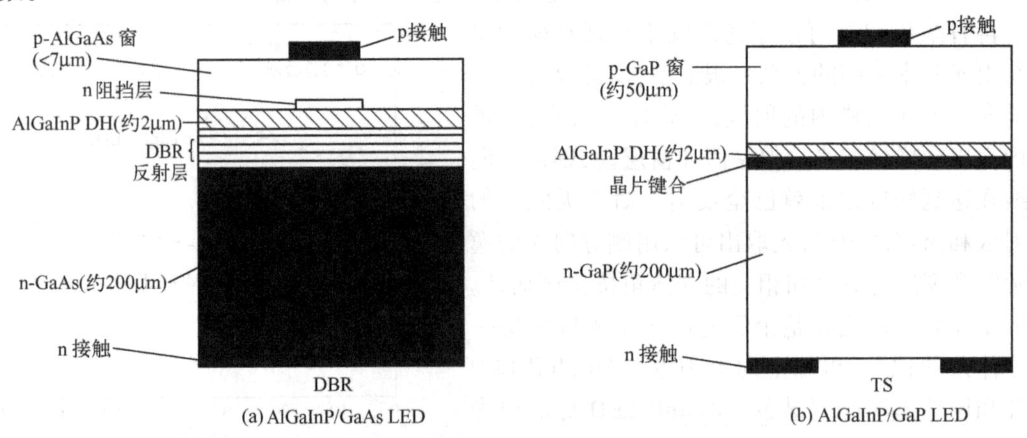

图 8-15 AlGaInP LED 的分布布拉格反射和透明衬底结构

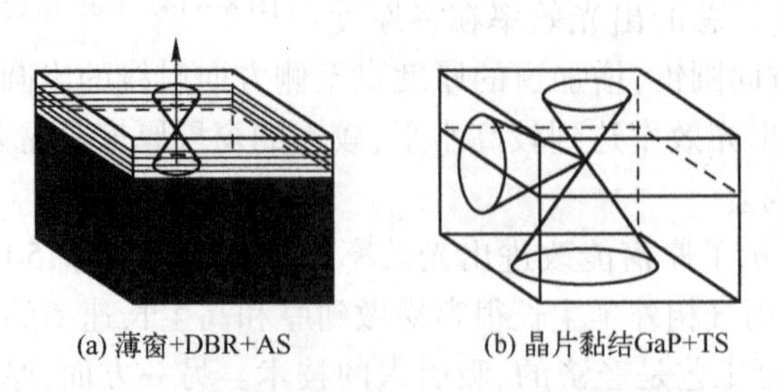

图 8-16 高性能 AlGaInP LED 的出光效率估计图

计算光从透明 GaP 和 AlGaAs 窗层取出到环氧树脂($n=1.5$),应用到图 8－16 所示的 LED 结构,得到大致的出光效率($\eta_u \approx N \times 4.1\%$)。分布布拉格反射 LED 通常全在金属有机物化学气相沉积中生长,因此具有相对较薄(小于 7μm)的顶窗层,结果发射主要是从芯片的顶表面发出。分布布拉格反射镜反射了向下反射光的大部分,结果这器件的逸出圆锥数最大值为 $N=2$($\eta_u \approx 2 \times 4.1\% = 8.2\%$)。事实上,分布布拉格反射是一个有缺陷的镜子,且不能反射全部向下的光,结果对于发射到环氧树脂 $N<2$。因此分布布拉格反射 LED 的出光效率小于厚 GaP 上窗的 AS LED。透明衬底 LED 通常结合外延生长技术,金属有机物化学气相沉积生长$(Al_{0.7}Ga_{0.3})_{0.5}In_{0.5}P$ 有源层等薄层和用气相外延生长 50μm 上透明 GaP 窗层。因此在这种器件中有 $N \approx 6$ 逸出圆锥的光取出,在透明衬底 LED 结构中,顶和底的逸出圆锥被合金接触电极吸收起了很大作用。比之分布布拉格反射 LED 结构中,宽带隙透明 n 型$(Al_{0.7}Ga_{0.3})_{0.5}In_{0.5}P$ 电流阻挡层之上电极接触影响极小。结果,在透明衬底 LED 中,有效逸出圆锥数 N 下降到 5～6($\eta_u \approx (5 \sim 6) \times 4.1\% = 20.5\% \sim 24.6\%$)。因此,透明衬底 LED 结构的出光效率几乎是厚透明窗 AS LED 的 2 倍,是分布布拉格反射 LED 结构薄透明窗的 2.5～3 倍。需要指出的是,这里的出光效率忽略了芯片内的光吸收、无序化效应的不完全俘获和来自芯片的重复通道出光,后者在透明衬底 LED 中很突出。

8.5.3　分布布拉格反射 LED

最早是在 1992 年分布布拉格反射用于提高 AlGaInP LED 的光输出。有较高反射性能的分布布拉格反射镜通常由一个 1/4 波长的高、低指数重复周期迭层所组成。高(h)和低(l)指数层支配的设计厚度 L 由下式决定:

$$L_{hl} = \frac{m\lambda_0}{4n_{hl}\cos\theta_{hl}} \tag{8-6}$$

式中,m 为奇数整数;λ_0 为设计波长;n 为层的反射率;θ 为相关光的入射角。

为了降低成本,设计了 LED 外延生长需要的最小厚度,结果采用 $\lambda/4$ 叠层($m=1$)。为了固定分布布拉格反射周期数,分布布拉格反射镜叠层最有效,当高、低指数 $\lambda/4$ 层之间的差(Δn)达到最大值,半导体合金 $Al_xGa_{1-x}As$ 和$(Al_xGa_{1-x})_{0.5}In_{0.5}P$ 晶格匹配于 GaAs 且提供了足够反射率差,允许形成高反射的分布布拉格反射镜。制造高性能 AlGaInP LED 分布布拉格反射镜的材料必须与 GaAs 晶体晶格匹配且具有低的电阻率。表 8－2 列出了应用于$(Al_xGa_{1-x})_{0.5}In_{0.5}P$ LED 的分布布拉格反射镜的一些有关性质。通常分布布拉格反射可分为两类:损耗和透明。一般用 20 个周期可达到较好的效果,最高反射率超过 95%。也有混合这两类,各 10 个周期的,效果也很好。

表 8－2　用于 AlGaInP LED 分布布拉格反射镜的性能

分布布拉格反射材料	在设计波长的反射率差值(Δn)	反射镜类型
$Al_{0.5}In_{0.5}P$-GaAs	0.85(590nm)	损耗
$Al_{0.5}In_{0.5}P$-$Ga_{0.5}In_{0.5}P$	0.61(590nm)	损耗
$Al_{0.5}In_{0.5}P$-$(Al_{0.3}Ga_{0.7})_{0.5}In_{0.5}P$	0.37(615nm)	透明($\lambda \geqslant 592$nm)
$Al_{0.5}In_{0.5}P$-$(Al_{0.4}Ga_{0.6})_{0.5}In_{0.5}P$	0.35(590nm)	透明($\lambda \geqslant 576$nm)
$Al_{0.5}In_{0.5}P$-$(Al_{0.5}Ga_{0.5})_{0.5}In_{0.5}P$	0.33(570nm)	透明($\lambda \geqslant 560$nm)

8.5.4 GaP 晶片黏结透明衬底 LED

在通用器件结构中,透明衬底 LED 提供了最高的出光效率。当除去 GaAs 衬底后,用外延生长的办法生长很厚的一层 GaP 显然工艺太复杂,成本又太高。采用黏结 GaP 晶片技术可以解决这一难题。表 8-3 列出了一些通用的晶片黏结技术和它们的结合性质。

表 8-3 半导体晶片黏结技术比较

黏结技术	黏结机理	黏结强度	热循环能力	界面导电性	界面透光性
范德瓦尔	静电力	差	差	差	优良
金属-低共熔	半导体金属合金	好	小于低共熔温度(<600℃)	优良	差
环氧树脂	黏合剂	好	连续使用温度(<200℃)	差	好
氧化物(玻璃)	化学黏结	优良	小于黏结温度	绝缘	优良
直接半导体-半导体	化学黏结	优良	小于黏结温度	依赖过程	依赖过程

图 8-17 给出了透明衬底$(Al_xGa_{1-x})_{0.5}In_{0.5}P$/GaP LED 的制造过程。此 LED 结构用的是金属有机物化学气相沉积生长在 GaAs 上的晶格匹配的双异质结 pn 结$(Al_xGa_{1-x})_{0.5}In_{0.5}P$,并在结构上方气相外延生长一个小于 50μm 厚的 GaP 窗层。此窗层的效果是增强电流扩展和增加器件顶部的光输出。在外延生长之后,用通常的化学腐蚀技术移除 GaAs 吸收衬底。

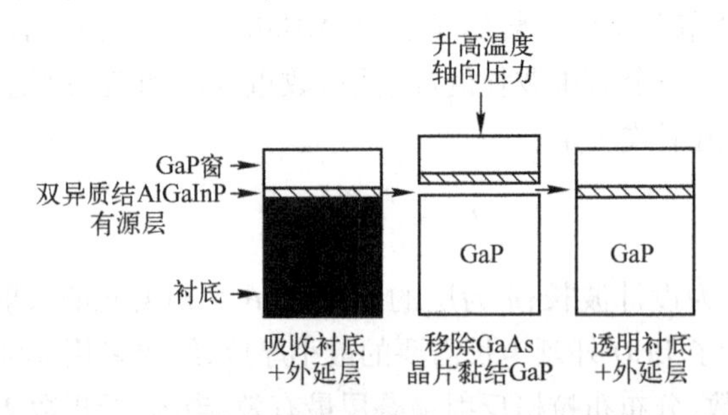

图 8-17 晶片黏结透明衬底 AlGaInP LED 制造流程图

在这里,较厚的 GaP 窗层提供了机械稳定性,有利于外延层的操作。双异质结结构的 n 型层暴露,其后升高温度和加压将晶片黏结到 200~250μm 厚的 n 型 GaP 衬底上。晶片黏结透明衬底 GaP-AlGaInP 的 GaP 双异质结 LED 剖面的透射扫描电子显微镜照片如图 8-18 所示。在上面的外延 GaP 窗层看到线位错,而在下面黏结的界面没有看到线位错。右下角的箭头指出黏结过程中形成的缺陷,这样的缺陷不会有害于器件的性能。晶片黏结中要注意的一个问题是晶向偏离问题。在$[0\bar{1}\bar{1}]$方向偏离定为 θ,[100]方向定为 φ。研究表明若调准晶向 $\theta=0°$、$\varphi=0°$器件,正向电压为 20mA/2.0V;但如果有偏离,如 $\theta=90°$、$\varphi=2.8°$,则器件的正向电压 20mA 下大于 3.0V,为不合格产品。原因是晶向偏离太大在黏结时形成点缺陷、刃位错和反相畴,这些缺陷增加了晶片黏结异质结的势垒高度,但对于反向电压,结果表明没有影响。

采用晶片黏结的 GaP-AlGaInP GaP 材料,以台面工艺做成芯片,成品率可达 97%。而且在技术初创期,就制得了 636nm 时外量子效率为 23.7%,以及 607.4nm 时发光效率为 50.3lm/W 的好结果。这结果表明,对于 LED 的规模化生产来说,化合物半导体的晶片黏结技术是切实可行的。

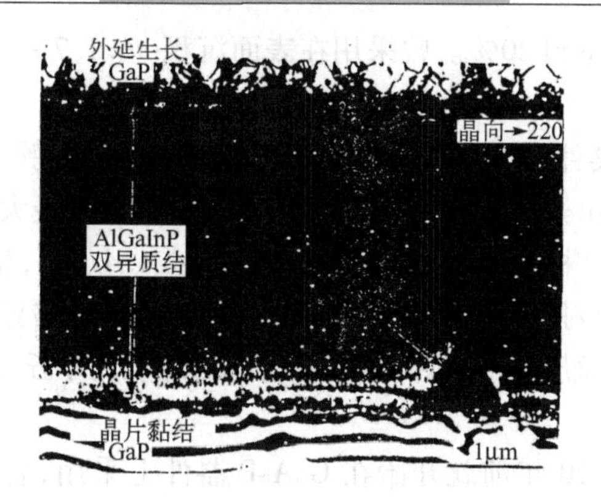

图8-18 晶片黏结透明衬底 GaP-AlGaInP GaP 双异质结剖面图
（透射扫描电子显微镜照片）

8.5.5 胶质黏着(蓝宝石晶片黏结)

UEC公司开发了一种类似于GaP晶片黏结工艺的蓝宝石晶片黏结技术，用于AlGaInP LED，称为胶质黏着型(GlueBonding,GB) AlGaInP LED。

使用一种胶质透明黏结层如旋涂式玻璃(Spin On Glass,SOG)将发光二极管外延层与透明衬底蓝宝石结合，然后再将原LED结构上GaAs衬底移除至一刻蚀终止层，并于其上形成一个n型欧姆接触电极，同时部分刻蚀至p型电流扩展层而形成一个p型欧姆接触电极，整个LED芯片的p与n电极位于同一方向。使用此胶质透明黏结层的黏着方式，可容许在较低的温度下进行黏结，不仅可以减少V族元素在黏结过程中挥发，也可防止LED结构中掺杂的载流子分布产生变化而影响器件性能。另外，因蓝宝石无色透明，从红到黄绿光都能透过而无吸收问题，比GaP(橙红色)做透明层在透光上更胜一筹，因此发光效率大幅提升。

其结构包括在一n型GaAs衬底上生长GaAs缓冲层200nm，然后生长50nm GaInP刻蚀终止层，接下来为1μm厚n型AlInP下限制层、总厚度0.7μm的$(Al_{0.7}Ga_{0.3})_{0.5}In_{0.5}P/(Al_xGa_{1-x})_{0.5}In_{0.5}P$ MWQ发光层，其中$x=0\sim0.45$决定不同的发光波长，再有一0.7μm厚的AlInP上限制层，最后为一p型GaP电流扩展层。另一边使用透明衬底蓝宝石上面涂上SOG透明粘胶，粘着的过程是在300℃左右的高温加压加热30min完成。接着将吸收光的n型GaAs衬底用化学腐蚀液$5H_3PO_4:3H_2O_2:3H_2O$腐蚀，除去，而停止于GaInP刻蚀终止层，其GaInP刻蚀终止层的载流子浓度大于$3\times10^{18}cm^{-3}$，使n型欧姆接触金属容易形成一低阻值的接触电极，接着在局部将n型限制层和MQW发光层及p型限制层除去，并暴露出p型GaP电流扩展层，此层载流子浓度也大于$3\times10^{18}cm^{-3}$，使之可形成p型电极的低阻接触，再将蓝宝石研磨至90μm厚，使用划线与断裂方式形成LED芯片。制成LED后测试其性能，20mA下光输出为吸收型衬底AS传统型的2倍，发光效率达到40lm/W，20mA下电压为2.1V，1000h寿命试验光输出十分稳定。这种结构可用于倒装芯片封装，适用于功率LED的制造。

8.5.6 纹理表面结构

即使上表面层非常透明，但由于是平面，光从折射率为3.4的GaP进入空气(折射率为1)或环氧树脂(折射率为1.5)时，全反射问题非常严重。虽然经环氧树脂封装后，出光效率有所提高,但仍是相当低的,还不到20%。曾采用在表面沉积 $n=1.7\sim1.9$ 的增透膜,如 SiO、SiO_2 和 Si_3N_4 等,也有一定效果。

曾对红外光源 GaAs 器件作过芯片形状对出光效率的影响试验。采用拱形管芯可以增加临界角,减少全反射,提高出光效率。四种几何形状的管芯相对最大辐射强度比较如下,平板形、半球形、平切球形和平切椭球形分别为0.0042、0.054、1.4、9.8,相差最大达2333倍。这里的辐射强度数据,外形改变对聚光作用肯定有较大影响,但增加临界角,减少全反射也起了重要作用。如果将芯片的表面加工成有许多微型的尖的、球状的小丘,那么应起到同样的提高出光效率的作用。

实际上这一技术已在20年前就开始在 GaAsP 器件上采用,后来又推广到 GaP、AlGaAs 器件的芯片上,通常叫作粗化技术。就是将出光面用化学腐蚀液腐蚀成许多小丘状,一般可提高出光效率50%~70%。如果我们在这一技术上多下功夫,在 AlGaInP 材料上做到最佳化,潜力应是较大的。何况目前 AlGaInP 研究已较深入,内量子效率已很高,提高潜力不大。将主攻方向转移到改善出光表面形状,增加临界角,减少全反射,提高出光效率上来,是十分必要的。

HP 公司采用截头倒装锥体(TIP)芯片形状,在波长611nm 处达到了102lm/W 的很高发光效率,出光效率提高到50%~60%。由于形状特殊加工较困难,难以在大量生产中推广。Osram 公司研制出带有表面纹理结构的 AlGaInP LED 芯片如图8-19所示,其出光模式如图8-20所示。

图8-19 AlGaInP(AS)纹理表面高效出光结构 LED 芯片

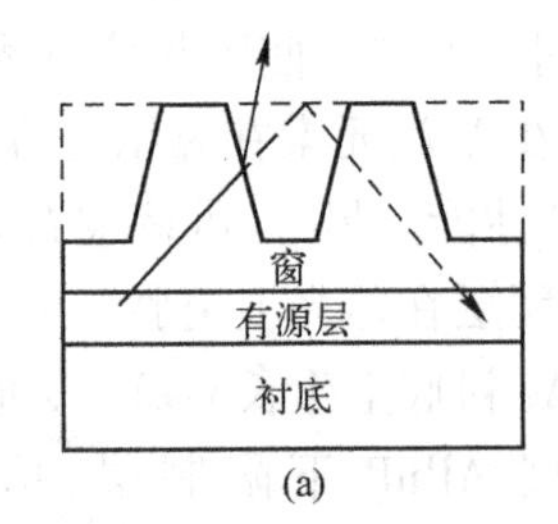

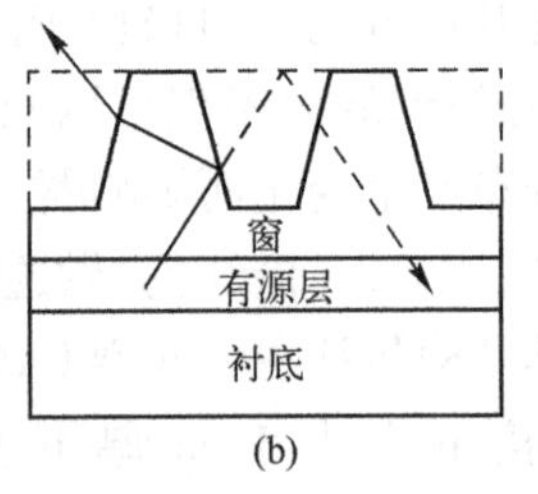

图8-20 AlGaInP(AS)纹理表面 LED 芯片出光模式

图8-20中实线为纹理表面的整体结构,虚线表示原外延层的平面窗层,图(a)所示通过表面侧壁直接出光;图(b)所示经过侧壁反射改变临界角后从另一侧壁出光。芯片表面纹理的基本单元为具有斜面的三角形结构。光子的反射路线被封闭在这样的结构之中,使有源层发出的光子能够更有效地取出。或者如图8-20(a)所示,通过不同的表面直接射出,或者如图8-20(b)所示,经多次反射后通过改变入射角再射出。欧姆接触电极的几何图形位于出光结构的电流注入部位,这样可使注入电流更有效地扩展到有限区。外延片的分布布拉格反射层覆盖了芯片背面的绝大部分。采用这种纹理表面结构的 AlGaInP(AS) LED 可以获得大于50%的外量子效率,与采用晶片黏结技术的透明衬底(TS)LED 相当。这种结构也可按比例放大成功率型的大尺寸芯片。Osram 最近报道,在614nm,LED 有108lm/W 的发光效率。而627nm、$1mm^2$ 的 AlGaInP 功率器件,在驱动电流为1A 下,达到96lm 的光输出;估计在350mA 下,也会达到很好的发光效率。

8.6 芯片制造技术

与其他半导体器件相比,制造 AlGaInP LED 芯片是相对比较简单的。只需要一至二次平面掩模,不需要高分辨力的光刻。典型的 AlGaInP LED 制造工艺流程如图 8-21 所示。在完成外延片生长之后,首先是制造上部的欧姆接触电极。采用蒸发或溅射在晶片上部表面沉积作为电极的金属层。对于 p 型电极,通常使用的是不同组成的金和锌的合金,以完成对金属层的光刻和腐蚀上电极图形制作。上部电极是圆形或者带指状放射形。高温合金步骤用以在金属和半导体之间形成实用的欧姆接触。典型的合金温度是 400~500℃,时间是 5~30min,根据确切的金属和窗层材料而定。假如 AlGaAs 作窗层,那么薄的 GaAs 层在 AlGaAs 之上,以制造欧姆接触电极。假如是这种情况,还必须加一道腐蚀工艺,以移除金属电极区外部的 GaAs,因为即使很薄的 GaAs 层,也能造成对可见光的大量吸收。由过氧化氢和氨水或硫酸组成的选择性腐蚀液可用以腐蚀 GaAs 而不影响留下的外延结构。

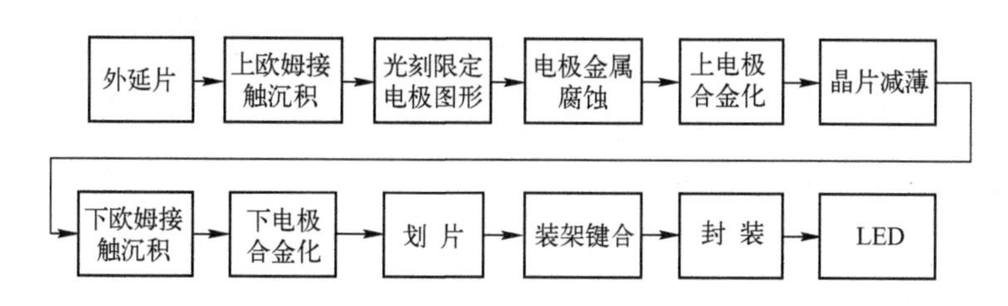

图 8-21 典型的 AlGaInP LED 制造工艺流程图

下一步是减薄衬底以达到芯片的厚度,用标准的机械研磨技术减薄至 250~300μm。化学腐蚀步骤常常用来移除研磨中形成的微观损伤,对 GaAs 用前述腐蚀液,对 GaP 则用王水($3HCl+1HNO_3$,体积比)。最后形成下部电极在 n 型衬底上。这个电极通常是蒸发金-锗合金,合金化温度和时间也是 400~500℃ 和 5~30min。

最后一步是划片。可采用划片和裂片或锯片技术。因为芯片很小,只是边长为 250~350μm 的正方形。裂片这一道有可能造成产率损失,所以最好采用锯片。高速锯片用镀金刚石的砂轮,随芯片的大小而异,一个砂轮每小时能锯出约 5 万个芯片。

完成 LED 器件是将芯片装到引线架或线路板上封装。银胶用于将芯片的下部电极粘到引线架或线路板上。热压键合用金或铝丝连接上部电极。最后,整个器件封装在一个透明环氧树脂中并通过测试。最终器件可以是单灯(筒形或表面贴装形)或者是多芯片的数码管、矩阵管。

8.7 器件特性

一般的 LED 器件特性在此不作介绍,仅介绍突出的几点。

在 LED 中,不论材料和器件,AlGaInP LED 都是研究得较为深入的。它的发光效率目前是最高的,达到 108lm/W。这种器件的寿命试验,作者曾在 1997 年发现 5 个 $\phi5$ LED 在工作 2000h 后,3 个光输出下降不到 5%,而另外竟有 5% 的增加,后来在 HP 和华联公司的报告中也发现有类似的结果。而在以前红光亮度领域占主要地位的 AlGaAs 器件,由于退化问题较为严重,目前已被这种器件取代。使用 AlGaInP LED 大大提高了显示屏和交通信号灯、车灯的亮度和寿命。

AlGaInP LED 的电发光光谱,半峰全宽大约是 15nm。随温度改变,峰值波长会随之变动,590nm LED 的温度系数为 0.078nm/℃,620nm LED 的温度系数为 0.096nm/℃。

AlGaInP LED 的发展在可见光性能方面引起了一场革命,一下子比 AlGaAs LED 效率提高了 2 ~4 倍,比一般的 LED 提高了 50 倍。是它的飞速发展使人们看到了它有可能成为固态光源,从而提出半导体在照明领域进行一场新的革命,发展 21 世纪新光源的宏伟目标和计划。最近 AlGaInP LED 的进展说明前途非常光明,它可以说是 LED 中的先锋。在实现白光照明计划中,RGB 方案有多变性和可调性,高显色性应用仍是首选方案,在加紧研发 InGaN LED 的同时,仍应继续努力开展 AlGaInP LED 的研发工作,使 AlGaInP LED 取得更大进展,在实现半导体照明发展蓝图中起更大作用。

第9章 铟镓氮发光二极管

由于应用的需要，如全色显示屏、全色指示和白光光源，人们对蓝光 LED 进行了许多研究。如对 ZnSe、SiC、GaN 曾研究了很长时间，一般 20mA 以下亮度都在 10～20mcd，都没有达到较高的亮度。

图 9－1 所示为不同材料的带隙宽度与晶格常数的关系。从图中可看出，AlGaInN 的带隙宽度更宽，在 1.95～6.2eV，因此，GaN 及有关化合物半导体被认为是在短波长发光二极管方面最有前途的材料。1986—1989 年间赤崎勇和天野浩用低温 MOCVD 方法制备缓冲层，制得了高质量的 GaN 晶体，并用低能电子束处理掺 Mg 的 GaN，首次制得 p 型低阻 GaN，制得的双异质结 GaN LED 效率大幅度提高。1993 年年底日亚公司的中村修二研制出高亮度的蓝色 LED，发光强度达到了 1cd，并已商品化。高亮度的单量子阱(SQW)蓝、绿、黄 InGaN LED 也已商品化，而且绿光超过 12cd。最近的研究更开发出 21mW 的 405nm 和 1.5mW 的 280nm 紫外 LED。日亚公司开发成功的 InGaN 蓝光(460nm)LED，涂覆 YAG(Ce)荧光粉产生白光的技术，加快了向白光照明进军的过程。

2014 年 10 月 7 日，2014 年度诺贝尔物理学奖授予赤崎勇、天野浩、中村修二。当他们通过半导体产生出蓝色光源时，照明技术革命的大门打开了。白炽灯照亮了整个 20 世纪，而 21 世纪将是 LED 灯的时代。

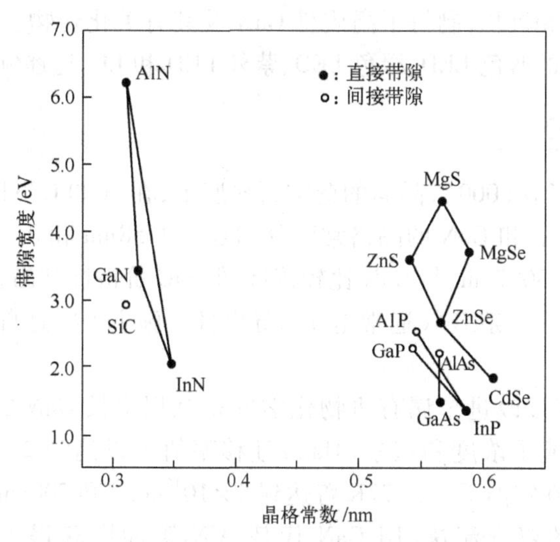

图 9－1　不同材料的带隙宽度与晶格常数的关系

9.1　GaN 生长

GaN 是一种非常稳定的化合物。GaN 单晶抗强酸强碱的腐蚀，在室温下，几乎不溶于任何溶剂。但在加热和光照作用下,在强碱中能缓慢地溶解。晶体质量较差的 GaN 能被 NaOH、H_2SO_4 等溶液腐蚀。GaN 的热稳定性也很好,在 1000℃下仍然很稳定。

GaN 及其化合物可能具有的结构有六方对称性的纤锌矿结构、立方对称性的闪锌矿结构和 NaCl 结构。GaN 及其三元化合物晶体的稳定结构是具有六方对称性的纤锌矿结构,立方对称性的闪锌矿结构是亚稳相。NaCl 结构是氮化物在高压下的存在相,GaN 从纤锌矿结构转变为 NaCl 结构的压力为 50GPa。表 9-1 给出了纤锌矿和闪锌矿结构的基本性质。

表 9-1 两种结构的 GaN 的基本性质

参 数	纤锌矿结构	闪锌矿结构
带隙宽度/eV	3.39(在 300K 时),3.50(在 1.6K 时)	3.2~3.3
晶格常数/nm	$a=0.3189, c=0.5208$	0.452
300K 时的热膨胀系数/(1/K)	$\Delta a/a=5.59\times10^{-6}$ $\Delta c/c=3.17\times10^{-6}$	—
热导率/(W/(cm·K))	1.3(在 25~360K 时)	—
折射率	n(在 1eV 时)=2.33,n(在 3.38eV 时)=2.67	—
介电常数	$\varepsilon_0=8.9, \varepsilon_\infty=5.35$	—

早在 1969 年 Pankove 等人用气相外延方法在蓝宝石上首次生长出 GaN 单晶薄膜,并制成第一只 MIS(金属-绝缘体-半导体)结构的蓝光 LED。松下公司的课题组在其后用气相外延方法也制成了 8~10mcd 的蓝光 LED。由于技术所限,晶体质量差,也没有实现 p 型化,无法商品化。赤崎勇采用 30nm 厚的 AlN 缓冲层,使蓝宝石上生长的 GaN 单晶质量大大提高,并用低能电子辐照使掺 Mg 的 GaN 变成 p 型,制成了第一支 pn 结 GaN 基 LED。中村修二改用 GaN 作缓冲层,进一步提高了晶体质量,后来在 N_2 气氛下退火掺 Mg 的 GaN 样品,得到很好的 p 型材料,并且阐明了掺 Mg 的 GaN 样品受主钝化的原因是形成了 Mg-H 络合物所致,并采用了双气流金属有机物化学气相沉积,制得了高质量 GaN 及其有关化合物。自 1993 年年底起日亚公司连续推出了高亮度的蓝色 LED、绿色 LED、紫外 LED 和 LD,遥遥领先于其他单位。

9.1.1 未掺杂 GaN

通常,GaN 薄膜生长在(0001)晶向的蓝宝石衬底上,在 1000℃下以金属有机物化学气相沉积方法。沿 α-轴蓝宝石和 GaN 的晶格常数分别是 0.4758nm 和 0.3189nm,而 6H-SiC 衬底沿 α-轴的晶格常数为 0.3087nm,与 GaN 比较接近,但 SiC 价格极其昂贵,所以仍用蓝宝石,虽然晶格失配很大生长的未掺杂 GaN 通常是 n 型导电性。施主主要是自身缺陷或残留杂质,如氮空位和残留氧。

采用 ALN 缓冲层可以改进金属有机物化学气相沉积生长 GaN 的形貌、均匀性、晶体质量、发光和电性能。载流子浓度和霍尔(Hall)迁移率值可以达到 $2\times10^{17}\sim5\times10^{17}cm^{-3}$ 和 $350\sim430cm^2/(V\cdot s)$,在室温下。在 77K 曾达到 $5\times10^{16}cm^{-3}$ 和 $500cm^2/(V\cdot s)$。

中村修二用新型的双气流法,用 GaN 代替 AlN 缓冲层获得了高质量 GaN 薄膜,如图 9-2 所示。主气流是带着反应气体平行于衬底高速度通过石英喷口。另一气流是旁路,它携带非反应气体垂直流向衬底,目的是改变主气流的方向,在带反应气体接触衬底之后。三甲基镓(TMGa)和 NH_3 用作 Ga 和 N 源。首先衬底在氢气气氛中加热到 1050℃,然后衬底温度下降到大约 550℃生长 GaN 缓冲层,接着在衬底温度升高到大约 1000℃生长 GaN 薄膜。总厚度为

4μm,缓冲层是20nm。在室温载流子浓度和霍尔迁移率为 $4\times10^{16}cm^{-3}$ 和 $600cm^2/(V\cdot s)$。在77K,分别是 $5\times10^{15}cm^{-3}$ 和 $1500cm^2/(V\cdot s)$。随温度下降,霍尔迁移率增加。在70K时霍尔迁移率达到 $3000cm^2/(V\cdot s)$。

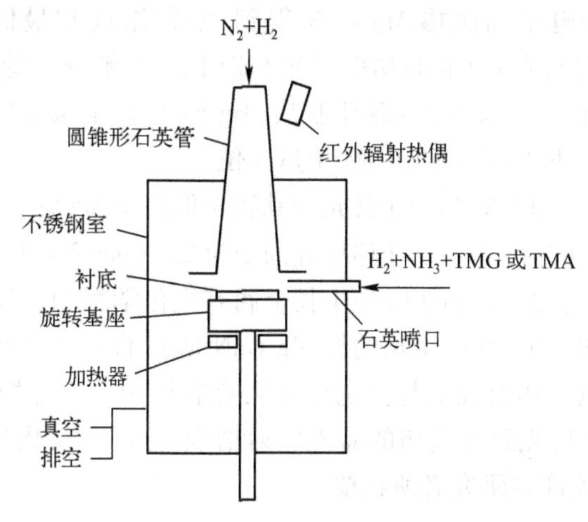

图9-2　用于GaN生长的新型的双气流金属有机化学气相沉积反应器

9.1.2　n型GaN

如图9-3所示为掺硅GaN薄膜的载流子浓度与硅烷(SiH_4)流速的关系。说明载流子浓度 $1\times10^{17}\sim2\times10^{19}cm^{-3}$ 之间随 SiH_4 流速而线性地改变。因此,考虑硅是GaN中很好的n型掺杂剂,易于控制。同样,GeH_4 作为掺杂剂也有类似的情况。

光致发光(PL)测量在室温进行。激发源是10mW的氦镉(He-Cd)激光器。如图9-4所示为掺硅GaN的光致发光谱,这里载流子浓度是 $4\times10^{18}cm^{-3}$ 和 $2\times10^{19}cm^{-3}$。在560nm附近观察到相当强的深能级(DL)发射,GaN的带边发射在380nm附近。在 SiH_4 流速范围内,深能级发射强于带边发射。掺锗的GaN薄膜也有类似强的深能级发射。未掺杂GaN,在室温时也发现强的深能级发射和弱的带边发射。这些强的深能级发射的起因仍未确定。

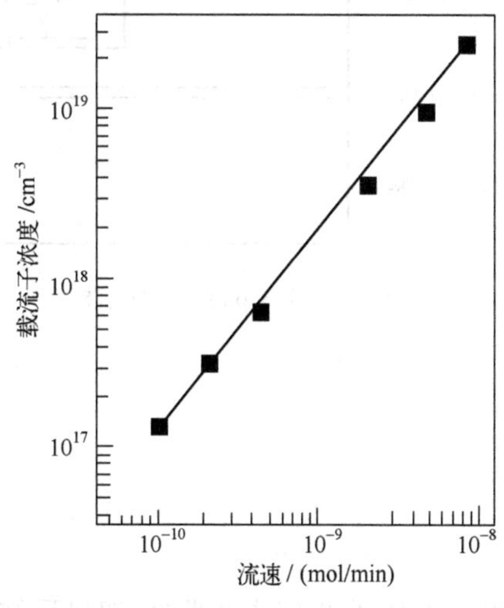

图9-3　掺硅GaN载流子浓度与硅烷流速的关系

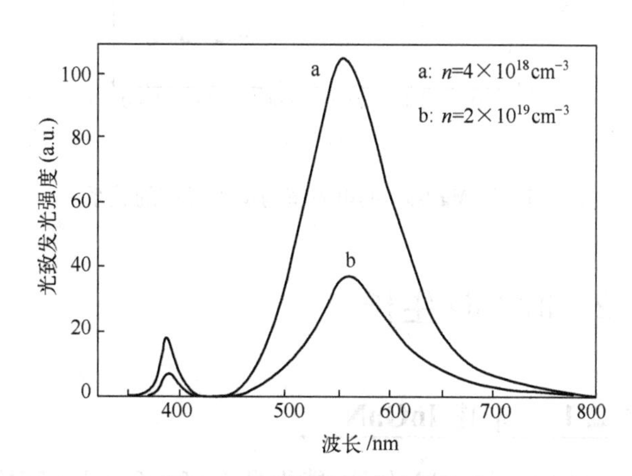

图9-4　不同硅烷流速的掺硅GaN光致发光谱

9.1.3 p型GaN

在很长时间内没有可能得到p型GaN,这阻碍了蓝色LED和LD的研制。在1989年,p型GaN薄膜首次用低能电子辐照掺Mg GaN得到,空穴浓度和最低电阻率为$10^{17}cm^{-3}$和12Ω·cm。这些值对制造蓝光LD和高功率蓝光LED仍是不够的。低能电子束辐照处理认为Mg被LEEBI移位。在第一步,掺Mg GaN生长后,Mg原子未占Ga位,只有在Ga位才能充当受主。在LEEBI处理后,Mg原子移到了确切的Ga位。

1992年,在400℃以上温度N_2气氛下热退火获得了低阻掺Mg的p型GaN。700℃以上温度热退火,电阻率、空穴载流子浓度和空穴迁移率分别变为2Ω·cm、$3\times10^{17}cm^{-3}$和$10cm^2/(V\cdot s)$,如图9-5所示。在NH_3作为N源的GaN生长金属有机化学气相沉积过程中,有一个氢化过程使Mg-H络合物自然地产生,如此生长的掺Mg GaN薄膜的电阻率变得很高,几乎绝缘。在p型GaN薄膜内,N_2气氛下热退火能与受主反应从受主H中性络合物中移除H原子。结果p型GaN薄膜的电阻率降低,光致发光谱的蓝光发射增强。今天,氢化过程作为p型Ⅲ-Ⅴ族氮化物的受主补偿机理已被许多研究者所接受。

9.1.4 GaN pn结LED

由于有了上述进展,采用以上技术,GaN pn结蓝色发光二极管终于于1989年研制成功。GaN pn结LED结构如图9-6所示。载流子浓度n型GaN层是$5\times10^{18}cm^{-3}$,p型GaN层是大约$5\times10^{18}cm^{-3}$。硅是n型掺杂剂,镁是p型掺杂剂。生长之后热退火形成低阻p型GaN层,制成0.6mm×0.5mm的LED。在20mA下,外量子效率达到0.18%,比SiC LED的0.02%高近10倍。

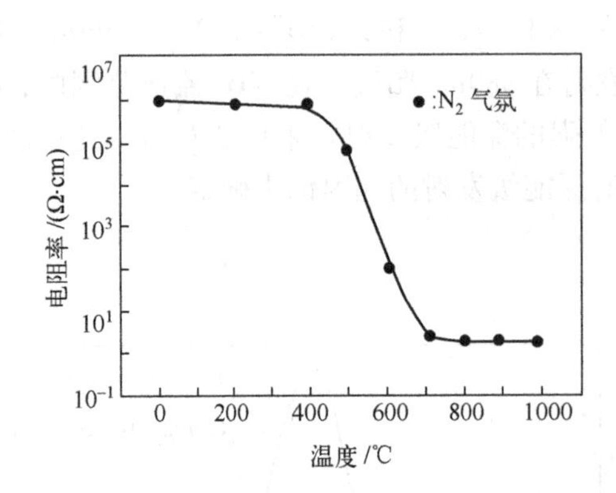

图9-5 掺Mg GaN的电阻率与退火温度的关系

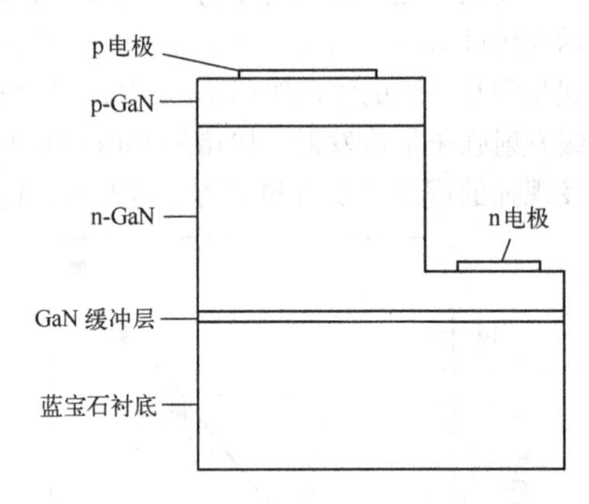

图9-6 GaN pn结LED结构

9.2 InGaN生长

9.2.1 未掺InGaN

利用(InGaAl)N体系,能得到1.95~6.2eV带隙宽度,其中,高性能光学器件、双异质结是必需的。三元化合物半导体InGaN考虑作为蓝光和绿光发射的有源层,因为带隙在1.95~

3.4eV,可改变以 In 的摩尔组分。因为 p 型 AlGaN 导电层是能得到的,所以可制成 InGaN/AlGaN 双异质结。

现在,高质量的 InGaN 单晶薄膜可以以高的 In 源流速和高的生长温度(在 780~800℃)生长在 GaN 晶薄膜上,在室温光致发光谱中在 400~445nm 处看到了强的带边发射。光致发光测量和 X 射线回摆曲线(XRC)测量均说明晶体质量颇高,并可测出 E_g 和 x。图 9-7 所示为 InGaN 带隙宽度与 In 的摩尔分数 x 的关系。E_g 和 x 符合抛物线方程式关系为

$$E_g(x) = xE_{gInN} + (1-x)E_{gGaN} - bx(1-x) \tag{9-1}$$

式中,$E_g(x)$ 为 $In_xGa_{1-x}N$ 的带隙宽度;E_{gInN} 和 E_{gGaN} 为 InN 和 GaN 的带隙宽度;b 为弯曲参数。计算时,E_{gInN} 是 1.95eV,E_{gGaN} 是 3.40eV,b 是 1.00eV。该式的计算值在图 9-7 中以实线表示。In 的摩尔分数在 0.07~0.33,与实验数据符合得很好。

9.2.2 掺杂 InGaN

高质量的掺 Si InGaN 薄膜生长在 GaN 上。用光致发光测量的材料在 830℃ 下生长,SiH_4 流速为 1.5nmol/min,其光致发光谱在室温下测量。很强和很尖锐的紫外发射在 400nm,没有深能级发射。这紫外发射认为是掺 Si InGaN 的带边发射,因为 FWHM 值很小,大约是 140meV。当 In 的摩尔分数为 0.14 时,掺 Si 和未掺 InGaN 相比较,带边发射的峰值位置不变,而强度随掺杂而增强。在 SiH_4 流速为 0.22nmol/min,带边发射强度比未掺 InGaN 薄膜的光致发光强度高 20 倍。在 SiH_4 流速为 1.5nmol/min,带边发射强度高 36 倍。然而在 SiH_4 流速为 4.46nmol 时,强度变得比 0.22nmol/min 流速时还弱。对双异质结结构器件的有源层而言,最佳的 SiH_4 流速为 1.50nmol/min。

Si 和 Zn 共掺杂到 InGaN 薄膜获得了较长波长 460nm 的蓝光发射,可被人眼明显感到,而紫外发射其源于 $In_xGa_{1-x}N$ 的带-带(BB)复合已很少,实际用作可见光 LED。

图 9-8 示出了与 Zn 有关的发射能级与 In 摩尔分数 x 的关系,曲线(a)表示从式(9-1)计算所得。曲线(b)和(c)表示在带隙宽度下 0.4~0.5eV 的能级。可以看到 2.50~2.83eV (500~438nm)是与 Zn 有关的发射能级范围,掺 Zn InGaN 的组成在 x=0.17~0.07。在 Si 和

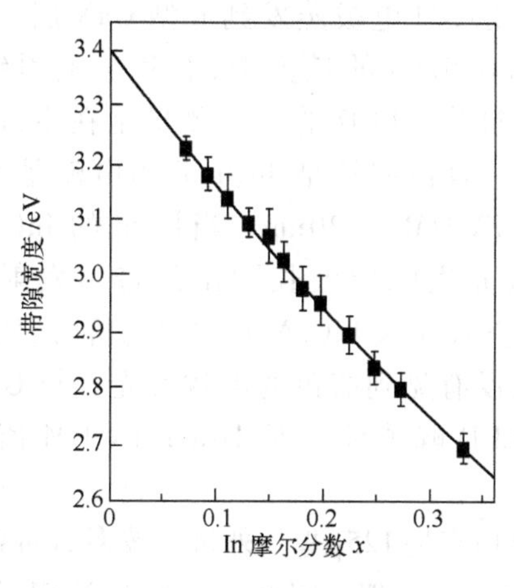

图 9-7 $In_xGa_{1-x}N$ 膜的带隙宽度与 In 的摩尔分数 x 的关系

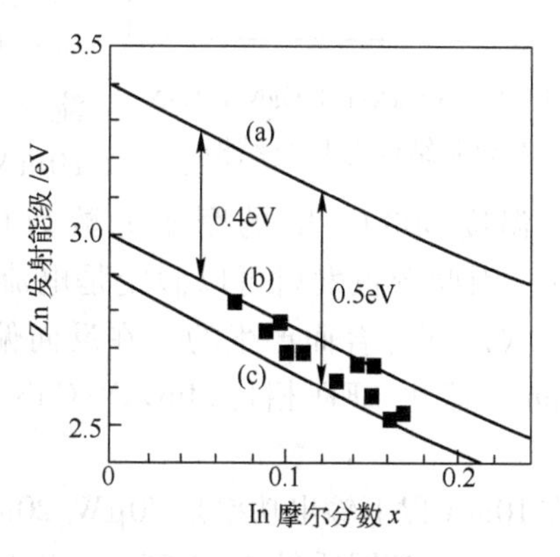

图 9-8 $In_xGa_{1-x}N$ x 值与有关的 Zn 发射能级的关系

Zn 共掺 InGaN 中能获得最大的 In 摩尔分数为 0.3。在该 Zn 掺杂范围内,与 Zn 有关的发射能级常常比带边发射低 0.4 ~ 0.5eV。Zn 掺杂 GaN 也可以得到蓝光。峰值的能量从低 Zn 浓度的蓝到高 Zn 浓度的红移。因此较高 Zn 掺杂在 GaN 中产生较深的 Zn 有关能级。在 GaN 上生长 InGaN,改变 SiH_4 和二乙基锌,再测量室温霍尔效应和光致发光谱,在此条件下生长的薄膜全是 n 型的。而且光致发光强度在 $1 \times 10^{19} cm^{-3}$ 达到最大,在 $1 \times 10^{18} cm^{-3}$ ~ $1 \times 10^{20} cm^{-3}$ 范围内,光致发光强度逐渐降低。对于 InGaN/AlGaN LED,有源层的最佳载流子浓度为 $1 \times 10^{19} cm^{-3}$。

9.3 InGaN LED

9.3.1 InGaN/GaN 双异质结 LED

InGaN/GaN 双异质结 LED 在 1993 年由中村修二用双气流金属有机化学气相沉积法制成。衬底用蓝宝石,(0001)晶向(C 面)。TMGa 和 TMIn,SiH_4、Cp_2Mg 和 NH_3 用作源材料。首先在氢气中衬底加热到 1050℃,然后衬底降温到低于 510℃ 生长 GaN 缓冲层,25nm 厚,接着衬底升温至 1020℃ 生长 GaN 层。当沉积时,NH_3、TMGa、SiH_4(10×10^{-6} SiH_4 在 H_2 中)主流的流速分别为 4.0L/min,30μmol/min、4nmol/min,旁路的 H_2 和 N_2 的流速二者都维持在 10L/min。掺 Si GaN 薄膜生长 60min,厚度大约 4μm,然后 GaN 生长,温度降到 800℃,掺 Si InGaN 薄膜生长 7min。NH_3、TMIn、TMGa 和 SiH_4 在主气流中维持 4.0L/min、24μmol/min、2μmol/min 和 1nmol/min。掺 Si InGaN 层近似于 20μm。然后增加温度到 1020℃,时间 15min 以生长掺 Mg 的 p 型 GaN 层。Cp_2Mg 气体流速为 3.6μmol/min,总厚度大约是 4.8μm。当生长 GaN 时,用 H_2 做主气流的载气,当生长 InGaN 时,N_2 使用流速为 2L/min,随后完成芯片制造。p 型 GaN 层表面部分腐蚀直到 n 型层暴露,如图 9-9 所示。接着 Au 电极蒸发到 p 型 GaN 层,Al 电极蒸发到 n 型 GaN 层。晶片切割成 0.6mm × 0.5mm 的长方形,芯片装上引线架,然后以环氧树脂封装。LED 的特性测量是在室温和直流条件下进行的。峰值波长是 440nm,当电流是 5mA、10mA、20mA 时,FWHM 约 20nm。当掺 Si 的 InGaN 薄膜生长温度 800℃,In 的摩尔分数为 0.2,则光致光发峰值波长测出的带边发射变为 425nm。因此蓝色发射可以假定是电流注入导带、空穴注入 InGaN 有源层的价带,然后电子-空穴之间复合而产生的。在反向偏置条件下,没有见到蓝色的电致发光。与 GaN 同质结 pn 结蓝色 LED 相比,InGaN/GaN 双异质结 LED 峰值波长长 10nm,FWHM 值是其一半。

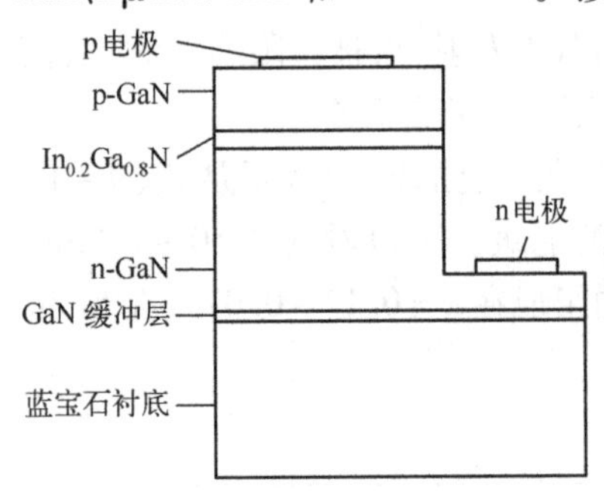

图 9-9 p-GaN/n-InGaN/n-GaN 双异质结蓝光 LED 结构

在 10mA 以下输出功率是 70μW,20mA 以下输出功率是 125μW。外量子效率 20mA 以下是 0.22%。GaN 同质结 LED 20mA 以下的输出功率是 42μW。因此 InGaN/GaN 双异质结 LED 的功率输出是同质结 GaN LED 的 3 倍。

9.3.2 InGaN/AlGaN 双异质结 LED

图 9-10 是 InGaN/AlGaN 双异质结 LED 的结构。有源层是 Si 和 Zn 共掺，增强了蓝色发射。蓝色发射强度最大值在载流子浓度为 $1\times10^{19}cm^{-3}$ 处。需要共掺的 LED 高效的结果指出了杂质协助，如自由载流子受主(FA)复合。为了改进欧姆接触，p 型 GaN 层用作 p 型电极的接触层。生长以后，N_2 气氛下 700℃热退火，实现得到较高掺杂的 p 型 GaN 和 AlGaN 层，随后 LED 芯片制造完成。p 型 GaN 层的表面部分腐蚀直到 n 型 GaN 层露出来。再是 Au-Ni 接触蒸发在 p 型 GaN 层和 Ti-Al 接触在 n 型 GaN 层。晶片切成 350μm×350μm 的正方形，装上引线架，铸模成形。在室温下，以直流驱动测量其特性。有源层载流子浓度为 $1\times10^{19}cm^{-3}$。20mA 下电发光峰值波长和 FWHM 为 450nm 和 70nm。增加正向电流，峰值波长向短波方向移动，或称蓝移，0.1mA 时为 460nm，1mA 时为 449nm，20mA 时为 447nm。20mA 下外量子效率为 5.4%。这种 LED 的典型轴向发光强度在 20mA 下 15°圆锥视角时为 2.5cd，正向电压为 3.6V。高亮度蓝色 LED 发光强度超过 1cd，为全色 LED 显示屏特别是室外屏铺平了道路。

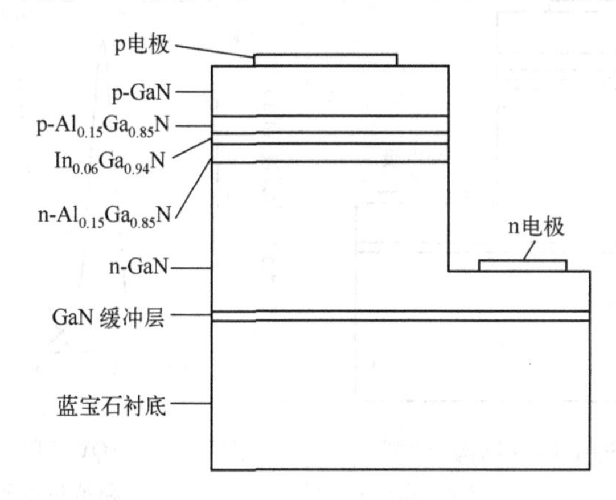

图 9-10 InGaN/AlGaN 双异质结 LED 结构

应用于交通信号灯的蓝绿 LED 可通过将 InGaN 的有源层的 In 摩尔分数从 0.06 增加到 0.19m。典型的电发光峰值波长和半峰全宽值在 20mA 下是 500nm 和 80nm，输出功率为 1.0mW，外量子效率为 2.1%。典型的轴向发光强度在 20mA 下 15°视角时是 2cd，这一亮度在户外应用已足够，如交通信号灯和显示屏。正向电压在 20mA 下是 3.5V。

9.3.3 InGaN 单量子阱(SQW)结构 LED

高亮度的蓝和蓝绿 InGaN/AlGaN 双异质结 LED 已经商品化。但峰值波长长于 500nm 的较难制得，因为为获得绿的带边辐射，当 In 的摩尔分数增加，双异质结 LED 的 InGaN 有源层晶体质量会变差。

另一方面，通用的绿色 GaP LED 的外量子效率仅为 0.1%，因为是间接跃迁能带结构材料，峰值波长为 555nm。另一绿光发射材料 AlGaInP 制的 LED 发射波长在 572nm，是黄绿色，外量子效率是 0.6%。当发射波长降到绿的区，因为能带结构达到间接跃迁区，外量子效率急剧下降。因此，对全色显示来说，缺少波长 510~530nm，外量子效率在 1% 以上的高亮度绿色发光器件亟待开发研究。曾经制造过阱层宽 3.0nm 和垒层宽 3.0nm 的高质量多量子阱

(MQW) InGaN 结构。此处我们介绍单量子阱(SQW) LED,带有薄的 InGaN 有源层(大约 2.0nm),为了获得高功率发射,在蓝到黄的区内以窄的发射谱。

绿的 LED 器件结构如图9-11所示,包括:生长在低温(550℃)的 30nm GaN 缓冲层,4μm 厚的 n 型 GaN: Si 层;100nm 厚的 n 型 $Al_{0.1}Ga_{0.9}N$: Si 层;50nm 厚的 n 型 $In_{0.05}Ga_{0.95}N$: Si 层;2nm 厚的未掺杂 $In_{0.43}Ga_{0.57}N$ 层;100nm 厚的 p 型 $Al_{0.1}Ga_{0.9}N$: Mg 层和 0.5μm 厚的 p 型 GaN: Mg 层,单量子阱结构的有源层 2nm $In_{0.43}Ga_{0.57}N$ 阱层夹在两个势垒层之间,为了从蓝到黄改变 InGaN SQW LED 的峰值波长,它的 In 摩尔分数 x 可以在 0.2~0.7 之间改变。

图9-12示出了上述方法研制的 SQW LED 在 20mA 直流驱动时的蓝色、绿色、黄色电致发光强度。较长的波长在 590nm(黄)处。峰值波长和 FWHM 蓝色 SQW LED 为 450nm 和 20nm;绿色 SQW LED 为 525nm 和 45nm;黄色 SQW LED 为 590nm 和 90nm。当峰值波长变长,电致发光谱的 FWHM 值增加,可能是因为 SQW 的阱层和势垒层之间的应力增加所致,这是由于阱层和势垒层之间的晶格和热膨胀系数失配造成的。

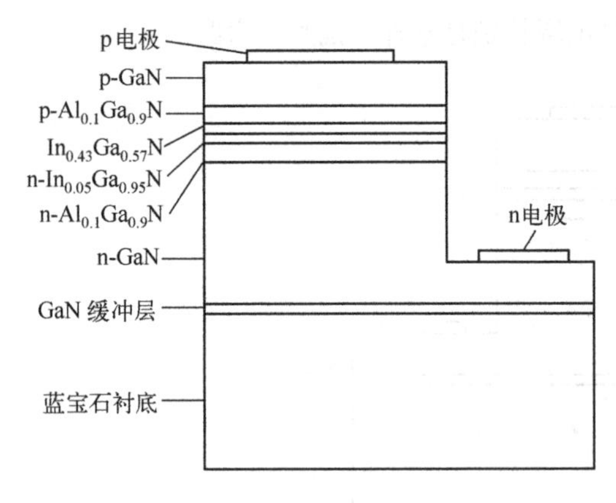

图9-11 绿色 SQW LED 结构

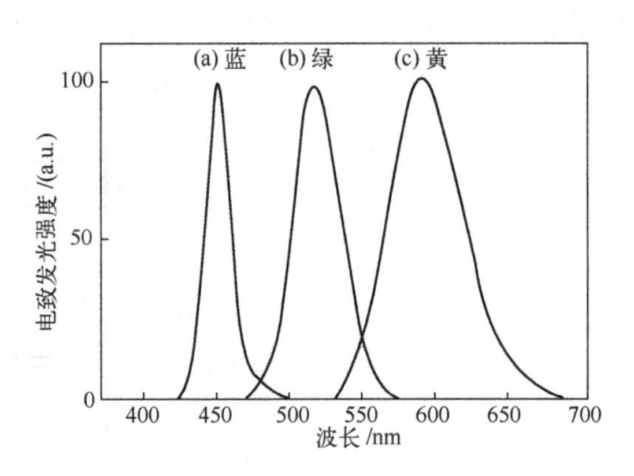

图9-12 SQW LED 20mA 时的蓝色、绿色和黄色电致发光强度

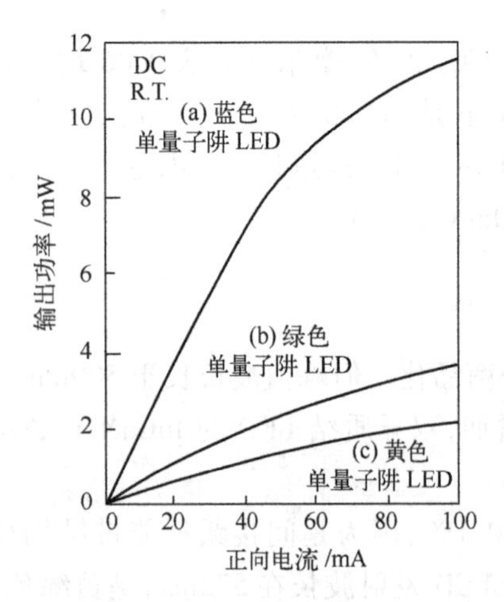

图9-13 蓝色、绿色和黄色 SQW LED 输出功率和正向电流的关系

在绿的 SQW,In 的摩尔分数在 InGaN 有源层中是 0.43,在无应力情况下,相应的带边发射应是 490nm。另外,绿色 SQW LED 的发射波长是 525nm。电致发光峰值波长和无应力带隙宽度之间的能量差几乎是 170meW。为了解释在 SQW 中 InGaN 带隙变窄,有源层的量子尺寸效应和激子效应、阱层和势垒层之间的晶格和热膨胀系数的失配必须考虑。在这些影响中,激子效应和发生在阱层和势垒层之间的热膨胀系数不同造成的应力可以是在单量子阱结构中 InGaN 带隙变窄的主要理由。SQW LED 输出功率和正向电流的关系如图9-13所示。蓝色 SQW LED 的输出功率在 40mA 以下几乎随正向电流呈线性增加。在 60mA 以上,输出功率几乎饱和,可能是由于热的产生。在 20mA,蓝色 SQW LED 的输出功率的关系(室温)和外量子效率为 4mW 和

7.3%，其值比InGaN/AlGaN双异质结LED的1.5mW和2.7%更高。绿色SQW LED是1mW和2.1%；黄色SQW LED是0.5mW和1.2%。绿色和黄色SQW LED的输出功率相对地比蓝色的SQW LED小，可能是由于有较大的阱层和势垒层之间的晶格失配和热膨胀系数差别。典型的绿色SQW LED 10°圆锥视角时的轴向发光强度在20mA为4cd。

当峰值波长变长时输出功率会降低，或许是由于在阱层和势垒层之间有较大的应力。绿色和黄色LED的输出功率在525nm和590nm分别为1mW和0.5mW。通用的绿色GaP LED在峰值波长为555nm，其输出功率为0.04mW。还有绿色AlGaInP LED峰值波长是564nm，输出功率是0.3mW。因此绿色SQW LED性能要比通用的黄绿色LED高出许多。也就是说，InGaN绿色SQW LED(4cd)大约要比通用的GaP LED(0.1cd)高出40倍，而且InGaN SQW LED比通用GaP和AlGaInP要更绿。

9.3.4 高亮度绿色和蓝色LED

显然绿色SQW LED的外量子效率仅是2.1%，并不高。考虑到InGaN SQW LED的发射出自于InGaN的带带(BB)发射，这种SQW LED的电发光的FWHM很宽(45nm)，或许这是SQW结构的阱层和势垒层之间的应力造成的，其原因是阱层与势垒层之间的晶格失配和热膨胀系数差别。这里，为了改进绿色InGaN SQW LED的输出功率和光谱宽度蓝色和绿色SQW LED以p-AlGaN/n-GaN/n-GaN新结构叙述。

InGaN绿色SQW LED的结构组成如图9-14所示，包括生长在550℃低温的30nm GaN缓冲层，4μm厚的n型GaN:Si层，3nm厚未掺$In_{0.45}Ga_{0.55}N$的有源层，100nm厚的p型$Al_{0.2}Ga_{0.8}N$:Mg层，0.5μm厚的p型GaN:Mg层。有源层夹在p型$Al_{0.2}Ga_{0.8}N$:Mg层和n型GaN势垒层之间。不像前面所述的p-AlGaN/InGaN/n-InGaN/n-AlGaN SQW LED，在现在的SQW结构中，n-InGaN和n-AlGaN势垒层被n-GaN所取代，随后完成芯片制造。p型GaN层表面部分腐蚀直到n型GaN层露出；接着Ni-Au电极蒸发到p型GaN层和Ti-Al电极蒸发到n型GaN层。晶片切割成350μm×350μm的方形；将芯片装到引线架上，进行封装；在室温下，在直流驱动下测量LED特性。

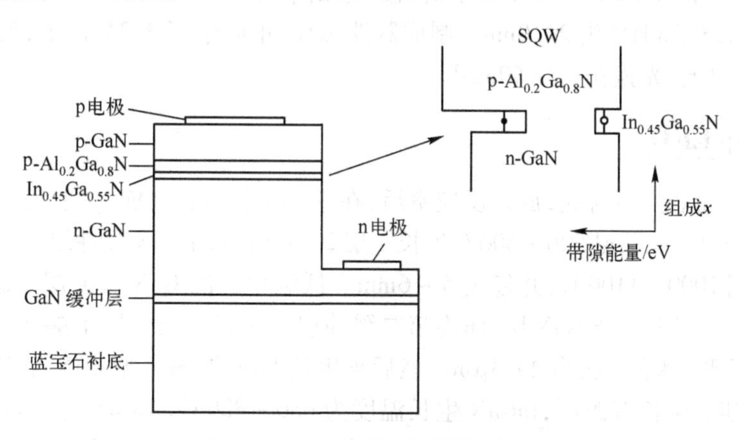

图9-14 InGaN绿色SQW LED的结构组成

SQW LED输出功率和正向电流的关系如图9-15所示，在20mA，蓝色SQW LED输出功率和外量子效率是5mW和9.1%，比InGaN/AlGaN双异质结LED的1.5mW和2.7%高了3

倍多。绿色 SQW LED 为 3mW 和 6.3%。输出功率绿色 SQW LED 比蓝色 SQW LED 低,可能是晶体质量差所致。但由于绿色视见函数值较高,典型的绿色 SQW LED 轴向光强 10°视角下 20mA 时可达 12cd,这在 1995 年是最高值。

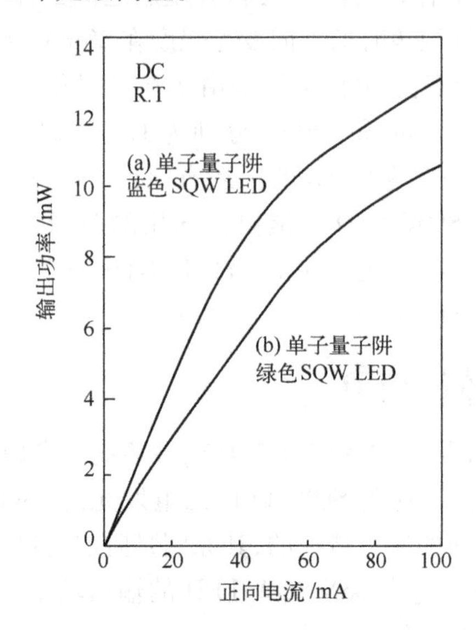

图 9-15 蓝色和绿色 SQW LED 输出功率和正向电流的关系

9.3.5 InGaN 多量子阱(MQW)结构 LED

本节介绍一种多量子阱 LED 生长方法。采用蓝宝石衬底(0001)面,低压(13.33kPa)下生长 GaN。首先将衬底在氢气气氛下加热到 1050℃,烘烤 5min,再降温到 530℃。以 5000mL/min 的氨气氮化 60s 后再生长缓冲层,NH_3 和三甲基镓(TMG)的流量分别是 5000mL/min 和 15μmol/min,缓冲层为 25nm,升温使缓冲层重结晶,分别生长非掺杂的 GaN 单晶层和掺 Si 的 n 型 GaN,5 个周期的 InGaN/GaN 多量子阱,掺 Mg 的 p-AlGaN/GaN 单晶层。光致发光测量峰值波长为 468.7nm,FWHM 为 21.9nm。制成器件芯片,正向电压 3.3V 以下,反向电压(10μA 条件下)为 12V 以上,光强在 35 ~ 50mcd。

9.3.6 紫外 LED

采用(0001)面蓝宝石衬底,放入反应室后,在进行材料生长之前,一般还要在氢气气氛下高温处理几十分钟。在低温 500 ~ 600℃ 生长一层 20 ~ 30nm 的 GaN 缓冲层,切断 Ga 源,N 源。迅速把衬底升到 1000 ~ 1100℃,并稳定 5 ~ 6min。低温生长的 GaN 缓冲层重新结晶,质量改善。然后再生长一层未掺杂 GaN 层,作为第二缓冲层。接着生长一层不掺杂的 GaN 层,直到表面已经完全长平,厚度一般为 2 ~ 3μm。然后再生长 1μm 掺 Si n 型 GaN,载流子浓度为 $1 \sim 3 \times 10^{18} cm^{-3}$。随后生长有源层,InGaN 生长温度为 680 ~ 820℃,AlGaN 为 1000 ~ 1100℃。生长多量子阱时,因每层太薄,生长时间短,为避免温度频繁升降,也可让 InGaN 和 AlGaN 与 GaN 层同温度下生长。最后在表面生长 p 型 GaN 层,即 GaN: Mg 层 200 ~ 500nm。载流子浓度为 $1 \times 10^{17} \sim 3 \times 10^{17} cm^{-3}$。

金属有机物化学气相沉积系统配备的激光干涉实时监控设备可以实时观察反应室内材料生长情况,并随时调整生长参数,以使生长材料具有较好的质量,图9-16是氮化物外延片生长过程的实时干涉图谱。从图中可以看出随生长时间的变化,生长材料的反射率也不停地变化,每一个振荡周期代表约0.15μm的厚度。从反射率情况可以看出外延层表面是否平整。制成的紫色和近紫外发光二极管,电发光谱峰值波长和FWHM为420nm和25nm,及387nm和14nm。20mA时,正向压降为3.3V,此器件20mA时功率输出大于2mW。日本东芝2008年9月宣布383nm 20mA下3.5V外量子效率为36%,出光功率达23mW。

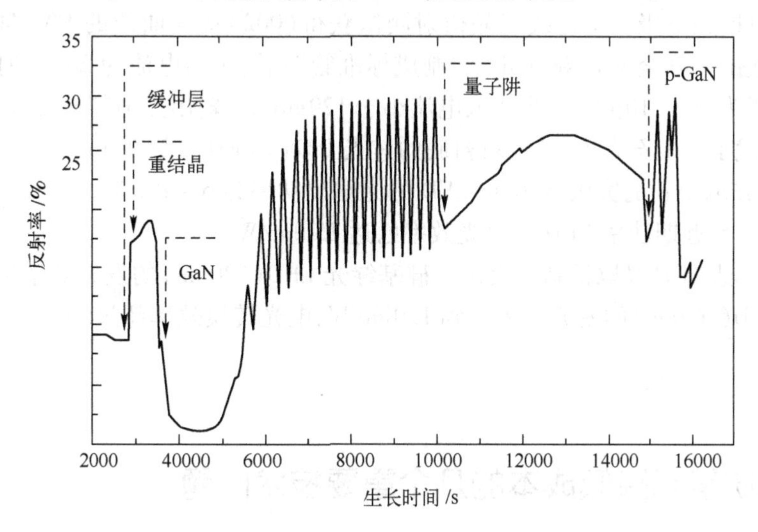

图9-16 氮化物外延片生长过程的实时干涉图谱

9.3.7 AlGaN深紫外LED

固态深紫外光源可具有许多应用,如有害生物制剂检测,水、空气和食物的消毒杀菌,高密度数据存储,通信转换和照明光源。

曾有AlGaN 250nm LED、269nm LED、280nm LED等报道,但功率均较小,这里介绍一种2004年年底报道的25mA下超过1mW的280nm AlGaN LED。这种深紫外LED结构是生长在立式金属有机物化学气相沉积系统中,长在蓝宝石衬底上。AlN缓冲层和超晶格层生长用移动增强金属有机物化学气相沉积法(ME金属有机物化学气相沉积)。有源区由5个量子阱组成。每个量子阱由厚度为7.0nm和3.5nm的势垒和阱组成,其组分为掺Si的$Al_{0.5}Ga_{0.5}N$和$Al_{0.4}Ga_{0.6}N$。

LED是台面形器件。n-$Al_{0.55}Ga_{0.45}N$底由氯等离子体反应离子刻蚀打通。Ti/Al/Ti/Au n型欧姆接触电极在900℃进行金属化。Ni/Au用于p边电极。器件面积为100μm×100μm。

日本德山公司有输出功率超过90mW报导,国内青岛杰生电气深紫外LED输出功率超过20mW。

9.3.8 硅衬底GaN蓝光LED

硅衬底相比于SiC和蓝宝石而言,与GaN的晶格失配和热膨胀系数失配较明显,但其晶体质量高,价格便宜,导热、导电性好。

南昌大学采用2英寸(111)晶向硅片,装炉前先进行腐蚀和清洁处理。TMGa、TMAl、TMIn和NH_3作为Ga源、铝源、铟源和N源,n型和p型掺杂剂分别为硅烷(SiH_4)和二茂镁(Cp_2Mg)。衬底进入反应室后,在氢气气氛中以高温处理衬底,以除去表面氧化物,然后生长约30nm的AlN缓冲层,接下来在1050℃生长0.8μm的未掺杂GaN,2μm的掺Si n型GaN薄膜,再在720℃生长5个周期的InGaN/InGaN多量子阱有源层,最后990℃生长200nm的掺Mg GaN p型层。用X射线双晶衍射仪对样品的结构性能进行了研究。用电子束蒸发的方法在p型GaN上蒸发一层薄的Ni/Au作透明电极及Ni/Au作压焊电极,在n型GaN上用Ti-Al-Ni-Au作n型欧姆接触电极。X射线双晶衍射测试获得(002)摇摆曲线的FWHM为389rad/s,(102)摇摆曲线的半峰全宽为487rad/s。制成标准管芯后,正向电流为20mA时,工作电压为3.2V,反向电压为19V(10μA)。当注入电流小于120mA时,输出光强随电流线性增加。这与硅衬底导热性优于蓝宝石有关,蓝宝石衬底的蓝光InGaN LED一般在40mA开始就趋于饱和。2009年研制工作取得新的突破,460nm LED的光输出功率为6~10mW,处于硅衬底InGaN材料国际领先水平。近期功率LED的发光效率已达150lm/W。

2016年在硅基外延又取得新的突破。硅基绿光LED(520nm)的发光效率达到180lm/W。硅基黄绿光LED(565nm)的发光效率达到130lm/W,电光转换效率超过21%。均达到国际领先水平。

9.4 提高质量和降低成本的几个重要技术问题

9.4.1 衬底

9.4.1.1 GaN和AlN

目前大量使用于生长AlInGaN外延的衬底材料是蓝宝石,晶格失配达13.8%,热膨胀系数匹配也不好,造成外延层中位错高达10^8~$10^{10}cm^{-2}$,导热性又差。所以从原理上讲,从设计器件结构要求的晶格匹配、热膨胀匹配来看,GaN和AlN是最合适的衬底,但是目前仍无商品供应。一旦这样的衬底能供使用,可望将位错密度大幅度降低到10^3cm^{-2},期望将使发光效率大大提高。此外,它们的热导率也较蓝宝石高3倍和4倍,更适合制作高功率器件。希望能提供位错小于10^4cm^{-2}的GaN和AlN衬底。目前由华沙高压研究中心的高压溶液生长(HP-SG)方法制得,镓熔体温度1600℃,氮气压15kbar(1bar = 10^5Pa),生长速率受N在Ga中的溶解度限制,生长速度太低,1cm直径的GaN单晶仅0.01mm/h,几天只能生长很小的晶体。日本能源公司曾得到25mm直径、位错密度小于10^5cm^{-2} GaN单晶。低压溶液生长(LP-SG),生长温度为800~1000℃,和小于2atm(1atm = 101325Pa)的压力。可达到2mm/h,2cm直径,15mm长,比HP-SG快20倍,但晶锭不是单晶,而是[1011]取向的多晶,因此,重要的是要得到高质量的单晶。

曾用压力控制溶液生长(PC-SG)方法制得20.6mm直径的GaN单晶,位错密度小于10^5cm^{-2}。

Kyma公司的技术用高输运速度的物理气相沉积(PVD)工艺制造出2英寸GaN单晶片,

有 500μm 厚，有用面积大于 90%，此单晶片是从 2 英寸直径晶锭上切出来的。并称也能制造 AlN。

德国马格德堡市 Otto-Van-Guericke 大学的研究人员在硅衬底上，采用 SiN 作为掩模，生长了可降低位错密度 3 倍、700nm 厚的 GaN 层，光荧光谱强度可增加一个数量级，还用此方法生长了 7μm 厚的高质量、无裂缝 GaN 层，并用低温 AlN 中间层以降低应力。

日本日立公司的研究组发展了一种免协助分离技术（VAS）制造单独的大面积 GaN 晶片。用氢化物气相外延（HVPE）生长厚的 GaN 层，生长在金属有机物化学气相沉积生长的 GaN-蓝宝石样片之上，其顶部还有 TiN 薄膜，此薄膜具有网状结构，孔径为 20～30nm。当金属有机化学气相沉积生长 GaN 样品退火时由于真空蒸发形成 Ti 薄膜。冷却之后，厚的 GaN 层无须外力协助就容易地从样片上分离。单独的 GaN 晶片可以很好地重复生产。晶片直径可达 45mm，具有镜面的表面，X 回摆曲线（0002）和（1010）峰的 FWHM 为 60rad/s 和 92rad/s，位错密度是 $4\times10^{6}cm^{-2}$，相信低位错密度的获得是由于用了 TiN 薄膜，其掩模作用与外延技术用的过生长法相同。

TDI 公司则用 H 气相外延制得了 2 英寸直径的掺 Mg 的 p 型 GaN 衬底，在蓝宝石衬底上生长而成，载流子浓度在 $10^{16}\sim10^{18}cm^{-3}$。生长速率每小时可达 100μm，技术相当简单，并为设计新型器件创造了条件。

AlN 则用气相转移生长法（VTG）在 2200℃高温常压下生长，制得了直径为 15mm，几厘米长的单晶，生长速率达到 0.5mm/h，位错密度小于 $10^{3}cm^{-2}$。美国 Crystal IS 公司已推出 2 英寸直径 AlN 衬底。

9.4.1.2 蓝宝石

蓝宝石作为 AlInGaN 外延衬底已较成熟，这方面的主要挑战是加大单晶尺寸以降低成本，目前基本上是 2 英寸，要加大到 4～6 英寸，并降低杂质（如 Ti）含量，改进和完善表面抛光质量。

首先是传统的丘克拉斯基（Czochralski）直拉法和边限定带生长法的按比例增加的研发。

另一种工艺是热交换法（HEM），就是在晶体生长时取出热量，小心地控制，热输入独立地进行，用这种工艺，蓝宝石晶体已生成出直径大约为 34cm、质量为 65kg 的晶锭。现在正努力制造直径 50cm 的晶锭，这种晶锭的问题是杂质钛太多。

9.4.1.3 碳化硅

碳化硅上生长 InGaN 与蓝宝石相比，在晶格匹配和热膨胀系数匹配方面都有优势，而且导热系数也是其 10 倍，有理由制出更高质量的外延层，衬底就是一个好热沉，有利于制作功率型器件。加上能制成导电性材料，可设计衬底电极接触，简化器件设计成工业标准垂直芯片单丝键合结构，降低制造本并提高可靠性。但成本较高仍是主要缺点，致使目前还不是主流衬底材料。

目前主要由物理气相输运（PVT）经由籽晶升华生长。生长温度为 2200～2500℃，在生长池上建立一个温度梯度，有惰性气体气氛（如 Ar、He 或 N_2），温度梯度作为 SiC 源材料升华和运输的驱动力。

要努力做到 4 英寸直径单晶，因热应力形成的位错希望降低到小于 $10^{3}cm^{-2}$，成本要降低

7 倍。2005 年 6 月已有生产 3 英寸直径晶片报道,有绝缘和导电的两种。

9.4.2 缓冲层

9.4.2.1 薄的 GaN 缓冲层

在蓝宝石和碳化硅衬底上生长 AlGaInN,往往先生长 GaN 或 AlN 缓冲层,以减少由于外延层与衬底之间因晶格失配引起的大量位错。现在采用的通用技术是所谓二步外延。低温 GaN 成核层(NL)先沉积,随后是高温 GaN 过生长。成核过程强烈影响外延层的位错密度。核的低密度、小尺寸有利于降低位错。低的核密度会导致低的位错密度,但是假如成核密度太低,则将会产生第二批核。核的较小尺寸容易在三维成核过程中二维生长模式复原。成核层能直接沉积或作为无定形层沉积然后被粗化,或称结晶化。

从成核层上生长 1μm 未掺杂 GaN 层,为了从三维生长模式恢复时位错密度最小,V/Ⅲ比和生长温度必须小心地最佳化。对于商品 LED 生产,在未掺杂 GaN 生长后,期望晶体中位错密度小于 $5\times10^{8}cm^{-2}$,能制造出功率输出大约是 10mW 的芯片。实验室内研究可达到 $5\times10^{6}cm^{-2}$之低,已达到制作蓝色激光二极管需要的质量。有许多不同的成核层和未掺杂 GaN 生长方法,如低温、高压(500℃,66.6kPa)或者高温、低压(>1000℃,13.33~26.67kPa)。假如成核层和未掺杂 GaN 生长得较好,n-GaN 生长就比较容易,大多数研制者在 2~6μm 范围生长 n-GaN 层,3μm 是较好的厚度。对于 n-GaN,高温和低压(约 1080℃,26.67kPa,V/Ⅲ比大约 2500~2800)很重要,以阻止深能级缺陷,例如黄带发生,由薄膜中氮空位或碳结合或其他结晶缺陷。由于 GaN 和蓝宝石之间失配较大,最好的位错密度仍大于 $1\times10^{9}cm^{-2}$。

SiC 上生长的方案也差不多,主要不同是晶格失配要较蓝宝石好一些,所以与蓝宝石相比,不需要生长几百纳米,只要几十纳米就够了,缺陷密度也较低。还有,由于要生长较好的导电性层,通常生长缓冲层的温度要较高些。

9.4.2.2 侧向过生长外延 GaN 缓冲层

上面所说的是生长简单的缓冲层技术,但其位错密度仍在 $10^{8}\sim10^{9}cm^{-2}$,这一数值对半导体器件标准来说仍是太高,显然会引起器件性能的退化,此外还存在应力和晶片弯曲问题。因此,研究更复杂的工艺以研制复杂缓冲层成了大家兴趣所在,以降低位错密度到 $10^{6}\sim10^{7}cm^{-2}$。共有三种侧向过生长外延(ELO)是属于生长复杂缓冲层的工艺。

(1) 侧向过生长外延

侧向过生长外延是在衬底上外延生长薄膜时用掩模或图形的方法使之仅在衬底上的某些区域选择性生长。在正当的条件下,GaN 能选择性生长在 GaN 缓冲层上,但不在惰性的掩模上。起初生长是向上的,但后来变为同时向上和外侧向生长。最后,邻近的生长合在一起越过条纹,产生连续的 GaN 薄膜。因为,位错复制依赖于位错的取向和结晶学,和生长的方向一样就可能在 GaN 过生长薄膜的不同区域产生位错密度的显著降低。侧向过生长外延现在已常规地用于诸如激光器等器件,而激光器对缺陷特别敏感。GaN 基激光器现在已达到 10000h 的寿命,位错密度已降低到 $10^{6}cm^{-2}$,比简单缓冲层降低了 250 倍。

(2) 悬式侧向过生长外延(pendeo-ELO)

为了最完整地获得侧向过生长外延的优越性,可能采取重复的侧向过生长外延,每一次都降低位错密度。但是这样重复工艺和再生长步骤成本就提高了。可以在一简单步骤中达到这种效果的双-侧向过生长外延工艺称为悬式侧向过生长外延。在此法中,生长并不从开的窗口上开始,而是从GaN籽晶层的侧壁腐蚀面开始。当从侧壁继续侧向生长,垂直GaN生长继续延伸侧向生长前部从最近的(0001)面。其后,一旦垂直生长达到籽晶掩模的顶,侧向生长越过籽晶开始的掩模顶,最后结果越过每一个籽晶而合成一体,产生GaN连续层。这样再生长步骤和消除为了第二个侧向过生长外延层越过GaN表面的特殊区域就全部完成了。

(3) 悬臂侧向过生长外延(Cantilever ELO)

在悬式侧向过生长外延中仍需要先生长GaN籽晶层,以进行掩模形式的操作和侧向过生长外延生长。因此,生长要进行两次,费用比较贵。为了避免此成本,悬式侧向过生长外延的变种,所谓悬臂侧向过生长外延曾发展。在此技术中,侧向过生长外延是在预先用一种工艺造成沟和脊的表面状态的衬底上进行,创造了从脊上进行侧面向生长的优先条件。在此方法中,工艺变成简单掩模,直接在起始衬底上一步生长,而不是二步生长。预期的结果曾有报道,包括如此生长的紫外发光二极管(UVLED)在20mA下外量子效率为24%以及位错密度为$1.5\times10^{8}\mathrm{cm}^{-2}$。

希望侧向过生长外延的位错密度能进一步降低,达到$10^{5}\sim10^{6}\mathrm{cm}^{-2}$。

9.4.2.3　厚的可剥离的GaN缓冲层

薄的平面缓冲层或侧向过生长外延技术缓冲层可以成功地降低位错密度,但是这些技术通常导致二元材料衬底和缓冲层结构的热膨胀系数失配,难以控制缓冲层后和外延后的室温应力状态。假如,缓冲层足够厚,有可能从原来衬底上进行激光剥离,留下的一个无支撑缓冲层本质上变成了新的单一材料衬底。很厚的缓冲层具有位错密度随厚度增加而降低的优点。

无支撑GaN缓冲层已经分别从蓝宝石、碳化硅、砷化镓和镓酸锂衬底($LiGaO_2$,LGO)制得,镓酸锂单晶与GaN有最好的异质外延晶格匹配,在a轴仅失配0.19%。此外,整个LGO晶片用选择腐蚀方法只需几分钟就可从Ⅲ-氮化物薄膜上除去。从蓝宝石上剥离下来较困难,因为蓝宝石很硬,又无合适的腐蚀剂,需要采用下面所述的激光剥离方法。

9.4.3　激光剥离(LLO)

生长在蓝宝石上的InGaN LED结构如果能除去蓝宝石而直接装到热沉上,那么功率器件的实现就变得较为简单,目前已用激光剥离的新工艺完成这一过程,并已进入工业规模生产。在生产激光器时还可用其制作高质量的解理面。

采用Kr^{+}激光器(248nm,25ns)对外延材料从蓝宝石一边进行激光扫描,外延片预先用环氧树脂胶到接受晶片上。在缓冲层GaN处,出现$GaN\longrightarrow Ga+1/2N_2$反应,能量密度范围为$400\sim600\mathrm{mJ/cm^2}$。已成功地对2英寸外延片进行激光剥离,制成蓝光和白光LED。

9.4.4　氧化铟锡(ITO)

氧化铟锡薄膜的主要成分是In_2O_3,其禁带宽度为3.75~4.0eV,是重掺杂,载流子浓度在$10^{19}\sim10^{21}\mathrm{cm}^{-3}$,具有优良的导电性,电阻率一般在$1\times10^{-3}\Omega\cdot\mathrm{cm}$以下。它还具有较高的透射率,在可见光区透射率达到90%以上。以它作为透明电极取代金属透明电极应用到LED的芯片制作中,由于可使电流均匀分布和增透作用,能使LED的出光效率得到较大提高。

目前制备氧化铟锡薄膜的方法有蒸发,磁控溅射、反应离子镀、化学气相沉积、热解喷涂、电子束加热蒸镀等。下面介绍电子束加热蒸镀氧化铟锡薄膜的方法,取代 Ni-Au 作为 P 电极。

利用高能电子束轰击铟、锡氧化物混合原料表面,使其升华,沉积到外延层表面形成 ITO 薄膜。这种方法工艺参数较少,操作和控制膜生长相对容易,不需热处理就可制备性能良好的氧化铟锡膜,并适合于大规模工业生产。氧化铟锡源采用热压块锭,用红外灯加热基板温度约为 250℃,沉积速率为 10nm/min,真空度为 666×10^{-6}Pa,氧气流量为 20sccm。薄膜厚,透射率降低,电阻率增加;薄层薄,则透射率高,电阻率降低,一般在透射率为 96% 左右时,方块电阻为 7.5 ~8.0。经对比测量,光输出可提高 60%。

9.4.5 表面纹理结构

前面在 AlGaInP LED 部分已经叙述采用表面纹理结构,增加临界角减少全反射可使出光效率大幅度提高,使 615nm LED 的发光效率最高达到 108lm/W。在 InGaN LED 同样有这样的机会,应该说这方面的潜力还是较大的,在实际工作中这方面深入的工作做得很不够。初步的工作有晶元光电公司发展的一种称为“Venus”的 InGaN LED 芯片结构,采用腐蚀工艺在 p 型层表面形成许多六角形的小坑,底为坑的尖顶,可降低总的内反射和 p 型层的吸收,从而大大提高出光效率。在蓝宝石和 n-GaN 之间引入一个周期性的尖状结构,可提高出光效率 73%。结合氧化铟锡层的应用,在保留蓝宝石衬底的情况下,CEXXV15(380 × 380)蓝光 LED 30mA 时可达到 25mW,25lm/W,绿光 LED 30mA 时可达 10mW,60lm/W。功率型芯片 CEXXV40(1000 × 1000)蓝光 LED 350mA 时可输出 200mW,达 15lm/W,绿光 LED 350mA 时可输出 80mW,达 40lm/W,取得了较好的效果。如果除去蓝宝石,代之以金属反射层或 Si 导热层,则还会有更大的提高。如果增强这方面的研究,将会取到成本低、效率高的明显效果。

9.4.6 图形衬底技术(PSS)

三菱电线与 Stanley 公司共同开发,先在蓝宝石衬底上施以凹凸状的特殊加工,然后横向外延生长,使缺陷减少至原来的四分之一,使 385nm 的 LED,外量子效率提高至 24% 左右。后来,“日本 21 世纪光源小组”利用同样的技术使外量子效率提高到 43%,发光波长为 405nm,出光效率是 60%,是传统的 3 倍,达目前最高纪录。

中科院物理研究所以 SiO_2 为掩模,掩模条纹方向为蓝宝石 <1100> 和 $<11\bar{2}0>$ 两方向,在蓝宝石 C 面上湿法刻蚀图形衬底,再在其上侧向外延生长 GaN。以硫酸和磷酸为 3∶1 的混合液腐蚀剂进行刻蚀,在 310 ~410℃范围内研究了不同宽度的 V 形槽和 U 形槽特征。湿法刻蚀技术能有效地避免目前采用的干法刻蚀技术对衬底造成的损伤和污染。研究了在 C 面蓝宝石图形衬底上生长 GaN 的侧向生长的机理和生长过程,发现外延生长样品的 V 形衬底槽中没有 GaN 存在。对生长过程的研究证实,高温退火使得低温成核于 V 形槽壁上的 GaN 脱落掉。结果获得表面平整、位错密度大大减少的高质量 GaN,以此为模板,生长了多量子阱 InGaN/GaN 蓝光 LED,研究表明发光效率大为提高。中科院半导体研究所采用类似的研制方法,使 LED 光输出增加 33%。图 9 – 17 是图形衬底 LED 结构。图 9 – 18 则是图形衬底(0001)的扫描电镜照片和原子力显微镜照片。

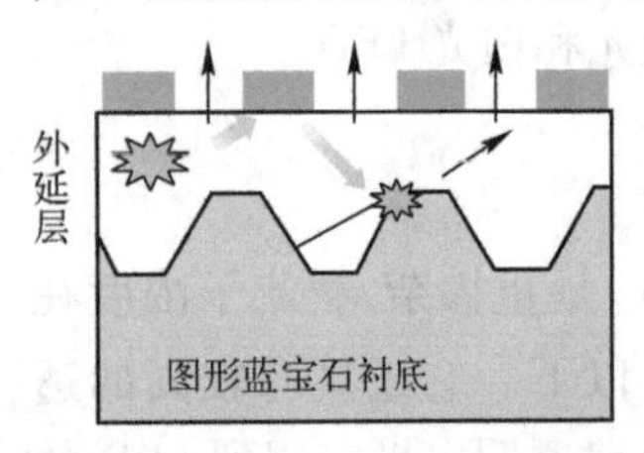

图 9 – 17 图形衬底 LED

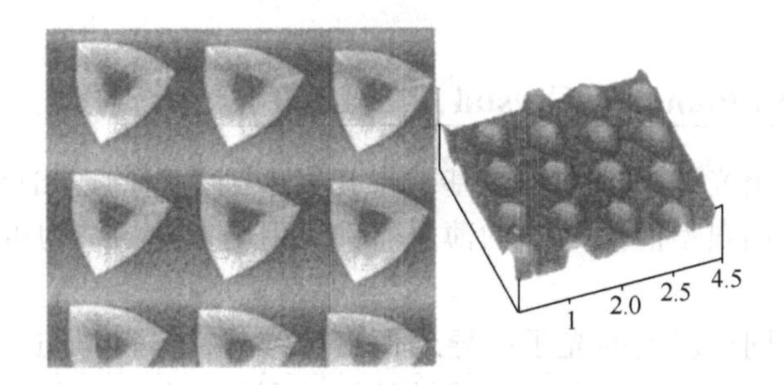

图9-18 图形蓝宝石衬底(0001)的扫描电镜照片(左)和原子力显微照片(右)

目前图形衬底的制备技术主要有湿法和干法刻蚀两种。ICP干法刻蚀技术是先在蓝宝石衬底上涂一层光刻胶,利用光刻工艺制作图形,并利用光刻胶作掩模,使用BCl_3等化学气体进行刻蚀。湿法技术是采用等离子体增强的化学气相淀积(PECVD)法在蓝宝石衬底上淀积约10nm厚度的SiO_2掩模,利用光刻技术在上面制作图形。在SiO_2掩模的保护下,使用硫酸和磷酸的混合溶液进行刻蚀,刻蚀时间和溶液浓度会影响蓝宝石衬底的刻蚀深度和角度,最后用HF除去表面的SiO_2,从而获得蓝宝石图形衬底。

采用PSS技术的外延能将位错降低一个数量级达10^8cm^{-2},再则外延层下方的图形结构也能提高出光效率,二者贡献可提高40%左右。此外纳米图形比之微米图形又有10%的提高,纳米图形采用电子束光刻纳米压印和激光全息技术获得。

9.4.7 微矩阵发光二极管(MALED)

现在的传统结构出光效率甚低,仅为5%~10%,这主要是由于GaN的折射率是2.5,而空气的折射率是1,这样大的差距,使LED产生的光全反射现象严重。微矩阵发光二极管比宽区发光二极管的出光效率高,有下述两个理由:一是在微矩阵发光二极管中,微矩阵传输长度接近于在GaN中的蓝光波长,光能在被吸收之前射出;二是微矩阵发光二极管的墙壁也对提高出光效率起重要作用。图9-19是微矩阵发光二极管的单元示意图。影响其出光效率的因素有矩阵形状、墙壁的角度、台面高度和矩阵的密度。当微矩阵发光二极管大小为240μm×240μm、矩阵区域是20μm、墙壁角度为45°时,无论方形、圆形,还是六角形的形状,出光效率均可超过20%。将图形衬底方法应用于提高出光效率的另一种方法是在倒装芯片的出光面蓝宝石上形成微透镜,与一般的倒装结构LED相比,出光效率从10.5%提高到了18.4%。图9-20是这种器件的示意图。

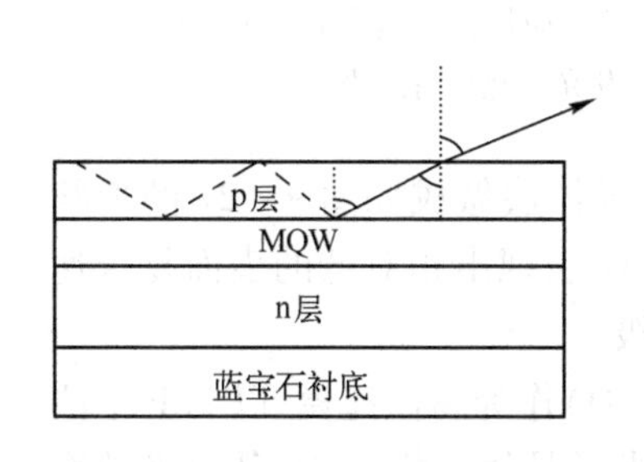

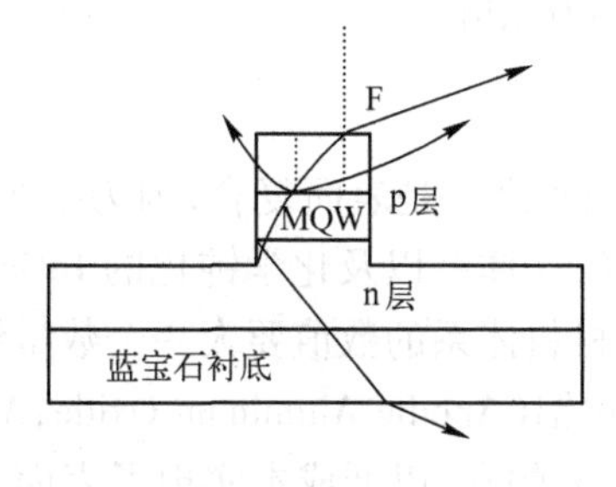

图9-19 微矩阵发光二极管的单元示意图

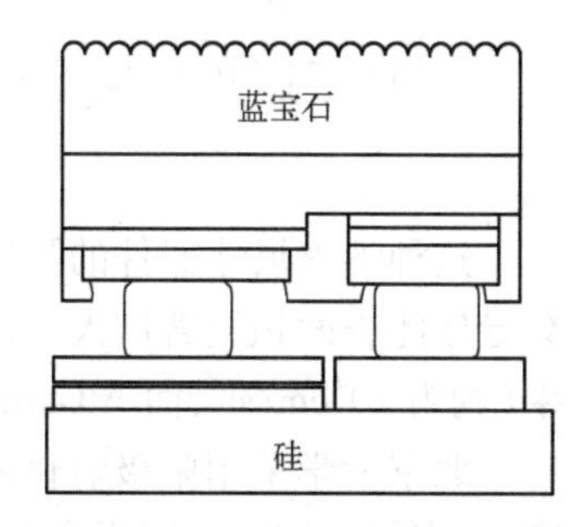

图9-20 倒装LED出光面蓝宝石微透镜示意图

9.4.8 光子晶体(Photonic Crystal,PC)LED

前面讨论的提高出光效率的方法是基于将光集中到狭窄的逸出圆锥。通过这些方法可以制出出光效率最高典型值为30%的薄层器件。用更复杂的结构可能得到50%～60%的更高出光效率。

然而除了把各向同性产生的光子引导到逸出圆锥外,也可以通过控制发射过程本身,使所希望的某些模式发射增强而其他模式被抑制。利用光的波动性原理,配合纳米技术,提出了光子晶体LED技术。在具有折射率周期性变化的结构中,光子表现出波的性质,和晶格中的电子相似。例如配置两种折射率差异较大的介质(半导体和空气)。射到光子晶体中的光线会因其周期性折射率分布而使光线改变行进方向,就是说在光子晶体中,在某些(禁止的)频率和方向上光子模消失,而其他(允许的)频率和方向上的模密度可能增加,得到增强。

二维光子晶体结构含有平行圆柱的周期阵列(例如空气中的半导体柱或者半导体层中的圆柱形孔),如图9－21所示。已经有了多种制备二维光子晶体的技术,如光刻腐蚀、电化学、垂直方向选择氧化、外延剥离等。曾考虑从二维光子晶体薄片中引出光,由于限制了导波模,预测的出光效率超过90%。图9－22是应用了二维光子晶体的发光二极管示意图。芯片是半导体晶片,含有包在包覆层之间的有源层。为抑制横向发射,在芯片上制备空气孔的阵列,位于使发射定向到只通过上表面的分布布喇格(Bragg)反射器(DBR)之上。当然,器件也可以用空气中半导体柱的阵列制作。有人通过制备InGaAlP/InP微圆柱的蜂巢形阵列演示了后一类型的二维光子晶体发光二极管,与平面晶片比较,发光二极管的出光效率提高了10倍以上。

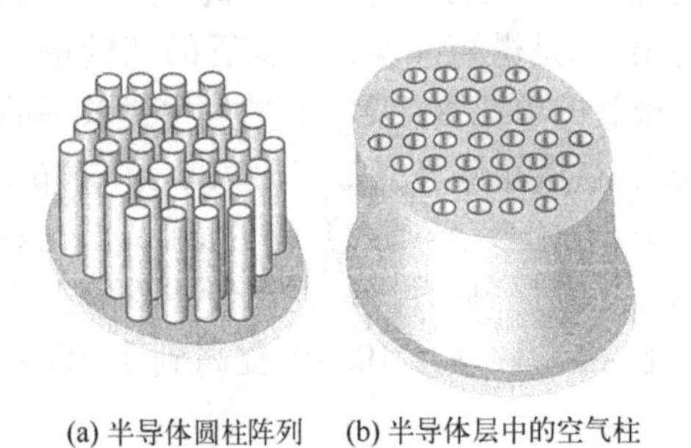

图9－21 典型的二维光子晶体结构

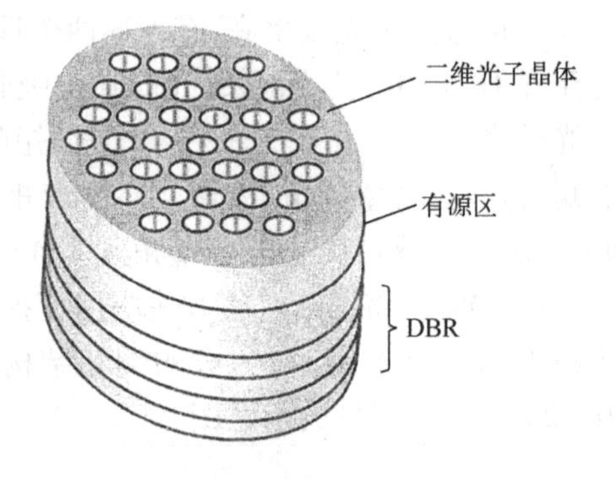

图9－22 应用二维光子晶体的发光二极管示意图

这种纳米尺寸器件的限制因素之一是表面复合,因为把半导体层做成如图9－21的形状会导致此表面积显著增大。而GaN体系以及化学钝化的InGaAs表现出相对低的表面复合速率(约为10^4cm/s),而AlGaInP材料体系的数值要大一个数量级。

北京大学采用阳极氧化氧化铝(Anodic Aluminam Oxide,AAO)作为腐蚀掩模,以1CP干法腐蚀,直径为40nm,间距为100nm的孔,以低成本实现了表面光子晶体结构LED,其出光效率比通常的LED增加了42%。英国Bath大学研制了三种准光子晶体发光二极管,观察到出光效率可增强62%。

晶格常数在光波范围内的三维光子晶体的制备技术正在发展中,如面心立方光子晶体结构可以通过在半导体表面上腐蚀三组与垂直方向成35.26°的孔而产生,并通过三个方向上化学辅助离子刻蚀掩模覆盖的表面,制备了光子带隙在红外的GaAs三维结构。另一种方法是用晶片复合的方法堆积选择性腐蚀的二维结构。

工作在可见区的三维光子晶体的实用性仍为缺少可操作的技术而困扰,这方面的研究进展还较少,但光子晶体对于未来外量子效率接近于1的发光二极管仍是很吸引人的。当然,仍需要很大的努力才能使其在半导体照明应用中发挥作用。

9.4.9 金属垂直光子LED(MVP LED)

顾名思义,由旭明公司研发并生产的这种新型结构发光二极管,是采用金属合金衬底,具有垂直光子发射结构的新型发光器件,其结构如图9-23所示。

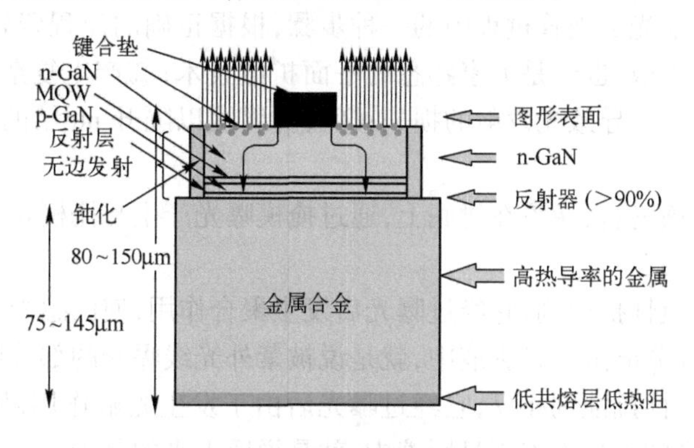

图9-23 金属垂直光子LED

外延层从蓝宝石衬底上剥离下来后,蒸镀上具有>90%反射率的高效镜面反射层,移到金属合金衬底上,衬底厚75~145μm,芯片总高度为80~150μm。从热学角度看,pn结区产生的热可经过极薄的GaN传导到很高热导率的金属合金衬底上,所以芯片热阻仅为0.22℃/W,而100μm厚蓝宝石衬底正装LED热阻达2.91℃/W,150μm厚蓝宝石衬底正装LED芯片热阻高达4.57℃/W,相差高达21倍之多。从电学结结构看,比通常的上方2个电极的结构具有更好的电流分布均匀性,电压可从350mA下的3.5V下降到3.2V。从出光效率看,由于具有粗化的表面结构、下部的反射镜面和外延层周边的钝化除去了边发射的损失,大大提高了出光效率。还由于p电极在下面而免去了p电极遮光的损失。从封装键合速度来说,由于只需键合一个电极,速度可提高1倍。2007年已达到115lm/W,白光,5500K,CRI=80,对3300K暖白光达到95lm/W,CRI=75。目前已批量生产。最近已完成4英寸外延片的研发投产,对降低成本颇有帮助。这种结构由于外延层与金属合金衬底的键合造成成品率较低,仅80%左右,所以后来逐渐被淘汰了。

第10章 LED芯片制造技术

自外延片开始制造LED芯片的工艺流程如图8－20所示。本章着重介绍芯片制造技术中的几项常用工艺技术，并讨论LED芯片结构的发展。

10.1 光刻技术

光刻技术是制造发光二极管过程中的一种步骤，根据正确的流程资料可以用以①获得与淀积薄膜连接的隔离扩散，也就是大家熟悉的平面扩散技术；②产生复杂的接触电极图形，目的是减小扩展电阻而又不导致光发射的损失；③选择腐蚀以隔开pn结的n层部分，获得台面结构。

光刻胶包含有光敏材料，涂覆在衬底上，通过掩模曝光产生与掩模相同的图形。有两类通用的光刻胶：正胶和负胶。

负性光刻胶又称负性抗蚀剂，它经过曝光后发生聚合作用，使已感光的部分在显影液中不能溶解，而未感光的部分能溶于显影液中，就是说被紫外光线曝光的部分留下来。正性光刻胶也称正性抗蚀剂，与负性抗蚀剂相反，它经过曝光后由于发生光解作用，使已感光的部分能溶于显影液中，而未感光的部分不溶于显影液中，就是说留下来的是未感光的。

聚乙烯醇肉桂酸酯（简称KPR）是目前半导体光刻工艺中应用比较广泛的一种光致抗蚀剂，配方见表10－1。

表10－1 光刻胶配方

试　剂	聚乙烯醇肉桂酸酯/g	5－硝基苊/g	环己酮/mL
厚胶配方	1	0.05	10
薄胶配方	1	0.05	12

配胶时，首先检查聚乙烯醇肉桂酸酯的干燥情况，若潮湿可在60℃左右避光烘焙3～4h，使之干燥后，再用普通天平和量筒，按比例称量所需试剂，先把聚乙烯醇肉桂酸酯放入溶剂环己酮中，用玻璃棒进行搅拌，直至完全溶解为止（这步可在明亮处进行），然后在暗室中将增感剂5－硝基苊倒入溶液中，继续搅拌使其混合均匀，经24～48h后，用4号玻璃砂漏斗过滤，以除去没有完全溶解的大颗粒树脂或杂质，以减少针孔和提高胶膜的黏附能力，配制好的感光胶须存放在暗室阴凉处。

显影液是丁酮，也可使用三氯乙烯，但后者有一定毒性，所以常用丁酮，去胶剂可用丙酮，现在用得较多的是等离子体去胶，其原理是加入CF_4/O_2，低压氧气在高频电场作用下发生电离，电离过程中低压气体所残存的少量自由电子向正电极运动，因低压氧气密度小，自由电子的平均自由程就较大，在与氧分子的两次碰撞之间可以获得很高的能量，这种高能自由电子撞击氧分子使之解理,形成带电粒子如 O_3^+、O_2^-、O^-、自由电子以及自由原子、自由基等。因此气体分子电离后就有更多的自由电子被电场加速而具有更高的能量,使气体成为等离子体,由于低压氧气在高频电场作用下,放电产生的高能粒子与光刻胶撞击,使胶的C—H键断裂,并与活性粒子(如自由氧原子以及氧自由基)发生化学反应,生成CO、CO_2、H_2O以及O_3等气体,从而达到去胶的目的。此技术效率高、工序简便,适于大批量生产。

正性光刻胶中都含有邻重氮萘醌基团。这类正性抗蚀剂的特点是分辨率高,即使胶膜较厚也有较好的分辨率,图形清晰度好,它几乎不受氧的影响,感光灵敏度比负性胶高,去胶也比较容易,其缺点是精制比较困难,易产生针孔。保存时稳定性较差,黏附能力较负性胶差,因此抗蚀性能较差。

选择光刻胶需按以下原则:与基板的黏附性,经得住腐蚀剂腐蚀的能力,以及容易对准光刻掩模板。

典型的光刻步骤如图10-1所示。

(1)涂胶:最广泛的是用滴胶头控制涂胶量,晶片是用真空固定在一旋转台上,旋转进行摔胶,使胶得以均匀分布在晶片上。

(2)烘干(前烘):通常以80~100℃烘,大约30min。

(3)曝光:以所需的掩模图形放在衬底之上,以紫外灯曝光1min。

(4)光刻胶显影:大多数光刻胶制造者会介绍和供给合适的显影剂。对于负性胶,显影剂通常与一般的碳氢化合物溶剂相混合,而正性胶则用碱的稀溶液,时间为3min左右。

(5)显影后烘焙(后烘)也称坚膜,典型时间为30min,温度为100~150℃。

(6)腐蚀:在显影后将所需要的图形通过腐蚀转移到晶片上,腐蚀的条件由光刻胶的类型、烘焙时间和厚度所决定。

(7)去胶:去除光刻胶的难易程度与显影后烘焙条件密切相关,抗蚀剂通常是将晶片浸泡在溶剂中除去。

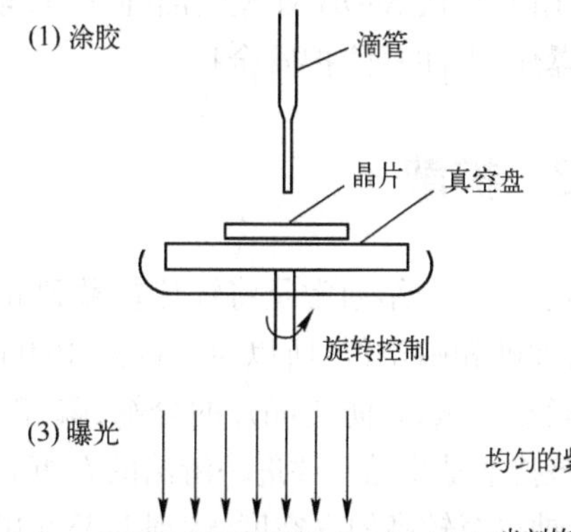

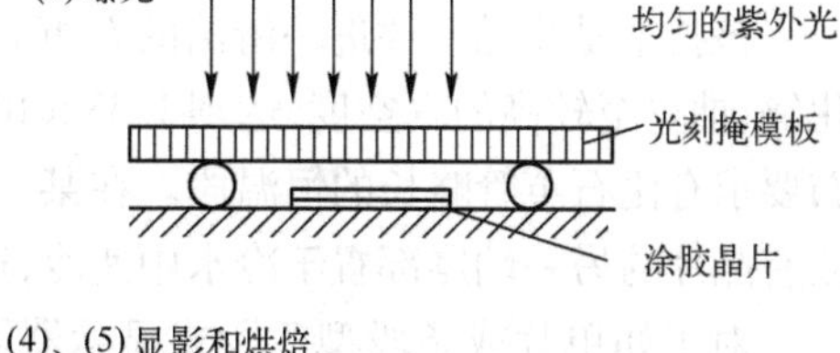

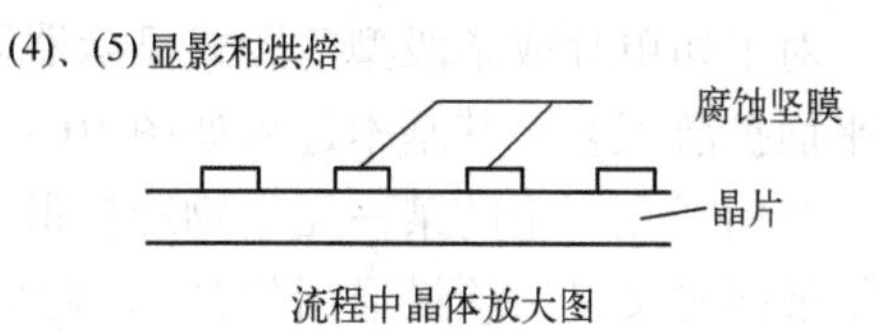

图10-1 典型的光刻步骤示意图

腐蚀Si_3N_4用的腐蚀液配方是氢氟酸(40%)30ml、氟化铵60g、去离子水100mL,腐蚀时间根据胶厚薄等性质而定。铝反刻刻出铝电极时用的腐蚀液是磷酸与酒精的混合液,比例为70:30,温度为80~85℃。

10.2 氮化硅生长

Si_3N_4薄膜是一种优良的绝缘材料,具有高电阻率$10^{14}\Omega\cdot cm$,介电常数比SiO_2还高一个数量级,击穿强度高,100nm厚的Si_3N_4薄膜可耐电压110V,化学惰性大,掩蔽性能好,它可以用作钝化膜,在半导体发光器件制造中主要用作扩散掩蔽和隔离。

Si_3N_4 薄膜可用硅烷与氨反应生成,也可用硅烷和联氨气相淀积生成。最近又发展了低压化学气相淀积(LPCVD)和等离子体增强化学气相淀积。用硅烷与氨反应生成氮化硅,由于生成温度高(750 ~ 900℃),生成的氮化硅,由于生长温度低(550 ~ 750℃),淀积速度较快,生长的 Si_3N_4 膜较软,含有少量 SiO_2,可在 HF + NH_4F 缓冲腐蚀液中直接腐蚀,工艺简便。生长200nm 的 Si_3N_4 膜已有足够的掩蔽和钝化能力,在生产发光器件工艺中使用很合适。

硅烷和联氨生成 Si_3N_4 的化学反应如下:

$$3SiH_4 + 3N_2H_4 \xrightarrow[550 \sim 750℃]{H_2\ 载气} Si_3N_4 + 2NH_3 + 9H_2$$

将晶片放在石英管内的石墨基座上射频感应加热,载气为氢气,温度取 550 ~ 750℃,液态的联氨保持在一固定温度,由氢以鼓泡方式带入反应室,SiH_4 和 N_2H_4 在进入反应室前混合,气体总流量为 0.6L/min,硅烷的浓度为 0.03% ~ 0.4%,SiH_4 与 N_2H_4 的浓度比为 1 ~ 0.01。N_2H_4 用加粒状 NaOH 处理蒸馏纯化,直至折射率在 220℃下为 1.470。在蒸馏 N_2H_4 时有可能引起爆炸,需注意防护安全!

10.3 扩散

发光的 pn 结通常是将锌热扩散到 n 型外延材料中而形成的。由于容易产生 V 族元素的空位,如砷和磷空位,所以通常都是用闭管扩散法,所用扩散源中考虑扩散温度下有一定的 V 族元素蒸气压,以防止晶片的分解,磷、砷的逸出。

该技术是将晶片放进一清洁的石英管中,再加入需要量的锌和 V 族元素或二砷化锌、二磷化锌,抽空至较高的真空度,达到 1.33×10^{-4}Pa,以氢氧焰熔封。将石英管放入扩散炉;其炉温分布要求有比石英管略长的恒温段。在某一温度下,经一定时间扩散后,从炉中取出石英管,并将放有晶片的另一端尾部置于冷水中速冷,这样可使冷凝在晶片表面的锌降低到极小值。

对于如单片或条段型 7 段式显示器需要的大部分发光二极管管芯和一部分单管管芯都采用平面扩散工艺。其基本过程如图 10 - 2 所示。

我们现在讨论的某一元素物理扩散到 $GaAs_{1-x}P_x$ 固溶体之中的过程是很基本的知识,这种扩散同时又是一项最通用的技术,它是建立在 GaAs 和 GaP 扩散知识的基础上。锌扩散到这些材料依赖于温度和锌分压,以及砷和磷的分压,分压只能从已知的石英封管的冷凝状态决定。因此,作为一般规律,起始源的组成并不就是实际源的组成,其由 Zn、As 和 P 分压决定。

扩散是一种由浓度梯度造成的,以热运动方式进行的杂质原子的输运过程,描述这一过程的数学方程称为扩散方程:

$$\frac{\partial N}{\partial t} = -D\frac{\partial^2 N}{\partial x^2} \tag{10-1}$$

式中,N 为杂质浓度;t 为时间;x 为距离;D 为扩散常数。

$$D = D_0 e^{-\frac{E_0}{kT}} \tag{10-2}$$

式中,k 为玻耳兹曼常量;T 为热力学温度;D_0、E_0 为常数。E_0 为激活能,乃是杂质原子扩散时必须克服的某种势垒,对于代位式扩散来说,E_0 即相当于形成一个空位所需的能量。不同材料中不同杂质扩散的 D_0 和 E_0 是不同的。

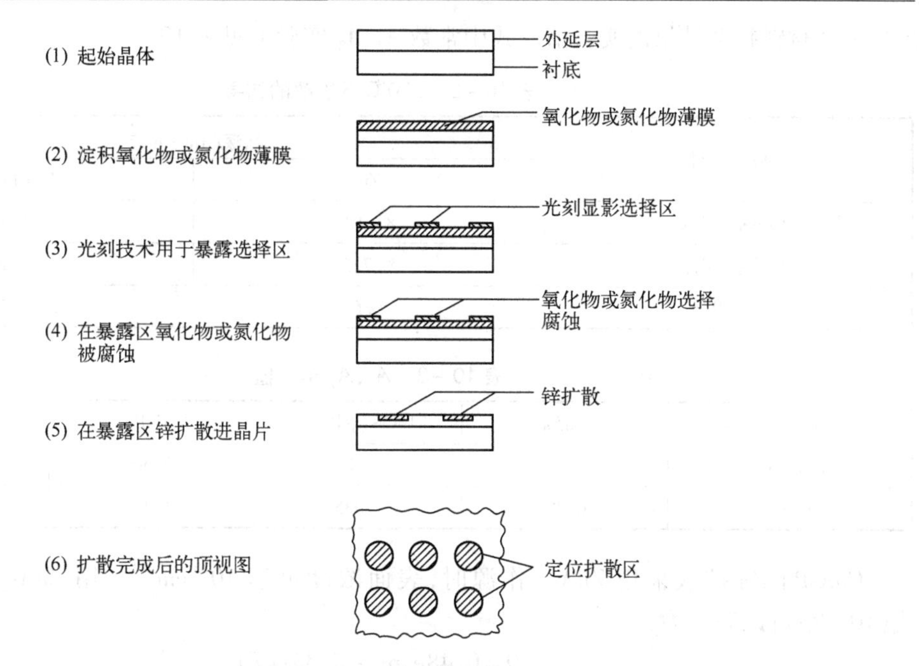

图 10-2 平面扩散过程

通常的扩散过程中片子表面的杂质浓度不变，称恒定表面浓度扩散。式(10-1)的方程解为

$$N(x_1t) = N_s\left(1 - \text{erf}\frac{x}{2\sqrt{Dt}}\right) = N_s\text{erfc}\frac{\infty}{2\sqrt{Dt}} \tag{10-3}$$

式中，N_s 为表面杂质浓度；t 为时间；x 为片子内某点到表面的距离；$N(x_1t)$ 为扩散 t 时间后 x 处的浓度。erf 表示误差函数，erfc 表示余误差函数。这种分布又称为余误差分布。

扩散结果则正比于 $\sqrt{Dt}$，即

$$x_j = k\sqrt{Dt} \tag{10-4}$$

通过调节扩散时间 t 和扩散温度来改变扩散系数 D，便可有效地控制结果。

在化合物半导体中，在发光二极管所需浓度下，锌的扩散遵循填隙-代位扩散平衡扩散机理。这一机理认为填隙式的扩散速率远大于代位式的扩散速率。故在整个扩散过程中，如不加控制，应以填隙式扩散为主，扩散系数可以表示成

$$D = A_1\frac{D_iK_1}{[V_{Ga}]}\cdot C^n \tag{10-5}$$

式中，A_1 为常数；D_i 为填隙式的扩散系数；$[V_{Ga}]$为 Ga 空位的浓度；K_1 为 V_{Ga}和 Zn_i（填隙锌）间反应的平衡常数；n 为依靠于填隙式和代位式两者荷电状态的常数；C 为扩散浓度。可见，扩散系数 D 受 Zn 浓度和它沿扩散前沿的快速变化影响很大。增大 Ga 空位的浓度可以减小扩散，这是因为$[V_{Ga}]$浓度增加，填隙式扩散减弱，替位式扩散增强的缘故。

锌扩散的结果 x_j 与给定温度下的时间 t 及温度 T 之间的关系可表示为

$$x_j = A_2t^{\frac{1}{2}}\exp(-A_3/kT) \tag{10-6}$$

式中，A_2、A_3 为与锌的表面浓度、锌的填隙扩散、Ga 空位的浓度以及锌的固溶度的活化能有关的常数；k 为玻耳兹曼常数。由 A_2、A_3 实验值，可以求出给定时间和温度时的结果。表 10-2

给出一些材料扩散结果的实验值。式中常数 A_2、A_3 实验值见表 10－3。

表 10－2　750℃下扩散的结果

材　　料	结深/$\mu m \cdot h^{-\frac{1}{2}}$	
	Zn	Zn + P/As
$GaAs_{0.60}P_{0.40}$	8～12	约 4
$GaAs_{0.15}P_{0.85}$	约 7.5	2.7～2.9
GaP	约 6	2.3～2.7

表 10－3　A_2、A_3 实验值

材　　料	GaAs	$GaAs_{0.67}P_{0.33}$	GaP	InP
$A_2/cm \cdot h^{-\frac{1}{2}}$	90	48	2650	50
A_3/eV	0.89	1.035	1.35	0.72

GaAsP 的锌扩散采用 $ZnAs_2$ 作源时，表面浓度可达 $10^{20}cm^{-3}$。用 $ZnAs_2$ + P 作源时，式(10－2)可以表示为

$$D = 0.48\exp(-2.33/kT) \tag{10-7}$$

式中的激活能为 2.33eV，它介于 2.1eV（磷化镓）和 2.49eV（砷化镓）之间。

此外，在锌扩散较快，很难获得平整的 pn 结时，也可在扩散源中加入镓降低砷压，以减小扩散速度。因此在磷化镓、磷砷镓的锌扩散中，也有采用 Ga、Zn、P 三元系作源的，获得了较好的结果。对于光吸收较大的 $GaAs_{0.60}P_{0.40}$ 来说，最佳结果为 1～2μm，太厚会严重影响出光，太薄会使发光不均匀，而对光吸收很少的 GaP 和高含 P 量 GaAsP，则可控制在 4～6μm。

化合物半导体的锌扩散除了闭管扩散外，也可采用开管系统或掺锌二氧化硅乳胶扩散，后两种方法适用于大量生产。

10.4　欧姆接触电极

发光二极管有效和可靠工作的基本条件之一是应用低阻欧姆接触电极，该接触要足够厚，以提供合适的引线键合压点和接触材料之间最小的压降。对于平面结构管芯，上部的接触图形一般设计成键合压点在氧化物或 Si_3N_4 上面，而台面结构管芯的上电极一般就直接在扩散区上面，覆盖于扩散区上面的电极面积一般控制在 10%～15%。而背电极接触有整体接触和小圆点矩阵接触两种，后者可减小结电容和反向漏电流，并提高光反射率。电极形状如图 10－3 所示。

发光二极管串联电阻主要来自 p 区接触电阻 R_{CO}、p 区电阻 R_{Sp}、n 区电阻外延层电阻 R_{Sn}、衬底电阻 R_{Sn+} 和 n 区接触电阻 R_{Sd}。$R_{串联} = R_{CO} + R_{Sp} + R_{Sn} + R_{Sn+} + R_{Sd}$，对接触电阻主要是 R_{CO} 和 R_{Sd}。

表 10－4 列出了欧姆接触电极的金属（合金）种类，用得较多的 p 型半导体是 Au-Zn、Au-Be、Al，n 型半导体则是 Au-Ge-Ni 等。Au-Sn 和 Au-Ge-Ni 与常用发光材料的接触电阻见表 10－4。

当电极金属中含有施主或受主杂质元素时，在半导体上形成电极层后进行合金化，可得到低阻界面，从而使接触电阻降低。表 10－4 还列出了最佳合金温度和时间。合金化通常在还

原性气氛 H_2 或惰性气氛 N_2，甚至在蒸发室的高真空条件下进行。表 10－5 是 Au-Ge-Ni 与不同材料在 2min 合金化时间下的最小接触电阻。

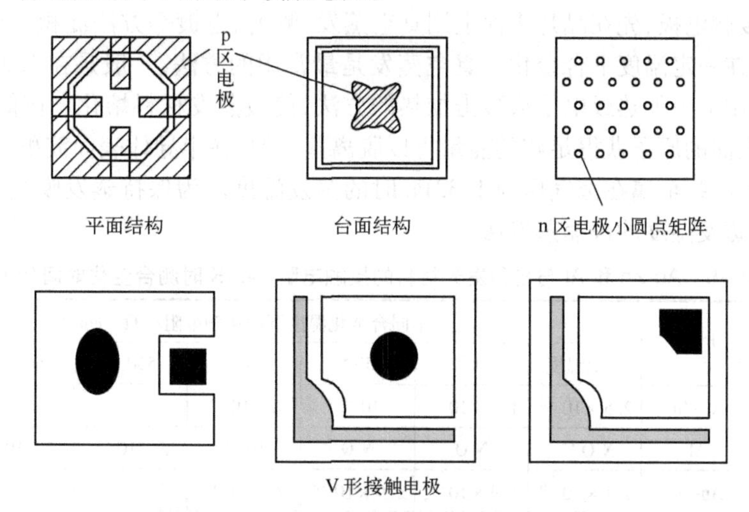

图 10－3　电极形状

表 10－4　欧姆接触电极用的金属(合金)

半导体	浓度/cm^{-3}	电极金属(合金)	合金条件	接触电阻/($\Omega \cdot cm^2$)
			温度,时间	
n-GaAs	($0.4 \sim 30\Omega \cdot cm^2$)	$Au_{83}Ge_{12}Ni_5$	450℃,45s	5.56×10^{-4}
n-GaAs		Au_{88}-Ge_{12}	350～450℃	
n-GaAs		Au-In(90:10)	550℃	
n-GaAs		Au-Si(94:6)	300℃	
n-GaAs		Au-Sn(90:10)	350～700℃	
n-GaAs	$10^{15}\sim6\times10^{18}$	Ag_{80}-Au_{10}-Ge_{10}	500℃,1min	
n-GaAs	$5\times10^{15}\sim6\times10^{18}$	Ag_{75}-In_{25}	500℃,1min	
p-GaAsP、p-GaP	2×10^{19}	Au-Be,Au-Zn-Sb		
p-GaAsP	2×10^{19}	Al	500℃,2min	6×10^{-6}
p-GaAsP	2×10^{19}	Au_{98}-Zn_2	500℃,2min	6×10^{-6}

表 10－5　Au-Ge-Ni 与不同材料在 2min 合金化时间下的最小接触电阻(单位:$\Omega \cdot cm^2$)

载流子浓度/cm^{-3} 发光材料	$0.8\times10^{17}\sim1\times10^{17}$	$2\times10^{17}\sim3\times10^{17}$	$4\times10^{17}\sim5\times10^{17}$	7×10^{17}	$1\times10^{17}\sim3\times10^{18}$
$Ga_{0.6}Al_{0.4}As$		1×10^{-3} (500℃)	5×10^{-4} (520℃)	2.5×10^{-4} (500℃)	2.1×10^{-4} (500℃)
$GaAs_{0.6}P_{0.4}$	4.5×10^{-4} (600℃)	2.1×10^{-4} (550～600℃)	1.7×10^{-4} (550℃)		
GaP	4×10^{-3} (600℃)	5.5×10^{-4} (600℃)	3×10^{-4} (600℃)		8×10^{-5} (600℃)

表10－6是300K时Au-Zn和Al与各种发光材料在不同合金化温度下2min的接触电阻，p型载流子浓度是$2\times10^{19}cm^{-3}$,N-O表示非欧姆接触。

制作欧姆接触电极,先在晶片表面上用真空蒸发、溅射、电镀等方法淀积一层选好的欧姆接触材料,然后在一定温度下合金化。真空蒸发是最常用的方法,一般是在1.33×10^{-3}Pa以上的高真空下,用电阻加热或电子束轰击加热的方法,使被蒸发材料熔化。在低气压下,熔化了的蒸发材料表面的原子获得足够的能量得以脱离蒸发源,在半导体表面淀积一层接触材料。表10－7给出了一些金属在蒸气压为1.33Pa时的蒸发温度。为保持蒸发膜组分与合金组分的一致,采用高蒸发温度的快速蒸发法。

表10－6　Au-Zn和Al与各种发光材料的接触电阻(300K时测合金化时间2min)

*发光材料	接触	不同合金化温度下的接触电阻/(Ω·cm²)						
		淀积温度	400℃	450℃	500℃	550℃	600℃	650℃
$Al_{0.4}Ga_{0.6}As$	Au-Zn	2.5×10^{-2}	1.9×10^{-5}	10^{-5}	8×10^{-6}			
	Al	N-O**	N-O	N-O	10^{-4}	5×10^{-5}	2×10^{-5}	
$GaAs_{0.6}P_{0.4}$	Au-Zn	1.1×10^{-6}	1.3×10^{-6}	2.9×10^{-6}	6×10^{-6}			
	Al	10^{-4}	5.4×10^{-5}	2×10^{-5}	1.5×10^{-6}			
GaP	Au-Zn	N-O	N-O	N-O	N-O	10^{-3}	6.5×10^{-4}	1.5×10^{-3}
	Al	N-O	N-O	N-O	N-O	N-O	N-O	N-O

*所有这些p型材料的载流子浓度约为$2\times10^{19}cm^{-3}$。

**N-O(非欧姆接触)。

表10－7　一些金属的熔点和蒸发温度(℃)

金　属	铝	镓	金	铟	铅	银	镍	锡
熔　点	660	30	1063	157	328	961	1455	332
蒸发温度	1148	1093	1465	952	718	1047	1566	1189

高掺杂材料的欧姆接触容易实现,对较低的载流子浓度材料制作欧姆接触时,往往使用扩散,离子注入或外延生长的办法,制备一层重掺杂层,再用上述方法制作欧姆接触电极。

10.5　ITO透明电极

传统的NiAu合金电极具有非常好的电流扩展功能,但对可见光的透过率仅为60%～70%,因此利用氧化铟锡(Indinm-Tin-Oxide,ITO)透明电极的高可见光透过率和低电阻率是提高LED出光效率的有效途径之一。

ITO的带隙宽度为3.75～4.0eV;是重掺杂(Sn)、高简并的n型半导体,具有优良的电学和光学性能:低电阻率($10^{-4}\sim10^{-5}\Omega\cdot cm$)、高可见光透过率(>90%)、高红外反射率(>90%)、机械与化学性能稳定以及用湿法刻蚀容易形成电极图形等。

ITO膜的制备方法有磁控溅射法、蒸发法、喷涂法、气相反应法和溶液－凝胶法。

磁控溅射法是将一定压力的Ar和O_2的混合气体放电,形成高能量的等离子体,磁控这些等离子体入射到以SnO_2(wt,10%)的烧结ITO氧化物陶瓷为靶材料的阳板上并发生化学反应,被溅射出的原子最终落在加热的衬底上形成致密的薄膜。此法沉积速率慢、对气体组分要求严格。

蒸发法分电子束蒸发工艺和高密度等离子体蒸发。前者是将电子束聚焦于源材料上而被加热,使源材料蒸发并沉积于衬底上形成均匀致密的薄膜;后者的源材料是用弧光放电法蒸发以提供等离子体,生成的高能粒子被加速入射到生长面上形成薄膜。电子束蒸发工艺具有工艺简单、沉积速率快、薄膜致密、均匀性好等优点而被广泛使用。

图10-4所示是ITO薄膜制备的电子束蒸发系统的示意图。

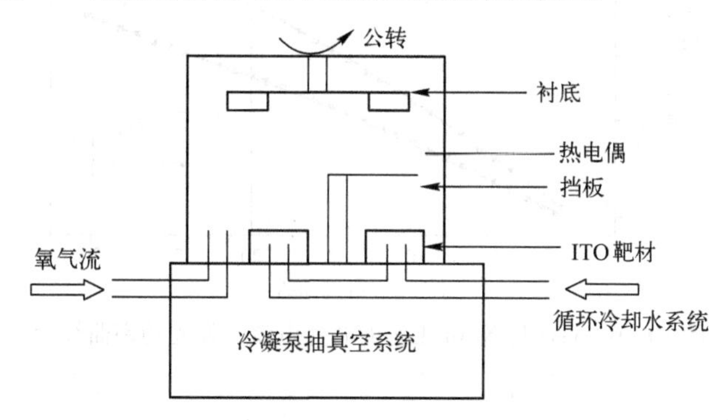

图10-4 电子束蒸发镀膜系统

铟(wt,90%)和锡(wt,10%)合金置于被电子束(DC 8000V,40mA)加热的坩埚中。蒸发源的加热温度为1050℃,基片为在蓝宝石衬底上MOCVD生长InGaN的外延片。基片与蒸发源的距离为80cm。成膜过程中基片架旋转以提高成膜的均匀性。基片采用钨丝灯加热至180℃。镀膜室本底真空为2.0×10^{-7}Torr。通过针形阀将O_2通入蒸发系统,气体总压保持在3.0×10^{-5}Torr。系统自带膜厚计可实时显示膜厚,镀膜后在N_2气氛下退火,退火温度为300~500℃。退火是将SnO转变为SnO_2,可降低薄膜的电阻率。

薄膜的透过率和电阻率与薄膜厚度、蒸发时O_2流量、腔体压力、基片温度和退火参数等都有较大的关系,合理地调节、优化这些参数,可制备出高可见光透过率和低电阻率的ITO薄膜。膜厚500nm,沉积速率约2.0nm/s,测得折射率$n=1.93$,方块电阻$R_{\square}=8\sim10\Omega$,电阻率$\rho=R_{\square}\times500\text{nm}=4\times10^{-4}\sim5\times10^{-4}\Omega\cdot\text{cm}$。450~550nm波段内ITO的透过率$T=95\%\sim98\%$,远高于NiAu合金的68%~80%,如图10-5所示。所用InGaN/GaN外延片的峰值波长$\lambda_p=460$nm,谱宽FWHM=20nm。

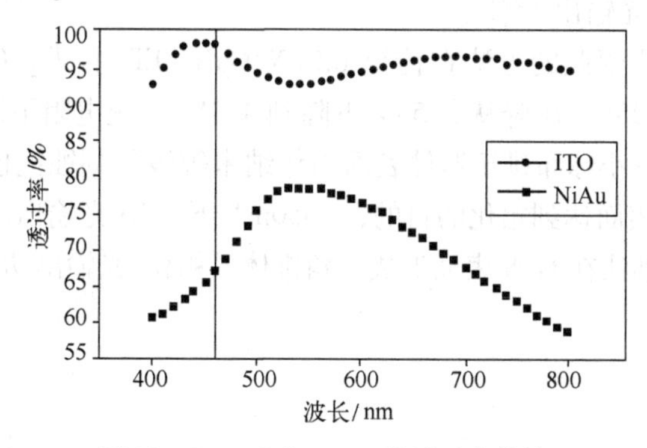

图10-5 ITO与NiAu的透过率曲线

制管结果表明,芯片的发光功率从NiAu的4.44mW提升到ITO工艺的6.72mW,提升幅度达51.8%,同时正向电压由NiAu合金工艺的3.15V上升到ITO工艺的3.20V,上升幅度为

1.6%,老化试验后管芯的发光功率衰减幅度仅为5.1%,优于NiAu合金工艺的7.2%,能满足生产的实用要求。ITO与NiAu工艺的芯片电流-发光功率曲线图如图10-6所示。

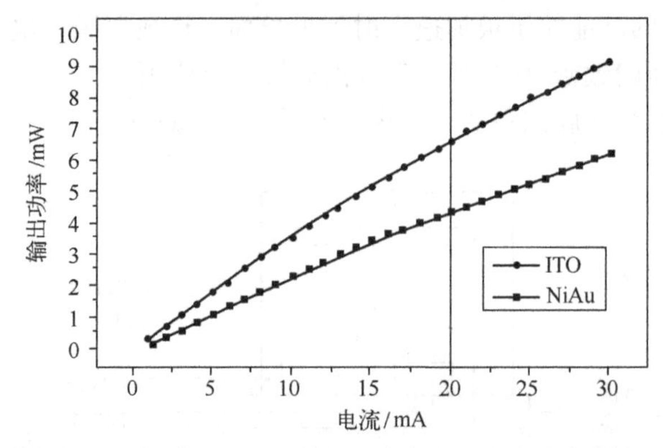

图10-6 ITO与NiAu工艺的芯片电流-发光功率曲线图

10.6 表面粗化

目前,半导体技术的发展使GaN基LED的内量子效率已有长足的进步。但是由于GaN和空气的折射率分别为2.5和1.0,相差较大,结果在多量子阱内产生的光,能够出射到空气中的临界角大约是22°,就是说出光效率很低而导致外量子效率非常低。通过对GaN表面进行粗化处理,形成不规则的凹凸,从而减少或者破坏GaN材料与空气界面处的全反射,可以提高LED的出光效率。

采用热的85% H_3PO_4 可以湿法粗化GaN,优化的腐蚀条件为:温度195℃,时间5min。芯片光强从51mcd升高到粗化后的64mcd,经过粗化后,芯片的出光效率提高24%。

研究表明,GaN的极性面Ga面不容易腐蚀,而极性面N面较易腐蚀。此外还发现n型较p型GaN容易腐蚀。

也有表面粗化对Si衬底GaN LED芯片性能影响的研究报导,以NaOH溶液对表面进行粗化处理,与未粗化处理样品对此说明,LED光输出功率可从7.46mW提高到8.63mW(10个LED的平均值),可增加光输出15%。

Huang等人利用激光辐照的方法在传统InGaN/GaN LED上部p-GaN表面形成纳米级粗糙层。表明亮度提高了25%,压降从3.55V下降到3.3V,系统电阻下降了29%。

吴中涵曾用聚苯乙烯小球布排于器件表面当作纳米等级的刻蚀掩模,再通过干法刻蚀的方式将图样转移到n-GaN表面达到粗化的目的,在350mA下LED光输出功率可提升36.82%。樊晶美等人用光电化学腐蚀法在GaN表面形成六角锥体的粗化,光输出功率增加50%。

10.7 光子晶体

多数实用的LED是用平面技术,并用方形或矩形结构制造的。由于几何形状的限制,半导体折射率和空气折射率的巨大差别,导致平面矩形LED的量子效率不能超过30%很多。将用非矩阵、非平面结构解决光引出的方法就是用异形芯片。使所有发射光子在某个临界角内到达半导体表面的直接方法是应用球形芯片。半球形 GaAs LED 外量子效率可高达50%。把厚衬底做成抛物反射镜形的 InP 作为衬底的 InGaAs/InP 异质结构中得到外量子效率60%的红外发射。AlGaInP 截角倒金字塔形 LED 最高发光效率超过 1081m/W,在 652nm 处,直流工作下外量子效率高达55%。

而在具有折射率周期性变化的结构中,光子表现出波的性质,与晶格中的电子相似。这种结构称光子晶体,可以用一维、二维或三维的形式实现。在光子晶体中引入缺陷,在带隙中产生局域态。这意味着正常的自发辐射能够只维持一个所希望的模而抑制其他模。实际上,一个 DBR-DBR 谐振腔 LED 实现了一维光子晶体的概念,其中含有一个缺陷(λ 或 $\lambda/2$ 腔)。但在这种 LED 中,由于仅利用了一维,光子晶体的优点未得到很好的发挥。

二维光子晶体结构含有平行圆柱的周期阵列例如空气中的半导体柱或半导体层中的圆柱形孔。现已经有了多种制备二维光子晶体的技术,如光刻腐蚀、电化学、垂直方向选择氧化等。Fan 等考虑了从二维光子晶体薄片引出光。由于限制了导波模,预测的出光效率超过 90%。Baba 等通过制备 InGaAsP/InP 微圆柱的蜂巢形阵列演示了空气中半导体柱阵列器件二维光子晶体发射体。与平面晶片相比较,发射体的光引出提高了 10 倍以上。

北大康香宁等人除了用阳极氧化氧化铝作掩模,通过电感耦合等离子体(ICP)干法刻蚀制作纳米级光子晶体取得出光效率为 42%,在薄膜 GaN 基 LED(TF-LED),还用修改的激光剥离法(Modified Laser Lift-off,M-LLO)制造微米级光子晶体。它的步骤是先在蓝宝石背面刻了聚合物的图形,激光剥离,同时形成 GaN 的图形,再沉积反射器。这种图形底反射器器件比通常的 LED 光输出增强 1 倍,而比平板底反射器 LED 增强了 31%。英国 Bath 大学研制的光子晶体 LED,出光效率可增加 62%。

韩国科研人员利用掩埋式光子晶体增强 LED 发光。在蓝宝石衬底上,于 2μm 厚的 n-GaN 层上生长一个 130nm 的二氧化硅层,用全息刻蚀法在该层上刻蚀出光子晶体,由此生成直径在 130 ~ 230nm 范围内的柱状结构。这个刻蚀过程采用常用的等离子干式刻蚀法。而在 MQW 生长之前,刻蚀则解决了 p-GaN 层会受到等离子损伤并穿透整个器件影响到多量子阱(MQW)的难题。同时将二氧化硅层放到外延结构的下层,其作用类似于侧向外延(ELOG)法中,可用来生成高质量的 GaN 晶体层。这两种优势导致外量子效率提高了 70%。

松下电器则在 2003 年就在 n 和 p 电极中间的区域制成光子晶体,取得了发光效率提高 1.5 倍的好结果。根据计算,采用二维光子晶体结构,一般应达到 2 倍光输出,还有潜力可挖。

近期 Philips Lumileds 报道出光效率达到 73%,加州大学芭芭拉分校(UCSB)报道出光效率达到 94%,产业化尚待突破。

至于三维光子晶体的制备技术,正在发展中,目前尚不成熟。总之,光子晶体对于未来外量子效率接近 1 的 LED 实在是很诱人的。

10.8 激光剥离(Laser Lift-off,LLO)

激光剥离技术是利用激光器的激光能量分解 GaN/蓝宝石界面处的 GaN 缓冲层,从而实现 LED 外延片与蓝宝石衬底的分离。这可带来许多好处,如将外延片转移到高热导率的热沉上,做成铜衬底上的垂直结构,可减少因蓝宝石衬底带来的磨片、划片麻烦,蓝宝石衬底可重复使用。

衬底剥离技术首先由美国 HP 公司在 AlGaInP/GaAs LED 上实现。美国 M. K. Kell 等人于 1996 年创建了 GaN 基材料的激光剥离技术。2003 年 2 月德国 Osram 公司建立了第一条将用激光剥离技术的 LED 生产线。2004 年中村修二报道了 LLO 技术结合表面粗化技术。最近,中国台湾、韩国报道了 LLD 技术结合电镀金属热沉、表面粗化、ITO 技术。南京大学较早开展激光剥离,研究 HVPE 生长 GaN 薄膜后从衬底上剥离以制备 GaN 衬底。北京大学研究 GaN 基外延层从蓝宝石衬底上激光剥离。他们自行设计激光剥离系统、晶片键合系统,对 GaN 基外延层进行大面积无损伤激光剥离。成功剥离出 2 英寸完整的外延片,成功制备出激光剥离、垂直结构的 LED 芯片,在 n-GaN 面上制备出多种微结构,提高发光效率 60% 以上。

具体操作是用 Kr^+ 激光器,248nm,25ns,对外延材料从蓝宝石一边进行激光扫描,能量密度范围为 400 ~ 600mJ/cm^2,在 GaN 缓冲层处,发生 GaN 分解反应:$GaN \longrightarrow Ga + \frac{1}{2}N_2$。剥离一片 2 英寸外延片仅 2min 左右,成品率可达 95% 以上。

方园等人曾在 GaN 薄膜表面电镀 100μm 均匀的金属铜作为转移衬底,采用激光剥离技术,在 400mJ/cm^2 脉冲激光能量密度下,将 GaN 薄膜从蓝宝石衬底转移至铜衬底。扫描电镀测试结果表明,电镀铜衬底与 GaN 之间形成致密的结合,对 GaN 薄膜起到了很好的支撑作用,同时铜的延展性好,使得 GaN 薄膜内产生的应力得到有效释放,保持了剥离后 GaN 薄膜的完整性。应用这样的薄膜 GaN 可制成金属衬底垂直结构 LED,具有优良的散热性能,器件热阻很低。

德国欧司朗公司用此法将芯片的出光效率提高了 75%。采用芯片键合到铜片上再激光剥离蓝宝石衬底,可使散热能力提高 4 倍,发光功率也提升 4 倍。

10.9 倒装芯片技术

AlGaInN 二极管外延片通常都生长在绝缘的蓝宝石衬底上,欧姆接触的 p 电极和 n 电极只能制备在外延层的同一侧,正面射出的光相当一部分将被电极和键合引线所遮挡。造成光吸收的另一个原因是 p 型 GaN 的电导率较低,为满足电流扩展的要求,覆盖于外延层表面的半透明 NiAu 欧姆接触层厚度应在 5 ~ 10nm,这样就有一部分被半透明 NiAu 层吸收,发光效率必定损失。

倒装芯片技术将蓝宝石一面作为出光面,避免了上面两个因素的光吸收,而且使 PN 结靠近热沉、降低热阻,还提高了可靠性。2001 年 Lumileds 报道了倒装焊技术在大功率 AlGaInN 芯片上的应用,改善了电流扩散性和散热性,背反射膜的制备将射向下方的光反射回出光的蓝宝石一方,进一步提升出光效率,其总体发光效率比正装增加 1.6 倍。

Lumileds 公司称这种技术为薄膜倒装芯片(Fhin Film Flip Chips,TFFC)技术。最近加上表面粗化和透明荧光陶瓷片新工艺,使功率 LED 发光效率达到 115lm/W。用这种技术的新产品 Rebel(造反者),每个 1W 器件光输出为 100lm。用同样技术改进 Luxeon K2,使其热阻从小于 9℃/W 降低到 5.5℃/W。当 1A 电流驱动时,光通量达 160lm,更高电流驱动很容易超过 220lm。

最近该技术应用到芯片级封装(CSP)器件获得成功,已批量生产。应用到 COB 产品也开始有产品出现。

10.10　垂直结构芯片技术

垂直结构LED具有均匀的电流分布、铜或硅具有比蓝宝石好得多的热导率、低的工作电压等优点，所以是高功率LED的首选。

如果定义电流均匀性为$I_{max}-I_{min}/I_{max}+I_{min}$，垂直结构的LED比倒装芯片结构改进的系数达2.38。对于倒装芯片来说，其热阻随凸点数量的增加而降低，因为热量是通过凸点向热沉方向传导的，按通常25个凸点的倒装芯片计，理想条件下热阻为5.0，而实际上最大可达17.2℃/W，相比之下，垂直结构芯片热阻仅为0.35℃/W，二者相差14～49倍。垂直结构芯片由于是全接触，正向压降较倒装芯片要低0.3V，标准是3.2V，好的达3.0V左右。就是说，同是1W的功率LED，实际功耗就有0.1～0.2W的差别。这对同样350mA驱动的器件来说，垂直结构芯片的发光效率就有明显的优势。

采用金属合金衬底、具有垂直光子发射结构的新型发光二极管制造方法参见9.4.9节，电压从3.5V降至3.2V，由于加上表面粗化、下部反射镜面和周边的钝化除去边发射损失，大大提高了发光效率，2007年已达到115lm/W，已能批量生产，最近还完成了4英寸外延片的研发投产，可较大幅度降低成本，这里不再详述。

Si衬底上大功率GaN LED外延片是在托马斯王的MOCVD设备上生长的，先在p面采用Ag反射镜做成欧姆接触，再采用外延片焊接技术把Si衬底上生长的GaN LED外延膜转移到新的硅衬底上，化学腐蚀掉原来的硅衬底后，获得n型GaN出光面的垂直结构，再通过化学腐蚀对n型层表面进行粗化，最后用Al作为n型欧姆接触，芯片结构如图10-7所示。

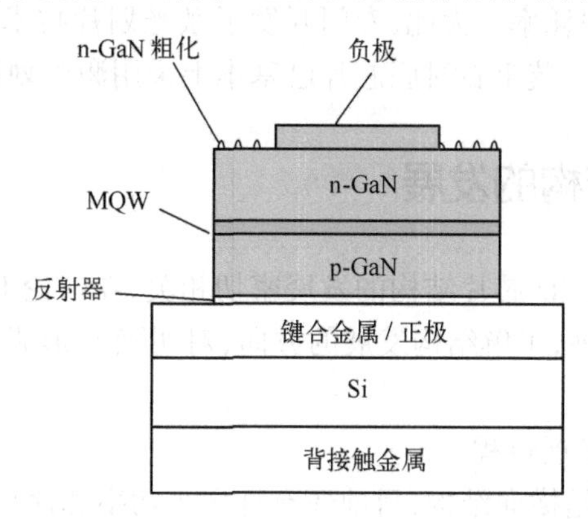

图10-7　Si衬底外延垂直结构GaN LED

蓝光芯片400μm×600μm成品管20mA下的功率为18mW，绿光管的功率为7.28mW。老化试验表明，该发光二极管有着良好的散热和电流扩展特性，电学性能稳定，达到商品化可靠性的要求。

10.11　芯片的切割

将发光二极管管芯切割并裂开的方法类似于用于硅的情况，但是由于发光二极管材料在形状和大小方面不像硅片那么均匀,所以不能像硅那样搞标准化的工序。幸而通常气相外延材料是生长在(100)晶向的衬底上的,所以倘若以调整到平行于解理平面进行切割,那就能达到相当高的切割合格率。

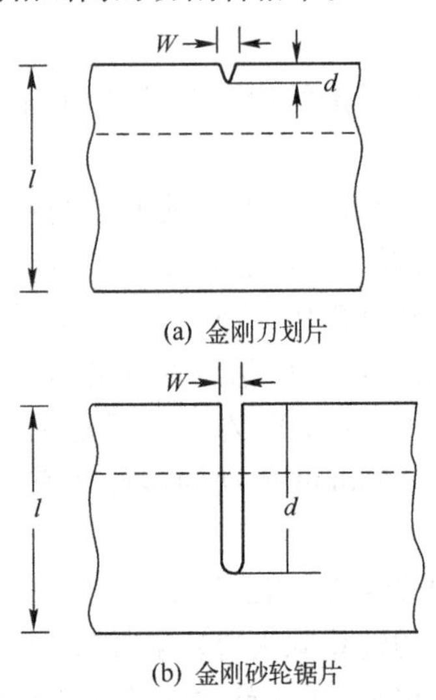

(a) 金刚刀划片

(b) 金刚砂轮锯片

图 10-8 管芯切割形状

切割发光二极管材料的两种最广泛应用的方法就是金刚刀划片和金刚砂轮锯片。划片机是今天用得最普遍的,它的划痕截面图是三角形,划的深度 d 一般小于 0.003cm,当然,与晶片总厚度 t 相比仅是很小的分数,如图 10-8(a)所示。假如增加金刚刀上的压力,将割得较深些,以致发生 GaAsP 材料碎裂。金刚砂轮锯痕的截面图是相当深的,而且是有两条平行边的深沟,如图 10-8(b)所示。事实上,最近有可供锯片完全切割晶片的设备。对于一种粘有金刚砂的锯片,当厚度为 0.0043cm 时,结果锯痕截面宽度 $W<0.005$cm。

半导体晶片的裂片技术大部分都用方便的滚裂技术,对于金刚刀划片的晶片,要求管芯边长 l 与厚度之间的比值 $\frac{l}{t}\geqslant 2$,方能成功地裂开,此值实际上决定该晶片应该取的厚度。

当然,对于金刚砂轮锯片的情况来说,不是完全锯开,也可锯进晶片厚度的三分之二,所以可以方便地裂开。最近有在正面锯进三分之二,再在背面相应处划片的方法,裂片成品率更高。

铟镓铝磷和采用硅或碳化硅衬底的铟镓氮材料也可采用上述划片或锯片工艺,但对蓝宝石为衬底的铟镓氮材料,由于蓝宝石硬度较高,采用上述工艺一则影响芯片成品率,二则加大了划刀和锯片金刚砂轮的损耗率。为此,专门开发了激光划片技术并研制了激光划片的自动化设备,目前已有成熟产品。蓝宝石衬底芯片已基本上采用激光划片技术。

10.12 LED 芯片结构的发展

LED 芯片制造技术与 LED 芯片结构的发展密切相关,在讨论 LED 芯片制造技术之后,重新回到 LED 芯片结构的发展,了解结构发展的方向,对明确 LED 芯片制造技术发展的方向甚为重要。

(1) LED 芯片结构的发展过程

最早的 GaN LED 芯片是横向结构,目前还有许多小功率芯片采用横向结构。在这种结构的芯片中,电流在 p 型外延层中横向流过一段不等的距离,由于 p 型外延层电阻比较高,因此,正向电压比较高,产生的热量也较多。另外,在这一部分电流密度会偏高,有电流拥塞较多,限制了驱动电流。对于 InGaN 芯片来说,蓝宝石衬底的热导率比较低,为解决散热问题,将蓝宝石放到器件的出光面上方,发展了倒装焊结构,发光效率和散热效果都有了改进。但通常的 LED 芯片倒装焊结构,仍然是横向结构,仍然有电流拥塞现象,且不能进行表面粗化或制作光子晶体的加工。

这样垂直结构 LED 芯片被提出,最近,一种基于电流在 p 型外延层中流动的方向为垂直的 LED 定义提了出来。

垂直结构的LED芯片的定义:LED芯片带有较高电阻的外延层(p型)的大部分被一导电层覆盖(如金属层);导电层上的每一点均为等电位;导电层与电极相连;电流基本上垂直流过带有高电阻的外延层。

大部分的红光LED芯片都是垂直结构。在垂直结构的LED芯片中,电流基本上垂直流过高电阻的p型外延层,并且电流拥塞现象得到克服。为了解决蓝光LED倒装焊芯片的不足之处,借鉴于红光LED芯片垂直结构,就提出了垂直结构的蓝光芯片。首先把LED芯片的p型外延层的大部分倒装焊到支持衬底上,然后剥离生长衬底,形成垂直结构的LED。最近又提出了无须打金线的LED芯片结构,简称为“三维垂直结构LED芯片/SMD”。

发展过程归结为:横向结构→倒装结构→垂直结构→三维垂直结构。

(2) 三维垂直结构

① 第一种:蓝光LED芯片产品。

Lumileds推出薄膜倒装芯片(Thin Film Flip Chip,TFFC),首先用于Luxeon Rebel器件,并用以改进了Luxeon K2,使K2的热阻从9℃/W降低至5.5℃/K。它的p型外延层大部分以支持衬底上的p电极相接触,n型外延层通过16个金属塞的支持衬底上的n电极相连。构成无须打金线的垂直三维芯片结构。

② 第二种:红光/蓝光芯片样品。

无须金线键合的三维垂直结构的红光芯片和蓝光芯片有相同的结构。三维垂直结构LED芯片/SMD的p型外延层完全以支持衬底的p电极相接触,形成在n型外延层上的图形化N电极延伸到支持衬底上的n电极,因此电流分布均匀,没有电流拥塞现象。

③ 第三种:无须金线键合的三维垂直结构LED芯片/SMD的结构。

n型外延层上的图形化的n电极通过金属填充塞形支持衬底上的n电极相连,p型外延层完全以支持衬底的p电极相接触,形成电流通路。

(3) 三维垂直LED芯片/SMD结构

① 三维垂直LED芯片/SMD的优点。

成本低(一个SMD的成本只比它的芯片的成本高5%~10%);良品率高(预计高于65%);没有电流拥塞现象;更高的电流密度;更小的封装尺寸(如Rebel);低热阻;芯片工艺和封装步骤结合在一起。

② 具体结构。

结构图见图10-9。

外部电源的正极通过p电极、p金属填充塞、p金属层、p型外延层、发光层、n型外延层、电极、电极延伸部分、n金属层、n金属填充塞、n电极与外部电源的负极相连,形成电流回路,因此不用金线键合。其中,钝化层起到保护芯片的作用;选择金属填充塞的数量和尺寸,以便有效散热;夹在LED外延膜和p金属层之间的反射/欧姆接触/键合层,可提高出光效率,形成欧姆接触,降低正向压降;表面粗化,可提高出光效率。

③ 制造三维垂直结构LED芯片/SMD的工艺过程。

a. 共晶焊LED芯片的p型外延层到支持衬底的金属膜上。

b. 剥离LED芯片的生长衬底。

c. 沉积钝化层,以保护芯片。

d. 在LED薄膜和n金属膜上方的保护层的预定位置,通过刻蚀,形成窗口。在窗口中的

n 型外延层上形成优化图形电极,该电极延伸到 n 金属膜上并与之形成电连接。p 金属膜和 n 金属膜分别与支持衬底的 p 电极和 n 电极电连接,因此无须金线键合。

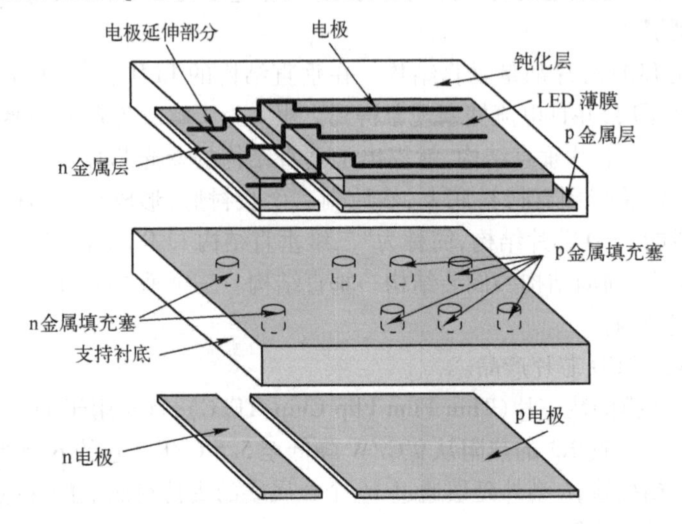

图 10-9 无须打线的三维垂直结构 LED 芯片/SMD

(4) 最近的进展

① Lumileds 公司努力提高每个芯片能够承受的电流。目前已经向 $1mm^2$ 的芯片注入 2A 的脉冲电流,得到 582lm。经过改进,预计可得到 1100lm。希望把 LED 的发光效率由 75lm/W 提高到 150lm/W,驱动电流由 350mA 提高到 2A,并提高生产率至 2 倍,则成本就能降至目前的 1/20。

② 美国的 Cree 公司的垂直结构 Xlamp 的 XR-E 的驱动电流达到 1A。

③ 德国的 Osram 公司研制成功一款新的垂直结构芯片,驱动电流达到 1.4A,其光通量达到 500lm。

④ 中国台湾的小太阳能源公司 2008 年 6 月报导,该公司已向 $1mm^2$ 垂直结构芯片注入 5A 电流,得到 1500lm,其结构如图 10-10 所示。小太阳公司率先开发出新超导热材料与技术,不需要使用风扇、散热片或热管,而是以铝作为再散热体,通过超导热材料将热能传输至铝散热体。

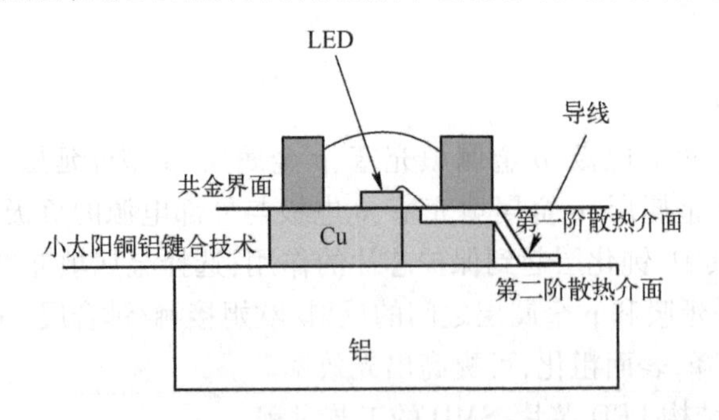

图 10-10 小太阳国际能源公司 LED 结构

大电流驱动和低热阻的垂直结构芯片/封装是 LED 光源的发展趋势,当应用于通用照明时,将推动 LED 向通用照明迈进一大步。

第 11 章 白光发光二极管

研制白光发光二极管是半导体照明技术的主要目标。替代白炽灯、荧光灯这些白光光源是半导体照明工程的最终目标。人们曾进行过把红外 LED 的长波发射上转换为宽带可见光谱的尝试,得到过红光、绿光乃至蓝光,但效率太低。也有过有机半导体电致发光的白色发光器件演示,也是效率颇低、寿命太短。白光 LED 只是在 AlInGaN 高亮度蓝光 LED 制成后才成为现实。以短波长 LED 为基础,发展了由两种或三种颜色混合的白光 LED。从实用角度考虑,白光 LED 的发展目标是高效率和高显色性的结合。

11.1 新世纪光源的研制目标

人们对新世纪新光源的要求是高效率、高显色性和环保。照明用白光 LED 的具体技术性能要求概括如下。

- 发光效率:要求最终达到 200lm/W 以上。超过所有传统电光源。
- 显色指数:希望达到 100,与太阳光相似。一般要求也在 80 以上。
- 色温:2500 ~ 6000K。
- 寿命:25000 ~ 35000h。
- 光通量:作为照明光源希望达到 1klm 以上。
- 环保:从社会的可持续发展要求出发,要求不使用对人体有害、会污染自然环境的有害物质,如汞、铅、镉等。

11.2 人造白光的最佳化

11.2.1 发光效率和显色性的折中

照明用的白光光源由白光发射体的两个特征参数表示:发光效率和显色指数。

发光效率 $\eta_v = \eta_e \cdot K$,辐射效率 η_e 依赖于器件的能量转换性能,技术不断发展,就会不断的提高。光视效能 K 仅依赖于光发射体的光谱功率分布(SPD),而与产生发射的手段无关。对于给定的光谱功率分布 $S(\lambda)$,光视效能由下式决定:

$$K = 683(\mathrm{lm/W}) \times \frac{\int_{380}^{780} V(\lambda) S(\lambda) \mathrm{d}\lambda}{\int_{0}^{\infty} S(\lambda) \mathrm{d}\lambda} \tag{11-1}$$

最大效能值在 555nm 处,为 683lm/W。光视效能可以用以任意相对功率单位给出的光谱功率分布来计算。

白光 LED 实际最佳化涉及两个问题:第一个问题和彩色 LED 相同,即把内量子效率和出光效率最大化,获得最大的发光效率;第二个问题是优化发光体的光谱功率分布,以获得最佳的光视效能和显色指数。下面讨论发光体的光谱功率分布优化问题。

为了说明这种优化的可能,首先考察连续光谱的光视效能和显色指数。表 11－1 给出了全范围普朗克谱 CIE 标准光源 A 和两个 CIE 标准光源 B、D_{65}等效的修饰普朗克谱(光谱截止到缩小的范围而变窄)的数据。

表 11－1 全范围普朗克谱和修饰普朗克谱辐射(附发射的白光特性)

光谱范围	色温/K	光视效能/(lm/W)	通用显色指数
全范围普朗克谱	2856	17	100
	4870	79	100
	6504	95	100
380～780nm(修饰普朗克谱)	2856	154	100
	4870	196	100
	6504	193	100
430～660nm(修饰普朗克谱)	2856	334	95
	4870	320	95
	6504	305	95

全范围普朗克谱的 $R_a=100$,但光视效能低,因为光谱分布超出可见光范围,特别是在低色温情况下到红外范围,如图 11－1 所示。

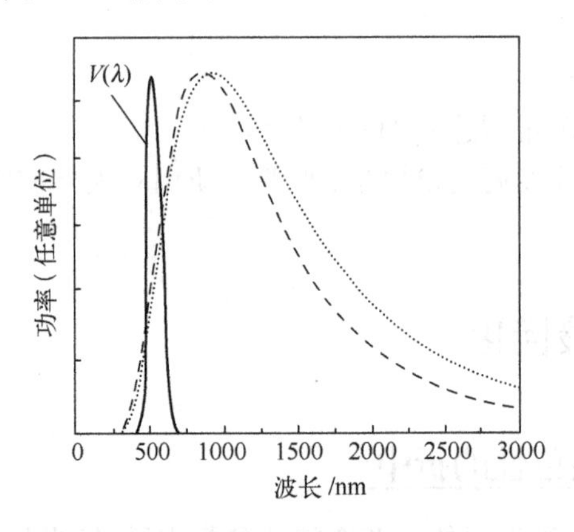

图 11－1 3000K 黑体辐射(点线)和钨发射体(虚线)的归一化功率分布(实线为人眼光谱灵敏度)

在可见光范围(380～780nm)的边界上截断得到的假想的修饰普朗克谱有高得多的光视效能,而显色指数仍为 100。进一步修去 430nm 以下和 660nm 以上"多余的"范围,使光视效能超过 300lm/W,显色指数减小到 95,这对于大多数照明应用来说,仍是一个很好的数值。

进一步减小视觉灵敏度低的光谱范围中的发射,可使光视效能增高至 500lm/W。但是,光视效能这样的改善是以显著降低显色性为代价的。一个普遍的规律是,在一个特定的体系中,光视效能和显色指数在一定程度上是不相容的,需要寻求这两个性能参数间的折中。

现在的LED技术提供了相对窄谱线的半导体和荧光粉发射体。这意味着白光只能通过几个固体光源混合得到。白光的色度对应于色度图上的普朗克轨迹或它的近邻,在轨迹线上可以用色温(CT,K)描述。如果光源的色度和普朗克轨迹线不完全相同时,可以通过等温线给光源一个相关色温(CT,K)。

混色原理表明,无限多种基色光源的组合可用来产生具有所要求色温的光,而且基色光源的数目可以是任意的(≥2)。对于两条谱线(二基色体系)组成的光谱功率分布,光视效能和显色指数间的折中很容易分析,因为光谱含有良好确定的一对互补谱线。但是,二基色体系不能提供高质量的光。含有3、4、5甚至更多基色光源对于很多实际照明应用是足够的,但是这些多基色体系的优化是一个更为复杂的问题。

11.2.2　二基色体系

曾根据电视显像管产生的白光分析了二基色体系的效率。对于459nm(蓝紫光)和572nm(黄绿光)这一对光谱线,白光的光视效能最大。而通过下转换过程中的斯托克斯位移引起的损耗对荧光粉修正了这些数据,发现最佳波长为445nm和570~590nm。也注意到,峰值波长500~505nm对于二基色体系中高输出是最不利的。

Walter分析了具有高斯线形的二成分荧光粉光视效能和显色指数间的折中。在标准荧光灯中,通常光视效能减小20%足以使显色指数从50增加到90。白光用一个经验的质量指数,通用显色指数的算术平均值和亮度指数(实际光视效能和基色光源光视效能之比)来表示。具有最高质量指数的光源能有约为70%的亮度指数,显色指数约为90。但显色性在红区很差,仅为0~50。

Žukauskas等考虑了两个半高宽为30nm的高斯线组成的二基色LED体系。图11-2描述了4870K色温(CIE阳光直射)的(K,R_a)相分布。相分布是以第一个峰值波长为参变量计算的,步长为1nm。分布的重要特征是有一条连接最高K值和最高R_a值的边界(在图11-2中用空心圆表示)。这条最优化边界由目标函数:$F_\sigma(S_1,\cdots,S_n,I_1,\cdots,I_n)=\sigma K+(1-\sigma)R_a$的所有极大值组成。沿这条边界移动,能够实现光视效能和显色性之间的折中。式(11-1)中,

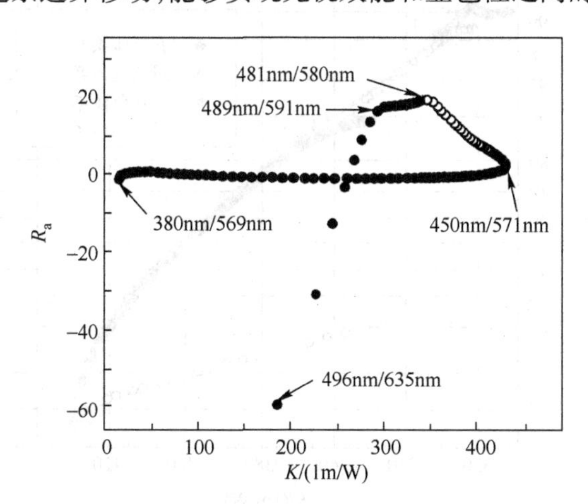

图11-2　基色光源线宽30nm,色温4870K的二基色白光灯(K,R_a)相分布

n 为基色光源数目;S_i 和 $I_i(i=1,\cdots,n)$ 为光源归一化的光谱功率分布和相对强度;σ 为控制光视效能和显色指数间折中的权重,$0\leqslant\sigma\leqslant1$。

11.2.3 多基色体系

在三基色体系中,白光特性可以得到改善。已知,使发光效率和显色指数最高所要求的白光的功率分布谱(SPD)含有 450nm、540nm 和 610nm 三个峰。三基色白光应避免波长 500nm 和 380nm。与二基色体系比较,在同样的显色指数下,三基色体系发光效率可以提高 20%。

Thornton 用一个经验系数($K\times0.47\text{W/lm}+R_a$)来表示用三基色得到的白光。用谱线宽化来优化,在 $R_a=70$、色温 3000K 的情况下通常得到 300lm/W 的光视效能。在这个区域内,光视效能低 10% 可以使显色指数提高 15。

Mahr 用尝试法优化了 4 条和 5 条窄谱线组合的光视效能和显色性。降低光视效能获得了更高的显色指数。Walter 用非线性编程技术表明,四条大约位于 460nm、530nm、580nm 和 620nm 的窄谱线产生高到 90 ~ 95 的显色指数。Doughty 等提出了一个由 4 个 LED 组成的通用照明光源,显色指数至少 80。它们的中心波长分别在 440 ~ 450nm、495 ~ 505nm、555 ~ 565nm 以及 610 ~ 620nm。虽然这些值不一定代表使 R_a 最大的值,它们确实很接近上述 Walter 所指出的最佳值。

Žukauskas 等发展了含有任意数目任意光谱功率分布的基色光的白光光源最佳化的方法。这种方法应用了随机程序,只求出(K,R_a)相分布的边界。图 11-3 给出了由 30nm 谱线宽度的三基色、四基色和五基色体系构成的色温(阳光直射)白光的结果。二基色体系的优化边界(图 11-2)也列于图中,以作为比较。

从图 11-3 看到,对不同基色光源得到的优化边界部分重叠,组成了一个结合在一起的边界。通常,在重叠区域,数据线融合从而使基色光源的数目减少。因此,联合边界对 K-R_a 折中选择以及基色光源数目的选择都可提供指导。联合最佳边界也表明,添加一个基色光源不改变显色指数,而只能以光视效能的降低为代价,这是一般规律。

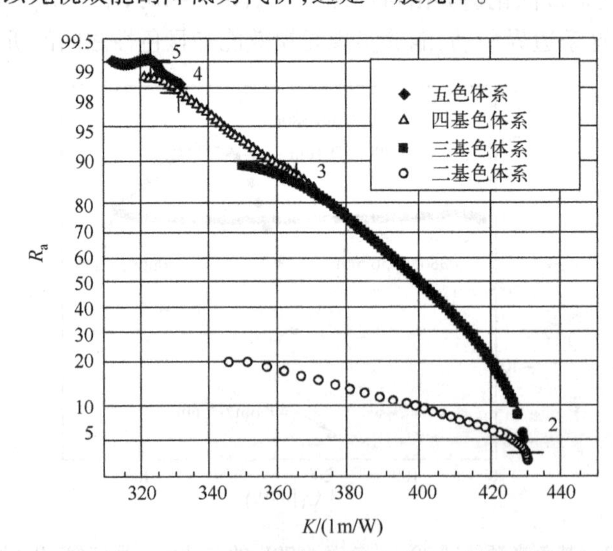

图 11-3 含有 2、3、4 和 5 个线宽 30nm 的基色光的 4870K 白光光源(K,R_a)相分布的优化边界(十字线标出每种基色数不同的情况下为得到合理的最高显色指数值所建议的点)

11.3　荧光粉转换白光 LED

11.3.1　二基色荧光粉转换白光 LED

设计二基色白光 LED 的直接途径是用发射蓝光的 AlInGaN 芯片和发射在黄色区的荧光粉。图 11－4 是典型的器件结构。

蓝光芯片固定在内置的反射杯中，并涂覆一层环氧树脂和荧光粉颗粒混合而成的转换层。整个结构嵌在透明树脂中。部分蓝光在荧光粉层中被吸收并下转换为黄光。其余的蓝色光进入环氧树脂并与黄光混合成白光。荧光粉的最佳选择为铈掺杂的钇铝石榴石 YAG: Ce^{3+}。

1967 年前后，就已为阴极射线管应用研发了铈掺杂的钇铝石榴石 $Y_3Al_5O_{12}$: Ce^{3+}，荧光粉温度和化学稳定性高，腐蚀性低，具有无缺陷结构，量子效率接近 100%。荧光粉用经典的氧化物熔融过程在 1600℃下生产。图 11－5 是 $Y_3Al_5O_{12}$: Ce^{3+} 中的能级。

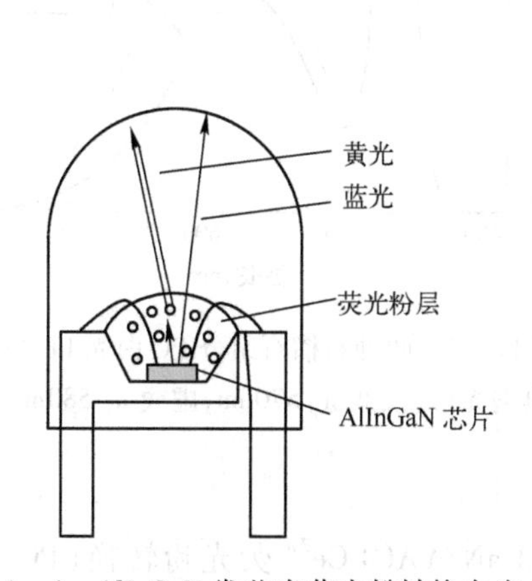

图 11－4　AlInGaN 发蓝光荧光粉转换白光 LED

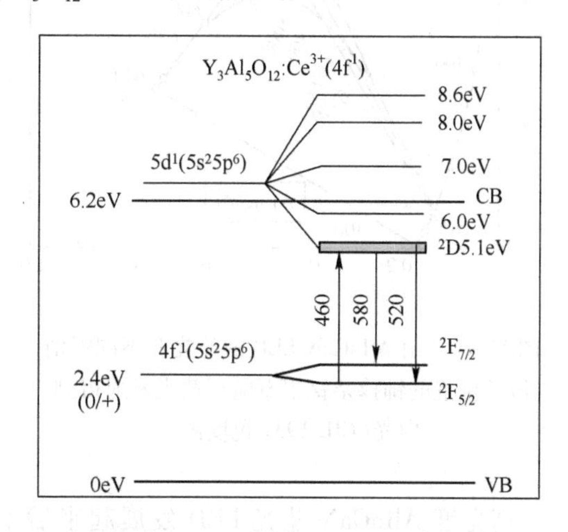

图 11－5　钇铝石榴石 $Y_3Al_5O_{12}$: Ce^{3+} 中的能级

相关的光学性质来自基态 $4f^1$ 和激发态 $5d^1$ 带间允许的电子跃迁。位于 460nm 的最低吸收带来自最低的 $^2F_{5/2}$ 子能级到激发的 ^2D 带的跃迁。发射光谱来自斯托克斯位移了的 ^2D 带到 $^2F_{5/2}$（520nm）和 $^2F_{7/2}$（580nm）子能级的跃迁。在室温下，两组发射线交叠，产生了一个宽带。

YAG: Ce^{3+} 的光谱性质满足二基色白光 LED 的要求。首先，460nm 附近的激发峰与可用的效率最高的蓝光 AlInGaN LED 的峰值波长一致。这个波长也接近效率最高的二基色体系短波部分的波长（445nm）。其次，荧光粉的发射光谱与补色相符合（570～590nm）。此外，裁剪荧光粉的发射光谱可产生具有各种色温的白光。

图 11－6 所示的 CLE 色度图说明了 465nm 蓝色 AlInGaN LED 发光（线宽 30nm）和峰值波长 560nm、570nm 和 580nm 的荧光粉发光（线宽 120nm）的混色。普朗克轨迹线和连接有关色坐标的直线的交点表明色温在 4000℃以上的白光是可以得到的。

图 11－7 是 AlInGaN/$(R_{1-a}Gd_a)_3(Al_{1-b}Gd_b)_5O_{12}$: Ce^{3+} 白光 LED 典型的光谱，荧光粉谱带

峰值位于570nm(实线)和580nm(虚线)。光谱的光视效能超过300lm/W,而显色指数略小于80。单个显色性测试标准试样的分析揭示了对于黄绿色($R_4=64$)和紫红色($R_8=55\sim60$)显色性的不足。补充试样的测量显现对深绿和深蓝显色指数相对较低($R_{11,12}=56\sim60$),对深红显色指数特别低($R_9=0$)。将荧光粉发射峰左移10nm导致色温和蓝-黄强度比显著变化,而对光视效能和显色指数的影响则较小。

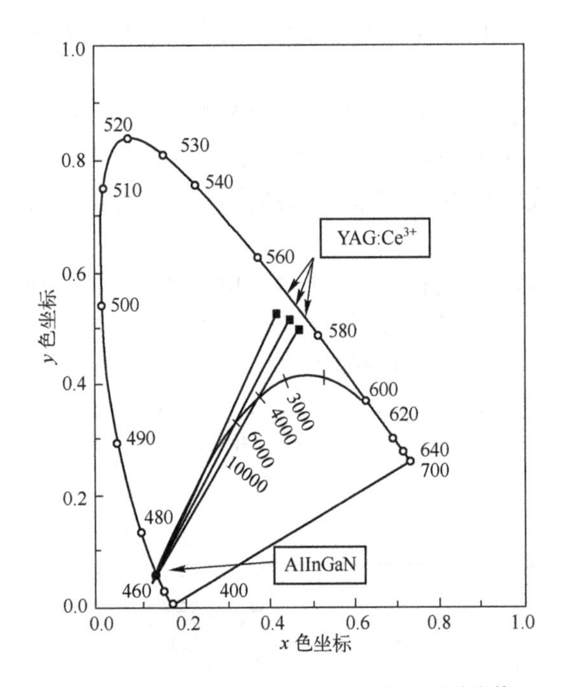

图 11-6 由 AlInGaN LED 的蓝光和不同峰值波长位置的铈掺杂钇铝石榴石黄光发射得到白光(CIE 1931 色度图)

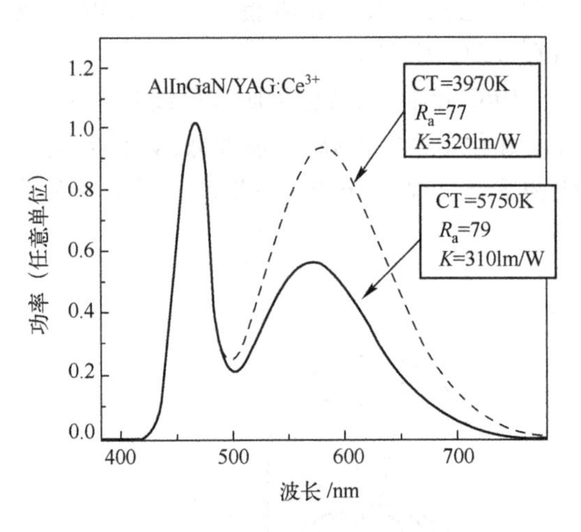

图 11-7 两种石榴石组分 PC 白光 LED 的典型光谱(实线 λ_p 570nm,虚线 λ_p 580nm)

高亮度 AlInGaN 蓝光 LED 发展起来后不久,AlInGaN/YAG: Ce^{3+} 荧光粉转换(PC)白光 LED 就商品化了。用外量子效率5.6%的 AlInGaN 蓝光 LED,第一批白光 LED 的光通量为10mlm,发光效率为5lm/W,显色指数为85,色温为8000K。由于蓝光 LED 的量子效率不断提高,目前实验室已实现249lm/W 的发光效率。假如设蓝色 LED 和荧光粉的量子效率为100%,PC LED 发光效率的理论上限量为300lm/W。

选择荧光粉的标准主要有五条:①对 LED 发射波长有强烈的吸收。②高的激发量子效率。③满意的稳定性。④适当的形貌。⑤适合的粒度。

丰田合成为避开 YAG: Ce^{3+} 专利与欧洲二公司合作开发了碱土金属硅酸盐荧光粉,松下电器和欧司朗也同样申请了硅酸盐荧光粉专利。但硅酸盐荧光粉至今在发光效率上仍不及 YAG,尽管硅酸盐荧光粉的热稳定性较 YAG 高。国内科明达公司采用均相沉淀方法获得了球形和准球形的荧光粉晶体,有利于晶体的稳定、吸收光和转换效率的提高,取得了较好的效果,提高了白光 LED 的发光效率。

11.3.2 多基色荧光粉转换白光 LED

三基色 PC LED 能改善效率和显色性。基色光源(450nm/540nm/610nm)的最佳组合也可以用部分被吸收的 AlInGaN 芯片的蓝光和适当的绿光和橙红光两种荧光粉来实现。从实用观点看,具有宽带发射的离子型荧光粉要更适合些。

Mueller-Mach 和 Mueller 选用 $SrGa_2S_4$: Eu^{2+}荧光粉把蓝光转换为 535nm 左右的绿光发射,用 SrS: Eu^{2+} 把蓝光转换为 615nm 左右的红光发射。图 11 - 8 是三基色体系发出白光的典型光谱,它与二基色 AlInGaN/YAG: Ce^{3+} LED 相比,具有较高的光视效能和显色指数,也可得到较低的色温。

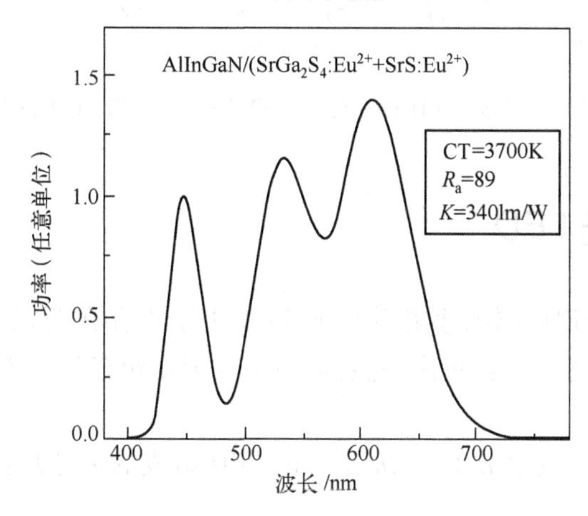

图 11 - 8 AlInGaN/($SrGa_2S_4$: Eu^{2+}+ SrS: Eu^{2+})体系白光发射的典型光谱

但有报导说硫化物不够稳定,这方面性能有待改进。

此外,有报导说 Eu^{2+} 掺杂的氮化物和氮氧化物荧光粉 $M_2Si_5N_8$: Eu(橙 - 红)和 $MSi_2O_2N_2$: Eu(黄 - 绿)按一定比例混合,与 InGaN 蓝光 LED 芯片组成大功率白光 LED,与 YAG: Ce 相比较,橙红成分大为增加,显色指数可提高到 88 左右。在不同脉冲电流驱动下,及 25℃和 125℃不同温度下,相关色温 CCT(K)和 R_a 在 1A 后趋于稳定,说明其光学和热学稳定性优良,值得关注。

11.3.3 紫外 LED 激发多基色荧光粉

多基色白光 LED 的另一种方法是采用紫外 LED 激发一组荧光粉。对于紫外激发白光 LED 来说,光谱的可见部分完全是由荧光粉产生的。Eisert 等用紫外 LED 激发几种荧光粉模拟了一个单芯片器件,如图 11 - 9 所示。用光谱宽度在 70 ~ 120nm 间的三种荧光粉能得到显色指数超过 90 的准连续光谱。由于紫外激发的 PC LED 中没有窄线,可以得到对每个试样显色指数都很高的高质量白光。但是由于转换过程中斯托克损耗的增加,激发光源移至紫外区引起发光效率下降。

日本丰田合成以及日本化成、Stanley 电气、三菱电线工业三家联合,早在 2004 年就开发出发光效率达 30lm/W 的白色发光二极管。后者将用波长为 382nm 的紫外 AlInGaN LED 芯片与将紫外光分别转换成红色光、绿色光、蓝色光的荧光粉材料组合。国内中科院长春光机与物理研究所在这方面也取得了一定进展。

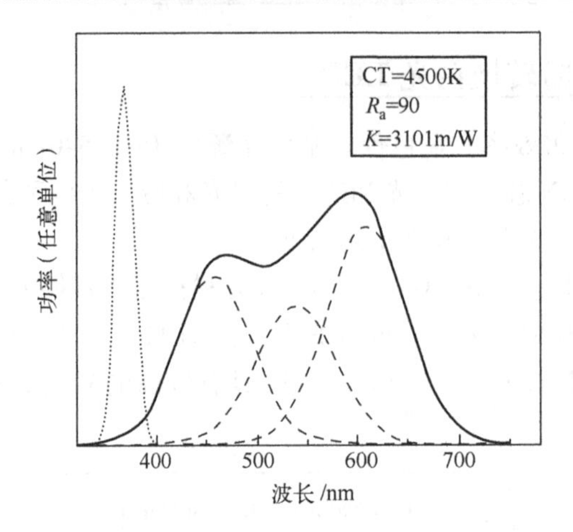

图 11-9 含有一个紫外 LED 和三种荧光粉的三基色 PC LED 的典型白光光谱

11.4 多芯片白光 LED

与荧光粉转换白光 LED 比较,多芯片白光 LED 由于不存在斯托克位移和荧光粉中无辐射复合引起的能量耗散,效率应该更高,它也避免了与荧光粉有关的老化问题。其缺点是器件更复杂,价格可能更高。

只要每个 LED 的辐射效率 η_{ei}已知,n 个彩色 LED 组成的多芯片白光 LED 的发光效率就可由式(11-2)求出

$$\eta_v = \frac{K}{\sum_{i=1}^{n} \Phi_{ei}/\eta_{ei}} \tag{11-2}$$

式中,Φ_{ei}为第 i 个 LED 的相对功率分布$\left(\sum_{i=1}^{n} \Phi_{ei} = 1\right)$;$K$ 为总光视效能,它是 LED 光谱 S_i 的函数

$$K = \frac{\sum_{i=1}^{n} \int_{380}^{780} S_i(\lambda) V(\lambda) d\lambda}{\sum_{i=1}^{n} \int_{0}^{\infty} S_i(\lambda) d\lambda} \tag{11-3}$$

如果芯片的量子效率为 100%,而且一个芯片的发射谱不被别的芯片吸收,多芯片白光 LED 发光效率的理论上限就等于光谱分布的光视效能。

11.4.1 二基色多芯片白光 LED

二基色多芯片白光 LED 体系在所有白光固体光源中具有最高的光视效能。表 11-2 给出了与标准 CIE 光源(A、B 和 D_{65})等效的二基色光谱分布的数据。

假设 2 个 LED 发射宽度为 30nm 的高斯谱线,所得结果是彩色 LED 的平均数值。光谱功率分布已全面优化,使特定色温下效率最高。但通用显色指数都在零附近徘徊。虽然降低光视效能显色指数可能增加一些,二基色芯片由白光 LED 仍难以产生适当品质的

光。在通用照明领域，二基色芯片白光 LED 或许只能在不需要高显色性的应用中与低压钠灯竞争。

表 11-2　白光二芯片 LED(线宽 30nm)的数据

色温/K	波长(nm)/功率		K/(lm/W)	R_a
	λ_1/Φ_{e1}	λ_2/Φ_{e2}		
2856	450/0.157	580/0.843	492	-13
4870	450/0.325	572/0.675	430	3.0
6504	450/0.399	569/0.601	393	9.5

作者曾于 2000 年报道了采用蓝、黄二色的二芯片 InGaN/AlGaInP 白色发光二极管，峰值波长分别为 470nm 和 580nm，位于人眼灵敏度曲线最大值附近，应具有较高的光视效能。色温为 5557K，xy 色坐标为(0.33，0.31)，显色指数为 $R_a=7.2$。从数据结果看，色表可以做得很好，而显色指数较差。

但直到目前为止，AlInGaN 和 AlGaInP 技术都还不能为高性能二基色体系提供 570～580nm 范围高效的 LED，这类白光 LED 正在继续发展中。例如，Damilano 等人报道了两组不同厚度的 InGaN/GaN 多量子阱构成的单片二基色白光 LED。

在色温 4870K 下，最高光视效能优化的二基色二芯片白光 LED 光谱功率分布的例子如图 11-10(a)所示。

2008 年底报道法国制成了单芯片双结发射蓝、黄二色合成白光 LED。

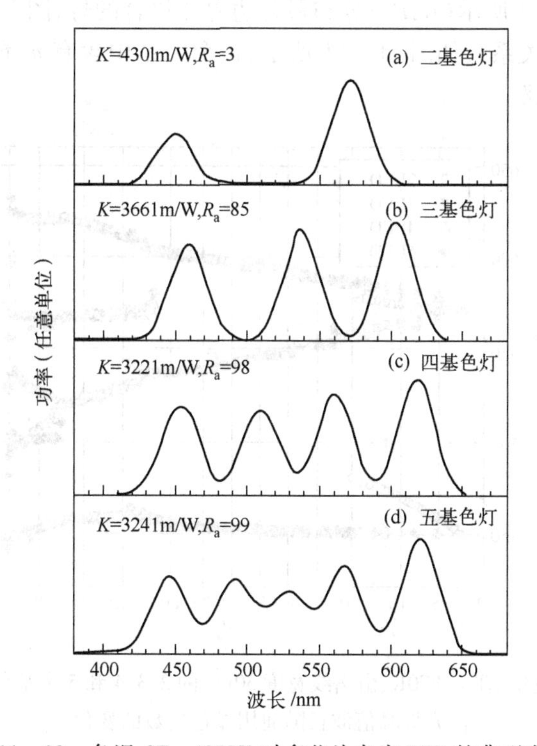

图 11-10　色温 CT=4870K 时多芯片白光 LED 的典型光谱

11.4.2 多基色多芯片白光 LED

从理论上讲,多基色多芯片白光 LED 的方案是很可取的,因为 AlInGaN 和 AlInGaP 技术对于提供可能用于组装白光 LED 的各种色度的 LED 都已相当成熟。应用 3 个或更多个不同的芯片不仅改善了白光的显色性,而且也能在扩展了的颜色范围内产生任意色度的发射。这一点可以通过改变每个芯片中的驱动电流或者调整组合中不同颜色芯片的数目来实现。

三基色发射体最简单的实现方法是 3 个单个 LED(红、绿和蓝)的组合与全色显示屏中所用的方法一样。白光 LED 的进一步改善可以通过把光发射器件集成到单个外延结构上实现。这种集成的方式已通过晶片复合以及区域选择 MOCVD 来实现。

显示应用要求大的色彩范围,而照明则要求高效率和良好的显色性。Mueller-Mach 和 Mueller 研究了单个芯片具有洛仑兹光谱分布三基色多芯片白光 LED 中效率、显色性和色温之间的平衡。在室温下,通用显色指数达到 80,400lm/W 光视效能看来是可能的。升高色温,发射线宽化,显色性能以光视效能的降低为代价而得到改善。

如从图 11-3 能看到,三基色和四基色多芯片白光 LED 分别对于 $5<R_a<85$ 和 $85<R_a\leq 98$ 有最高的光视效能。这些 LED 可满足多数照明应用的要求。引入第五个芯片可以使显色指数再提高一个点。虽然这种提高极为有限,但五基色或更多基色 LED 灯能提供光谱准连续的极高质量白光。

图 11-10 说明了线宽 30nm 的 2~5 个基色 LED 组成的白光 LED 灯(4750K)的典型光谱。光谱对应于对每种基色 LED 数目所给出的合理的最高显色指数值(在图 11-3 上用十字线标记的点)。

对(K,R_a)与图 11-3 所示(K,R_a)分布最佳边界相符合的灯,图 11-11 给出了 LED 峰值波长和通用显色指数的关系。如图 11-11 所示,这个关系中含有 n 条连续的线,在基色 LED 数目增大时突然出现分叉。

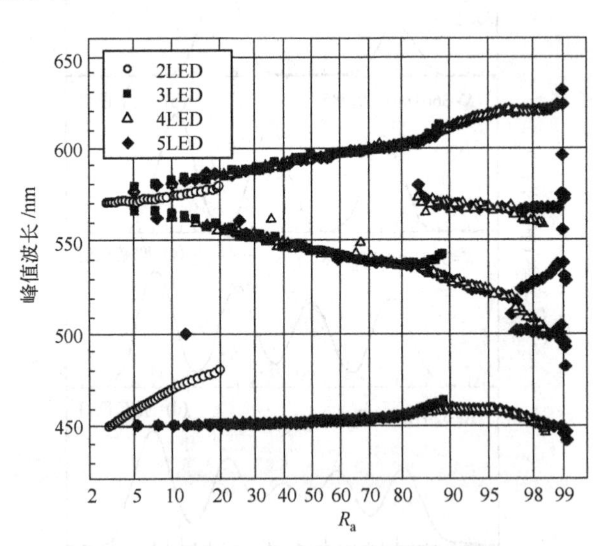

图 11-11 色温 CT=4870K、由谱线宽度 30nm 的 2、3、4 和 5 个基色 LED 组成的白光灯峰值波长随通用显色指数的变化

图11－11所给出的数据表明,现在的LED技术可以提供高效三基色白光LED灯($50 < R_a < 85$)所需的基色LED。这种灯可以用峰值波长600nm附近的AlGaInP基LED,以及峰值波长450nm和540nm的AlInGaN LED组成。式(11－2)意味着用辐射效率分别为50%和20%的AlGaInP和AlInGaN LED,可装配出发光效率为90～100lm/W的灯。如果优化发光效率而不是光视效能,可能得到更高的效率。这种灯能够超过发光效率在80lm/W左右的荧光灯。

对适于提供"豪华"照明($85 < R_a \leq 98$)的四基色灯,现有波长570nm附近LED的低效率(2%),不可能使它的发光效率超过20lm/W。虽然数值已比白炽灯高,但这种不足仍阻碍着四基色LED灯的使用。南昌大学最近成果使565nm波长的硅基GaN LED发光效率提高到22%,让大家看到了这种LED全光谱照明光源的希望。

作为普通照明光源,必须满足发光效率、光色和显色指数三项基本条件,假定白光的色坐标x、y均在0.33左右,显色指数大于或等于80。分析两种情况下产生白光的发光效率理论值:

(1) RGB白光LED,在外量子效率为100%情况下,最高发光效率为355lm/W。

(2) PC白光LED,在蓝光LED外量子效率为100%,荧光粉的二次激发量子效率为100%的情况下,最大发光效率为284lm/W。

尽管如此,AlGaInP和AlInGaN技术具有继续发展、提供几乎任何色度高效LED的潜力。因此,未来多芯片LED中基色芯片的数目可能增加。这将使获得满足对白光质量任何要求的准连续光谱成为可能。多芯片LED最终将在半导体照明革命过程中提供优秀而又经济的LED照明。

第 12 章 LED 封装技术

发光二极管芯片是一块很小的半导体晶体，它的电极在显微镜下才能看清楚，通以电流才会发光。封装技术除对两个电极进行键合或焊接，引出正、负电极外，还须考虑将光取出并按需达到规定的光强分布，此外还要将管芯产生的热导出来，有些像铟镓氮器件还必须采取防静电措施。

12.1 LED 器件的设计

LED 器件的设计包括电学、热学、光学和结构设计，当然这四方面是互相关联的，有时还有矛盾，所以考虑的原则是以光学参数（特别是光通量或光强）为主的最佳折中，这就是半导体发光器件设计的最佳化。

12.1.1 设计原则

pn 结发光器件的外量子效率为

$$\eta_{ex} = \eta_j \eta_i \eta_u \tag{12-1}$$

式中，η_j 为电子注入效率；η_i 为转化为光子的内量子效率；η_u 为出光效率。提高 pn 结的注入效率、内量子效率和出光效率，就可以提高器件的外量子效率。

12.1.2 电学设计

电学设计问题主要在外延和芯片制作时考虑。提高 pn 结注入效率主要是要选择适当的载流子浓度。在 p 区发光为主的情况下，注入效率定义为通过 pn 结的电子电流和总电流之比，当只考虑扩散电流（I_D）时，注入效率为

$$\eta_j = \frac{I_n}{I_D} = \frac{I_n}{I_n + I_p} \tag{12-2}$$

根据扩散电流表示式和爱因斯坦关系，式（12－2）可写为

$$\eta_j = 1\Big/\left(1 + \frac{N_A \mu_p}{N_D \mu_n}\right) \tag{12-3}$$

就是说，当迁移率一定时，注入效率主要由 N_A 和 N_D 确定。增加 N_D，使 $N_D > N_A$，即可提高电子的注入效率。

提高内量子效率主要是要增加辐射复合和降低非辐射复合，就是要降低辐射复合寿命 τ_R 和增加非辐射复合寿命 τ_{NR}。后者要求锌浓度不要太高。前者 τ_R 与自由空穴浓度 P 之间的关系近似于：

$$\tau_R \approx 10^{16}/P \tag{12-4}$$

增大空穴浓度便可降低 τ_R，以提高内量子效率。

为提高出光效率 η_u，在设计欧姆接触上电极的形状和大小时，要注意在保证电流分布均匀的情况下，尽量减少接触面积，并设法使电极避开发光最强的区域。对于下电极，若是高吸收衬底，则采用全面积接触。若是透明衬底，为提高底部反射率，使吸收光的欧姆接触层变小，而同时不减小起欧姆接触电极和反射作用的金属层面积，因此采用 SiO_2 隔离的小圆点矩阵接触的复合接触电极。这种复合接触的反射率可高达95%，而合金接触的反射率为零。

衬底的选择主要考虑其完整性要好，因为较多的缺陷会使外延层完整性降低。缺陷是非辐射复合中心，会严重影响器件的发光效率。其次是为了降低串联电阻，一般均选用高掺杂的衬底，通常都采用略高于 $1\times10^{18}cm^{-3}$ 掺杂浓度的n型材料。

衬底对发射光的吸收情况也是很重要的。一般 $GaAs_{0.60}P_{0.40}$ 器件都采用GaAs衬底，而改用GaP衬底，就可以明显提高发光效率，InGaAlP器件也有相同的情况。其原因是吸收可见光的砷化镓被透明的磷化镓替代后，使管芯从面发光变为体发光，从结平面向下传播的光和从上表面反射回来的光，将从顶部和4个侧面发射出去。

对于异质结构来说，衬底和外延层的晶格常数和热膨胀系数的匹配也是重要条件，否则将增加位错密度。如 $GaAs_{0.35}P_{0.65}$:N和 $GaAs_{0.15}P_{0.85}$:N发光材料选用磷化镓作衬底，则是从晶格常数匹配考虑的缘故。

外延层的载流子浓度不能太低。其原因是注入的少数载流子与多子复合的概率与多子浓度成正比。另外，浓度太低会增加器件的串联电阻，增加压降，导致器件过热，增加温升，降低发光效率。但浓度太高又会导致俄歇复合这种非辐射复合的增加，并且会增加晶体不完整性，甚至出现杂质沉淀物或各种络合物，它们基本上都是非辐射复合中心，这样也会降低发光效率。结合击穿电压不能过低等因素综合考虑，n型外延层的净施主浓度 N_D-N_A，一般以选择 $5\times10^{16}\sim10^{17}cm^{-3}$。

为提高间接跃迁型半导体的发光效率而加入的等电子陷阱发光中心的浓度也有一个最佳值。如绿色磷化镓发光材料中的N，提高浓度可提高器件的发光效率，但量太多会使晶体质量下降，形成氮化镓沉淀物等杂质，发光效率反而下降，以 $4\times10^{18}cm^{-3}$ 为宜。当氮浓度达到 $10^{19}cm^{-3}$ 时，发光波长由绿色变为黄色，这是因为氮浓度增加，易形成氮对N-N，而氮对等电子陷阱正是磷化镓中的黄色发光中心。

红色磷化镓发光材料的等电子陷阱发光中心是锌－氧对，当然是以高为宜，但据测定，氧在磷化镓中的浓度仅为 $7\times10^{16}\sim2.7\times10^{17}cm^{-3}$，而光电容法测量结果仅为 $2.8\times10^{16}cm^{-3}$，而且只有Zn-O对才是有效的复合中心，其实际浓度不高于 $1\times10^{16}cm^{-3}$。

12.1.3 热学设计

热学设计的原则是使器件结构具有低的热阻。它不仅与器件的可靠性有关，还直接影响到发光效率，因为一般半导体发光效率均随结温升高而降低。所谓热阻，就是结构对热功率传输所产生的阻力。通常将两个节点间单位热功率传输所产生的温度差定义为该两个节点间的热阻。

$$R_T=\frac{\Delta T}{P_D} \tag{12-5}$$

式中,R_T 为两节点间的热阻(℃/W 或 K/W);ΔT 为两节点之间的温度差;P_D 为两个节点之间的热功率流。

器件的总热阻就是各结构层热阻与扩展热阻之和。

结构层热阻 R_T 正比于层的厚度 L,反比于材料的热导率 λ 和层的面积 S:

$$R_T = \frac{L}{\lambda S} \tag{12-6}$$

当一热流通过一小面积进入到无限固体中去时,所产生的热阻称为扩展热阻,它的大小除与其无限固体的热导率有关外,还与接触面积和形状有关。就给定面积而言,细长形接触的扩展热阻低于方形的,环形的扩展热阻小于椭圆形的,更小于圆形的。

实际器件,如 GaP 器件结构的热阻为结的扩展热阻、焊料层的热阻、引线架的扩展热阻、管壳的热阻和键合热阻。

$$R_T = \frac{L_{GaP}}{\lambda_{GaP} S_c} + \frac{L_{Ag}}{\lambda_{Ag} S_c} + R_{Sd}^{P} + R_T^{D} + R_T^{B} \tag{12-7}$$

器件的总温升为各热阻部分引起的温升之和。

在具体的热学设计中,从式(12-7)可以看出降低器件总热阻的措施有:减小各结构层的厚度,采用高热导焊料,降低各结构层的热阻;采用适当形状的 pn 结或管芯,降低扩展热阻;在封装时,选用高热导的引线架、降低管壳的热阻;加大键合面积,降低键合热阻等。

此外,欧姆接触及装架材料应与半导体材料有相近的热膨胀系数,以减少因热失配在半导体中产生应力,并由此造成非辐射复合中心的缺陷。

12.1.4 光学设计

光学设计主要是为了获得较高的光出射效率。

$$\eta_u = \frac{\Sigma A_i T_i}{\Sigma(1 - R_i)A_i + 4\alpha V} \tag{12-8}$$

在这里,将管芯看作一个吸收系数为 α、体积为 V 的光学腔,这一光学腔被面积为 A_i 的几个面所包围。每一面积又各有自己的透过率 T_i 和反射率 R_i。从该式可见,要提高出光效率 η_u,就要减小管芯材料对光的体吸收以及减少欧姆接触对光的接触吸收,并增大其他界面的透过率。减少接触吸收的问题,前面已有叙述,下面主要讨论减小体吸收和增大表面透过率的问题。

12.1.4.1 减小体吸收

(1) 最直接的办法是使材料吸收光谱的能量大于发射光谱的能量。在砷化镓中,当掺杂量超过 $10^{18}cm^{-3}$时,n 型材料峰值发射强度处的能量,会随浓度增加而增加,如图 12-1 所示,因此可以选择掺杂的办法,使光从 p 区产生而从吸收能量大的 n 区射出,这样便可提高出光效率。

(2) 高杂质补偿的Ⅲ-Ⅴ族材料中,电发光辐射的能量远低于带隙宽度,吸收系数较非补偿的低 n 个数量级,如在高补偿的掺硅砷化镓中,峰值发射强度处的吸收系数低达 $100cm^{-1}$,该材料制成的平面结构器件的外量子效率将超过 4%。

(3) 在出光一侧做成透光性较好的“窗口”,可以大大减少自吸收。例如,为提高 GaAlAs

器件的出光效率，往往设法在出光面生长一个带隙较宽的层。

12.1.4.2 增大表面透过率

下面讨论增大表面透过率问题。起因是发光二极管晶体的折射率比较高，当光线射向晶体内表面时，在晶体和空气的交界面上就要产生折射。设晶体的折射率为 n_1，入射角为 θ_1，空气折射率为 n_2，折射率为 θ_2，如图 12－2 所示，根据折射定律：

$$n_1 \sin\theta_1 = n_2 \sin\theta_2 \tag{12-9}$$

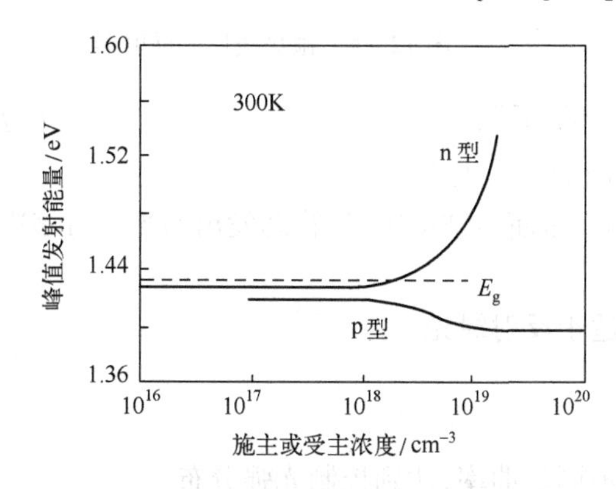

图 12－1 砷化镓的峰值发射能量随掺杂量的变化

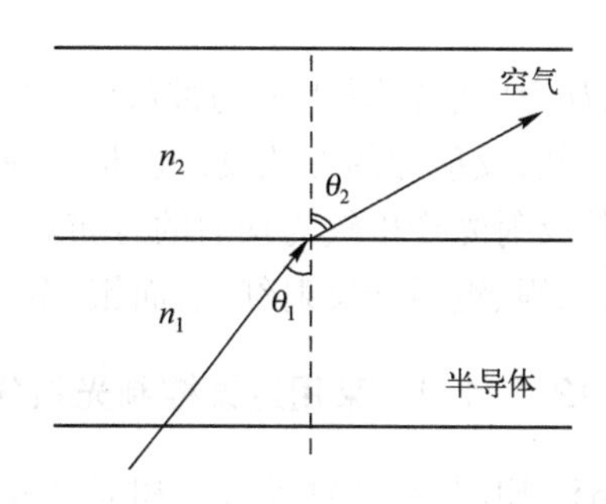

图 12－2 光在界面上的折射

当 θ_1 大到一定的临界值 θ_0 时，$\theta_2 \geqslant 90°$，因此大于 θ_0 的光线全部反射回晶体内部。$n_2 = 1$，$GaAs_{0.60}P_{0.40}$的折射率 $n_1 = 3.6$，可算出 $\theta_0 = 16.2°$，经计算，未封装的 $GaAs_{0.60}P_{0.40}$ 发光二极管，到达内表面的光中只有 4% 可以射出来，而反射回去的光则因内吸收大，几乎不再射出。

采用拱形管芯可以增加临界角，提高出光效率，四种几何形状的管芯相对最大辐射强度比较如下，平板形、半球形、平切球形和平切椭球形分别为 0.0042、0.054、1.4、9.8。这种成型工艺，极为麻烦，一般只有作为红外光源的砷化镓器件采用，因为它是从吸收小而厚的 n 边射出的，便于成型。其他器件不应当采用。

同样道理，我们若在管芯表面涂覆具有中等折射系数的介质层或淀积增透膜，可增大临界角，减少全反射，以提高出光效率，如图 12－3 所示。涂覆材料的折射率越大，临界角也越大，以磷化镓为例，$n_1 = 3.3$，经 $n_2 = 1.66$ 的透明塑料涂覆后，θ_0 由 17.7°增加到 30.3°，光通量可提高 2.5 倍。实验上已取得 20%～200% 的提高。而使用淀积折射率为 $n_2 = 1.7 \sim 1.9$ 的增透膜时（如 SiO、SiO_2 和 Si_3N_4 等）效果也颇好。对于 $n_2 = 1.7$ 的 SiO 可使外量子效率提高近 45%，实验已达到 35% 的提高。

12.1.4.3 反射器的形状

此外采用合适的金属或塑料反射腔结构，可以使下部和侧面的光经过反射到达器件前方，从而提高外量子效率。如果假定管芯是点光源，则能使这点光源所发的光完全反射到垂直方向的反射器，以抛物面形状为宜，如图 12－4 所示。

处于抛物面的焦点 f，这时描述抛物面反射器的两个参数 a 和 b 分别为

$$a = \frac{1}{2}\left[-(f+D) + \sqrt{(f-D)^2 + (L/2)^2}\right] \tag{12-10}$$

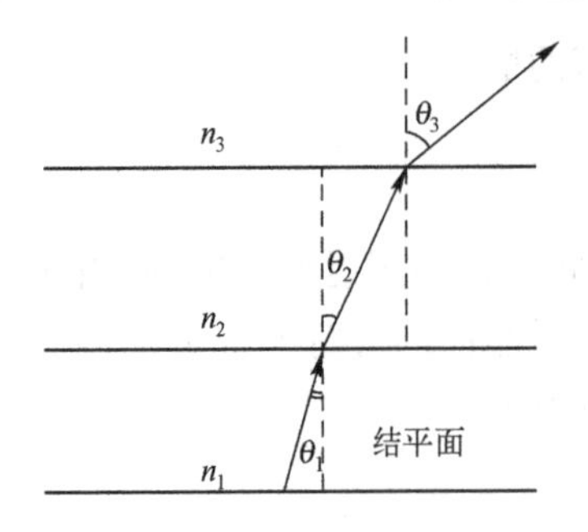

图 12-3 中间涂层的光折射

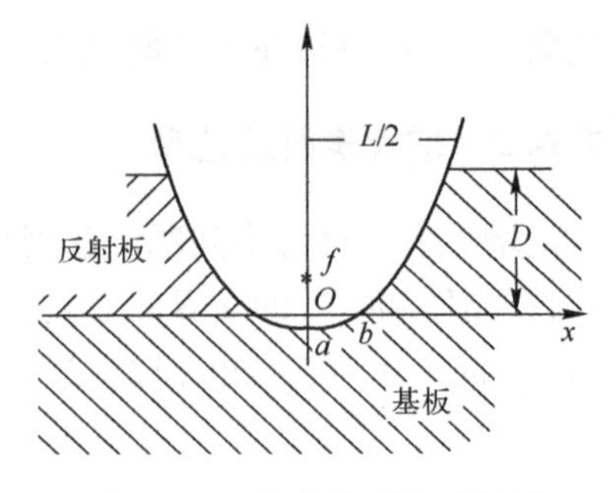

图 12-4 抛物线形的反射器

$$b = 2\sqrt{(a+f)a} \tag{12-11}$$

式中，D 为反射器厚度；L 为被放大后的发光面的线度大小。

当然，反射器的形状设计也是多种多样的，多面体结构等，从管芯发出的光经过多次反射，还能使反射光产生较为均匀的分布。

金、银、铜适于反射红光，而银、金、铝则适于反射绿光。

12.1.4.4 采用透镜控制光强分布

ϕ5 LED 用模铸法使环氧树脂透镜具有不同的曲率，达到控制光强分布。

对功率 LED 采用透镜以实现对器件光强分布的控制可用两种方法进行。一是采用聚碳酸酯透明塑料制成的不同曲率的透镜，作为功率 LED 器件的出光端；二是直接将封装硅树脂（硬性的一种）采用模具封装成一定曲率的硅树脂透镜，以达到各种光强分布的目的。具体实施方法和结果会在下面相关部分详述。

12.1.5 视觉因素

前面我们讨论了对材料的要求和器件的设计，以求得到高的发光效率，但作为指示、显示器件乃至照明光源来说，还必须考虑到人眼视觉这一主观性很强的因素，它除了不同的视感灵敏度外，还受视觉分辨能力、光源大小和观察距离（视距）、颜色、反差等因素影响。

眼睛能分清两个邻近点的能力称视觉分辨能力。该两点对眼睛连线的夹角称为角距离，以分表示，人眼能分辨的最小角距离称为极限分辨角。θ 越小，分辨能力越高。我们称极限分辨角的倒数为视力，记为 VA。一般人眼的视力均大于 1.0。对于正常视觉的观察者，可以辨认 θ 小于 $2'$ 的光源，这可看作最小的面光源。θ 角为 $2'$ 的物体放在 5m 远处即相当于直径为 3mm。比这个尺寸小的或者放得比这个距离远的光源，都应视为点光源。其关系式为极限距离 = 1718 × 光源直径。

因此，对于在环氧树脂中加散射剂的漫射型发光二极管，由于光源直径的增大，比之同样发光效率的不加散射剂的透明型发光二极管，可见度要高得多。

眼睛辨别能力与亮度反差即对比度也有密切关系。对比度 C 以光源亮度 L_t 和背景亮度 L_b 的关系式见式(1-32)。研究表明，对比度的最小值是 10。在信号工作设计中，可由已知的背景亮度来计算发光器件所需要的最小亮度。为提高辨别能力，往往在封装树脂中加入染料，其颜色与发光颜色相同，透过发光二极管发出的光，而吸收背景光。有时甚至为了增加信息显示的反差，宁可损失一些器件亮度，如数码管上加滤色片等。

当然眼睛分辨能力也与器件亮度有关。图12－5给出了分辨角θ、器件亮度和对比度三者对视觉的综合影响。给出了人眼视觉的可见与不可见范围，弯曲的表面为两个区的分界面。

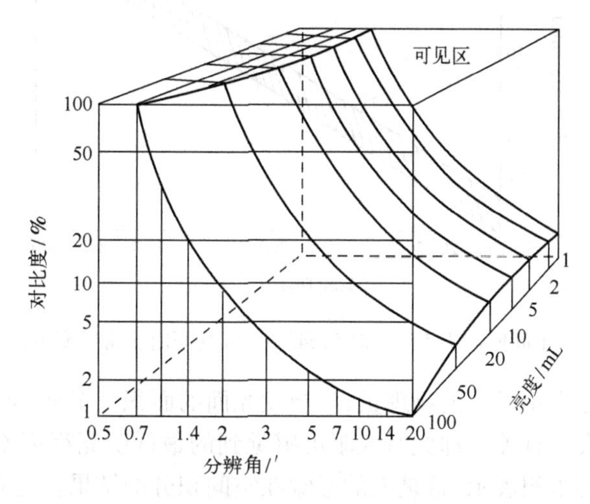

图12－5 对比度、亮度与分辨角间的关系

（图中mL表示毫朗伯，1L（朗伯）=1lm/cm²）

不同的封装透镜形状，出光的光强分布会有很大差别，有尖头的窄束型，头部为半球形的拱形，加入散射剂可使亮度均匀，并增加光强分布半值角，以及具有许多个截面的所谓复眼型发光二极管。使用者可根据视角要求和亮度要求的不同而综合考虑选用。

表12－1为各典型环境照度数据，可供设计或选用发光二极管时参考。图12－6给出了某种LED在1m视距时不同照度下所需要的光强。

表12－1 不同环境的照度数据

环境		照度	
		fc*	lx
室外日光	晴	8500	91460
	云	1500	16140
办公室	一般	100	1076
	打字和计算机操作	150	1614
车间	电学试验和装配	100	1076
	普通工作	50	538
住宅	厨房	150	1614
	学习	70	753
	一般	10	108

*fc数据引自《照明工程学会手册》（LES）第五版，1972。

fc的单位是lm/ft²，1lm/ft²=10.761x。

此外，从视觉心理学角度讲，颜色的差异会造成人们心理作用的差异，如即使在同一亮度的情况下，红色比绿蓝两色要显眼得多，所以习惯用作告警颜色。红、橙、黄色称暖色，给人以温暖、喜悦、热闹的感觉。而蓝、紫等色称为冷色，给人以凉爽、宁静的感觉。

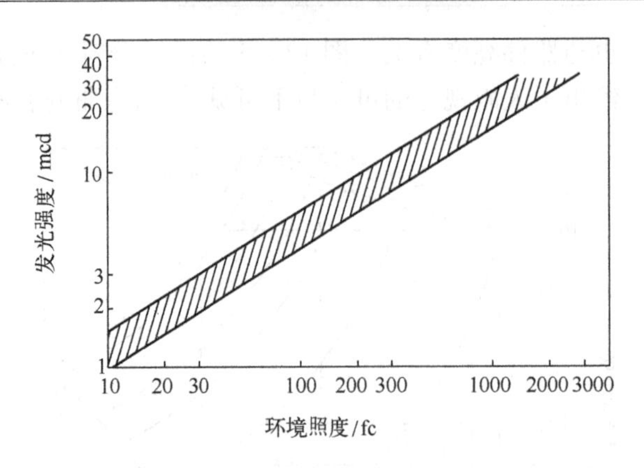

图 12-6 不同照度下 LED(MV5754)在 1m 视距时正常观察所需的光强

亮度本身是与物体大小无关的物理量,但当发光面的面积减至极小时,心理感觉到的明亮度就变得以发光面的大小有关。即此时人眼可感觉到的最低明亮程度不能再仅用亮度表示,而必须以亮度与面积的乘积表示,这是人的感觉在空间积分的结果。还有当发光时间极短时,人眼视觉的阈值应由亮度与发光时间的乘积给定。

12.2 LED 封装技术

LED 封装技术的发展分 3 个阶段,实际上也是 LED 器件的功率、光通量、器件结构发展的 3 个阶段。1962—1989 年期间的发光二极管主要是 $\phi3$ 和 $\phi5$ 的 LED,包括数码管和矩阵管的显示器,驱动电流一般小于等于 20mA,主要用作信号指示和显示。1990—1999 年发展了大光通量 LED 食人鱼和 Snap,驱动电流在 50~150mA 的大型信号指示,如汽车信号灯、景观照明。2000 年至今的第三阶段研发和生产了功率型 LED,电流大于或等于 350mA,开始用于照明,并开始了更大光通量输出的组件的研制和生产。

12.2.1 小功率 LED 封装

小功率 LED 封装工艺流程和设备如图 12-7 所示。适用 LED 为 $\phi3$mm、$\phi5$mm、$\phi8$mm 和 $\phi10$mm 器件以及数码管、矩阵管等显示器件。单灯是最通用的装在引线架上并轴向引线的方式,如图 12-8 所示。

引线架通常是采用铜铍合金或铁镍合金(可伐合金)制成的,支架一般是镀镍或是镀金、银的,当镀金时,只镀支架上部。为提高法向光强,可使用带反射腔的引线架,此引线架对体发光管芯特别合适。

将管芯的下电极固定在平台上是采用银基环氧树脂混合物,树脂有单组分和双组分的,一般用单组分的,固晶后以 150℃、60~120min 烧结。

生产中为了提高效率,往往将 20~30 个作为整体操作,有的甚至连续操作,封装完毕后再将连接部分切开。

引线键合通常用两种方法。一种是在室温下以硅铝丝超声键合;另一种是在提高温度情况下以金丝热压键合,后者具有较高的质量。

金丝球焊是先将金丝(直径 0.0025cm),采用电火花放电形式或氢氧切割的办法使尾端形成球状。在键合点上加热 100℃以上，并在球上加以 50g 以上的压力，使之键合。加热的引线架通常以 10% 的 H_2 和 90% 的 N_2 组成的气氛保护，以阻止氧化的发生。形成可靠键合点的时间应以实验确定。而温度过高、压力太大则会使管芯发生形变产生应力，从而引起位错，影响发光效率和寿命。

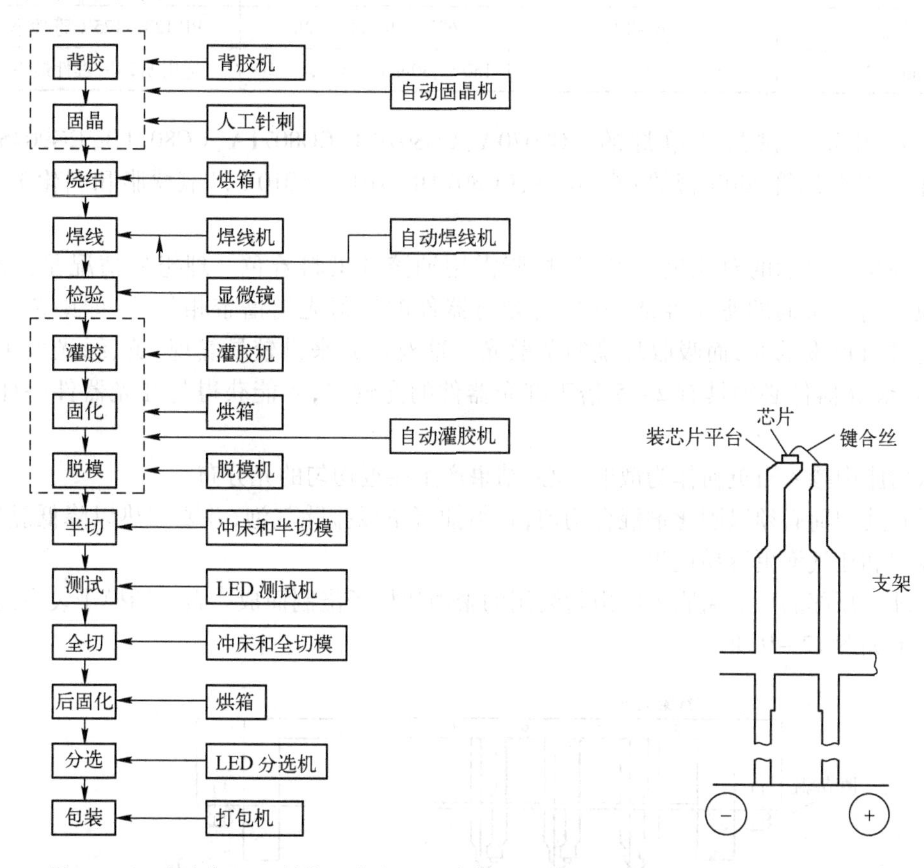

图 12－7　小功率 LED 封装工艺流程和设备

图 12－8　典型的轴向引线发光二极管引线架

灌封是制造发光二极管的重要工序，它是将发光二极管封在部分透明或全透明的环氧树脂中，具有三种主要作用：(1)保护键合的引线和提供引线架仅有的支持物。(2)降低芯片和空气之间折射率失配以增加光输出。(3)决定光的辐射分布。

环氧树脂种类甚多，应用于发光器件封装的环氧树脂希望具有较高的可见光透过率、较高的折射率、好的耐热性、抗湿性和绝缘性，较高的纯度、机械强度和化学稳定性等。

部分环氧树脂和固化剂的性能见表 12－2 和表 12－3。

表 12－2　封装 LED 用环氧树脂特性

型　　号	折　射　率	透　过　率	热形变温度/℃	线膨胀系数/℃	成形收缩率/%	常温吸水率/%
CGY-331	1.596	0.92				
2013 标准	1.49		163	3.7×10^{-5}		
F8000	1.50		110	6.4×10^{-5}	1.57	0.077
OS-4000-A	1.53	0.95	125	6.5×10^{-5}		0.1

表 12 -3　环氧树脂固化剂特性

固　化　剂	用量%(质量)	固化条件	特　　点
乙二胺	6 ~ 8	60℃,40min;100℃,2h	BP 116℃刺激性大
二乙烯三胺	9 ~ 10	60℃,40min;100℃,2h	BP 206℃刺激性较小
苯二甲胺	16 ~ 18	60℃,1h;100℃,2h	BP 123 ~ 125℃毒性小
OS-4000-B	50	150℃,30min;125℃,1 ~ 2h	适用期 24h,毒性最小

后来相继开发的供封装单灯的 CG8070A、CG8070B、CG8071A、CG8071B、CG9045A、CG9045B,和封装数码管、矩阵管的 CG8074A、CG8074B、5010A、5010B 环氧树脂和固化剂,使用效果颇好。

为了提高信息显示的对比度,封装用树脂需用油溶性染料着色。理想的情况是:经染色的树脂应具有窄带通的滤光性能,其透射光与器件的发射光谱谱带相一致,即染色后的树脂只透过器件所发的光,而吸收环境的杂散光。这对红光来讲较易实现,黄、绿光效果较差。估计黄、绿光器件必须具有 2 ~ 5 倍于红光器件的光输出,才能获得与红光器件一样的效果。

在环氧树脂中掺入石英粉作为散射中心,结果产生接近均匀的光分布。

环氧树脂使用前必须以固化剂混合均匀,必须抽真空以排除气泡,并要加热以降低黏度,使之容易混匀和让气泡更容易逸出。

具有半球形顶部的环氧树脂形状由封装用的聚丙烯模子浇制而成。聚丙烯模子装在封装夹具的基板上如图 12 -9 所示。

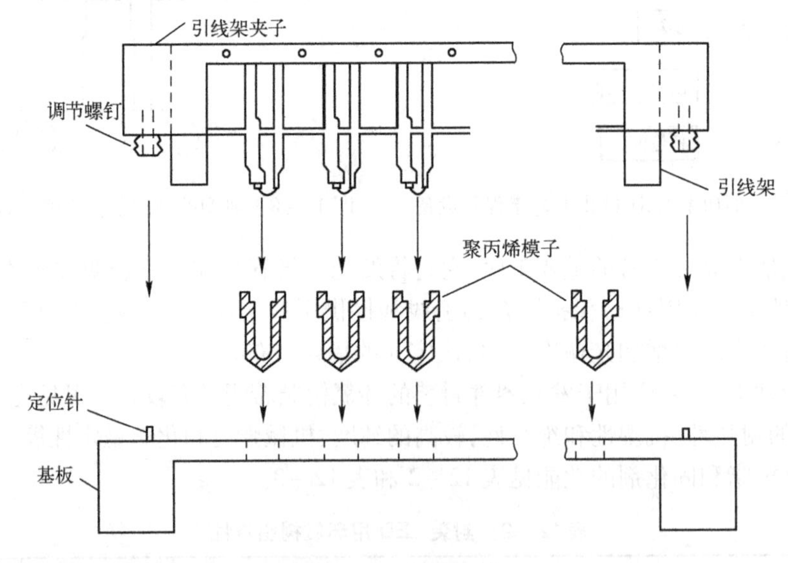

图 12 -9　封装夹具

在模腔中注入液态环氧树脂,将夹在架子上的引线架插入模子,按一个预定的深度,在 150℃下加热 30min 使环氧树脂凝固,脱模,再在 125℃下加热 1 ~ 2h,以完成后固化。采用自动灌胶机,生产效率很高。

后固化前半切,使一根引线脚脱开引线架,进行中测。最后,冲床全切,除去引线架的多余连接部分。为表示极性,两根引线通常是一长一短。成品 LED 单管如图 12-10 所示。

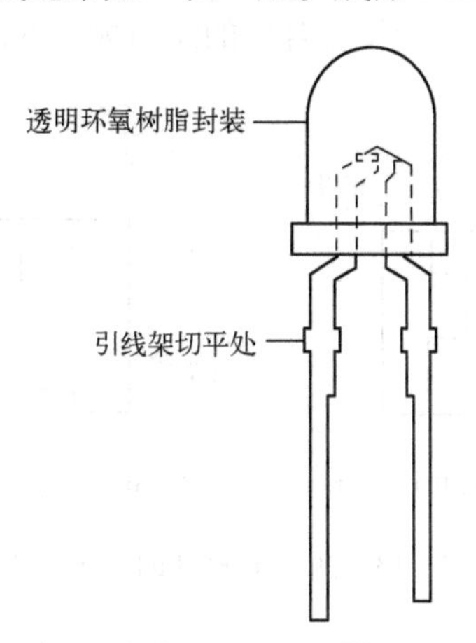

图 12-10 发光二极管单管

上述器件制造过程只要适当修改,也可用于其他发光显示器件。但环氧树脂固化温度要调低,因塑料件不耐高温。

对于器件质量控制测试(中测)和最后的器件分挡测试(总测)以及器件的可靠性试验等,将在后面章节中叙述。

12.2.2 SMD LED 的封装

表面贴片二极管是一种表面贴装式 LED,具有体积小、发射角大、发光均匀性好、可靠性高等优点。可满足表面贴装结构的各种电子产品的需要,如手机、电话机、笔记本电脑等。

SMD LED 一般有两种结构:一种为金属支架片式 LED,另一种为 PCB 片式 LED。具体的工艺流程如图 12-11 所示。采用自动化机器进行固晶和焊线,适宜于进行大批量规模化生产。

对 SMD LED 进行测试,因为其体积小,所以必须使用自动测试的仪器。以 PCB 片式 LED 为例,如图 12-12 所示的 0603 片式 SMD LED,其尺寸为 1.6mm×0.8mm×0.3mm。

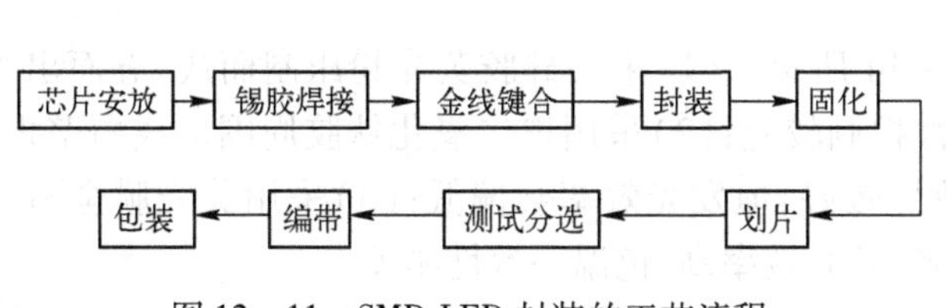

图 12-11 SMD LED 封装的工艺流程

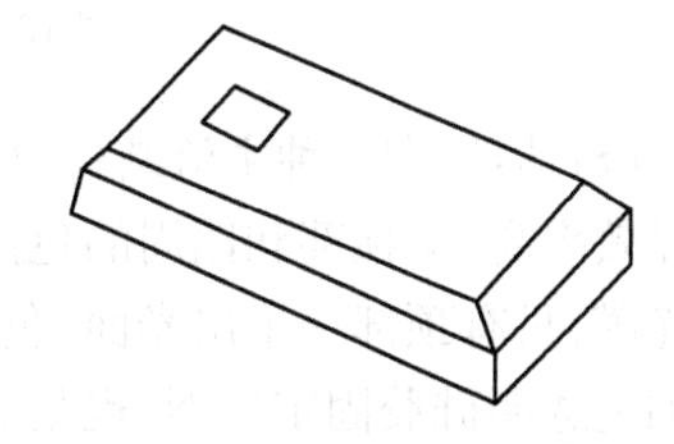

图 12-12 0603 片式的 SMD LED

由于结构的微型化,PCB 的选材和版图设计十分重要。综合各方面考虑,选取厚度为 0.3mm,面积为 60mm×130mm 的 PCB 作为基板,在板上设计许多组封装结构,每组由 44 只片式 LED 连为一体,每个单元的图案如图 12-13 所示。

要求 PCB 有足够的厚度均匀性,不均匀度小于 ±0.03mm,定位孔对电路板图案偏

差小于 ±0.05mm。

镀金层的厚度和质量必须确保金丝键合后的拉力大于 8g。表面无沾污,以保证封装胶粘合牢固。

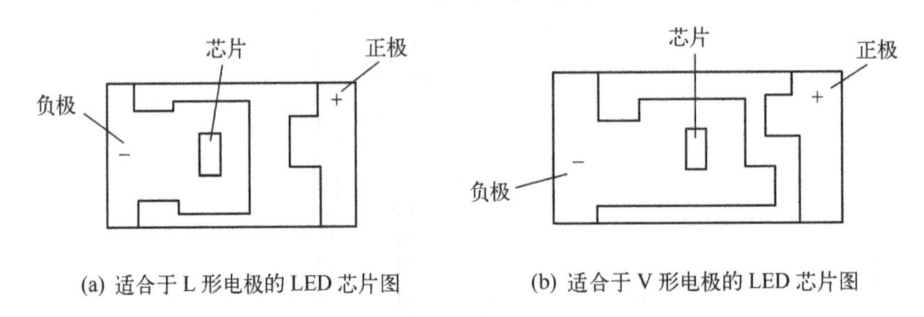

(a) 适合于 L 形电极的 LED 芯片图 (b) 适合于 V 形电极的 LED 芯片图

图 12-13 测试用 PCB 的单元示意图

现在用于照明的 SMD 器件都已采用金属支架塑封结构,填充物也从对氧树脂改为硅胶,因此具有较好的导热和耐热性能,可承受较高的功率,称为中功率器件,应用面大大扩展,已成为 LED 照明的主流器件,而且不断加大功率,近期已有 1W 的 2835 SMD LED。

基本上习惯用外形尺寸来表示 SMD LED 的型号,如 5630、3014、4014、3216、3020、3528、2810、2835、4008、3535、7030 等,如 2835 表示 2.8mm×3.5mm。

12.2.3 芯片级封装(CSP)

芯片级封装(Chip Scale Package,CSP)意思是指封装器件的尺寸与芯片尺寸基本相同,如图 12-14 所示。由于具有单位面积的光通量最大化(高光密度)和芯片与封装成本最大比(省略了金线、支架的低封装成本)的特点,有望在 m/¥ 的性价比上能获得优良的表现。

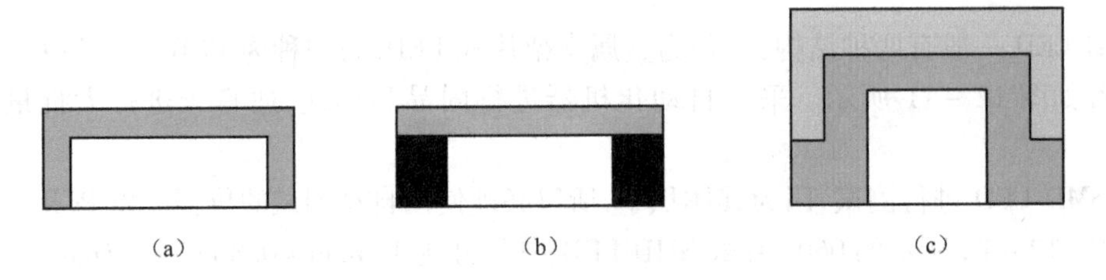

图 12-14 CSP 免封装器件的三种实现方式

CSP 器件有三种主流结构,如图 12-14 所示。(1)采用硅胶荧光粉压制而成,五面出光,发光效率高,但顶部和四周的色温一致性控制较差;(2)采用掺二氧化钛胶周围形成白壁再覆荧光膜,只有顶部一个出光面,色温一致性较好,但发光效率会偏低;(3)采用荧光膜全覆盖,再加上透明硅胶固定成型,也是五面出光,发光效率高,色温一致性稍差。

CSP 工艺也可用于制造功率型 LED,2014 年 5 月,三星公司制成的 LM141A,尺寸为 1.4mm×1.4mm,300mA 下发光效率达到 122lm/W。台湾联京光电制成的 LED,尺寸为 1.5mm×1.5mm 和 1.0mm×0.8mm,驱动电流 50mA 下功率分别为 3.6W 和 1.6W。国星光电采用陶瓷过渡衬底(100μm,膨胀系数与外延层匹配),解决了倒装芯片 GaN(膨胀系数小于 5×10^{-6}/K)和多层金属结构 MCPCB(膨胀系数 $18\times10^{-6}\sim23\times10^{-6}$/K)之间的较大热膨胀失配问题,冷热冲击(−40~100℃)3000 次循环维持 0 失效。而直焊的 100 次循环便出现失效,

300次循环失效率高达70%。与3535功率器件相比,光色的均匀性也大为提高。

根据使用的倒装芯片尺寸,通过预先设计好的CSP器件尺寸,使用荧光粉和一定比例的胶水混合,制成一张特定尺寸的半固化荧光膜,与提前扩晶排布的倒装芯片,进行压合后烘烤固化;最后按照设计好的CSP产品尺寸进行切割,即可得到CSP器件产品。降低了成本,还提高了光效,有取代2835器件的趋势,但在工艺上,还有待进一步完善。

12.2.4 大电流LED的封装

HP公司在20世纪90年代初推出大电流LED,并称其为食人鱼,它将用4个脚的支架,材料将用铜基的,有较好的散热能力,在支架中部具有反射腔。电流每个器件可加到40~70mA,具有较大的光通量输出。目前,汽车上的信号灯基本上都是用此类器件。在20世纪90年代后期,又在其上加上两个散热翼片,定名为Snap(猛咬之意,表示比食人鱼更厉害),最大电流可以加到150mA,功率为0.3~0.5W。近期由于SMD器件功率逐步提高,其有被取代的趋势。

在清洁的支架反射腔中放上LED芯片,烧结后的金丝键合,根据芯片数和出光角度的大小要求,选用相应的聚丙烯模腔。在模腔内灌满环氧树脂,插入支架,进烘箱固化,脱模、切筋后进行测试和分选。

12.2.5 功率LED的封装

HP公司于2000年推出功率LED,使LED从信息显示和信号指示向照明前进了一大步。

HP公司的Luxeon功率LED结构如图12-15所示。与$\phi 5$小功率LED的主要差别在于:加大了芯片,尺寸为1mm×1mm;加大了散热基片,$\phi 6$的铜质金属芯;改环氧树脂封装料为硅树脂料,提高了耐热温度;以共晶焊取代银胶,降低了热阻。

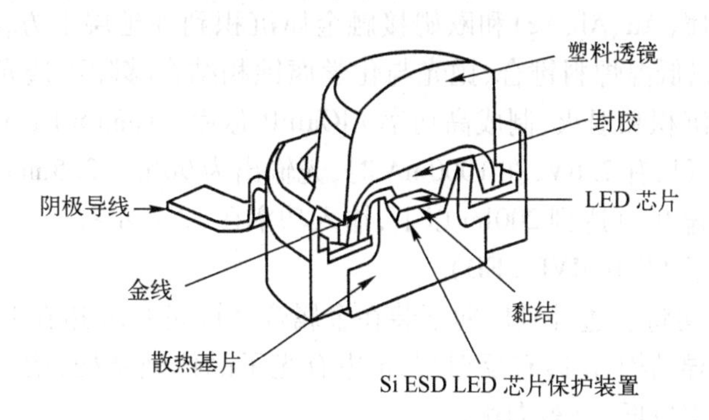

图12-15 Luxeon功率LED结构

12.2.5.1 功率型LED芯片

(1) 放大尺寸法

传统的LED芯片仅有0.2~0.3mm为边长的方形面积,早期的功率LED芯片采用1mm×1mm的大尺寸,为了解决芯片上部电流均匀分布问题,一般采用梳状电极。

(2) 硅衬底倒装芯片法

InGaN/蓝宝石芯处中的蓝宝石导热性能较差,不利于器件散热,为此研发了倒装芯片技术。首先制备出适合于共晶焊接电极的大尺寸 LED 芯片,在 p 型电极内侧蒸镀上一个金属反射层(铝或银),以提高出光效率。同时制备出较大尺寸的导电性能较好的硅衬底,并在其上制作可共晶焊接的金导电层及引出导电层(超声金丝球焊点)。然后将大尺寸芯片倒装共晶焊在硅衬底上,LED 从上面蓝宝石侧出光,同时解决了散热和高出光问题。

美国 Lumileds 公司的具体做法是:第一步,在外延片顶部的 p 型 GaN: Mg 沉积厚度大于 50nm 的 NiAu,用作欧姆接触和背反射;第二步,采用掩模,选择刻蚀掉 p 型层和多量子阱有源层,露出 n 型层;第三步,沉积、刻蚀形成 n 型欧姆接触层,芯片尺寸为 1mm × 1mm,p 型电极为正方形、n 型电极以梳状插入其中,这样可使电流均匀并缩短电流扩展距离,把扩展电阻降至最小;第四步,将金属化凸点的 AlGaInN 芯片倒装焊接在具有防静电保护二极管的硅衬底上。

Lumileds 公司采用此种芯片推出 1W、3W、5W 功率的 LED,其中 5W 器件是由 4 个芯片($1mm^2$)组成的,白光输出可达 120lm。

(3) 陶瓷衬底倒装法

以高导热陶瓷衬底取代硅衬底,基本工艺与上述相同,效果颇好。如采用 AlN 陶瓷已有商品,结构中需要加防静电保护二极管。

(4) 碳化硅衬底芯片倒装法

美国 Cree 公司在碳化硅衬底上进行 AlCaInN 外延生长,传统的器件是碳化硅衬底安装在支架上。倒装的芯片是 SiC 衬底在上方,芯片尺寸为 0.9mm × 0.9mm,正电极向下,直接焊接在热沉上,散热效果较好。

(5) 薄膜转移和金属焊接技术

先将高反射率金属(Au、Al、Ag)和欧姆接触金属沉积到外延层上方,将焊料沉积到 Si 衬底上(或 SiC、金属),以低温焊料键合,抛光与化学腐蚀相结合移除不透光的 GaAs 衬底,顶和低部欧姆接触电极的沉积和退火,制成高功率 AlGaInP 芯片。1mm × 1mm 的高功率 LED 芯片在 500mA 时,正向电压只有 2.6V,在 1000mA 时,光输出为 90lm。2.5mm × 2.5mm 芯片 LED,在驱动 5A 电流时,光输出可达到 200lm 以上,输入功率在 12W 左右。

(6) 金属垂直光子 LED(MVP LED)

美国 SemiLED 公司将 p 边外延层向下装在金属合金衬底上,n 边在上,垂直输入光子并提供了优良的热导和电导结构,p 边有反射层,n 边有光子晶体微结构,增强了正方向的出光效率。此方法由于成品率较低,已被淘汰。

12.2.5.2 功率型 LED 的热学设计

功率型 LED 的关键是散热问题。功率 LED 热阻是各结构层的热阻和扩展热阻之和。计算热阻可参见公式(12-6)。表 12-4 中列出的 LED 相关材料的热导率可以选择使用。表 12-5 中列出了各种陶瓷基板的组成及特性。

表 12－4 LED 相关材料的热导率

材 料	热导率/(W/(m·K))	材 料	热导率/(W/(m·K))
Si	125～150	银	427
SiC	283	纯铜	398
Al_2O_3(蓝宝石)	35～42	金	315
GaAs	44～58	铝	237
GaN	a 130 b 170～180	铝合金	96～226
InGaN	170	黄铜	109
AlN	a 170～200 b 285	铜合金	264
Al_2O_3(刚玉)	20～27	锡	67
SiO_2	1.2	Au-Sn(80-20)	57.3
导热胶	0.5～2.0	银胶	1.5～25

表 12－5 各种陶瓷基板的组成和特性

特 性			三氧化二铝			高导热基板			单晶硅	蓝宝石	金刚石
主要成分			Al_2O_3 92%	Al_2O_3 96%	Al_2O_3 99%	BeO	AlN	SiC	Si	Al_2O_3	C
表观密度/(g/cm^3)			3.6	3.7	3.9	2.9	3.3	3.2	2.3	4.0	2.8
力学性能	抗弯强度/MPa		250	270	290	170～230	400～500	450	520	700	
力学性能	压缩强度/MPa		2000	2000	2300	—	—	—			
力学性能	弹性模量/MPa		2.7×10^5	3.7×10^5	3.9×10^5	3.2×10^5	3.3×10^5	4.0×10^5	7.8×10^5		
电气性能	绝缘耐压/(kV/cm)		150	150	150	100	140～170	1～2	10^{-2}～45	4800	
电气性能	体电阻率/Ω·cm	20℃	$>10^{14}$	$>10^{14}$	$>10^{14}$	$>10^{14}$	$>10^{14}$	$>10^{13}$	10^{-3}～10^3	$>10^{16}$	$>10^{16}$
电气性能	体电阻率/Ω·cm	300℃	1×10^{11}	$>10^{14}$	$>10^{14}$	—	—	—			
电气性能	介电常数 $\varepsilon_{V,1}$/MHz		8.5	9.8	9.8	6.5	8.8	45	12	11.5	5.7
电气性能	介电损耗 $\tan\delta$/MHz		0.0005	0.0003	0.0001	0.0005	0.0005～0.0001	0.05		0.0005	
热学性能	热膨胀系数/(10^{-6}/℃)	25～300℃	6.6	6.7	6.8	8	4.5	3.7			
热学性能	热膨胀系数/(10^{-6}/℃)	300～	7.5	7.7	8.0	—	—	—			
热学性能	热导率/(W/(m·K))	25℃	16.7	18.8	31.4	250	100～270	270	150	38	2000
热学性能	热导率/(W/(m·K))	300℃	10.9	13.8	15.9	—	—	—			
烧成温度/℃			1500～1650			2000			1650～1800	2000	

下面以三种目前常用的结构为例，进行 1W 大功率 LED 的热阻理论计算。

(1) 正装芯片/共晶固晶(见表 12-6)

表 12-6 正装芯片/共晶固晶

导热路径	有源层	衬底	固晶层	热沉
材料	InGaN	Al_2O_3	Au/Sn	铜合金
λ/(W/(m·K))	170	42	58	264
L/mm	0.005	0.1	0.01	1.3/0.9
S/mm^2	1.0	1.0	1.0	7.07/28.3
层热阻/(℃/W)	0.029	2.381	0.172	0.697+0.120=0.817
总热阻/(℃/W)	3.399			

(2) 硅片金球倒装芯片/共晶固晶(见表 12-7)

表 12-7 硅片金球倒装芯片/共晶固晶

导热路径	有源层	金球	硅片	固晶层	热沉
材料	InGaN	Au	Si	Au/Sn	铜合金
λ(W/(m·K))	170	315	146	58	264
L/mm	0.005	0.02	0.25	0.01	1.3/0.9
S/mm^2	1.0	0.027	2.5	2.5	7.07/28.3
层热阻/(℃/W)	0.029	2.352	0.685	0.069	0.697+0.120=0.817
总热阻/(℃/W)	3.952				

(3) 金属垂直光子(MVP)芯片/共晶固晶(见表 12-8)

表 12-8 金属垂直光子(MVP)芯片/共晶固晶

导热路径	有源层	衬底	固晶层	热沉
材料	InGaN	Cu	Au/Sn	铜合金
λ/(W/(m·K))	170	398	58	264
L/mm	0.005	0.075	0.01	1.3/0.9
S/mm^2	1.0	1.0	1.0	7.07/28.3
层热阻/(℃/W)	0.029	0.188	0.172	0.697+0.120=0.817
总热阻/(℃/W)	1.206			

对于正装芯片,如采用共晶固晶,并将蓝宝石减得很薄,热阻也可降得较低,甚至比倒装在硅片上的结构还好些,但热阻的主要部分仍是蓝宝石衬底造成的,要占总热阻的3/4。而采用硅片的金球倒装芯片,虽采用共晶固晶,由于金球接触面积颇小,金球的热阻几乎占总热阻的3/5,所以虽然将这种结构进一步改进,采用较高热导率的AlN取代硅,可总热阻仍与用正装芯片的差不多。

采用金属衬底垂直光子结构的芯片,加上共晶固晶,总热阻可降至1.206℃/W。其中热沉的热阻占2/3。进一步减薄热沉厚度和加大热沉面积,还可进一步降低器件的总热阻。

用银浆作为功率 LED 的黏结剂，由于其热导率较低，仅为 1.5～25，造成固晶层热阻为 2～4℃/W。这显然是不合适的。

由于功率 LED 的热阻与 LED 灯具的 LED 结温有直接的关系，而结温又直接影响到 LED 的效率和寿命，所以努力降低功率 LED 的总热阻，仍是很重要的课题。

12.2.5.3 功率 LED 的光学设计

从光学设计角度考虑，采用倒装芯片方案和在 p 型层处增加金属反射层可大幅度提高出光效率，避免了电极面积的遮光作用。芯片侧面的光可利用管壳热沉的镜面反射。表面粗化或纹理结构可减少全反射以增加出光效率。芯片表面覆以氧化铟锡层不仅使电流均匀扩展提高内量子效率 η_i，也同时因为其具有中等折射率，可增大临界角，减少全反射，而提高出光效率，起到增透膜作用。采用透明衬底可提高出光效率，而黏结透明材料并除去吸收性能高的衬底，如 InGaAlP/GaAs 中的 GaAs，也是同样目的。

功率型 LED 的透镜光学设计也是十分重要的。在进行光学透镜设计时应考虑最终照明灯具的光学设计要求，尽量配合应用照明灯具的光学要求设计，甚至避免二次光学设计。常用的透镜有凸透镜、锥状透镜、菲涅耳透镜、组合式透镜等。需要注意的是，这些透镜与管芯之间必须以透明硅胶等材料填充，不能有空气存在，否则，会因多一层空气或气泡而使出光大减。通常会封装成几种具有不同光强分布，如宽、中、窄视角的几种器件，以供应用者选择使用。也可根据特殊需要，如 LED 路灯用的可将透镜设计成使光强分布呈矩形等。Luxeon 功率 LED 的光学透镜和光强分布如图 12－16 所示。

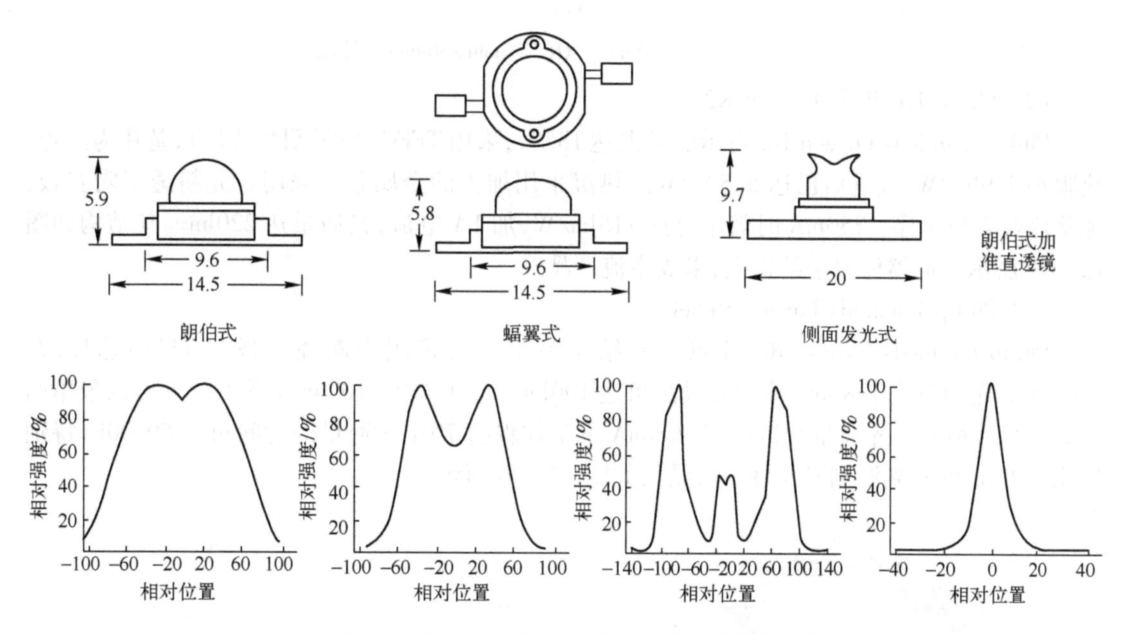

图 12－16 Luxeon 功率 LED 的光学透镜和光强分布

12.2.5.4 功率 LED 封装的工艺流程和光电特性

功率 LED 封装流程如图 12－17 所示。

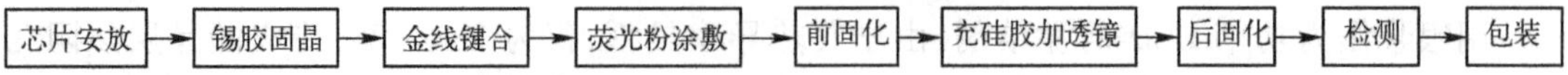

芯片安放
锡胶固晶
金线键合
荧光粉涂敷
前固化
充硅胶加透镜
后固化
检测
包装

图 12－17　功率 LED 封装流程

12. 2. 5. 5　四种类型结构功率 LED

(1) Cree Xlamp XR-E

Cree Xlamp XR-E 采用陶瓷基板、玻璃透镜,SiC 衬底芯片,白光实验室最高记录为 161lm/W。产品最高档 Q_5 在 350mA 时光通量为 107～114lm。热阻为 8K/W,缺点是尺寸偏大。其结构如图 12－18 所示。

透镜
反射镜
基板
基板
反射镜
透镜
6.8mm
4.4mm±2mm
侧视图

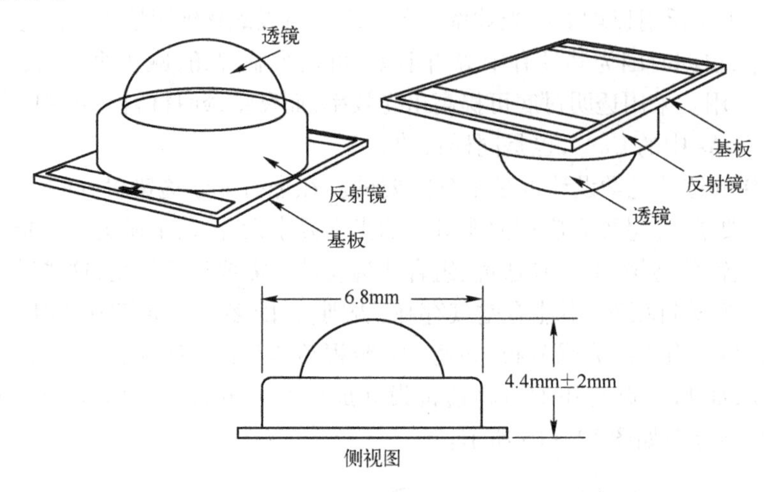

图 12－18　Cree Xlamp XR-E(7mm×9mm)器件图

(2) Philip Lumileds Luxeon K2

Philip Lumileds Luxeon K2 可承受结温达 185℃,采用 TFFC(薄膜倒装芯片),基片为陶瓷,热阻小于 9℃/W,改进后已达 5. 5℃/W。热沉采用加大的金属芯。采用荧光粉透明陶瓷板,免除涂荧光粉工序。350mA 时效率可达 115lm/W,加 1A 电流,光通量达 220lm。其结构如图 12－19 所示。此器件由于结构大,未成主流产品。

(3) Philip Lnmileds Luxeon Rebel

Philip Lnmileds Luxeon Rebel 可承受结温为 150℃,采用小陶瓷基板和 TFFC 芯片,在 350mA 时光通量大于 80lm,冷白光最高可达 100lm。可在 350～1000mA 下工作。可以采用回流焊。具有最好的光通量维持性能,700mA 下工作保持 70% 光通量的时间可达 50000h,特别适用于 LCD 的背光源侧光器件。其结构如图 12－20 所示。

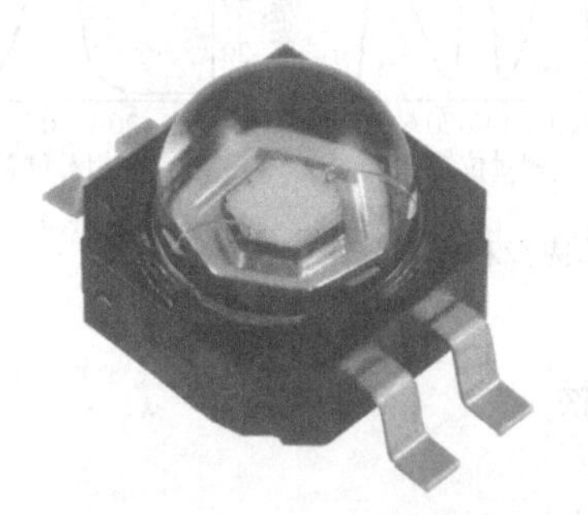

图 12－19　Luxeon K2 器件

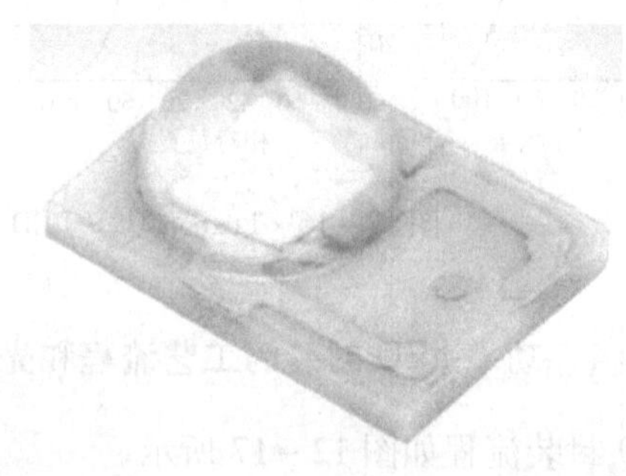

图 12－20　Luxeon Rebel(3mm×4. 5mm)器件

（4）Cree XLamp XP-L

Cree XLamp XP-L 高密度级大功率分立式器件，兼顾高光品质、高光输出，发光效率可达200lm/W，显色指数可达80~90，尺寸为3.45mm×3.45mm。

12.2.5.6 功率 LED 降低热阻的进展

除了光通量和发光效率，对于功率 LED 来说，热阻可以说是极重要的参数，所以制造商应标明器件的热阻值，供应用者选用时参考。热阻决定温升，而结温又与发光效率和寿命密切相关，所以改进器件的散热结构，一直是功率 LED 的重要课题。

当 HP 公司推出 Luxeon 时，当时的热阻还比较高，1W 的 Luxeon 达 20~25℃/W。经过两三年降至12℃/W，主要采用减薄蓝宝石衬底正装结构。后采用薄膜倒装芯片（TFFC）工艺，并加大热沉，推出 Luxeon K2，将热阻降至 9℃/W，后稍加改进又降至 5.5℃/W。和作者合作的生辉照明和鼎晖科技采用垂直结构芯片使 W 级功率 LED 热阻降至 3.2℃/W。现已普遍降低到 2W/(m·K)左右。

12.2.5.7 功率 LED 发光效率的进展

日亚化学公司于2007年9月宣布实验室水平1W 的达到134lm/W，ϕ5 LED 达到169lm/W。欧司朗公司2008年7月21日报道，350mA 驱动下，W 级器件光通量为155lm，发光效率达到136ml/W。2008年10月，Philips Lumiled 和 Osram Opto Semiconductors 发布了其研究成果，1mm^2 芯片，350mA 下工作的功率器件有155lm 的光输出，发光效率达140lm/W。很明显降低了器件的正向压降。同月，Cree 公司在瑞士的一个氮化镓的研讨会上披露其白光功率 LED 的实验室水平已经达到157lm/W。近些年来功率的 LED 发光效率的进展见表12-9。

表12-9 功率 LED 发光效率的进展(lm/W)

年　份	2002	2003	2004	2005	2006	2007	2008	2009	2010	2011	2012	2013	2014	2020
1W（实验室最高值）	25	40	57	70	100	134	161	166	170	175	180	185	190	
1W（商品最高值）	20	30	40	50	70	90	100	110	120	130	140	150	160	
1W（国内商品最高值）			30	40	55	82	100	120	130	140	150	155	160	
1W（用国内芯片最高值）				20	40	70	80	90	100	110	120	130	140	
ϕ5（实验室最高值）	60	74	82	100	150	169	249							
美国计划目标	25					75			120		150			200
中国计划目标			20	30			60		100					200

从表中数据可以看出，实验室水平的进展很快，每年均有20~30lm/W 的提高。商品水平较慢，但也有每年10~20lm/W 的提高。国内采用国外芯片封装的商品最高水平也基本上跟上国外进展的速度，但采用国内芯片封装的最高水平虽然进步较快，每年也有10lm/W 左右的提高，但仍保持20lm/W 的差距。

12.2.6 功率 LED 组件

由于功率 LED 器件目前比较成熟的仍是用1W 器件制成3W 和5W 器件，或是1W 器件加大电流当3W 器件用，虽然光通量绝对值有所增加，但由于热量问题加剧温升，使结温提高，发光效率大幅度下降。另外作为照明光源，需要更多的光通量输出，才能作为新型光源取代传统光源。所以研制功率 LED 组件成为 LED 向照明进军的关键课题。

功率 LED 组件研制要解决的关键技术问题是散热问题。当然,由于功耗和寿命、安全等因素,解决散热问题的方法不采用主动强制的方法,如半导体制冷、水泵喷水致冷和风扇散热等。此外,组件的器件不同,器件的光电参数可以用瞬态测量技术,而对组件来讲,希望通电就能使用,光电参数应该是热平衡后测得的,瞬态测试的数据对使用参考价值不大。

12.2.6.1 热管技术

散热的最理想方案无疑是利用产生的热量作为能源将热量转移,而将热管技术应用到功率 LED 组件,正是这种措施。

热管散热技术是 1963 年美国 G. W. Grover 发明的,最早是应用于航天技术。热管是依靠自身内部工作介质液体和气体二相变化来实现传热的导热元件。热管的一端为蒸发端,另一端为冷凝端,它是由高纯度的无氧铜管及铜丝网或铜粉烧结物组成,内充适量的液体作为工作介质。当受热端将工作液相蒸发成气相,气流经过中空管道流到冷却端,冷却后将工作流体凝结成液相,冷凝液借助于铜网或铜粉烧结物的毛细组织被吸回受热端,如此完成吸热 - 放热循环,即通过工作介质的两相变化并循环不止,可在一定温差下将热量源源不断地传导出来。其特点是质量轻,结构简单,热传输量大,速度快,耐用寿命达 10 年以上,本身不耗电,导热能力比同样质量的铜高 100 倍。

俄罗斯科学院的 Maidanik 发明了比单管热管效率更高且不受位置影响的回路热管。中国台湾阳杰公司用其制成 LED 路灯,其用灯壳作为散热器,取得较好的散热效果。当 LED 发光效率提高到 150 ~ 2001m/W 时,热管技术就不再成为 LED 灯具所需要的技术了,只有少数特大功率 LED 灯具继续使用。

12.2.6.2 COB 功率 LED 组件

美国 Lustrous 公司 2007 年 10 月 4 日披露采用 COB(芯片在基板上)工艺研制功率 LED 组件的结果,350mA 驱动,30V 电压,10.5W 的光通量为 750lm,发光效率为 71.4lm/W。2008 年 8 月 7 日,中国台湾爱迪森光电也是用 COB 工艺制成 20W 功率 LED 组件,冷白光 1000lm 输出,发光效率达到 50lm/W。2008 年 9 月 8 日,American Bright 公司开发了紧凑型 10W 和 20W LED 组件,10W 的发光效率为 55lm/W,色温为 3000K,束角为 120°;20W 的发光效率为 65lm/W,色温为 5000K。2014 年 1 月三星电子发布最佳发光效率为 1301m/W(3000K)、1431m/W(5000K),CRI > 80,功率为 13W、26W 和 40W 的 LED。至 2016 年,不同色温,CRI > 90 的更大功率和高效率的 COB 功率 LED 组件均已批量生产。

隆达电子于 2014 年推出的倒装芯片 COB 产品,达到了高密度流明输出,又避免了金钱断开所造成的器件损坏问题,是值得推广的一种形式。

12.2.7 铟镓氮类 LED 的防静电措施

铟镓氮类 LED 特别是蓝宝石为衬底的这类 LED,由于蓝宝石为绝缘体,器件对静电甚为敏感,极易因静电而损坏,所以白光、蓝光、绿光高亮度器件还有采用蓝宝石黏结工艺的 AlGaInP LED 均应在制造、包装、储存和使用过程中非常注意防静电。

12.2.7.1 防静电原则

(1) 避免静电,设法消除静电源。

(2) 消除静电,设法加速静电荷的消除。

12.2.7.2 器件制造和使用环境的防静电措施

(1) 器件对静电放电的灵敏度等级分为三类:Ⅰ类≤100V;Ⅱ类≤500V;Ⅲ类≤1000V。

(2) 相应的防静电工作区等级也分为三类,其限制为:Ⅰ类≤100V;Ⅱ类≤500V;Ⅲ类≤1000V。InGaN类LED为Ⅰ类器件,应在Ⅰ类防静电工作区内制造和使用。

(3) 铺设防静电地板,且有接地消除静电系统,表面电阻率为$10^6 \sim 10^9 \Omega/cm^2$。

(4) 静电敏感器件应在防静电工作台上操作,工作台面应铺设静电消除材料,工作台应接地。表面电阻率为$10^6 \sim 10^9 \Omega/cm^2$,体电阻率为$10^3 \sim 10^8 \Omega/cm^3$;摩擦起电电位小于等于100V;静电电压衰减时间小于或等于0.5s。

(5) 静电敏感器件制造和使用中应开启直流式离子风机,且在其有效作用范围内(一般不超出60cm)操作。

(6) 静电防护区的相对湿度控制在50%以上,最好在70%~80%。

(7) 要有良好的防静电接地系统,将地面、工作台、设备、仪器和腕环等,按工作区域或单元,相互隔离,再汇总接地。

(8) 静电保护区内应使用防静电器具:各种容器、夹具、工作台面和设备垫等应避免使用易产生静电的材料,主要指塑料制品和橡胶制品。

(9) 焊接用的电烙铁(最好用直流式恒温烙铁)和测试仪器要接地良好。

(10) 有条件时应安装静电监测报警装置。

12.2.7.3 器件制造和使用者的防静电措施

凡接触静电敏感器件的人员均应注意如下事项:

(1) 使用防静电腕环。

(2) 穿着防静电工作服、鞋、帽。

(3) 应避免可能造成静电损伤的操作。

① 从包装袋内倾倒器件出来时,应尽可能轻缓,避免快速倾倒时产生的静电荷(严重时静电位可达1000~1500V)。

② 拿器件时,尽量拿管壳,避免接触器件的外引线。

③ 操作者在操作前或站起来走动后,要先用手接触防静电工作台或金属接地线,然后再进行工作。

④ 不要将超过电源电压值的电压加到输入端。

⑤ 不要做易于产生静电的动作,如搓手、擦脚、穿和脱工作服等。

⑥ 不要插错引脚。

⑦ 尽量不要使用万用表检测静电敏感器件的引线端,若非用不可,在检测前应将表头先接触一下接地线。

12.2.7.4 器件包装、运送和储存过程中的防静电措施

(1) 包装

① 静电敏感器件必须装入防静电包装袋盒或箱内才能发运。以免输送中因振动和摩擦而产生静电。不应用尼龙袋、普通塑料袋或发泡苯乙烯材料包装。

② 使用前不要过早拆除防静电包装。

③ 拆除包装应在防静电工作区内进行,器件应直接放入预先准备好的导电盒中备用。

(2) 运送和传递

运送和传递时,应尽量减少机械振动和冲击。

(3) 储存

静电敏感器件以及安装有静电敏感器件的印制电路板或整机储存时,也要采取防静电措施。

第13章 发光二极管的测试

发光二极管的性能参数主要是发光效率，而发光效率是由测得的电学参数和光度学参数计算得到的。新的发光二极管要测试的有电学参数、光度学参数、色度学参数、热学参数、静电耐受性等。

13.1 发光器件的效率

只注意发光器件的电学参数或光学参数是不够的。如A器件的光通量输出为80lm，B器件的光通量输出是110lm，这是否说明B器件的性能就比A器件高呢？回答是不一定。因为要看器件的输入功率多大，如前者输入功率为1W而后者输入功率是2W时，却是器件A的性能优于B。而且，如果在不使器件过热的情况下增大器件A的输入功率，则A的光输出也是能增大的。这样就提出了效率问题。发光器件的效率发光效率、功率效率、量子效率等有几种，下面分别介绍。

13.1.1 发光效率

发光效率η_0的概念比较简单，它是单位电功率(W)下输出的光通量(lm)：

$$\eta_0 = \frac{F}{P_e} = \frac{F}{IV} \quad (\mathrm{lm/W}) \tag{13-1}$$

式中，I、V分别为器件的直流偏置电流和电压；P_e为输入的电功率；F为上述偏置条件下器件输出的总光通。显然，通过I、V、F的测定即可算出η_0。用η_0来描述器件性能是很准确的，也是很有效的。

13.1.2 功率效率

功率效率η_p是器件将输入功率P_e(W)转变成辐射功率P(W)的效率，又称光电转换效率。显然

$$\eta_p = \frac{p}{P_e} = \frac{F}{\eta_1 IV} \times 100\% \tag{13-2}$$

式中，F、η_1分别为器件的总光通和照明效率；I、V分别为偏置电流与电压。

13.1.3 量子效率

量子效率是注入载流子复合产生光量子的效率。由于内吸收和内反射等原因，产生的光量子不能全部射出。因此，量子效率又分内量子效率η_i和外量子效率η_e，而η_e除包括η_i外，还包括注入效率η_j和光出射效率η_u（又称光学效率）。这些效率间具有如下关系：

$$\eta_e = \eta_j \eta_i \eta_u \tag{13-3}$$

(1) 外量子效率

半导体发光是一个注入电子产生光子的过程,我们把发出的光子数与注入电子数之比定义成外量子效率。设 n_e 和 n_q 分别为单位时间内注入的电子数和器件发出的光子数,则外量子效率 η_e 可表示为

$$\eta_e = \frac{n_q}{n_e} \tag{13-4}$$

若这时器件输出的辐射功率 $p = n_q h\nu$,注入的电功率 $p_e = IV = n_e qV$,则式(13-4)可写成

$$\eta_e = \frac{n_q}{n_e} = \eta_p \frac{qV}{h\nu} = \eta_p \frac{\lambda_0 qV}{ch} = \frac{\lambda_0 qF}{\eta_1 chI} \tag{13-5}$$

式中,c 为光速;h 为普朗克常数。这就是知道器件的峰值波长 λ_0、理想照明效率 η_1、偏置电流 I 和在此电流下输出的总光通 F 后,计算外量子效率 η_e 的公式。

(2) 内量子效率

内量子效率 η_i 是一个和辐射复合的微观过程密切相关的参数。它被定义成每注入一个电子在 pn 结中产生的光子数。

直接跃迁过程比间接跃迁过程简单,其内量子效率主要取决于少数载流子的辐射复合与非辐射复合的寿命。直接跃迁的内量子效率可以表示为

$$\eta_i = \frac{1/\tau_R}{(1/\tau_R + 1/\tau_{NR})} = \left(1 + \frac{\tau_R}{\tau_{NR}}\right)^{-1} \tag{13-6}$$

式中,τ_R 和 τ_{NR} 分别为少数载流子的辐射复合寿命与非辐射复合寿命。从式(13-6)可见,降低 τ_R、增大 τ_{NR} 即能提高 η_i。增大 τ_{NR} 的问题,主要在于提高材料的纯度、完整性和改进 pn 结制作工艺的完美性,以降低非辐射复合中心的浓度。

间接跃迁的复合辐射过程是通过一些发光中心来实现的,这就使得过程复杂化,间接跃迁过程的内量子效率可粗略地表示为

$$\eta_i = \frac{\sigma n}{\sigma n + \sigma_0 n_0} \cdot \frac{1}{1 + \exp\left(-\frac{E}{kT}\right)} \tag{13-7}$$

式中,σ 为复合截面;n 为发光中心的浓度;σ_0 为猝灭中心对载流子的俘获截面;n_0 为猝灭中心的浓度;E 为发光中心的离化能。从式(13-7)可以看出,发光中心的离化能 E 对 η_i 有很大的影响,离化能太小时,室温下不易俘获载流子,发光效率不会高。如发现等电子陷阱氮之前的掺硫的磷化镓绿光二极管,就因为硫的离化能只有 0.1eV,使其发光效率极低。另外,增大发光中心的浓度,减小非辐射的猝灭中心的浓度,对于间接跃迁来说,比直接跃迁尤为重要。除了外来杂质可以形成猝灭中心外,晶体中的各种缺陷也都可能成为猝灭中心。由此看来,恰当选择发光中心,使它具有较高的浓度及适当的电离能和大的复合截面,并尽可能提高材料纯度和完整性,以降低猝灭中心的浓度,提高 η_i,乃是间接跃迁发光器件研究的重要课题。

13.2 电学参数

13.2.1 伏安特性

伏安特性是器件 pn 结的重要参数,它是 pn 结性能、pn 结制作优劣的重要标志。所谓伏

安特性，就是流过 pn 结的电流随电压变化的特性。完整的伏安特性应将正、反向均包括在内。可以将器件的伏安特性直观地显示在示波器的荧光屏上，显示电路如图 13－1 所示。从示波器显示的完整的伏安特性上，可以看出 pn 结击穿的软硬、漏电大小、正向压降大小以及正向电流上升的快慢等重要特性。

图 13－2 中示出了磷砷化镓二极管的伏安特性示波器图形。

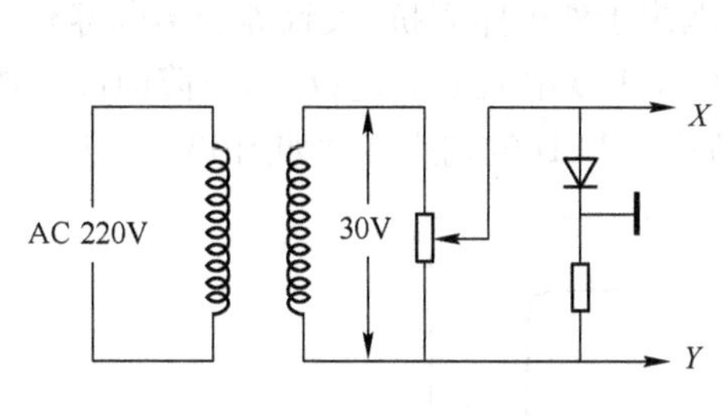

图 13－1 伏安特性显示电路

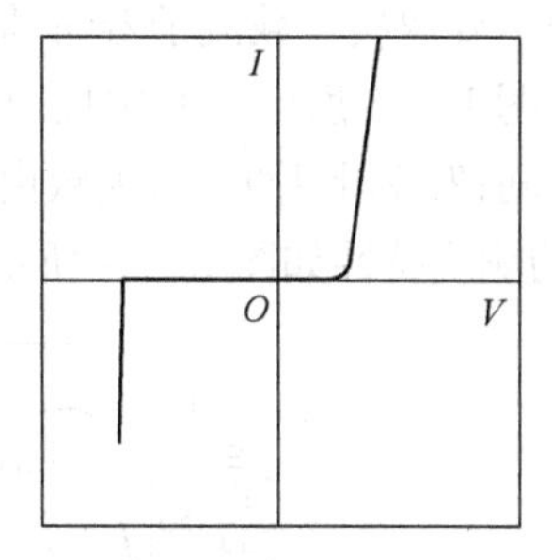

图 13－2 磷砷化镓二极管的伏安特性

（1）反向击穿电压

反向击穿电压 V_B 是表示器件反向耐压高低的参数，通常是指一定漏电流下器件两端的反向电压值。漏电流大小的标准也各不相同，严格时可取 10μA，而不严格时有的甚至取 100μA。由于器件总是在正向偏置下使用，对这一参数的要求也就不那么严格了。

测量 V_B 时可采用恒流源，注入规定的反向电流，再用高输入阻抗的电压表并接在器件两端，这时测得的电压就是 V_B。合格器件的 V_B 值通常应大于 5V，但一般均在 10～25V。

（2）反向电流

反向电流 I_R 是指给定反向电压下流过器件的反向电流值。测量时，采用一电压为给定值的稳压源加于器件两端，并在其间串联一个低内阻微安表，即可直接读取反向电流。

（3）正向电压

正向电压 V_F 是指定正向电流下器件两端的正向电压值。所取的正向电流一般均较大。通常处于器件工作的大信号区，如取 10～30mA。V_F 标志着结的体电阻及欧姆接触串联电阻高低，它可在一定程度上反应电极制作的好坏。

V_F 的测量与 V_B 相同，只不过这时是正向注入给定电流而已。合格器件的 V_F 通常应小于 2V（25mA 下、磷砷化镓二极管），对于磷化镓器件来说，这一电压值可以相应高 0.5V 左右。当然这些规定都是人为的，各自规定不尽相同。

有时为了反映正向电流上升的快慢，可以测量电压增量 ΔV_F 下的电流增量 ΔI_F，用 $\Delta I_F/\Delta V_F$ 来表示上升的梯度。

13.2.2 总电容

总电容 C 是指器件在零偏置下的电容量，它实际是结电容与管壳电容之和，主要取决于结面积的大小，因 pn 结是突变结或线性缓变结而不同。C 的测试可用 Q 表或普通电容测试仪，测量时一般采用 $f=1\text{MHz}$ 的交流信号。

13.3 光电特性参数——光电响应特性

一般来说,器件在接收到电信号后并不立即发光,去掉电信号后,发光也并不立即消失。我们把光信号随电信号变化的快慢称为响应。描述这一特性的是响应时间,分上升时间和下降时间。这些时间主要取决于载流子寿命、器件的结电容、串联电阻和传输线的阻抗。磷砷化镓 LED 的响应特性如图 13-3 所示。其中接通时间 T_a 主要取决于外电路阻抗,大致等于结电容充电到内建电压的时间;T_r 为上升时间,大致由器件的结电容和串联电阻来决定;T_t 为下降时间。掺硅砷化镓 LED 的响应特性如图 13-4 所示。掺锌、氧磷化镓 LED 的响应特性如图 13-5 所示。

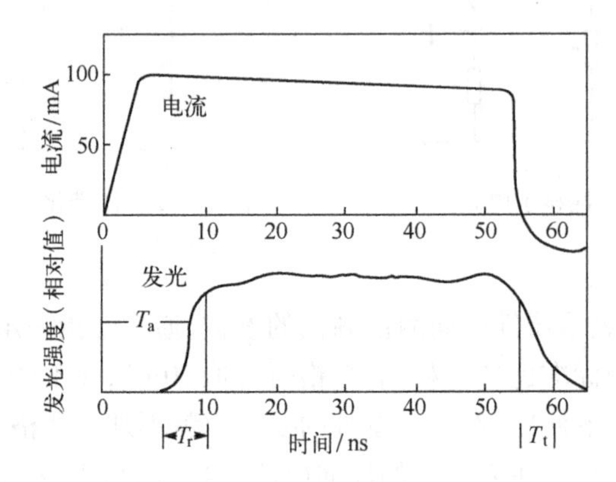

图 13-3 磷砷化镓 LED 响应特性

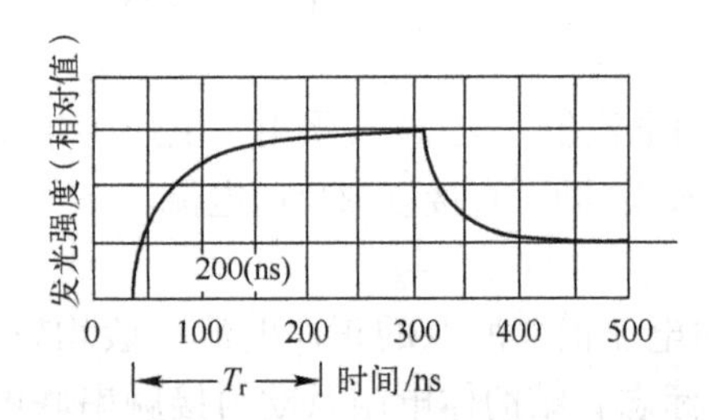

图 13-4 掺硅砷化镓 LED 的响应特性

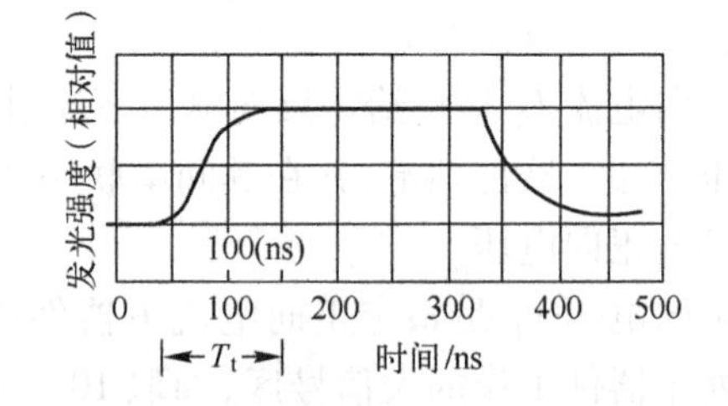

图 13-5 掺锌、氧磷化镓 LED 的响应特性

在脉冲驱动及需要对器件进行调制时,响应特性便显得十分重要。在一般的直流工作情况下,这一特性则是无关紧要的。

13.4 光度学参数

发光二极管的光度学参数包括法向光强 I_0、平均 LED 强度、发光强度的角分布(光强分布)、器件的总光输出(总光通量)等。

13.4.1 法向光强 I_0 的测定

I_0 的测定相当重要。它是各项光学参数的基础。严格地讲,目前测试的 I_0 实际上是平均 LED 强度。有了标准光源和校正好的视见函数接收器,即可进行 I_0 的测定。发光器件以恒流源供电,测试框图如图 13-6 所示。

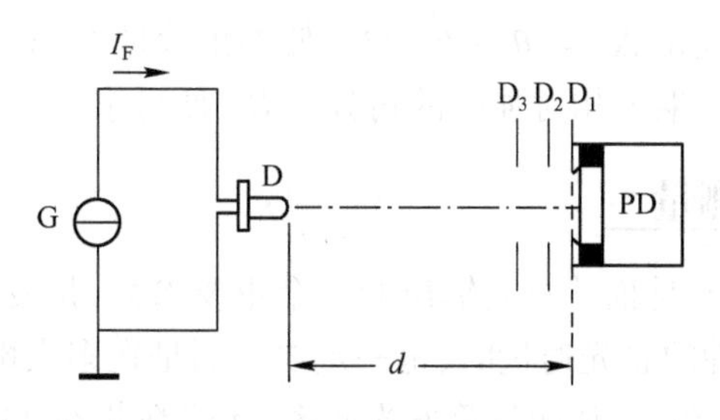

图 13-6 法向光强 I_0 的测试框图

D 为被测 LED 器件；G 为电流源；PD 为包括面积为 A 的光栏 D_1 的光度探测器；D_2、D_3 为消除杂散光光栏，D_2、D_3 不应限制探测立体角；d 为被测 LED 器件与光栏 D_1 之间的距离。必须调整被测 LED 器件，使它的机械轴通过探测器孔径的中心。测量距离应按 CIE 推荐的标准条件 A 和 B 设置，见表 13-1。在这两种条件下，新用的探测器要求一个面积为 $100mm^2$（相应直径为 11.3mm）的圆入射孔径。

表 13-1 CIE 推荐的标准条件 A 和 B

CIE 推荐	LED 顶端到探测器的距离 d	立体角	平面角（全角）
标准条件 A	316mm	0.001sr	2°
标准条件 B	100mm	0.01sr	6.5°

对于脉冲测量，电流源应该提供所要求的幅度、宽度和重复率的电流脉冲。探测器上升时间相对于脉冲宽度应该足够小，系统应该是一个峰值测量仪器。

被测 LED 器件按照选定的形式定位，给被测器件加上规定的电流，在光度测量系统测量平均 LED 强度。

13.4.2 发光强度角分布（半强度角和偏差角）

发光强度的角分布 $R(\theta)$ 是描述器件在空间各个方向上的光强度分布的。$R(\theta)$ 主要取决于器件的封装形式和封装透镜的几何参数。测试框图如图 13-7 所示。

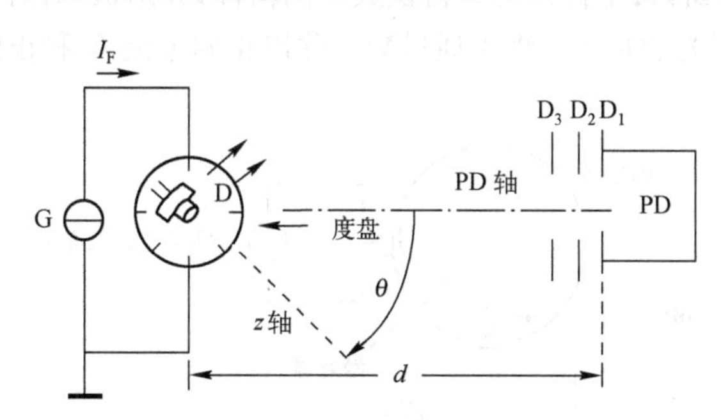

图 13-7 发光强度角分布的测试框图

给被测器件加上规定的工作电流。调整被测器件 D 的机械轴与光探测器轴重合，即 $\theta=0$，测量光探测器的信号，把这个值设置为 $I_0=100\%$。0° ~ ±90°旋转度盘，光电测量系统测量各个角度时的发光强度值，得到相对强度 I/I_0 与 θ 之间的关系，优先采用极坐标图来表示，其他形式，如直角坐标图，在空白详细规范中定义后也可以使用。在该图上分别读取半最大强度

点对应的角度 θ_1、θ_2，半强度角 $\Delta\theta = |\theta_2 - \theta_1|/2$。偏差角就是 I_{max} 和 I_0 方向之间的夹角。

当偏差角为 0°时，将 I_0 乘上相对强度的角分布 R_θ，便可求得其他任何方向上的强度 I_θ。

13.4.3 总光通量的测量

发光器件的总光通量 F 是描述总光输出的一个重要参数，是发光器件性能优劣的根本标专。与 I_0 一样，在提到器件的总光通量时，也一定要标明是在多大电流下测量的，相应的电压是多少，这样才能计算输入功率，从而计算发光效率，才能判断器件的好坏。

总光通量的测量方法有分布光度计和积分球系统，而用分布光度计测量总光通量又包括照度分布积分法和光强积分法。CIE 84 号文件(1989 年)对几种光通量测量方法分别进行了阐述，指出照度分布积分法是多数发达国家国家计量实验室根据国际单位制(SI)基本单位“坎德拉”建立光通量单位“流明”的国家基准的方法，测量难度很高。然而由于长期以来缺乏相关的分布光度计设备，采用照度分布积分法测量总光通量的高精度方法一直未在工业上得到广泛应用，而事实上，随着仪器科学的发展，最近研制的具有国际先进水平的分布光度计系统已经比较容易实现这一功能了。

13.4.3.1 积分球系统

用积分球系统的替代法测量总光通量已被人们所熟知。积分球系统对标准灯提出了较高的要求，使用与被测 LED 产品同类型的样品作为标准灯能有效减小测量不确定度。但 LED 产品丰富多样，因此使用高精度光通量测量设备作为总光通量传递基准，定期把量值传递到作为标准灯使用的 LED 产品上是比较好的方法。

积分球实际是由两个半球体合成的一个空心球体，球的半径应比待测器件的线度大得多。有的球体测试器件放在球的中央，适用于被测器件和标准灯都是 4π 发光的光源。也有的器件是 2π 发光，就可在球壁上开有入射窗口。球的内表面涂有白色反光涂料(如氧化镁、硫酸钡等)，使其反射为遵从朗伯定理(即为余弦反射体)的漫反射，以便在球的内表面各处产生均匀的照度。在垂直位置放置视见函数接收器。图 13-8 是积分球法测试器件光通量的框图。先将标准器件放在入射窗口，定标系统。再换成待测器件，并给被测器件施加规定的正向电流 I_F，光度探测系统测量出光通量 F。将光通量数值除以正向电流 I_F 和正向电压 V_F 的乘积值即为发光效率。

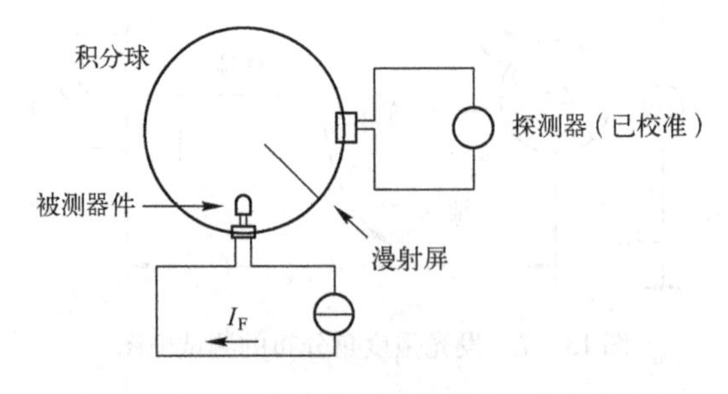

图 13-8 积分球法测试器件光通量的框图

如果是发光组件或 LED 灯具则最好先用同类组件或灯具用光强积分法或照度分布积分法先行测量光通量值作为标准器件，再用比较法测定总光通量和发光效率。

积分球系统测量光通量的优点在于简便、省时间。

13.4.3.2 光强积分法

光强积分法测量总光通量的原理表达式为

$$\Phi_{\mathrm{TOT}} = \int_0^{2\pi}\int_0^{\pi} I(\varepsilon,\eta)\sin\varepsilon \mathrm{d}\varepsilon \mathrm{d}\eta \tag{13-8}$$

式中，$I(\varepsilon,\eta)$为被测光源或灯具在空间(ε,η)方向上的光强。分布光度计的光强测量一般通过照度测量和距离平方反比定律得到，这需要较长的测量距离，并且测量结果对被测样品光度中心的确定和对准以及测量距离的精确测量较为敏感。

同时，LED 产品往往对温度十分敏感，而 LED 产品在测量中的运动，特别是大范围的运动很容易使 LED 产品温度发生较大变化，导致 LED 产品发光不稳定，因此在使用这样的分布光度计时，应注意对光强测量结果的修正。

应该说光强积分法可以测量 LED 组件和灯具的光通量，但并不是首选，最好的是照度分布积分法。

13.4.3.3 照度分布积分法

照度分布积分法测量总光通量的原理表达式为

$$\Phi = \int_{(S)} E \cdot \mathrm{d}S \tag{13-9}$$

式中，E为包围被测 LED 产品的虚拟球表面的照度；S为虚拟球面积。本方法直接以总光通量的定义为原理，可以达到很高的测量精度。采用照度分布积分测量的总光通量对被测光源或灯具的光度中心对准和测量距离都没有严格的要求，但对分布光度计的取样转角步长提出了较高要求，详细内容可参见 CIE 84 技术文件的第 5 章。

图 13-9 是 CIE 84(1989)推荐的典型照度分布积分法分布光度计原理图(a)和照度分布取样示意图(b)。被测 LED 产品的光度中心尽量接近分布光度计的旋转中心，并且在光度取样中保持静止状态。光度探测器正对被测 LED 产品，直接接收来自被测 LED 产品的光束。

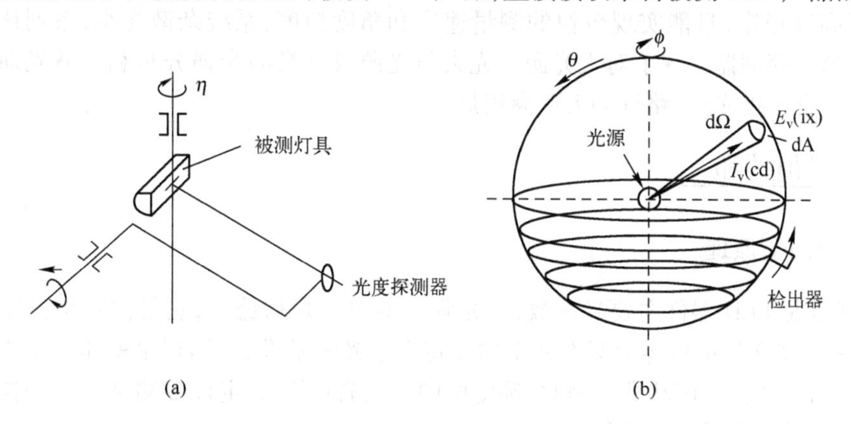

图 13-9 照度分布积分法分布光度计原理图(a)和照度分布取样示意图(b)

由于测量精度高，照度分布积分法及对应的分布光度计可用来实现 LED 产品的总光通量测量基准。在对积分球系统和光强积分法的测量结果存在疑问时，可用此方法为基准。

杭州远方光电信息有限公司自主开发了 GO-R3000 2M2D 双镜双探分布光度计，并已实现产品化,如图 13 - 10 所示。

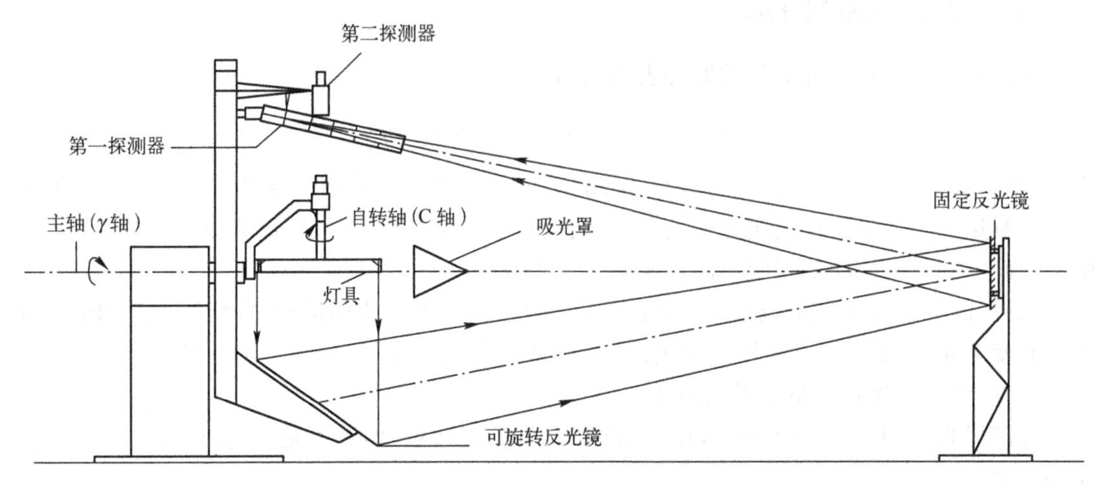

图 13 - 10　GO-R3000 2M2D 双镜双探分布光度计系统的原理图

目前具有两种基本类型,如图 13 - 10 所示,固定反光镜型和同步反光镜型。在这两种基本类型的双镜双探分布光度计中,被测光源或灯具均按规定姿态在旋转中心点燃,在光度取样测量中保持静止状态,被测光源或灯具的稳定性很高,根据大量实验验证,仪器的动态光度重复性可达到 0.3% 以上。

当被测样品是小尺寸光源或灯具时可使用第二探测器。第二探测器面对被测光源或灯具,将旋转反光镜和垂直反光镜用黑色绒布遮住,第二探测器直接测量包围被测光源或灯具的虚拟球表面各点的照度。其测量几何、转角精度、最小角度取样步长和探测器精度均符合 CIE 84文件相关规定,能够实现各种光源或灯具的总光通量测量。

由于受所能达到的测量距离的限制,大尺寸光源或灯具的光强分布必须采用系统中的第一探测器测量:被测光源或灯具的光经可旋转反光镜反射后入射垂直反光镜,并进一步被垂直反光镜反射到第一探测器,光路的折返设计使系统大大节约了使用空间。该光强分布测量系统中,光源高度稳定,且能实现较快的测量速度和角度精度,系统杂散光小,系列比对试验表明,该系统第一探测器实现了对大光源小光束角光源或灯具的光强分布和区域光通量的精确测量,特别适合于投光灯、路灯和大型商用灯。

13.4.4　量值传递

13.4.4.1　原理

发光强度是 LED 器件主要光参数,发光强度的单位是坎德拉,它是国际单位制的七个基本单位之一。1979 年前世界上只有 9 个国家建立了光强基准,我国很早就建立了光度基准和 2856K 色温的光强度工作基准。因此,确定由国家或省(市)法定计量测试部门和授权的标准实验室进行测试标定是切实可行的。

由于有些 LED 非点光源且各向异性,在近场条件下,LED 光度测试进程中会产生很多误差,因此 CIE 推荐用 LED 平均强度的概念来作为 LED 发光强度测量的基础。CIE 127 认为用于测量 LED 特性的仪器应该用特殊选择和制造的 LED 作为 LED 参照标准进行校准。LED 参照标准在环境温度 25℃下应该以恒定电流驱动使其输出稳定,并用人工方法使芯片温度稳定维持在高于电源消耗产生的温度。将被测 LED 和在光谱和空间功率分布与其尽可能一致的 LED 参照标准进行对比测试。发光强度测试仪器和 LED 参照标准的标定和校准必须采用统一的方法和基准。

13.4.4.2 方法

（1）用色温为 2856K 的光强标准灯对 LED 测试系统进行校准和标定。

（2）用具有较高精度的光谱辐射计（或 CIE 标准光度观察者光谱响应的光电探测器测量系统）分别对专门挑选的 LED 参照标准和色温为 2856K 的光强标准灯进行比对测试，对不同光谱功率分布的 LED 参照标准求得它们的光谱修正系数，从而把标准灯光强数值传递到 LED 参照标准上。作为 LED 参照标准，器件必须有严格的要求。

- 优良的稳定性，必须进行严格的筛选和老化，必须规定最短老化时间。
- 采用光轴和机械轴重合的 LED 器件作参照标准样管或采用光强（辐射）分布图形近似为圆形的器件。
- 参照标准样管工作时，必须使其在恒定的温度和驱动电流（20mA）下工作，保证其有一个恒定的光学输出。

（3）建立专门实验室进行仲裁性测试和各种参照标准样管的定标。

13.5 色度学参数

色度学参数较多，主要有峰值发射波长、光谱辐射带宽和光谱分布曲线。之所以出现这几个参数，主要是由于发光器件所发的光并非由一根谱线组成的严格的单色光，其光谱分布具有一定的半宽度。此外还有色坐标和色温或相关色温、显色指数。

13.5.1 光谱分布曲线

光谱分布曲线是指发光的相对强度（能量）随波长变化的分布曲线，测量设备如图 13－11 所示。测得光谱分布曲线后，发光器件的其他色度学参数（峰值发射波长、光谱辐射带宽）也就随之确定了。器件的光谱分布与发光材料的种类、性质以及发光机构有关，而与器件几何形状、封装方式等无关。光谱分布曲线的发光强度最大处对应的波长称峰值波长 λ_p，辐射功率的半强度功率点对应的波长范围称光谱辐射带宽 $\Delta\lambda$，如图 13－12 所示。

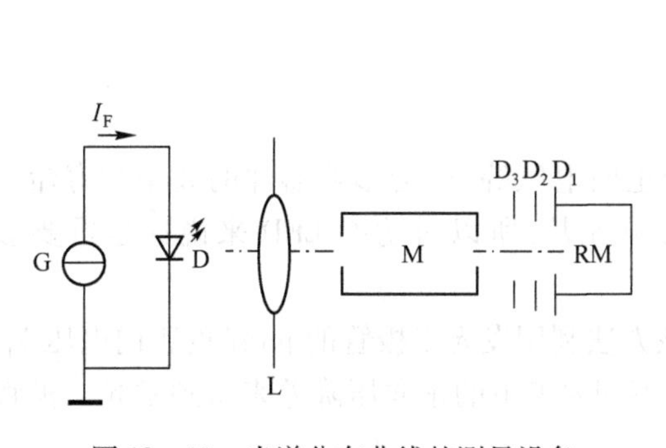

图 13－11 光谱分布曲线的测量设备

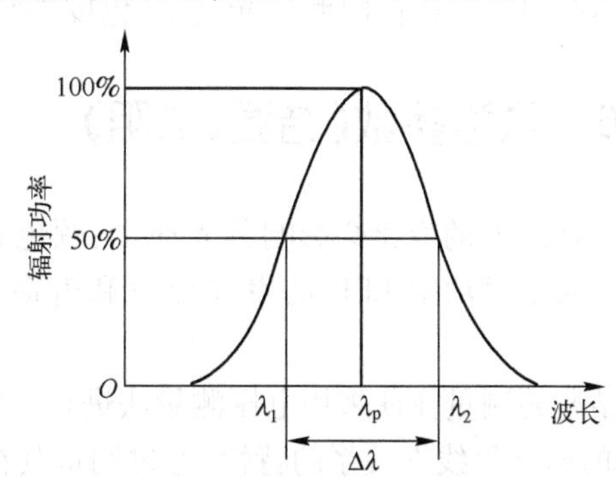

图 13－12 光谱分布带宽

13.5.2 光电积分法测量色度坐标

色度测量的最快方法是如图 13－13 所示的三刺激值法。

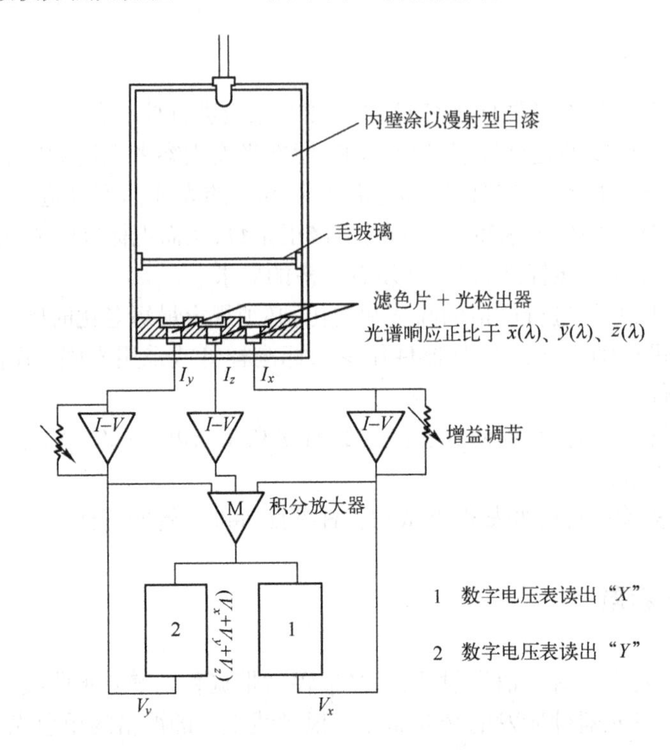

图 13－13 三刺激值色度测量设备

从本质上讲，是采用 3 个分别具有如图 13－13 所示的三种原色的相对光谱灵敏度函数的检出器，即 $\bar{x}(\lambda)$、$\bar{y}(\lambda)$、$\bar{z}(\lambda)$，在实际工作中，采用硅光电池，再配以多层有色玻璃滤色片，可以很好地相符。光电池产生的光电流 I_x、I_y 和 I_z 正比于三刺激值 X、Y、Z。用电流电压转换器将电压转成电压再积分放大，色度值 x 和 y 可以在数字电压表上显示出来。显然这种方法非常简便，但是其正确程度由用滤色片进行校正的程度好坏而定。

至于色温或相关色温以及显色指数 R_a 的测量，在第 1 章中已有介绍，这里不作详述。目前已研制出可一次同时测出光度学、色度学和电学参数的综合性测试仪，检测十分方便。

13.6 热学参数（结温、热阻）

LED 结温的变化会影响其光通量、颜色和正向电压等，还会影响器件的效率和寿命。而热阻的大小对功率 LED 的发光效率和寿命影响尤甚，所以对功率 LED 来说这是重要参数之一。

结温的测量往往采用电压测量法进行。该方法利用发光二极管的 pn 结的正向电压 V_F 与 pn 结的温度呈线性关系的特性，通过测量其在不同温度下的正向压降差来得到发光二极管的结温。测试电路如图 13－14 所示。

先将选路开关打在 1 挡，由小电流 I_M 对待测 LED 进行供电，并测得 LED 的正向压降为

V_{F1}；再将开关打到2挡上，由大电流 I_H 对待测LED进行供电，并持续一段时间 T_H，测得LED正向压降为 V_H，从而得到耗散功率 P_H；然后再将开关迅速打回1挡，由小电流对LED进行供电，及时测得正向压降为 V_{F2}，如图13－15所示。

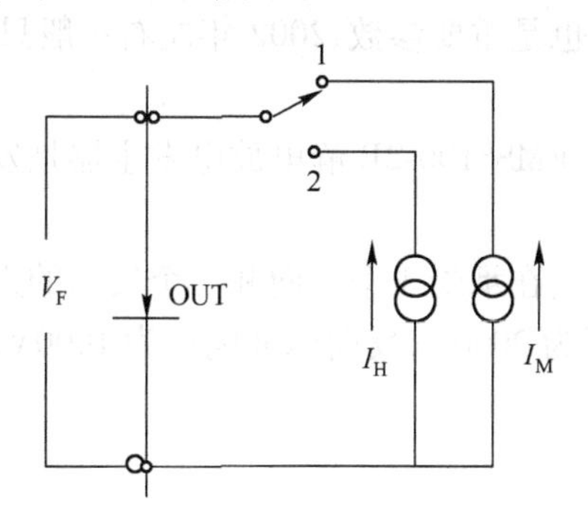

图13－14 LED结温测试电路

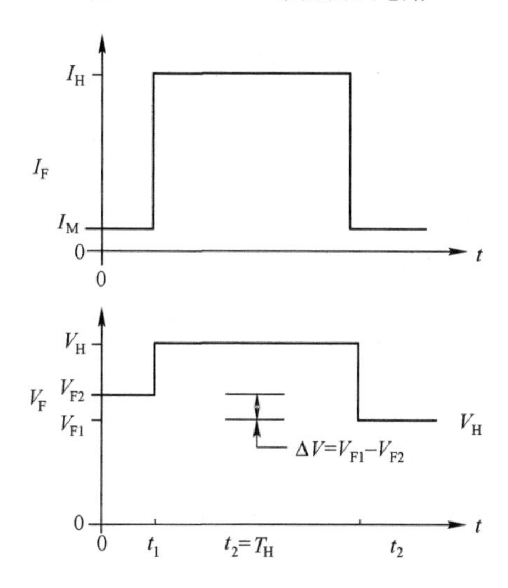

图13－15 LED结温测试程序

根据以上测得的参数，再进行计算。

$$\Delta V = |V_{F1} - V_{F2}| \tag{13－10}$$

$$T_j = T_{j0} + \Delta T_j \tag{13－11}$$

式中，T_j 为待测LED结温；T_{j0}为待测LED未施加加热功率之前的初始结温；ΔT_j 为因施加加热功率而引起的LED结温差（$T_j - T_a$）。

测量时 I_M 一般取1mA、5mA或10mA，由LED功率大小而定。

$$R_{ja} = \Delta T_j / P_H = (K\Delta V_F)/(I_H V_H) \tag{13－12}$$

式中，R_{ja}为待测LED的pn结到环境之间的热阻（℃/W）。要测得热阻，必须先测得温度系数：

$$K = |(T_H - T_1)/(V_1 - V_H)| \tag{13－13}$$

求得器件的电压温度系数后，即可从式（13－12）求得热阻。

13.7 静电耐受性

InGaN 器件的静电耐受性也是重要参数,2002 年左右一般只能耐 500～600V,现在一般都可在 2000V 以上。

远方光电信息公司生产的 EMS6100-2B 静电放电发生器是发光二极管芯片和器件静电放电试验的合适工具。

一般 LED 的正、负引脚间应在承受 3 个正向和 3 个反向的人体模式的静电放电脉冲后能正常工作。通常正向脉冲电压为 2000V,反向脉冲电压为 1000V。

第 14 章 发光二极管的可靠性

与其他半导体器件一样,发光二极管的可靠性乃是指它们对热、电、机械等应力的承受能力。可靠性是产品质量的一个重要指标,是对产品保持其性能的能力的衡量。发光二极管的产品质量应包括如下两个方面:技术性能指标和可靠性指标。这两者之间既有联系又有区别。若产品不可靠,技术性能再先进也得不到发挥;若产品的一些基本性能十分低劣,那么产品的可靠性也无从谈起。

产品的技术性能可以通过仪器直接测量出来,而产品的可靠性则必须进行大量的试验或调查研究,才能对产品的可靠度、失效率、寿命特征进行统计估计。实现发光器件的高可靠性,必须在设计时就奠定可靠性基础,生产时确保可靠性实现,使用时保持可靠性水平。

半导体发光器件可靠性工作的基本内容,可以用图 14 - 1 说明。图中表明器件生产、使用、失效分析、提出改进措施再反馈到生产的全过程,即由筛选测试、可靠性试验、现场使用中发现的失效器件进行失效分析,找出失效模式和失效机理,确定器件失效原因,拟订措施,改进器件设计、制造和筛选测试。

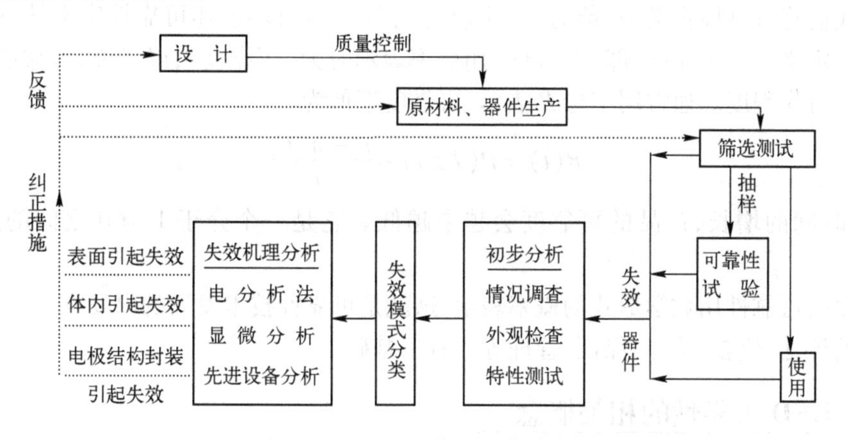

图 14 - 1　LED 可靠性工作路线图

14.1　LED 可靠性概念

14.1.1　可靠性的含义

LED 的可靠性是指产品在规定条件下和规定的时间内,完成规定功能的能力。

首先,产品的可靠性与规定的条件密切相关。所谓规定条件,包括产品所处的环境条件、负荷大小、工作方式和使用方式等。规定的条件不同,产品的可靠性也不同,一般情况下,温度越高,额定负荷越大,其电子产品的可靠性就越低。其次,产品的可靠性是时间的函数,随着时间的推移,产品的可靠性将会越来越低。再次,产品的可靠性与规定的功能有着极密切的关系。对发光二极管来说,ϕ5LED 的发光强度、功率 LED 的光通量和发光效率是主要功能参数,其他还有如正向压降、反向漏电流等。

14.1.2 可靠度的定义

发光二极管在实际工作中,往往由于各种偶然的因素而失效。所谓失效,即产品失去规定的功能。例如,电负荷、振动、冲击、温度等突然改变,维修或使用不当等原因会造成产品失效。可能失效或可能不失效,通常称为随机事件。随机事件的发生与否,是带有偶然性的,表面上看来似乎是不可预测的。但是大量的偶然性中蕴含着必然的规律。例如对一个发光二极管来说,在某个时间内失效与否,虽然是偶然的,不可预测的,然而,如果在试验时投入大量的器件,到某个规定时刻 t 止,失效的样品数 m 对投入试验的样品总数 n 之比值$\frac{m}{n}$是遵从一定规律的。设随机事件 A 在 n 次试验中发生了 m 次,则比值 m/n 叫作随机事件 A 的频率,如果进行多次抽样试验,当每次投入试验样品充分大时,便会发现频率稳定在某常数 $P(A)$ 的附近,即有 $P(A)\approx\frac{m}{n}$。我们以 $P(A)$ 表示随机事件 A 发生的概率。这样,我们就可以通过频率来找出客观存在的概率,即将频率看作概率的一个近似值。所谓概率,就是衡量随机事件发生的可能性大小的尺度。

如果我们将可靠性定义中“能力”二字改为“概率”,这样,前述可靠性定义就可以改为可靠性的定量定义——可靠度,即“可靠性”用概率表示时为“可靠度”,或者说,可靠度是用概率表示的产品可靠程度。通常用字母 R 表示,可靠度近似为

$$R(t)=P(T\geqslant t)\approx\frac{n-m(t)}{n} \tag{14-1}$$

随着时间的增长,产品的可靠度会越来越低。它是一个介于 1 与 0 之间的数,即 $0\leqslant R(t)\leqslant 1$。

把抽象的可靠性用数学形式的概率表示,这就是可靠性技术发展的出发点。只有这样,产品可靠性的评估、比较、选择、保证、管理等才有了基础。

14.1.3 LED 可靠性的相关概念

14.1.3.1 失效

失效指执行规定功能(如光通量、发光效率、正向压降、反向漏电流等)的能力的终止。

14.1.3.2 LED 失效类别

(1) 严重失效:关键的光电参数改变至 LED 不能点亮的程度。

(2) 参数失效:关键的光电参数由初始值改变至超过一定程度。一般正常轻微的不影响 LED 工作的光电参数随时间的变化,不认作失效。而法向光强 I_V 或总光通量 Φ、正向压降或反向漏电流的中等程度的变化,可能被认作失效。

14.1.3.3 失效率(λ)

人们对大量的试验和使用中得到的数据进行统计分析,发现电子器件的失效率与时间的关系如图14-2所示。

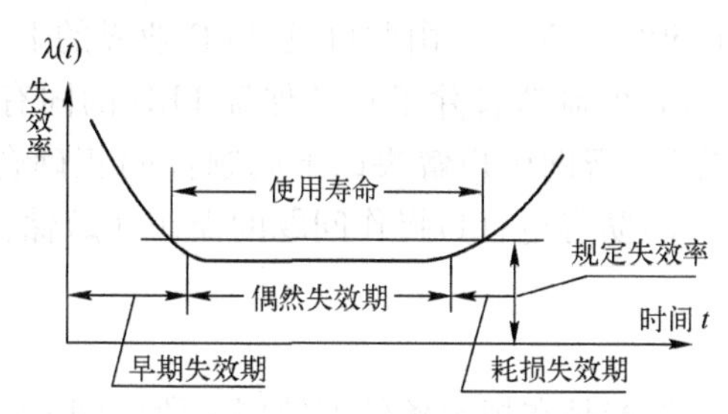

图14-2 器件失效率随时间变化(浴盆曲线)

从图中可以看出,这曲线可以分为三个阶段:

第一阶段为早期失效或老化阶段。失效发生在产品使用的初期,失效率较高,随工作时间的延长而迅速下降。造成早期失效的原因大多属生产型缺陷,由产品本身存在的缺陷所致。通过可靠性设计、加强生产过程的质量控制可减少这一时期的失效。进行合理的老化、筛选,尽可能在交付使用前把早期失效的器件淘汰掉。

第二阶段为有效寿命阶段,又称随机失效阶段。失效率很低且很稳定,近似为常数,器件失效往往带有偶然性。这一时期是使用最佳阶段。

第三阶段为耗损失效阶段。失效率明显上升,大部分器件相继出现失效。一般出现在产品使用后期。耗损失效是由于老化、磨损和疲劳等原因使器件性能恶化所致,应及早更换器件,以保证设备的正常工作。

14.1.3.4 平均无故障时间(MTTF)

$$\mathrm{MTTF}=\frac{1}{\lambda}=\frac{m(t)}{n} \tag{14-2}$$

式中,m为失效器件数;n为器件总数;t为工作时间。

14.1.3.5 可靠性:产品在规定的条件下和规定的时间内,完成规定功能的能力

(1) 工作条件

① 环境条件。(a)气候环境:温度、湿度、气压、气氛、盐雾、霉菌、辐射等。(b)机械环境:振动、冲击、碰撞、跌落、离心、摇摆等。

② 负荷条件:电、热、力等应力条件。

③ 工作方式:(a)连续工作;(b)间断工作;(c)存储状态。

(2) 规定的时间

规定的时间指评价电子器件的可靠性和规定的时间有关,在同一工作条件下,保持的时间越长,可靠性越高。

(3) 可靠性

可靠性=固有可靠性+应用可靠性。

① 固有可靠性:出厂前的设计制造过程中决定的器件本身具有的可靠性特征。

② 应用可靠性:器件交付使用后,由于电路的工作条件、环境条件、人为因素等引发的可靠性问题。

③ 国内外有关资料表明:在电子元器件的失效中,由于选择或使用不当等人为因素导致失效的比例高达总失效数的50% ~70%。由此可见,LED 业界的上、中、下游必须加强沟通配合,共同解决可靠性问题。LED 的制造者除了担负保证 LED 的固有可靠性的责任外,还应指导用户提高 LED 的应用可靠性,帮助用户解决以下问题:(a)正确合理使用 LED;(b)降额使用;(c)热设计;(d)抗辐射;(e)防静电;(f)操作问题的损伤;(g)储存和保管。

14.1.3.6 可靠度

可靠度 $R(t)$ 表示电子器件产品在规定条件下使用一段时间 t 后,还能完成规定功能的概率。产品在 t 时刻的可靠度可以用式(14-1)表示。在有效寿命阶段,失效率 λ 是一个常数。失效率可以用不同的时间单位来表示,见表 14-1。

表 14-1 失效率

MTTF(器件小时)	%/1000h	非特(FIT,失效/10^9h)
1M	0.1%	1000FIT
10M	0.01%	100FIT
100M	0.001%	10FIT

14.1.3.7 在不同温度上估算失效率

$$\lambda_2 = \lambda_1 \exp\left[\frac{E_a}{K}\left(\frac{1}{T_1} - \frac{1}{T_2}\right)\right] \quad (14-3)$$

式中,λ_1 为结温 T_1 上的失效率;λ_2 为结温 T_2 上的失效率;E_a 为激活能(一般取 0.43eV);K 为玻耳兹曼常数。

14.1.3.8 系统失效率

通常,单独一个元件的失效导致系统失效的系统可靠度,可用式(14-4)计算:

$$R(t) = \exp[-(\sum \lambda_i)(t)] \quad (14-4)$$

在许多系统里,多个 LED 失效会被认为是总体光输出或系统光输出模式的一次失效。

由 n 个同样器件组成的系统:

$$R(t) = \exp[-\lambda n t] \quad (14-5)$$

在 n 个失效率为 P 的相同器件组成的系统中有 m 个器件失效的概率为

$$P(nm) = \frac{n!}{(n-m)!\ m!} p^m (1-p)^{n-m} \quad (14-6)$$

14.1.3.9 寿命

在某一个特定电子器件个体发生失效之前,难以标明其确切的寿命值,但明确了某一批电子器件产品的失效率 $\lambda(t)$ 特征后,就可以得到表征其可靠性的若干寿命特征量,如平均寿命、可靠寿命、中位寿命、特征寿命等。

(1) 平均寿命μ:指一批电子器件产品寿命的平均值。

$$\mu = \text{MTTF} = \frac{1}{\lambda} \tag{14-7}$$

(2) 可靠寿命T_R:指一批电子器件产品的可靠度$R(t)$下降到γ时,所经历的工作时间。

$$T_R = \frac{-\ln\gamma}{\lambda} \tag{14-8}$$

(3) 中位寿命:指产品的可靠度$R(t)$ 降为50%时的寿命。

$$T_{0.5} = \frac{-\ln 0.5}{\lambda} \tag{14-9}$$

(4) 特征寿命:指产品的可靠度$R(t)$降为1/e时的寿命。

(5) LED的寿命:业界通常以"半衰期"即器件的光输出下降到起始值50%时的时间作为LED的寿命。Lumiled建议用B50和L70来表示功率LED的寿命。

L70表示功率LED比起初始值来,平均流明值下降到维持70%的时间。

B50表示功率LED比起初始值来,平均流明值下降到维持50%的时间。

对于传统电光源来说,失效是指B50值,表示总体50%的致命性失效的时间,但对LED来说,通常很少有致命性失效,所以用上述定义取代之。

14.2　LED的失效分析

LED失效机理(模式):

a. 封装失效
b. 芯片失效
} 影响固有可靠性

c. 电过应力失效
d. 热过应力失效
e. 装配失效
} 影响应用可靠性

LED失效分析表见表14-2。

表14-2　LED失效分析表

失效现象	失效类别	失效原因	失效机理
1. 不亮	严重失效	1. 导电固晶胶层层脱	a、d
		2. 固晶基座电镀层层脱	a、d
		3. 芯片电极剥离	a、b、d
		4. 芯片烧坏(开路/短路击穿)	c
		5. 芯片外延结构缺陷	b
		6. 金线烧断	a、c
		7. 金球、二焊点剥离	a、d
		8. 焊线压力过大损伤芯片	a
		9. 严重静电损伤	b、c
		10. 封装结构受损	a、d、c
		11. 用户使用不当	c、d、e
2. 在正常测试使用条件下光输出中止	严重失效	1. V_F严重上升/下降	a、b、c
		2. I_R严重上升	a、b、c
		3. 严重静电损伤	b、c
		4. SCR效应	b
		5. 用户使用不当	c、d、e

续表

失效现象	失效类别	失效原因	失效机理
3. 光输出明显下降	参数失效	1. 透镜变色	a、d
		2. 透镜折射率变化	a、d
		3. 荧光粉激发效率下降	a
		4. 芯片发光效率下降	b
		5. 焊线压力过大损伤芯片	a
		6. V_F 严重上升/下降	a、b、c
		7. I_R 严重上升	a、b、c
		8. 严重静电损伤	b、c
		9. 用户使用不当	c、d、e
4. 色漂移	参数失效	1. 透镜变色	a、d
		2. 透镜折射率变化	a、d
		3. 固晶胶变色	a、d
		4. 焊线压力过大损伤芯片	a
		5. 芯片外延结构缺陷	b
		6. 芯片波长漂移	b
		7. 荧光粉激发效率与芯片发光效率下降且速度失衡	a、b
		8. V_F 严重上升/下降	a、b、c
		9. I_R 严重上升	a、b、c
		10. 严重静电损伤	b、c
		11. 用户使用不当	c、d、e
5. 光导向性变坏	参数失效	1. 透镜变色	a、d
		2. 透镜折射率变化	a、d
		3. 焊线压力过大损伤芯片	a
		4. 封装结构受损	a、d、e
6. 闪烁	参数失效	1. 导电固晶胶固化不良	a、d
		2. 导电固晶胶不完全层脱	a、d
		3. 固晶基座电镀层不完全层脱	a、d
		4. 固晶基座电镀层洁净度差	a
		5. 芯片电极不完全剥离	a、b、d
		6. 金球、二焊点不完全剥离	a、d
		7. 焊线压力过大损伤芯片	a
		8. 金球偏位	a
		9. 芯片外延结构缺陷	b
		10. I_R 严重上升	a、b、c
		11. 严重静电损伤	b、c
		12. 用户使用不当	c、d、e
7. V_F 上升	参数失效	1. 导电固晶胶固化不良	a、d
		2. 导电固晶胶不完全层脱	a、d
		3. 固晶基座电镀层不完全层脱	a、d
		4. 固晶基座电镀层洁净度差	a
		5. 芯片电极不完全剥离	a、b、d
		6. 金球、二焊点不完全剥离	a、d
		7. 全球偏位	a
		8. 焊线压力过大损伤芯片	a
		9. 芯片外延结构缺陷	b
		10. 芯片电极不良	b
		11. 用户使用不当	c、d、e

续表

失效现象	失效类别	失效原因	失效机理
8. V_F 下降	参数失效	1. 芯片外延结构缺陷	b
		2. 芯片负温度效应	b
		3. 全球偏位造成 pn 结微导通	a、c、d
		4. 导电固晶胶过量、沾污 pn 结	a
		5. I_R 严重上升	a、b、c
		6. 严重静电损伤	b、c
		7. 用户使用不当	c、d、e
9. I_R 增大	参数失效	1. 导电固晶胶过量、沾污 pn 结	a
		2. 全球偏位造成 pn 结微导通	a、c、d
		3. 芯片外延结构缺陷	b
		4. 严重静电损伤	b、c
		5. 用户使用不当	c、d、e
10. 结构受损	结构受损	1. 结构设计不当	a
		2. 封装材料选用不当	a
		3. 封装工艺条件不当	a
		4. 用户使用不当	c、d、e

14.2.1　芯片的退化

半导体发光器件的失效一般分为突发失效和缓慢退化两种。发光二极管是在正向偏置下使用,而且功耗不高,因此使用中突然损坏的现象比较少见,主要是性能,特别是光输出退化。这里所叙述的器件的失效机理主要是指发光器件在正向通电的工作状态下光输出随时间退化的机理。这种退化包括两种:体发光效率的退化和 pn 结空间电荷层中的复合增加造成的注入效率的退化。发光效率退化的机理很复杂,非辐射复合中心的增加、晶体缺陷的产生、表面的劣化等,都可能是器件工作期间效率降低的原因。

空间电荷层中的非辐射复合是一种重要的退化机构。这种退化形式明显地表现在器件 $I-V$特性的老化上。$I-V$ 特性可表示成 $I\propto \exp(eq/nKT)$,当注入电流很小时,垫垒区的复合以空间电荷复合电流为主,$n=2$,但当偏置到正常工作状态时,则以扩散电流为主,$n=1$。在刚开始工作尚未退化的二极管中,空间电荷复合电流及扩散电流都存在,而在退化了的发光二极管中,正向电流却只受空间电荷支配。对于 p 区发光的器件来说,扩散电流的减少还表现为 pn 结的 n 区中少数载流子空穴向 n 区的注入,从而使电子的扩散电流减少,图 14-3 中示出了

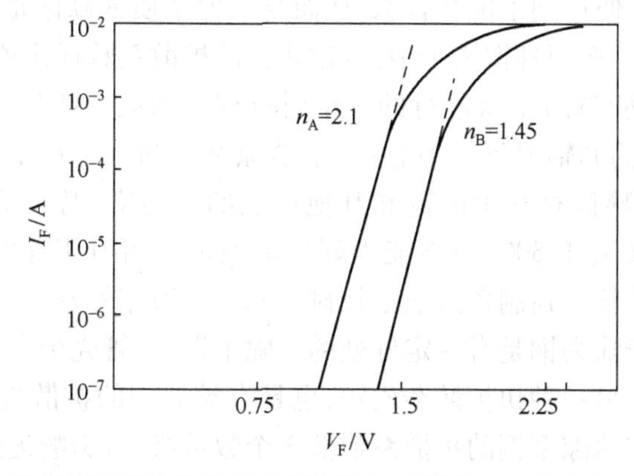

图 14-3　退化前后磷化镓发光二极管的 $I-V$ 特性(n_A 退化后,n_B 退化前)

退化前后磷化镓发光二极管的 $I-V$ 特性。退化前曲线的斜率随正向偏压的增加而变化。对于退化的发光二极管,在低注入电流下,空间电荷复合电流比较明显($n=2$),但在工作电流下,扩散电流分量使斜率降低到 $n=1.3\sim1.6$(图 14-3 中为 1.45)。

对于退化的器件来说,在未观察到串联电阻影响前,电流由整个有源区内的空间电荷复合电源所支配,这是正向偏置下退化的主要特征。在磷化镓和砷化镓器件中都观察到了这种特征。因此,在研究器件芯片的退化机理中,了解这种非辐射复合电流的来源极其关键。

严格说起来,能降低发光二极管外量子效率的因素很多,如杂质、弗兰克尔缺陷、化学计量比偏离、位错、堆垛位错、机械损伤、辐射损伤和化学污染等。它们都能在带隙中形成深能级,从而造成附加的空间电荷复合电流。在这些因素中,快扩散的重金属离子的影响就是其中之一。快扩散杂质的行为对于温度来说是很灵敏的。如果进行一些热处理,势必加速快扩散杂质的扩散。图 14-4 中示出了低温热处理对未钝化磷化镓发光二极管退化速率的影响,图中各样品均经 100℃下通电 10mA 老化。虽然这种器件的原始性能($I-V$ 特性、结电容、量子效率等)并不受这种热处理的影响,而且这种影响与用来制作器件的液封直拉单晶衬底也没有多大的关系,但从图中结果可以看出,热处理后退化过程大大加速。热处理过程加速了快扩散杂质的扩散,这正是快扩散杂质造成器件退化的一个旁证。快扩散杂质主要是铜,在被铜污染的气氛中制作的器件,或故意被铜污染的器件都会很快退化。曾做过这样的实验:将一个片子分成两半,一半扩散铜,另一半不扩散铜。然后两者均用普通工艺制成器件,之后再进行加速试验,试验结果如图 14-5 所示。此实验结果证明,被铜污染的样品,相对发光效率下降得很快。可见铜的影响是十分肯定的,也是十分严重的。铜造成器件退化的机理是这样的,铜在许多半导体材料中都有很大的扩散系数。铜造成注入式砷化镓激光器退化的例子很早就见报道,在磷化镓中铜也先有类似的行为。在半导体中,铜是以这样的形式存在的:在 p 区中铜是填隙式杂质,起单施主 Cu^+ 的作用,而在 n 区中铜是替位式杂质,起双受主 Cu^{2-} 的作用。Cu^+ 的溶解度正比于受主浓度,而 Cu^{2-} 的溶解度则正比于施主浓度的平方。在本征或轻掺杂 p 型材料中铜的溶解度达到极小。这就是说,在空间电荷区及其附近,铜的溶解度很小。在静态 pn 结中,结电势阻止 p 区中的 Cu^+ 和 n 区中的 Cu^{2-} 向 pn 结的空间电荷层中移动,但是正向偏置后,结电场减弱,待偏置到正常电压时,结电场全部被抵消。这时,在半导体本体上的电压降便大大增强了上述两种离子向结的空间电荷区的移动。在铜的溶解度极低的空间电荷区及其附近,大量移进的铜离子便达到了饱和状态,从而与其他杂质或缺陷形成复合体或沉淀物,这就是形成深陷阱的原因。在两种铜离子中,替位式铜的扩散系数远比填隙型铜的扩散系数小。在替位式杂质(除铜外还有锌)上所进行的非辐射过程所消耗的能量,会使它进入填隙位置,这样便会产生两种重要的非辐射复合中心:一个填隙杂质和一个镓空位(或包含两者之一的复合体)。显然,除去半导体材料中的铜和其他可能的铜污染,乃是消除器件退化的重要一环。已知熔体镓在高温(大于 600℃)下能很好地吸附铜。当所用镓的体积等于样品的体积时,铜的污染会降低几千倍。在制备溶液生长衬底和生长液相外延时,高纯镓的体积总是远大于样品体积的,故这对于除去铜是有一定好处的。除了铜外,管壳中存在的快扩散杂质,如钠、锌、硼等也会造成污染。另一种快扩散杂质锌,也具有类似铜的扩散机理,但即使是锌也是填隙型的,其扩散系数也较填隙型铜的扩散系数低 3 个数量级,故影响远比铜小。

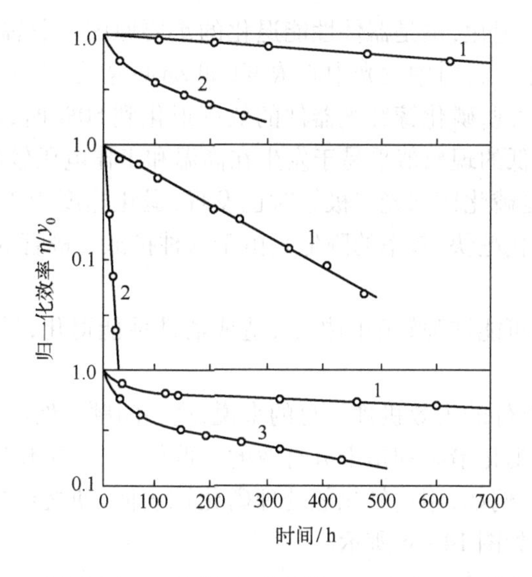

1—未热处理　2—250℃,2h 热处理　3—150℃,3h 热处理

图 14－4　低温热处理对磷化镓器件退化速率的影响

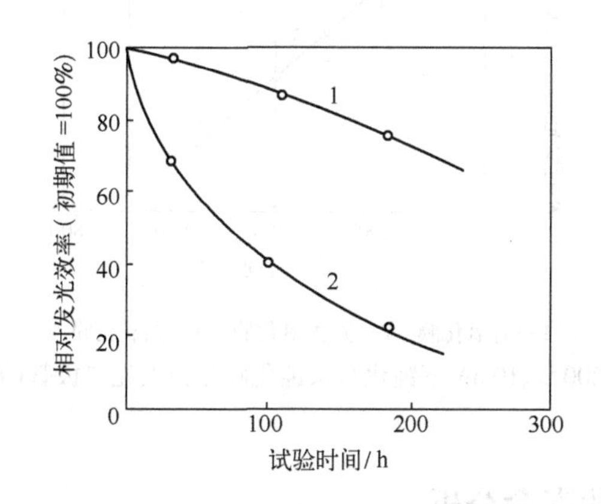

1—不扩散铜　2—扩散铜

图 14－5　磷化镓器件的铜污染实验结果

在缺陷方面,沿〈110〉方向的位错网络也是造成砷化镓激光器和磷化镓绿色发光二极管退化的原因。这些位错网络被称为暗线缺陷,统称暗缺陷。器件性能退化的区域一般就是这些暗缺陷存在的区域,或网络扩散长度范围内的区域。在锌扩散器件中,这些暗缺陷来源于位错环,在那里,少数载流子的复合是非辐射的。由于磷化镓红光器件中电子的扩散长度(约 1μm) 小于绿光器件中的扩散长度(约 5μm),故磷化镓红光器件中这种缺陷造成的退化不如绿光器件严重。鉴于位错的滑移和攀移与点缺陷的浓度有很大关系,因此,了解点缺陷在发光二极管中的行为,对于弄清发光器件的退化机理也是很重要的。点缺隙往往会在带隙中形成深能级。有人从退化前后的磷化镓发光二极管中发现了 4 个深能级,其中有两个深能级同器件的退化有关,这两个深能级都是受主型的,它们的深度分别为 0. 55eV 和 0. 76eV,能级密度在 $10^{15}cm^{-3}$数量级,其中 0. 55eV 的能级可能和铜有关,0. 76eV 能级的情况尚不清楚。除此之外,耗尽层中形成的弗兰克尔缺陷,也被认为是影响器件寿命的一个因素。

材料本体发光效率的退化，也是器件性能退化的重要原因。非辐射的俄歇复合是材料体发光效率退化的典型例子。材料中发光中心浓度(如 Zn-O 浓度)的降低也是材料体发光效率退化的重要原因。有人发现，磷化镓红光器件的效率退化到 50% 时，Zn-O 对的浓度已降低到 62%±9%。Zn-O 浓度降低的现象似乎易于发生在高温和工作电压较高时。

在研究掺氮气相外延磷化镓绿光二极管时也发现，退化速度为工作期间的电流密度关系很大。电流密度越高，退化越快，效率的降低是由于这种扩散二极管 p 型区中的少数载流子浓度寿命的降低造成的。

光照、电子束轰击都可能增强缺陷的扩散，造成器件性能退化，另外，表面玷污、损伤等也是器件失效的重要原因。

上面粗略地分析了器件的失效机理。总的来说，这一问题仍然不是十分清楚。不过，尽管机理不十分清楚，一些防退化措施却是十分有效的。例如，钝化技术在改善发光器件可靠性方面便收到了很好的效果。例如，用过氧化氢处理磷化镓表面，使之产生一薄的氧化层，便可大大降低器件的退化速度，如图 14-6 所示。

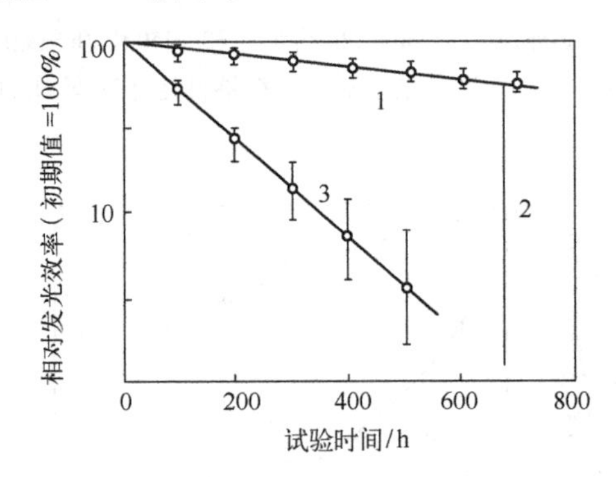

1—有氧化膜 2—除去氧化膜 3—无氧化膜

图 14-6 200℃、10mA 下钝化与未钝化磷化镓发光二极管的退化情况

14.2.2 环氧系塑料的寿命分析

环氧系塑料的寿命与劣化问题包括光透过率、折射率、膨胀系数、硬度、透水性、透气性、填料性能等，其中最重要的是光透过率。根据环氧树脂中 CH_2 基的氧化分解速度的数据和氧向环氧树脂中扩散深度的数据，可以得到环氧系塑料的光透过率随时间的变化关系如下：

$$I_n\left(\frac{I_i}{I_0}\right) = -K(\lambda \cdot T_t) \tag{14-10}$$

式中，I_0 和 I_i 分别为初期的光透过率和经时间 t 后的光透过率；K 为光透过率劣化系数，它是波长 λ 和绝对温度 T 的函数。式(14-10)中示出的线性关系与塑料在空气中高温储存的实验结果是一致的，如图 14-7 所示。

根据 CH_2 基的氧化分解变化，树脂的光吸收系数的对数与 λ 间大致存在线性关系，故 K 与 λ 间也大致呈线性关系：

$$I_n K(\lambda \cdot T) = A(\tau) - B(T)\lambda \tag{14-11}$$

式中，A、B 为取决于 T 的常数，两种树脂的这一关系实验结果如图 14-8 所示。另外，$K(\lambda, T)$

还可用另一种形式表达。

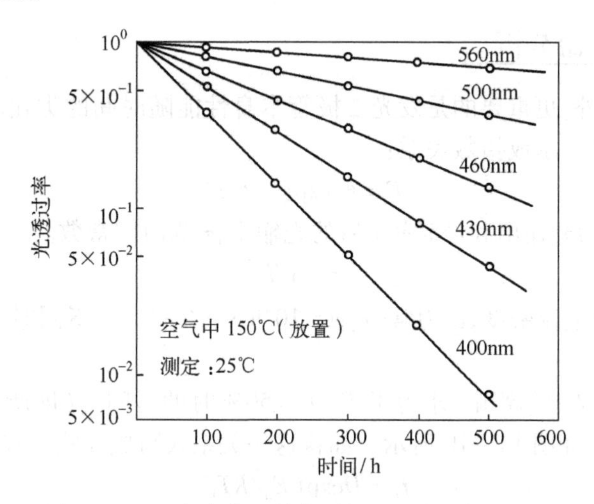

图 14-7 空气中高温储存引起的光透过率的劣化

$$I_nK(\lambda T) = C(\lambda) - \frac{\Delta E}{RT} \tag{14-12}$$

式中，C 为取决于 λ 的常数；R 为气体常数；ΔE 为光透过率劣化的激活能。两种树脂的这一关系的实验结果如图 14-9 所示。

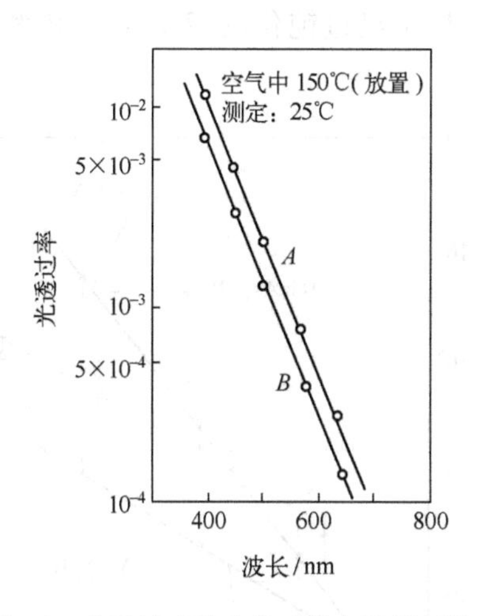

图 14-8 光透过率的劣化系数与波长间的关系

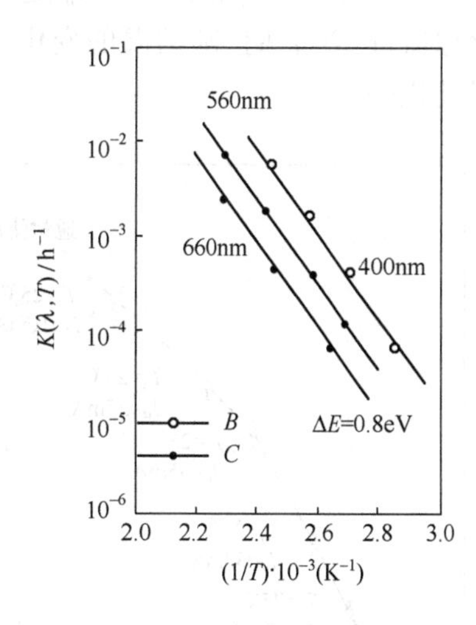

图 14-9 光透过率的劣化系数与温度间的关系

从上述分析可以看出，环氧系塑料光透过率的劣化，在器件劣化的因素中占有很大的比重。光的波长越短，这种影响越严重，但是对于绿光以上波长(即大于560nm)来说，这种影响并不严重。这一规律后来被蓝光激发 YAG 荧光粉产生黄光而后得到白光的环氧树脂封装器件的老化中可以看到。Lumileds 2003 年曾公布过功率 LED 白光器件和 $\phi5$ 白光器件的寿命试验曲线，19000h 后，用硅树脂封装的功率器件，光通量仍可维持初始的 80%，而用环氧树脂封装的对比曲线则表示在 6000h 后，光通量维持率仅为 50%。剖析的结果说明，芯片的发光效率未变，靠近芯片的环氧树脂明显变成黄色，继而变成褐色，其退化主要是光照和温升引起环氧树脂光透过率的劣化造成的。此情况说明，要提高器件的可靠性，必须在封装材料上努力改进。

14.2.3 管芯的寿命分析

除了封装材料之外,更重要的是发光二极管本身性能随时间的劣化。关于器件光输出随时间的变化,可粗略地表示成指数关系:

$$F = F_0 \exp(-t/\tau) \tag{14-13}$$

式中,F_0、F 分别为起始光输出和经时间 t 后的光输出;τ 为时间常数。

$$\tau = \alpha / i_s \tag{14-14}$$

这里,i_s 为通过器件的电流密度;α 为常数,$\alpha \approx 10^6 \mathrm{h \cdot A/cm^2}$。$i_s$ 不同时,发热自然不同,器件的结温 T_j 也随之不同。

Arrhenius 研究了结温的影响,求得了 $F_0/F = 50\%$ 时的时间 t_n(即所谓"半衰期")与结温 T_j 间关系的实验结果,如图 14-10 所示。如将这一关系式写成经验公式,则有如下形式:

$$t_n = D\exp(E_a/KT_j) \tag{14-15}$$

式中,K 为玻耳兹曼常数;D 为常数;E_a 为激活能。T_j 在 100℃在右时,激活能为 0.58eV,T_j 超过 100℃时,激活能为 1.1eV。

有人求得磷化镓发光二极管的劣化的激活能为 0.5~0.8eV。经钝化处理前的激活能为 0.4eV,经钝化处理后的激活能为 0.8eV。从式(14-15)可以看出,E_a 一定时,结温越高,"半衰期"越短。E_a 正是反映 t_n 随 T_j 变化快慢的一个参数。图 14-11 描述了砷化镓和磷砷化镓器件"半衰期"随结温的变化。图中 $1\mathrm{GaAs_{1-x}P_x}$ 是经过钝化的,$2\mathrm{GaAs_{1-x}P_x}$ 和 GaAs 是未经钝化的。

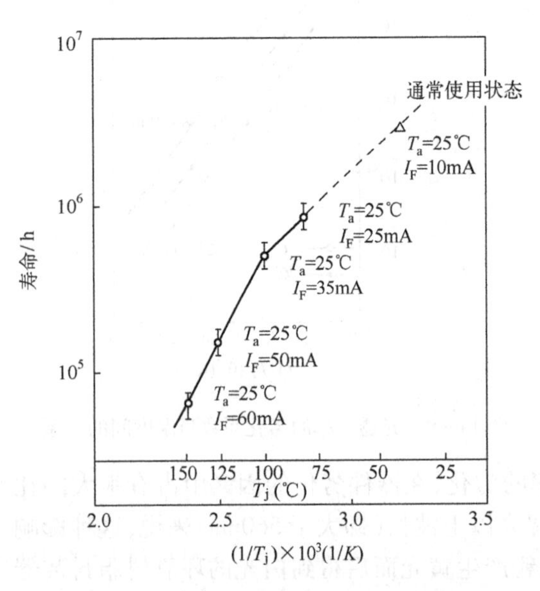

图 14-10 t_n 与 T_j 关系的实验结果

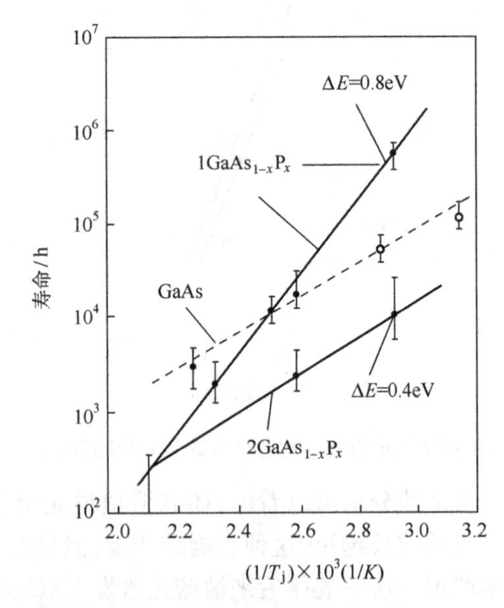

图 14-11 砷化镓和磷砷化镓器件的"半衰期"随结温的变化

14.2.4　荧光粉的退化

Narendran 等人在 2000 年研究了 AlInGaN/YAG:Ce^{3+}荧光粉转换白光 LED 的可靠性。标准塑料封装的白光 LED 的老化试验表明，与蓝光 LED 相比其寿命缩短，典型值为 5000 ~ 6000h，输出降到初始值的一半。荧光粉的劣化和管壳透射的变化可能是寿命缩短的原因，并认为荧光粉与芯片的距离是影响其光衰的重要因素。

梁超等人就荧光粉对白光 LED 光衰性能的影响的研究表明：在具有相同发射波长及初始发光效率的情况下，猝灭温度高的荧光粉可在一定程度上降低光衰幅度；细粉径且窄分布的高发光效率荧光粉有利于获得良好的抗光衰特性，当荧光粉粒径 d75/d25 从 3.0 减到 2.0 以下后，老化 1000h 时，窄分布荧光粉的光衰仅为 2.5% 左右，明显低于宽分布荧光粉约 10% 的光衰。

对于荧光粉的温度猝灭特性与白光 LED 之间的关联性主要从两个方面进行了分析。首先，研究两种荧光粉具有相同的发射波长和初始发光效率，不同的温度猝灭特性对光衰的影响，如图 14-12(a) 所示，A_1 和 A_2 荧光粉样品的主波长均为 570nm，室温时发光效率相同但两种荧光粉的发光亮度均随温度变化。

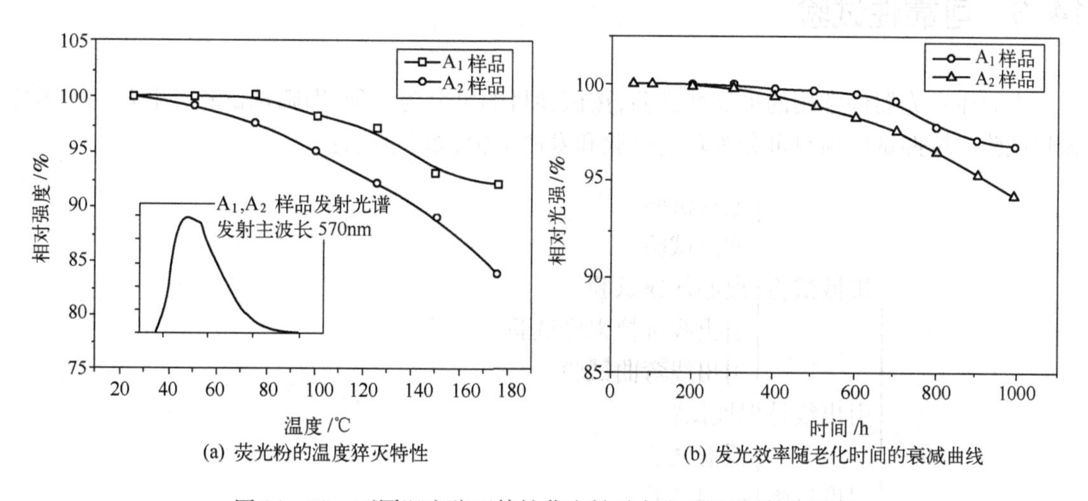

图 14-12　不同温度猝灭特性荧光粉对白光 LED 光衰的影响

温度的衰减幅度存在差异，其中 A_1 荧光粉较 A_2 表现出更好的温度猝灭特性。在 100℃ 时，光衰幅度小于 2%，150℃时的光衰幅度为 7%，而 A_2 荧光粉在 150℃时的光衰幅度达 15% 左右。图 14-12(b) 显示了采用这两种荧光粉制作的白光 LED 的光衰曲线，可以清楚地看出猝灭温度高有利于改善光衰特性，如在 1000h 时，A_1 样品的光衰幅度为 4%，走势已趋平缓，而 A_2 样品光衰达 6% 左右，且呈加速下降的趋势。

此外，荧光粉粒径大小也对白光 LED 光衰程度产生明显影响。图 14-13(a) 所示，C_1 样品 d50 = 8.2μm，C_2样品 d50 = 6.4μm，粒径分布宽度 σ 相当。从图 14-13(b) 可以看出，C_1 样品前期下降幅度很少，时间超过 700h 后，衰减趋势加剧，且随时间延长，衰减趋势加剧，主要是粗粒荧光粉较多沉降到芯片表面，受温度升高而导致的温度猝灭影响比较严重。

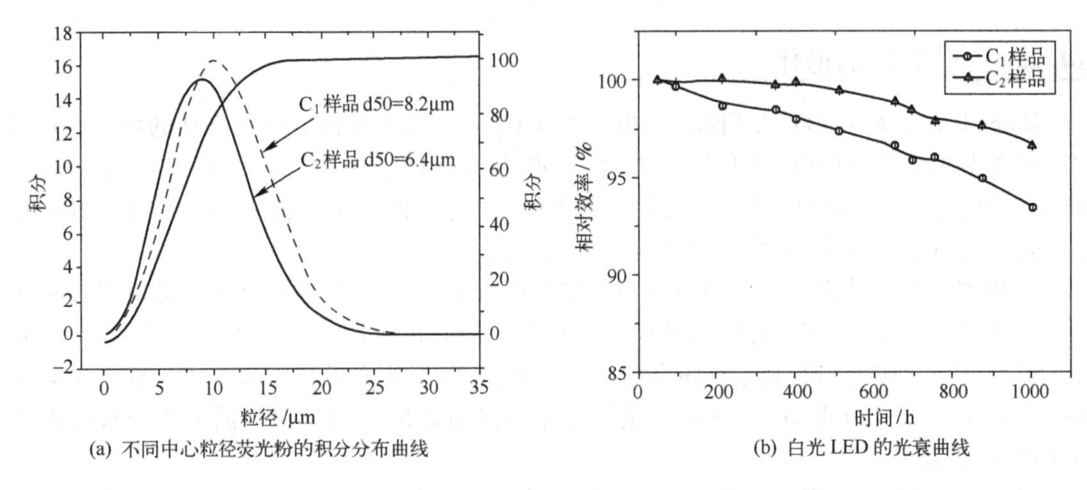

图 14-13 荧光粉粒径分布对白光 LED 光衰的影响

14.3 可靠性试验

半导体发光器件常用的可靠性试验,按试验目的可分为三种,即筛选试验、例行试验、鉴定验收试验。按照试验项目可分为环境试验和寿命试验,如下所示:

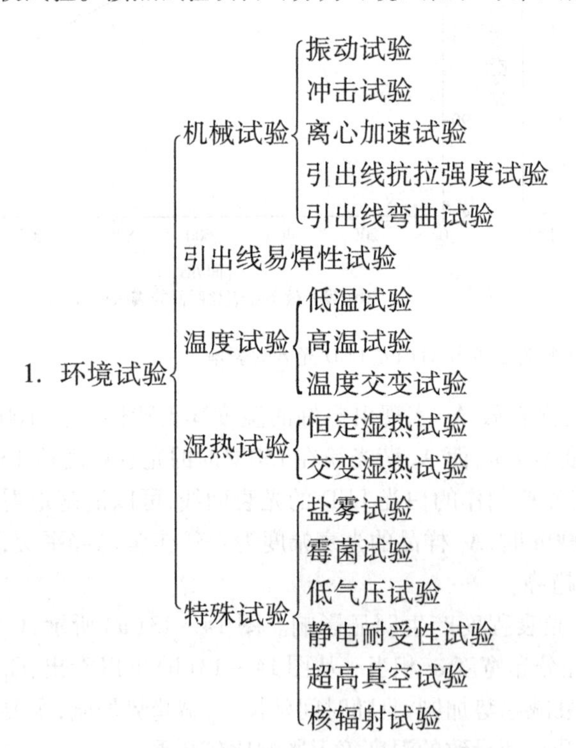

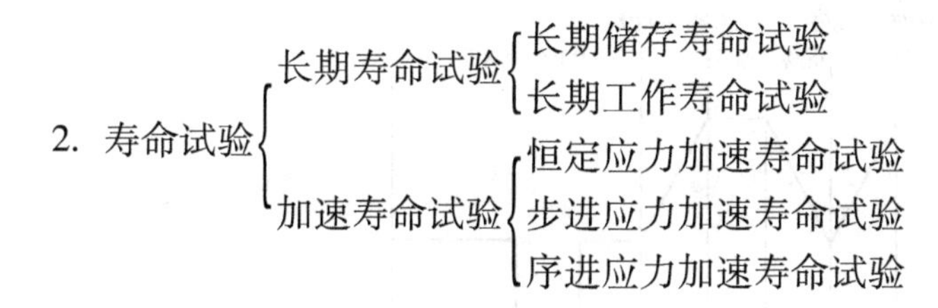

14.3.1　小功率LED环境试验

小功率LED磷化镓发光器件的环境试验结果见表14－3。其失效判断标准举例列见表14－4。表14－3中高低温循环试验条件列于图14－14中，潮湿试验条件列于图14－15中。

表14－3　磷化镓发光器件的环境试验结果

试验项目		试验条件	样品数/只	失效数/只	备　注
热的环境试验	焊接加热	260℃，10s	120	0	
	温度循环	5个循环	768	0	
		50个循环	200		
	热冲击	0℃(5min)～100℃(5min)，5个循环	120	0	
	耐湿性	10个循环	120	0	
	煮沸	100℃，10h	50	0	特殊试验
机械的环境试验	振动疲劳	50Hz，20g，32h，3个方向	118	0	
	变频振动	100～2000Hz，20g，3个方向各1min	118	0	
	下落	75cm枫树地板，3次	75	0	
	冲击	1500g，0.5μs，3方向各5次	118	0	
		20000g，1个方向1min	118	0	
	引线疲劳	225g，90°，3次	63	0	

表14－3中器件的失效判断标准见表14－4。这些标准并不是唯一正确的标准，但可供我们进行可靠性试验时参考。

表14－4　失效判断标准

测定项目	测定条件	判断标准
光输出(P_0)	$I_F=15mA$	规格值下限×0.7
正向电压(V_F)	$I_F=30mA$	规格值上限×1.1
反向电流(I_R)	$V_R=-3V$	规格值上限×2.0

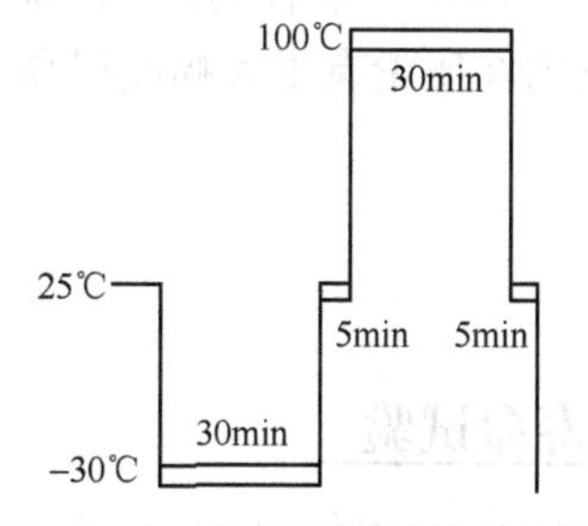

图14－14　高低温循环试验条件

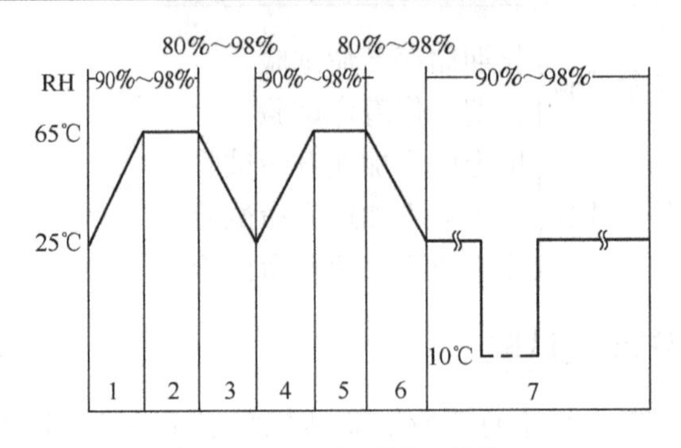

图 14-15 潮湿试验条件

14.3.2 功率 LED 环境试验

以 Luxeon 功率 LED 为例,环境试验结果见表 14-5。

表 14-5 Luxeon 功率 LED 环境试验结果

试验名称	试验条件	试验数/只	失效数/只
温度循环	-40~+120℃,30min 维持,5min 转换,200 个循环	465	0
温度冲击	-40~+120℃,20min 维持,<20s 转换,500 个循环	238	0
温度冲击	-40~+120℃,5min 维持,<10s 转换,500 个循环	58	0
高温储存	110℃,1000h	60	0
低温储存	-40℃,1000h	60	0
低温储存	-55℃,1000h	60	0
耐湿性	85℃,85% RH,1000h	120	0
湿度寿命	85℃,85% RH,280mA,1000h	240	0
温度反向偏压	85℃,85% RH,-5V,1000h	120	0
温度湿度循环	-10~65℃,90%~98% RH,50 个循环	180	0
盐雾试验	35℃,48h	20	0
机械冲击	14700m/s^2 最大加速,0.5ms 脉冲宽度 6 个轴向,每个轴向 5 次冲击	20	0
变频振动	10~2000~10Hz 对数或线性扫描速率,20g,大约 1min,1.5mm	20	0
变频振动	10~55~10Hz,±0.75mm 55~2kHz 10g,3 个轴向	20	0
自然跌落	1.2m 在混凝土上,3 次	20	0
随机振动	6g RMS,10~2kHz,20min/轴向	20	0

将表 14-5 与表 14-3 比较,可以明显地看到,功率 LED 的环境试验条件比小功率 LED 的环境试验条件大大加强了,可见内在质量有了大幅度提高。

14.4 寿命试验

14.4.1 磷化镓发光器件的寿命试验

小功率 LED 磷化镓发光器件的寿命试验结果见表 14-6。其失效判断标准参照

表 14－4。

表 14－6　磷化镓发光器件的寿命试验结果

试验项目	试验条件	总试验时间/h	样品数/只	失效数/只	备　注
正向通电	$T_a = 35℃$ $I_F = 30mA$	157000	104	0	强制劣化试验
	$T_a = 75℃$ $I_F = 50mA$	32000	32	0	强制劣化试验
	$T_a = 25℃$ $I_F = 60mA$	32000	32	1	p_0 劣化
间歇工作寿命	$T_a = 25℃$ $I_F = 50mA$	50000	50	0	
高温反偏	$T_a = 100℃$ $V_R = -3V$	100000	50	0	参考试验
高温存放	$T_a = 100$	128000	64	0	
高温高湿存放	$T_a = 100$ RH＝90%	128000	64	0	
低温存放	$T_a = -30℃$	128000	64	0	

14.4.2　功率 LED（白光）长期工作寿命试验

Lumileds 公布的功率白光 LED 长期工作寿命试验结果如图 14－16 所示，说明 Luxeon 白光功率 LED 连续工作 19000h 后仍有 80% 的光输出维持量，具有较好的寿命特性。

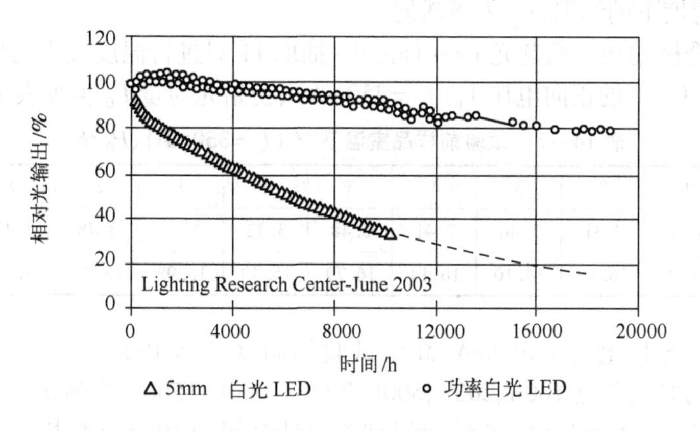

图 14－16　Luxeon 白光 LED 的长期工作寿命试验结果

14.4.3　加速寿命试验

由于 LED 的平均寿命一般都在几万小时，因此一般的寿命试验已无法对其平均寿命进行评估，采用加速寿命试验能够在较短时间内预测 LED 产品正常应力条件下的寿命特征，是对 LED 器件长期使用可靠性进行评价的有效途径。

LED 的平均寿命，通常是指 LED 光通量衰减至初始值的 70%，即相对光输出降至 70% 所经历的时间。LED 的加速寿命则是指在某种加速应力作用下，LED 相对光输出降至 70% 所经历的时间。

黄杰等人对功率蓝光LED进行了恒定温度应力的加速寿命试验,并用图估法和数值解析法进行预测,得到了该器件工作在结温 $T_j = 80℃$、光通量衰减至70%时的平均寿命。

参照亚玛卡西(YamaKoshi)的发光二极管光功率缓慢退化公式,当LED处于缓慢退化模式时,光功率衰减模型用指数函数表示为

$$P_t = P_0 \exp(-\beta t) \tag{14-16}$$

式中,P_0为初始光通量;P_t为某结温下加电工作时间t后的光通量;t为某结温下的工作时间;β为某结温下的退化系数。

退化系数β与结温T_j之间的关系满足阿累尼乌斯方程,如下式所示。

$$\beta = I_F \beta_0 \exp(-E_a/KT_j) \tag{14-17}$$

式中,I_F为工作电流;β_0为常数;E_a为激活能;K为玻耳兹曼常数;T_j为结温(K)。

由式(14-16)、式(14-17)和某一结温$T_{j/i}$下经历t_i时间的试验数据($P_{t/i}$,t_i),可以推导出该温度应力下LED的加速寿命$L_{c/i}$。

$$L_{c/i} = t_i \frac{\ln 70\%}{\mathrm{Ln} P_{t/i}/P_{0/i}} \tag{14-18}$$

另外,因为LED缓慢退化服从指数分布,因此可以通过图形估法,利用现有试验数据,外推LED的该温度应力F的加速寿命$L_{c/i}$。

将样品工作在结温$T_j = 80℃$下的平均寿命用L_c表示,由式(14-16)、式(14-17)、式(14-18)求得

$$L_c = L_{c/i} \exp \frac{E_a}{K}\left(\frac{1}{T_j} - \frac{1}{T_{j/i}}\right) \tag{14-19}$$

式中,$T_{j/i}$为某一温度下的结温;E_a为激活能。

试验从测试合格的功率型蓝光LED样品中,抽取11只进行温度应力的加速寿命试验。

常温(25°±2℃)下的正向电压V_F($I_F = 350\text{mA}$)、初始光通量P_0值见表14-7。

表14-7 试验前样品室温下 V_F(I_F=350mA)、P_0 值

序　号	1	2	3	4	5	6	7	8	9	10	11
V_F/V	3.70	3.31	3.46	3.41	3.48	3.32	3.47	3.48	3.47	3.46	3.49
P_0/lm	16.50	16.15	14.10	16.14	16.79	15.49	15.98	15.47	16.47	16.59	16.14

试验选用恒流源供电$I_F = 350\text{mA}$,高温试验箱温度$T_a = 100℃$,总的加速老化时间$t =$ 1500h;分别在中间时间节点100h、200h、500h、700h、1000h、1500h处测试样品正向电压$V_F =$ ($I_F = 350\text{mA}$)、光通量P_t。表14-8给出了试验累计时间为1000h时,样品输出光通量P_t的相对衰减量。

表14-8 累计工作时间1000h样品 P_t 的相对衰减量

序　号	1	2	3	4	5	6	7	8	9	10	11
P_t/lm	15.68	14.61	12.87	13.89	15.10	13.97	14.18	13.47	14.25	14.41	14.43
衰减量/%	7	10	9	14	10	10	11	13	13	13	11

14.4.3.1 图估法

根据样品相对光输出与时间的关系,由图14-17中的粗黑线就可以得到,外推得到该温

度应力下光通量衰减至70%的加速寿命约为3200h,如图14-17中的黑色细线所示。

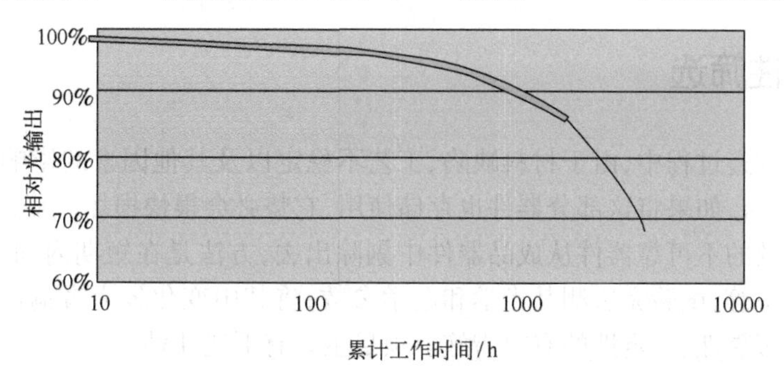

图14-17 外推样品在试验温度应力下的加速寿命

14.4.3.2 数值计算法

根据公式(14-18)及表14-8的值(要算出 P_t 值),通过计算得到样品在试验温度应力下的加速寿命 $L_{c/i}$,见表14-9。

表14-9 样品在试验温度应力下的加速寿命 $L_{c/i}$

序 号	1	2	3	4	5	6	7	8	9	10	11	均值
$L_{c/i}$/h	4580	3559	3908	2376	3362	3453	2985	2576	2464	2532	3185	3180

14.4.3.3 样品工作在结温 T_j=80℃下的平均寿命

(1) 样品在试验温度应力下的工作结温 $T_{j/i}$ 计算

样品在试验温度应力100℃下的工作结温 $T_{j/i}$ 由以下几个方面决定:PN结到管壳的热阻、管壳到夹具间的热阻、夹具到环境的热阻及环境温度。用热阻仪可测得 R_{j-c},R_{c-h} 和 R_{h-a} 可通过测量各点温度算出。经计算样品1~11在试验温度100℃(T_a)下的结温见表14-10。所用公式为

$$T_{j/i} = T_a + (V_F I_F - P_t)(R_{j-c} + R_{c-h} + R_{h-a}) \qquad (14-20)$$

表14-10 样品在试验温度 T_a=100℃应力下的结温

序 号	1	2	3	4	5	6	7	8	9	10	11	均值
$T_{j/i}$/K	437	436	439	440	439	436	440	440	439	439	439	438.5

(2) 样品工作在结温 T_j=80℃下的平均寿命

根据公式(14-19),选取激活能 E_a=0.5,可以计算预测该蓝光功率LED工作结温为80℃时,光通量衰减至70%的平均寿命为78000h。

关于LED寿命加速试验,赵敏等人还给出了一种缩短试验时间求取LED平均寿命的方法,利用发光二极管缓慢退化公式,由退化系数求得不同应力温度下LED失效时间,再用数值解析法得到正常环境温度应力下的LED平均寿命。此法适用于光输出缓慢退化的单色光LED;也适用于不考虑色温漂移单一光输出失效判据的白光LED。如果还同时要考虑色温漂移,则可采用常规的数值解析法或图估法求取白光LED的平均寿命,但需要较长的试验时间。

在此不作评述,可参见相关文献。

14.5 可靠性筛选

在发光器件制造过程中,由于材料缺陷、工艺不稳定以及其他因素的影响,会有部分器件质量较差、寿命较短,如果将这部分器件也存储使用,它势必会很快损坏。筛选的目的,就是要将这部分早期失效的不可靠器件从成品器件中剔除出去,方法是在短期内加较大的应力——温度、湿度、电功率等,试验完后测其光学和电学参数,将其中变化较大者淘汰掉。实践证明,筛选是保证器件可靠性、稳定性的有效措施。项目主要有下述几种。

14.5.1 功率老化

功率老化又称为电老化。试验方法本身类似于加速寿命试验。其主要目的是通过电应力剔除具有潜在缺陷的早期失效器件。它是较为有效的一种筛选方法,也是可靠性要求较高的器件必须100%进行的筛选手段之一。通常是在室温下将器件加上最大允许耗散功率几小时,加的功率较小时,时间应长些,这要由实验后决定。

14.5.2 高温老化

高温老化又称热老化。高温储存筛选是一种加速性质的储存寿命筛选。它的最大优点是操作简便易行,投资少,可大批量进行,其筛选效果也不错,所以被普遍地采用。筛选温度越高,效果越好,但对小功率器件而言,由于使用环氧树脂,所以一般取100℃。而对功率LED可适当提高储存温度老化,一般取110℃。

14.5.3 湿度试验

一般进行72h,这对于检验电镀不良和漏气的器件是很有效的。

14.5.4 高低温循环

小功率LED可在-30~100℃循环3~5次。功率LED提高要求到-40~120℃,进行3~5次循环。这对判断材料之间热匹配性能是否良好是很有效的。

一般采用30min维持,5min转换。试验后进行光电性能测试。温度循环应力筛选是环境筛选试验中比较普遍和比较有效的一种筛选方法。这对于检验由于热膨胀性能不好而造成的键合线断开很有效。

14.5.5 其他项目的选用

上述几个项目是比较典型的项目。除此之外,还有许多项目,必须根据实际情况灵活选用。

其他项目如镜检筛选、红外线筛选、密封性筛选等。即使是上述几个项目的筛选条件也不是一成不变的。筛选条件的具体选择,必须以能够有效地淘汰掉早期失效的器件,而又不过分损害器件为宜,因为有些筛选项目(如温度和高低温循环试验)终究还是具有一定破坏性的。

正确的可靠性筛选是保证器件可靠性的一项重要措施,应对全部器件100%地进行筛选。

14.6 例行试验和鉴定验收试验

14.6.1 例行试验

筛选过的产品,其可靠性究竟如何,还必须进一步定期地从批量产品中抽取一定数量的样品,通过有关试验进行质量考核,这种针对正常产品进行的常规考核试验通常称为例行试验。它也是对产品实行质量控制的主要措施之一。通过它可以了解产品生产过程的稳定性,也可以提高产品质量,并对使用单位合理使用器件提供条件。

例行试验必须对所有特性参数进行全面测试并记录保存,同时还要分析各种参数的分布偏差。而不是像筛选试验所涉及的参数测试通常以“行”或“不行”那么简单。

例行试验一般是定期进行,产量大的每月最少进行一次,量少的也可以一个季度进行一次。

例行试验以抽样方式进行,而不是100%地进行试验。抽样必须具有代表性。

例行试验可以包括一系列环境试验和寿命试验项目,也可以包括一些特殊试验项目。对于具体产品的例行试验项目或相关条件,通常在产品相应的总技术条件或规范中有明确规定。对于一些特殊用途的产品,也可通过生产单位和用户双方协商确定。

14.6.2 鉴定验收试验

产品在定型时要按照技术条件进行鉴定试验,以考核产品能否达到规定的各项指标。为了鉴定和验证定型产品在规定的使用环境和工作条件下所达到的可靠性和稳定性,以及产品各项性能指标是否能满足设计规定要求而进行的有关试验项目称为鉴定试验。而从使用方角度来讲,这种鉴定试验也就是一种验收试验。

一般地,鉴定试验的项目和内容以及其选择原则基本上与例行试验所用的相类似,或者略为多几项。

第 15 章 有机发光二极管

1979 年在美国柯达公司工作的华人科学家邓青云发现了具有发光特性的有机材料,并于 1987 年获得了 OLED 设计的第一个专利。它是由非常薄的有机材料涂层和玻璃基板组成的。当有电荷通过时,这些有机材料就会发光。作为新一代平板显示器件,它有体积小、质量轻、能耗低、视角广、主动发光等优点,如用柔性材料做衬底,还能制成可卷曲、可折叠的显示器,是一种可取代液晶显示器的新型平板显示器件。近期对白光 OLED 的研究进展很快,所以就提出了作为照明光源来研究的目标,图 15 - 1 给出了近期进展的势头。

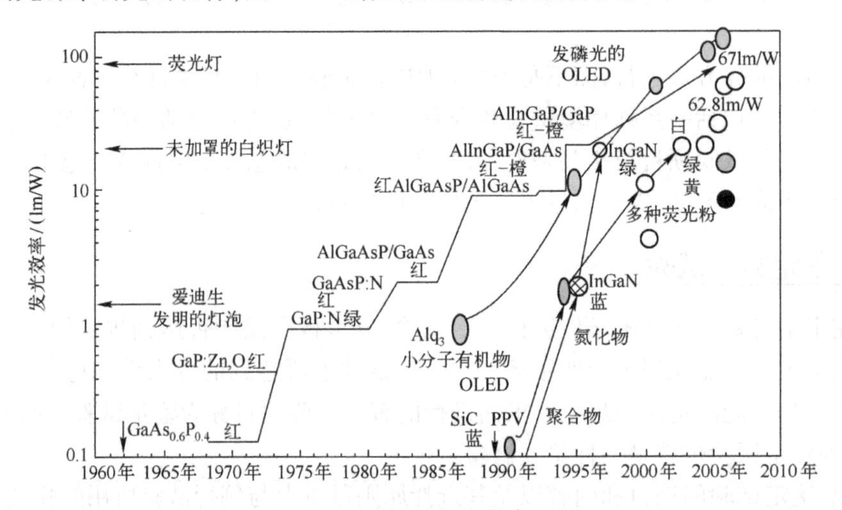

图 15 - 1　OLED 发光效率进展

目前白光 OLED 发光效率比较高的分别是:日本 Matsushita,于 2006 年发布的 LED 的发光效率为 62. 8lm/W,显色指数为 86,亮度为 5000cd/m^2,寿命为 30000h;Osram 于 2008 年发布的 LED 的发光效率达到白光 60lm/W;UDC 于 2008 年发布的 LED 的发光效率达到 102lm/W;2014 年 3 月,日本Konica发布的 OLED 照明面板发光效率为 131lm/W,15cm^2,寿命达 25000h;国内南京第一有机光电发布的 LED 的发光效率达到 111. 7lm/W。

15. 1　有机发光二极管材料

有机发光二极管材料主要有三类,下面分别进行介绍。

15. 1. 1　小分子有机物

小分子有机物如 δ - 羟基喹啉铝等,以真空热蒸发工艺制成,现已能达到亮度为 200 ~ 1000cd/m^2,寿命为 10000 ~ 50000h。

15.1.2 高分子聚合物

高分子聚合物采用共轭化合物聚乙炔、聚苯胺等,以旋转涂覆或喷墨工艺制成。

15.1.3 镧系金属有机化合物

镧系金属有机化合物,也可称稀土 OLED,量子效率理论上可达100%。

OLED 目前国际上已有专利1400多项,其中最基本的有三项:小分子 OLED 的基本专利属美国 Kodak 公司,高分子 OLED 的两项基本专利由英国 CDT(Cambridge Display Technology)和美国 Uniax 公司拥有。

15.2 有机发光二极管的结构和原理

OLED 是多层膜器件,图15-2和图15-3分别给出了有机发光二极管的基本结构和有机材料的能级结构及发光原理示意图。

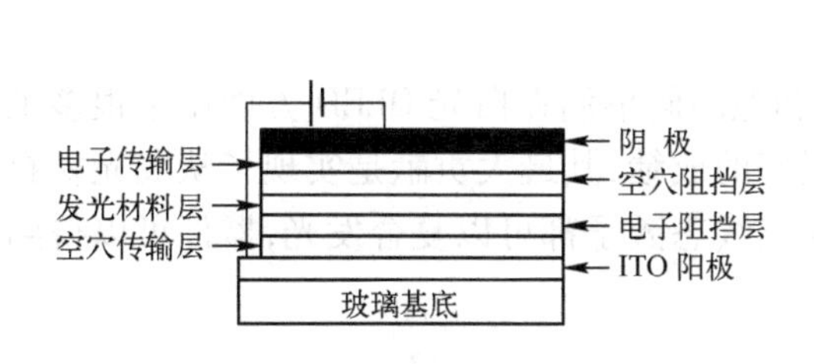

图15-2 OLED 的基本结构

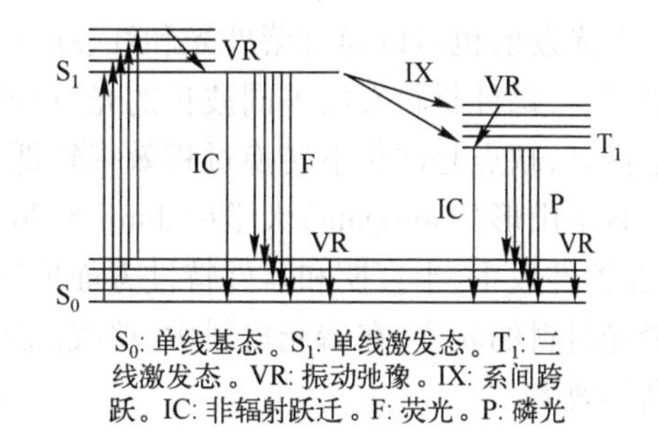

图15-3 有机材料能级结构与电子跃迁发光示意图

OLED 一般由阳极、空穴传导层、发光材料层、电子传导层和阴极组成,有些器件还包括空穴阻挡层和电子阻挡层,以限定载流子的传导区域,提高载流子的复合概率。空穴和电子分别从阳极和阴极注入,然后经空穴和电子传输层传导至发光材料层,并在发光材料层发生辐射复合,发光材料的外层电子吸收载流子复合释放的能量后处于激发态,其中单线激发态的辐射跃迁产生荧光,三线激发态的辐射跃迁产生磷光。

15.3 OLED 实现白光的途径

照明用白光需要具有好的显色指数(>75)和好的色坐标位置(接近 CIE 色品图的白点-0.33,0.33)。从 OLED 中产生白光大致可以分别如下两种途径:波长转换和颜色混合。

15.3.1 波长转换

利用从 OLED 中发出的蓝光或紫外光激发几种磷光材料,每种材料发出的不同颜色的光混合到一起,就可以得到含有丰富波长范围的白光。这种技术被称为磷光的下转换。在这种技术中,蓝光 OLED 与一种或多种磷光材料层相连接,在其中一个磷光层中间含有无机光散射粒子。在蓝光 OLED 的背面涂上磷光材料层。器件发出的蓝光有一部分没有经过波长下转换,直接穿过磷光层,剩下的部分被用来激发磷光材料,激发不同材料得到不同颜色的光。这些不同颜色的光与未经波长转换的蓝光混合,得到最宽的、波长最丰富的光谱。这里只有蓝光发光层传导电荷,也是唯一的直接被激发的活性层。一旦激子产生,它们激发其他的磷光材料,得到了为了得到白光所需要的其他的补色光。由于蓝光发光层老化,发出的蓝光也有衰减,从与其相关的磷光材料中发出的光也成比例衰减。这是因为磷光材料中发出的光的强度直接与蓝光发光层相关。因此在波长下转换技术中,不存在颜色不稳定问题。发光的颜色可以通过改变磷光层的掺杂浓度和厚度来调整。图 15 - 4 是磷光材料进行波长下转换机制的示意图。

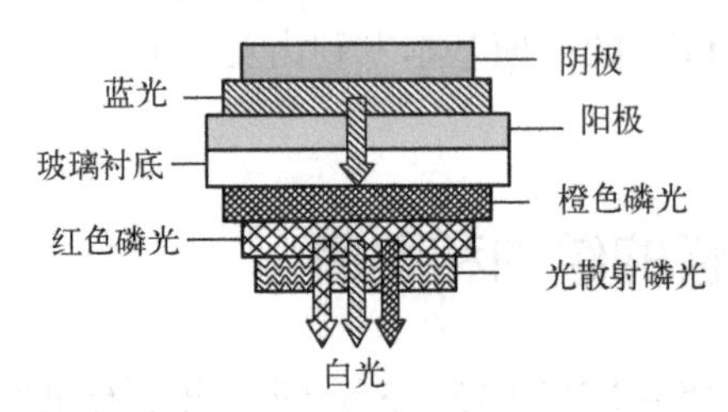

图 15 - 4　波长下转换实现白光 OLED 原理示意图

白光发射也可以通过紫外光和红、绿、蓝磷光材料组合来得到。这时就是紫外光激发几种磷光材料,每种材料发出不同波长的光,这些光的混合结果得到白光。这种方法的优点是颜色稳定性好,缺点是波长下转换过程效率较低。

日本山形(Yamagata)大学的 Junji Kido 教授和他的同事们在白光 OLED 方面做了很多工作,在器件效率、半衰期和器件特性方面取得了很好的成绩,其最大贡献是实现了从荧光材料到磷光材料的转变,在磷光材料中,单线态激子和三线态激子都可以复合发光,器件可以得到更高的效率。

15.3.2　颜色混合

15.3.2.1　多层膜器件结构

这种获得白光的方法是通过将同时在两种或更多种发光层中发出的光进行混合,来得到白光。这种技术建立在连续沉积或不同材料的共蒸发和激子复合区的控制的基础上。这种结构中包含了许多有机/无机界面。界面处的势垒增加了载流子的注入难度,并且产生焦耳热。为了减小有机/无机界面处的电荷注入势垒和焦耳热,发光材料的选择原则是:邻近的发光材料的最高被占用分子轨道与分子最低空余轨道要相互匹配。器件的发光依赖于每个层的成分和膜厚,需要对发光层的成分和膜厚进行精确控制才能使颜色白平衡。激子的复合区通过在空穴传输层和电子传输层中间加入仅对一种载流子具有阻挡作用的阻挡层来进行控制,以便复合区发生在两种或三种不同的发光层中。这样做的结果是在不同的发光层中都发出光,如图 15 - 5 所示。

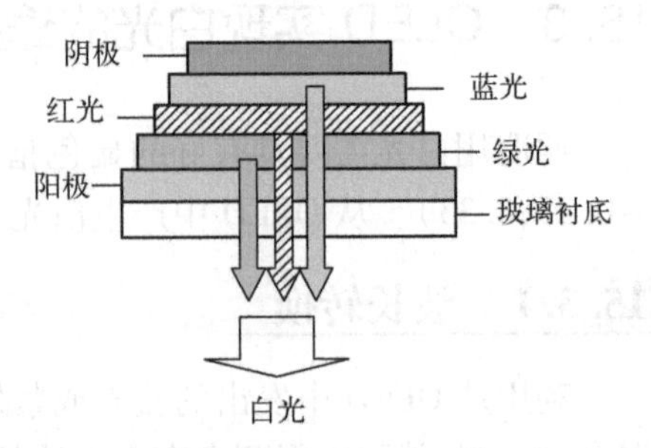

图 15 - 5　多层白光 OLED 结构示意图

通过控制在不同有机层中的复合电流，来使得从红、绿、蓝发光层中发出的光取得平衡，得到高质量的白光。Deshpande 等人通过在不同层中进行连续的能级转换来得到白光。制作的器件结构为 ITO/α-NPD/α NPD : DCM2 (0.6 – 8wt%) /BCP/Alq3/Mg: Ag (20 : 1) /Ag。这里，4, 4-bis [N-(1-napthyl-N-phenyl-amino)] biphenyl (αNPD) 被用作空穴注入层。αNPD : DCM2 (2, 4-(dicyanomethylene)-2-methyl-6-[2-(2, 3, 6, 7 – tetrahydno-1H, 5H benzo [I, j])] quinoliin-8 -yl) Vinyl]-4H-Pyran 被用作空穴传输层和发光层；沉积 2, 9-dimethyl-4, 7-diphenyl-1, 10-Phenanthroline (BCP) 层的目的是用来阻挡空穴，Alq3 作为绿光发光层和电子传输层，Mg: Ag 合金及其接下来的厚 Ag 层用作阳极。这个器件报道的最大亮度是 13500cd/m^2，最大的外量子效率大于 0.5%，发光效率为 0.3lm/W。最近 Wu 等人报道了一个具有双发光层的 OLED 器件，并对使用阻挡层和不使用阻挡层做了研究，具有阻挡层的器件除了显示更好的性能，外量子效率也达到 3.86%。这些器件激发出的光的颜色强烈依赖于发光层的厚度和外加电压。这种技术的缺点是：制备工艺复杂，并且存在大量的有机材料浪费，导致相对高的制造成本。

另一种从多层 OLED 器件中获得白光发射的途径是采用多层量子阱结构，如图 15 – 6 所示。

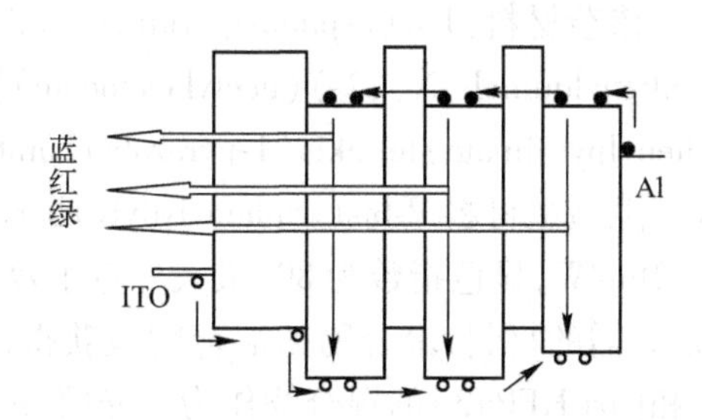

图 15 – 6　多层量子阱结构的白光 OLED

这种结构中包括两个或更多的被阻挡层分开的发光层。电子和空穴隧穿过阻挡层的势垒，均匀地分布到不同的量子阱中发光。这个体系中对不同有机材料的能级匹配要求不是很严格。激子在不同的阱中形成、衰减，在它们自己的阱中发出不同颜色的光。量子阱对载流子的限制提高了激子形成的可能性，使激子不能移动到其他区域或把它的能量转移到其他区域。但是这种方法非常复杂，需要优化各种发光层和阻挡层的厚度。由于许多层组合厚度的原因，所以这种多层结构需要相对高的工作电压。

15.3.2.2　施主 – 受主体系

通过在宽带隙的施主材料中掺杂窄带隙的受主分子，激发能可以从高能施主材料隧穿到低能受主材料。在这个体系中，如果掺杂浓度维持在某一个值后，可以忽略施主的发射，而受主的发射占统治地位。在这种发射中，施主全部的能量都转换到受主中。这个体系还有一种可以选择的发射方式就是能量不全发生转移。这种方式中的发光同时来自施主和受主区域。使施主和受主发的光达到一个合适的比例，就可以发出白光。产生白光的施主 – 受主体系既可以是在一个单层中或多层中的单一掺杂，也可以是在单一层中或多层中的多种杂质掺杂。为了获得稳定的白光，掺杂浓度需要精确控制。掺杂材料可以是自然界中的磷光或荧光材料，掺杂分子可以直接被激发或通过来自施主分子的能量/电荷传输来激发。

15.3.2.3 单发射层结构

上面讨论的器件的制备和发光是非常复杂的,为了得到更好的显色性和更高的发光效率,许多参数还需要进行优化。由于几个被用来行使特定功能的有机层的堆叠,导致器件厚度增加,使器件必须有较高的驱动电压。在白光有机发光二极管中,为了降低驱动电压,必须降低器件厚度。这些多层的复杂结构可以通过单层发光来解决。单层白光发光器件只包含一个有机发光层。在一个含有蓝光发射有机层的 LED 中掺杂不同的染料或混合两种或更多种聚合物,来得到白光,这已经被许多人报道过。只具有一个发光区的 OLED 器件相对于其他 OLED 器件所具有的最大的好处就是,发出的光具有更好的颜色稳定性。但是这种方法的一个缺点就是由于不同掺杂材料之间具有不同的能量传输速度,最后导致颜色不稳定。高能的部分(蓝光)可以很容易地把能量传输到绿光和红光发射体,绿光发射体可以把能量传输给红光发射体。如果三种颜色的发射体浓度相同,最后红光会占主导地位。所以掺杂比例一定要蓝光>绿光>红光,并且需要达到很好的平衡。最近 Shao 等人证明了使用均一施主单发光层的白光 OLED 具有很高的颜色稳定性。D'Andrade 等人报道了只具有一个发光层的白光 OLED。发光层包含三种金属有机磷光掺杂材料:Tris(2-phenylpyridine)iridium(Ⅲ)[Ir(ppy)3]作为绿光发射体,iridium(Ⅲ)bis(2-phenylquinoly-N,C2-)(acetylacetonate)[PQIr]作为红光发射体,iridium(Ⅲ)bisl4-,6-difluorophenylpyridinato)tetrakis(1-pyrazoly)borate[FIr6]作为蓝色发光体。这三种材料同时共掺杂在宽带隙施主材料 P-bis(triphenylsilyly)benzene(UGH2)中。这个白光 OLED 器件的最高效率已达 42lm/W,显色指数为 80,最大外量子效率为 12%。

为了获得白光,染料不是必需的材料,聚合物的混合物也获得白光。最近 Gong 等人使用[PFO-ETM 和 PFO-F(1%)]和[Ir(HFP)3]的混合物作为发光层,成功制造出了白光 OLED 器件,在 25V 时的发光强度达到了 10000cd。

15.3.2.4 垂直/水平的叠层结构

这个技术和液晶平板显示技术比较相似。三基色像素点以水平或垂直的方式独立地排列成图形,如图 15-7 所示。

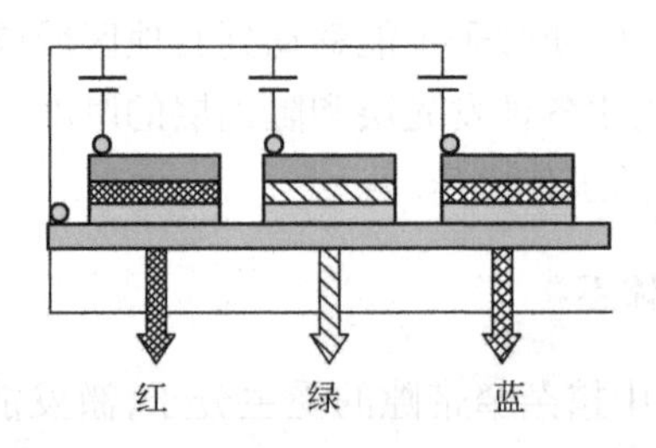

图 15-7 垂直叠层结构的白光 OLED

在水平叠层的样式,独立的颜色发射像素点被以点、方形、圆、细线或细条带的方式沉积。把需要得到的波长范围的光进行混合,结果就得到了白光。因为每个颜色成分都是沉积在独立的位置,所以不同颜色像素点可以通过改变工作电流来降低老化速度。每个像素点可以通过优化在最小的工作电压下获得最高的效率。同样地,可以通过减小像素点的面积,器件的寿命可以延长到最大值。

叠层结构的OLED器件是一个很好的光源候选器件,因为叠层结构的器件相对于单发光层OLED器件,可以获得其电流效率的2倍,甚至3倍。Matsumoto等人报道红光器件和蓝光器件的叠层结构得到了粉红色。这种叠层结构可以得到各种色彩的光。人们预期叠层结构的白光OLED可以得到比传统白光OLED更高的亮度和效率。最近Sun等人报道了一个高效的叠层结构白光OLED,他们在蓝光发光层和红光发光层中间加入了一个阳极阴极层。这个阳极阴极层被用来作为一个中间电极,通过调整外加到两个发光层的偏压到一个合适的比例,就可以得到白光。他们报道的器件在26V时,最大发光亮度为40000cd/m^2,在色坐标中的位置是(0.32,0.38)。在28mA/cm^{2}时的发光效率为11.6cd/A。

Kido发现N个发光层组成的叠层结构器件的亮度是单个发光器件亮度的N倍。这个规律对想获得高效率的白光OLED很有吸引力。最近Chang等人制备了两种包含叠层结构的白光OLED和用作对比的对比器件,其中叠层结构的器件中间使用的是Ag:Alq3/WO_3连接层。在这些器件中,白光是通过混合蓝光和黄光来得到的。器件1是黄光发光层和蓝光发光层的叠层结构。器件2是把两个器件1结构叠到一起。相对于器件1和对比器件,器件2显示出了更好的性能。在器件2中观察到了一个值得注意的放大效果,器件2获得了最高的效率22cd/A,几乎相当于对比器件效率的3倍。这是微腔效应的结果,微腔增强了向前传播的光的数量。所以当把两个器件连接起来以后,器件效率会提高。同时也发现随着发光层数量增加,驱动电压也在增加。器件2是最不稳定的,而对比器件显示了最长的半衰期。这是因为器件2遭受了比器件1和对比器件更高的驱动电压的缘故。由于叠层器件连接层是非欧姆接触的,在叠层结构器件中可能存在热击穿过程。在100cd/m^{2}下,器件2的半衰期有望达到80000h。

15.3.2.5 微腔结构

微腔结构就是一个间距为微米级的一对具有高反射系数的镜面。1994年Dodabalapur和他的合作者在贝尔实验室通过把Alq3和一种惰性材料放入两个反射面形成微腔,制备了电子器件。在传统的结构中,光在各个方向都可以跑出去。在微腔结构中,光只能从微腔结构的一端射出来,从而提高了器件的效率。通过改变层的厚度,不需要的光可以被过滤掉,可以得到任何需要的波长的光。具有微腔结构的LED具有更高的效率,并且使用更小的电流,具有更长的寿命。微腔结构可以用来对光的颜色进行优化,使用微腔结构的白光OLED就是光颜色优化的一个例子。微谐振腔是一个增强单色光LED亮度最有效的方法。已有报道在OLED中使用微腔结构来窄化发光光谱和增强发光强度。但是通过它之后,发出的光是单频的,所以对白光OLED是无能为力的。Dodabalapur等人通过使用多种模式的谐振腔来达到对OLED发光的控制,可以使在材料通过不同谐振腔模式发出的不同的光,混合后取得白光。在微腔结构中,发光层被植入在两层金属镜面中间或一个金属镜面和一个部分反射的含有分布布拉格反射的底镜面中间。微腔结构可以对光谱产生强烈的调制。分布布拉格结构包含了两个具有不同反射系数的镜面层,它们在一个特定的波长范围内提供了可调的发光效率。在器件工作时,驻波产生了,并且驻波的波长依赖微腔结构中镜面之间的长度和镜面的反射率。Shiga等人制备了一个修改了的Fabry-Perot谐振腔,这个谐振腔包含了两种不同距离的微腔结构,如图15-8所示。图中MM、DM、EML和FL分别代表金属镜面、绝缘体镜面、发光层和滤光层,从微腔结构中混合发出的光可以产生白光。这种方法的缺点是光的颜色随观察角度的变化而变化。这个缺点限制了微腔结构在白光 OLED 中的应用。

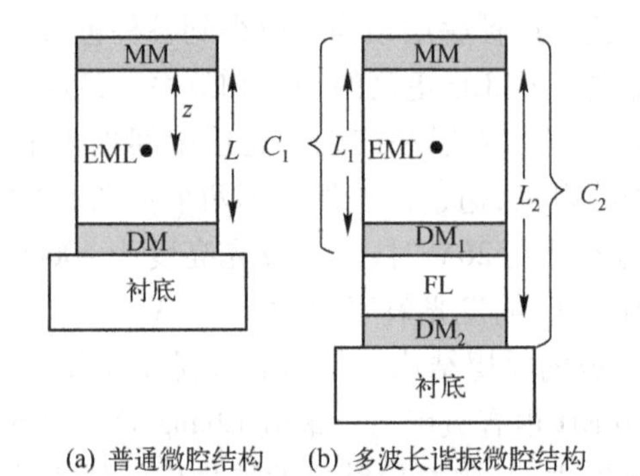

(a) 普通微腔结构　(b) 多波长谐振微腔结构

图 15-8　微腔的概念

15.4　有机发光二极管的驱动

构成 OLED 像素阵列的方法基本上分两种,即无源矩阵(PMOLED)和有源矩阵(AMOLED)。这两种方法所用的 OLED 结构相同,但对每个单元的寻址方法不同。在无源显示器中导电的行和列构成一个矩阵,当显示器控制器扫描各行时,电流流到包含被照亮像素的各列。然而,像素只是在控制器寻址到其所在的行时才被照亮,所以电流的占空比反比于行数,而峰值电流则正比于行数。察觉到的亮度正比于帧间隔内电流的时间积分。在下一帧期间内,控制器可以刷新该像素,给观察者一种持久图像的印象。

AMOLED 显示器利用每个像素的 TFT(薄膜晶体管)在帧间隔持续时间内获得驱动信号。如同 PMOLED 一样,控制器扫描各行,但却利用一个在各次刷新之间保持的栅极驱动电压为像素编程。TFT 像素控制器设定并维持 OLED 电流。在一帧之内,峰值电流和平均电流是一样的。因为对于一个有 n 行的显示器来说,AMOLED 电流是 PMOLED 电流的 $1/n$,所以,阴极、阳极和矩阵内的电阻性损耗也同样降低到 $1/n$。

AMOLED 显示器的另一个优点是,其像素的峰值电流与平均电流之比为 1,而不是 PMOLED 显示器的 n:1。这种差别使两种显示器的老化效应大不相同,因为老化效应正比于电流密度。

TI 的 TPS65130 是一款经过精心设计优化的双通道输出 DC/DC 转换器,其采用可编程序技术能够产生高达 15V 的正输出电压以及低至 -12V 的负输出电压。由于功率转换效率高达 89%,因此在诸如移动电话、Pda、数码摄像等电池供电的设备中,新型驱动器可支持高级 OLED 以及电荷耦合器件传感器偏置电源。TPS65130 可支持 2.7~5.5V 的输入电压范围,从而允许通过单节锂离子电池或者多节镍氢(NiMH)、镍镉(NiCd)以及碱性电池直接供电。

该 TPS65130 采用小型 4mm×4mm QEN 封装以及极少的外部组件,因而可充分满足设计者对缩小板级空间的需求。TPS65130 可在 1.25MHz 的固定频率脉宽调制状态下工作,从而允许其使用 4.7μH 小型电感器以及极小低静态电流,独立的启动引脚可实现两种输出的上电定序和断电定序。此外,可在待机状态下断开负载回路,延长电池的使用寿命。

凌特公司推出的 LTC3459 器件有一种突发模式,用以在轻载电流下保持转换器的效率。它还具有浪涌电流限制、短路保护和关机期间负载隔离等功能。尽管具有这些功能,但典型的应用电路只要求在开关电路中有 3 只电容器、2 只电阻器和 1 只升压电感器,如图 15 - 9 所示。

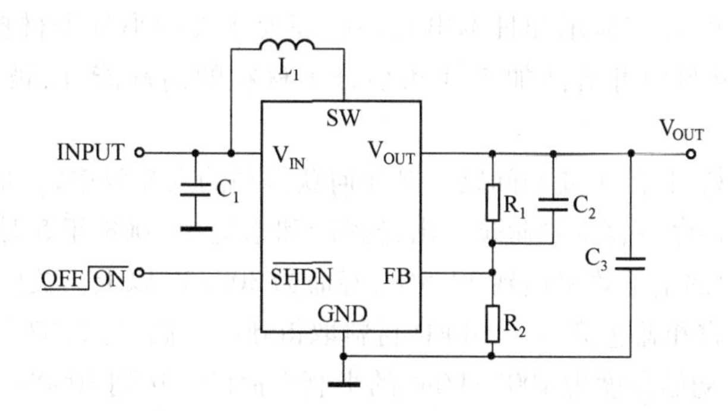

图 15 - 9 LTC3459 的典型应用电路

因为转换器工作时的峰值电流约为 75mA,所以一个 0805 小型电感器能达到与一个集成电荷泵相同的电路板占用面积。LTC3459 利用一个典型沟道电阻约为 4Ω 的片上 PMOS 器件,将其输出与升压电感器隔离开来。

这种 SOT23-6 封装的集成电路,其输入电压为 1.5 ~5.5V,输出电压为 2.5 ~ 10V,适用于有源矩阵 OLED 显示器。LTC3459 采用可变开关频率,可根据输入、输出电压的差别在 0.6 ~ 2.6MHz 的范围内自行调节。反馈基准电压为 1.22V,容差为 30mV,其最大静态电流为 20mA。当转换器处于关闭模式时,其工作电流降低到 1mA 以下。

晶门科技有限公司推出的 SSD1332 是一款内置 DC/DC 电压转换器的 96 ×6465000 色单片 OLED 集成驱动电路,可应用于移动电话及其他移动终端。它不仅有内置的 DC/DC 电压转换器,可提供针对三基色的 16 步进的主电流控制和 256 级的对比度控制,而且片内还有一个 SRAM 作为显示缓冲空间。它可支持最大 96RGB ×64 ×16 点阵的 OLED 屏幕,提供 65000 种彩色显示。它增强了 OLED 的显示性能,同时系统耗电量也较低。所以,这是一个适用于低功耗、实现彩色显示的移动电话和其他手持设备的较佳解决方案。

SSD1332 是一种集成有控制器的单片系统,它可以驱动彩色无源、公共极为阴极类型的 OLED/PLED 显示屏。它所具有的 16 位色彩深度提供了更精细的彩色表达,例如可以在移动电话上以不同的颜色显示不同的图标和图片。内置的 DC/DC 电压转换器提供驱动 OLED 的高电压,并可减少外部元器件数目。它还提供了对比度设置、行/列重映射、可编程的占空比及垂直滚动等功能。芯片上还集成了图形加速引擎,使用户使用软件命令绘制表图和图片变得非常容易。它提供的实现图像功能有画线、画矩形、复制/粘贴图片、模糊窗口及清除窗口等。所有上述功能通过可选择类型的 MCU 接口处理。因此,该解决方案可使移动电话等终端应用更紧凑,更具竞争力。

15.5 有机发光二极管研发现状

在过去10年中,OLED效率平均每年提高1倍,符合LED的Haitz定律。目前主要研发三类OLED材料:一是以英国剑桥显示技术公司、皇家飞利浦和日本住友化学等为代表的高分子材料;二是以柯达、环宇显示和日本出光兴产等为代表的小分子材料;三是树枝状发光材料,它兼有高分子材料的可溶液加工性和小分子材料的高性能性,被认为是最具发展前途的材料。

对于任何体系材料,目前主要的问题一是如何获得高的发光效率,二是寿命和稳定性。其中蓝光材料的效率和寿命一直都是瓶颈。出光兴产和索尼于2008年5月19日宣布,共同开发蓝光OLED器件,内部量子效率达到28.5%,寿命为30000h以上。英国剑桥显示技术公司和日本Sumation公司宣布蓝色高分子OLED材料取得新的提高,与2007年3月发布的材料相比,寿命提高了40%,初始亮度为1000cd/m^{2}的半衰寿命已经达到10000h,按400cd/m^{2}换算,则为62000h。他们用新的电子传输材料来替代传统的Alq3,有效地降低了启亮电压,提高了器件的效率和稳定性。作为半导体照明来说,OLED的研发目标最重要的是白光OLED。如美国科学家利用三层发光层(3-EML)结构,开发出了性能优越的白光OLED,亮度为1000cd/m^{2}时,发光效率达到64±3lm/W,显色指数达81。美国环宇显示技术公司(UDC)在2007 SID层合上以标题“有效率的白色磷光OLED器件”向人们展示了其白光OLED白色磷光OLED技术新成果,外量子效率达20%,发光效率相当于33cd/A,其色坐标为(0.38,0.39),在1000cd/m^{2}亮度下工作寿命超过4000h。

UDC在2008 SID展会上发布了发光效率为72lm/W的白光OLED,最近又发布了亮度为1000cd/m^2、发光效率达102lm/W的有机白光LED,其显色指数为70,色温为3900K。德国Novaled公司宣称他们已开发出照明用OLED,发光效率目前为50lm/W,在1000cd/m^{2}亮度下具有10000h以上的寿命,发光效率为40~60lm/W,非常薄。欧司朗也宣布其研发的白光OLED达到60lm/W的水平。2014年3月Konica发布131lm/W的OLED照明面板,15cm^2,寿命达25000h。国内在1000cd/m^{2}条件下,小面积(10mm×10mm)白光OLED的发光效率达到109lm/W。

我们记得,LED也是从效率颇低,只能用作显示器,而且发光颜色在十多年内只有红色一种发展过来的,加上OLED近期在发光效率和寿命方面的快速发展,在生产设备上又有液晶生产线可以沿用,可以预料,OLED最终将进入照明领域,时间虽比LED晚,但意义似乎更大。因为从此照明光源将突破原有的点光源、线光源概念,将有可以弯曲、折叠的面光源,照明设计将变得随心所欲、出神入化。而且OLED可以用地球上丰富而又廉价的材料制成,取之不尽,用之不竭。

作为应用产品推广,OLED目前进展不大。主要要解决三个问题:一是成品率较低,且价格是LED照明产品的50倍左右;二是寿命较短,是LED的三分之一;三是白场亮度低,仅达到一般高清分辨率,难与目前市场上4K超高清液晶电视的LED相比。

第16章 半导体照明驱动和控制

LED是一种电流控制器件,那是因为它的伏安特性曲线说明LED在超过阈值电压之后,电压稍有增加,即会引起电流的迅速加大。而正向电流的变化又会引起发光强度或光通量的变化,还会引起发光波长变化、结温升高等。只有保证LED正向电流恒定,才能保持LED光度、色度和热学参量的基本恒定。

恒流电源在实际应用中的主要要求是效率高、工作电压范围宽、电路所占体积小、恒流精度高以及成本低。

16.1 LED驱动技术

16.1.1 LED的电学性能特点

(1) LED是单向导电器件,由于这个特点,就必须用直流电流或单向脉冲电流供电。

(2) LED是一个具有pn结结构的半导体器件,具有势垒电势,所以就有导通阈值电压,加在LED上的电压值超过这个阈值电压时,LED才会充分导通。GaAsP、GaP、GaAlAs、InGaAlP LED的阈值电压稍低,一般小于2V,而InGaN蓝光或绿光和InGaN蓝光加YAG荧光粉的白光LED器件阈值电压一般在2.6V以上,正常工作电压通常在2.8~3.6V。

(3) LED的电流－电压特性是非线性的,流过LED的电流在数值上等于供电电源的电动势减去LED势垒电势后再除以回路的总电阻(电源内阻、引线电阻和LED体电阻之和)。因此流过LED的电流和加在LED两端的电压不成正比。

(4) LED的正向压降与pn结结温的温度系数为负,温度升高时,LED的正向压降会降低。这一点非常重要,因为这一点,所以LED不能用稳压电源驱动,更不能直接用电源供电,否则随着LED工作时温度的升高,电压下降,电流会越来越大,以致损坏LED。因此必须采用恒流驱动。

(5) 流过LED的电流和LED的光通量的比值也是非线性的。LED的光通量随着电流的增加而增加,但因发热引起的结温升高会导致发光效率下降,所以不成正比。要使LED在一个发光效率比较高的电流值下工作。

16.1.2 电源驱动方案

用电源给LED供电分四种情况:低电压驱动、过渡电压驱动、高电压驱动以及市电驱动。不同的情况在电源变换器的技术实现上有不同的方案。

(1) 低电压驱动。低电压驱动是指用低于LED正向导通压降的电压驱动LED,如一节普通干电池、镍镉电池、镍氢电池,其正常供电电压为0.8~1.65V。低电压驱动LED需要把电压升高到足以使LED导通的电压值。对于LED这样的低功耗照明器件,这是一种常见的使用情况,如 LED 手电、头灯、应急灯、路障灯、节能台灯等。考虑到有可能配合一节 5 号电池工作,还要有较小的体积,其最佳技术方案是电荷泵式升压变换器。

(2) 过渡电压驱动。过渡电压驱动是指给 LED 供电的电源电压值在 LED 正向压降附近变动,这个电压值有时可能高于 LED 的正向压降,有时可能低于 LED 的正向压降。如一节锂电池或者两节串联的铅酸蓄电池,电池充满时电压在 4V 以上,电快用完时电压值在 3V 以下。用这类电源供电的典型应用有矿灯等。

过渡电压驱动 LED 的电源变换电路既要解决升压问题,又要解决降压问题,为了配合一节锂电池工作,也需要有尽可能小的体积和尽量低的成本。一般情况下功率也不大,其最高性价比的电路结构是反极性电荷泵式变换器。

(3) 高电压驱动。高电压驱动是指给 LED 供电的电压值高于 LED 的正向压降,如6V、12V、24V 蓄电池,典型应用有太阳能草坪灯、太阳能庭院灯、机动车的灯光系统等。高电压驱动 LED 要解决降压问题,由于高电压驱动一般是由普通蓄电池供电,会用到比较大的功率(如机动车照明和信号灯光),应该使成本尽量低。变换器的最佳电路结构是串联开关降压电路。

(4) 市电驱动。这是一种对半导体照明应用最有价值的供电方式,是半导体照明普及应用必须要解决好的问题。用市电驱动 LED 首先要解决降压和整流问题,还要有比较高的变换效率、较小的体积和较低的成本,并应该解决安全隔离问题。考虑到对电网的影响,要解决好电磁干扰和功率因数问题。对中小功率 LED,其最佳电路结构是隔离式单端反激变换器。对于大功率 LED,应该使用桥式变换电路。

在 LED 驱动方案的选择问题上,以前认为有电感的升压式 DC/DC 转换器可输出较大的电流。近年来,电荷泵式驱动器可输出的电流已从几百毫安上升到了 1.2A,并且两者在转换效率上也不相上下,因此,这两种类型的驱动器的产量已经相当。

16.1.3 驱动电路基本方案

16.1.3.1 简易恒流电源

利用半导体三极管在较大电流范围内其基极 - 发射极电压 V_{be} 近似为常数这一特性,可以组成低成本的简易驱动 LED 的电源,这种电路如图 16 - 1 所示。图中晶体管 VT_1 的基极、发射极接在电阻 R_s 的两端,于是流过电阻 R_s 的电流 $I_{e2} = V_{be}/R_s + I_{b1} \approx V_{be}/R_s$,在 VT_2 的电流增益 h_{FE2} 较大时,$I_{e2} \approx I_{c2} = I_F$,于是得

$$I_F \approx V_{be1}/R_s \tag{16-1}$$

图 16 - 1 简易恒流电源电路的恒流精度在 1% 左右,成本较低,其缺点是效率较低。

16.1.3.2 用三端可调稳压 IC 作 LED 恒流驱动电路

图 16 - 2 示出用一个三端可调稳压 IC 改变接法即可构成恒流电源,驱动 LED。由图 16 - 2(a) 可知,一个三端可调稳压 IC,其输出电压 V_{out} 由下式确定:

$$V_{out} = V_{FB}(1 + R_1/R_2) \tag{16-2}$$

式中,V_{FB} 为内部基准电压,一般约为 1.25V。将图 16 - 2(a)改成图 16 - 2(b),并用一个或数个 LED 串联回路取代 R_1,用取样电阻 R_S 取代 R_2,则从图中可知,由于 V_{FB} 是基准电源,只要 R_S 不变,流过 LED 的电流并不会变化,达到恒流驱动的目的。一般只要选择合适的 IC,可以构

成驱动 100mA ~ 1A 的负载。

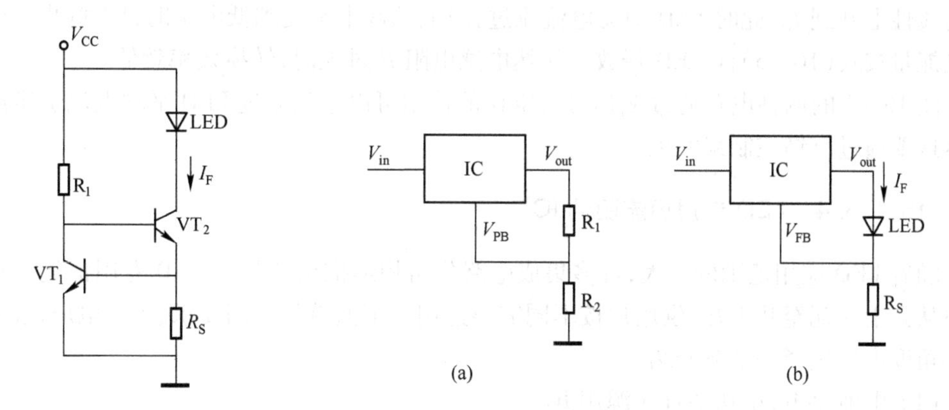

图 16 - 1　简易恒流电源　　　　图 16 - 2　三端稳压 IC 恒流驱动电路

$$V_{FB} = I_F \times R_S, I_F = V_{FB}/R_S \tag{16-3}$$

16.1.3.3 用开关电源实现 LED 恒流驱动

上述两种方法的效率决定于工作电压和电路的取样电压，一般来说，使用时，电源有一定的限制。提高效率的一种行之有效的方法是用脉冲调制的开关电源方式，其基本原理如图 16 - 3(a)所示，从图中可以看出，当晶体管 VT 截止时，加在 LED 回路两端的电压是电源 V_{ce} 和电感 VT 在 VT 截止时的反电势之和。因此 LED 串联电路的电压可以高于电源电压 V_{CC}，是一种能升压的电路。

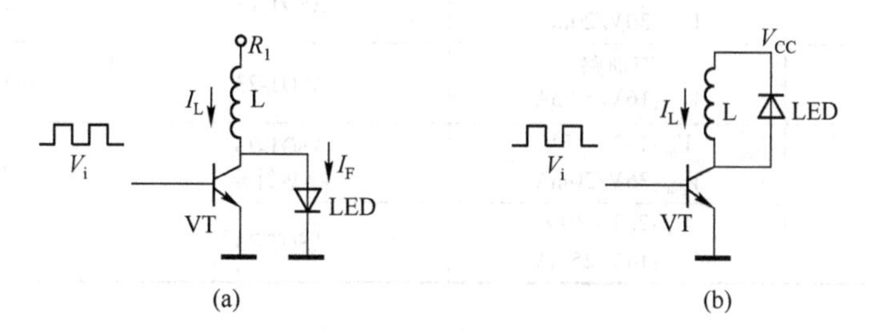

图 16 - 3　开关电源恒流驱动

VT 基极的输入电压 V_i 是占空比可调的脉冲信号电压，当 V_i 高电平时，VT 导通，流过电感 L 的电流 I_L 可以表示为

$$I_L = V_{CC}/R[1 - e^{-(R/L)T}] \tag{16-4}$$

式中，L 为电感值；R 为 L 和 VT 的等效电阻；T 为导通时间，显然当 $t \to \infty$ 时，$I_L = V_{CC}/R$。R 越大，最大电流越小，反之，L 越大，电流上升越慢，导通时间内电流增加就慢。

当 V_i 处于低电平时，VT 截止，电感 L 中储存的能量向 LED 释放，使 LED 瞬间流过较大的电流，点亮 LED。只要 L、R 和导通时间 t 选择适当，LED 的电流可控制在所预定的电平上，达到恒流驱动的目的。这里的电源功率的损耗仅表现在 VT 导通时其饱和压降 V_{ces}、电感电流 I_L 和 I_Q 引起的功率和 L 的直流电阻上引起的功率，一般是比较小的，因此效率较高，且和 U_{cc} 不太相关。

图 16 - 3(b)是另一种形式的开关电源驱动电路，显然当 VT 导通时有

$$I_L = I_0 e^{-(R/L)T} \quad (16-5)$$

式中,I_0为 VT 从导通瞬间转为截止时的电流。当 V_i为高电平时,VT 导通。电感 L 上的电流随时间线性上升到 I_0,此时 LED 中无电流流过,当 V_i从高电平变到低电平时,VT 截止,电感上储存电能量按式(16-5)向 LED 释放。显然电感电阻 R 过大时,转换效率就低。

图 16-3 的两种电路通过 V_i信号占空比的控制可以达到流过 LED 平均电流恒定的目的。当然这要通过反馈控制来实现。

16.1.3.4 LED 专用恒流驱动 IC

随着 LED 应用范围的扩大,许多集成电路公司相继推出了各种 LED 专用恒流驱动电路,功率从几十毫瓦至几十瓦,供用户按不同需要选用。下面就从应用要求、工作电压范围和功率大小角度出发选择一部分介绍。

(1) 电池供电,小功率背光源用 IC

表 16-1 列出了用于低电压电源供电的升压 IC 驱动器,大多是采用电荷泵技术,用 CMOS 工艺制作的开关式电源芯片,输出电流适合于小功率 LED,在 15~20mA 范围,大多用在手机背光源中,并具有输出电流可调的调光功能。

表 16-1 LED 背光源驱动 IC

产品型号	主要技术规范	封装	制造商
LM2733	V_{in}:2.7~14V V_{out}:38V/20mA	ASOT-23	NSC
NJU6050	V_{in}:3~6V V_{out}:30V/20mA	ASOT-23	新日本无线电公司
NJU6051	双通路 V_{out}:16V/50mA	ASOT-23	新日本无线电公司
LT1615	V_{in}:1.2~15V V_{out}:36V/20mA	ASOT-23 微型封装	Linear Technology
TK11851L	V_{in}:2.3~10V V_{out}:14V/25mA	ASOT-23	ToKo

(2) 低压 LED 驱动 IC

表 16-2 列出了用作驱动功率 LED 的专用 IC,但输入电压仅在 4.5~12V 范围内,某些具有多路驱动功能,驱动电流在 100~400mA 范围内,同样用 ASOT-23 封装,可用于 LED 灯具供电中。

表 16-2 低压功率 LED 驱动 IC

产品型号	驱动回路	每路驱动电流	输入电压	输出电压	制造商
VT8362	1~24 个 LED 8 路	100mA	4.5~12V	≤18V	达伟科技
VT8363	1~6 个 LED 2 路	400mA	4.5~12V	≤18V	达伟科技
LM2734	单回路	1A	3~20V	≤18V	NSC
MBI1804	四回路	360mA	5~8V	≤17V	Macroblock
BL8501	单回路	外加 MOS 管	3.5~12V	≤5V	上海贝岭

(3) AC/DC 驱动 IC

表 16-3 列出了用作 AC/DC 交换与恒流驱动功率 LED 的所谓离线式电流控制型 IC。它

们均由耐压650~700V的高压大电流MOS(金属-氧化物-半导体)晶体管作输出,内置可控制的开关型稳压器。它原是专用于电动剃须刀、电池充电器等的适配器,只要适当改变它的外围电路接法,就可以构成专用于驱动功率LED的电源,并且可以直接使用85~264V的输入电压,就是用110V AC或220V AC电网供电(加桥式整流)。MAX系列等IC还具有数字软驱动功能,启动输出电流的升高得到很好的控制,仅为45mA,还具有热关闭功能。

表16-3 离线式电源专用IC

型　号	主要技术指标	输出功率	制造商
ICE2A0565	输入电压:AC 85~265V 输出电流:12V/1A	13~130W	Infinion
Viper 12A	V_{in}:AC 85~265V	8~13W	S.T
MAX16801	V_{in}:AC 85~265V	50W	MAXim
MAX16802	V_{in}:DC 10.8~24V	50W	MAXim
TOP221-227	V_{in}:AC 85~265V	9~20W	Power Intergrations
FSD210/200	V_{in}:AC 85~265V	4~5W	Fairchild
HV9910	V_{in}:DC 8~450V	外加功率MOS:5W	Supertex

16.1.3.5 脉冲驱动电路

图16-4是用NUD4001组成的脉冲驱动线路,调整R_{ext1}值可控制恒流电流的大小;PWM输出脉冲信号使U1按PWM设置的频率工作在开关状态,而U1的工作状态又控制着NUD4001的工作状态同为脉冲方式,则流过LED的电流也为脉冲电流。通常在LED的工作电流指标中除了给出额定电流值外,还会给出在脉冲方式工作时的电流值与占空比值,该值约为正常工作电流的5倍左右。由图16-4脉冲驱动电流波形图可知,脉冲驱动峰值电流为平均值的4倍左右,频率为100Hz,占空比为10%。该驱动方式的优点是:LED在一个周期中有大部分时间停止工作(90%工作周期),因此LED的发热量几乎可以不考虑,能维持较高的发光效率,同时,因发热量的减少致使LED的光衰大为减小,也就延长了LED的使用寿命。因此,脉冲驱动方式对LED来说,可认为是最有实用价值的方式,它会得到比平均电流下高得多的光输出,是利用人眼的视觉暂留原理实现的。因此在设定PWM工作频率时,不能低于100Hz,否则在视觉上会有光线闪烁的感觉。缺点是线路复杂,成本较高。

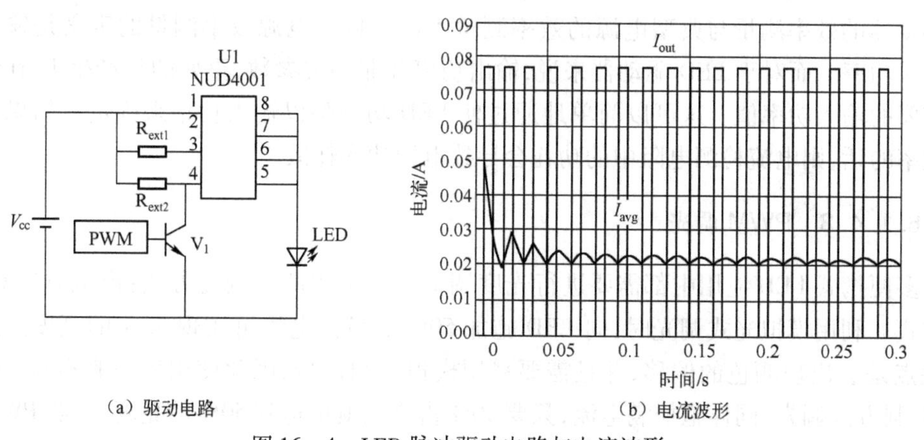

(a) 驱动电路　(b) 电流波形

图16-4 LED脉冲驱动电路与电流波形

16.1.4 LED驱动器的特性

16.1.4.1 直流控制

LED是电流驱动的发光器件,其亮度与正向电流呈比例关系。可用以下两种方式控制LED的正向电流。

(1) 采用LED的*V-I*曲线来确定产生预期正向电流所需要向LED施加的电压。通常是采用一个电压源和一个限流电阻,如图16-5所示。

这种电路的缺点是,电压适当的变化就会引起正向电流的大幅度变化,严重的会危及寿命。

(2) 首选的LED电流调整方法是利用恒流源来驱动LED。恒流源可消除正向电压变化所导致的电流变化,因此无论正向电压如何变化,可产生恒定的LED亮度。产生恒流源很容易,只需要调整通过电流检测电阻的电压,而不用调整电源的输出电压。在驱动多个LED时,只要把它们串联就可以在每个LED中实现恒定电流,如图16-6所示。驱动并联LED时,需要在每个LED串联支路中放置一个限流电阻,但这将导致效率降低和电流失配。

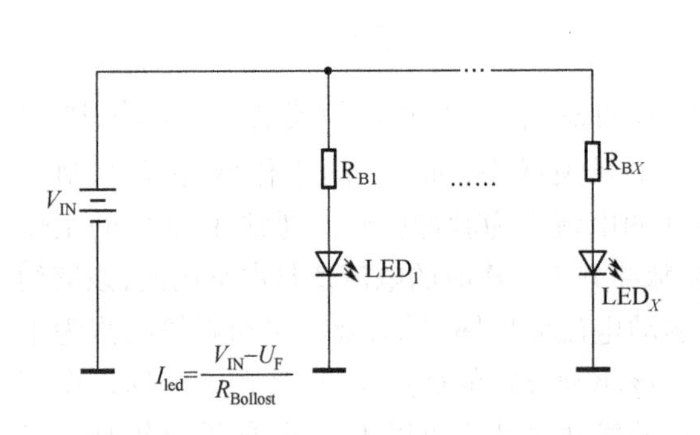

图16-5 带限流电阻的电压电源

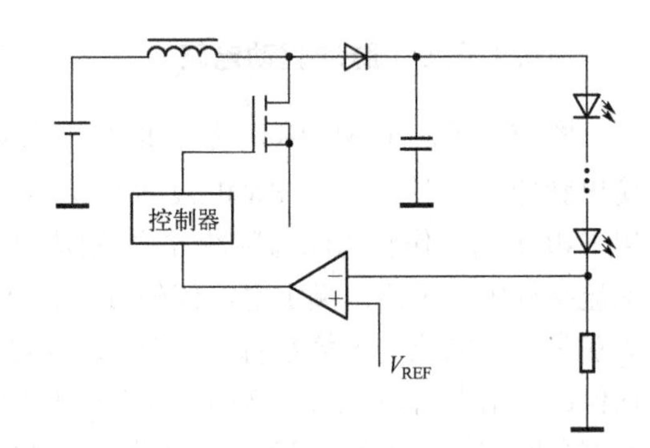

图16-6 驱动LED的恒流源

16.1.4.2 高效率

便携式LED应用中电池使用寿命是最重要的,LED驱动器如果实用,就必须具备高效性。LED驱动器的效率测量与典型电源的效率测量不同。典型电源效率测量的定义是输出功率除以输入功率。而对于LED驱动器来说,输出功率并非相关参数,重要的是产生LED预期亮度所需要的输入功率值。这可以简单地通过使LED功率除以输入功率来确定。如果是这样定义效率的话,则电流检测电阻中的功耗会导致电源功率耗散。

16.1.4.3 PWM调光

许多便携式LED应用中都需要进行光度调节。可采用两种调光方法:模拟方式和PWM调制方式。利用模拟光式调光时,向LED施加50%的最大电流可实现50%的亮度。这种方法的缺点是会出现颜色的偏移,并且需要采用模拟控制信号,因此使用率一般不高。若采用PWM调制方式调光,同样施加满电流,只要50%占空比就可达到50%的亮度,一般PWM信号频率必须高于100Hz,LED驱动器应能接受高达50kHz的PWM频率。

16.1.4.4 过压保护

在恒流模式下工作的电源需要采用过压保护功能,无论负载为多少,恒流源都可以产生恒定输出电流,如果负载电阻增大,电源的输出电压也必须随之增加。这就是电源保持恒流输出的方法。恒流 LED 驱动器可采用多种过压保护方法,其中一种方法是使齐纳二极管与 LED 并联。这种方法可以将输出电压限制在齐纳击穿电压和电源的参数电压。在过压条件下,输出电压会提高到齐纳击穿点并开始传导。输出电流会通过齐纳二极管,然后通过电流检测电阻器接地。在齐纳二极管限制最大输出的情况下,电源可连续产生恒定的输出电流。更佳的过压保护方法是监控输出电压并在达到过压设定值时关闭电源。如果出现故障,在过压条件下关断电源可降低功耗,并延长电池使用寿命。

16.1.4.5 负载断开

LED 驱动电源中一个经常被忽视的功能是负载断开,在电源失效时负载断开可以把 LED 从电源上断开。这种功能在下列两种情况下至关重要,即断电和 PWM 调光模式。如图16-6所示,在升压转换器断电期间,负载仍然通过电感器和二极管与输入电压连接。由于输入电压仍旧与 LED 连接,就会产生泄漏电流,虽然很小,但毕竟空闲时间很长,会大大缩短电池寿命。负载断开在 PWM 调光时也很重要。在 PWM 空闲期间,因输出电容器仍与 LED 连接,如果没有负载断开功能,输出电容器会通过 LED 放电,直到 PWM 脉冲再次打开电源。由于电容器在每个 PWM 循环开始都部分放电,一次电源必须在每个 PWM 循环开始时给输出电容充电,因此会在每个 PWM 循环中产生电流脉冲,降低系统效率并在输入总线上产生瞬时电压。如果具有负载断开功能,LED 就会从电路中断开,就不会存在泄漏电流,而且在 PWM 调光循环之间输出电容器都是充满的。实施负载断开电路时最好在 LED 和电流传感电阻器之间设置一个 MOSFET 管。在电流传感电阻器和接地端之间设置 MOSFET 管会产生一个附加压降。

16.1.4.6 简便易用

简便易用是指设计方便、维修、改动容易而言。滞后控制器非常简便易用。它具有内在的稳定性,从而在输入、输出条件改变时无须改变。

16.1.4.7 小尺寸

这是便携式电路的一个重要特征,也是灯具设计中的重要问题。高工作频率可采用小型无源元件,频率可高达 1MHz,但过高会降低效率和缩短电池寿命。把各种功能集中到控制集成电路中是实现 LED 驱动小型化的最佳方案,还会降低成本。

16.1.5 LED 与驱动器的匹配

16.1.5.1 LED 要求驱动器匹配

LED 已经广泛应用于照明、装饰类灯具产品,在设计 LED 照明系统时,需要考虑选用什么样的 LED 驱动器,以及 LED 作为负载采用的串并联方式。LED 有其工作电压和工作电流问题,也包括发光强度和色度。

目前已有能驱动多个 LED 的集成电路,其功能包括提升电压且可驱动多个串联 LED,以便与每列包括一个或多个 LED 及多列 LED 进行电流匹配。特制的 LED 驱动集成电路可提供独立于 LED 正向电压 V_F的精确电流匹配。还有就是亮度控制,也是重要功能。

将多个 LED 连接在一起使用时,正向电压和电流均必须匹配,这样才能产生一致的亮度。实现恒流的最简单的方法是将经过正向电压筛选的 LED 串联起来。随着系统采用匹配 LED 数量的增加,采用高性能、多功能驱动集成电路是良好的解决方案。现有驱动集成电路已具有不少功能特点,包括软启动、短路保护以及能将外部部件数量减至最少的 LED 驱动集成电路。

16.1.5.2 LED 全部串联方式

LED 采用全部串联方式,如图 16-7(a)所示。其优点是通过每个 LED 的工作电流相同,一般应串入限流电阻 R,并要求 LED 驱动器输出较高的电压。当 LED 的 V_F一致性不好时,虽然分配到每个器件上的压降不同,但因每只 LED 电流相同,各 LED 仍可亮度一致。

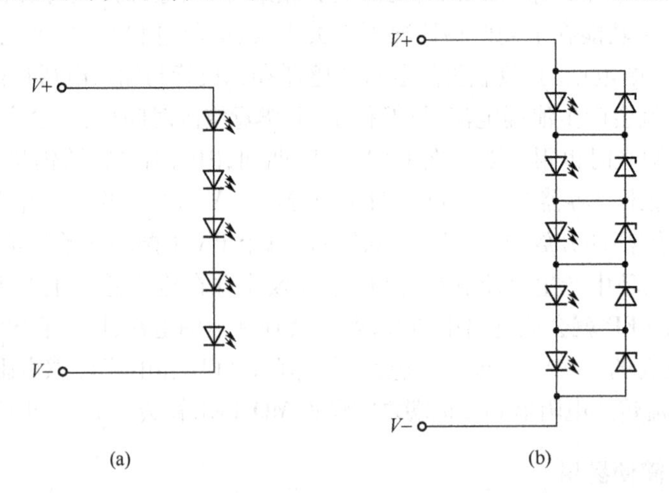

图 16-7 LED 以全部串联方式连接

另外,当采用稳压驱动方式(如常用的阻容降压方式),如果有一只 LED 短路,由于总电压不变,其他 LED 压降就会增加,电流也会随之增加,余下的 LED 就容易损坏。恒流驱动就无碍。但当一只 LED 断路时,串联在一起的将全部不亮。解决的办法是在每只 LED 两端并联一个齐纳二极管,如图 16-7(b)所示。注意,齐纳二极管的导通电压要比 LED 的导通电压高,否则 LED 就不会亮。

串联方式能确保各只 LED 的电流一致。如果 4 只 LED 串联后总的正向电压为 12V,就必须使用具有升压功能的驱动电路,以便为每只 LED 提供充足的电压。飞兆半导体公司的 FAN5608 就可使用未匹配的 LED,而其升压电路具有智能检测功能,可将电压提升至恰好足够的水平,以驱动具有最高总体正向压降的 LED 串联组件。该串联驱动方案可以驱动两个独立的 LED 组件,各组件有 4 只串联的 LED,并具有独立的亮度控制功能。

16.1.5.3 LED 全部并联方式

如图 16-8 所示,在并联设计中多只 LED 由具备独立电流的驱动电路来驱动。并联设计

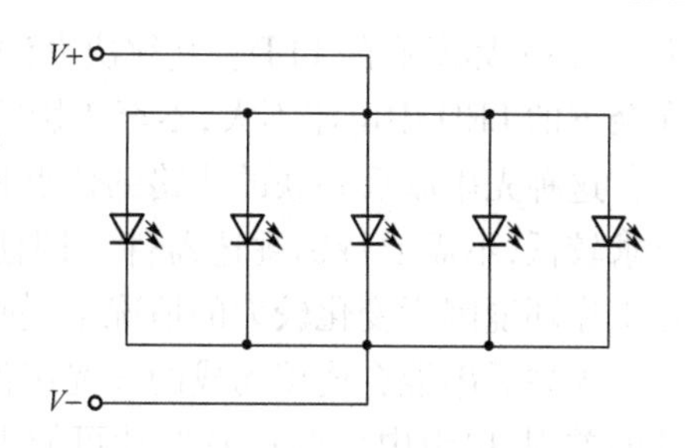

图16－8　LED全部并联方式连接

基于低驱动电压，因此无须带电感的升压电路。此外，并联设计具有低电磁干扰、低噪声和高效率等特点，且容错性较强。

LED采用全部并联的方式，其特点是每个LED的工作电压要相等，总电流为$\sum I_F$。为了实现每只LED的工作电流I_F一致，要求每只LED的正向电压也要一致。但是，器件之间的V_F总是存在一定差别的，且LED的V_F会随结温上升而下降，不同LED会可能因为散热条件差别引发V_F不同进而影响到I_F的差别。散热条件较差的LED温升较大，V_F下降较大，I_F上升较多。而I_F的上升又会加剧温升，如此恶性循环会导致LED烧毁。

LED采用全部并联时，要求驱动器输出较大电流，负载电压较低。由于分配在所有LED两端的电压相同，当每只V_F不一致时，I_F也不一样，亮度也就不同，所以要挑选V_F一致性较好的LED。LED采用全部并联方式适合于电源电压较低的产品供电场合（如太阳能或电池供电）。

当某一只LED因品质不良而断路时，如果采用稳压式LED驱动方式（例如稳压式开关电源），驱动器的输出电流将减小，但不影响其余的LED工作。如果采用恒流式驱动，由于输出电流保持不变，分配在余下LED上的电流将增大，容易损坏所有的LED。其解决办法是尽量多地并联LED，当断开某一只时，分配到余下的LED中的电流不大，不至于影响余下的LED正常工作。所以，功率型LED作并联负载时，不宜选用恒流式驱动器。

当某一只LED因品质不良而短路时，所有的LED将不亮，但如果并联LED的数量较多，通过短路的LED的电流较大，足以将短路的LED烧成断路。

16.1.5.4　LED混联方式

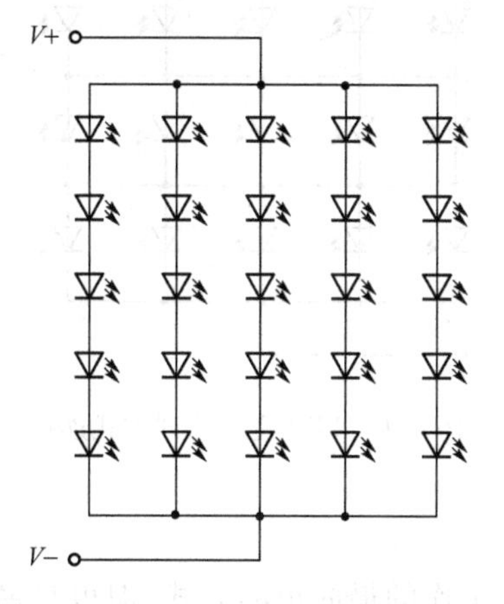

图16－9　LED采用混联方式连接

像制造采用$\phi5$发光二极管道路交通信号灯那样，需要使用比较多的LED时，如果将所有的LED串联，将需要LED驱动器输出较高的电压；如果将所有的LED并联，则需要LED驱动器输出较大的电流。解决的办法是采用混联方式。如图16－9所示，串、并联的LED数量平均分配，这样，分配在一个LED串联支路上的电压相同，同一个串联支路中每个LED上的电流也基本相同，亮度一致，同时通过每个串联支路的电流也相近。

当某一串联支路上有一只LED因品质不良而短路时，不管采用稳压式驱动方式还是恒流驱动方式，该串联支路相当于少了一只LED，通过该串联电路的电流将增大，很容易损坏该串联支路中的LED。大电流通过损坏的这串LED后，由于通过的电流较大，多表现为断路。

断开一个LED串联支路后，如果采用稳压式驱动方式，驱动器的输出电流将减小，而不影响余下的所有LED正常工作。

如果采用恒流式LED驱动方式，由于电流保持不变，分配到余下的LED中的电流将增大,容易损坏所有的 LED。其解决办法是尽量多地并联 LED,这样当断开某一只 LED 时,分配在余下的 LED 中电流不大,不至于影响余下的 LED 正常工作。

这种先串联后并联的线路的优点是线路简单、亮度稳定、可靠性高,并且对器件的一致性要求较低,不需要特别挑选器件。即使个别 LED 器件失效,对整个发光组件的影响也较小。在工作环境因素变化较大的情况下,使用这种连接形式的发光组件效果较为理想。

先并后串混合连接构成的发光组件的问题主要是在单组并联 LED 中,由于器件和使用条件的差别,单组中个别 LED 芯片可能丧失 PN 结特性,出现短路。个别器件短路会使未失效的 LED 失去工作电流 I_F,导致整组 LED 熄灭,总电流全部从短路器件中通过,而较长时间的短路电流又会使器件内部的键合金丝或其他部分烧毁,出现开路。这时未失效的 LED 重新获得电流,恢复正常发光,只是工作电流 I_F较原来大一点。这就是这种连接形式的发光组件出现先是一组中几只 LED 一起熄灭,一段时间后除其中一只 LED 不亮外,其他 LED 又恢复正常的原因。

混联方式还有另外一种接法,即是将 LED 平均分配后分组并联,再将每组串联在一起。当有一只 LED 品质不良而短路时,不管是采用稳压驱动方式还是恒流驱动方式,并联在这一支路中的 LED 将全部不亮。如果采用恒流 LED 驱动方式,由于电流保持不变,除了并联在短路 LED 上的这一并联支路外,其余的 LED 均正常工作。假设并联的 LED 数量较多,驱动器的驱动电流较大,通过这只短路的 LED 的电流将增大。大电流通过这只短路的 LED 后,很容易就变成断路。由于并联的 LED 较多,断开一只 LED 后,平均分配电流变化不大,其余的 LED 仍然可以正常工作,那么在整个 LED 灯中仅有一只 LED 灯不亮。

通过上述分析可知,驱动器和负载 LED 串/并联方式的匹配是非常重要的,以恒流方式驱动功率型 LED 时,不适合采用并联负载,同样,稳压式 LED 驱动器不适合选用串联负载。

16.1.5.5 交叉阵列方式

交叉阵列方式的电路如图 16-10 所示。每串以 3 只为一组,共同电流输入来源于 a、b、c、d、e,输出也同样分别连接至 a、b、c、d、e,构成交叉连接阵列。采用交叉连接方式的目的是,即使个别 LED 断路或短路,也不会造成发光组件(或灯具)整体失效。

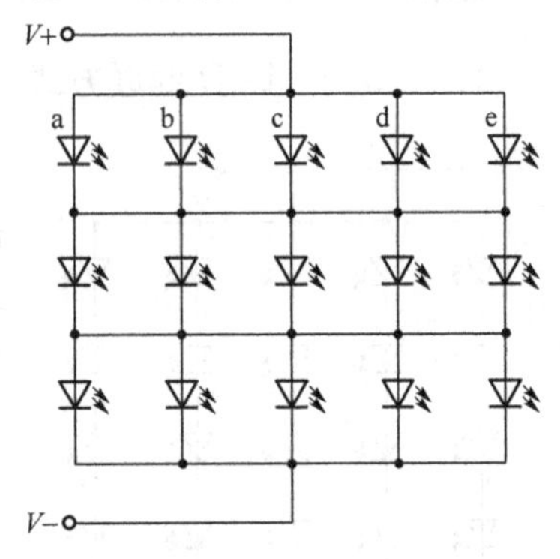

图 16-10 LED 交叉阵列方式连接

16.2 LED 驱动器

16.2.1 电容降压式 LED 驱动器

用一个电压源通过串接一个电阻与 LED 相连,是让 LED 工作的最简单的方式,但也是最差的方式。现在有不少厂家生产的 LED 灯类产品(如护栏灯、灯标、夜光灯)都采用阻容降压方式,然后加一个稳压二极管,向 LED 供电。其最大缺点是不恒流,其次是效率低,降压电阻上消耗大量电能,最大优势是成本低。是一种小电流电源电路,在一些夜光灯、按钮指示灯及一些要求不高的指示灯等场合用。

16.2.2 电感式 LED 驱动器

在 LED 串联配置电路中,LED 的数量受驱动器的最高电压限制,最高电压一般为 40V,这样最多只能支持 13 个 LED,驱动电流的范围是 10 ~ 350mA。这种配置的优势是串行 LED 可以用单线传输电流,但是其缺点是:电路板空间受限时(特别是高功率时),铜导线上的电流密度是个问题,而且如果一个 LED 发生故障,所有的 LED 都会灭掉。最好要用升压结构。

典型电感式 LED 驱动器如图 16-11 所示,它是在 LED_1 ~ LED_5 上串联一个电阻 R_1,再在电路的两端加上恒压源。

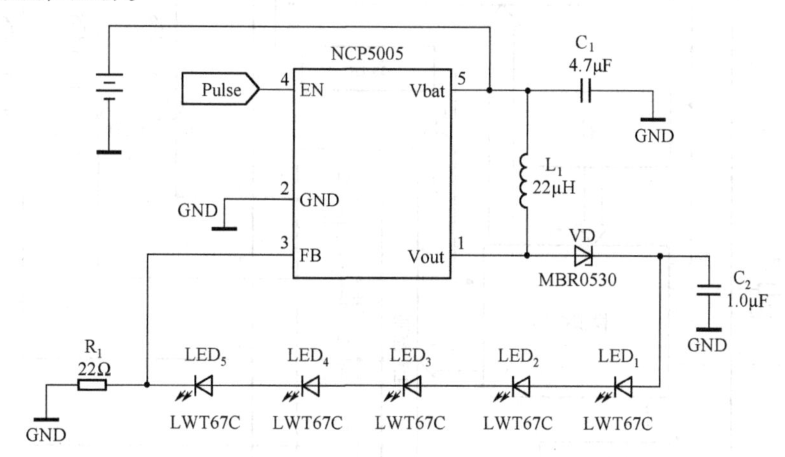

图 16-11 典型电感式 LED 驱动器

电感式 LED 驱动器体积小,效率高,一般应用在手机、数码相机、MP3 播放器和其他便携式消费类电子设备的显示屏背光源电路中。

16.2.3 电荷泵式 LED 驱动器

基于电荷泵的 LED 驱动器如图 16-12 所示。并联配置能够利用电荷泵技术,用两个陶瓷电容将能量从电池传输到 LED 阵列中。对于正向电压为 3.5 ~ 4.2V(在 20mA 条件下)的白光 LED 通常需要升压转换器,可以用电荷泵(如 MAX682 ~ MAX684)与 MAX1916 共同构成这种 LED 驱动电路,如图 16-13 所示。MAX682 ~ MAX684 能够将 2.7V 的输入电压转换为 5.05V 输出,输出电流能够分别达到 250mA、100mA 和 50mA。利用 MAX684 的关断控制引脚或 MAX1916 的控制引脚可以关闭 LED。

在图 16-13 所示电路中,MAX684 在关断模式下,电源电流降至 220μA;R_{SEL} = 43kΩ 时,LED 的电流为 22mA。

新型电荷泵变换器的特点:

(1) 提高输出电流及降低输出电阻

MAX682 的输出电流可达 250mA,并且在器件内部增加了稳压电路,即使在输出电流为 250mA 时,其输出电压变化也甚小。这种带稳压的电荷泵产品还有 AD 公司的 ADM8660、LT 公司的 LT1054 等。

(2) 减小功耗

新产品 TCM828 的静态电流典型值为 50μA,MAX1673 仅为 35μA。MAX662A、AIC1841

两种电荷泵都具有关闭功能,在关闭状态下静态电流小于1μA,几乎可以忽略不计。这一类电荷泵器件还有TC1121、TC1219、ADM660及ADM8828等。

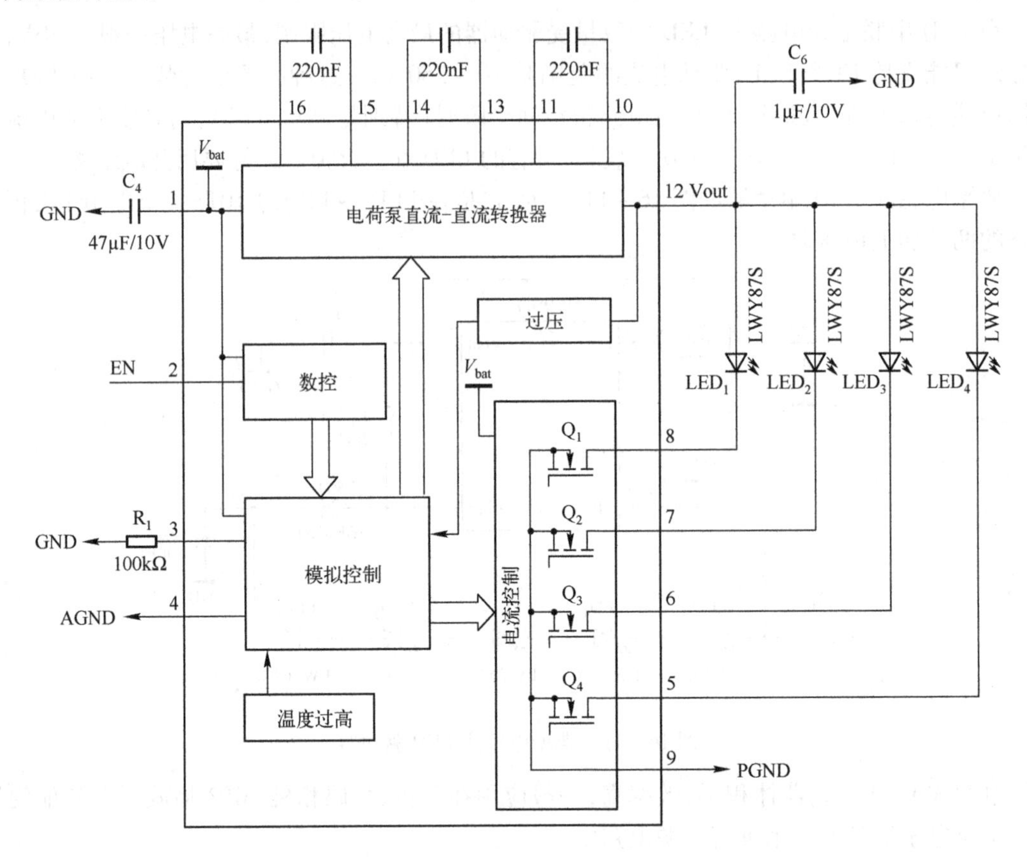

图16-12 基于电荷泵的LED驱动器组成框图

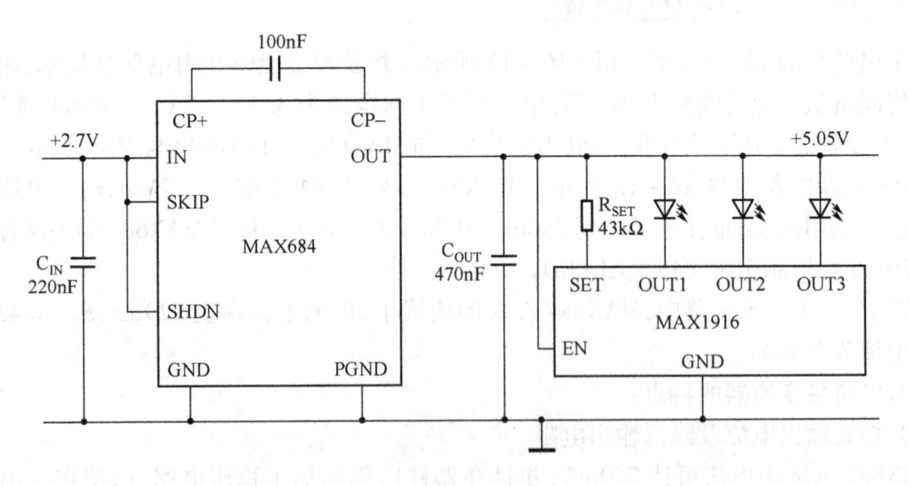

图16-13 利用电荷泵控制3个LED

(3) 扩大输入电压范围

ICL7660输入电压范围为1.5~10V,已开发出可达18V或20V的电荷泵新产品,如

TC962、TC7662A 为 3 ~ 18V;ICL7662、Si7661 可达 20V。

(4) 减小所占印制板的面积

采用贴片式或小尺寸封装集成电路,和减小外接泵电容的容量,可降至 1 ~ 0.22μF。

(5) 输出负电压可调整

一般电荷泵变换器的输出负电压 $V_o = -V_i$,是不可调的,但新产品 MAX1673 可外接两个电阻 R_1、R_2 来调整输出负电压,如图 16 – 14 所示。

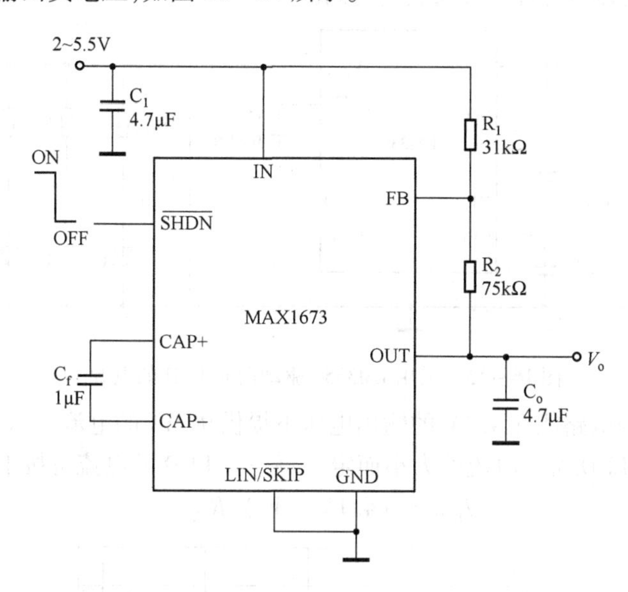

图 16 – 14 由电阻设定输出电压的电路图

16.2.4 LED 恒流驱动器

对于电源电压较高的车载设备,由于多个白光 LED 可以串联使用,所以采用的有脉宽调制器的集电极开路(OC)或电流镜输出级,即可构成简单的 LED 驱动器。

在电源电压有限的应用场合,多个白光 LED 只能以并联方式工作,还必须给每只白光 LED 配备独立的限流电阻,借以克服白光 LED 正向一致性差以及不可直接并联工作的弊端。目前都已改用集成恒流源为白光 LED 供电,可以消除电源电压变动所造成的不利影响。MAX1916 和 AS1190 是两种较为常见的恒流源集成电路。

16.3 LED 集成驱动电路

16.3.1 电荷泵驱动 LED 的典型电路

16.3.1.1 LM3354/LM2792 电荷泵驱动白光 LED 的电路

美国国家半导体公司开发了许多用来驱动白光 LED 的解决方案,其中包括交换式电容变换器方案和采用电感器的交换式稳压器方案。采用具有稳压输出功能的 LM3354 电荷泵驱动白光 LED 的电源解决方案如图 16 – 15 所示,该电路可以输出 4.1V 的稳定电压。

LM3354 电荷泵的电源电压范围为 2.5 ~ 5.5V,输出电压有一系列标称值可供选择。用作白光 LED 驱动器时,可选用的标称输出电压为 4.1V。LM3354 电荷泵的开关工作频率为 1MHz,可以采用容量较小的开关电容器,其最大输出电流为 90mA,带有片内过热保护电路,静态与关态电流分别为 475μA 与 5μA。控制 LED 亮度的脉宽调制信号可由 LM3354 电荷泵的关断控制($\overline{SD}$)端输入,其重复频率应在 60Hz 以上,以免 LED 产生闪烁现象;但也不宜超过 200Hz,以保证开关电容器具有足够的放电时间。

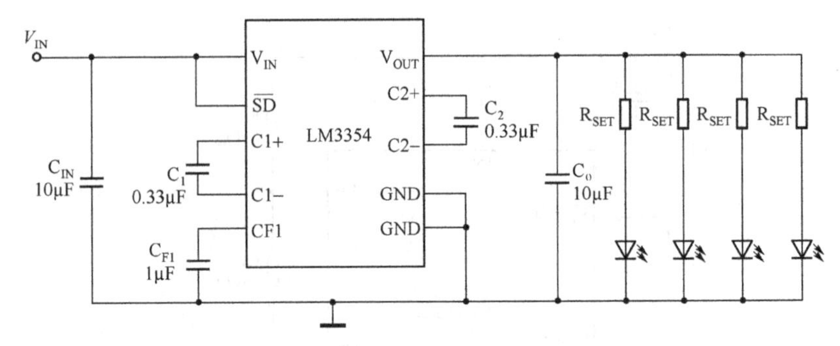

图 16 - 15 采用 LM3354 驱动白光 LED 的电源

图 16 - 16 所示的电路能在 4.1V 的输出电压下提供 90mA 的电流。这个电路驱动 LED 的数量,要根据每一只 LED 所需电流的大小而定。每一只 LED 的电流可按下式计算:

$$I_{LED} = (4.1V - V_F)/R_{SET} \tag{16-6}$$

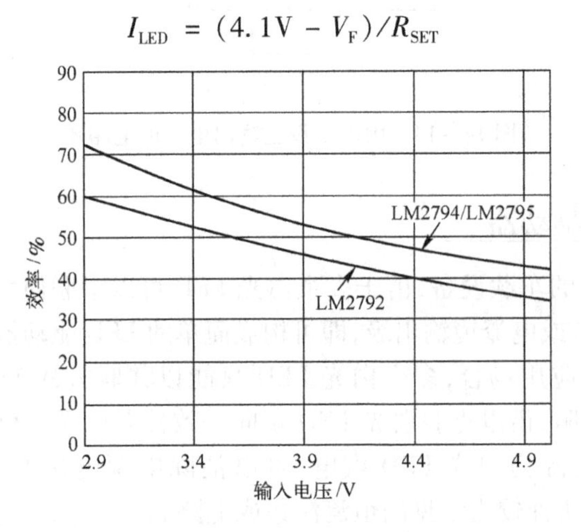

图 16 - 16 LM2794、LM2795 和 LM2792 的效率曲线

交换式电容变换器最适用于驱动 1 ~ 4 只 LED 的电路,采用该解决方案的电路具有功能完善、体积小、成本低、LED 电流能准确地保持一致等特点。

16.3.1.2 CAT3200/CAT3200-5 电荷泵驱动白光 LED 的电路

CAT3200 和 CAT3200-5 是开关电容升压变换器,它输出低噪声的可调电压。CAT3200-5 的输出电压固定为 5V。CAT3200 使用外部电阻,输出电压可调。频率固定为 2MHz 的电荷泵允许使用 1μF 的小型陶瓷电容,较宽的输入电源电压范围(2.7 ~ 4.5V)可支持高达 100mA 的最大输出负载。关断控制输入功能允许器件进入关闭模式,而使电源电流降至 1μA 以下。在短路或过载条件下,器件受到折返电流上限保护和过热保护。另外,软启动、转换速率控制电

路限制了上电时的浪涌电流。

（1）CAT3200 和 CAT3200-5 的技术特性

CAT3200 和 CAT3200-5 的主要技术特性如下：

① 固定高频工作频率为 2MHz。

② 输出电流为 100mA。

③ 输出电压稳定，CAT3200-5 的输出电压固定为 5V，CAT3200 的输出电压可调。

④ 静态电流小（1.7mA 的典型值）。

⑤ 输入电压低至 2.7V 时仍可正常工作。

⑥ 软启动、斜率控制。

⑦ 过热关断保护。

⑧ 低值的外部电容（1μF）。

⑨ 关断电流小于 1μA。

⑩ 折返电流上限保护和过热保护。

⑪ CAT3200-5 采用小型（厚度为 1mm）6 脚 SOT-23 封装，CAT3200 采用 MSOP-8 和小型（厚度为 0.8mm）TDFN 封装。

（2）典型应用

CAT3200 和 CAT3200-5 的典型应用电路如图 16－17 所示。

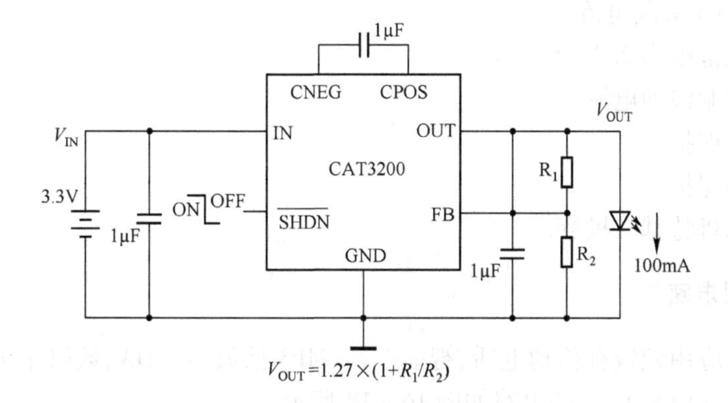

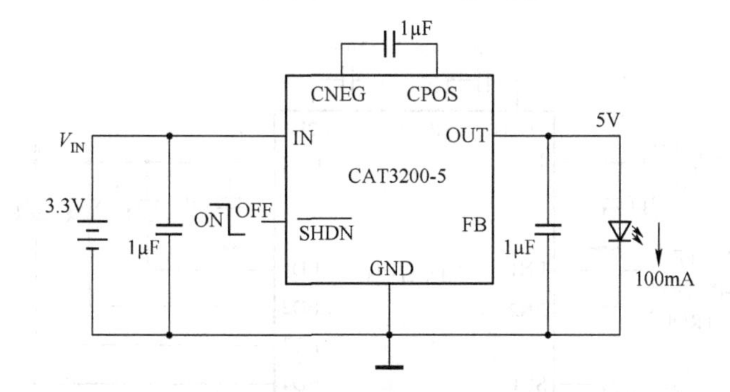

图 16－17　CAT3200 和 CAT3200-5 的典型应用电路

16.3.1.3　MAX1573 电荷泵驱动白光 LED 的电路

MAX1573 为 1×、1.5×模式电荷泵，能够以恒定电流驱动多达 5 只白光 LED，并可获得均匀的亮度。它利用1×、1.5×模式电荷泵和低压差电流调节器,在整个锂离子电池供电电压范围内保持最高的效率。固定工作频率为1MHz,可选用较小的外部组件,经过优化的电流调节结构保证低EMI和低输入纹波。利用一个外部电阻可以设置满量程LED电流,两个数字输入信号控制开、关,或选择三级亮度中的一级。PWM信号也可以用来调节LED的亮度,无须额外的组件。

1. MAX1573的技术特性

MAX1573的主要技术特性有:

① MAX1573采用微小的芯片级(UCSP™)封装(4×4焊球,2.1mm×2.1mm×0.6mm)和16引脚,薄型QFN封装(4mm×4mm)。

② 专有的自适应1×、1.5×模式。

③ 转换效率(P_{LED}/P_{BATT})高达92%。

④ 0.2%的LED电流匹配精度。

⑤ 28mA的驱动能力。

⑥ 低输入纹波和EMI。

⑦ 无须限流电阻。

⑧ 数字逻辑或PWM亮度控制。

⑨ 低的0.1μA关断电流。

⑩ 输入电压范围为2.7~5.5V。

⑪ 软启动限制浪涌电流。

⑫ 输出过压保护。

⑬ 过热关断保护。

⑭ 无须外部肖特基二极管。

2. 典型应用电路

MAX1573的应用领域有移动电话、智能电话、MP3播放器、PDA、数码相机、便携式摄像机等。MAX1573驱动白光LED的电路如图16-18所示。

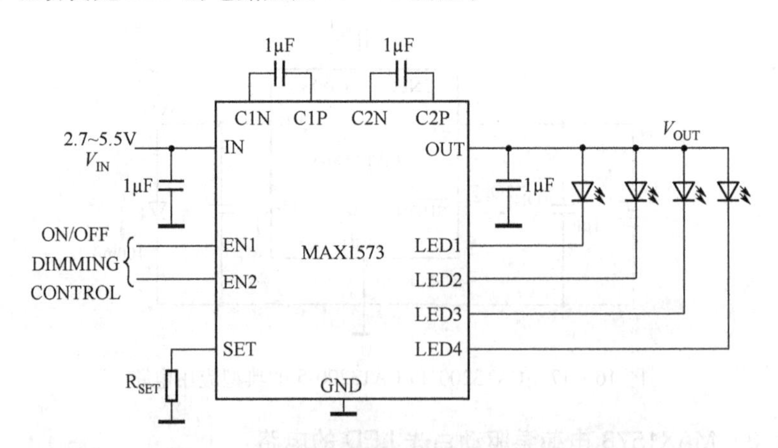

图16-18 MAX1573驱动白光LED的电路

16.3.1.4 MAX1576 电荷泵驱动白光 LED 的电路

MAX1576 电荷泵可驱动多达 8 只白光 LED，具有恒定电流调节功能以实现统一的发光强度，能够以 30mA 的电流驱动每组 LED（LED1 ~ LED4），用于背光照明。闪光灯组 LED（LED5 ~ LED8）是单独控制的，并能够以 100mA 电流驱动每只 LED（总共 400mA）。通过使用自适应 1×、1.5×、2×模式电荷泵和超低压差的电流调节器，MAX1576 能够在 1 节锂离子电池的整个电压范围内实现高效率。由于固定频率开关为 1MHz，只需使用非常小的外部组件，调节方案优化可确保低 EMI 和低输入纹波。

MAX1576 使用两个外部电阻设置主 LED 和闪光灯 LED 的最大（100%）电流。ENM1 和 ENM2 引脚可将主 LED 的电流设置为最大电流的 10%、30% 或 100%。ENF1 和 ENF2 引脚可将闪光灯 LED 的电流设置为最大电流的 20%、40% 或 100%。另外，将每一对控制引脚连接到一起可实现单线、串行脉冲亮度控制。

（1）MAX1576 的技术特性

MAX1576 的主要技术特性如下：

① 驱动多达 8 只 LED。

② 30mA 驱动用于背光照明。

③ 400mA 驱动用于闪光灯。

④ 在整个锂离子电池放电过程中可实现 85% 的平均效率（P_{LED}/P_{BATT}）。

⑤ LED 的电流匹配精度为 0.7%。

⑥ 自适应的 1×、1.5×、2×模式切换。

⑦ 灵活的亮度控制。

⑧ 单线，串行脉冲接口（5% ~100%）。

⑨ 2 位（3 电平）对数逻辑。

⑩ 低输入纹波和 EMI。

⑪ 0.1μA 低关断电流。

⑫ 电源电压范围为 2.7 ~5.5V。

⑬ 软启动限制浪涌电流。

⑭ 输出过压保护。

⑮ 热关断保护。

⑯ MAX1576 采用 24 引脚 4mm×4mm 薄型 QFN 封装（最大厚度为 0.8mm）。

（2）典型应用电路

MAX1576 电荷泵驱动白光 LED 的电路如图 16－19 所示。

（3）印制电路板设计原则

大多数白光 LED 电荷泵集成电路的印制电路板的布局非常简单，但对于大电流电荷泵或引脚数较多的电荷泵（如 MAX1576）来说，电路板布局需要遵循一些规则：

① 所有的 GND 和 PGND 引脚直接连接到集成电路下方的裸露焊盘（EP）上。

② 输入、输出电容和泵电容最好使用电解质为 X5R 的或性能更好的陶瓷电容。低 ESR 对于大电流输出，低输入、输出纹波和稳定性来说非常关键。

③ 为了避免集成电路中偏置电路的开关噪声，要在尽可能靠近输入和接地引脚的位置放

置输入电容(C_{IN}和C_{INP}),电容和集成电路之间最好没有过孔。

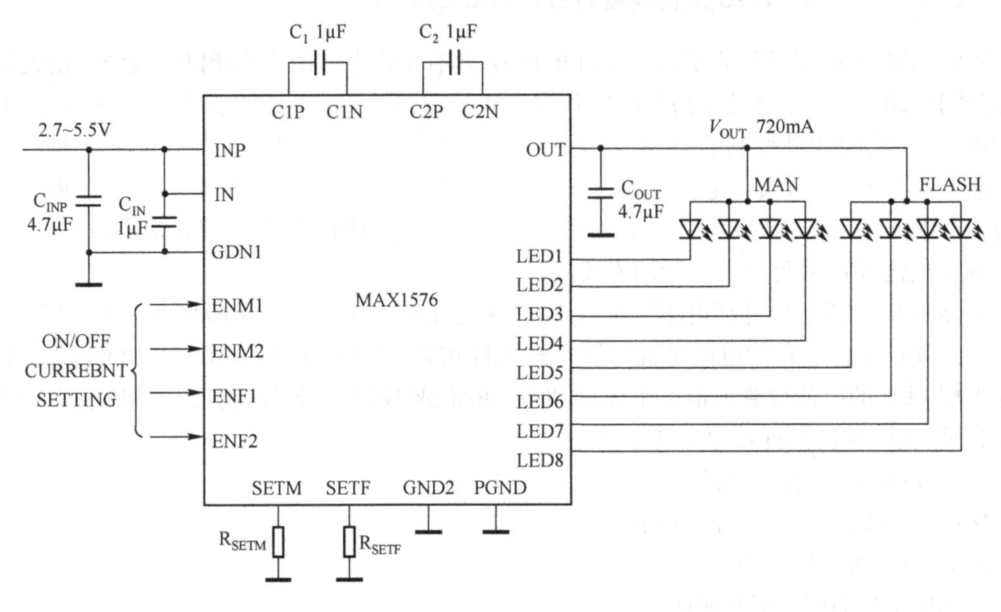

图16-19　MAX1576电荷泵驱动白光LED的电路

④ 如果有独立的GND与PGND引脚或IN与PIN引脚,则集成电路包含有独立的电源和偏置输入。如果这些引脚不是紧靠在一起,则需要两个输入电容,即从PIN引脚到PGND引脚的C_{INP},和IN引脚到GND引脚的C_{IN},每个电容都要尽可能靠近集成电路放置。在这种情况下,PIN和PGND引脚应该分别接到系统电源和地层上,而IN和GND引脚则就近连接。印制电路板的电源线首先进入C_{INP}和INP引脚,然后通过一些过孔连接到C_{IN}和IN引脚,在IN引脚提供一定的输入噪声滤波。PGND和GND引脚应该通过裸露焊盘连接在一起。

⑤ 为了确保电荷泵稳定工作,需尽可能靠近OUT引脚放置输出电容C_{OUT}。C_{OUT}的接地端接到最近的PGND或GND引脚,或是裸露焊盘。

⑥ 为保证电荷泵的地输出阻抗,泵电容(C_1和C_2)要尽可能靠近集成电路安装。如果无法避免使用过孔,最好使其与C_1或C_2串联,而不要与C_{IN}或C_{INP}串联,因为泵电容对器件的稳定性没有影响。

⑦ 任何基准旁路电容的接地端(MAX1576没有该引脚)或设置电阻的接地端(MAX1576的RM和RF)应接GND引脚(与PGND引脚相对),这有助于降低模拟电路的耦合噪声。

⑧ 裸露焊盘可以选择使用大过孔,这有利于检查焊接点,也便于用烙铁从印制电路板上拆除集成电路。

⑨ 逻辑输入可根据需要布线,与LED连接。这些引线上的过孔不会引起任何问题,因为这些输出端的电流是稳定的。但应注意,如果这些引线靠近敏感的射频电路,引线上的纹波可能会对射频电路产生影响。

16.3.1.5　MAX1577Y/MAX1577Z电荷泵驱动白光LED的电路

MAX1577Y/MAX1577Z电荷泵适用于驱动大功率白光LED,如相机闪光灯,其调节电流最大值为1.2A(确保800mA)。即使电池输入电压很低,其极低的开环阻抗仍可以保证很高的闪光亮度。自适应1×、2×模式调节电荷泵工作方式,在闪光或背光模式时可提供很高的效率(最大为92%)。由于采用了高速(1MHz)开关,可使用小型外部组件。

MAX1577Y/MAX1577Z采用外部电阻设置满幅LED电流,两个使能输入引脚(EN1和EN2)提供简单的开/关控制以及LED满幅电流20%、33%或100%的设置。当外部电阻上的电压小于24mV时,输出电压将被调节。MAX1577Z具有固定的5.1V输出电压,而MAX1577Y对于背光、键盘和RGB应用,提供逻辑控制的3.4V、4.6V或5.1V的输出电压。

1. MAX1577Y/MAX1577Z的技术特性

MAX1577Y/MAX1577Z的主要技术特性如下:

① 最大1.2A输出驱动能力(确保800mA)。
② 在闪光模式下,最大(P_{LED}/P_{BATT})效率为92%。
③ 灵活的亮度控制。
④ 两位逻辑实现满幅电流的100%、33%、20%和关断控制。
⑤ 20%~100%的PWM控制。
⑥ 3%电流调节适应线缆和温度变化。
⑦ 闪光灯和背光的电压或电流调节(MAX1577Y)。
⑧ 闪光灯的电流调节(MAX1577Z)。
⑨ 低波纹和EMI。
⑩ 2.7~5.5V的输入电压范围。
⑪ 软启动限制浪涌电流。
⑫ 输出电压调节模式。
⑬ 热关断保护。
⑭ MAX1577Y/MAX1577Z提供8引脚3mm×3mm TDFN封装(最大厚度为0.8mm)。

2. 典型应用电路

MAX1577Y/MAX1577Z电荷泵驱动白光LED的电路如图16-20所示。

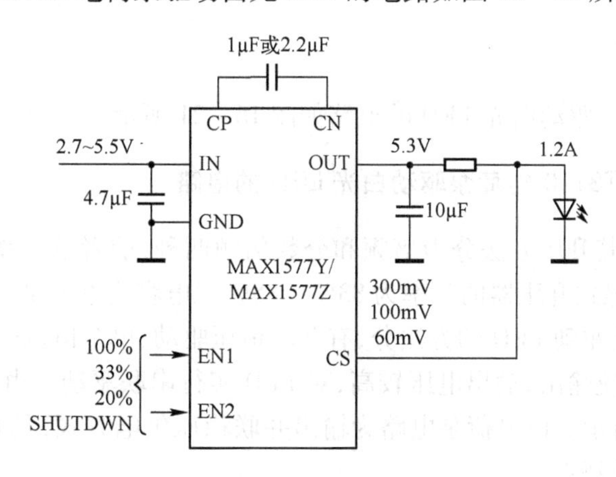

图16-20 MAX1577Y/MAX1577Z电荷泵驱动白光LED的电路

16.3.1.6 MAX8631X 电荷泵驱动白光 LED 的电路

MAX8631X 能以恒定电流驱动多达 8 只白光 LED,获得均匀的亮度;能以高达 30mA 的电流驱动每只主屏 LED(LED_1 ~ LED_4),用于背光照明。闪光灯 LED(LED_5 ~ LED_8)是单独控制的,并能以高达 100mA 的电流驱动每只 LED(或总电流为 400mA)。两个片上 200mA LDO 可为照相机各模块供电。两个 LDO 的输出电压引脚(LDO1 和 LDO2)可编程,以满足不同照相机模块的要求。利用自适应 1×、1.5×、2×模式电荷泵和超低压差电流调节器,MAX8631X 能够在单节锂离子电池的整个有效电压范围内实现高效率。由于固定开关频率为 1MHz,可采用微型的外部组件。经过优化的调节方案可确保低 EMI 和低输入纹波。

1. MAX8631X 的技术特性

MAX8631X 的主要技术特性如下:

① 驱动多达 8 只 LED。
② 30mA 的驱动电流,用于背光照明。
③ 400mA 的总驱动电流,用于闪光灯。
④ 两个内置的低噪声 200mA LDO。
⑤ 在锂离子电池有效供电电压范围内,保持 94% 的最大效率和 85% 的平均效率(P_{LED}/P_{BATT})。
⑥ 电流匹配精度为 0.2%。
⑦ 自适应的 1×、1.5×、2×模式切换。
⑧ 灵活的亮度控制。
⑨ 单线串行脉冲接口(32 级)。
⑩ 2 位逻辑(3 电平)。
⑪ 过热降额保护功能。
⑫ 低输入纹波和低 EMI。
⑬ 电源电压范围为 2.7~5.5V。
⑭ 软启动、过压以及热关断保护。
⑮ 采用 28 引脚 4mm×4mm 薄型 QFN 封装(最大厚度为 0.8mm)。

2. 典型应用电路

MAX8631X 电荷泵驱动白光 LED 的电路如图 16-21 所示。

16.3.1.7 AAT3110 电荷泵驱动白光 LED 的电路

电容式电荷泵按其升压方法分为倍频和分数倍频两种,前者的效率约为 90%,后者的效率为 93%~95%,电感式升压器的效率为 83%~85%。电容式电荷泵按其输出分为恒压输出和恒流输出两种:按其驱动 LED 的方法分,有并联恒压驱动、单个恒流驱动、串联恒流驱动等。电感式升压器都是恒流输出,输出电压较高,对 LED 实行串联驱动。由 AAT3110 构成的电荷泵电路如图 16-22 所示。该电荷泵电路为输出并联稳压供电方式,具有外部电路器件少、走线简单、转换效率高等特点。

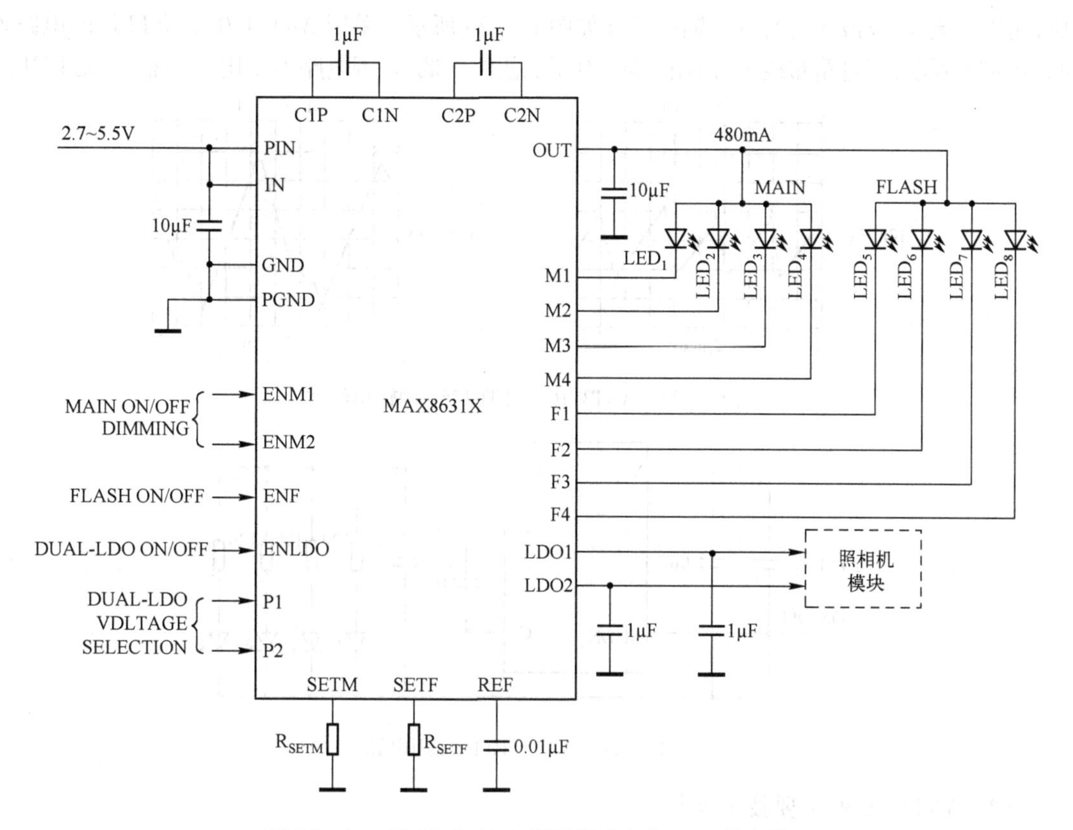

图 16-21　MAX8631X 电荷泵驱动白光 LED 的电路

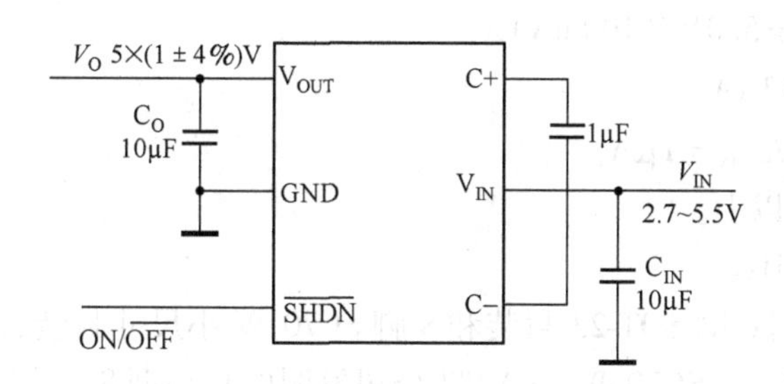

图 16-22　由 AAT3110 构成的电荷泵电路

（1）AAT3110 的性能

AAT3110 是美国研诺逻辑科技有限公司（AATI）开发的微功率升压电荷泵，它可以提供一个稳定的 5V 输出电压，应用时没有其他升压泵所必需的电感器，外部电路只使用 3 只小型的陶瓷电容器。由 AAT3110 构成的电荷泵的输出电流为 100mA，可以驱动 4～5 只白光或蓝光 LED，以满足彩色 LCD 背光的要求。

AAT3110 的主要特点是具有非常低的静态电流和较高的转换效率，负载范围大，是以电池为供电电源的电子设备的理想升压器件。AAT3110 工作在升压状态，工作频率为 750kHz，使用脉冲跳跃技术，其输入电压范围为 2.7～5.5V，输出稳定的 5V 电压，转换效率达 90% 以上，输出纹波电压小于同类产品。AAT3110 具有防静电保护（ESD 大于 2kV）、短路保护、过温保护功能，其自身的静态电流仅为 13μA，在停机状态下耗用电流小于 1μA。AAT3110 与其他公司同类产品相比,输出电流大、纹波小、价格低,输出纹波如图 16-23 所示。采用 AAT3110 驱动 LED 的电路如图 16-24 所示,该电路布线少、使用方便,因而工艺成本低,外围电路不使用电感器件,无 EMI。

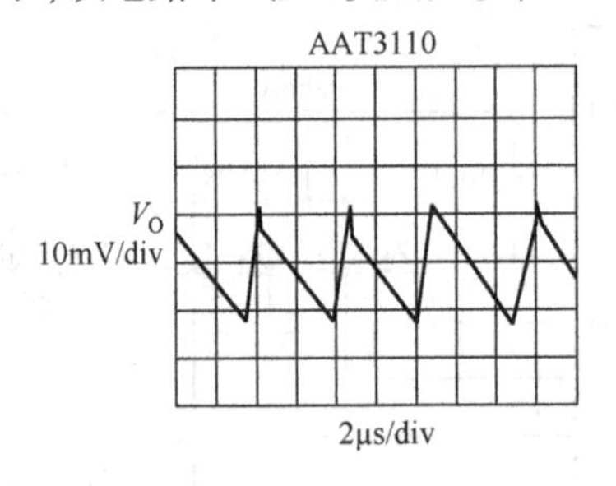

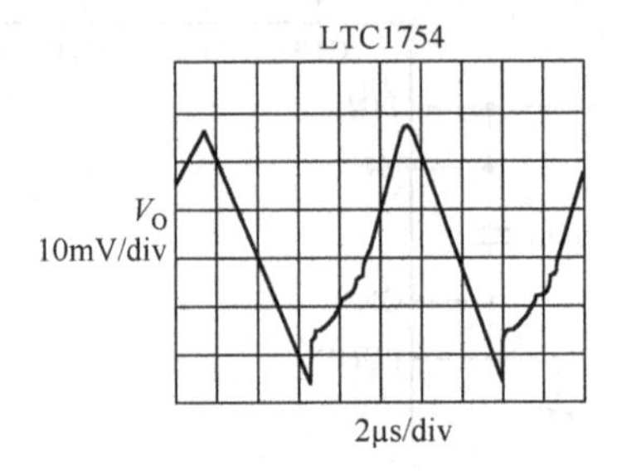

图 16-23 AAT3110 与 LTC1754 的输出纹波

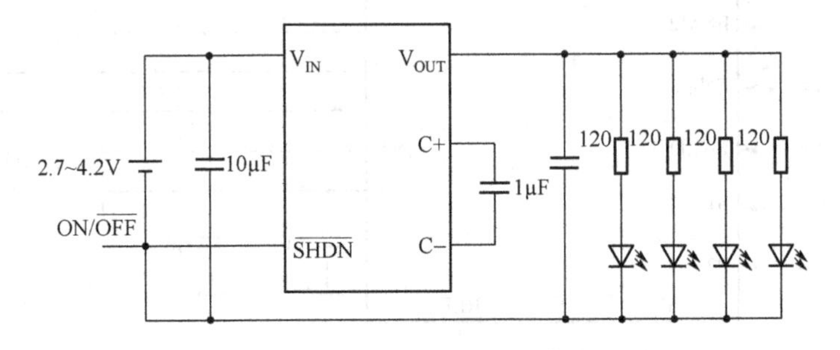

图 16-24 AAT3110 的应用电路

(2) AAT3110 的主要技术参数

① 输入电压:$V_{IN}=2.7\sim5.5V$。

② 输出电压:$V_{OUT}=5.0V/(100mA)$。

③ 静态电流:$I_q=13\mu A$。

④ 停机状态电流:$I_{SHDN}=1\mu A$。

⑤ 工作效率:90%以上。

⑥ 工作频率:750kHz。

由于 AAT3110 采用 6 脚 SOT-23 封装和 8 脚 SC70JW 小尺寸封装,适用于表面贴装,在印制电路板上所占空间很小。SC70JW 是 AATI 公司发明的超小型 8 引脚封装专利技术,芯片占空比达 42%,占用的印制电路板面积仅为 $4.2mm^2$。芯片采取抬起安装方式,可利用空气受热后自然流动的方式散热,也可使芯片的 3 个引脚接地,充分利用印制电路板散热。

AAT3111 也是 AAT 系列的微功率升压电荷泵,它的输入电压是 1.8~8.3V/8.6V,输出 100mA 稳定电压为 8.3V 或 8.6V,最适合于使用两节电池作为电源的产品,适用于移动电话、PDA、电子书、平板显示器、智能读卡机、USB 5V 稳压电源、GSM 手机的 SIM 接口电源。

16.3.2 开关式 DC/DC 变换器驱动 LED 的典型电路

16.3.2.1 SR03×驱动白光 LED 的电路

SR03×是一款不需要任何磁性组件并具有双输出的 DC/DC 电源管理芯片,其典型应用电路如图 16-25 所示。SR036 和 SR037 是 Supertex 公司 SR03×系 列产品中的两款。从

图16-24中可以看出，SR03×系列产品不需要任何变压器或电感，也不需要高压输入电容。同时，其工作原理极为简单，SR03×的输入端HVin设计成直接接入整流后的120V或230V电压的高压端。它控制一个外置的N沟道MOSFET或IGBT管，当输入电压低于45V时，这个外部的晶体管开始导通并向电容充电，V_{source}电压随着升高。一旦当HVin端电压高于45V时，这个外部的晶体管就会关断，充电停止，电容开始放电给负载，维持负载电流稳定。

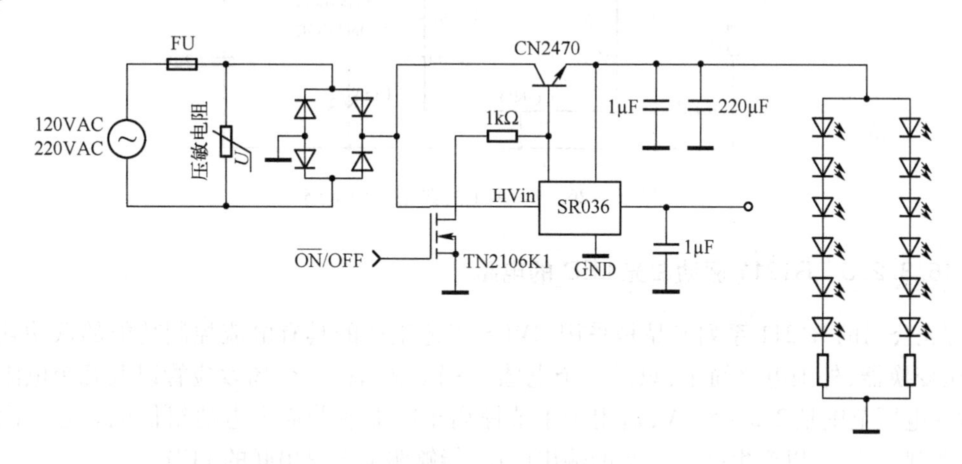

图16-25 SR03×驱动白光LED的典型应用电路

输出的最大门极电压为24V，有两组电压输出：一组是浮动的18V电压，另一组是稳定的3.3V(SR036)或5V(SR037)电压。单组稳压源就能提供高达30mA的电流，以备供MCU或其他用电设备使用。当然，也能做成两路稳压的电源。

SR03×系列只需要极少的外围组件，采用SR03×系列可以设计RGB三色LED驱动器，通过一个MOSFET管进行ON/OFF控制就能得到不断闪烁的发光效果。也可以在每一串LED上接一个开关，利用3.3V/5V的MCU编程控制这些开关，得到交替变换闪烁的色彩。SP03×系列产品可以用最简捷的方式来驱动LED。其实，只要在SR03×的接地端GND上串联一个稳压二极管，该产品就能输出高达300V的电压，能同时驱动100多只LED。

16.3.2.2 LT3474驱动白光LED的电路

LT3474是一种固定频率的降压式DC/DC变换器，用作恒定电流源，如图16-26所示。其内部检测电阻监视输出电流，以实现精确稳流。该器件非常适用于驱动大电流LED，可在35mA~1A的宽电流范围内保持高输出电流精度，以实现一个宽调光范围。该调光范围可以利用PWM引脚和一个外部的N沟道MOSFET管进一步扩大，从而实现1000:1的总调光范围。LT3474的开关频率可以编程，范围为200kHz~2MHz，设计中能够避开主要的噪声敏感频段，并采用小型电感器和陶瓷电容器。

恒定开关频率工作加上低阻抗陶瓷电容器，实现了很低并可预测的输出纹波。LT3474具有4~36V的宽输入电压范围，可对来自12~24V汽车电源总线的电压进行宽范围调节。电流模式PWM架构具有快速瞬态响应特性，可提供逐周期限流功能，并具有频率折返和热关机等附加保护。

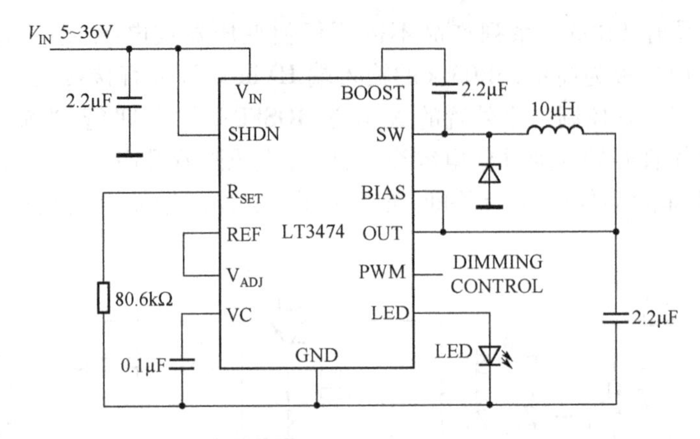

图 16-26 LT3474 的典型应用电路

16.3.2.3 R1211 驱动白光 LED 的电路

理光公司的 R1211 系列产品是采用 CMOS 工艺生产的具有电流控制功能的低功耗开关式升压变换器,外围电路简单,只需一个电感、一个二极管、一个场效应管以及几个电阻和电容,输入电压范围是 2.5~5.5V,适用于单节锂离子电池或普通干电池组供电。芯片内部为 PWM 调制方式,可以产生高达 15V 的输出电压,能够驱动 3 只串联的 LED。

R1211 系列芯片采用了相补偿电路应用的反馈回路,令整个升压的转换过程反应更加迅速,输出电压更加平稳。R1211 的最大占空比是 90%。芯片内建软件启动延时,大约要 10ms。电路接通后,当过了延迟时间以后,由保护电路判断当前状态。如果当前占空比为最大值,且维持了一段特定的时间后,芯片的输出驱动端口就会被保护电路锁定,从而关断电路起到保护的作用。可以用一个外接的电容来调节所需要的延迟保护时间,以适应不同的应用场合。

R1211 系列具有 1.4MHz 的固定开关频率,因而可采用小巧的外部组件,并可最大限度地减少输入和输出纹波,尤其适合要求低输入和输出噪声的应用场合。

R1211 的应用电路如图 16-27 所示,芯片内部的控制电路会根据 FB 引脚的电压来控制外部场效应管,所以会让电路稳定在设定的输出值上。因为所有的串联 LED 有非常一致的电流,各只 LED 的色相差异可减少到最低。LED 电流由反馈引脚 FB 上的电阻 R_1 根据 $R_1 = V_{FB}/I_{LED}(V_{FB} = 1.0V)$ 设置。

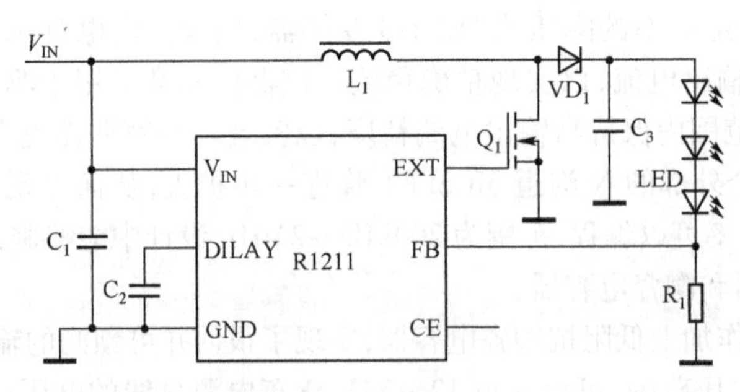

图 16-27 R1211 驱动白光 LED 的电路

R1211 是专门为单节锂离子电池对 2~4 只 LED 进行驱动而优化的白光 LED 驱动器,是要求小电路尺寸、高效率和匹配LED亮度的理想驱动器。

16.3.2.4 MAX1578/MAX1579驱动白光LED的电路

MAX1578/MAX1579提供4路可调输出,可满足手持设备用到的小型有源矩阵式TFT-LCD显示器的所有电压需求,在这些设备中,尽量少的外部组件和高效率是必需的。每一款器件都包含3个用于LCD偏置电源的电荷泵和一个升压变换器,此变换器可驱动多达8只用于背光照明的串联白光LED。输入电压范围是2.7~5.5V。

电荷泵为LCD偏置电路提供固定的+5V、+15V和-10V电压,无须外接二极管。在一个高效的1.5×、2×模式电荷泵之后配置一个低压差线性稳压器,为源驱动器提供+5V电压。自动模式切换实现了最高的转换效率。两个多级、高电压电荷泵产生+15V和-10V电压,用来提供V_{ON}和V_{OFF}电压。利用时钟方案和内部驱动器,这些电荷泵消除了寄生充电电流脉冲干扰,并降低了最大输入电流,从而保证了很低的电磁辐射。在启动和关断时实现顺序输出,关断时输出放电至零。

高效率的电感式升压变换器以恒定电流驱动多达8只用于背光照明的串联白光LED。串联方式使各LED的电流相同,从而统一了照明亮度,也使LED的连线最少。MAX1578在整个温度范围内调节恒定的LED电流。MAX1579具有降温功能,以避免在高温环境下过驱动白光LED,在+42℃以下时具有较高的驱动电流。

(1) MAX1578/MAX1579的技术特性

MAX1578/MAX1579的主要技术特性如下:

① 在一个封装内拥有4个调节器,其中偏置电源使用电荷泵,25mA、+5V用于源驱动器,100μA、+15V用于V_{ON},100μA、-10V用于V_{OFF}。

② 无须外部二极管。

③ 顺序输出。

④ POS、NEG和MAIN引脚在关断时自动放电。

⑤ LED背光电源使用升压变换器,通过LED串联连接实现统一照度,在25mA电流(最大值)时支持多达8只LED。

⑥ 输出功率最大值为900mA。

⑦ PWM或模拟亮度控制。

⑧ 过压保护、热关断保护、无浪涌电流的软启动。

⑨ 低输入、输出纹波电压。

⑩ 1MHz快速PWM工作模式,小尺寸外部组件,仅有一个陶瓷电容和一个电感器。

⑪ 降温功能(MAX1579)。

⑫ 偏置:83%(5.0V时输出25mA电流,15V~10V时输出100μA电流)。

⑬ 独立的LED和偏置电源使能输入,1μA关断电流。

⑭ 微小的4mm×4mm薄型QFN封装。

(2) MAX1578/MAX1579的典型应用电路

MAX1578/MAX1579的典型应用电路如图16-28所示。

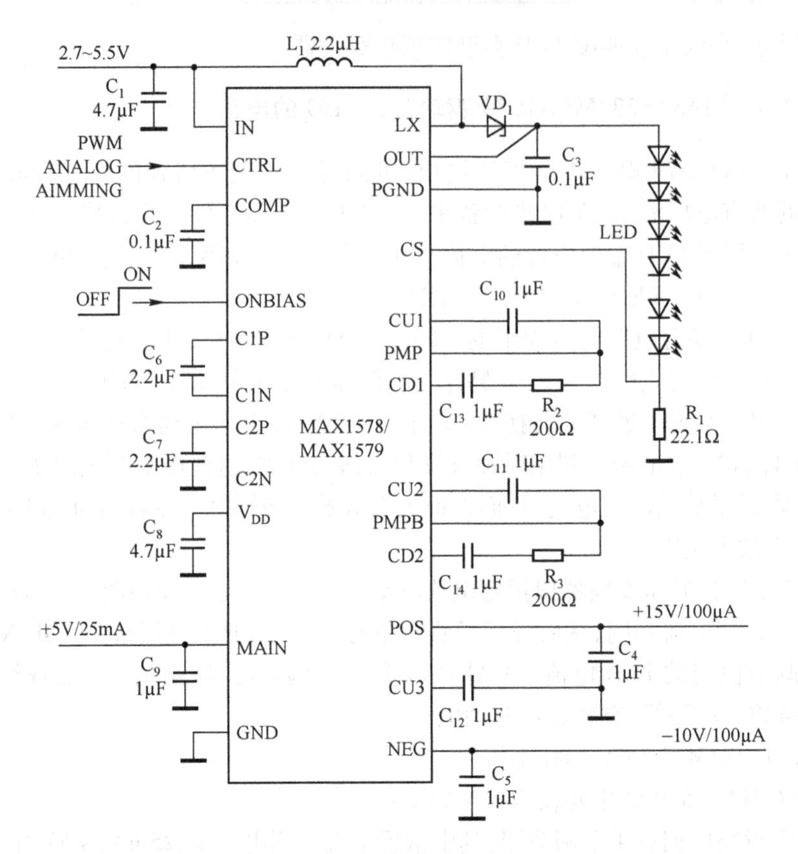

图 16-28 MAX1578/MAX1579 的典型应用电路

16.3.2.5 MAX1916 驱动白光 LED 的电路

低压差、白光 LED 偏置电源 MAX1916 用一个电阻设置 3 只 LED 的偏置电流,匹配度可达 0.3%。MAX1916 工作时电源电流仅为 40μA,在禁止状态下为 0.05μA。与限流电阻方案相比,MAX1916 具有出色的 LED 偏置匹配度,电源电压变化时偏置变化极小,压差更低,而且在一些应用中能够明显提高转换效率。在负载电流为 9mA 时,MAX1916 只需 200mV 的压差,并保持每只 LED 的亮度一致。

(1) MAX1916 的技术特性

MAX1916 的主要技术特性如下:

① 9mA 时压差为 200mV。

② 偏置电流最大值为 60mA。

③ LED 的电流匹配精度为 0.3%。

④ 简单的 LED 亮度控制。

⑤ 40μA 低电源电流。

⑥ 0.05μA 关断电流。

⑦ 输入电压范围为 2.5 ~5.5V。

⑧ 热关断保护。

⑨ 小巧的 6 引脚薄型 SOT-23 封装(厚度为 1mm)。

（2）MAX1916的典型应用电路

MAX1916的典型应用电路如图16－29所示。

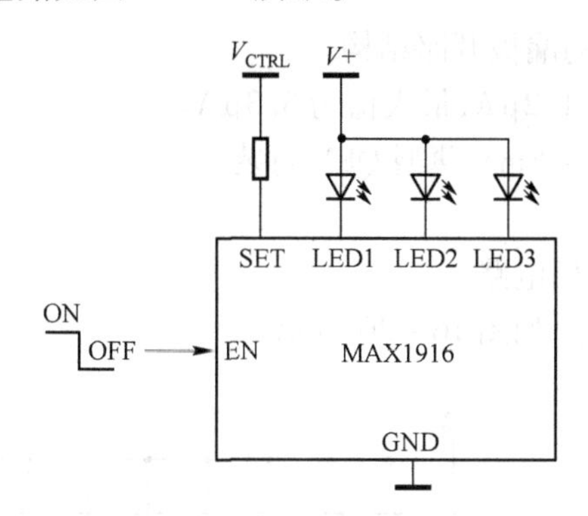

图16－29　MAX1916的典型应用电路

16.3.2.6　MAX6964驱动白光LED的电路

MAX6964是一种I^2C^{TM}兼容串行接口的外设电路，可以为微控制器提供17个输出端口，各路输出都采用吸收电流的漏极开路结构，允许工作在50mA/7V条件下，可驱动LED，或者通过外部电阻上拉（最高上拉至7V）提供逻辑输出。

MAX6964内部还集成了一个8位PWM电流控制电路，其中4位为全局控制，应用于所有LED输出，用于电流的粗调，从完全关断到完全开通共有14个亮度级。另外，每路输出还具有独立的4位控制位，可将全局电流设置进一步细分为16级。作为另外一种选择，电流控制也可配置为单一的8位控制方式，可一次设置所有的输出。

每路输出具有单独的闪烁定时，包含两个闪烁阶段。LED可被单独设定为在任何一个闪烁阶段点亮或关闭，或者忽略闪烁控制。闪烁周期由加在BLINK引脚上的外部时钟（最高频率为1kHz）或者寄存器控制。BLINK输入也可用作一个逻辑输入，控制LED的点亮或关闭，或者用作通用输入（GPI）。

MAX6964支持热插入。在断电（$V_+ = 0V$）时，SDA、SCL、$\overline{RST}$、BLINK引脚和从机地址输入引脚ADO保持高阻状态，可以承受6V电压；输出端口保持高阻状态，可以承受8V电压。17路输出LED驱动器GPO带有亮度控制和热插入保护。MAX6964通过2线I^2C串行接口控制，可以配置成四个I^2C地址之一。

（1）MAX6964的技术特性

MAX6964的主要技术特性如下：

① 400kbit/s，2线串行接口，5.5V耐压。

② 2～3.6V工作电压。

③ 总共8位PWM LED强度控制。

④ 全局16级亮度控制。

⑤ 另加单独的16级亮度控制。

⑥ 两相LED闪烁。

⑦ 高端口输出电流为每个端口50mA（最大值）。

⑧ $\overline{RST}$输入清除串行接口,恢复上电默认状态。

⑨ 支持热插入。

⑩ 输出为7V额定电压的漏极开路结构。

⑪ 低待机电流典型值为1.2μA,最大值为3.3μA。

⑫ 小巧的4mm×4mm×0.8mm薄型QFN封装。

⑬ -40~+120℃温度范围。

(2) MAX6964的典型应用电路

MAX6964的典型应用电路如图16-30所示。

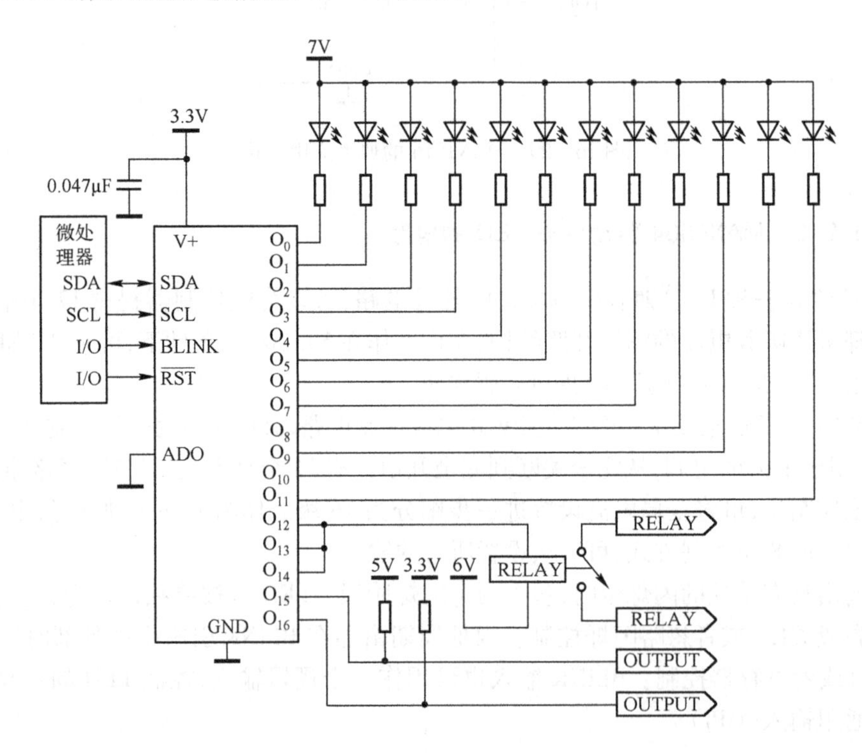

图16-30 MAX6964的典型应用电路

16.3.2.7 CP2128驱动白光LED的电路

CP2128是一种固定频率的低噪声升压型DC/DC变换器。在输入电压为2.7~4.5V的情况下,该器件可以调节产生5V的输出电压,最大输出电流达到100mA。CP2128所需外部元件少,非常适合于小型、电池电源的应用。CP2128型的电荷泵结构可以保持固定的开关频率至零负荷,减小输出和输入波动。CP2128具有过热保护功能。CP2128的开关频率高,从而可以使用小巧的陶瓷电容。

(1) CP2128的技术特性

CP2128的主要技术特性如下:

① 低噪声,固定频率。

② 输出电流为100mA。

③ 1.8MHz 的开关频率。

④ 固定输出为 5×(1% ±4%)V。

⑤ 输入电压范围为 2.7~4.5V。

⑥ 自动软启动减小浪涌电流。

⑦ 无电感。

⑧ 关断时 I_{cc} <1μA。

(2) CP2128 的典型应用电路

CP2128 的应用领域有移动电话、数码相机、MP3 播放器、PDA、笔记本电脑、GPS 接收机等。CP2128 的典型应用电路如图 16-31 所示。

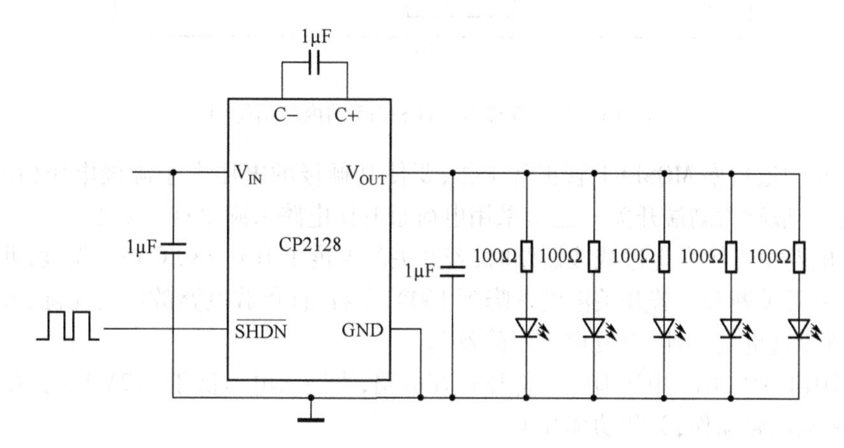

图 16-31 CP2128 的典型应用电路

16.3.3 限流开关 TPS2014/TPS2015

TPS2014/TPS2015 是一种限流开关,应用时串接在电源与负载电路之间,由于采用了导通电阻仅为 95mΩ 的功率 MOSFET 管作为开关,损耗极小。当负载电路有过负荷或短路情况发生时,限流开关限制电流输出,以保证电路的安全,同时输出过流信号。TPS2014/TPS2015 限流开关有一个低电平有效的片选端$\overline{\text{EN}}$,可用作电源管理。

TPS2014 和 TPS2015 的结构与工作原理完全相同,只是输出的限流电流值不同。TPS2014 在短路时输出的限流电流典型值为 1.2A,而 TPS2015 在短路时输出的限制电流的典型值为 2A。

(1) 内部结构与工作原理

TPS2014/TPS2015 的内部结构如图 16-32 所示,它是以 N 沟道功率 MOSFET 管为开关,加上可检测电流的 FET(CS)、电荷泵电路、驱动器电路、电流限制电路、过热保护电路、低压锁存电路及过流信号输出(开漏结构)电路而组成的。

输入电压由 IN 端进入,经过 n 沟道功率 MOSFET 管后,由 OUT 端输出。该功率 MOSFET 管的导通电阻 $R_{Ds(ON)}$ 小于 95mΩ,所以在开关上损耗的功率很小。该功率 MOSFET 管中还有一个可检测电流的 FET,比传统的采用检测电阻要好得多,因为在电流通路中它不会增加阻值。若流过负载的电流超过一定值或发生短路时,FET 输出过流信号给电流限制电路,一方面通过控制驱动器电路来控制功率开关管的栅极,使其工作在线性区域,从而使开关输出一个有限的电流;另一方面电流限制电路使开漏 MOSFET 管导通,当外接上拉电阻时,漏极输出低电平(表示过流或短路)。

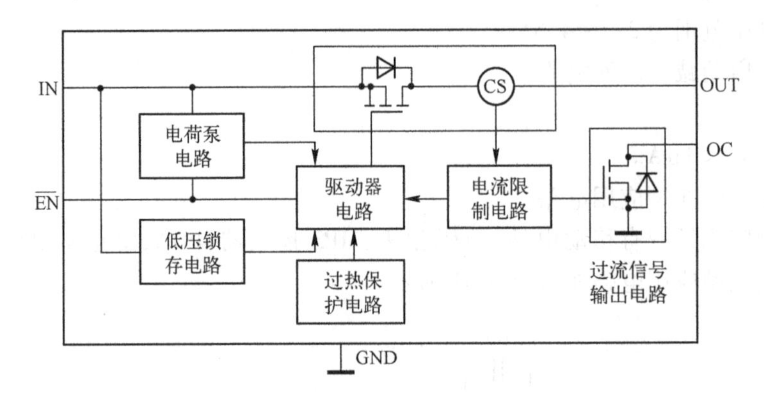

图 16-32 TPS2014/TPS2015 的内部结构图

为保证 n 沟道功率 MOSFET 管正常工作,要使其栅极的电压大于源极电压(由于开关在负载的上面,一般称为高端开关),这里采用电荷泵升压电路来满足这一要求。

当负载电路中连续发生过载或短路时,若开关的温度上升到 180℃ 阈值温度,此时过热保护电路将功率开关断开。若开关温度下降到 160℃左右,且负载电路故障已排除,开关会自动恢复导通,所以这也是一种"自复电子保险丝"。

在 TPS2014/TPS2015 中还有一个低压锁存电路,当输入电压低于 8.2V 时,此电路输出低压信号,使驱动电路动作,关断功率开关。

当 TPS2014/TPS2015 的选通端$\overline{EN}$施加低电平(小于 0.8V)时,器件被选通,开关导通;当此端施加高电平(大于 2V)时,开关关闭。在有多个限流开关的系统中,通过微处理器的控制实现系统电源管理,可以有效地达到节能的目的。在正常工作时,限流开关工作电流的典型值为 73μA,而在未选通时,其典型值为 0.015μA。TPS2014/TPS2015 在系统电源管理应用中可根据控制要求让一部分负载电路停止工作。

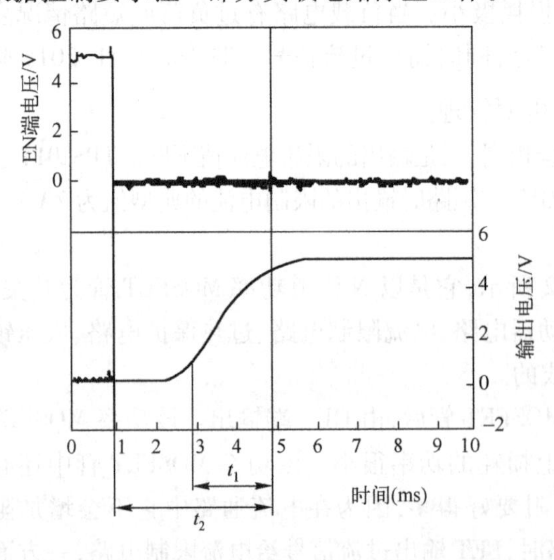

图 16-33 TPS2014/TPS2015 的电压上升曲线图

TPS2014/TPS2015 内的驱动器电路通过控制功率 MOSFET 管的栅极电压来实现通、断,MOSFET 管的通、断上升时间及下降时间由微秒级或纳秒级延长到 2~4ms,使输出电压成斜坡上升或下降,可达到"软启动"的目的,并可减小输出电流的波动及 EMI 的产生。TPS2014/TPS2015 的电压上升曲线如图 16-33所示,上升时间 t_1 约为 2ms,传播延迟时间 t_2 约为 4ms。

(2) 封装结果与引脚排列

TPS2014 和 TPS2015 有两种封装:8 引脚 SO 封装及 8 引脚 DIP 封装。SO 封装型号的后缀为 D,而 DIP 封装的后缀则为 P。引脚排列如图 16-34 所示。

TPS2014 和 TPS2015 的 IN 引脚为输入端，输入电压范围为 4.0～5.5V；OUT 引脚为输出端；$\overline{\text{OC}}$引脚为过流信号输出端（开漏输出）；$\overline{\text{EN}}$引脚为片选端，低电平有效；GND 引脚为接地端。

（3）典型应用电路

TPS2014 和 TPS2015 的典型应用电路如图 16－35 所示。输入端需外接一个 0.1μF 的陶瓷电容器作为旁路电容，此电容应尽可能接近器件的②、③引脚。若输出的负载较大或有并联的大电容时，输入端再并接一个 1μF 以上的大容量电容。输出端接一个 0.1μF 及 22μF 的电容。

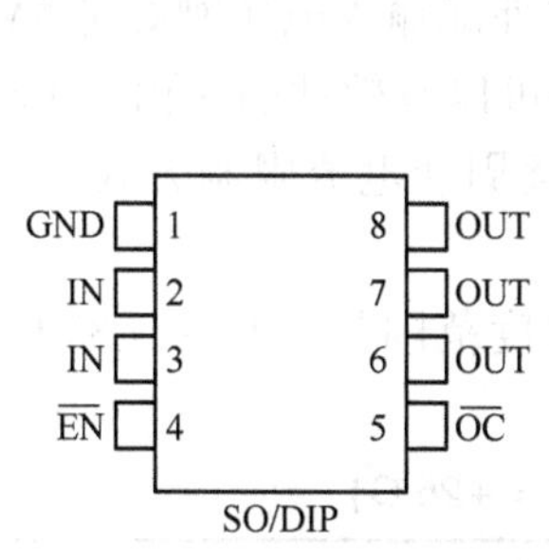

图 16－34　TPS2014/TPS2015 的引脚排列图

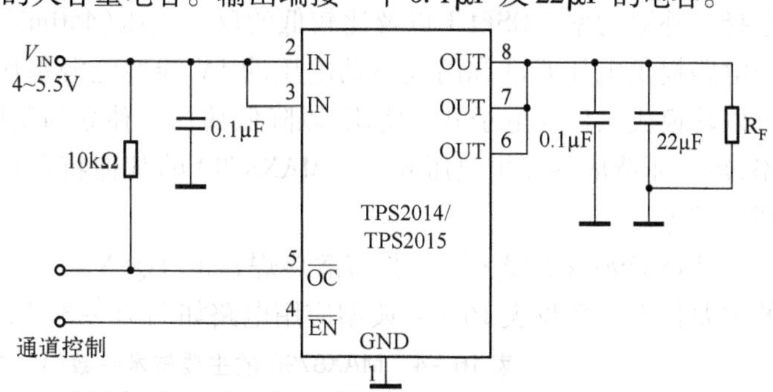

图 16－35　TPS2014/TPS2015 的典型应用电路

两个输入端 IN 引脚应焊接在一起，3 个 OUT 引脚也应焊接在一起，这样可减小连接电阻，以减小损耗，并且可增加散热面积。

在应用中，TPS2014 的最大工作电流为 0.6A，而 TPS2015 的最大工作电流为 1A，工作温度范围为 0～＋85℃。

由 TPS2014 和 TPS2015 作为限流开关的电源管理的电路框图如图 16－36 所示。它由多个限流开关来带动多个负载电路，由带微处理器的主电路控制限流开关而实现电源管理。若有负载电路发生过流或短路情况时，该电路的限流开关的$\overline{\text{OC}}$端输出过流信号给微处理器。它可以根据整个系统的工作状态使部分电路在一定时间内不工作，从而达到节能的目的。

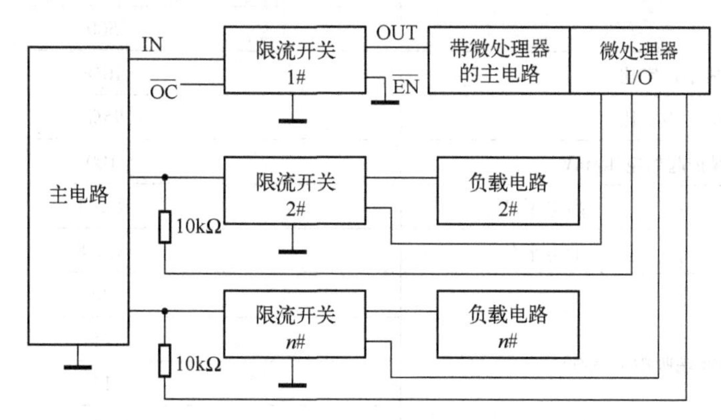

图 16－36　实现电源管理的电路框图

16.3.4　六路串联白光 LED 驱动电路 MAX8790

MAX8790 是美信公司推出的针对采用 LED 阵列作为背光光源的大屏幕液晶显示器

(LCD)设计的白光 LED 驱动集成电路,它采用电流模式的升压控制器驱动 6 路串联的 LED,能够为每路 LED 提供固定的 20mA 或可调的 15~25mA 电流。电流调节采用步进控制方式,每路间的电流精度能够控制在 ±1.5% 左右。

MAX8790 可以采用 DPWM(数字调节方式)或者 Analog + DPWM(模拟线性调节方式)两种方式调节 LED 的亮度,调光范围可以达到 100:1。MAX8790 的开关升压电路的工作频率可预置为高、中、低三档,产品设计工程师可以根据实际需要,在元器件尺寸和效率之间进行折中选择。外置功率 MOSFET 以及比较低的反馈电压(450mV)有助于提高效率,内部集成的为升压电路提供电压基准和门极驱动电压的 5V 线性电源稳压器,在外部输入电压刚好是 5V 时,可以转换成只作为电子开关使用,以降低功耗。独立的反馈环路可以有效地防止由于 LED 断路、短路而造成的输出电压异常。MAX8790 的其他特点还包括逐周期电流限制方式、过热关断保护等。

MAX8790 采用无引线、裸露散热焊盘的 TQFN 封装,工作温度范围是 -40 ~ +85℃。它的主要技术参数见表 16-4,典型应用电路如图 16-37 所示。

表 16-4 MAX8790 的主要技术参数(V=12V,T_A = +25℃)

项目		典型值
IN 端输入电压范围/V		4.5~5.5
		5.5~26
V_{CC}端电压/V		5.0
IN 端静态电流		≤2mA
		≤10μA
EXT 端高电平/V		V_{CC}
EXT 端低电平/V		0
		1
(升压电路)工作频率/kHz		1000
		750
		500
最小占空比		10%
最大占空比		95%
CS 端保护起始电压/mV		100
$\overline{SHDN}$端逻辑电平	高电平/V	≥2.1
	低电平/V	≤0.8
FB1~FB6 端吸纳电流/mA		20
		25
		15
		4
BRT 端调光信号频率范围/Hz		200
		400
连续耗散功率/mW		1349

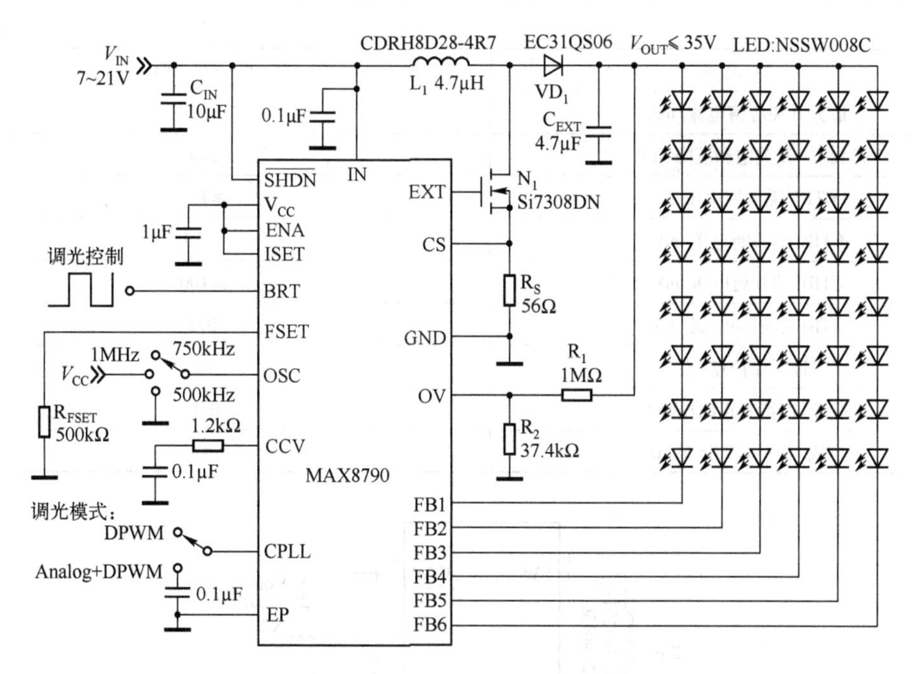

图16-37 MAX8790的典型应用电路

16.3.5 集成肖特基二极管的恒流白光LED驱动器LT3591

LT3591是凌特公司推出的恒流白光LED驱动器。LT3591集成了直流升压电路所需要的肖特基二极管,使用1MHz的工作频率,所以外围元件可以使用小巧的电感和电容。由于使用高压侧LED电流检测拓扑,因此允许LED阴极直接接地,能够减少印制板连线数量。加之其2mm×3mm×0.75mm的DFN封装,即使包括外围元件在内也只需要很小的总体印制板面积。LT3591采用单节锂离子电池供电,能够驱动10个串联的白光LED,效率高于78%;采用"True Color PWM™"技术,LED调光范围可以达到80:1,适用于采用白光LED实现背光照明的各种便携式设备,如手机、PDA、数码相机、MP3、播放器、GPS等。

LT3591采用无引线8引脚的DFN封装,其主要技术参数见表16-5,典型应用电路如图16-38所示。

表16-5 LT3591的主要技术参数(V_{IN}=3V, V_{CTRL}=3V, T_A=+25℃)

参数说明	典型值
工作电压范围/V	2.5~12
工作电流/mA	4
$V_{CAP}-V_{LED}$/mV	200
CAP(⑤脚)偏流/μA	40
LED(⑦脚)偏流/μA	20
LED(⑦脚)最大电压/V	45
升压电路开关频率/MHz	1
最大占空比	94%

续表

参数说明	典型值
最大开关峰值电流/mA	800
(集成)开关饱和压降/mV	200
CTRL 端失控电压/V	≥1.5
CTRL 端关断电压/mV	≤50
CTRL 端开启电压/mV	≥100
CTRL 端消耗电流/mA	100
过压保护点/V	42
(集成)肖特基正向压降/V	0.8
(集成)肖特基漏电流/μA	≤4

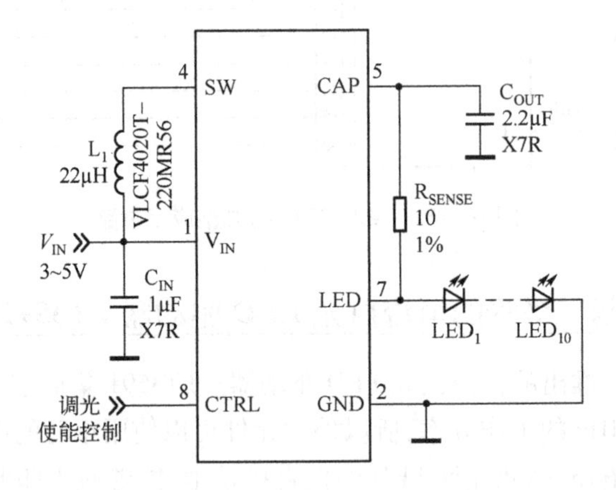

图 16-38 LT3591 的典型应用电路

16.3.6 低功耗高亮度 LED 驱动器 LM3404

LM3404 是美国国家半导体公司推出的单片降压型高亮度 LED 恒流驱动集成电路,它适应 6~42V 的输入电压范围,比较适用于汽车电子系统、工业系统及一般照明系统内置的新一代大功率高亮度 LED 组件。可耐受更高输入电压的型号是 LM3404HV,其输入电压范围是 6~75V。与 LM3404 同系列的产品还包括驱动功率稍小一点的 LM3402 和 LM3402HV,以及 Buck 电路工作频率固定的 LM3405。

LM3404 内部集成了功率 MOSFET、Buck 开关电路,以连续导通模式(Continuous Conduction Mode,CCM)工作,其工作频率在理论上只受限于内部开关电路的开启及关闭时间,范围在数十 kHz 至 1MHz 之间,实现工作频率由 R_{ON} 和 V_O 决定。

LM3404 可以输出高达 1.2A 的驱动电流,能够为 3~5W 的 LED 组件提供 700mA~1A 的驱动电流,效率高达 95%,通过 DIM 端子利用 PWM 信号调节 LED 的亮度,LED 损坏、断路时能够对电路进行可靠保护。LM3404 具备逐周期限流保护能力,电流检测所需要的反馈电压只需要 0.2V 左右,从而能够降低芯片的功耗,而自举电路可以提高系统在轻载状态下的效率。

LM3404 采用 8 引脚的小型 SO-8 和 PSOP-8 封装，其主要技术参数见表 16－6，典型应用电路如图 16－39 所示。

表 16－6　LM3404 的主要技术参数（V_{IN}＝24V，T_A＝＋25℃）

符　号	参数说明	典型值
V_{IN}/V	直流电压输入范围	6～42
		6～75
t_{ON}/μs	启动时间	2.75
		0.675
		0.415
$T_{OFF-MIN}$/ns	最小关断时间	270
V_{CC-REG}/V	V_{CC}端电压	7
V_{CC-LIM}/mA	V_{CC}端限制电流	16
$V_{REF-REG}$/mV	CS 端有效反馈电压	200
V_{REF-0V}/mV	CS 端过压保护电压	300
I_{LIM}/mA	最大输出电流	1500
V_{1H}/V	DIM 端高电平	≥2.2
V_{1L}/V	DIM 端低电平	≤0.8
R_{DS-ON}/Ω	Buck 开关导通电阻	≤0.75
T_{SD}/℃	过热关断温度	165

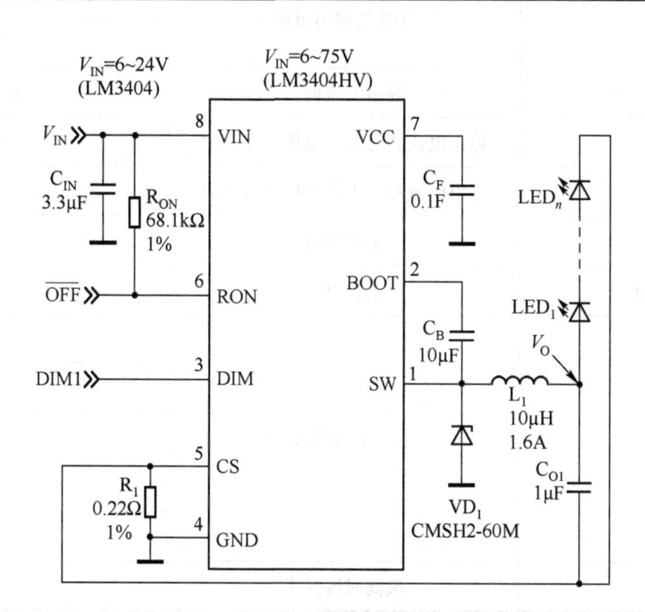

图 16－39　LM3404 的典型应用电路

16.3.7 具有诊断功能的16通道LED驱动器AS1110

AS1110是奥地利微电子公司推出的高速串行接口LED恒流驱动器,主要针对各种LED显示屏应用,以简单开关或者矩阵控制方式进行信息的静态或滚动显示,例如电梯、公共扶梯等场所的动、静态信息显示屏以及各种警示提醒标牌,户外大型公共场所的大型高亮度显示屏,电子零售标签、仪器仪表显示屏、电子白板、闪烁警示灯和交通指示灯等。

AS1110可以视为AS1109的升级版本,LED恒流驱动通道由8路扩展到16路,采用级联复用方式可以扩展到64路(4片级联),所有通道的电流都可以通过一个外置电阻在0.5~100mA之间调节,通道间的电流误差可以控制在±3%以内。AS1110的另一个特点是具备两种LED故障检测模式:实时(无须停机)检测模式和闪烁(瞬时停机)检测模式。配合相应的软件可以直观地显示LED的短路、断路情况和温度,从错误报告文档中也可以找到故障LED的具体位置。

AS1110采用24引脚的SSOP封装和28引脚的小型无引线QFN封装,适用于-40~+85℃的工作环境。它的主要技术参数见表16-7,典型应用电路如图16-40所示,级联应用电路如图16-41所示。

表16-7 AS1110的主要技术参数(V_{DD}=3.3~5.5V,T_A=-40~+85℃)

符　　号	参数说明	典型值
V_{DD}/V	工作电压	3.0~5.5
V_{DS}/V	输出电压	3.0~15
I_{OUT}/mA	输出电流	0.5~100
I_{SDO}/mA	SDO端输出电流	≤+1.0
		≤-1.0
ΔI_{AV}	通道电流偏差	≤±3%/A
ΔV_{DS}	输出电流相对输出电压的变化率	±0.1%/V
ΔV_{DD}	输出电流相对工作电压的变化率	±1%/V
$R_{IN(UP)}$/kΩ	上拉电阻	500
$R_{IN(DOWN)}$/kΩ	下拉电阻	500
I_{DD}/mA	V_{DD}端的消耗电流	2.7
		4.3
		9.3
		6.2
		19.5
f_{CLK}/MHz	最高时钟频率	50

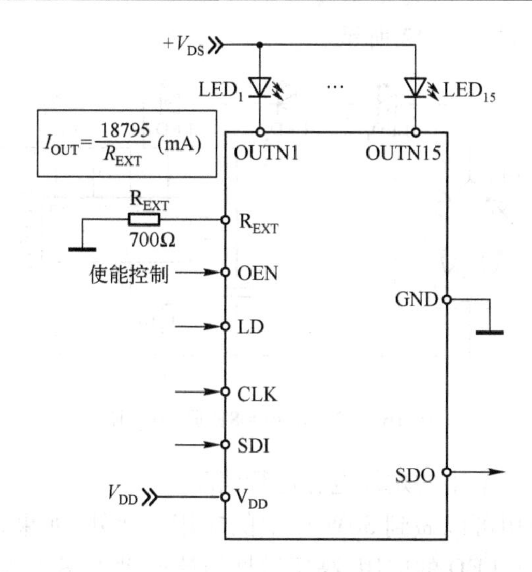

图 16-40 AS1110 的典型应用电路

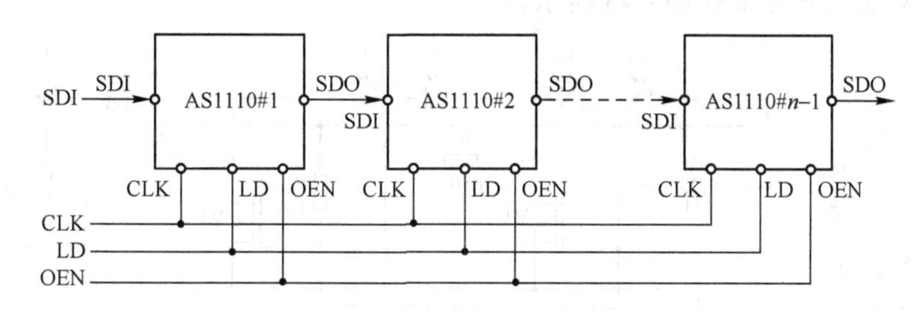

图 16-41 AS1110 的级联应用电路

16.3.8 高压线性恒流 LED 驱动电路

近几年来,将高压线性恒流集成电路与 LED 串联组装在同一块线路板上,形成“光电引擎”,节省了人工,节约了成本,提高了性价比。

LED 的驱动,从早期的隔离开关电源,过渡到非隔离的开关恒流电源,到今天的高压线性恒流驱动电源,反映了 LED 驱动电源技术上的进步。

集成电路的设计将电源芯片的外围功能集成到芯片内部,使得电源驱动方案设计越趋简单,外围器件越来越少,生产成本越来越低。由于省掉了磁性元件、电解电容,提高了性能、延长了寿命,使“光电引擎”成为可能。

此方案有如下特点:高的功率因数(PF≥98)、高效率($\eta \geq 90\%$)、低谐波(THD < 15%)。无须加任何安规电容或电感,可满足 EMC、能源之星和调光的要求。采用全固态元件,电源寿命更长。电源和 LED 一体化,降低了原材料和加工成本。具有自动过温保护和过压保护,保障了整灯寿命。

一般一段高压线性恒流驱动的方案输入电压是 200~260V,在电压不稳定的地区会出现“闪烁”。如果将其设计成二段的分段点亮的方式,可以很好地改善“闪烁”的出现。即使在 180V 输入时,第一段就可导通,70% 的 LED 会点亮而不出现“闪烁”,电压适用范围提高了 50%。

RM9008E 典型应用如图 16－42 所示。

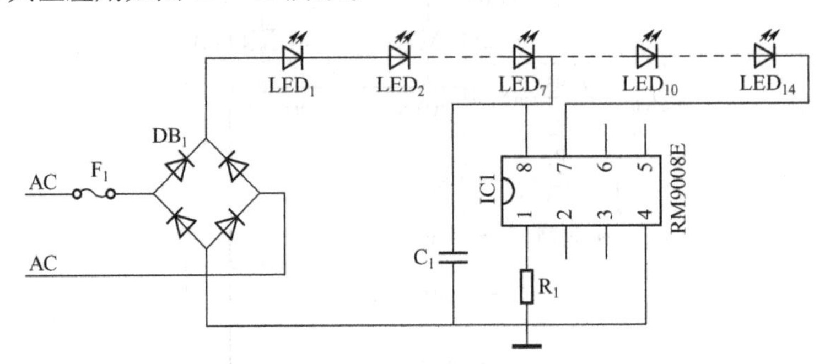

图 16－42　RM9008E 典型应用

频闪的问题可以加上一个小的贴片电容进行消除。

单个集成电路并联使用可以做到 30W 以上的应用。此外,如果采用外推的 MOS 方式可以单个集成电路驱动 100W LED 的应用,高压线性恒流驱动方案进入了主流行列。高功率的 RM9008S 84W 驱动方案如图 16－43 所示。

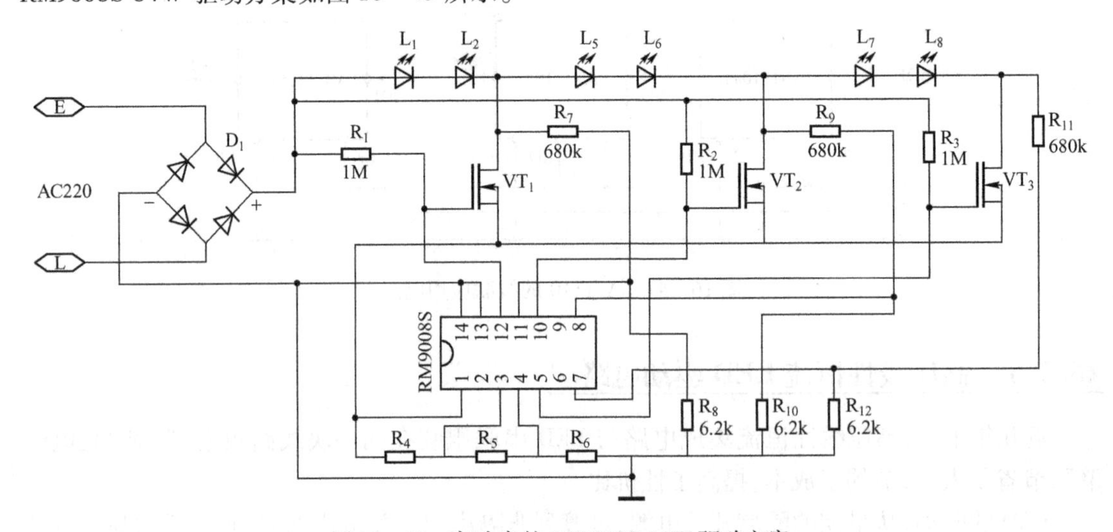

图 16－43　高功率的 RM9008S 84W 驱动方案

16.4　控制技术

16.4.1　调光

对 LED 发光强度和颜色的控制通常称为调光、调色。由于 LED 的发光强度 I_v(或光通量 F)与它的工作电流 I_F 在一定电流范围内呈线性关系,即随着电流 I_F 的增加,I_v 也随时之增大,因此,改变 LED 的 I_F,就可以改变它的发光强度,实现调光。

如图 16－41 所示单个 LED 调光的原理示意图。DAC 是一块数字到模拟的转换 IC,为简化,可选用 8bit 的 DAC,它有 256 级模拟电平输出,设 20mV/级,则 DAC 输出电压在数字信号控制下可从 0～5.12V 范围内按每级 20mV 变化,共有 256 级。

假定每级20mV产生1mA电流，则图16－44中取$R_s=20\Omega$，即可使LED的I_F在0～256mA间变化。这样，LED的发光强度I_v也随I_F的变化而发生相当于256级的变化。图中A是一个能输出不少于300mA的运算放大器或其他类似驱动电路，实际上此图是数字调光电路的一个基本单元。

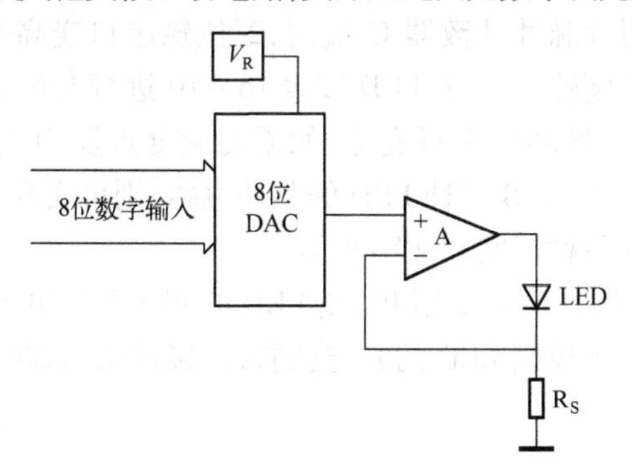

图16－44　LED调光电路原理图

实际上，现在许多市售LED集成驱动器电路中就带有调光功能。PWM调光技术比较方便，通过调占空比来达到调制亮度的目的，而且不会引起器件发光波长的移动。

16.4.2　调色

由色度学原理可知，如将红、绿、蓝三原色进行混合，在适当的三原色亮度比的组合下，理论上可以获得无数种色彩，这就可以用如470nm、525nm和620nm三种波长的LED，通过点亮和I_F控制，就可以实现色彩的调控，即调色。

图16－45示出可呈现七彩的LED调色电路原理图。表16－8则是这一电路的逻辑真值表。

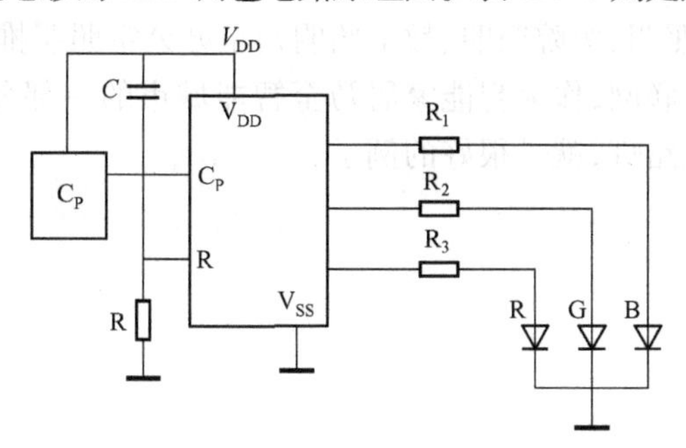

图16－45　LED调色电路原理图

表16－8　真值表

B 2^0	G 2^1	R 2^2	色彩显示
0	0	0	复位
0	0	1	红色
0	1	0	绿色
0	1	1	黄色
1	0	0	蓝色
1	0	1	紫色
1	1	0	青色
1	1	1	白色

图 16－43 中,IC 是一个二进制 3 位计数电路,C_p是时钟发生器,R、G、B 三种发光波长的 LED 分别由 2^0、2^1、2^2输出驱动,当计数器输出为高电平(“1”电平)时,相应的 LED 点亮,反之则不亮。

由图可知,当第一个时钟脉冲计数器 C_p端时,2^0位输出口变高电平,红色二极管点亮,发出红光,随着计数时钟的不断输入,3 个 LED 按表 16－10 进行变化,发出的光色依次按红→绿→黄→蓝→紫→青→白不断循环的七彩变化,如果在微处理器中预编 R、G、B 的各种变化状态,用它的输出数据去控制 R、G、B 三种 LED 的驱动电路,则可实现比上述七彩变化复杂的调光和调色,形成色彩多姿的各种图案和文字变化。

目前已有专门制作的 LED 调色专用 IC,使 LED 的调光调色更为简化,更好的方案已由专业厂商开发了各种软件,用于控制 LED 的光与色彩,已接近积木式配装。

16.4.3 调色温

可采用二组高、低色温 LED,编制软件控制其光通量变化,实现高、低色温转换,以及色温逐步变化的调控。也可采用一组高色温白光 LED,加上一组混合配置的红色 LED 逐步提高后者的流明输出,也能实现灯具从高色温向低色温的过渡。

16.4.4 智能照明

实现智能照明主要通过各种传感器,如光敏、人体感应、声控来实现智能开关功能。而采用单片机和按需编制的程序软件来实现照明的调光、调色、调色温现在已成为很容易实现的事情。如办公室生态照明的实施将在半导体照明应用的办公室照明中详述。

目前调光、调色的应用较多的是在景观照明、舞台照明以及娱乐场所使用,技术已较成熟,今后将向宾馆照明、住宅照明、医院照明、教室照明乃至办公室照明推广。

智能照明也可进入互联网,作为智能家居乃至智能城市的一部分,具有更大的发展空间。最近出现的多功能的智能路灯,就是很好的例子。

第 17 章 半导体照明应用

能源危机、温室效应以及生态环境的日益恶化时刻提醒人们,地球已经疲惫不堪,改变人们的能源获取方式以及提高能源利用率、保护环境和可持续发展已经成为当前世人的共识。

由于在世界电力的使用结构中,照明用电约占总用电量的19%。我国照明用电约占全国总用电量的12%,而且我国每年的照明用电增速大于5%。照明耗能已成为各国能源消费的重要组成部分,照明节能问题也就成了各国政府及专业人员必须面对的棘手问题。

新型高效光源,特别是白色光源(适用于一般照明)的发展对于大幅度降低照明用电量和减少向大气排放二氧化碳温室气体和二氧化硫、氮氧化物等有毒气体,具有很重要的作用,因为它可以降低电能消耗增长速度,进而减少新增电网容量的费用,直接达到节能减排的目的。

发光二极管,特别是白光 LED,因其与传统光源相比就具有的理论以及现实的优越性,所以受到广大专业人士的青睐。它的出现为照明界开拓了一个全新的技术领域,并为照明节能设计提供了新的选择方向。

尤其是21世纪初半导体照明革命提出以来,各国政府纷纷投入巨资、制定规划、组织科技人员攻关开发,发光效率迅速提高,产品寿命也不断增加,售价也相应降低,除在色光应用的信号、显示、景观照明等领域大放光彩外,白光 LED 也开始进入通用照明,无论室内照明和室外照明。新的 LED 灯具正不断涌现并投入批量生产,半导体照明正超过原来规划的速度迅猛发展,走向千家万户,走向世界的每一角落。

17.1 半导体照明应用产品开发原则

17.1.1 要从 LED 的优点出发开发应用产品

传统照明光源的优点均偏向单一化,而且往往与明显的缺点并存。白炽灯、卤钨灯显色性好,但效率太低。低压钠灯效率较高,但显色性很差。唯有 LED 同时具有15种以上的光源优点,这是开发新的应用产品的最有利条件。

LED 的主要优点如下。

(1)理论上具有比传统光源更高的发光效率,理论上可达300lm/W,目前实验室最高水平 ϕ5 LED 的发光效率已达249lm/W,商品水平功率 LED 的发光效率已达180lm/W,还有较大的上升空间,从而具有很大的节能潜力。

(2)寿命很长,一般目前已达30000~50000h,有可能提高到100000h,而且开关响应速度特快,并且不影响其寿命。

(3)可控制带隙大小,从而发出各种波长的光线,而且色纯度很高,非常鲜艳,适宜于装饰环境、美化生活。

(4)LED 发光是 2π 发光,具有方向性,可以更好地控制光线方向,提高系统的照明效率。15W 的节能灯的发光效率大约为 60lm/W,制成灯具折减为 36lm/W,再考虑照射到目标区域以外的光线,则只有 30lm/W。而 LED 在这些环节上的折减会少很多。

(5)光源器件较小,使得布灯更为灵活,而且能够更好地实现夜景照明中“只见灯光不见光源”的效果。

(6)不需要玻璃外壳,抗冲击性好,抗震性好,不易破碎,便于运输。

(7)能较好地控制发光光谱组成,无红外线,无紫外线,从而能够很好地用于博物馆、展览馆中的局部或重点照明,而不损伤展览珍品。

(8)光源中无汞,有利于保护环境。

(9)使用低压直流驱动,具有负载小、干扰少、安全可靠的优点。

(10)亮度可调,颜色可变,可制成智能灯具。

目前已开发出的 LED 灯具有手机的背照明光源、各种交通信号灯、手电筒、头灯、矿灯、草坪灯、庭院灯、街灯、台灯、机场助航灯、变色灯、地板灯、埋地灯、投光灯、太阳能路灯、汽车灯、射灯、筒灯、日光灯、隧道灯、路灯等。

17.1.2 应用产品市场启动的判据——照明成本

作为照明光源,人们一般只注意到光源的初始成本,而忽略了光源的效率、寿命、维修及更换费用。光源的价值充分体现主要应反映在使用上,这就要引入照明成本概念,它实际上可以使 LED 照明的优点量化,并可与其他光源进行总体价值的比较。

照明成本包括四部分:一是电光源的初始成本;二是光源所消耗能源的成本;三是当光源无法工作时更换光源所需劳动成本;四是电光源更换的频率,由它决定维护成本和电光源本身的总成本。

照明工程师一般假定,典型 LED 灯的寿命是 75000h,白炽灯寿命仅为 1000h,电能成本为 10 美分/kW·h,更换光源的劳动成本是每次 15 美元。由照明成本概念建立的一个包含效率、时间的定量比较指标即百万流明小时(Mlm·h)(注意:它还未包括维护费用和处理含汞废灯的费用)。

计算百万流明小时值的公式见式(2-2),它还未包括维修费用和含汞废灯处理预需的费用。主要光源的 Mlm·h 值列于表2-1 中。从目前来看,LED 光源能大大降低 Mlm·h 值,而传统光源则保持不变。

白炽灯的价格为人民币 40 元,荧光灯的价格为 7.4 元,而 LED 灯的价格从 2005 年的 29.34 元降至 2010 年的 6.36 元,计划 2020 年再降至 3.28 元。

以道路交通信号灯为例,上海电费按 0.61 元/kW·h 计,更换光源成本实际按 150 元/次计,按 5 年使用期计算,一套白炽灯信号灯的照明和维护费为 5004.4 元,LED 信号灯为 1267 元,二者之比为 4:1。这里还假定二者流明数相同,而事实上,LED 的色光流明数还高于白炽灯。这就很易理解为什么道路交通信号灯所用的 LED 光源是白炽灯光源价格的 50 倍左右时市场开始启动,而当降到 28 倍时就已形成新兴产业。

17.1.3 应用产品的技术关键是散热

照明灯具虽然有二次配光、驱动等技术问题,但与其他光源不同的是,散热问题是技术关键。传统光源如白炽灯、卤钨灯等是温度越高,效率越高。白炽灯100W以下的发光效率是8~10lm/W,100~150W才达到15lm/W。卤钨灯采用涂膜工艺将红外光反射到灯丝上,使灯丝温度提高,可提高发光效率。而LED则不然,发光部位pn结处的温度称结温,结温升高,发光效率会随之下降,结温如果太高会使器件光衰增加,导致寿命下降。所以一般来说,LED功率器件或模组在做成半导体照明灯具时,应尽可能利用支架、外壳等作为发光器件散热的热沉,尽可能采用金属结构,可降低LED的结温,以提高发光效率和光学性能的稳定性,并保证LED的使用寿命。其原则是:材料的导热系数越大越好,导热体截面积越大越好,界面越小越好,界面尽可能采用金属焊接。应该说,在当前散热问题仍是技术瓶颈的情况下,采用热管技术用于大功率LED照明灯具的散热将会得到较理想的效果。就是今后散热问题基本解决了,采用热管技术仍将为LED灯具降低LED结温,提高发光效率,降低成本,创造条件。

17.1.4 遵循功率由低到高、技术由易到难的原则

在这方面回忆发光二极管应用走过的历程还是很有价值的。发光二极管问世时发明者曾预言这是今后要取代传统光源的新光源,但从LED本身发展轨迹来看,它走的就是光输出由小到大,发光效率由低到高的阶梯式道路。从应用来看,更是从显示应用逐步走向照明应用。从信号指示来看,也是从ϕ5单灯显示到中型的ϕ15~ϕ20的AD11信号灯,再发展到航标灯、道路交通信号灯以及铁路、机场信号灯。发展到现在通用照明也是先从便携式照明发展到景观照明,再是室内照明、室外照明。从每种灯具来说,也是功率由低到高发展。特别是发光二极管在功率加高时发热引起结温上升,导致发光效率的下降和寿命的缩短。千万不能不管散热问题是否解决,一味追求加大功率,如LED路灯在100W的寿命尚未过关的情况下就制作和推广400W。在这里要强调的一点是实事求是,在推广前要把结温、效率、寿命等试验在实验室内做完,要科学地向用户提供确实的性能数据。要做到开发成一个产品,推广成一个产品,否则有可能走向反面,造成不必要的损失。总之,一定要把性能可靠、寿命过关的LED应用产品推向市场,否则,于人于己于国家,都是有害无益的。

17.1.5 造型设计要创新

LED光源的薄形、小型为其照明应用新产品的造型设计创新提供了优越的条件,有些产品如MR16等可以按原来结构制造。总的来说,不必受传统灯具外形和内部结构的束缚,可以根据LED的特点,充分发挥创造力,开发出不仅是高效节能的科技产品,而且是美观大方、赏心悦目的艺术作品。

17.1.6 照明灯具通则

照明灯具涉及面很广,这里主要介绍与半导体照明应用研发有关的灯具的基本形式的反射器、基本形式的折射器、光导纤维和导光管以及灯具的分类,以供研发和生产LED照明灯具参考。

17.1.6.1 基本形式的反射器

反射器是一个重新分配光源光通量的器件。光源发出的光经反射器反射后,调整光线到预期方向,同时减少光损失和眩光。为了提高效率,反射器由高反射率的材料做成,如铝、镀铝的玻璃或塑料等。表17-1列出了灯具常用反射材料的反射特性。反射器的形式多种多样,

下面对其基本形式加以分别阐述。

表 17－1　灯具常用反射材料的反射特性

反射材料		反射率/%	吸收率/%	特　性
1. 镜面反射	银	90～92	8～10	亮面或镜面材料，光线入射角等于反射角
	铬	63～66	34～37	
	铝	30～40	10～40	
	不锈钢	50～60	40～50	
2. 定向扩散反射	铝(磨砂面，毛丝面)	55～58	42～45	磨砂或毛丝面材料，光线朝反射方向扩散
	铝漆	60～70	30～40	
	铬(毛丝面)	45～55	45～55	
	亮面白漆	60～85	15～40	
3. 漫反射	白色塑料	90～92	8～10	亮度均匀的雾面，光线朝各个方向反射
	雾面白漆	70～90	10～30	

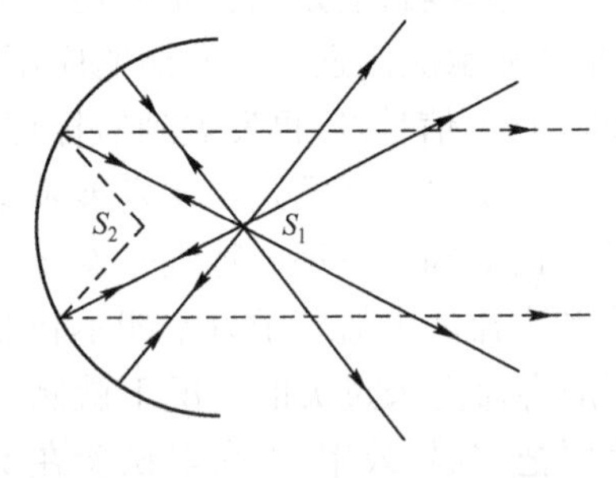

图 17－1　球面反射器的光路

(1) 球面反射器

球面反射器的母线是圆，若将光源置于球心 S_1，所有的反射光线都又通过球心(见图 17－1)，如同仍由光源发出来的一样，从而提高了光源的利用率。

(2) (旋转)抛物面反射器

该反射器的母线为抛物线(见图 17－2)，绕其光轴旋转 180°，即构成(旋转)抛物面反射器，描写母线的方程为

$$y^2 = 4fx \tag{17-1}$$

式中，f 为抛物面的焦距。在极坐标系统中，母线的方程为

$$\rho = \frac{2f}{1+\cos\varphi} \tag{17-2}$$

式中，ρ 为焦点至母线上一点的矢径；φ 为矢经与极轴之间的夹角。若将一点光源置于完美的抛物面反射镜的焦点上，则所有的反射光线都将平行于光轴。探照灯和很多投光灯就是按照这一原理设计的。

(3) 椭球面反射器

该反射器的母线为椭圆。椭圆方程的表达式为

$$\frac{x^2}{a^2} + \frac{y^2}{b^2} = 1 \tag{17-3}$$

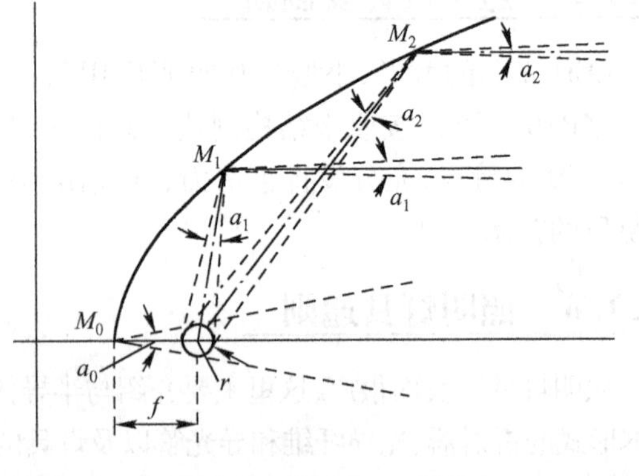

图 17－2　抛物面反射器

和

$$a^2 - b^2 = c^2 \tag{17-4}$$

式中，a 和 b 为椭圆的长半轴和短半轴；c 为焦点至坐标原点的距离。椭圆有两个焦点，若一个小光源放置在一个焦点 F 上，则反射光线将通过另一个焦点 F'(见图 17－3)。

(4) 双曲面反射器

该反射器的母线是双曲线。描写双曲线的方程是

$$\frac{x^2}{a^2}-\frac{y^2}{b^2}=1 \qquad (17-5)$$

和

$$a^2+b^2=c^2 \qquad (17-6)$$

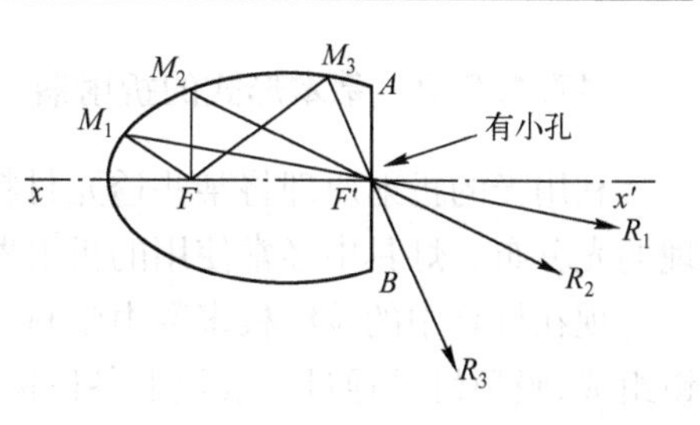

图 17－3　椭球面反射

式中,a、b、c 的意义由图 17－4(a)说明。$|A_1A_2|=2a$ 是双曲线的实轴,$|B_1B_2|=2b$ 是双曲线的虚轴。c 为焦距,即焦点和顶点的距离。如将光源置于双曲面反射器的一个焦点 F 上,光线经双曲面反射后反射光的反向延长线都交会于另一焦点 F',如图 17－4(a)和(b)所示,反射器的出射光线就好像全部是从焦点 F'发出的。

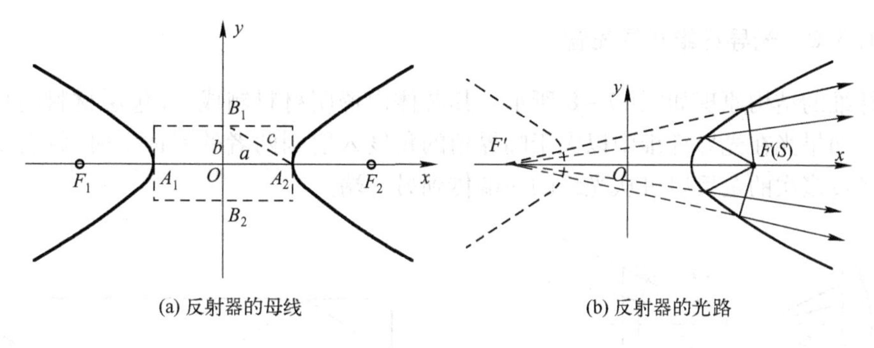

图 17－4　曲面反射器及其光路

(5) 复合式反射器

利用以上基本形式加以变化组合,可构成要求性能的复合式反射器。作为例子,图 17－5 给出了由球面和抛物面组合而成的复合式反射器。两个反射面的焦距不同,但焦点相同。与产生同样光输出的抛物面反射器相比,此复合式反射器尺寸减小。

(6) 柱状抛物面反射器

以上的 5 种反射器都是旋转对称的,适用于球形光源或发光体较短的光源。对于柱状的光源(如管状卤钨灯),必须采用柱状的反射器,柱状抛物面反射器是其典型代表,如图 17－6 所示。若将一个管状光源沿反射器的焦线安放,且该光源的直径比反射器小得多,就能产生在水平方向光束较宽,而在垂直方向光束几乎平行的光束。

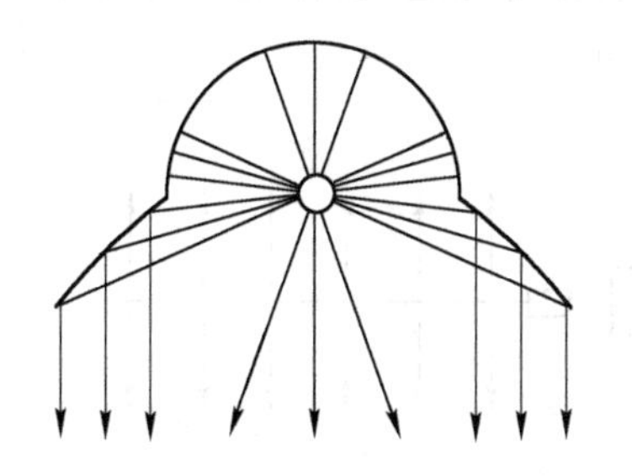
图 17－5　球面和抛物面构成的复合反射器

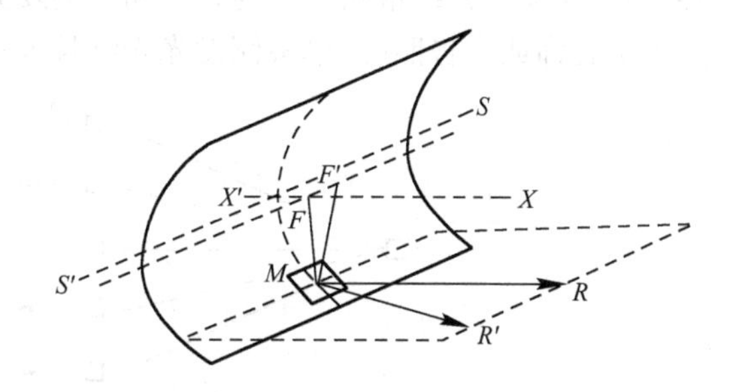

图 17－6　柱状抛物面反射器

17.1.6.2 基本形式的折射器

利用光的折射原理将某些透光材料做成灯具元件,用于改变原先光线前进的方向,获得合理的光分布。灯具中经常使用的折射器有棱纹板和透镜两大类。

现在灯具中的棱纹板多数由塑料或压克力制成,表面花纹图案由三角锥、圆锥以及其他棱镜组成,吸顶灯具通过棱纹板上各棱镜单元的折射作用,能有效地降低灯具在接近水平视角范围的亮度,减少眩光。

图 17-7 画出了两种常用的透镜。其中图(a)一面是球面,一面是平面,是平凸透镜。当一束平行光入射到球面上时,由于折射作用,光束会聚到焦点上。图(b)一面是凹球面,一面是平面,是平凹透镜。当一束平行光入射到凹球面上时,光被散开,而所有散开的光反向延长时都会聚于焦点。也就是说好像所有的出射光都是从位于焦点上的光源发出的。

17.1.6.3 光导纤维和导光管

光导纤维的结构原理如图 17-8 所示。其芯体由透明材料制成,外包层材料的折射率比芯体稍低。如果光在光导纤维中以大于临界角的角度入射到两者的界面上时,就会发生全反射。光线经过多次的全反射可从光纤的一端传到另一端。

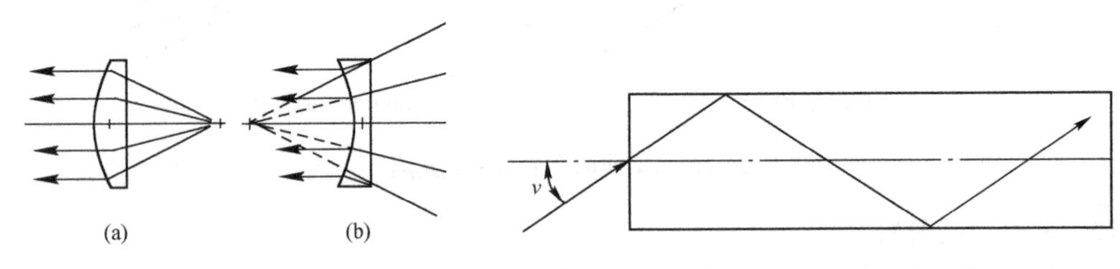

图 17-7 基本形式的折射器　　图 17-8 在光导纤维中的全反射

按光纤的成分来分,有石英光纤、多组分玻璃光纤、塑料光纤三大类。照明中用得最多的是后一类。它的芯体为聚甲基丙烯酸甲酯(PMMA),包层为氟素树脂。

用于照明的光导纤维的发光形式有两种,如图 17-9 所示。图(a)为端发光,图(b)为侧发光。端发光光纤借助于多次全反射将光源发出的光传到远端,以小光束的形式发光。采用卤钨灯作为光源的端发光光纤,亮度较低,可取代剧院、餐厅等商业空间装饰天棚上的低压卤钨灯,营造星星灯光的效果。使用 HID 光源的端发光光纤,光度较高,可取代白炽灯,用作一般照明。端发光光纤最长一般为 3~5m。侧发光光纤管壁部分透光,在某些场所可取代霓虹灯,用于装饰或广告照明,单根侧发光光纤长度可达 15m。

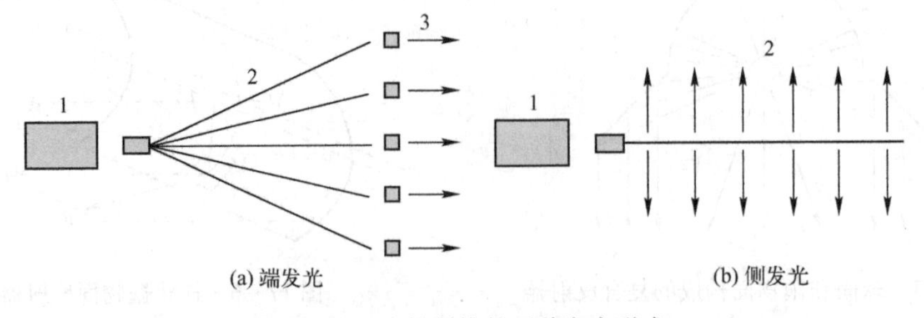

图 17-9 光导纤维的两种发光形式

无论采用哪种光纤照明，都需有一个光发生器，光发生器的原理如图 17 - 10 所示。图(a)是采用椭球反射器，光源置于椭球的一个焦点上，而光纤的集光头位于其另一焦点上。这样，光源发生的光经椭球反射后都集中在光纤的集光头上，使光源发出的光得到有效利用。在图(b)中，光源的光被反射镜反射后，再由透镜组聚集到光纤的集光头上。采用后一种光发生器时，换灯比较容易，而且在集光头上光斑比较均匀。在光发生器中采用可变的滤色系统，可以很方便地改变出射光的颜色。

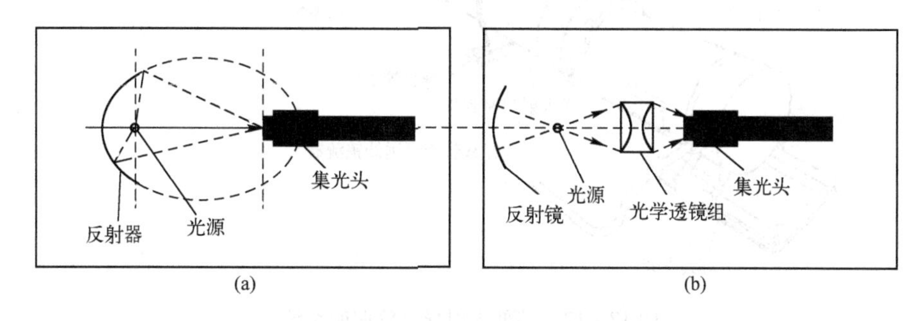

图 17 - 10　光纤光发生器的结构原理

采用光纤照明时，光源远离被照的空间，而且输出的光不含紫外线和热，不仅降低被照空间的热负载，且使用很安全，甚至可放入水池之中。光纤可形成各种复杂的图案，发光颜色易于变化，光源的维护和调换很容易，使光纤的应用相当方便。另外，光纤的使用寿命很长，可达 10 年以上。所有这些都表明光纤照明有着宽广的应用前景。

导光管也是一种远程传光系统，而且可以用来传输较大的光通量。现在常用的导光管有两种，一种是有缝导光管，另一种是棱镜导光管，如图 17 - 11 所示。

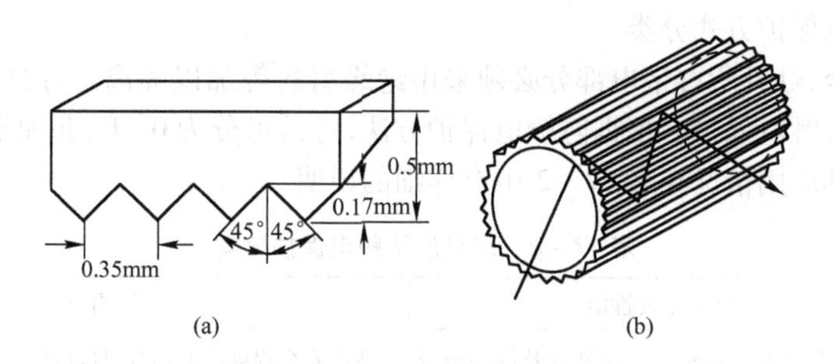

图 17 - 11　棱镜导光结构示意图

有缝导光管的内表面涂以金属反射层，用以产生镜面反射。入射光线经管道不断地被反射，直到很远。沿管道开有一条长的出光缝，反射的光就由此处光缝均匀透射出去。

更常用的是棱镜导光管。它是利用棱镜的全反射原理制成的。棱镜薄膜采用透明的有机玻璃或聚碳酸酯制成。薄膜的一面是光滑的平面，另一面是均匀分布的纵向棱镜波纹。入射的光线经棱镜薄膜的多次反射后，到达管子的另一端。为了将光引出，需要出光的扇形角度范围内安置一条乳白色的引光膜。

导光管照明系统有端部入射和中间入射之分。图 17 - 12 是端部入射导光管照明系统的示意图。整个照明系统主要由灯具、导光管、反光端板、支架和接头构成。

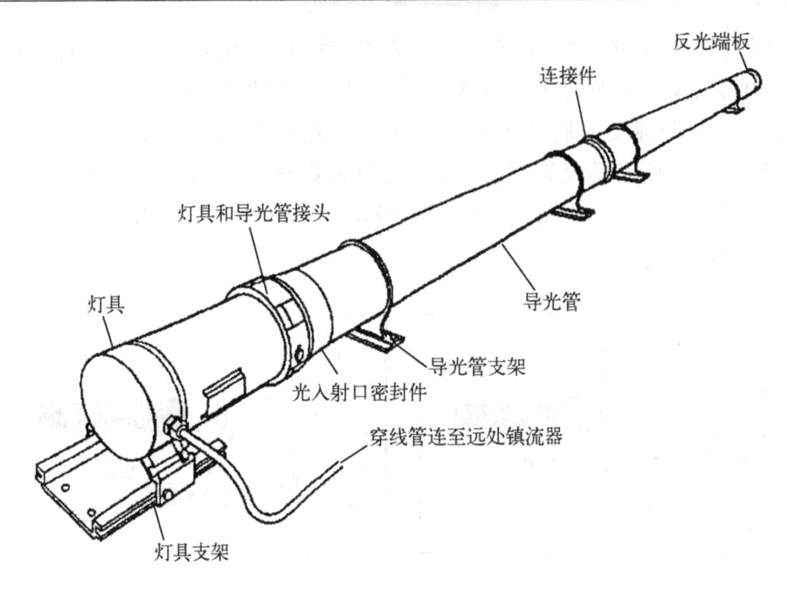

图 17－12　端部入射导光管照明系统

导光管是一种很有前途的照明器件,它不仅可以进行电气照明,还可以用于自然采光。它的广泛应用,能产生很好的经济效益和社会效益。

17.1.6.4　灯具的分类

灯具有成千上万种,分类方法也多种多样。如按其用途来分类,有民用灯具、工矿灯具、舞台灯具、车船灯具、防爆灯具和路灯灯具等,倘若按其安装方式来分类,则有嵌入式、吸顶式、悬挂式、落地式和移动式等。下面介绍几种根据灯具的防护性能和光分布情况进行分类的方法。

(1) 按防触电保护方式分类

为了电气安全,灯具所有带电部分必须采用绝缘材料等加以隔离。灯具的这种保护人身安全的措施称为防触电保护。根据防触电保护方法,灯具可分为0、Ⅰ、Ⅱ和Ⅲ四类,每一类灯具的主要性能及其应用情况在表17－2中有详细的说明。

表 17－2　灯具的防触电保护分类

灯具等级	灯具主要性能	应 用 说 明
0类	保护依赖基本绝缘——在易触及的部分及外壳和带电体间绝缘	适用安全程度高的场合,且灯具安装、维护方便。如空气干燥、尘埃少、木地板等条件下的吊灯、吸顶灯
Ⅰ类	除基本绝缘外,易触及的部分及外壳有接地装置,一旦基本绝缘失效时,不致有危险	用于金属外壳灯具,如投光灯、路灯、庭院灯等,提高安全程度
Ⅱ类	除基本绝缘,还有补充绝缘,做成双重绝缘或加强绝缘,提高安全	绝缘性好,安全程度高,适用于环境差、人经常触摸的灯具,如台灯、手提灯等
Ⅲ类	采用特低安全电压(交流有效值<50V),且灯内不会产生高于此值的电压	灯具安全程度最高,用于恶劣环境,如机床工作灯、儿童用灯等

从电气安全角度看,0类灯具的安全程度最低,Ⅰ、Ⅱ类较高,Ⅲ类最高。在照明设计时,应综合考虑使用场所的环境、操作对象、安装和使用位置等因素,选用合适类别的灯具。在使

用条件或使用方法恶劣的场所应使用Ⅲ类灯具,一般情况下可采用Ⅰ类或Ⅱ类灯具。

(2) 灯具的防尘、防水等级

为了防止人、工具或尘埃等固体异物触及或沉积在灯具带电部件上引起触电、短路等危险,也为了防止雨水等进入灯具内造成危险,有多种外壳防护方式起到保护电气绝缘和光源的作用。目前采用特征字母“IP”后面跟两个数字来表示灯具的防尘、防水等级。第1个数字表示对人、固体异物或尘埃的防护能力,第二个数字表示对水的防护能力,详细说明见表17-3。

表17-3 防护等级特征字母IP后面数字的意义

第一位特征数字	说　明	含　义	标　记
0	无防护	没有特别的防护	
1	防护大于50mm的固体异物	人体某一大面积部分,如手(但不防护有意识的接近),直径大于50mm的固体异物	
2	防护大于12mm的固体异物	手指或类似物,长度不超过80mm、直径大于12mm的固体异物	
3	防护大于2.5mm的固体异物	直径或厚度大于2.5mm的工具、电线等,直径大于2.5mm的固体异物	
4	防护大于1mm的固体异物	厚度大于1mm的线材或条片,直径大于1mm的固体异物	
5	防尘	不能完全防止灰尘进入,但进入量不能达到妨碍设备正常工作的程度	
6	防密	无尘埃进入	
第二位特征数字	说　明	含　义	标　记
0	无防护	没有特别的防护	
1	防滴	滴水(垂直滴水)应没有影响	
2	15°防滴	当外壳从正常位置倾斜不大于15°以内时,垂直滴水无有害影响	
3	防淋水	与垂直线成60°范围内的淋水无影响	
4	防溅水	任何方向上的溅水无有害影响	
5	防喷水	任何方向上的喷水无有害影响	
6	防猛烈海浪	经猛烈海浪或经猛烈喷水后,进入外壳的水量不致达到有害程度	
7	防浸水	浸入规定水压的水中,经规定时间后,进入外壳的水量不会达到有害程度	
8	防潜水	能按制造厂规定的要求长期潜水	

(3) 按光通量分布分类

这是一个根据灯具向上、下半个空间发出的光通量的比例来分类的方法。基于此,CIE将一般室内照明的灯具分成5类:直接灯具、半直接灯具、全漫射(直接—间接)灯具、半间接灯具和间接灯具。表17-4给出了这5类灯具在上、下半空间中光通量分布的情况。表中的图分别给出了直接型灯具、半直接型灯具和漫射型灯具的一些例子。

表 17-4 一般室内照明灯具的 CIE 分类

灯具类别		直接	半直接	漫射(直接-间接)	半间接	间接
光强分布						
光通量分配	上	0% ~10%	10% ~40%	40% ~60%	60% ~90%	90% ~100%
	下	100% ~90%	90% ~60%	60% ~40%	40% ~10%	10% ~0%

(4) 按光束角分类

① 直接型灯具按光强分布分类。

对带有反射器的直接型灯具,其光束的宽窄变化范围也很大。有的非常集中,向下直射,有的散布在整个半空间。按光束的宽窄,直接灯具又可分为特狭照型、狭照型、中照型(扩散型或余弦型)、广照型和特广照型 5 种。

② 投光灯按光束角分类。

投光灯的光束角定义:在 $V=0°$或(和)在 $H=0°$的截面内,光强为峰值光强 1/10 的光束的夹角(见图 17-13)。根据光束角的大小将投光灯分成 9 种,见表 17-5。

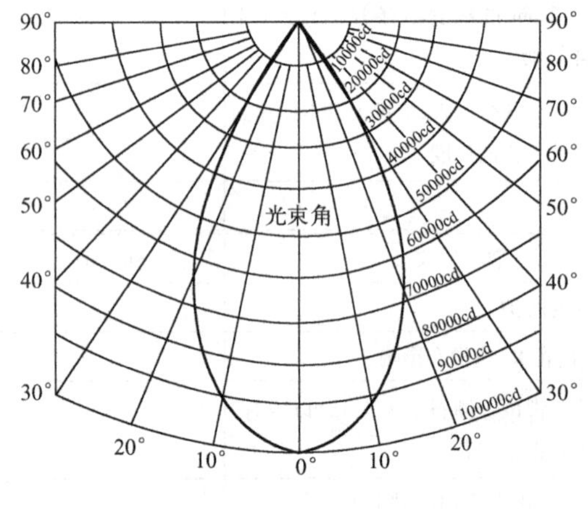

图 17-13 投光灯的光束角
(在本例中,光束角为 60°)

表 17-5 投光灯按照光束角的分类

NAME 号	光束角	光束特性
NN	<5°	特窄
N	5° ~10°	很窄
1	11° ~18°	窄
2	19° ~29°	窄
3	30° ~46°	窄
4	47° ~70°	中
5	71° ~100°	中
6	101° ~130°	宽
7	>130	宽

③ 路灯灯具按截光性能分类。

1965 年国际照明委员会的路灯灯具分类是基于灯具的截光性能分成截光型、半截光型和非截光型 3 种,其特性见表 17-6。

表 17-6 1965 年路灯灯具的 CIE 分类

灯具类型	在下列方向允许的最大光强/(cd/1000lm)		峰值光强角的上限
	80°	90°	
截光型	30	10	65°
半截光型	100	50	76°
非截光型	不限	—	—

以上三类路灯灯具，不管光源光通量的大小，其在90°角方向上的光强均不得超过1000cd。

17.2　LED显示屏

自20世纪80年代初开始有单色显示屏。1985年复旦大学杨清河、作者和其他合作者研制成1平方米 230×259=59570 个像素的三色显示屏。1988年研制成13平方米的广州白云机场候机楼多色显示屏。这是当时密度最高和显示面积最大的LED显示屏幕。发展至2015年已形成年产值310亿元的新兴产业。以往的年增长率为20%，2007年由于北京奥运的推动，年增长率达到了罕见的44%。一方面，半导体照明的发展热潮有力推动了LED器件基础材料的技术进步，LED显示应用产品的性价比提升，应用领域越加广阔，市场规模不断提升；另一方面，2008北京奥运、2010上海世博会等重大工程建设，相关的LED显示工程项目全面实施，为LED屏幕显示应用带来较大的市场增长。

17.2.1　总体发展规模

目前全国各种类型和规模的LED显示屏生产制造企业估计有近400家。

2007年全国LED显示屏市场销售总额在72亿元左右，比2006年的50亿元猛增了44%。其中出口额为11.5亿元，其他显示应用产品近7亿元，均比2006年度有较大增长。2015年产值达到310亿元，其中出口约60亿元。

年产值达10亿元以上的有6家，2亿元以上的有16家。

17.2.2　产品技术完善

目前体育场馆、城市广场、商业街区一般都配有全彩大屏幕。此外高速、高架道路的信息屏、导向屏，金融机构的汇率屏、利率屏、证券屏已很普及。像素 $\phi 3 \sim 50$mm，显示面积为 $6 \sim 6000\text{m}^2$。显示技术、驱动技术、结构工艺技术、系统控制和传输技术都已配套并不断提高完善。信息产业部电子标准化研究所和LED显示屏行业协会组织的信息产业行业标准《LED显示屏通用规范》和《LED显示屏测试方法》已于2007年修订完成并正式发布实施。

LED显示应用领域的技术创新仍然主要集中在以下方面：LED显示屏的显示颜色、亮度、视角等性能指标的综合改善和提高；色彩和灰度控制技术的不断提升，高清晰度全彩色显示屏；恒流驱动控制技术的广泛应用，LED专用IC开发和应用，通用显示控制系统的完善和提高，系统自动检测、远程控制技术，显示屏的平整度、散热和防护等级以及产品结构工艺改进。

位于美国拉斯维加斯的天幕彩屏，面积 $420\text{m} \times 32\text{m} = 13440\text{m}^2$，用了1200万个LED，造价1700万美元。配合奥运会，在北京国际贸易中心，投资3500万美元，由OpoTech承建的 $250\text{m} \times 30\text{m} = 7500\text{m}^2$ 的全彩屏天幕建成开通。号称“世贸天阶”的天幕开启后极具震撼力，在声、光、电交相辉映中，各种三维声像效果能将观众带入一个无限遐想的空间。因其面积巨大，科技含量之高，超越拉斯维加斯的巨型天幕，成为世界综合性能第一的“梦幻天幕”。

世界最大的LED天幕位于苏州金鸡湖东园融广场，LED风景绵延500m。这一天幕长500m，宽32m，总显示面积为 16000m^2。采用水立方类似的膜结构封顶，配合新型的LED灯条、灯带、射灯等,宛如一条蜿蜒的绸缎,炫目的长虹,飞架在时代广场的上空。屏幕上闪现色彩绚丽的花伞、树木、美女等景观,拉开都市如梦似幻的夜生活序幕。

奥运会开幕式上所采用的地面 LED 屏幕舞台可谓创举工作。这个 LED 屏幕南北长 147m,东西宽 22m,面积为 $3234m^2$。像素点间距为 600mm,共约 44000 个像素组,把画卷表演得惟妙惟肖。开幕式上还应用了金立翔公司的彩砖系统,是世界上最大的地面全彩 LED 显示屏,共 $4000m^2$。是金立翔在数字舞台定义下孕育出的一种全彩形式的数字化地面显示元素,它的出现为舞台虚拟造景与表演的互动提供了最佳的表现形式。

随着 LED 器件材料性能的不断提高和控制电路的技术提升,LED 显示屏已得到广泛应用,市场空间会有更大的拓展,预计将会持续保持较高的增长速度。

17.2.3 新品继续拓展

17.2.3.1 室内小间距显示屏

室内小间距显示屏是 2016 年上海国际 LED 展的一大亮点,P1.2 ~ P1.6 已经成为展会上的主流产品,一定程度上预示着小间距将继续朝着微间距化发展的未来趋势。其中最小间距是利亚德的 TW0.9 微间距 LED 显示墙。相比 LCD 液晶、DLP 背换等传统室内拼接大屏,小间距的优势体现在:无缝拼接、高对比度、宽色域显示、节能等方面。利亚德的主屏是 TW1.45 超高清无缝拼接显示墙,TW 系列产品实现更精微点间距,在拼接精度及速度、通用接口、硬件集成等多个方面实现了新的突破,从技术层面全面超越了传统电视拼接墙产品。联建光电展出的 V1.2 高清小间距 LED 显示屏分辨率达 6144 × 2016,画面细腻精准。产品质量的提升期望市场规模上实现快速的新增长。希达电子展出了 P1.5 COB 小间距离高清大屏,整屏分辨率也达到 6144 × 2016。

17.2.3.2 户外小间距(表贴 LED)

相比于户外直插 LED 显示屏,户外表贴 LED 显示屏具有外形美观、精度高、质量轻薄、显示效果好等优点。亮度最大已达到 $8000cd/m^2$,防水、防潮、防紫外线等功能也得到很大的提高。价格进一步下降,超越户外直插屏只是时间问题。产品点间距以 P4、P5 为主,已无颗粒感,近期德铭光又推出精度更高的 P3.9、P3.2、P2.6,目前产品防水等级已高达 IP65,亮度也达到 $75000cd/m^2$,估计会成为市场的新增长点。格特隆光电的户外 SMD 节能铝屏,亮度达到 $7000cd/m^2$,防水等级达 IP68,达到了户外高清水平。

17.2.3.3 LED 透明屏

LED 透明屏常常与玻璃幕墙、玻璃橱窗相互配合使用。有如下特点:①通透性可达到 60% ~90%,透光、透风,不影响原来建筑的采光和外貌;②质地轻薄,安装时不须另外结构;③易于定制,成本低;④室内安装、室外观看,安全易维护。目前已广泛应用于楼宇幕墙、机场、汽车 4S 店、奢侈品店、舞台租赁等场合。

17.3 交通信号灯

将具有色光特征的发光二极管应用于需要有色光表达语言的交通信号灯,正好充分发挥了发光二极管的优点,而克服了原来交通信号灯使用白炽灯的缺点。正是在这种需求的推动下,近几年来,无论在产品研制还是在应用市场的发展上都取得了长足的进步。

交通信号灯是一种交通安全管理设施,它直接关系到交通设施的效率和交通工具乃至人身安全。以往都是白炽灯作光源,配上红、黄、绿、蓝等滤色罩,只用了白炽灯发出的很小一部分光,而且白炽灯本身发光效率不高,仅15lm/W。通常使用100W的白炽灯,加上白炽灯的寿命短,只有1000~2000h,维护费用高,还有假显示(灯泡要用反光碗使光线均匀,而灯不亮时外来光也会反光引起假显示)等明显缺点。

LED作为原交通信号灯白炽灯的取代光源,具有如下优点:①省电。在符合交通信号灯光强标准的情况下,LED交通信号灯耗电量比白炽灯大幅度减小,仅为10%,节能减排效果显著。②寿命长。可达50000h以上,大幅度降低维修、维护费用。③安全性高。可避免因假显示引起的误判。经济效益和社会效益均很显著。

根据美国工程师协会推荐,使用LED光源取代白炽灯所节省的能源费用,可用下列公式计算:

$$A = 8760 \times D \times (P_{\mathrm{I}} - P_{\mathrm{L}}) \times C$$

式中,A为每年节省的能源经费;D为LED工作时的占空比;P_{I}为白炽灯耗电量;P_{L}为LED信号灯耗电量;C为电费(元/kWh)。

按照这个公式计算,用LED光源取代一只白炽灯,一年可节省电费263元。道路交通信号灯一套红、黄、绿三只,每年可以节省电费789元。

LED交通信号灯可应用于海、陆、空交通,分为航标灯、道路交通信号灯、铁路交通信号灯、机场信号灯、路障灯和航空障碍灯等。

17.3.1 道路交通信号灯

我国LED光源道路交通信号灯的发展大致分为3个阶段,第一阶段是1998年以前,主要是技术开发、试用期。1992年作者在南昌LED学术交流会上首次报告了LED信号灯,1996年形成了整套LED道路交通信号灯,开始在展览会上展出并开始试用。到1998年价格降至用户认为可接受的每套4000元左右。上海、北京开始少量试用,技术基本形成,但还不够成熟。到2004年,信号灯具已超过原定5年使用寿命。

第二阶段是1998年到2001年,是从试用走向规模应用的阶段。随着发光二极管亮度水平的提高,每个ϕ300灯单元的器件数从400个左右降至200多个。价格也从原来的8000多元/套下降到3500元/套,散热问题也自然解决了。国外此时开发了采用1W功率器件18个的信号灯单元,价格至今仍维持在8000元左右/套。上海、北京开始大批量招标,逐步走向规模应用时期。

第三阶段是2001年以后,是LED光源道路交通信号灯技术水平进入一个总体提高的时期,市场方面则走向全面推广应用时期。2001年公安部启动道路交通信号灯产品国家标准的修订,将LED光源也纳入标准之中,于2003年正式发布、实施GB 14887—2003《道路交通信号灯》,此标准提出了配光性能要求。相关企业通过技术攻关把LED光源道路交通信号灯达到发达国家技术标准要求,产品遍布全国各地,并出口欧美发达国家。

在光学设计上也分为3个阶段。第一阶段是未进行设计的直接用发光二极管产品。第二阶段是采用单透镜或导光腔结构以提高光源的光强。第三阶段是进行按国家标准要求的二次配光设计,有单透镜,也有复合透镜,基本上都是先聚光成平行光束,再进行配光,使光的图形呈下半圆形，省去了上半圆无用光部分(因驾驶员和行人都是只从灯的前下方观察信号灯)。这样就可充分利用LED光源发出的光线，从而可以节省大约1/3的LED器件，达到节约成本，达到进一步降低能耗的目的。目前每个ϕ300的色灯所用器件数为100～121个。每套道路交通信号灯的价格也降到了1600元，低于2000年白炽灯交通信号灯1650元的价格。目前驱动电源正规产品均采用开关恒流电源，功率因子大于0.90。近几年，随着发光效率的提高，又开发出用7个1W功率LED制成的道路交通信号灯，投入使用效果颇好。

国家标准GB 14887—2003《道路交通信号灯》中对信号灯在基准轴线上的光强值作了明确规定，见表17-7。光强分布规定列于表17-8和表17-9中。

表17-7　红色、黄色和绿色信号灯在基准轴线上的光强(单位为坎德拉)

光强级别	1级	2级
I_{min}	400	200
I_{max}　1类	1000	800
I_{max}　2类	2500	2000

注：1类信号灯主要是指发光二极管光源信号灯；2类信号灯主要是指卤钨灯、白炽灯光源信号灯。

表17-8　宽角度信号灯的光强分布(W型)

(数据以　计，以表17-7中规定的光强I_{min}为100　)

基准轴向下	光强分布(I_{min}%)基准轴左右						
	±0°	±2.5°	±5°	±10°	±15°	±20°	±30°
0°	100	—	85	55	—	3	1
1.5°	—	—	—	—	—	—	—
3°	80	—	75	—	—	—	—
5°	60	—	—	35	—	—	—
10°	30	—	—	—	—	8	—
20°	2	—	—	—	—	—	2

注：“—”表示该角度对配光不作确定数值规定。

表17-9　窄角度信号灯的光强分布(N)

(数据以　计，以表17-7中规定的光强I_{min}为100　)

基准轴向下	光强分布(%)基准轴左右						
	±0°	±2.5°	±5°	±10°	±15°	±20°	±30°
0°	100	75	65	15	1.5	☆	☆
15°	95	90	—	—	—	☆	☆
3°	70	—	45	—	—	☆	☆
5°	40	—	—	10	—	☆	☆
10°	6	—	—	—	5	☆	☆
20°	☆	☆	☆	☆	☆	☆	☆

注：“—”表示该角度对配光不作确定数值规定；“☆”表示不作要求。

对于含有图案指示的信号灯,包括非机动车信号灯、人行横道信号灯、车道信号灯和方向指示信号灯各方向上的亮度平均值,应不低于表 17-10 中的规定。且最大值与最小值之比应小于 10。

表 17-10 图案指示信号灯最低亮度值(单位为 cd/m^2)

垂直角度（基准轴向下）	水平角度（基准轴左右）	颜色		
		红色	黄色	绿色
0°	0°	4000	4000	4000
	15°	1200	1200	1200
10°	0°	1200	1200	1200
	10°	1200	1200	1200

信号灯的光色为红、黄、绿三种颜色,色度性能应符合表 17-11 的规定。

表 17-11 信号灯灯光颜色色品坐标

光色	交叉点	色度坐标	
		x	y
红	A	0.660	0.320
	B	0.680	0.320
	C′	0.710	0.290
	D′	0.690	0.290
黄	E	0.536	0.444
	F	0.547	0.452
	G	0.613	0.387
	H	0.593	0.387
绿	M	0.009	0.720
	N	0.284	0.520
	O	0.209	0.400
	P	0.028	0.400

在道路交通信号方面,最近研制了高速公路交通诱导设施,城市高架道路交通诱导设施和交通标志牌如限速、绕行、调头等,可以说是道路交通信号设施的发展和延伸,可以达到智能化,对防止堵车、提高通行效率有明显效果。分图案型、地图型、图文结合型和文字型多种,均已投入使用,是道路交通设施方面的新增长点。

LED 道路交通信号灯在我国的推广应用数量和覆盖率在国际上是领先的,在大、中城市已很少见到白炽灯光源的道路交通信号灯,生产厂家近百家,年产值近 20 亿元,并有部分出口。

17.3.2 铁路信号灯

LED 铁路信号灯自 1999 年开始研制,至 2003 年国内已有 8 家企业生产,并有 1000 多台

LED 色灯信号机在秦沈客运专线、北京局、青藏线等铁道现场投入使用,受到用户欢迎,如今数量更大。2003 年,铁道部科技局组织有关单位制定了《LED 铁路信号机构技术条件(暂行)》标准,统一了技术标准,为进一步推广 LED 色灯信号机打下了基础。该领域存在的问题是产品规格尚不统一,各厂家产品互不相同,难以互换。其次产品有 9 个系列,共几十种,品种繁多。目前 LED 手信号灯、道口安全标志灯已全面推广应用,高柱或矮型 LED 信号机目前使用现场以站台为主,尚未全线、全面使用,还有许多研制和推广应用工作要做,市场还有很大空间,目前产值尚小,年产值近 1 亿元,共有二十余家企业生产。

根据铁标 TB/T 2353—93,色灯信号机光轴方向上的光强应不低于表 17 - 12 的规定。色灯信号机水平方向光束散角应不小于 2°12′,垂直方向光束散角应不小于 1°10′。透镜式色灯信号机各灯位光轴方向应互相平行,水平方向偏差应不大于 1°,垂直方向角度偏差应不大于 0.6°。

表 17 - 12　色灯信号机光轴方向上最低光强值

灯光颜色	光强/cd	
	高柱色灯信号机	矮型及引导、容许色灯信号机
红	2100	1600
黄	3900	3200
绿	2800	2200
蓝	400	250
月白	3200	2800

高柱色灯测试比较见表 17 - 13。数据说明 LED 信号机的光强和水平散角都优于白炽灯信号机,加上 LED 寿命大大长于白炽灯,其取代优势十分明显。

表 17 - 13　高柱色灯测试比较

种　类	光强/cd	水 平 散 角
白炽灯信号机	2671	2.6°
LED 信号机	5170	4.2°

带有偏散透镜的色灯信号机水平方向的光束偏散角应不小于该偏散透镜偏散角的标称值,见表 17 - 14。

表 17 - 14　带偏散透镜的色灯信号机的最大光强最低值

灯光颜色	光强/cd		
	10°偏散	20°偏散	±15°偏散
红	800	450	300
黄	2100	1200	800
绿	1200	700	400
蓝	200	120	100
月白	2000	1000	600

信号表示器及线路标志光轴方向的光强应不低于表 17－15 的规定。LED 光源解决这一类信号灯是比较容易的。

表 17－15 信号表示器及线路标志光轴方向光强最低值

灯光颜色	光强/cd	
	灯泡功率不小于 15W	无交流电源地区用，灯泡功率不大于 2W
红	250	5
黄	400	10
月白	360	8
白	2200	30
紫	20	1.0

臂板信号机光轴方向的光强应不低于表 17－16 的规定。

表 17－16 臂板信号机光轴方向的光强最低值

灯光颜色	光强/cd	
	灯泡功率不小于 15W	无交流电源地区用，灯泡功率不大于 2W
红	25	5
黄	70	6
绿	20	4.5

道口信号机的最大光强应不低于表 17－17 规定值。道口信号机水平及垂直方向光束偏散角应不小于 40°。

表 17－17 道口信号机的最大光强最低值

灯光颜色	光强/cd
红	25
月白	60

手信号及可移动式信号灯、侧灯、机车标志灯光轴方向光强应不低于表17－18 的规定。

表 17－18 手信号及可移动式信号灯、侧灯、机车标志灯光轴方向光强最低值

灯光颜色	光强/cd			
	手信号灯、可移动式信号灯	客车侧灯	货车侧灯	机车标志灯
红	4	10	5	20
黄	6	—	—	—
绿	3.5	—	—	—
白	20	45	20	300

铁路灯光信号颜色范围(参照 TB 2081—89 标准)见表 17－19。

表 17－19 铁路灯光信号颜色边界交点色品坐标

颜色	坐标	边界交点			
		1	2	3	4
红色	X	0.700	0.680	0.722	0.735
	Y	0.300	0.300	0.258	0.265
黄色	X	0.560	0.555	0.612	0.618
	Y	0.440	0.435	0.382	0.382
绿色	X	0.230	0.284	0.207	0.013
	Y	0.754	0.520	0.397	0.494
蓝色	X	0.090	0.185	0.233	0.148
	Y	0.137	0.214	0.163	0.025
月白	X	0.440	0.320	0.320	0.440
	Y	0.432	0.355	0.291	0.382
紫色	X	0.148	0.212	0.231	0.181
	Y	0.025	0.131	0.111	0.008

17.3.3 机场信号灯

早在 2001 年作者就已开始研究采用 LED 光源作为机场助航灯具。2002 年研制成功通过鉴定并投入批量生产,民用机场还未正式投入使用。美国亚特兰大机场已于 2006 年全面采用 LED 助航灯具。2006 年底,国家 863 计划立项“应用 LED 的飞机安全着陆航道指示系统的研制”,由上海照明灯具有限公司作为承担单位,复旦大学合作研制,以上海虹桥机场作为实施机场。近 2 年的研究,已取得较好的进展。2008 年 7 月份的第五次国际半导体照明论坛上发表了相关的技术报告。进场着陆灯可从原来的传统光源的 600W 降至 60W,滑行灯从 48W 降到 6W,寿命也可大幅度提高,市场有待进一步拓展。

17.3.4 航标灯

航标灯主要是红色,研制已有二十多年历史。以前曾用镓铝砷 LED,近来已采用不易退化的铟镓铝磷 LED。还可与太阳能电池结合,组成免维护的航标灯。部分产品带有浮筒,还配有通信遥测监控,产品性能不断完善,在颜色配套上也已完全。在我国沿海和江河水域航道已较好推广,并有少量出口。国内有十余家企业生产,年产值 1 亿元左右。

17.3.5 路障灯

LED路障灯于1996年由作者研制成功并投入批量生产，灯光颜色为红色和黄色，带光敏自动开关。由于省电，一般用电池作为电源。灯面上设计了特殊的透镜和环形反光镜，即使电池用完不能主动发出闪光信号仍可作为反光路障板使用，现已大量生产并出口。最近还发展了带太阳能电池的LED路障灯。主要使用在市政建设现场、道路障碍物、工程车、环卫车上，也作为车带安全用品。生产厂家约十余家，年产值约6千万元。

17.3.6 航空障碍灯

LED航空障碍灯主要使用在高层建筑物、石油井架、烟囱、电力铁塔和通信铁塔上。一般用红色LED制造，亮度分为三级，供不同高度障碍物选用。有十余家生产企业，年产值约5千万元。

LED交通信号灯中以道路交通信号灯的生产和应用发展最为迅速，产量也有了规模，在交通信号灯的年产值25亿元中占了80%。目前正向铁路信号灯和机场信号灯发展，这两种LED信号灯方兴未艾，还有较大的拓展空间。加强与有关部门合作，加大研发强度和推广力度，使相关LED交通信号灯具应用到海、陆、空的各个交通领域。

17.4 景观照明

半导体照明的三大特点是节能、环保和美化生活。景观照明则是最全面体现这些特点的载体。城市夜景、旅游景点照明等大量使用色光LED，而使用色光LED的节能效果目前就可节电90%，大量减排二氧化碳温室气体和二氧化硫、氮氧化物等，环保而且没有有毒元素汞。将黑暗装点成五光十色，将呆板改变为灵动，使城市的夜晚更美丽，使景点的夜晚更动人，这就是LED景观照明的成功杰作。

景观照明已从使用传统光源如白炽灯、霓虹灯、气体放电灯等逐步被LED所取代。由于LED灯具有很多优点，目前景观照明中普遍采用LED灯具，并有很多应用LED灯具的成功案例。至2007年，已具有60亿~80亿元规模，而且还有继续发展的前景，可以认为已形成一个新兴产业群体。

17.4.1 城市景观照明的功能作用

17.4.1.1 美化城市，提高幸福指数

2010年上海世博会的主题理念口号为“城市，让生活更美好”。每一个现代化的城市，都拥有白天和夜晚的两张“面孔”。一座城市的夜景使人们融入了城市的夜，感受了城市的美，观赏了城市的另一面。美丽的夜景，将人们带到了城市的另一个梦幻世界。如天津的海河宛如一条玉带飘逸在津城，作为水体景观，如果没有了光的补充为装点，特别是夜晚，就会失去她的存在而黯然失色。景观照明的特点和魅力以及她对人的吸引可以证明其具有无限的视觉冲击力。人类本身从外界获取信息的90%来自视觉，为了拓展视觉能力，开发视觉冲击，人类已付出了比其他感观的开发更多的努力，而且至今乐此不疲。因此一个

发光的城市就是一个国家的明眸，她会使自己的光线通过人们的眼睛，激荡心灵，唤起记忆，产生联想，迸发激情，感受温馨，提高城市的幸福指数。这说明照明已从单一的满足视觉基本功能，变得具有丰富内涵。

去过国际化都市的人们都会有一个共同的感受，那就是城市的夜晚在五彩缤纷的灯光装饰下显现出与白天迥然不同的景色，甚至比白天更加美丽。如香港的夜晚，伴随着夜幕的降临，放眼望去不再是无垠的黑暗，也不是点点的星火，而是火树银花的不夜之城。眺望维多利亚港湾两岸美丽的夜色和建筑群绚丽的灯光美景，常常使游人流连忘返。上海的外滩，黄浦江流光溢彩，高楼大厦的内透光，弥漫着海派文化气息。温馨诱人的万家灯火，使人们摆脱了白天紧张的劳动和高楼建筑、玻璃幕墙的挤压感和郁闷感。重庆山城层峦起伏、点点灯火阑珊，美不胜收。架在天津海河上被灯光装扮得风姿各异的桥已成为天津市的亮点，碧波涟漪映照着一座座桥梁的倒影，如彩虹、珠链、弯弓、满月；或雄伟，或轻灵，或古风古韵，或现代气派；镶嵌在河面上，座座桥梁都孕育着美，饱含着力，跃动着节奏的韵律，张扬着新时代的风采。

景观照明的目的，是把照明元素组合成一个有机的整体，构成一幅优美壮观的灯光画来表现城市的夜间形象。它通过“光”这一艺术的生命，将文化艺术、科学技术和城市环境融为一体。使城市形象在夜晚得到艺术的再现，营造并升华了城市特定的文化氛围，挖掘了城市的文化底蕴，展现了现代文化内涵。城市夜晚景观是白天景观的再造以至升华，灯光美景就是一幅幅光绘画、光雕塑艺术作品。意境的塑造使白天忙碌劳作的人们，满足了精神层面的需求。人们从高尚优雅的光艺术、光文化氛围中，可得到高层次的艺术享受，身心得以舒展。在景观照明光环境氛围的陶冶下，人们在精神上受到鼓舞，享受生活，更加热爱生活，从而激发出旺盛的工作热情，促进社会的安定、和谐和进步。幸福指数的提高会在精神变动力的过程中起到不可低估的动力源作用，因此城市景观照明灯光建设，是城市美化的重要方面，是展示城市形象的重要载体，也是体现城市经济社会发展程度和精神文明建设的重要标志。

17.4.1.2 以照明文化艺术力展现城市个性特征

城市景观照明已从照得亮发展到照得美以及具有艺术品位并融入光文化理念且要求安全、节能、环保的高度。如今人们已不仅仅停留在用灯光来美化城市，同时还开始以文化视野来营造和评估整个城市的灯光布局。依据自然的、人文的、历史的、经济的、现代的特定环境，实施艺术化、科技化的照明手段，梳理构景元素，把握光与影、光与色的适度关系，用光语言、光绘画、光韵律、光雕刻进行艺术编辑，用成果把蕴含着的寓意表现出来，这就是城市景观照明的规律和宏观上的定位。用光的语言解读建筑艺术的灵魂，述说建筑师的设计理念和艺术追求；用光的彩色赋予光环境情感意识；用光的节奏展现动静变化；用光的功能特性塑造形象、构建空间、强化明暗对比、突出重点、表现细节，勾画一幅幅生动的画面，会使自然亲和、激情活力的现代生活情趣表现得淋漓尽致，会使城市个性、文化特色、艺术风格、人文景观展示得明明白白，会使人们的精神情操在潜移默化中得到陶冶与升华，会成为城市独有的隐形资产和精神财富。

城市景观照明是否有自己的特色，关键在于把握好城市的整体形象的基本特性，这早已形成共识。每个城市的自然景观和人文景观是不同的。地理环境、自然条件、特定环境形成了一个城市的自然特色，构成了城市形象的基础，人为的建设活动又形成了城市形象的最活跃因素，其形象特征取决于城市的性质、规划布局和城市的主要功能。城市文化是客观存在的，但由于自然环境不同，加上千百年来历史发展过程赋予了它们独特的城市面貌，因此自然产生了其特有的文化特征和社会氛围。北京、上海、天津、重庆这4个直辖市，都是我国的大城市，除了具有人多城广、交通发达、经济繁荣，在政治、经济生活中有重要地位等这些共性外，彼此间的城市形象、文化特征绝不雷同，各自以其鲜明的城市文化而独立存在。北京作为历史名城，千百年作为国家政治和文化中心，城市环境和文化面貌充满着"首都"、"中心"内涵。上海市由于具有独特的国际金融活动中心地位，弥漫着强烈的金融、商业文化氛围。天津的水文化、桥文化与"万国博览会"建筑文化共同构筑了光文化的内涵，是天津地域文化的基因。

17.4.1.3　导入新经济概念

通过照明手段，表现城市的真、善、美，展现的是文化神韵，创造的是精神财富，提高的是城市的幸福度，拓展的是新思维概念。从光文化生产力导入人才经济、创意力经济等新经济概念。天津自1999年开始景观照明建设，初步建成后每晚7—10点，人如潮涌，观赏的人流达10万之众，商家营业额大增，促进了旅游经济的发展。如今已形成六大景观体系。据天津旅游部门统计，2008年中秋之夜有10万外地人组团观看天津的绚丽夜景。天津的夜景灯光建设已不仅仅是美化城市环境和丰富居民夜晚生活的重要手段，它更是集聚人流、物流、资金流，促进经济繁荣的重要载体，产生了卓有成效的多重效益。

17.4.2　光源选择以LED为佳

LED光源是目前城市景观照明中的首选光源，它有如下优点。

(1) 色彩丰富纯度高、节电

LED所发的光从波长看，遍及整个可见光谱。而且由于发光颜色纯度很高，色彩十分鲜艳。如果是其他光源，要获得彩色光，必须采用滤色片，滤去大部分光，这就造成了浪费，而且影响光的纯度。这一优点使得LED特别适合用于需要彩色光的景观照明中。

(2) 响应时间短

LED光上升和下降都很快，可达毫微秒数量级，能瞬时达到全光输出。它还可以进行深度调光，颜色和其他特性不会因调光而变化。采用RGB组合可以实现颜色的动态变化，可瞬时从一种色调变化为另一种色调。它比其他技术如霓虹灯等大大省电。用于水池和喷泉等彩色显示效果很好，可以产生更好的闪、亮、跳效果。

(3) 体积小、方向性强

一般光源是4π发光，而LED发光方向性较强，再加上光源体积甚小，便于隐藏，不易造成光污染。

(4) 直流低压驱动

LED是直流低压驱动，不需要昂贵的安全防护，简化了系统的设计，降低了电路成本。用太阳能供电的LED灯具不用敷设电缆，在绿化带照明中有着十分诱人的应用前景。

(5) 寿命长

LED寿命特别长，是一般光源所不能比拟的。工作安全可靠，维护费用大大降低。可以预料，LED光源在未来城市景观照明应用中将会充分发挥主力军的作用。

总而言之,采用LED光源在景观照明中可以实现“绿色照明、人文照明和科技照明”。

17.4.3 LED景观灯具

景观工程常用的LED灯具有护栏灯、灯柱、幕墙灯、线条灯、水下灯、像素灯、投光灯、地埋灯、砖灯、树灯、水晶跑马灯、标志灯(背光灯或文字灯)等。

17.4.3.1 LED护栏灯

LED护栏灯采用优质超高亮LED制成。具有耗电小、无热量、寿命长、耐冲击、可靠性高等特点。寿命长,一般可达50000h。内置微电脑控制程序或外接控制器,可实现流水、渐变、跳变、追逐等多种变化效果,广泛应用于桥梁、广场、地铁、旅游区、商场等,作为指示或照明装饰。外壳采用PC材料或亚克力材料制成。LED护栏灯有七彩、双色、单色等,是装饰城市环境的理想选择。

(1) 护栏灯产品规格

LED数量72~144个。器件种类有$\phi5$、$\phi3$、食人鱼、TOP等。供电电压为直流24V或12V。功率为3~18W。外壳材质及尺寸为PC乳白/透明,直径30/50/80mm。外壳形状为D形、圆形。长度为0.5m、0.8m、1.0m。

(2) 护栏灯质量注意事项

① 防水。一般都用硅胶密封,由于昼夜、四季气候变化大,不同材料膨胀系数不同,导致硅胶开裂或脱胶,雨水渗进内部,以致造成故障。解决方法是不仅外部要用硅胶密封,对内部电路和LED也要进行灌胶处理。

② 电气接头。不能使用塑胶接头,应选用质量较好的金属接头。

③ 防紫外线。外壳应选用防紫外线的PC料,用差的料在太阳光直射下会变黄,透光率大大下降,严重的还会裂开。

④ 线损。好的产品都会用$1mm^2$以上的导线,这样前后护栏管的电压差就小,否则会增加功耗,严重的会烧毁恒流电源芯片。

⑤ 散热。有不少护栏管产品的外罩和底座是一体的,全是塑料制品,如LED用量较多,当工作状态热平衡时,LED的结温已经很高,如果工作环境温度较高,LED的寿命就会大大降低。因此,最好用铝底座、铝基板,并使PCB或铝基板尽量贴紧铝底座,使LED的热量能通畅地传导到铝底座上。

⑥ 灌封胶的热导率要高,硬度也要适中。

17.4.3.2 灯柱

LED灯柱是用红、绿、蓝三种颜色的LED作为光源,4排LED光束透过乳白色PMMA透明圆管投射到灯柱内表面,经过多次反射和折射,从而形成混色光透出外壁,达到装饰照明效果。

LED灯柱外观宏伟、气派,灯柱内装有驱动电路,外部由控制器进行相应的控制。通过调制控制器的工作模式,可实现多种颜色及状态按一定程序变换,如色彩追逐、灰度变化,过渡渐变、七色变换等,从而产生柔和、统一、多彩的360°立体光感效果。

LED 灯柱可单根或多根联用，在控制台的控制下，可按照设计者的意愿实现各种效果。近年来，许多城市的广场、车站、码头、公园、十字路口、体育馆入口通道、街区、机场以及各种高档娱乐场所等，都有灯柱出现。不仅如此，室内型 LED 灯柱也开始流行起来。

LED 灯柱的主要参数（以银雨 LO－D1A500－6M 为例）如下。

（1）产品技术参数

光通量：2184.6lm。

工作环境温度：－20～＋50℃。

工作环境湿度：0%～95%。

防护等级：IP65。

（2）通信规格

通信协议：DMX512。

通信接口：RS－485。

控制器：SDL－109C－W 控制器。

输入信号连接端：四芯公接头。

输出信号连接端：四芯母接头。

（3）电气规格

输入电压：AC 100～240V。

最大功耗：662W。

工作电压：DC 12V。

（4）结构规格

LED 数量：5184（红 1728、绿 1728、蓝 1728）

外光源管材料：PE 塑料。

内光源管材料：PMMA（透明）塑料。

光柱管架材料：45#钢。

底座架和顶部灯罩材料：不锈钢。

光柱总高度：7200mm。

净重：260kg。

（5）安装与连接

先将灯柱立于地面上（室内）或固定于自备的基础上，并拧好螺钉。安装单个灯柱时，只需将控制器的信号输出端和灯柱的信号端子连接，电源线直接接电源即可。

如果是多个灯柱安装，则按图 17－14 所示方法连接。电源线并联，信号线串联。一个控制器最多可接 150 个灯柱，但每 4 个灯柱需加一个信号放大器。外置的控制器 SDL－109C 可由 DMX 控制台控制，每 10 个灯柱必须重接电源。

室内使用的 LED 灯柱，一般是桌上型，也有大厅内使用的，则要规格大一些。LO－POLE－250－12V 桌上型灯具主要参数如下：

LED 的颜色数量：R 36 个，G 36 个，B 36 个；光通量 44.17lm；最大功率 12W；工作电压 DC12V；最大工作电流 1.0A；产品尺寸 900mm×331mm；质量 3kg。

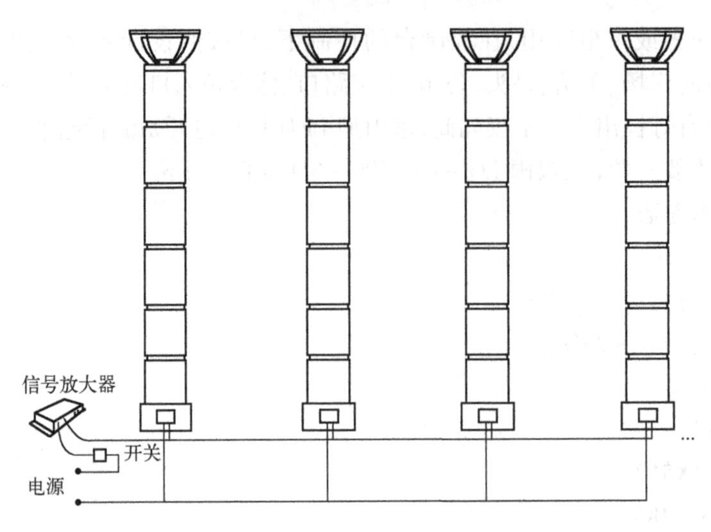

图 17-14 户外型灯柱安装示意图

17.4.3.3 幕墙灯

幕墙灯是通过 LED 像素点混色来达到由点到面的动态效果。幕墙灯可以接收控制系统的信号和指令,从而实现花样和场景的随意切换。

LED 幕墙灯以红、绿、蓝三种颜色的 LED 作为发光源、投射出发光角度为 100°的光束到 ABS 的内表面,经过多次反射和折射,透出面罩形成混色光。它内部连接驱动电路,外部接控制器,控制器内预设控制程序。通过调制控制器的工作模式,能进行颜色变幻、色彩追逐、过渡渐变、灰度变化和七彩变换等。

幕墙灯经过组合后,可以产生 LED 屏幕显示的效果,可显示文字、图像及梦幻般的动态效果,适合于酒吧、舞厅、以及大厦、广场等各种大型建筑装饰。对于喜欢追求时尚的现代家庭来说,用幕墙灯作为室内装饰,是一种比较前卫的装饰理念,可为室内设备以及家具增添更大的魅力。

最常用的幕墙灯有梦幻幕墙灯、超薄型幕墙灯和遥控幕墙灯三种。

(1) 梦幻幕墙灯(以真明丽 LP-LR-30×60-120/240V 为例)

① 技术参数。LED 144 个(R 48 个,G 48 个,B 48 个)。

光通量:70lm。

亮度:7400mcd。

工作环境湿度:-20~+45℃。

工作环境湿度:0%~95%。

防护等级:IP65。

② 电气规格。输入电压:AC 100~240V。

输出电压:DC 12V。

工作电流:1.4A。

最大功耗:16.8W

③ 结构规格。面罩材料:ABS 乳白色(抗紫外光)。

灯座材料:45#薄钢板(表面喷白处理)。

净质量:4.1kg。

(2) 超薄型幕墙灯(以真明丽 LR－A－30×30－24V 为例)

产品尺寸:30cm×30cm×1.5cm;安装支架0.8cm。

LED数量:84个(R 28个,G 28个,B 28个)。

PCB数量:4个,每个PCB上有LED数量21个。

输入电压:AC 220～240V。

额定功率:5.76W。

多种控制器:SL－400－1A×4;SL－41015A×60;SDL－109C×40。

(3) 遥控幕墙灯

LED遥控幕墙灯是在非遥控幕墙灯基础上增加了红外线遥控发射系统和接收系统,使用遥控器可对幕墙灯进行远端控制,达到手动控制时能够实现的全部调节功能。特别适用于酒吧、舞厅等地方。

17.4.3.4　线条灯

LED线条灯包括LED硬质轨道灯、LED电线灯和LED方管流星灯和LED旋转柜灯。

(1) LED硬质轨道灯

LED硬质轨道灯是一种高雅的直线型照明设备,可安装在建筑物的外墙、房间、阵列橱窗等地方,适合于个性化照明和装饰。它是将LED装在电路板上,再置于PC材料制成的轨道上,外面加上透明的塑料外壳制成的。灯条的一端是公接头,另一端是母接头,以便连接。利用固定夹或双面胶,就可以轻便地将其固定在任何平整的表面上。LED轨道灯以12V直流电运行,每只耗电0.5～1.5W,一旦投入使用后,几乎不用维修。

(2) LED电线灯

LED电线灯采用电线或柔性基板制成,具有亮度高、体积小以及柔韧、防水、节能等优点。可以弯曲,可用于室内外任何地方,只要用双面胶就可以固定安装,十分方便。在室外一般使用固定夹安装。需要注意的是,连接处一定要涂上硅胶。

(3) LED方管流星灯

类似于护栏灯,但它功率较小,仅限于室内应用,应与开关电源配套使用。

(4) LED旋转柜灯

LED旋转柜灯由轨道、镶嵌在轨道内的透明塑料管和设置在电路板上的LED制成。轨道安装在固定夹上,固定夹包括固定座和旋转座。

旋转柜灯的工作电压为24V。安全可靠,有多种颜色可供选择,可用于商店橱窗和展会主柜等。

17.4.3.5　水下灯

水下灯是指安装在喷泉、水景雕塑、瀑布、游泳池、河道等场所的水下,能够在水下进行特殊彩色照明的灯具。其工作环境对防水、绝缘等级有非常严格的要求,只允许采用标称电压不超过12V的安全超低电压供电的灯具。常用的水下灯有水底灯和游泳池灯两种。

(1) 水底灯

LED水底灯是一种以LED为光源,由红、蓝、绿组成混合颜色变化的水下照明灯具。可产生256级灰度变化,通过智能控制器达到同步效果,并可接入DMX控制台,用户可自己输入资料进行编程控制。

其外壳材质为铝合金或不锈钢,灯具密封可靠,可调节投光角度、位置,使之处于最佳投光位置,达到最满意的照明效果。它采用专门设计的开关电源供电,安全可靠,耗电少,寿命长,结实耐用。只需用一根电源线与控制系统相连接,安装、操作简单。

LED水底灯适用于喷水池中作为水面、水柱、水花的彩色灯光照明,使各色灯光交相辉映,绚丽多彩,达到美化环境、点缀城市的效果。水的导光作用增强了美化效果。

由于放在水中,只要做好防水,散热就不成问题,再加上功率一般也只在25W左右,所以寿命问题主要由防水措施决定。

(2) LED游泳池灯

LED游泳池灯是一种以LED为光源,由红、蓝、绿三色组成颜色变化的水下照明灯具。其外壳材质为不锈钢,采用耐热硅橡胶密封圈防水,灯具密封可靠,透光率高。采用12V开关电源,只需一根电源线,安装操作简单。采用直流12V供电,功率为25W,防水等级为IP68,一般安装在水面以下400~2000mm。产品尺寸为ϕ306.6mm×108mm。色彩效果有如下几种。

- 定色——静态单种颜色显示。
- 刷色——各种颜色逐渐变换,如同色轮回转。
- 交叉变色——几种颜色轮流变化。
- 定色频闪——一种颜色快速地以强光的形式闪烁。

小型号低功率的品种也可装在浴缸中,增加光色的享受。

17.4.3.6 像素灯

LED像素灯是根据显示屏的原理设计的一种像素光源,通过LED像素灯的混色来达到由点到面的显示效果。可接收计算机发出的信号和命令,对花样进行编辑和设置,并可实时传输数据,显示不同的图案、文字、字母或标志,从而实现与电脑显示器同步的视频效果。

灯的单元可以是单色的,也可以是多色的,多色的可作为变色使用,就可做成全彩的显示牌。

LED像素灯可根据用户的需求自行编排节目,与音乐相配合,震撼力强,可按节奏同时控制闪烁和多种变色动感效果,形成“多色彩、多亮点、多图案”的变化。不论置于室内或是室外,均能达到梦幻变化的效果。

17.4.3.7 投光灯

LED投光灯又叫投射灯、泛光灯,主要用于建筑装饰照明和室外投光。

分类方法有多种,按防护性质分有开启型、防溅型、保护型、封闭型。按透镜分有聚光型和发射型。按外形分有圆形,方形、长条形(又叫洗墙灯)。

投光灯主要应用于商场、宾馆、饭店、公园绿地、娱乐场所、旅游景点、建筑外墙、商业广场、舞台灯光和城市亮化工程等。制造和选购时应注意照明面有足够的照度和均匀度,要减少眩光和杂散光,要满足水平和垂直两个方向上的照度要求,造型要与环境协调,起到装饰美化的作用。近期又开发了可调节投射角度的旋转投光灯,使之处于最佳位置。

17.4.3.8 地埋灯

LED地埋灯又叫埋地灯,采用高亮度LED作光源,主要埋于地面,用作装饰或指示照明,还用作洗墙灯或照树灯。可实现对地板、墙壁的局部或大面积点状装饰照明用。特别适合于路面通道作引导指示照明,是最理想的道路指示灯。

其控制方式有外控和内控两种方式,市面上以内控居多。LED地埋灯采用精密铸铝壳体、不锈钢抛光面板、优质防水接头、柔性硅橡胶密封圈和经特殊加工处理的强化造型玻璃,具有防水、防尘、耐腐蚀等优点。色彩上有单色和七彩之分。工作电压为12V和24V直流。接口为DMX512。从防水等级上看,要求较高,一般为IP67。

基于以上特性,LED地埋灯可用于公园绿化带、住宅小区、步行街道;大厦广场、人行道、门廊、娱乐场所、旅游景点、主题公园、俱乐部等灯光亮化工程,主要起装饰、点缀的作用。

17.4.3.9 砖灯

LED砖灯包括LED发光地砖、LED地板灯、LED墙砖灯等产品。

LED大理石地砖灯的灯体材质为天然大理石或花岗石,外壳质硬耐磨,机械强度高,无毒无味,无污染,防滑、防潮,不褪色,安全可靠,耗电少。

LED发光地砖由高分子材料和坚硬的填充物制造而成,具有强度高、抗冲击、防酸、防碱、防爆、形体美观、寿命长等优点,适合于建筑物长期使用。莫氏硬度为80以上,灯体承重2000kg左右。

LED墙砖以LED为光源,采用铝制外壳,超薄设计,透光性好,防尘、防水,晶莹剔透,色彩亮丽,安装方便。它内置微型控制芯片,可实现同步、七彩渐变、跳变等多种变化方式。

LED地砖灯采用12V和24V低压直流供电。可用MDX控制台控制其全方位多变,展现出多种多样的效果,是现代、豪华、优质装饰品中的上乘选品。

LED地砖灯不仅适用于宾馆、酒店、广场、舞厅、公园、游乐场等公共场所的地板彩色灯光点缀,也适用于家庭、别墅等生活场所的装饰点缀。

17.4.3.10 树灯

LED树灯是以红、绿、蓝三种颜色的LED作光源,集美化、亮化为一体,可任意折叠或弯曲,是艺术造型和照明图案的最理想的灯饰品种。它功耗低、寿命长、使用安全。它采用低压直流电源12V。在室外,LED树灯可用于小路两旁、花园、公园、树木、建筑外墙等地方;在室内可用于迪斯科舞厅、酒店、宾馆、家庭等需要灯光装饰的地方。

灯具功率一般达24~48W。工作环境温度为-20~60℃。

17.4.3.11 水晶跑马灯

LED四线水晶跑马灯受SL-401控制器的控制,可产生七彩追逐的效果,输入电压为12V,工作环境温度-20~60℃可连接的最大器件数为150个,灯距为7.5~10cm,每单元功率0.24W,最大长度为11.25~22.5m,最大功率为36W。适用于桌沿、楼梯、栏杆、建筑物外墙、橱窗、店面等地方,也可用于休息室、山庄、酒吧、俱乐部等领域。

17.4.3.12 标志灯

LED 标志光源可作为背光源或字母灯,也可用于展厅、橱窗、建筑物的轮廓装饰照明等。

LED 标志光源主要包括扁带灯、柔性 PCB 背光源、方块背光源、食人鱼背光源等。

(1) 扁带灯

扁带灯是把许多 LED 安装在一条扁平透明的 PVC 扁带中,可以弯曲成任何形状,可用特别的固定夹固定在各种字母、图案上,以满足不同的设计要求。

LED 扁带灯广阔的视角使照明效果不产生“光斑”而且相当柔和。其采用直流电压 12V 的开关电源,其输出电流可以从 1 ~60A 不等。红色和黄色扁带每米的功率为 3.3W,白色、蓝色、绿色扁带灯每米的功率为 4.8W。

(2) 硅胶柔性扁带灯

它是将柔性 PCB、硅胶套及 LED 组合而成,它除了有上述 LED 扁带灯优点外,最突出的优点是灯体可进行 360°的弯折,其防水等级可达 IP44,可在户外使用。

(3) PCB 背光源

PCB 背光源又分直立式 PCB 背光源和柔性 PCB 背光源。直立式 PCB 背光源是一种可剪断延长式的背光型照明系统。其色彩绚丽,安装方便,适用于招牌、招牌字、广告牌、警示牌、门牌、指示牌等背光源。颜色可采用各种单色。柔性 PCB 背光源由柔性 PCB 和 LED 组成,其中柔性线路板可进行任何角度的弯曲,LED 器件焊在线路板上。最近还有将芯片直接安装在柔性 PCB 上的产品投入市场。可采用固定夹或者双面胶固定。

(4) 方块背光源

每个单元由 6 个带 LED 的方块器件用导线连接而成。它适合用作室内各种图案、字母、文字的背光源,注意室外使用的 LED 方块背光源外壳必须防水。通常这种方块 LED 背光源可看作方块形平面管。方块背光源的工作电流为 20mA/单元,耗电量为 0.48W/单元。配套使用的开关电源输入电压为 100 ~240V,输出电压为 DC24V。开关电源最多可带 30 个单元。

为满足特殊背光源的需要,许多公司开发了 1W 级的方块大功率 LED 背光源。采用铝皮作外壳的散热较好,另一种是塑料外壳的。驱动电流为 350mA。

17.4.4 LED 景观照明典型工程

17.4.4.1 上海东方明珠的艺术灯光工程

该工程于 2003 年 10 月 1 日建成,采用超高亮 LED 全彩光源。光源直径为 28cm,内用 ϕ5 LED 红、绿、蓝各 220 个,共 660 个。控制结构为四级控制:一个主控制器,二个球体控制器,16 个分控制器,576 个控制驱动器。整个系统共有 576 个 LED 光源,一套演播软件。设计理念是不同季节不同色调、每晚不同时段有不同节奏,有魔幻色彩效果。春夏秋冬四季分别以绿、蓝、黄、红为主色调。还编辑了如红日闹海、彩球腾飞,上红下蓝;九天坠流星、银珠落玉盘、流星飞舞等 6 个主题,每个时段有主旋律。球体上 36×10 个 LED 光源可供演播字符、文字。工程主要特点是:

(1)采用嵌入式控制技术。

(2)LED 节能,功率低,绿色环保。原用传统灯具每个灯 250W,现用 LED 光源,仅 52.8W,省电 113.6kW。

(3)系统可靠性高,免维护。

(4)灯光节目变化丰富,可不断进行后期编排,自由灵活;还可临时增加节目,根据实时需要,演播文字和图案。

17.4.4.2 “水立方”艺术灯光景观

水立方——国家游泳中心的艺术灯光景观是所有奥运场馆中最重大的景观灯光工程,是全球标志性的景观灯光项目,使用了50万颗大功率LED,构成世界上最大的LED艺术灯光工程。它已成为建筑景观照明领域的里程碑,大功率LED应用领域的里程碑,LED分布式控制领域的里程碑。由上海广茂达艺术灯光景观工程公司负责系统设计,研发、生产、安装和调试。已申请近十项专利,节能80%以上。水立方每天晚上将穿上不同的美丽衣服,展现不一样的美丽心情。水立方艺术灯光景观是中国人民用自己的智慧和汗水实现“科技奥运、人文奥运、绿色奥运”理念的卓越典范。

水立方总建筑面积达79532m^2,与中轴线另一侧的国家体育场“鸟巢”遥相呼应、相得益彰。可容纳17000个座位,满足了2008奥运会所有游泳赛事。

设计主题:方之韵、水之美。

设计理念:个性化、人性化、艺术化。

系统概述:国家旅游中心以“水立方”命名,以“水”为设计灵感和主题,其核心创意为力图营造一个以“水”为生命的空间,容纳人的各种与水相关的活动,让人充分享受水带来的各种美和快乐。

水立方的景观照明理念完全吻合水的“可变”特质的理念。把整个气枕设计成一个巨大的水分子,它可以整体变化亮度和色彩;每一个气枕又可单独控制,可以单独变化色彩,变化亮度;每个灯具可以单独控制亮度和色彩变化;每个灯具内模块也可以变化亮度和色彩。就像一个巨大的水立方包含着许多个小的水分子,采用先进的控制系统可以控制每一个灯具内小小的LED模块,这样使整个水立方都动了起来,每一处的水都灵活了起来,真正地体现了水的变换、水的灵动。

投资5100万元人民币的水立方LED景观照明系统面积达50000m^2,安装了50万颗功率型LED,国产控制系统得到集成应用,成为中国乃至世界LED应用范例里单体最大的LED建筑景观照明工程。

水立方以其变幻莫测、光彩夺目的形象赢得了世人的瞩目。我们不但能看到蓝莹莹的充满气泡的“方砖”,还能看见彩色的游鱼悠闲地在“水”里游动,甚至看到水波一圈一圈荡漾开去。奥运会开幕时,水立方模拟出燃烧的熊熊圣火、七彩的烟花、中华民族象征的巨龙、欢迎世界人民的“Welcome”。充分体现了本届奥运会“同一个世界,同一个梦想”的精神。

17.4.4.3 “鸟巢”LED景观照明

“鸟巢”是国家体育场,奥运会的主赛场,开幕式、闭幕式均在这里进行。

“鸟巢”的灯光彩衣经历了颠覆传统光源照明,采用LED照明的大转变。几经修改论证,最终采用24万个功率LED装饰心脏部分,以LED的光电特性体现“鸟巢”灯光效果中跳跃、动感的部分。其鲜艳的色彩表达“中国红”的文化韵味;鸟巢夜景照明采用创新技术,功率LED高效节能、完美地还原中国红,采用的智能总控系统可方便地实现不同场景的转换。良业照明攻克了“红墙色彩还原和照度均匀度”、“钢结构均匀度和眩光控制之间的平衡”等众多技术难题,在奥运会期间向来自世界各地的运动员和观众展现了国家体育场光与影的魅力。

鸟巢建筑架构的阳刚之气与身旁的水立方的宁静、娇柔、祥和、内敛相呼应,构成一个和谐的整体。夜晚,通过光的雕刻和展现,更给这一对建筑以生命和力量。

17.4.4.4 无锡崇安寺夜景照明

崇安寺是无锡著名商贸中心、旅游区。2004 年 8 月区政府以“传承历史文脉、营造宜人环境、挖掘商业和旅游价值、提升城市品味”为指导,实施灯光工程,历时 2 年,于 2006 年 10 月竣工,形成“融特色商店、餐饮、旅游、休闲”于一体的环境优美、设施完善的新型商业旅游繁华区。

1. 设计原则

(1) 以人为本。从景观环境的使用者、活动的参与者出发,以人为本,创造舒适宜人的夜间光环境。

(2) 以历史文化为导向。历史和文化内涵是崇安寺地区的核心,只有符合历史文化特色的夜景才能做到“锦上添花”。

(3) 以建筑和环境设计为依托。建筑和环境设计是景观照明表现的载体,通过对建筑和环境的理解,合理设置灯光布局,采用适宜的照明方式。夜景照明设计注重整体性并突出重点,对重点景点加以重点表现,做到“点、线、面”相结合。

(4) 以“绿色照明”为引领,实现照明节能减排。夜景照明宜采用高效、节能的光源和灯具、配光合理、照度适宜,控制光污染,形成可持续发展。

2. 总体规划

(1) 夜景定位

富于历史与文化气息的现代化商业街区。

(2) 设计构思

崇安寺地区汇集了古建筑,现代仿古建筑、园林、城市公园等建筑景观元素,又具有历史、民间风俗、商业旅游以及佛教、道教等多重文化内涵,固态的建筑景观与丰富的文化内涵相融合。营造富于历史与文化气息的现代化休闲商业街区是景观照明设计表现的主题。

(3) 整体规划

三个轴线一个中心。

① 历史文化主轴。洞虚宫轴线是崇安寺地区历史文化内涵的集中体现,这里不仅有保护完好的阿炳故居、钟楼(图书馆)、玉皇殿等历史古迹。还在建筑和景观设计中布置了大型广场,可以满足大型集会和节庆表演的需要。

② 特色商业主轴。皇亭街轴线是由佛寺轴线演化而成的,经人民路入口牌坊开始,依次有过街楼、皇亭和崇安阁等大型建筑,轴线清晰,特别是崇安阁成为此轴线的标志性景观。

③ 水街灯光主轴。由中山路入口进入崇安寺地区,是由水景为主要景观特色的“水街”,步行街中央一条流水,水上布置有小桥,街道两侧均为商业门店,极具江南气息。这一轴线的夜景通过对水体的照明,营造富有情趣的夜间环境。

(4) 夜间亮度分布

为了防止光污染,避免盲目比亮,整个崇安寺地区夜间亮度合理分布。夜间亮度分布依次为建筑、步行街、广场、园林绿化。

历史文脉洞虚宫轴线是崇安寺最重要的部分，其中钟楼(图书馆)、玉皇殿等历史古迹最亮；皇亭街轴线中皇亭、崇安阁等仿古建筑为较亮；其他新建的建筑为亮；步行街、广场建筑为较暗；园林绿化为较暗，光影斑驳，突出立体感。

(5) 颜色控制

① 功能性照明。自然的光色和良好的显色性是功能性照明的基本要求，崇安寺地区涉及功能性照明的元素包括步行街、广场和城市公园内的公共活动空间等，这些区域照明均采用中间色温(4000K 左右)的白光，为游人提供了安全、舒适的夜间环境。

② 装饰性照明。崇安寺地区的装饰性照明包括建筑物外观、绿化、水体和灯光表演等方面，装饰性照明应针对不同的表现对象，采用合理的光色。

建筑物照明是装饰性照明的主体，其外观照明的光色在整体上采用暖白光。对于不同建筑和建筑的不同部位，通过光源色温的变化来营造丰富的照明效果。

绿化的照明使用白光，有利于对植物自然形态和色泽的表现。

水体景观是崇安寺地区景观的灵魂，对水体的照明采用绚丽的彩色光线，通过智能化的控制手段实现颜色的变化，增强夜间环境的魅力。

控制策略为：坚持"以人为本"和"绿色照明"的原则，控制好夜景照明的照度和亮度，控制光污染，坚持可持续发展原则。同时，突出重点，主次分明，创造精品。

从节能的角度考虑，将整个街区的夜景照明控制模式设定为：重大节日，开启全部灯光设备；节假日，开启部分灯光设备，包括功能性照明和部分景观照明设备；平常日，开启部分灯光设备，主要为功能性照明设备和街景。

当灯光全部打开时，营造出以商贸、休闲和住宅三位一体的整个街区璀璨的夜景，熠熠生辉；而部分开灯时，保证基本的功能性照明，重点突出数个节点。

因而，通过智能灯光控制，动静结合，实现"点、线、面"结合的综合景观体系。

夜景照明是以规划设计为龙头、以科技创新为关键、以系统管理为驱动的一项系统工程，只有认真做好每一个环节的工作，才能实现良好的照明效果。如 2008 年圣诞节，西班牙首都马德里在灯光设计师统一筹划下，利用 LED 体积小、易于设计以及色彩丰富的特点，创意设计了千姿百态、五光十色的街灯使人身临其境，如入梦幻仙境。

17.4.5 景观照明走向规范化

LED 在奥运场馆的成功运用，表示着 LED 照明在景观照明方面的技术已趋成熟。目前 LED 景观照明的地区性标准已有制定，如《天津市城市夜景照明技术规范》(DB 29—71—2004)，重庆市城市夜景照明技术规范(DB 50/T234—2006)，厦门、北京、上海等地的技术规范也相继编制完成。这些规范，都在总结经验的基础上，根据各自的地域和城市文化特点，为各地景观照明规划，设计、创意、施工、管理、验收单位和人员提供了科学的工作考核依据。景观照明的规范化必将促进市场的健康发展，迎来 LED 新的发展高峰。

17.5 手机应用

如果说手机是 IT 产业中的黑马，那么手机上 LED 的应用更是黑马。2001 年手机上应用的 LED 占 HBLED 总量的 29%,比例逐年增长到 2004 年已达 37 亿美元中的 58%,达到 21 亿 5 千万美元,每年增长 10%。

由于 LED 的省电和结构小巧、紧凑,它不仅作为手机按键背光,也用作 LCD 面板背光源,特别是彩屏背光源。2005 年手机市场的 85% 是彩屏,许多还是双屏。其中 50% 带有 LED 闪光灯照相功能。蓝光背光源比例虽然下降,但绝对数量还是增加,而白光背光源比例大幅度上升。还有一种应用是颜色可变的手机状态指示灯。

一部普通的手机需用 10 只 LED,而彩屏和带有照相功能的手机则需用 LED 20 只,2006 年,手机销售量约 7.6 亿部,LED 使用量达 120 ~ 140 亿只,2007 年手机生产会达到 12 亿部,LED 使用量达到 240 亿只。

3G 手机对 LED 技术提出了新的挑战,它是能处理图像、音系、视频信息的新一代移动通信系统,手机画面显示越来越精细,屏幕越来越大,清晰度也越来越高,对 LED 背光源提出了更高的要求。如 CISN LED 彩屏手机要求亮度是 2000 ~ 4000cd/m^2,薄膜晶体管 LED 彩屏手机要求亮度是 4000 ~ 6000cd/m^2,而 3G 手机彩屏要求 8000cd/m^2 以上,对 LED 的亮度和数量要求都有较大的提高。

我国是手机生产大国和消费大国,当然 LED 用量也很可观。

总之,从发展情况看,手机应用仍是 HBLED 应用的主要市场之一。

17.6 汽车用灯

车用 LED 灯具与传统光源卤素灯灯具相比,具有节电、小型、可平面安装、快速响应、耐振动、长寿命等明显优点,目前全世界范围内都在大力开发车用 LED 灯具。

汽车灯具对于安全行驶起着重要作用。以其功能可分为两大类:第一类是信号灯具,主要功能是显示车辆的存在和传达车辆行驶状态的信息。汽车上的信号灯具种类很多,如表示汽车存在的前、后位灯,传达汽车转向信息的前、后转向灯,传达汽车制动信息的制动灯、高位刹车灯,表示汽车正在倒车的倒车灯等。此外还有配光用灯和装饰用灯,配光灯适用于代表指示灯背光显示、雾灯、阅读灯等装饰灯,主要用于汽车灯光色彩变换,起车内外美化作用。第二类是照明灯具,主要功能是对行驶道路、交通标志、其他车辆和行人进行照明。

显然,第一类信号灯具是色光灯具为主,功率也较小,使用色光 LED 节能效果最好,寿命长、免维修效果也较好。奔驰、宝马、奥迪、丰田、本田等品牌在其中、高档车系中已广泛应用信号灯,并为德国海拉、日本小糸等汽车灯具行业厂商合作开发,欧洲和韩国的固态照明规划更将车用 LED 灯作为主要开发应用对象。

高位刹车灯因为是选装件,所以是推广应用最早、发展最快的 LED 灯具。国际上以通用、福特的用量最大。国内小糸车灯有限公司自 1999 年开始将 LED 高位刹车灯应用于桑塔纳系列轿车上,累计已生产一百多万套。近几年每年开发 20 ~ 30 种车用信号灯,已大批装车生产,发展甚快,在马路上行驶的汽车中,使用 LED 信号灯的已占 30% ~ 40%。我国 LED 车灯今年产值将达 25 亿元,基本上都是汽车信号灯。使用器件主要是食人鱼 LED。

第二类汽车照明灯具国内尚在研制中,国外研制启动较早,据 2003 年 SAE International 报道,国外已研制出全 LED 汽车前照灯样品,其近光束能产生 19000cd 的光强和 500lm 的光通量输出。日本丰田合成公司制作的汽车前照灯包括高光束、低光束和日间运行灯(Day-time

Running Light，DRL，欧洲许多国家规定白天开车时 DRL 必须亮灯，据统计，能减少安全事故）。高光、低光共有 1000lm，LED 的发光效率为 25lm/W。此外日本 Stanley 电气公司和美国 Lumileds Lighting 等公司也都展示过汽车前照灯。全球主要车用 LED 厂家为 Philips Lumileds lighting 公司、日亚公司、Osnam 公司，这三家公司占全球市场份额的 55%。

目前总的情况是第一类汽车信号 LED 灯具技术上已经成熟，开始进入市场拓展阶段，每年将有稳步增长。第二类汽车照明 LED 灯具经过几年的研制已取得突破，已有几个品牌，多种型号的 LED 汽车前照灯投入批量生产并装车使用，奥迪 A8 6.0 首先使用 LED 作为汽车白天行驶前照灯。2007 年丰田的 Luxus LS 600h 车采用日亚功率 LED 器件制作的低束前照灯进入批量生产。2007 年奥迪 R8 又采用 Philips Lumiled Lighting 功率器件制作的高、低束 LED 前照灯投产。2008 年交通用 Cadillac 车使用 Osram 功率 LED 器件制成的高、低束光前照灯投入生产。相信随着 LED 发光效率的迅速提高和成本的下降，市场拓展的速度将日益加快。

汽车前照灯的智能化，也是 LED 前照灯发展方向。奔驰推出新一代 S 级智能型 LED 前照灯，由 56 颗 LED 组成，具备主动转向照明、转弯辅助照明、乡村模式、高速公路和浓雾模式。还具有下面三种功能：(1)在时速 30km 以上且路面没有路灯情况下会自动启动。(2)车前雷达和主体摄像机的信息会对灯中 LED 进行点亮、熄灭或者调整亮度，以实现自动调整照射范围的功能。它独特的遮光功能可自动避开对方车辆和前方同方向车辆（而同时照亮左、右方）。(3)当前方 160m 内有行人热源时会自动闪光三次，提示注意安全，而对动物则不会。

奥迪则推出 A8/58 矩阵式 LED 前照灯，25 个 LED 单体可单独地自动开启或者关闭。由 12 个灯组组成，加上灯组前的透镜和反光镜来控制 LED 单体以调整照明角度和范围。当光源传感器、导航系统与摄像头协同工作，可自动调整以避免照射对方和前方的车辆，使其他驾驶员避免照射刺眼的强光。当夜视辅助系统发现前方有行人时，相应灯组会闪光三次。

汽车 LED 前照灯的商品化将是半导体照明市场的主要推动力之一，年产汽车 9500 万辆的数字非常引人注目。

17.7 LCD 显示背光源

严格地讲，LCD 显示 LED 背光源应该是包括手机上 LCD 显示 LED 背光源，而且是最早成功应用，并很快全面推广，而且占用 HBLED 58% 的市场，可谓 LED 应用产品的范例。我们可以把它列为 LCD 显示 LED 背光源的四类中最小的一类，见表 17-20。

表 17-20 LCD 显示 LED 背光源分类(2008)

分　类	小(<3.5 英寸)	中小(5～10 英寸)	中大(12～24 英寸)	大(25～102 英寸)
产品用途	手机、MP4 等	袖珍 DVD、车用面板、电子相框	笔记本电脑、计算机、监视器、电视	电视机
LED 种类	白光 LED	白光 LED	白光 LED、RGB LED	RGB LED，白光
市场状况	100%	70%～80%	2%	0.3%

传统的 LCD 显示背光源都采用冷阴极荧光管(CCFL)为光源，其缺点是有汞，且显色质量没有 LED 背光源好。CCFL 的显色范围仅为 NTSC 颜色范围的 70%，白光 LED 背光源可达 78%，改进后有可能达 90%，而 RGBLED 背光源色彩饱和度可达 105%～130%，相比之下，传统的 CRT 只有 85%，所以可以大大提高人们美好的视觉享受。

17.7.1 小尺寸面板背光源的技术和市场状况

目前用于手机、MP4等小于3.5英寸的小尺寸LCD面板,已完全成为LED背光源的天下,市场容量达到100%。此类LED背光源使用的LED,全是蓝光LED芯片涂以YAG-Ce荧光粉的通用白光LED,一般即可达到色彩饱和度78%。如加以改进,如用蓝光激发红色、绿色荧光粉,或用紫外光LED激发红、绿、蓝三基色荧光粉,则有望使其提高至90%。

17.7.2 中小尺寸面板背光源的技术和市场状况

中小尺寸所谓的泛7英寸LCD面板(包含5、7、8、9、10英寸等),则是目前LED背光源正在快速扩张的领域,主要应用市场包含便携式DVD播放机、车用面板、电子相框等。2006年市场容量仅为10%~20%,今年有望快速增长至70%~80%。随着LED发光效率的提高和价格的下降,市场占有率可能很快就会为100%。

LED背光源泛7英寸LCD面板的市场占有率之所以快速攀升,其主要原因就是近来LED成本快速降低。一是发光量增加后所用器件减少,二是LED器件价格本身就下降快速。以泛7英寸而言,目前采用LED背光的成本仅此采用CCFL高出10%左右,而泛7英寸也刚好是所有LCD面板中跌价最快的一个市场。

这一类LED背光源由于对显示质量需求不是太高,所以还是采用的通用型白光LED。

17.7.3 中大尺寸面板背光源的技术和市场状况

中大尺寸型LCD面板,包括12、13、15、17、19、22、24英寸范围,LED背光源的市场则视应用不同而有所差异。这些尺寸应用产品主要是笔记本电脑(NB)、计算机监视器和小型电视机。在这里也遵循技术解决程度和市场占有程度由小向大循序发展的规律。

耗电和体积一向是笔记本电脑最关注的条件,当前LED背光源用在这一尺寸(12~15英寸)范围不仅能省电,还能使计算机减薄,质量也可减轻,再加上还有显示效果更佳的加乘效果,使得LED背光已在笔记本电脑市场中迅速蔓延。2008年市场占有率可达13.5%。苹果公司宣称所生产NB计算机将全部采用LED背光源,戴尔、东芝、富士通、索尼、HP等大公司也不断推出新款采用LED背光源的笔记本电脑。

LED Inside于近期发表的调查报告表明,预计2009年笔记本电脑采用LED背光源的比例将上升到30%,2010年将会翻一番达到60%。对此,中国台湾笔记本电脑厂商更为乐观,预估比例会提升到50%。而在2008年9月戴尔就已经宣布在未来12个月内将全线换装LED背光液晶屏幕,到2008年12月15日起,2/3的戴尔Latitude E系列商务笔记本电脑都会将无汞LED背光技术作为标配。宏碁也随后宣布,2009年起,14.1英寸以下主力笔记本电脑将全面导入LED背光源。

在这一尺寸领域的技术开发方面主要是更薄、更轻、更省力。所用LED也还是白光LED,主要改进是采用更薄的导光板。

LED背光的显示器和监视器主要是集中在普通家庭和桌面办公系统,2008年仅占市场的2%,比例不高,但到2008年下半年,其成本已与CCFL相当(采用白光LED)。加之对环保、节能诉求的日益增强,韩国等液晶面板厂家以及各监视器大厂,纷纷推出基于白光LED

背光源的产品。此外在高端应用市场，如图像处理、绘图、游戏、医用等高端或特殊专业应用领域，由于对监视器价格考虑不是第一位的，采用RGB LED 色彩效果大幅度改善，LED 背光监视器将大有用武之地，自 2005 年之后就已逐步得到应用。已有多款 RGB LED 背光的 20 英寸以上的专用监视器上市。三星公司的产品发布于 2007 年年初，色域范围达到 114%，主要面向专业级客户。而优派的产品发布于 2008 年 3 月，其色域达到 120%，并具有 12000:1 的高对比度。

随着现今对监视器显示品质要求的提高，如动态对比度、快速响应及拖尾现象消除、高色彩还原性、低功耗等，也开始采用动态背光区域控制、背光扫描、温度和色彩反馈系统等新技术。

在 25 英寸以下的液晶电视中，由于在平板电视中已不是主导产品，所以处于不上不下的位置，市场不大而价格又不低，从今后来看也不是家用电视机的主流。

17.7.4 大尺寸面板背光源的技术和市场状况

25 英寸以上的 LED 背光源 LCD 显示屏主要用于平板电视机。日本索尼公司最早于 2004 年 11 月就推出了与 Lumileds 合作研制的全球第一款以白光 LED 为背光源的 46/40 英寸 LCD TV（Qualia 005）系列，韩国三星公司亦与 Lumileds 合作，于 2004 年年底推出 46 英寸的 LED 背光源 LCD TV 产品，且将 LED 数量降低至 200 颗的 RGB 模块。三星于 2006 年 8 月在欧洲推出 40 英寸 LCD TV（LED 背光），售价每台 3000 美元。2007 年 6 月 18 日又在全球推出 70 英寸高清 LED 背光的 LCD TV，可降低功耗 50%，最低仅 50W，据说每台 35000 美元。日本索尼继 2004 年推出 40/46 英寸 LED 背光 LCD TV 后，时隔 3 年 2007 年 11 月 20 日也推出了 70 英寸的 LED 背光 LCD TV，发光效率提高了 1.6 倍，色彩饱和度可达 NTSC 的 126%。在尺寸追求方面，Osram 曾于 2005 年 5 月制成 82 英寸的 LED 背光 LCD TV，紧接着 2006 年 1 月三星公司也制成 82 英寸的 LED 背光源 LCD TV。2006 年 6 月 Osram 又制成 102 英寸的 LED 背光的 LCD TV。国内京东方、海信、上广电都研制出 36～46 英寸的 LED 背光 LCD TV 样机。2008 年 7 月 9 日，海信公司宣布 42 英寸 LED 背光 LCD TV TLM42T08GP 批量上市，其厚度为 55mm，仅为普通采用 CCFL 的 LCD TV 厚度的一半。

至今，德国 Osram 研制的 LED 背光最具成功代表性。2006 年，Osram 推出金龙（Golden Dragon）系列的 ARGUS LED，可用于 32～102 英寸 LCD 面板背光源。该系列产品整合了 Osram 的ARGUS 透镜和薄形金龙 LED，可提供白、红、绿、蓝等色彩，具有亮度均匀和高亮度的特性。如 Osram 开发的迄今为止尺寸最大的 102 英寸 LED 背光模组，采用 RGB 三基色混光，配备了 433 个 LED 组件（红色与蓝色 LED 各 433 个，绿色 LED 866 个），背光模组的亮度达 6000cd/m^2，耗电量为 770W，色彩饱和度（NTSC）达 110%，亮度均匀性为 85%，厚度不到 40mm。

2007 年以来的 2 年内，随着近几年 LED 效率的不断提高，同时在 LED 选型及二次光学设计、LED 背光模组设计、热学管理设计、驱动控制技术等方面也不断提出新的技术和解决方案，使得利用 LED 点光源的特点，逐步解决了 LED 光源发光效率不足引起的功耗大、散热难等问题，并带来了 LCD TV 整体性能的大幅提升，在成本上也大大下降，为大批量进入市场做好了技术和成本方面的准备。预计在 2009 年 LED 背光 LCD TV 市场将正式启动，LED 背光

LCD TV 将达到 330 万台,但仅占 1.4 亿台 LCD TV 的 2.4%,2010 年达到 1000 万台,2012 年将达到 5230 万台,占 2.1 亿台 LCD TV 的 25%。目前 2.19 亿台已全用 LED 背光,主流产品向 60 英寸发展。

17.8 通用照明

通用照明的范围很宽,如图 17-15 所示。

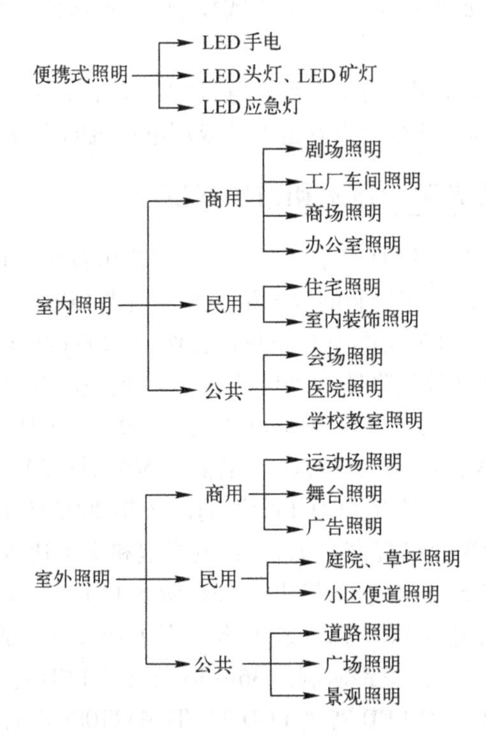

图 17-15 通用照明的范围

17.8.1 便携式照明

最早作为 LED 照明进入市场的就是便携式照明,主要包括 LED 手电、LED 头灯、LED 矿灯以及 LED 应急灯。

17.8.1.1 LED 手电

2004 年市面上开始出现 LED 手电,基本上都是 $\phi5$ LED 制成的,规模比较大,在宁波地区有一个 10 亿元产值的产业群兴起,产值最多的一家公司产值就达 2 亿元,主要是出口。目前产品越来越精制,LED 也开始转用功率器件,出光量较以前提高了许多,寿命也更长了。

17.8.1.2 头灯、矿灯

头灯一般是供旅游者、洞穴探险者和钓鱼爱好者使用,主要也是供给国外,技术含量不高,目前也转向用功率 LED。

LED 矿灯在我国已得到很好的推广应用，直接关系到千万矿工生命的煤矿安全。据统计，2004 年官方公布的矿难死亡人数为 6027 人。2005 年国家拨款 30 亿进行技术改造，安监局升格为安监总局，但形势依然严峻。2008 年上半年的死亡人数比去年同期上升了 3.3%，达到 2672 人。据不完全统计，中国矿难的直接原因 80% 是因为传统矿灯打火引起的。LED 矿灯的应用大大降低了因为矿灯灯泡爆炸和井下拆换矿灯引爆瓦斯造成矿难的概率。

早期 LED 矿灯开发采用 ϕ5 LED，照度不够理想，仅 700lx，2005 年用上了功率型 LED，以锂电池为电源，照度达到 1500lx 以上，而且质量在 200g 左右，仅为传统矿灯的 1/10。可靠性和便利性都达到了实用水平，并在同年开始大规模推广应用，已经形成一个 50 亿元规模的大功率 LED 应用市场。表 17－21 是 LED 矿灯和传统矿灯的比较。

表 17－21　LED 矿灯和传统矿灯（灯泡型）的比较

矿灯类型	质　量	防爆性能	发光效率	光源寿命	维护费用	灯光特点
传统矿灯	2500g	可能爆炸	8lm/W	150h	未维护	11h 发亮后暗
LED 矿灯	200g	不会爆炸	40lm/W	10000h	免维护	11h 亮度一致

随着 LED 的技术进步，LED 矿灯也会随之发展，随着发光效率的提高，还可缩小电池容量，直接装到安全帽上，减轻矿工负担。其次还可多功能化，如加上瓦斯检测、报警、人员定位、语音通信甚至人员考勤等功能。

17.8.1.3　LED 应急灯

LED 应急灯有车用、家用、单位用多种，按应用场合大小，因此功率大小也不尽相同，少则 3～6W，家用的可达 10W 左右，而单位的可达 20W。一般都用于电池，少量采用充电电池。由于既无规格，又无标准，所以市场很难规范。市面上产品品种不少，但还未成规模。

17.8.2　室内照明

室内照明分商用的剧场照明、工厂车间照明、商场照明和办公室照明、民用的住宅照明和室内装饰照明以及公共的会场照明、医院照明、学校教室照明。

17.8.2.1　办公室照明

办公室的环境很大程度上会影响到工作人员的工作效率，照明乃是重要因素。采用合适的光源，精心设计，使办公室的工作人员有一个明亮舒适的光环境。

办公室的不同功能分布，照明概念是不同的。办公室的分类按功能模式分主要有五类：集中办公区、单元办公区、会议办公区、综合办公区和公共区域。一个公司的办公室一般至少包含其中的两类区域，综合型的办公室则包含了其中的所有类别。

（1）集中办公区

所谓集中办公区，是许多人共用的大空间，也是一个组织的主要运行部分，经常根据部门或不同的工作分区，也可用办公家具或隔板分隔成小空间。该部分对成本要求较高，应建设得尽可能经济。

通常,集中办公区主要从事重复性的程序化工作,较少的变化和交流,每一名员工的职责明确、分工清晰;组织内部层次分明,员工的自由度少。其包含的基本区域有:大空间办公室、行政部门办公室、普通办公室,寻呼中心和服务中心等。

该类型的办公室,其照明通常可划分为两类:一类是“普通集中办公区”,通常要求照度均匀、照明质量适中、灯具不醒目、眩光要求一般,并通常采用手动控制;另一类是“高档集中办公区”,通常要求照度均匀,除采用直接照明灯具外,还经常采用间接照明灯具,眩光要求较高,并采用照明控制系统,与天然采光相配合,纳入大楼智能管理系统。通常,集中办公区所要达到的主要照明质量的技术指标见表17-22。

表17-22 集中办公区需要达到的主要照明技术指标

技术参数	指标值
照度水平	500~1000lx照度(随视觉要求、安全要求、心理和生理要求而定)
均匀性(E_{min}/E_{ave})	大于0.8(非工作区域的照度不应小于工作区域的50%,最小应大于350lx)
光源色温(T_c)	色温应在3500~4100K
显色指数(R_a)	应大于80

(2) 单元办公区

单元办公区,是指在该区域中,员工能非常专注地工作,同事间较少沟通,便于员工集中注意力。同时经常会有客户洽谈、访问公司,因此该区域注重美观和气氛的营造,往往初始成本较高。

通常的主管(经理)办公室和其他单元办公室可纳入此类。一般个人的自主权越高,其办公室融合会议、会见等功能的概率越高,其尺寸也通常以室内设计的模式为基础。

该类型的办公室,其照明通常也可分为两类:一类是“普通单元办公区”,在该区域中,要求照度均匀一致,灯具的选用与天花板有关,只设置一种开关模式。另一类是“高档单元办公区”,该部分的灯具选用通常与家具和环境有关,同时采用直接照明和间接照明灯具,甚至是智能照明控制系统。可根据活动的要求选择场景开关控制模式,并为大楼智能管理系统相连。单元办公区的主要照明质量的技术指标见表17-23。

表17-23 单元办公区需要达到的主要照明质量的技术指标

技术参数	指标值
照度水平	总体照明250~500lx;工作照明500~750lx
均匀性(E_{min}/E_{ave})	工作区照度均匀度大于0.8
光源室温(T_c)	色温应在3500~4100K
显色指数(R_a)	应大于80

(3) 会议办公区

会议办公区是公司内员工进行讨论交流和沟通的地方。该区域的功能主要是:内部/外部会议、讲座、声像演示,以及会议室(厅)和电视会议室等。其照明也可分为两类。一类是“普通会议办公区”，该区域通常要求内部空间照度均匀一致，白板采用重点照明，并加设简单的开关及调光装置；另一类是“高档会议办公区”，该区域通常是室内设计的重点，主要采用重点照明营造气氛，注意舒适的感觉，并根据活动要求开关或调光，使用多种照明光源，设置场景。会议办公区需要达到的主要照明质量的技术指标见表17－24。

表17－24 会议办公区需要达到的主要照明质量的技术指标

技术参数	指标值
照度水平	工作照明500～750lx
均匀性(E_{min}/E_{ave})	工作区照度均匀度大于0.8
光源室温(T_c)	色温应在3500～4100K
显色指数(R_a)	应当大于80

同时应该注意的是，在会议室内，普通照明应为会议桌提供足够的照度；有窗户的会议室，应为背窗而坐的人提供足够的面部垂直照度；对没有窗户的会议室，可考虑设计一个人工照明窗户，以避免造成幽闭恐惧的感觉。

为方便使用，在会议室内往往会采用照明控制系统，为会议室的不同功能需要提供不同的照度水平，这可以是简单的遥控开关，也可以是复杂的智能调光系统，并提供不同的照明场景。同时，会议室的照明应与其他办公区域基本一致。

(4) 综合办公区

在近年来的办公室设计中，开始引入综合办公区。该区域集中了工作和交流功能，员工采用集中而又宽松的工作方式，共同承担职责，强调团队精神，是现代化组织的办公形式，也是目前办公区域的趋势。采用该类型的办公室既方便工作人员间沟通，又便于集中精力。其典型对象是：广告代理商、建筑师/顾问公司、电视编辑办公室、新闻和报纸编辑、工程队伍等。其照明通常也可划分为两类。一类是“普通综合办公区”，其主要要求具有良好的照明质量、照度均匀，光环境舒适，低眩光，灯具不突兀，不同区域采用不同的照明水平。另一类是“高档综合办公区”，主要采用普通照明和工作照明相结合的方式，应用多种灯具、多种光源，眩光要求高，并提供多种不同的照明水平。

(5) 公共区域

指供人员走动的通道，连接两个区域的通道，正式接待/等待和展示公司业绩或艺术品的区域，包括：接待前台、等候区、大堂、电梯间、走廊、通道入口、中庭、楼梯和食堂等。

其照明也可分为两类。一类是“普通公共区域”，如一般的走廊、楼梯间等，只需要提供充足的照度。另一类是“高档公共区域”，它是建筑不可分割的部分，如大堂、中厅等。该区域要求照明方式多样化，应用多种光源，通常设有监控系统，直接影响公司的形象。公共区域主要照明质量的技术指标见表17－25。

表17－25 办公室公共区域需要达到的主要照明质量的技术指标

技术参数	指标值
照度技术参数水平	总体照明150～300lx
均匀性(E_{min}/E_{ave})	不要求照度均匀性

续表

技术参数	指 标 值
光源色温(T_c)	色温应在2700~6500K
显色指数(R_a)	应当大于80

(6) 办公室照明发展的趋势

办公室室内设计在"以人为本"思想的指导下,办公室照明的发展呈现出不同的态势,同时,基于新的照明理论的研究成果,照明与人类健康的问题在办公室照明设计中得到了重视。

从人的根本价值出发,人在办公室内需要感知时间和方向;既要有一定的私密空间,又能够相互间多加沟通和协作,得到新的信息。办公室生活要占人生的相当大的比重。要创造一个空间让员工感到更多的舒适和自由,并激发着员工的创造力,可以在办公室照明中引入自然采光,帮助感知时间的变化和空间的方位感,还可节约能源。也可以采用更加家居化的设计,柔化室内工作气氛,在配饰的选择和材料的采用上更富有亲和力。

在室内材料的选择上,从灯光颜色的选配上,可以采用合适的色彩应用在办公室室内环境中,以帮助员工消除单调感,同时个性化的办公室也多起来。

随着办公室风格的变化,一方面新型照明灯具不断涌现;另一方面,灯具的选用打破了以往的设计常规,甚至连装饰性灯具、商业照明、工业用灯、庭院灯具也开始在办公室空间内出现。

从另一个角度看,办公室照明的发展是综合照明、医学、心理学和生理学的研究成果,是对照明和人类健康问题的关注。照明除了产生视觉效应,帮助人们感知世界、表达情感外,还会产生生理效应,影响着人体内的激素产生、人体的生物时钟和相应的各类生理反应。图17-16概念式地显示了一天人体内的清醒水平变化,可以看出下午1时至2时左右的时间段会出现清醒度下降,这种暂时性清醒水平的下降称为"午后的打瞌睡现象"。

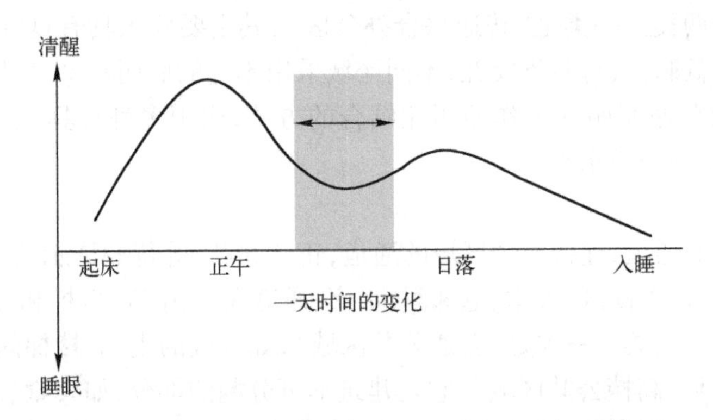

图17-16 一天人体内的清醒水平的变化和午后的打瞌睡现象概念图

众所周知,这是办公室工作效率下降的一个主要原因。作为其处理方法,可以通过在夜间充分睡眠或在非睡眠时间小睡一会来解决,不过,也可以利用光线的清醒作用来解决以上问题。"办公室生态照明"概念就此提出,松下电工公司东京本社大厦23层南侧办公室安装了体现上述概念的、具有调光程序控制功能的"办公室生态照明"系统,安装了36台带埋入式镜面天窗设计的双灯用 HF32W 灯具(classⅢ)。其概念如图 17－17 所示。图中各时段的意思如下：

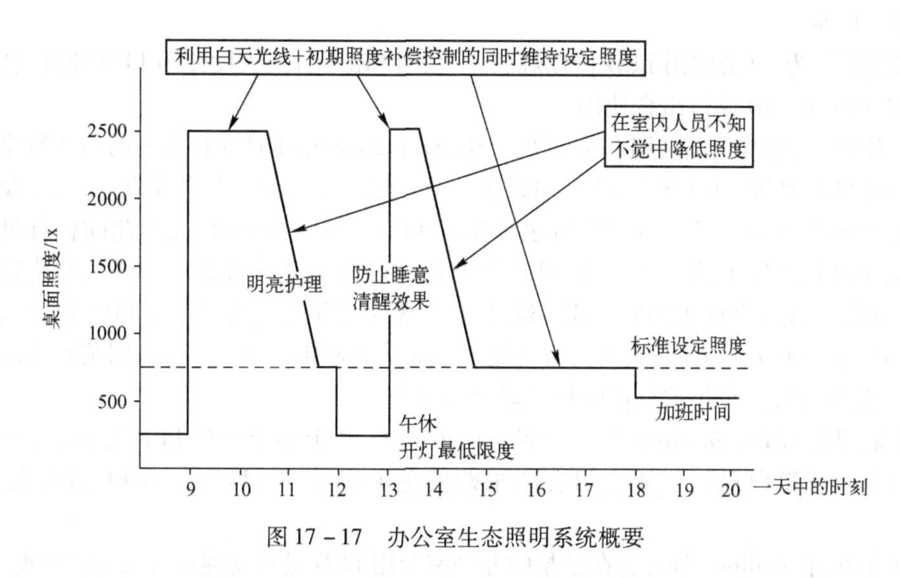

图 17－17　办公室生态照明系统概要

① 整个上午的高亮度。这是本系统的主要部分,初期设定为 2500lx,并将其设定为持续 2h,为使员工获得如下效果:稳定生态周期;提高白天清醒度,促进夜间良好睡眠。

② 应对午后的打瞌睡现象的照明。在出现午后的打瞌睡现象的时间段,再次给予高亮度照射,抑制清醒度的下降。为了进一步提高效果,考虑在午休时间抑制光线刺激,促进较短时间的小睡,并在下午的工作时间给予强烈的光线刺激,以促进快速的清醒。在初期将午休时间的光线亮度设定为 150lx,工作时间设定不超过 2500lx,并一直持续 30min 左右。

③ 抑制工作时间以外的亮度。日落后,过度的光线照射将使办公室员工的生态周期推后,因此希望尽量降低亮度水平。但是,不能影响目视操作,必须要确保最低限度的照度,初期的设定为 500lx。

④ 其他时间段。基本上设定为普通的办公室亮度水平,即根据照明学会的标准制定照度值 750lx,这与大厦的其他工作间的水平相同。

为了控制亮度并省电,在天花板上还设置了 6 个亮度探测器。该系统可以有效地维持办公室员工的健康,并提高工作效率,能够从根本上改变办公室照明状况。

此外,通过一系列研究发现,偏蓝色的光对人有警醒作用,可以提高注意力。飞利浦公司根据这一理论推出了新型的"Carpe Diem"灯具,其内部可同时安装色温为 2700K 和 6500K 的 T5 光源,并自带控制系统,可根据时钟,在下午时调节至较高的偏蓝色高色温,提高注意力,也可以通过遥控器进行调节。

随着人们对办公室工作的更深一步认识,办公室照明的发展必然将更加贴近人们更深层次的需求,不断改善人们的工作环境。

(7) LED 照明在办公室的应用案例

南京汉德森光电科技公司于 2006 年 4 月将整幢服务中心大楼的内部照明全部采用大功率 LED 灯具,灯光柔和明亮,为员工提供了舒适的工作氛围。成为国内首座全部应用半导体照明的大楼,旨在通过示范作用,引导大功率 LED 进入通用照明市场,并且为以后半导体照明在室内照明领域的大规模应用探索经验。

整个大楼的室内照明部分一共采用功率 LED 制成的格栅灯 130 盏,筒灯 506 盏,吊灯 69 盏,吸顶灯 20 盏。

其灯具布局为:办公室用 LED 格栅灯、餐厅采用 LED 吊灯、大厅使用 LED 筒灯、会议室采用 LED 格栅灯和 LED 筒灯组合使用。

日本 IDEC 新建筑全部采用 LED 照明。IDEC 于 2008 年 3 月 6 日竣工的新建筑全部照明器具均采用 LED 光源,并于 3 月 12 日向媒体公开。除办公室、走廊、会议室、展览室及厕所等室内照明之外,停车场的照明及室外灯也采用了 LED。据公司介绍,虽然此前曾有过室内部分照明采用 LED 的先例,但全部采用 LED 照明的建筑尚为全球首次。新建筑的建筑面积为 $2378m^2$。据负责设计及施工的鹿岛建设统计计算,整个建筑合计约使用了 11000 个白色 LED,初始成本高达 3500 万日元左右,将交替使用 6000K 和 3300K 型产品;与采用荧光灯及白炽灯等原有照明器具相比,每年的总耗电量可减少约 41%。

此次采用的 IDEC Sunshine 在一个封装内集成了 27 个小型蓝色 LED 芯片,通过与荧光体材料组合而获得白色光。从丰田合成采购蓝色 LED 芯片,然后由 IDEC 光学组件进行封装。

2008 年 6 月,Philips 宣布,它在巴黎的办公室全用 LED 进行功能性和装饰性照明。

办公室内的功能性照明采用 600 × 600 的格栅灯,每个灯的功率为 41.6W 或 31.2W,采用 16 个或 12 个功率 LED,每个器件通以 700mA 的电流,功率为 2.6W。办公室的照明照度为 300lx,办公面照度为 500lx。

走廊采用 3 个 Luxeon K2 功率器件的射灯,效果很好。

(8) LED 办公室照明市场启动尚待成本下降和效率提高

目前办公室 LED 照明从技术上讲条件基本具备,但发光效率用市售功率 LED 制作还只能相当于荧光灯,稍优于节能灯,在价格上还没有竞争力。该市场的启动还有待 LED 效率进一步提高和成本的进一步下降,估计近两年,市场会逐步启动。

17.8.2.2 商场照明

商场照明主要分 3 个部分介绍,超级市场、百货商店、专卖店和旗舰店。

(1) 超级市场

①照度要求 800lx。②要求较好的均匀度。③光源色温为 4000 ~ 6000K。高色温下,人的表现比较兴奋、行动快捷,为保证较高客流量,建议光源色温在 6000K 左右。④显色性 $R_a > 80$,为保证客户看准颜色,轻松快速选择喜爱样品,必须保证显色性 $R_a > 80$。⑤眩光控制。应确保人所处的光环境,在正常视野中不应出现高亮度的物体。

在新鲜货物处照度要求更高,应提高到 1000lx,色温要求低色温,3000 ~ 4000K 为宜。

仓储区照明无特殊要求,只要能保证员工在短时间内进行简单操作即可。

办公室符合办公室标准照明要求:照度为 500lx;色温为 4000K;显色性 $R_a > 65$。

美食休闲处照度要求一般,通常为 600lx 左右;色温为 4000K;$R_a > 80$。

对于大众化的中小型超市的照明布置较为统一简单,有的采用龙骨吊顶。这时照明布置的方式及灯具的选型有所影响,照明设计应根据现场情况灵活调整。一般大众化的中、小型超市要求的照度为:繁华地段,800lx;普通地段,500lx。显色性要求 $R_a > 80$,色温 $T_c > 4000K$。

(2) 百货商店照明

百货商店照明分成室内一般照明、展示照明、公共空间和其他地区的照明。

① 室内一般照明。百货商店的一般照明应当满足表17-26的要求。一般照明通常会选择格栅栏、筒灯等灯具,并进行均匀布置,但比较注意灯具排列的方向性和对人流的引导性。

表17-26 百货商店的推荐照明参数

照明参数	推荐参数值
平均水平照度	500~1000lx
显色性	$R_a>80$
色温	3000~6000K

② 展示照明。为了突出展示产品和品牌,展示照明比较强调立面上的垂直照度,重点照明系数在3:1~5:1,显色指数大于80。要注意商品的立体感、光泽和色彩等。对于服饰类产品,主要选择可调节方向的嵌入式筒灯或者轨道式射灯进行重点照明。对于珠宝和手表类产品的展示,要用高照度水平和较高的重点照明系数(5:1),多使用暖白色光,色温为3000K。多以强光束突出商品表面的光泽。

③ 公共空间照明。CIE在2001年颁布的室内工作场所照明中给出的推荐照明参数列于表17-27中,可以作为一般商场内的公共空间照明的参数值。

表17-27 一般商场内的公共空间的推荐照明参数(摘自CIES008/E-2001)

室内、任务或活动种类	E_m/lx	UGR_L	R_a	备注
门厅	100	22	60	
休闲室	200	22	80	
流动区域和走廊	100	28	40	在出、入口处提供过渡区,避免突然变化
楼梯、自动扶梯	150	25	40	
装载斜坡、停车位	150	25	40	
餐厅	200	22	80	
休息室	100	22	80	
活动室	300	22	80	
衣帽间、浴室、厕所、洗手间	200	25	80	
医务室	500	16	80	$T_c\geq4000K$
配电间	200	25	60	
收发室、配电盘	500	19	80	
储藏室、仓库、冷藏室	100	25	60	如果连续使用200lx
停车分配区	300	25	60	
控制站	150	22	60	如果连续使用200lx

注:UGR_L表示统一眩光等级的限制值。

④ 百货商店的其他区域照明。现在的百货商店大多已发展成为一个综合性的实体,都有餐饮、娱乐、办公场所等,其推荐照明参数见表17-28。

表 17-28　百货商店的其他区域的推荐照明参数

室内任务或活动种类	E_m/lx	UGR_L	R_a	备　注
办公室				
文件整理、复印、流通	300	19	80	
书写、打字、阅读、数据处理	500	19	80	
工程制图	750	16	80	
CAD 工作站	500	19	80	
讨论、会议室	500	19	80	必须为可控光
接待、前台	300	2	80	
档案室	200	25	80	
旅馆饭店				
接待、收银房、门房	300	22	80	
厨房	500	22	80	
餐馆、餐厅、功能厅	200	22	80	照明应设计成具有亲密气氛
自助式餐馆	200	22	80	
自助餐厅	300	22	80	
会议室	500	19	80	必须为可控光
走廊	100	25	80	夜间低照度可接受
娱乐场所				
剧院、音乐厅	200	22	80	
多功能厅	300	22	80	
练习室、更衣室	300	22	80	要求具有化妆用的无镜面眩光照明

(3) 专卖店和旗舰店的照明

专卖店更注意品牌形象,并巧妙地将照明技术与艺术相结合。动态灯光、色彩变化甚至照明控制系统开始应用于商店照明中,灯具的形式也不再拘泥于传统的商店照明模式,各种灯光,甚至花饰灯也用来渲染店内气氛。

入口处的照度应比平均的高 1.5 ~ 2 倍。店的招牌的照明希望在 1000lx 以上,LED 照明是不错的选择,与其他灯比较显得更加节能、安全和长寿命。

橱窗照明一般用如下的方法:①依靠强光突出商品,使商品非常显眼。②强调商品的主体感、光泽感、质感和丰富鲜艳的色彩。③使用动态照明吸引顾客的注意力。④利用彩光强调商品,使用与物体相同颜色的光照射物体,可加深物体的颜色,使用彩色照射背景可产生突出的气氛。展示窗的照明照度必须很高,一般照明为 500 ~ 1000lx,重点照明为 3000 ~ 10000lx,即展示时应采用戏剧性(30:1)或低戏剧性(5:1)的效果。比周围照度要高 2 ~ 3 倍,以引人注目。所用灯具一般都是可调节角度的嵌入式射灯或轨道式射灯。

专卖店的推荐照明参数见表 17-29,一般是一个范围,不同环境,可以灵活应用。

表 17-29　专卖店和旗舰店的推荐照明参数

照 明 参 数	推荐参数值
平均水平照度	500 ~ 1000lx
显色性	$R_a > 80$
色温	2500 ~ 4500K
重点照明系数	2:1 ~ 15:1

通常店内照明可选择嵌入式筒灯、格栅灯、射灯、轨道灯，由于店内所用灯具是大量的，而且是12小时用灯，所以选用节能灯具很合适。LED灯具随着效率的继续提高和价格的逐步下降，将逐渐进入这个领域，取代卤钨灯已不成问题，取代节能灯也已开始，取代荧光灯也只是几年之内的事了。

17.8.2.3 工厂车间照明

这种照明涉及的场所和作业范围很广，在工厂照明中，采用什么样的灯具，也是由使用的环境来决定的。车间内温度较大，就要采用防水性能好的灯具，而在多灰尘的厂房内，则必须采用防尘的灯具。其采用的灯具的IP等级应进行慎重的选择，应考虑安全防护的要求。

(1) 一般照明

在任意给定的工作位置上，最小照度与平均照度的比值应在0.8以上，在这样的条件下，机器和工作台的摆放可不受限制。在工作场所上方均匀排布灯具可以达到这样的均匀照明效果。

至于应用荧光灯或高强度放电灯作为光源，应根据安放高度来决定，详见表17-30。

表17-30 工厂一般照明方式

分类	高顶棚	中顶棚	低顶棚
高度	7m以上	4~7m	4m以下
场所举例	炼钢、炼铁、大型机械厂房等	中型金属板加工厂，中型组装工厂等	精密机械和电子组装车间、印刷业的排版、校正车间、纺织厂、服装加工车间，食品厂等
使用光源	250~1000W的高强度气体放电灯（高压汞灯、金属卤化物灯、高压钠灯）	大功率荧光灯、荧光高压汞灯、金属卤化物灯、LED灯	40W以上的荧光灯，LED灯
设计要点	①一般情况下，狭窄的房间采用狭型配光灯具，可提高光的利用率；较宽的可使用中照型、光照型配光灯具； ②如果工作面上需要较高的水平照度都应使用狭照型灯具； ③如果工作面水平和垂直照度都需要则采用广照或特广照型灯具； ④高度为20~30m的厂房，可考虑使用投光照明灯具	①在不过分考虑眩光的场合，可考虑使用反射型灯，因为反射型灯的反射面不会受污染； ②可以将反射型灯安装在柱子顶，向下斜照	①低顶棚的车间一般进行较精密的作业，要求高照度通常使用吸顶式、嵌入式白灯具规则排列提供一般照明； ②低顶棚房间通常有光滑而洁白的顶棚，可以将其作为二级反射器产生漫射照明，改善房间的亮度分布，降低眩光效果； ③进行照明设计时，要特别注意控制眩光

(2) 区域化照明

区域化照明应根据视觉作业或工作区域，将灯具功能性地进行布置。在非工作区，如通行区，其照度只有工作区的一半。

(3) 局部照明

某些类型的作业对照明水平和照明质量的要求非常严格，这就必须采用局部照明。局部照明用来照明视觉作业区及其紧邻区域。局部照明有时也用来增加工作面的照度。

(4) 特殊作业照明

对某些生产制造过程和某些产品的检验,常常要求一些特殊的视觉条件,这就需要一些特殊的照明。如光源置于靠近头部前上方,防止光的反射影响视觉;让反射光进入视角,检查表面质量;让光线掠过工作面,检查表面凹凸、表面起毛和均匀性等。

由于 LED 照明目前功率偏小,价格尚高,而工厂车间照明一般又比较宽广,需要大功率和广照型配光的灯具,所以,这一领域的进入可能会偏后一些。但对低顶棚的车间,原来使用荧光灯的场所,有可能在 LED 发光效率超过荧光灯后首先启动,会在这一部分车间推广应用。

17.8.2.4 住宅照明

住宅是人们起居生活的主要活动空间,住宅的照明是住宅环境中的一个重要组成部分。住宅照明力求提供一个合理美观的照明。既能使居住空间在满足各种活动需要的同时节约能源,又能满足人们不同的审美要求,创造多变舒适的照明环境和气氛。

由于住宅照明功能的多样性,有不少地方是较低功率的灯具,所以 LED 照明进入家庭,有可能是启动较早,逐步发展的一个较长的过程,但由于是民用这一特点,价格因素会起较大的作用,所以市场大规模发展会晚于办公室、商场等市场。但由于市场规模大,还是应积极开发。

国家对家庭照明的照度值有详细的规定,见表 17-31。

表 17-31 住宅照明的照度标准值

类型		参数平面及高度	照度标准值/lx
起居室、卧室	一般活动区	0.75m 水平面	20~30~50
	书写、阅读	0.75m 水平面	150~200~300
	床头阅读	0.75m 水平面	75~100~150
	精细作业	0.75m 水平面	200~300~500
餐厅、厨房		0.75m 水平面	20~30~50
卫生间		0.75m 水平面	10~15~20
楼梯		0.75m 水平面	5~10~15

要说明的是,此表是规定照度的最小值,并不是最佳值。略高一些的照度可以有效地减少人眼的疲劳,保护视力,还可以防止一些意外事故的发生。此外老年人需要的照度要比青年和儿童高得多。同时,照度的均匀性也很重要,一般在工作面上要求不小于 0.7。当然,有的场合,适当的照度变化能形成比较活跃的气氛。个别的重点照明也属例外。

(1) 住宅照明设计

通常照明有三种不同的方式:一般照明、任务照明和重点照明。可以单独或结合使用,以达到理想的照明效果。

① 一般照明是一个房间的基础照明。一般照明由一组规则排列的灯具提供,大部分都是安置在天花板上,但也可以在房间的其他位置采用其他的照明形式,如地灯、台灯、泛光灯、壁灯和射灯等。通常一般照明分为两种形式:直接照明和间接照明。

② 任务照明是在工作区域提供比较高的亮度，以完成较精细的作业，有明确的目的和方向性。

③ 重点照明主要是基于美观原因而不是解决功能问题，它用来强化空间特色或者突出装饰元素，如架子、收藏品、装饰性陈设和艺术品等。这种照明在于营造出戏剧性效果。一般来讲，重点照明比周围环境照明亮度要高 3 倍以上，各种发光带有方向性的灯具都可以用来作为重点照明。LED 的杯灯和筒灯是非常合适的重点照明光源，它比卤钨灯明显省电而且寿命很长。目前荧光灯和节能灯也是不错的光源，效率较高且价格适中，LED 灯则会逐步进入。

(2) 住宅照明的功能和要求

住宅的各个部分具有不同的使用功能，因此对照明就有不同的要求。

① 起居室、客厅照明。

起居室和客厅是家庭团聚、休息、会客和娱乐的空间，要求照明具有多功能性，照明效果要多样化，并考虑多变性。

起居室内采用落地灯或台灯，或带有大漫射罩的吊灯，可以为谈话者提供和谐的气氛。

阅读照明应在 400lx 以上。置于沙发近旁的落地灯可以提供良好的阅读照明。这种灯可以用节能灯作为光源，除提供阅读照明外，还能有部分向上的光能形成良好的环境照明。

在起居室内黑暗中看电视会使眼睛非常疲劳，可用小灯具照明附近的墙面。

起居室内主要的环境照明可由房中央安装的吸顶式荧光灯来提供，也可采用暗装式的间接照明。为了扩大房间的空间感，还可在周围采用一些灯具来照明墙。

② 卧室照明。

卧室是休息和睡眠的场所，对照度要求不高，主要要求舒适、温馨，因此以暖光源为主。可以在天花板上安装乳白色半透明的灯具构成一般照明，也可以使用间接照明造成柔和、明亮的顶棚。

在床头和梳妆台上需加上局部照明，以利于阅读和梳妆。光源的显色性要好，以显出自然的肤色。在床头两边安装中等光束角的壁灯或配置台灯，最好能调光，要有独立的开关。要安装两个控制整个房间或大灯照明的开关，一个靠近门口，一个靠近床头，免得快要睡着时还要起来关灯。

③ 厨房照明。

厨房照明应以满足功能为主，而美观次之，厨房照明要求没有阴影。不管是在水平面还是垂直面上都要有一定的照度。除一般照明外，还需加上局部照明，以消除工作面上的阴影，光源要用高显色指数 $R_a \geq 80$。厨房照明大多采用荧光灯。

④ 餐厅照明。

餐厅属于艺术区域，环境氛围的好坏直接影响人们的食欲，应注意灯光的艺术化和就餐环境氛围的营造。

餐厅照明通常采用一个或一组悬挂于餐桌上方的灯具来进行照明。灯具通常是玻璃或塑料灯罩，它也能为用餐者面部提供一些照明。餐桌上方悬挂的灯具一般应高出桌面 80cm。最好能够调节高度和调节亮度，以显色性 $R_a \geq 80$ 为宜。

⑤ 盥洗室。

通常采用吸顶灯提供一般照明，镜子两边垂直安装两个灯具，也可以在镜子的上方使用多个点光源或者面光源，提供局部照明，显色性要求 $R_a \geq 80$。

安全是浴室的一大主题,许多设施在设计时都应考虑水的因素。一般来说,应避免使用吊灯、可调式灯。夜灯的亮度应当足以让人使用卫生间或者浴室,采用 LED 感应灯也是一种较好的选择。

⑥ 书房照明。

书房是进行看书、写字等视觉工作的场所,一般来讲,环境照明不宜过亮,以便使人的注意力能够集中到局部照明作用的环境中去。而只有局部照明的工作环境也是不可取的,明暗对比过于强烈的光环境,会使人在长期工作中容易产生视觉疲劳。

家用计算机已较普遍。使用者需要十分舒适地观看键盘、屏幕以及旁边桌子上的笔记,对计算机区域进行作业照明时,灯光应当避开屏幕而落在键盘上,同时,灯光还要在不产生眩光的情况下恰当地照亮笔记。光源本身不应进入人的眼睛,要从视野中加以屏蔽。强烈推荐那些有计算机的区域使用上射的间接照明,因为它不会导致屏幕因眩光而显示模糊。

⑦ 公共区域照明。

主要有走廊、电梯口和楼梯以及室外照明。电梯口和楼梯平台上用节能灯 20W 即足够,走廊采用 15W 的节能灯也已足够。门的两侧入口处可用 15W 节能灯或用一个 20W 的作为门灯即可,采用 LED 灯功率可以更低。

17.8.2.5 学校照明

学校照明设计的基本目的在于给教师和学生提供一个舒适的视觉环境,以达到最佳的教学效果。好的照明可以营造令人舒适且吸引人的环境,刺激学习欲望。

通常的教室,窗户所在的墙与学生的视线方向是平行的,更理想的情况是在学生的左面,使用低亮度灯具或一定保护角的灯具成列安装在顶棚上,且灯具列与窗户所在的墙面平行,这样照明效果较好且无眩光。灯具列之间的间隔应足够宽,以保证课桌在灯具列之间。这样可减少工作面产生的反射眩光。

教室内的照明常用荧光灯作为光源,也可采用 LED 灯,因为相比白炽灯其发光效率高而且寿命也较长。

黑板必须有自己的照明系统,黑板照明应特别注意消除直接眩光和光幕反射。最简单的方法是使用一个或多个条型灯具安装在顶棚,并使学生看不到光源,照射到黑板的光线与黑板的法线之间的角度不能小于 60°。

在阶梯教室中,由于顶棚的关系,通常采用平行于黑板的条形灯照明,这样可以减少眩光,照明效果较好。在黑板处应安装黑板照明。

阶梯教室中所有幻灯机或投影仪,应配有控制台,可进行调光控制及控制投影系统。

学校还要注意设置应急照明和出口照明,以及台阶和楼梯安装局部定向装明,以确保学生的安全。

17.8.2.6 医院照明

医院中不同区域的照明要求是不同的,它取决于各种人员所需要的视觉条件。如精密手术室的照度为 100000lx,而深夜的病房巡回只需 10lx。即使是同一个地方,如在病房,对于患者平时只需 100lx 能方便其行走就可以;但对于医务人员而言,则需要 1000lx 以上的照度,以便对患者诊治。表 17-32 是国际照明委员会对医院各处的照度推荐值。

表17－32 国际照明委员会对医院各处的照度推荐值

区　域		照度/lx
病房	夜间行走	1
	夜间观察	5
	一般照明	150
	阅读、简单的身体检查	300
体检房	一般照明	500
	局部照明	1000
特别治疗	床头	50
	观察	750
加强护理室	一般照明	300
	局部照明	1000
手术室	手术准备室	500
	手术室一般照明	1000
	局部照明	100000
尸体解剖室	一般照明	750
	局部照明	5000
实验室和配药处	一般照明	750
	局部照明	1000
走廊	夜间	50
	白天、黄昏	200

光源的显色性以及周围反射光的颜色在医院照明中显得特别重要，这是因为良好的光色可以为治疗和身体检查提供最好的条件。例如，可以从患者的肤色或肤色的变化做出正确的诊断；同时它涉及心理因素，如果能在医院诊所营造一种友好的气氛，对患者的康复是很有帮助的。

如上所述，医院各部门照明要求是不同的，主要分一般病房、加强护理室和手术室。

（1）一般病房

一般病房照明应能保证患者在病床上阅读和做事，能在无任何不舒适眩光的干扰下休息和睡觉，能在白天和夜间在房间里安全地走动。

同时应提供医务人员能完成日常的医务工作的足够照明。最好提供照度在100～200lx之间的间接照明。这样可让躺在病床上的患者感觉不到眩光，并在室内产生柔和的光线，而且明亮的顶棚有助于开阔患者的心胸，减少压抑的感觉。病房光源的颜色应接近自然：在冬天选择暖白色，在夏天选择冷白色。除了一般照明，为了方便患者阅读和娱乐，应设置床头灯以提供在床宽范围内100～300lx的照度。

（2）加强护理室

这里用于治疗需要监护的重病患者的房间，因此要求局部照明在床上产生的照度为1000lx。一般照明选用显色性好的管状灯，要求的照度为300lx。

(3) 手术室

手术室是进行最精密工作的地方,因此对照明要求很高,一般照明的水平照度是1000lx。一般照明选用的光源是管状灯,色温为4000K,并需有很好的显色性,在手术台上需要使用无影灯进行特殊的局部照明。意大利某公司在2004年左右用5个luxeon V制成25W的外科手术用灯,光输出500lm,照度可达50000lx,最大优点是没有通常无影灯光源的热辐射,对医生和患者都有好处。近些年来,功率LED的发光效率提高了四五倍,商品已达100lm/W,制成光输出2500~3000lm,照度100000lx应不成问题。

手术室的其他房间如更衣室、清洗室、消毒室的一般照明照度至少应是手术室的50%,即大于500lx,这样当医务人员穿梭于不同房间时不会出现视觉适应问题。

17.8.2.7 室内照明LED光源和灯具

经过几年来的研发和改进,已有一批LED制成的光源和灯具可供室内照明的需要选用,主要有LED射灯、LED PAR灯、LED筒灯、LED球泡灯、LED管灯、LED吸顶灯、LED面板灯、LED工矿灯。

(1) LED射灯

LED射灯是取代传统照明光源卤素灯的理想光源,能节电80%。它是一种室内照明灯具,广泛应用于宾馆、饭店、大型商场以及家居装饰,是最先进入实际应用的LED照明产品。

LED射灯分高压和低压两种。高压交流220V、110V,低压直流12V。按种类分有MR16、GU10、MR11等多种。

① MR16。

MR16射灯是指16×1/8英寸=2英寸≈50mm直径的射灯,一般用于室内投光照明和一般照明,通常不具防水性,不适用于室外。LED MR16光束角有24°、36°和45°三种,与卤素灯相比,无紫外和红外光,所以可以照射食品、图画、有机材料等。

LED MR16射灯具有标准的GU5.3接口,可取代原有传统MR16卤素灯使用,可配以现有卤素灯变压器使用。

作者与生辉照明合作承接863项目,研制成采用自制功率LED的MR16射灯,2006年开始出口欧洲。

它通常由1~3个1W的LED功率器件或者COB模组制成,色温要求2700~4000K,显色性要求较高,R_a=80~95,视使用环境要求而定。

散热外壳多采用压铸铝和铝片扣板式两种形式,LED封装形式采用功率器件较多,少量采用模组或SMD器件。

LED射灯发光效率一般为60~80lm/W,寿命为30000h。

部分产品带有调光功能,少量是采用兼容晶闸管调光的IC,如SSL2101/2、LM3445和NCL3000等。大部分已采用PWM脉宽调制数字化亮度调节技术,可以手动无级调节亮度,也可用红外光遥控器实现远距离LED调光。

目前最高水平是美国Soraa公司推出的MR16,4000~5000K,CR1 95,R_9 95,GaN生长GaN材料,总光通量为980lm,8°光束,光束中心光强达27500cd(2012年2月17日)。与此类似的产品还有MR11,灯壳直径为35mm,灯头灯座为GU4。还有带E27灯头的MR16,性能类似。

② GU10。

这种射灯外壳直径也是 16 × 1/8 英寸 = 2 英寸 ≈ 50mm，其特征是灯具有较粗的带卡头的灯脚，中心距为 10mm，可直接取代 GU10 卤素灯。GU 系列还有 GU4、GU5.3 也已面世。此外还有插针灯脚的 G4、G5.3、G6.35、G8、G9 系列射灯。

（2）LED PAR 灯

PAR 灯全称 Parabolic Aluminum Reflector，即抛物线状铝反射器，是指将光源封装到反光杯中。LED PAR 灯是原来 PAR 灯的取代灯，由于其铝反光杯尺寸较大，有利于散热，所以可以做成较大功率的灯具。

LED PAR 灯有 PAR16、PAR20、PAR30、PAR38 等多种，如 PAR30 直径为 30 × 1/8 = 3.75 英寸 = 95mm，PAR38 直径是 120mm。外壳材料一般有压铸铝、太阳花车铝和铝质插片三种。光电参数见表 17－33。

表 17－33 LED PAR 灯的光电参数

	功率/W	色温/K	光通量/lm	发光效率/(lm/W)	光强/cd	光束
PAR16	7	3000	420	60	3000	25°
PAR20	6	3000	360	60	3000	20°
PAR30	11	3000	700	64	4500	30°
PAR38	16	3000	1000	62	7000	20°

灯头采用 E27，显色指数 R_a 为 80 ~ 85，寿命可达 30000h。PAR 灯可安装在吊顶四周、商场或家具上部，光线可直接照射到重点照明的物件上，有时也可作筒灯内的光源使用。

（3）LED 筒灯

LED 筒灯是一种嵌入到天花板内光线下射式的照明灯具，取代原来使用白炽灯、紧凑型荧光灯为光源的筒灯。需要特别说明的是传统筒灯由于筒体较深，白炽灯或紧凑型荧光灯深埋其中，光源的有效利用率是很低的，大部分光线浪费于筒内壁的多次反射中，而 LED 筒灯则是光线直接下射，所以节能效果更为明显。

LED 筒灯属于室内照明灯具，光束角属于聚光型，光线较为集中。按尺寸分可分为 2 英寸、2.5 英寸、3 英寸、3 ~ 8 英寸，此参数相关的是外径。面罩有透明和雾面两种。筒体一般采用铝质，功率较大的加接铝质散热器。传统筒灯需要吊顶距顶 150mm 以上才可安装，而 LED 则实现超薄设计，可以在 50mm 以下安装。作为替代灯具，LED 筒灯的开孔直径必须与传统筒灯一致，3 英寸、4 英寸、5 英寸、6 英寸、8 英寸 LED 筒灯的开孔直径分别为 105mm、125mm、165mm、175mm、200mm。

按使用 LED 的种类分，可分为大功率 SMD、中功率 SMD 和小功率 SMD 以及 COB 模组四种。ϕ5LED 因退化率较高，一般不用。按电源类型分，可分为电源内置型和电源外置型，后者可拆卸，并通过标准接插件可与整灯相连。按应用场所分，有家居 LED 筒灯和工程 LED 筒灯。家用一般较小，主要是 2 英寸、2.5 英寸、3 英寸，发光角度以大角度为主。工程用一般为 4 ~ 8 英寸为主，角度有大有小。在商业场合还大量使用防眩光的 LED 筒灯，按安装方式分有嵌入式和明装式，后者多在没有吊顶的场合应用。

LED 筒灯的结构主要由灯体、散热器、扩散板或透光罩、LED 光源模块、驱动电源组成。一般采用市电供电，由于体积较大，所以即使是内置电源，留给电源的空间也较 LED 球泡灯、射灯、管灯大得多,外置则更易处理,为安全起见,通常采用隔离式电源。

中国质量认证中心对小于或等于5W、大于或等于5W而小于或等于15W、大于或等于15W不同功率LED筒灯节能认证的功率因数分别是大于或等于0.5、大于或等于0.7、大于或等于0.9,LED筒灯的电磁兼容性能应符合GB17743的要求,其谐波电流应符合GB17625.1的要求。

LED筒灯的色温以低色温为主,3000K左右,显色指数要求也较高,一般是80、85、90。目前整灯发光效率可达80lm/W左右。

LED筒灯可以两个、三个或四个安装于铝质框架中以灯组的形式组成复合式灯具供应用户,以适应较高光通量的需要。还有一种采用两个以上弹簧片勾住固定的,称为天花灯的,实际上也是LED筒灯的一种。

(4) LED球泡灯

全球家用白炽灯120亿只,商业照明用白炽灯15亿只,合计135亿只,在传统光源中数量是最大的,但它的效率却是传统光源中最低的,仅为8~15lm/W。2013年LED球泡灯取代了5.2亿只白炽灯,2014年将取代11亿只白炽灯。所以就半导体照明革命来说,白炽灯是革命的主要对象。日本、美国、欧盟已禁产、禁售白炽灯,LED球泡灯的渗透率将快速上升。此外LED对紧凑型荧光灯也有60%的节能优势。表17-34给出了常用瓦数白炽灯与LED球泡灯发光效率比较。

表17-34 常用瓦数白炽灯与LED球泡灯光效比较

白炽灯	功率/W	15	30	45	60	75	100
	发光效率/(lm/W)	7.8	8	10	12	14	16
	流明数/lm	113	240	450	720	1050	1600
LED1(100lm/W)	功率/W	1.56	3.3	6.3	10	14.6	22.2
LED2(130lm/W)	功率/W	1.2	2.6	4.8	7.7	11.2	17.1
LED3(160lm/W)	功率/W	0.98	2.08	3.9	6.3	9.1	13.9
LED4(200lm/W)	功率/W	0.79	1.7	3.1	5.0	7.3	11.1

表17-34内用各种发光效率的LED制作LED球泡灯,考虑到温升,电源和罩壳带来的综合损失为0.72。目前正处于LED2 130lm/W生产水平阶段,很明显当LED发光效率达到200lm/W时相应所需LED球泡灯的瓦数还有较大下降空间。

LED球泡灯的外部结构主要是灯头、散热器和泡壳,内部结构主要是恒流驱动电源和LED灯板(铝基板和LED)。灯头可用E27(欧洲和中国)、E26(美国)或E14螺口灯头,与传统光源中的白炽灯、紧凑型荧光灯的灯头相一致。散热器采用铝质压铸件或者塑包铝压铸件,少数低瓦数的也有采用氧化铝陶瓷散热件,增加沟槽是为了增加散热面积,一般希望20cm^2/W左右。导热塑料有的已做到20W/(m·K),但价格太高,且目前尚难使LED球泡灯越过寿命关,有待LED效率进一步提高后或许有机会可以采用,估计在低瓦数上可能可用,但必须能达到寿命指标。对泡壳的要求是透光率高、高扩散、无眩光、高阻燃性、抗冲击,一般用PC或亚克力塑料加散射粉制成,透光率在82%~90%,少量使用玻壳。

LED球泡灯电源主要分隔离式和非隔离式两种,非隔离式因为不需要隔离变压器,所以成本低,但要求铝基板耐压高,否则散热器可能会带电,因此不容易通过安规检验。效率较高,可达90%左右。隔离式比较安全,易通过安规,成本较高,效率在80%～85%。

功率因数(PF):功率小于或等于5W的,不加校正,约0.5;功率5～25W的,0.7～0.85。

目前也有一种高压线性驱动电源,由于可免去变压器和电解电容,提高了发光效率并延长了寿命,有发展的趋势。

一般LED球泡灯发光效率可达70～80lm/W,好的可达90～100lm/W,最高研制水平是PHILIPS公司于2014年1月宣布用TLED照明技术突破的200lm/W。

作者与生辉照明合作,承担863项目,于2008年研制成RGB混色白光的球泡灯,采用红外遥控器控制,可以变色和改变色光的强度,也可以白光作为照明光源使用,2009年开始出口欧美,畅销至今,长盛不衰。

2013年国内开始出现通过互联网用手机调控的RGB混色LED灯泡。2014年生辉照明自主研发了全球首款无线主体声音系智能灯,其后的多款系列产品,2015年荣获国防消费电子展CES的智能创新奖、创新荣誉奖。2016年Pluse FLEX荣获CES的"评委推荐奖",这些系列产品进入美国Apple线上商店销售。

(5) LED管灯

全球17%的耗电用于照明,其中商业照明占40%,而商照中有一半电力用于荧光灯管。全球商业照明用荧光灯达40亿盈,预计LED管灯需求量将达40亿盈。而从美国的统计数据看荧光灯管消耗了全美42%的照明用电。此外,荧光灯在学校、医院、办公室的应用也很普遍。可见作为荧光灯管取代灯的LED管灯的潜在市场十分巨大,节电已达50%左右,节能减排效果甚为显著。

LED管灯命名沿用传统荧光灯的方法。T8就是管径为8×1/8英寸=1英寸=25.4mm。目前用得较多的有T5(ϕ16)、T8(ϕ26)、T10(ϕ30)、T12(ϕ38)。功率为8～10W(0.6m)、9～12W(0.9m)、18～20W(1.2m)、18～25W(1.5m)、34～30W(2.4m)。

按结构来分,LED管灯分有内置电源式和外置电源式两种;按灯头型号分主要有G5和G13。

恒流驱动电源分隔离式和非隔离式两种;按电路分有单端和双端两种。

LED管灯的结构主要由驱动电源、LED模块、铝金属外壳、PC透光罩、灯头组成。

LED模块由SMD LED器件3528、3014、2835等与铝基板组成。PC透光罩有透明和散射两种。前者发光效率较高,后者眩光较少,可视照明环境要求不同而选用。

色温可分2700～4000K的暖白光、5000K和6000K的中色温。显色指数80～85。目前发光效率可达100～120lm/W,且有上升空间。

还有两种新结构的LED管灯,一种是不用铝基板,器件直接装在铝散热件上,在散热件上直接制作电路,然后将其置于PC管中,其优点是容易通过安规;另一种是将SMD LED装到窄形铝基板上,用导热胶将其贴于玻璃管的内壁,优点是结构简单成本低,又是360°发光,缺点是散热效果差,建议做流明维持率试验后再决定是否采用。

室内照明产品技术规范中关于流明维持率的要求是:3000h不低于96%、6000h不低于92%、10000h不低于86%。

早在2010年,作者与鼎晖科技合作研制的COB LED管灯,应用到上海4500辆公共汽车上,为世博会的召开增加了一道风景线。

罗姆公司于2014年2月宣布开发出190lm/W管型LED灯,功率为13W,总光通量为2480lm,R_a=80。据称提高效率主要是依靠LED光源的提高和基板上采用高反射膜提高出光效率。

科锐则于2014年2月7日展示了一款发光效率为200lm/W的LED概念灯,3200lm,CCT 3000K,CRI 80,此灯的发光效率为当前最好的荧光灯的两倍,是通过LED芯片、光学、材料技术和新的系统设计实现的。

(6) LED吸顶灯

近年来随着LED器件发光效率的提高和价格的逐年下降,LED吸顶灯的性价比获得了很大的提升。产品价格逐渐接近或达到了普通消费者的接受范围。吸顶灯逐步由荧光灯时代步入LED时代。

吸顶灯在家庭的客厅、阳台、厨房、卫生间以及公共场所广泛使用。LED吸顶灯有圆形、方形、长方形,尺寸大小也有多种。其结构主要包括底座、光源基板、驱动电源和灯罩。底座有用金属材料的,也有用塑料的;光源基板上装有SMD LED器件(如3528、3014、2835等);驱动电源用开关电源或线性恒流电源;灯罩一般采用吸塑PC罩。

LED吸顶灯由于空间相对较大,所以散热问题较易解决。功率可大可小,一般从8~60W都有。色温可有3000K、4000K、5000K多种。显色指数通常为80。目前发光效率水平为100~120lm/W。

LED吸顶灯比传统的荧光吸顶灯有明显的优点:①效率更高,有近一倍的优势;②环保、无汞;③使用寿命更长;约长二至四倍;④灯具更薄;⑤可调光调色变彩;⑥也可变色温。

新力光源出口的一款名为雪花灯的LED吸顶灯具有调光调色变彩的功能。光源模组采用SMD2835、3014等LED器件,用不同色温进行编组,通过调节不同编组的电流大小,可以实现色温的调节。同时模组四周有一圈RGB三色封装的LED,通过调节各个通道的电流,可以实现多种颜色的合成和亮度的调节。

模块的控制电路采用新力光源自己研发的Sunfor-BUS总线协议,每个吸顶灯有一个主网关模块,每个发光模块上还有子网关模块。主网关模块负责接收外部调光控制命令,同时指挥子网关执行相应的调光动作。多个吸顶灯可以通过主网关上的有线接口或无线接口和外部控制设备进行组网和通信控制,有线采用RJ45网线接口,无线为RF模式。每个子网关模块上还有驱动电路,接收主网关的指令后输出适当的电流,可以实现光源模组颜色、亮度和色温的调节。

这种智能化的LED吸顶灯可以广泛应用于居家客厅、高档会所、宴会厅、中西餐厅、酒店大堂等场所,集功能照明和情景照明为一体,得到了用户的一致好评。

(7) LED面板灯

面板灯(平板灯)以整个平面发光而得名。人们一直就传统光源向平面光源而努力。先是白炽灯、卤素灯点光源,发展成荧光灯线性光源后向两个方向发展。一是用多根荧光灯组成格栅灯,二是用环形荧光灯组成吸顶灯。但这两种看似平面发光的灯具其实并不是平面,另外均匀性也不甚理想。而采用SMD LED组成的面板灯可以说是达到了理想的效果,比之传统光源可说是充分发挥了LED的特点,做出了传统光源做不出的理想的平面光源。LED面板灯设计独特,平面发光十分均匀、光线柔和、见光不见灯、无眩光、舒适而不失明亮,可有效缓解眼疲劳,非常适用于办公室、医院、教室、家居的书房等场所,可以说是目前取代以荧光灯为光源的格栅灯的最佳照明灯具,也可用作广告屏的背光。

LED面板灯包括方形面板灯、圆形面板灯、长方形面板灯、环形面板灯和异形面板灯。按光源位置分可分为侧入式和直下式两种。LED 面板灯包括铝外框、导光板、扩散板、反射板、光源、铝基板模块、驱动电源和铝底板，导光板、扩散板材料主要有 PS(聚苯乙烯)、PC(聚碳酸酯)和 PMMA(亚克力)等。

侧入式面板灯需要采用导光板。导光板分两种，一种是丝印导光板或雕刻导光板，它是根据不同的尺寸、面积在透明的塑料板材上印刷反光网点或雕刻网状格线，利用白色网点或雕刻的格线的反射使光线漫射，实现均匀发光的面光源；另一种是纳米导光板，它是在浇注亚克力塑料时加入纳米级光散射粒子，它可使点光源或线光源转换成均匀的面光源。这种灯由于采用价格较贵的导光板，所以价格比较高，优点是可以做得很薄。

直下式面板灯的结构是光源均匀分布在亚克力板的后面，为达到均匀必须离开一定距离，所以不能做得太薄，由于不用导光板，所以成本较低，而且亮度也较高。目前采用这种方式的比例逐渐增高，有取代侧发光结构的趋势。

直下式 LED 面板灯是铝底板上装上带有 3528、3014 或 2835 SMD LED 的 PCB 板模组，根据灯具发光面积来确定灯具光通量大小，从而确定功率。

面板灯工作电压为 DC 24V，可以采用电源适配器直接用市电供电，还可方便地采用遥控器对恒流驱动电源进行控制，实现光强的调节。若配以二组不同色温的 LED，则还可对灯具的色温实行调控。现已广泛应用于办公室照明，上海三思电子公司用它作为深圳地铁二号线车站的照明，效果很好。

根据需要可选用 3000K、4000K 和 5000K 色温，$R_a \geqslant 80$，目前整灯发光效率也可做到 90 ~ 110lm/W。

上海中心(高 632m)已采用 LED 面板灯作为室内照明的主要灯具。

(8) LED 工矿灯

LED 工矿灯顾名思义主要应用于工厂车间、仓库、矿山、车站、港口、仓储式商场、加油站、收费站等场所，取代高压汞灯、高压钠灯和金卤灯，节能效果显著。

LED 工矿灯结构主要包括 LED 光源、散热器、反射罩、驱动电源等。LED 光源有三种形式：①低压 LED，用单个 1W 的功率 LED 串并结合低压驱动。②高压 LED，用单个 1W 的功率 LED 串联成高压组件然后串并结合高压驱动。③高压或低压的 LED 模组。LED 工矿灯的功率一般较高，在 30 ~ 200W，散热问题比较突出。但较之 LED 路灯来看，由于工矿灯一般是高挂使用，在外形上没有路灯固有的扁平式限制，所以散热器可以做得较大，可以用太阳花结构的拉伸铝材，而且其配置可以达到散热器叶片垂直地面的最佳位置，以实现空气的最好对流，提高散热效果。至于功率在 120W 以上，特别是 LED 光源采用模组式的，热量比较集中，最好采用中间带热管的太阳花散热器，可加强导热能力以提高散热片的散热效率，从而减轻太阳花散热器的重量。

驱动电源一般采用开关电源，也可采用高压线性恒流驱动电源，该电源无电感，无电解电容器，元器件大为减少的同时还提高了寿命，10W 以上每增加 10W 仅增加一个 MOS 器件，可大幅度降低驱动电源成本。

色温为 5000K 或 6000K，显色指数 70 左右。发光效率可达 100lm/W 左右。室内应用 IP43，室外应用 IP65。

(9) 台灯

LED 台灯是较早开发并投入应用的一种室内灯具，随着发光效率的提高，其流明输出也不断提高,现已达到和超过传统光源的台灯,且由于 LED 较小,所以设计的限制较少,已设计成多种颇有特色的款式可供选用,有的还兼具高色温、低色温、调光等功能,已进入大量应用阶段。

(10)灯丝灯

最早起源于日本中尾光源,先将 LED 芯片用 COB 方式封装到条状的底板上,底板可以是透明的玻璃制成蓝宝石,也可以是金属铝或铜基板;然后以 LED 灯丝为光源制成类似传统的蜡烛灯和球泡灯,采用小电流驱动和充电惰性气体加强导热。驱动一般采用高压小电流,特别适用于高压线性恒流驱动,如果加上调光功能,应用于水晶吊灯,非常合适。采用低色温、效果富丽堂皇、非常壮丽。不足之处是由于散热结构差,采用欠功率驱动,所以所用 LED 芯片数量大增,价格高于一般的 LED 蜡烛灯和球泡灯。

17.8.3 室外照明

17.8.3.1 体育场馆照明

体育场馆照明的目的是通过对运动物体及周围环境的亮度控制,提供一种舒适的照明环境,使运动员、观众及电视摄像机/照相机能够清晰地捕捉到目标。

(1) 体育照明的要求

水平照度:体育照明的水平照度值通常指在场地地面上高 1m 处水平平面上的水平照度,它是体育照明的重要照明指标之一。

垂直照度:对观察垂直面上的物体,垂直照度是必需的,观众观看运动员比赛时是以某一垂直面的垂直照度为基础的,运动员的周身照明环境,可以模拟为 4 个相互垂直的垂直面。垂直照度用来衡量这几个垂直面上的照明水平,垂直照度对彩色电视转播或照相的质量有着决定性的作用。因此从某种程度上而言,它比水平照度更重要。

水平照度与垂直照度应有的关系:在彩色电视转播时,为得到理想的视觉环境,水平照度和垂直照度之间应有较好的平衡,平均水平照度 E_{nar}: 平均垂直照度 E_{vav} =0.5 ~2。

照度均匀度是为了表示场地内各点照度值间的关系,良好的照度均匀度可以避免太强烈的明暗对比以及视觉暗斑,解决摄像机的灵敏度问题,尤其是对于速度快、场地大的运动,如足球、冰球、网球等很重要。

眩光在体育照明中是一个特别重要的参数,眩光控制不佳,会导致运动员、观众严重的视觉困难,从而影响比赛。当现场中某光源或物体的亮度比眼睛已适应的亮度大得多时,人就会有眩目的感觉,此现象称为眩光。眩光会造成不舒适或(和)可见度下降。前者称为不舒适眩光,后者称为失能眩光。眩光强烈给人以不舒适感觉,但对可见度不一定造成影响。在体育照明中这些眩光都是由灯具的直接眩光和环境的反射眩光造成的。由于体育照明中大量使用中功率和大功率的 HID 灯,这些灯的放电管发光亮度非常高,因此完全消除眩光是不可能的,但可以通过多种方式减小眩光。在实际的照明设计中,可以通过灯具的合理布置或自然光的合理利用降低直接眩光。

(2) 各种体育运动的照明要求

表 17 -35 列出了各种体育运动的照明要求。

表 17－35 技巧、田径、自行车、马术、体操的照明要求

比赛级别	水平照度 /lx	垂直照度（主摄像机） /lx	垂直照度（辅摄像机） /lx	水平照度均匀度		垂直照度均匀度		光源显色性 R_a	光源色温 T_c/K
				U_1	U_2	U_1	U_2		
业余水平									
体育训练	150	—	—	0.4	0.6	—	—	20	4000
训练、娱乐	300	—	—	0.4	0.6	—	—	65	4000
国内比赛	500	—	—	0.5	0.7	—	—	65	4000
专业水平									
训练	300	—	—	0.4	0.6	—	—	65	4000
国内比赛	750	—	—	0.5	0.7	—	—	65	4000
彩电转播									
国内彩电转播	—	750	500	0.5	0.7	0.3	0.5	65	4000
国际彩电转播	—	1000	700	0.6	0.7	0.4	0.6	80	4000
HD 彩电转播	—	2000	1500	0.7	0.8	0.6	0.7	80	4000
应急彩电转播	—	750	—	0.5	0.7	0.3	0.5	80	4000

注：① 这些运动的场地尺寸无严格要求，基本上为体育馆的最大尺寸。

② 无固定摄像机，根据场地、比赛与转播公司商定具体位置。

③ 照明计算网格点间距：2m 测试网格点间距：4m（最大）。

④ 对于田径、自行车等，在终点处，主摄像机的垂直照度应为所列值的 1.5 倍以上。

对于自行车赛，由于赛场是椭圆形，观众距跑道距离远，比赛时，运动员视线向前，并稍微向下，场地上空的光源不会对运动员有太多的影响，可采用在跑道上空或跑道外周边安装投光灯的办法，方向指向前方。

17.8.3.2 道路照明

道路照明的根本目的在于为驾驶者（包括机动车和非机动车）和行人提供良好的视觉条件，以便提高交通效率，且降低夜间的交通事故；或帮助道路使用者看清周围环境，辨别方位；或照亮环境、吓阻犯罪发生。

在道路照明的许多目的中，为机动车驾驶者提供舒适安全的视觉条件始终是第一位的。因此评价一条道路（机动车道路）的所有质量指标，都是从机动车驾驶者的角度来衡量，考虑其视觉的功能和舒适性两个方面。概括而言，主要指路面的平均亮度、亮度的均匀性、照度、对使用者产生的眩光控制水平，道路周边的环境照明系数，以及视觉引导性等。

（1）道路照明质量指标

① 路面的平均亮度。

路面平均亮度是全路面所有计算点亮度的算术平均值，表示为

$$L_{av} = \sum_{i=1}^{n} L_i/n \tag{17-7}$$

式中，L_{av} 为路面平均亮度；L_i 为第 i 个计算点的亮度；n 为计算点总数。

夜晚的道路照明相对于人眼在白天的一般视觉状态而言是比较低的。为了研究平均亮度

对视觉功能的影响,提出了显示能力 RP(Revealing Power)的概念。显示能力是指路面上设置的一组目标物被看到的百分比。研究表明,随着路面平均亮度的上升,显示能力随之上升,如图 17 - 18 所示。

图中关系曲线的条件是:路面整体均匀度 U_o 为 0.4,阈值增量(TI)为 7%,两者保持不变。从图 17 - 18 中可以看出,当路面平均亮度从 0.5cd/m^2 上升到 1cd/m^2 时,显示能力迅速上升;而当路面平均亮度达到 2cd/m^2 时,显示能力达到 80%;在超过 2cd/m^2 后,显示能力随亮度的上升逐渐趋于平缓。

若已知漫反射表面的照度和在给定条件下(某一方向)的亮度系数,则可求得表面(在该方向)的亮度为

$$L_\alpha = r\frac{E}{\pi} \tag{17-8}$$

此式在照明工程计算中有其实用价值。由式(17 - 8)可知,亮度与照度成正比,并与路面材料有关。在给定路面材料下,要提高亮度,只能提高路面照度。

② 路面的亮度均匀度。

不论对视觉功能还是对视觉舒适性而言,合适的亮度均匀度都是很重要的。如果路面的亮度均匀性不好。视线区域中太亮的路面可能会产生眩光,而太暗的区域则可能出现视觉暗区,人眼无法辨别其中的障碍物。

整体均匀度 U_o 定义为路面上最小亮度和平均亮度的比值,即

$$U_o = L_{min}/L_{av} \tag{17-9}$$

式中,L_{av} 和 L_{min} 分别为路面平均亮度和最小亮度。

一般来说,路面的亮度均匀度不得低于 0.4。从图 17 - 19 可看出,在相同的阈值增量下,即使路面的平均亮度相同,但若路面均匀度越低,则显示能力越小。

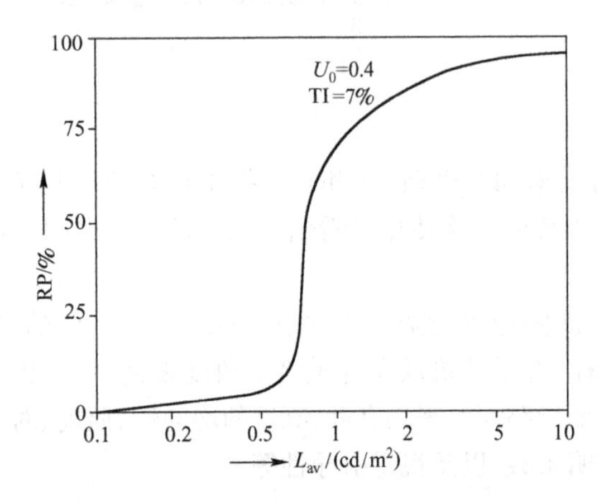

图 17 - 18 平均亮度与显示能力的关系

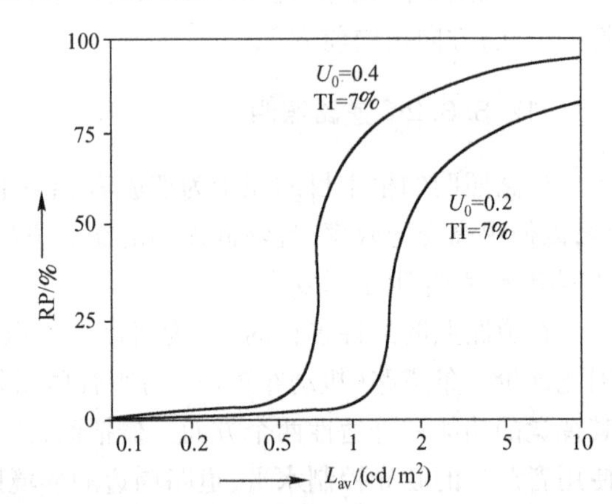

图 17 - 19 显示能力与亮度均匀度的关系

即使道路照明的整体均匀度良好,如果道路上连续出现明显的亮带和暗带,即俗称的"斑马线效应",也会造成驾驶员的眼睛不停地调节适应,从而容易造成视觉疲劳。CIE 引入了纵向均匀度概念,是指对在车道中间轴线上面对交通车流方向观察的观察者而言的最小亮度与最大亮度的比值为

$$U_1 = L_{min}/L_{max} \tag{17-10}$$

车道纵向均匀度的要求要比全路面均匀度高。

③ 眩光控制水平。

眩光的形成是由于视觉范围内有极高的亮度或亮度对比存在,从而使视觉功能下降或使眼睛感觉不舒适。极亮的部分形成眩光源。对应于视觉舒适性的是"心理性眩光"或称为"不舒适眩光";对应于视觉功能的是"生理性眩光"或称为"失能眩光"。

眩光导致视觉功能下降的机理可理解为:当眩光源的光射入人眼时,会产生一个明亮的"光幕",叠加在视网膜的清晰视像前,从而导致视像的可见度降低。这个光幕有一定的亮度,可用如下的经验公式进行计算,即

$$L_v = k\sum_{i=1}^{n} \frac{E_{eyei}}{\theta_i^2} \tag{17-11}$$

式中,L_v 为等效光幕亮度(cd/m^2);E_{eyei} 为由第 i 个眩光源在垂直于视线方向上的人眼视网膜上的照度(lx);θ_i 角视线方向和第 i 个眩光源的光射入观察者眼睛方向的夹角(°);k 为比例系数(为计算,取为 10);n 为眩光源总数。

对等效光幕亮度而言,θ_i 必须大于 1.5°而小于 60°,否则计算结果将会不可靠,与路面亮度不同,等效光幕亮度唯一的计算点是观察者所在的位置。

眩光源产生的光幕亮度和眼睛的调节状态(在道路照明情况下,主要由路面的平均亮度 L_{av} 决定)一起,共同决定了由眩光造成的视觉功能散失。

而失能眩光指标,即所谓的阈值增量 TI,取决于相应的光幕亮度和路面的平均亮度,其计算公式为:

$$\mathrm{TI} = \frac{65L_v}{L_{av}^{0.8}} \tag{17-12}$$

阈值增量 TI 的物理含义为:为了弥补由于眩光源造成的观察者视觉分辨能力的降低,应当相应地提高多少百分比的亮度水平。

在行驶过程中,由于驾驶者(观察者)与路灯灯具的相对位置是不断变化的,阈值增量 TI 也随着 L_v 的变化而不断变化。当变化不是特别大时,变化本身不会有影响,故只需定义一个最大阈值增量。

驾驶者所在车道方向最大阈值增量 TI 所在位置,取决于汽车挡风玻璃顶的屏蔽角。这个角度已由 CIE 出于道路照明设计的需要而标准化为水平向上 20°。一般来说,阈值增量最大的观察点是一个灯具正好在这个角度出现。阈值增量越大,可视差越差。对道路照明而言,希望 TI 小于 10。

不舒适眩光用眩光指数 G 来衡量,是一个主观感受值,其定标依据如表 17-28 所示。

研究发现道路照明产生的不舒适眩光与道路照明灯具和道路照明的布置均有关系,具体影响眩光指数 G 的因素如下:

a. 和灯具有关的因素。

- 在 c-r 系统中,在平面 $c=0$ 上,从灯具最下点起与垂直方向成 80°夹角方向的光强 I_{80}。
- 在平面 $c=0$ 上,从灯具最下点起与垂直方向成 88°夹角方向的光强 I_{88}。
- 在灯具垂直平面上 76°高度角方向上所看到的灯具的发光面积。
- 所采用光源的颜色修正系数 c,对低压钠灯 $c=0.4$,对其他光源 $c=0$。

b. 和道路照明布置有关的因素。

- 平均路面亮度 L_{av}。
- 从眼睛水平线到灯具的垂直距离 h。
- 每千米的灯具数量 p。

对灯具安装高度在6.5~20m之间的道路照明布置,有如下经验公式可有效计算眩光指数,即

$$\begin{aligned} G &= 13.84 - 3.31\lg I_{80} + 1.3(\lg I_{80}/I_{88})^{1/2} - 0.08\lg I_{80}/I_{88} + \\ &\quad 1.29\lg F + 0.97\lg L_{av} + 4.41\lg h - 1.46\lg P + C \\ &= \text{SLI} + 0.97\lg L_{av} + 4.41\lg h - 1.46\lg P \end{aligned} \tag{17-13}$$

式中,$\text{SLI} = 13.84 - 3.31\lg I_{80} + 1.3(\lg I_{80}/I_{88})^{1/2} - 0.08\lg I_{80}/I_{88} + 1.29\lg F + C$,表示灯具控制指数,仅仅与灯具本身相关。

一般来说,越来越多的照明标准都只对失能眩光提出要求,而非不舒适眩光,因为如果失能眩光是可以接受的,则不舒适眩光也多半可以接受,见表17-36。

表17-36 不舒适眩光指数的定标和主观评价的关系

眩光指数	眩光描述	主观评价
1	无法接受的	感觉很坏
3	有干扰的	感觉不好
5	刚好容许的	感觉一般
7	令人满意的	感觉好
9	感觉不到的	感觉非常好

④ 环境照明系数。

环境照明系数是为了使驾驶者能更好地全面获得道路周围的信息,行人能更清楚地看到障碍物,因此必须给道路周围环境如人行道提供一定的照明。

环境照明系数SR,即定义为相邻两根灯杆之间路边5m宽区域内的平均照度和道路内由路边算起5m宽区域的平均照度的比值。如果路宽小于10m,则取道路的一半宽度值来计算,一般要求环境照明系数不小于0.5。

⑤ 视觉引导性。

适当的道路照明的灯具布置方式可以使驾驶者容易获得有关前方道路的走向、交通情况的信息,以及时做出相应的反应。

道路照明的质量指标可以归纳见表17-37。

表17-37 道路照明的质量指标

分类	照明指标			
	亮度水平	亮度均匀度	眩光控制水平	环境照明系数
视觉功能性	路面平均亮度 L_{av}	路面整体均匀度 U_o	阈值增量TI	SR
视觉舒适性	路面平均亮度 L_{av}	车道纵向均匀度 U_l	眩光指数 G	SR

(2) 道路照明的标准

为使道路照明设施能满足道路使用者对照明的基本功能需求,CIE针对每一项质量指标

确定了最低要求值，针对机动车道、交叉道路以及人行道均有不同的标准，见表17－38。

表17－38 CIE115道路分类

道路说明	交通密度及交通复杂程度		道路照明等级
有分隔带的高速公路，无交叉路口，如高速公路、快速干道	交通密度及道路复杂性	—高	M1
		—中	M2
		—低	M3
高速公路；双向干道	交通控制与分隔	—不好	M1
		—好	M2
重要的城市交通干道；地区辐射道路	交通控制与分隔	—不好	M2
		—好	M3
次要道路、社区道路、连接主要道路的社区道路	交通控制与分隔	—不好	M4
		—好	M5

针对不同等级的道路，相应要求的照明指标见表17－39。

表17－39 机动车道路照明推荐标准

道路照明等级	所有道路			较少交叉口道路	人行道道路
	平均路面亮度 $L_{av}/(cd/m^2)$	整体均匀度 U_o	阈值增量 TI	车道均匀度 U_1	环境照明系数 SR
M1	2	0.4	10	0.7	0.5
M2	1.5	0.4	10	0.7	0.5
M3	1.0	0.4	10	0.5	0.5
M4	0.75	0.4	15	—	—
M5	0.5	0.4	15	—	—

以前的中国国家标准与CIE标准相比，相应的照明要求偏低，最近修订的国家标准，最高平均亮度（M1）已提高到1.5，但照度值偏高，具体道路分类及照明指标见表17－40。表中，Ⅰ～Ⅴ分别对应于CIE的M1～M5分类。

表17－40 1992年我国城市道路照明设计标准

级别	道路类型	亮度		照度		眩光控制	诱导性
		平均亮度 $L_{av}/(cd/m^2)$	均匀度 L_{min}/L_{av}	平均照度 E_{av}/lx	平均度 E_{min}/E_{ay}		
Ⅰ	快速路	1.5	0.4	20	0.4	严禁采用非截光灯具	很好
Ⅱ	主干道及迎宾路。通向政府机关和大型公共建筑的主要道路，市中心或商业中心的道路，大型交通枢纽等	1.0	0.35	15	0.35	严禁采用非截光灯具	很好

续表

级别	道路类型	亮度		照度		眩光控制	诱导性
		平均亮度 L_{av}/(cd/m²)	均匀度 L_{min}/L_{av}	平均照度 E_{av}/lx	平均度 E_{min}/E_{ay}		
Ⅲ	次干路	0.5	0.35	8	0.35	不得采用非截光灯具	好
Ⅳ	支路	0.3	0.3	5	0.3	不得采用非截光灯具	好
Ⅴ	主要供行人和非机动车通行的居住区道路和人行道	—		1~2	—	用的灯具不受限制	—

注:① 表中所列的平均照度仅适用于沥青路面,若是水泥混凝土路面,其平均照度值可相应下降低20%~30%。
② 表中各项数据仅适用于干燥路面。

近年来,由于大力推广城市亮化,我国许多城市的道路照明水平大大提高,往往超过CIE标准和国家标准许多,造成严重的光污染和能源浪费,而实际上对驾驶者和行人非但无利,反而有害,这样的现象也应注意避免。

美国于2000年修订的《美国道路照明实施标准》仍保留了多年来的照度、亮度评价指标,见表17-41和表17-42,甚至比我国1992年标准低许多。可见,超标准设计完全没有必要,只要达到相应等级的要求,就能保证满足使用者。

表17-41 美国道路照明照度标准

道路和行人交汇处		不同路面类别的最小平均照度			均匀度比 E_{av}/E_{min}	光幕亮度比 $L_{V_{max}}/L_{av}$
道路	行人交汇处	R_1	R_2 或 R_3	R_4		
高速路A类		6.0	9.0	8.0	3.0	0.3
高速路B类		4.0	6.0	5.0	3.0	0.3
快速路	高	10	14	13	3.0	0.3
	中	8	12	10	3.0	0.3
	低	6	9	8	3.0	0.3
主干路	高	12	17	15	3.0	0.3
	中	9	13	11	3.0	0.3
	低	6	9	8	3.0	0.3
集散路	高	8	12	10	4.0	0.4
	中	6	9	8	4.0	0.4
	低	4	6	5	4.0	0.4
地区性道路	高	6	9	8	6.0	0.4
	中	5	7	6	6.0	0.4
	低	3	4	4	6.0	0.4

表 17－42 美国道路照明亮度标准

道路和行人交汇处		平均亮度 $L_{av}/(cd/m^2)$	均匀度比 L_{av}/L_{min}	均匀度比 E_{av}/E_{min}	光幕亮度比 $L_{V_{max}}/L_{av}$
道　路	行人交汇处				
高速路 A 类		0.6	3.5	6.0	0.3
高速路 B 类		0.4	3.5	6.0	0.3
快速路	高	1.0	3.0	5.0	0.3
	中	0.8	3.0	5.0	0.3
	低	0.6	3.5	6.0	0.3
主干路	高	1.2	3.0	5.0	0.3
	中	0.9	3.0	5.0	0.3
	低	0.6	3.5	6.0	0.3
集散路	高	0.8	3.0	5.0	0.4
	中	0.6	3.5	6.0	0.4
	低	0.4	4.0	8.0	0.4
地区性道路	高	0.6	6.0	10.0	0.4
	中	0.5	6.0	10.0	0.4
	低	0.3	6.0	10.0	0.4

道路冲突区主要是指不同道路交叉口、十字路口、道路与铁路、人行道等交叉区域。为达到降低交通效率的目的，提高道路冲突区的照明标准是有必要的。此时，亮度是推荐指标，照度是标准要求。

对道路冲突区域的照明从高到低分为 C0 到 C5 这 6 个等级。在此区域内的照明相对于其交接的主要道路提高一个等级，即 $C(N-1)=M(N)$。如果连接道路是 M2，冲突区就是 C1 的标准。具体等级划分见表 17－43。

表 17－43 道路冲突区域照明等级划分

冲突区域		照明等级
地下通道		$C(N)=M(N)$
十字路口、坡道，迂回道路，严限车道宽度区域		$C(N-1)=M(N)$
铁路交叉口	简单	$C(N)=M(N)$
	复杂	$C(N-1)=M(N)$
无信号指示环岛	复杂	C1
	中度复杂	C2
	简单	C3
排队等候区	复杂	C1
	中度复杂	C2
	简单	C3

针对上述不同等级的道路冲突区域，相应的照度要求也不一样，具体标准见表 17－44。

表 17－44　道路冲突区域照明标准

照明等级	整个区域的平均照度 E_{av}/lx	整体照度均匀度 E_{min}/E_{av}
C0	50	0.4
C1	30	0.4
C2	20	0.4
C3	15	0.4
C4	10	0.4
C5	7.5	0.4

此外,高速公路的服务区照明也应特别加以考虑,其照度水平见表 17－45。

表 17－45　高速公路服务区照度水平(美国标准)

服务区	照度/lx	均匀度
出入口	3～6	0.2～0.3
区内道路	6	0.3
停车场	11	0.3
主活动区	11	0.3
次活动区	5	0.2

人行道照明标准并不要求良好的均匀性,但对最低照度有要求,具体要求见表 17－46。

表 17－46　人行道照明标准

人行道描述	等级	最低半柱面照度/lx	整个人行道区域的水平照度	
			平均照度 E_{av}/lx	最小照度 E_{min}/lx
非常重要的人行道	P1	5	20	7.5
夜间很多行人和骑自行车的人行道	P2	2	10	3
夜间很多行人和骑自行车的人行道	P3	1.5	7.5	1.5
只与相邻住宅相连,夜间极少行人和骑自行车者的人行道	P4	1	5	1
只与相邻住宅相连,夜间较少行人和骑自行车者的人行道,对保持乡村或建筑特点或环境而言重要	P5	0.75	3	0.6
只与相邻住宅相连,夜间极少行人和骑自行车者的人行道,对保持乡村或建筑特点或环境而言重要	P6	0.5	1.5	0.2
夜间需有从灯具发出的直射光作为引导的人行道	P7	无要求		

半柱面照度通常用于衡量人行道和自行车道的照明效果。它是为了表征照明对识别垂直面上目标的能力效果而引入的概念。如图 17－20 所示,某位置点的半柱面照度可由式(17－14)计算,即

$$E_{sc} = \sum \frac{I(c \cdot \gamma) \cdot (I + \cos\alpha_{sc}) \cdot \cos^2\varepsilon \cdot \sin\varepsilon \cdot \phi \cdot \mathrm{MF}}{\pi \cdot (H - 1.5)^2} \tag{17-14}$$

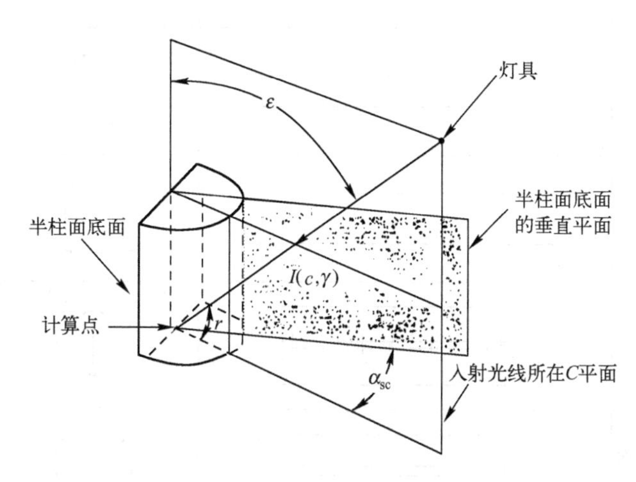

图 17－20 半柱面照度

式中,E_{sc}为计算点的维护半柱面照度(lx);∑为表示计算所有灯具的贡献;$I(c \cdot \gamma)$为灯具在计算点方向上的光强(cd·(klm)$^{-1}$);α_{sc}为入射光线所在垂直(c)平面和与半柱面底面垂直的平面所形成的夹角;γ为入射光线的垂直角;ε为光线入射方向与计算点所在水平面法线的夹角;H为灯具的安装高度(m);ϕ为光源的初始光通量(klm);MF 为灯具和光源的综合维护系数。计算点距离地面高度为 1.5m。如果要计算最低半柱面照度,也可以选择离灯具下方 0.5m 的位置点。

(3) 道路照明方式

① 灯杆照明。

灯杆照明的高度在 15m 以下,灯具安装在灯杆顶端,沿道路延伸布置灯杆。其优点是可以按照道路的走向安排灯杆和灯具,充分利用灯具的光通量,有较高的利用率,且视觉导向性良好。这种照明方式适用于一般的道路、桥梁、街心花园、停车场等。但如果照明范围较大如立交交叉点、交通枢纽点、大型广场等,道路走向复杂的地方,使用灯杆照明就会感觉很混乱,而且维护工作量很大。

采用灯杆照明,有以下的参量:

- 灯具的安装高度 h,一般在 6～14m,社区道路还可更低些。
- 灯具的悬挑长度 O_h,指道路边沿到光源中心的水平距离。
- 安装仰角 θ,指灯具的开口面和水平面的夹角,一般都控制在 15°以内。
- 灯具的安装间距 S,即路灯之间距,要保证合理的亮度均匀度。

灯杆布置和排列有四种基本方式:单侧布灯、交错布灯、对称布灯和中央布灯。中央布灯方式用于有中央隔离带的道路。其布排可根据道路的宽度、结构来决定,见表17－47。

表 17-47 灯具布置基本方式

排列方式	示意图		使用道路宽度/m
	俯视图	侧视图	
单侧布灯	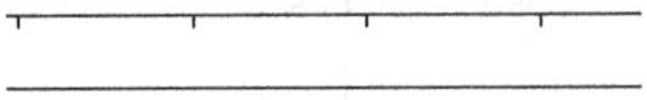		<12
交错布灯	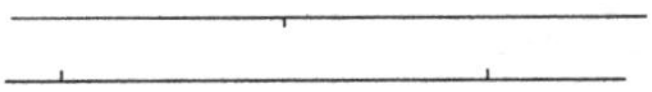	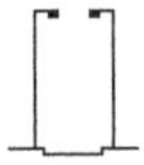	<24
对称布灯	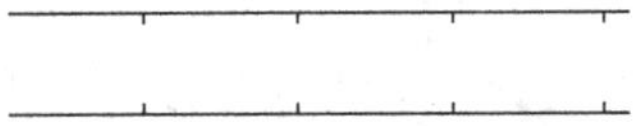	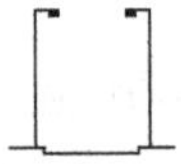	<48
中央隔离带布灯	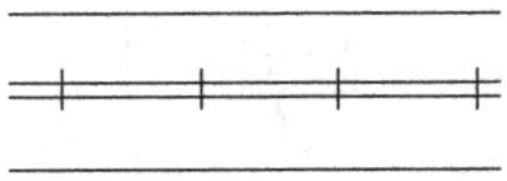	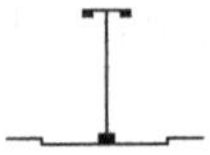	<24
中央隔离带双挑和对称布灯	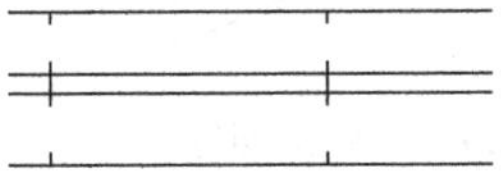	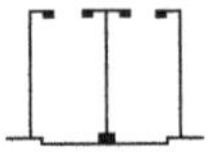	<90

② 高杆照明。

高杆照明是指在一根很高的灯杆上安装多个照明器,进行大面积的照明。一般高杆照明的高度为 30~35m。这种照明方式适用于道路的复杂枢纽点、高速公路的主体交叉处、大型广场。这种照明方式非常简洁,眩光少。而且由于高杆安装在车道外,进行维护时不会影响交通。其缺点是投射到域外的光线多,导致利用率较低,而且初期投资费用和维护费用高昂。

③ 悬索照明。

悬索照明是在道路的中央隔离带上立杆,在杆之间拉上钢丝索,将照明器悬挂安装在钢丝索上进行照明。这种方式适用于有中央隔离带的道路。一般立杆的高度为 15~20m,立杆间距为 50~80m,照明器的间距一般为高度的 1~2 倍。

④ 栏杆照明。

栏杆照明是指沿着道路走向,在两侧约 1m 高的地方安装照明器。此方式仅适用于车道较窄时,而且如在坡度较大的地方和弯道处,应特别要控制眩光。

此方式的优点是:不用灯杆,适用于飞机场附近,可以避免障碍问题。缺点是:由于照明器的安装高度很低,易受污染,维护费用高,同时照明距离小,有车辆通过时,在车辆的另一侧面会产生强烈的阴影。

(4) 道路照明的现场测量

现场测量一方面可以验证设计效果,另一方面也是为了道路照明工程的验收。特别是,在采用一种新的光源或灯具时,更应该有照明效果测量,以作为今后工程设计的参考。

但是在传统的现场测量中,犯了一个原则性的错误,明知道路灯都是在中间视觉条件(10^{-2}~$10cd/m^2$)下使用,所用的照度计、亮度计都是经过明视觉视见函数曲线修正的设备,已不能模拟人眼在中间视觉条件下的光谱光效率的函数曲线了。在“developing in LED Lighting”一文中报道了多伦多开埠纪念节目上提供一个实验场地：一条道路的一边是每根灯杆用314W(250W高压钠灯)照明，另一边的每根灯杆用146W的LED照明，所有观察者都认为LED的照明更明亮，国际暗天空协会的Peter Strasser用传统的照度计测量后，发现LED灯下的照度只有高压钠灯下的一半。在Oakland的试验也有与上相似的说法，国内更多次的实验重复着这样一个故事。重要的是这是事实，这一事实说明下述几个问题：①LED路灯比高压钠灯节能。②其节能比例相当高，超过1倍。③这是发生在明视觉条件测试LED效率尚比高钠灯低1/3的情况下，当LED效率赶上和超过钠灯时，节能效果还将大幅度提高。④用明视觉函数修正的照度计测试结果得出相反结论，而且是成倍的，这说明了要用中间视觉函数来分析这一现象的必要性，和加快中间视觉光度测试仪研制的迫切性。这一问题我们将在LED路灯的部分详细讨论。

测量地段的选择应能代表被测道路照明的状况。CIE建议，测量区域在沿道路纵向应包括同一排的两个灯杆之间的路面，而在横向则应为整个路宽。在需要考虑环境照明状况时，还要向外扩展1.5个车道(5m)。如果道路和灯具布置都是沿道路中心线对称的，则只需测半边道路。

对道路照明进行照度测量时，为保证测量的代表性和准确性，同时又不致工作量过大，应先将被测区域分成若干网格，选取测量点。

在大多数情况下，用相对比较少的测量点就可以反映路面的照明状况，通常在纵向等距布置5个点，在横向则把测量点布置在每个车道的中心线上。

如果要更详细地了解照度分布情况，测量点可以密一些，原测量点位置要有规律，把同一排两灯杆间的测量区域划分成面积大小相等的长方形块。以下是推荐的一种取点法。当两灯杆间距小于、等于50m时，沿道路纵向等分成10个长方块；在横向，若采用四角布点法（四点法），则把每条车道两等分（即在车道中心线和边线画线）；若采用面积中心布点法（中心法），则把每条车道三等分画线。图17－21是具有两条车道的道路采用四点法布点时的测点布置图。

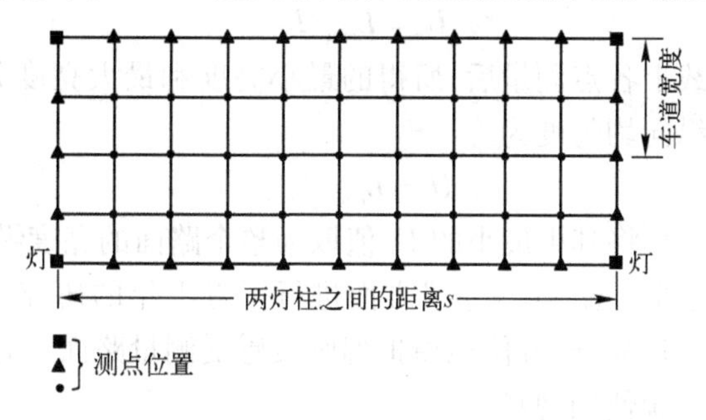

图17－21 照度测量取点

根据图中每个测量点的照度，可以算出公路面的平均照度和照度均匀度。如果测量区域沿道路纵向的等分面积数为M($M \geqslant 10$)，横向面积数为N(单道为2，双车道为4)，则$M \cdot N$为总面积数。根据每块长方形面积4个角上4个测点照度的平均值代表整个测量区域照度的假定，可得：

$$E_{av} = \frac{1}{4MN}\left(\sum E_{\blacksquare} + 2\sum E_{\blacktriangle} + 4\sum E_{\bullet}\right) \tag{17-15}$$

式中，$E_{\blacksquare}$为测量区4角处测点的照度；$E_{\blacktriangle}$为除四角外4边的照度；$E_{\bullet}$为测量区4边以内的测量点的照度。

在上述测量值中找出照度最小的值 E_{min}，即可由下式算出照度均匀度为：

$$U_o = E_{min}/E_{av} \tag{17-16}$$

在进行照度测量时，要定时对电压进行监测（每隔半小时一次）；还要对电流波形进行测量，看其是否满足对谐波的限制；对功率因数也要进行校核。而在测量报告中，除对灯具的安装情况详细记录外，对灯具和附件的型号、对灯具的清洁条件、光源的使用时间、对所用的测量仪器的型号和精度等也要详细记录，此外，还应记载室外的气候条件，如环境温度、湿度等。

国际照明委员会文件 CIE115—2010 指出：目标的可见度与路面亮度水平和亮度分布有关，路面亮度水平决定眼睛的适应程度，而不是照度，道路照明应该用亮度、亮度均匀度和眩光作为评价指标。我国 JTG/T D70/2 -01—2014《公路隧道照明设计细则》和 CJJ45—2015《城市道路照明设计标准》也都以亮度作为道路照明的评价系统，其根本原因是机动车驾驶员行车作业时直接感受到的是路面亮度，而不是照度。

对道路照明进行亮度测量时，观察点（亮度计放置处）距地面的高度为 1.5m，这相当于驾驶员眼睛的平均高度，驾驶员观察路面的角度常为 0.5°～1.5°，这就决定了待测区域应为观察点前方 60～160m 的路面。在道路纵向，当同一侧两灯杆间距 $S \leqslant 50$m 时，通常等间距布 10 个测试点；在道路横向，每条车道布 5 个测试点，中间一点必须位于车道中心线上，两侧最外的两个点分别距车道两侧边线 1/10 车道宽。

采用视场角很小的亮度计（垂直视场角不大于 2′，水平视场角为 2′～20′）对待测的点逐个进行测量，将所测各点的亮度值直接进行算术平均，就可以求得路面的平均亮度为

$$L_{av} = \frac{1}{n}\sum_{i=1}^{n} L_i \tag{17-17}$$

式中，n 为测量点的个数。在上面测得的各点亮度值中，找出最小的亮度值 L_{min}，可由式(17-18)求出路面亮度总均匀度为

$$U_o = L_{min}/L_{av} \tag{17-18}$$

若对同一车道中心线上各点测量后，所得的最小亮度和最大亮度分别为 L_{min} 和 L_{max}，可由下式求出该车道的亮度纵向均匀度为

$$U_l = L_{min}/L_{max} \tag{17-19}$$

比较各个车道的 U_l 值，将其中最小的 U_l 值取为整个路面的亮度纵向均匀度 U_l。

我国在“道路照明现场动态测量方法”方面进行了近十年的研究，申请了专利，并制定了相关标准。此方法可以全过程、全方位地模拟驾驶员感受测量路面的亮度数据。

(5) 传统道路照明光源使用现状

目前普遍采用的传统道路照明光源是高压钠灯和金属卤化物灯，这两种光源均为高强度气体放电光源，在明视觉下，都具有较高的光效，高压钠灯可达 100lm/W，金卤灯达 80lm/W。但存在以下三个缺点：

① 中间视觉条件下钠灯的光效视觉上有所下降，钠灯是黄光发射，而路灯工作条件正好是中间视觉范围，亮度越低，钠灯光效的下降越大。曾有研究证明，光效明视觉条件下明显比钠灯低的金卤灯，在中间视觉亮度较低（小于 1.5cd/m^2）情况下，实际发光效率超过高压钠，而且随亮度降低，钠灯光效进一步下降，金卤灯光效继续上升，得出金卤灯更适合作为路灯光源的结论。

② 均匀度差。现有的钠灯、金卤灯在被照明道路上照出中心亮外围暗的亮度均匀度低的

圆形光斑，光斑的中心亮度往往远高于国家标准，造成能量浪费，且道路是延纵向延伸的长条形区域，为了达到路面亮度和均匀度的要求，圆形照明光斑的大部分外围光线都将落到有效照明区域之外，造成光线的二次浪费，圆形光斑不适用于道路照明。

③ 目前传统光源的路灯在结构上都由反射器和玻璃罩组成，光源发出的光小部分直接透射出玻璃罩到达路面，约60%的光是经反射器再经玻璃罩射出，而通常这类反射器的反射利用率仅为60%，灯具的总体出光效率在70%左右。所以加上圆斑中心过度照明和外围光的损失，传统灯具的有效光通利用率将不足50%。

（6）LED路灯是半导体照明中冒出的黑马

半导体照明自本世纪初发展至今，在发光效率的提高上可谓神速，四五年内又提高了四五倍，功率LED产品从20～25lm/W提高到2016年的176lm/W。在信号显示、景观照明等色光为主的应用已形成新兴产业，通用照明已经开始，小功率的便携式照明推广迅速，低功率的室内照明如台灯、办公室灯等已经使用，而30W、50W、100W，甚至200W的LED路灯装上道路，取代250W高压钠灯，真是冒出的一匹黑马。

中间视觉条件是LED路灯取代钠灯的重要原因。

国际照明委员会（CIE）在大量研究工作的基础上分别于1924年和1951年推荐了明视觉光谱光效率函数和暗视觉光谱光效率函数。明视觉是大于$10cd/m^2$的亮度环境，暗视觉是小于$10^{-2}cd/m^2$。目前所有光度参数的测量仪表的探测器都是按明视觉光谱光效率函数修正的。明视觉函数曲线与暗视觉函数曲线有2个很大的不同。前者最大值为683lm/W，在555nm处，后者最大值提高了，达1700lm/W，增加了2.49倍，而且移至507nm处，移动了48nm。在10^{-2}～$10cd/m^2$范围就称为中间视觉。在这一范围内，柱状细胞和锥状细胞都起作用，柱状细胞起作用比例随亮度增加而减少。这样中间视觉函数曲线就不像明视觉或暗视觉视感度曲线那样只是一条曲线就能反映，而应该是上述两条曲线之间的逐渐过渡的一系列曲线，这些曲线用哪一条是合适的，则由当时环境亮度来决定。所以应该明确地说，用目前通用的明视觉视见函数曲线修正的探头来测试中间视觉条件下使用的各种光源、灯具，并用以比较、评价甚至列为标准，还用于设计中间视觉条件下道路的照明工程，这都是错误的。认识了这一问题的严重性，CIE在1983年成立了中间视觉专门委员会，加强并推进了有关中间视觉的研究。

根据2010年国际照明委员会推出的中间视觉光度学系统，可计算出在不同亮度情况下，不同S/P值下对光输出的影响见表17-48。

常用的高压钠灯的光谱功率分布在波长600nm周围有多个波峰值，其S/P值约为0.6，LED路灯在2.0左右，随着色温的增大而增大，在不同亮度环境下，LED路灯比高压钠灯中间视觉光效应要提高10%～32%。

中间视觉曲线是完善光度量评价的一个必要补充，中间视觉涵盖了道路照明的全部范围，因此道路照明标准必将进入中间视觉的评价时代。

SP1C-200光谱彩色照度计可以实现对照明产品明视觉、暗视觉、中间视觉的光度测量，自动计算S/P值和中间视觉光度量。

相信随着中间视觉国际共识的达成，中间视觉会很快应用于照明各领域，尤其是交通和道路照明领域。

其实LED路灯除了中间视觉条件造成比高压钠灯节电外，还有LED是2π发光，可以说，

LED从外延到芯片到封装成器件都想方设法将光从前方射出,这比高压钠灯、金卤灯的4π发光在做成灯具时的光通量利用率上也是颇占优势的。此外,长寿命、驱动电压低可与太阳能电池组成太阳能路灯。LED路灯可以以较大的金属外壳作为散热体,这是其他灯具难以做到的,综上所述,都是成为“黑马”的原因。另外,路灯均为政府部门建设和管理,LED路灯取代钠灯能够做到节能减排,符合国家政策,较易推广。

表17-48 推荐系统算出的影响情况(%)

	S/P	光亮度/(cd/m²) 0.01	0.03	0.1	0.3	0.5	1	1.5	2	3	5
低压钠灯	0.25	-75	-52	-29	-18	-14	-9	-6	-5	-2	0
	0.45	-55	-34	-21	-13	-10	-6	-4	-3	-2	0
高压钠灯	0.65	-31	-20	-13	-8	-6	-4	-3	-2	-1	0
	0.85	-12	-8	-5	-3	-3	-2	-1	-1	0	0
	1.05	4	3	2	1	1	1	0	0	0	0
金卤暖白	1.25	18	13	8	5	4	3	2	1	1	0
	1.45	32	22	15	9	7	5	3	3	1	0
	1.65	45	32	21	13	10	7	5	4	2	0
	1.85	57	40	27	17	13	9	6	5	3	0
LED冷白	2.05	69	49	32	21	16	11	8	6	3	0
	2.25	80	57	38	24	19	12	9	7	4	0
金卤日光	2.45	91	65	43	28	22	14	10	8	4	0
	2.65	101	73	49	31	24	16	12	9	5	0

虚线左边的数据比较突出,变化大于5%。

此表显示:短波长范围($S/P>1$)有相对应的光输出的灯在该推荐系统下结果亮度有所增加。

方框之内的数据是指通常道路表面的亮度在0.3~2cd/m²。

(7) LED路灯技术

LED路灯的整体效率可认为由4个效率决定,功率LED的发光效率、二次光学设计达到的光线利用率、良好散热以保证LED发光效率的保持率、驱动电路的效率。

功率LED的发光效率是固有的,要选用发光效率高,而且热阻较小的,目前,市售商品好的已有100lm/W,而热阻则有3~11K/W不等。要注意的是,市售产品的发光效率数据都是瞬态测量得到的,制成灯具后其结温上升会引起发光效率下降,能保持多少发光效率与本身热阻和灯具热学设计的散热效果有关,所以,就LED路灯的技术而言,关键技术就是光学设计、散热设计和驱动电路设计。

① 光学设计。

一般功率LED都带有透镜,所以灯具的光学设计又称二次光学设计。就每个LED单元来说,二次光学设计可根据路灯要有长条形光斑的要求采用反射面反射、棱镜折射和反射折射相结合的原理进行配光。目前有的是利用LED路灯是多光源特点对安装面角度调节进行简单调整,也有的专门设计功率LED棱镜,还有设计成棱镜面板进行配光。总的来说,LED路灯的二次配光较传统光源如高压钠灯或金卤灯路灯配光容易,配光后达到的效果也比较好,非但没有圆斑中心亮度特别高的缺点，均匀度也可从标准要求的0.4提高到0.6～0.7，还减少了圆斑外围光的无谓损失。

在二次光学设计时除非特殊状况（如有围栏的高架道路等）必须考虑到环境照明系数，即给道路周围环境如人行道提供一定的照明，通常要求环境照明系数不小于0.5。

一般而言，希望在二次配光后能实现宽角度的“蝙蝠翼”配光。当然，如果设计一种功率LED透镜，在器件制成时已完成这种配光，则在灯具设计时无须进行二次配光，只需挑选器件配光的光强分布状况。

一种非球面的复眼透镜也是产生均匀光斑的有效结构，采用复眼透镜的二次光学器件也是由反光杯和透镜组合而成，反光杯收集光线并将其调制为相对平行的光束后再由复眼透镜将光以一定角度发射出去，可达到均匀舒适的照明效果。

在二次配光时应考虑在达到路面指标的情况下尽可能增加灯杆之间的距离，进而减少灯的数目，从而降低安装LED路灯的总成本。

② 散热设计。

LED器件的发光效率和寿命与其工作时的结温有密切的关系。对给定的功率LED来说，结温的上升带来的是效率的下降和寿命的缩短，而不同热学设计的器件，情况又是不同的，LED路灯的散热设计总思路就是要热通道中的路程尽可能短，热阻又尽可能小，要使热尽快地导出，然后散出去，以使器件的结温上升值尽可能小，只有这样才能维持较高的发光效率和较长的寿命。

热管技术是既可靠又不增加附加功耗的导热元件，虽然要增加一些成本，但得到的是少下降的效率和增加的寿命，是2010年前100W以上LED路灯首选的散热设计方案。当然，还必须做好散热，应用可以采用金属灯壳作为散热器的有利条件，做好热管与灯壳之间的热导连接，并尽量加大灯壳散热的表面积，结构上要便于形成气流，提高散热效率。

热管中尤以回路热管导热效率最高，它不像单管热管那样因重力因素造成放置位置对导热效率有影响，成本也较低，是最适合采用的技术。随着LED效率的提高，加上散热结构的改进，目前已不用热管，直接做成30W左右的光源模组，已能解决散热问题。

散热结构效果如何，以测量LED路灯上工作时LED器件结温为最科学的方法。我们曾对LED组件上的LED结温进行了测定，原则上同样可用此法测量LED路灯的LED器件结温，原理是测量器件的正向压降值，并根据其负温度系数关系，可以直接求得结温。

通常认为，外壳温度可代表结温是很不科学的，就是LED器件不同结构热阻不一样，结温也不相同，何况是灯具。灯具的外壳到器件之间还存在其他导热体和黏结或焊接材料，它们的热阻直接影响到灯具的导热、散热能力，会加大器件结温和外壳之间的温差。作为工艺上参数，可在LED灯具的LED器件旁或者背面定几个测试点，测试比较这些测试点的温度，在外界环境温度固定的条件下，倒是还有一定价值的。

③ LED路灯的驱动电源。

由于LED的伏安特性在到达一定阈值后，电流随电压的上升会急剧增加。应该记住，LED是电流控制器件，所以应该用恒流电源驱动。

驱动电源目前主要有三种：

a. 单级的直流恒流驱动，比较简单，效率可接近90%；

b. 标准的AC/DC开关电源和DC/DC恒流驱动电路串联驱动，只要选用质量较好的元器

件,就可以做出效率达90%以上的恒流驱动电源;

c. 高压线性恒流驱动电源,效率高、成本低。

在驱动电源中还应具有防浪涌电路,以保证LED不受浪涌电流的伤害。

在制成LED路灯后,应按国家半导体照明工程研发及产业联盟于2008年9月1日开始实施的推荐性技术规范LB/T 001—2008《整体式LED路灯的测量方法》,进行基本电性能和电流谐波测量、电磁兼容试验、光通量和发光效率测量、光强分布和光束角测量、颜色的测量、光通量温度特性曲线测量、最高允许环境温度试验和寿命、发光维持特性试验。具体方法和要求,参见技术规范原件。

当前LED与HID道路灯具的效果比较见表17-49。

表17-49 当前LED与HID道路灯具的效果比较

光源	功率/W	发光效率/(lm/W)	光源光通量/lm	输出比	利用系数	中间视觉光效变化	显色性R_a	寿命	均匀度	失能眩光TI
高压钠灯	250	110	27500	0.65	0.3	下降	50	15000	0.25	10~15
金卤灯	250	90	22500	0.65	0.3	稍上升	65	10000	0.25	10~15
LED	100	110	11000	0.90	0.7	上升	>80	50000	0.7	<2

采用AA1070铝合金(导电系数226W/mK,与铝237W/mK相近)压铸,接触平面铣床或多道拉丝处理可达0.03mm,再加导热膏和散热片,以调节不同功率LED的不同角度进行配光制成的LED路灯参数如表17-50所示。

表17-50 LED路灯技术参数

功率/W	240
发光效率/(lm/W)	120
色温/K	4000~6000
显色指数R_a	80
光照范围/m^2	40m×10m(可调)
平均照度/lx	>20,相当于400W高压钠灯
灯杆高度/m	12m
电源	AC 190V~250V,50Hz
适应温、湿度	-40~85℃,≤95%
使用寿命/h	>35000
防护等级	IP65

作者与金缘光电合作研制的240W LED路灯,采用欠功率驱动,经上海国家电光原质量监督检验中心检测,发光效率达120lm/W,10000h工作无光衰,荣获光耀2013年度优质产品。

(8) LED太阳能路灯

① 太阳能路灯基本技术要求。

- 每天照明时间为6~8h。
- 保证3~5天阴雨天能正常工作。
- 系统寿命5年以上,灯具总光衰小于30%。

- LED 发光效率≥100lm/W。
- 照明控制:光控开时控关或纯光控开关。
- 灯具发光角≥110°。

以上条件适用于任何太阳能 LED 路灯与庭院灯,也是政府招标采购与普遍用户的基本技术要求。达不到上述条件中任何一项,将认为系统配置不合理。

② 各种太阳能 LED 照明系统参数与市场比例。

太阳能 LED 灯参数与市场比例见表 17-51。

表 17-51 太阳能 LED 灯参数与市场比例

LED 功率	太阳能电池功率	蓄电池容量	应 用 范 围	占有率/%
<15W	<60W	<DC12V80AH	庭院灯	15
15~18W	60~70W	85~100AH	庭院灯	40
30~35W	120~150W	150~200AH	小型路灯	40
>50W	>200W	>250AH	路灯	5

③ 太阳能 LED 路灯发展现状。

据 2007—2008 年各种国际照明灯具展览会产品调查,国外具有产业化、高性价比、有推广价值的太阳能 LED 极少,只有德国、美国、马来西亚等不到十家展出,部分还是国内企业 OEM 生产。有些国外产品虽然设计先进,采用热管散热、多翼片密集型散热等先进技术,只考虑恒流、配光、散热等功能,没有考虑防风沙、蚊虫、灯杆承重、性价比等问题,不适用于国内应用环境,相同功率价格高于国内价格 2~3 倍,还没有推广 1000 套以上的应用实例。

国内太阳能 LED 灯具发展迅速,它是光机电一体化的高科技集成产品,并不是简单组合。太阳能系统蓄电池电压每天由 10.8V 上升到 13.6V 不断变化。电压上升引起电流急剧增加。若无良好的散热和电路恒流控制,在短时间内(3~5 个月)有可能光衰达到 80%。以前都用 $\phi5$ 直插式 LED 作为光源,光衰很大,寿命无法过关。2008 年起开始采用功率 LED 作光源,在设计、制作中重点解决 LED 光衰、配光、恒流控制、散热等影响寿命的技术问题。目前国内较专业的企业已基本解决寿命问题,有 30% 的灯具带有二次光学配光设计,较好地改善了道路照明的照度均匀度。

到 2008 年 10 月初步统计全国总计安装了太阳能 LED 功能性照明灯具 5 万只以上,仅北京地区 3 年内就安装了 4 万只以上。早期的产品光衰严重,2007 年安装的一年下降 10%~20% 并趋于稳定,采用 1W 功率 LED 的灯由于热量分散,使用效果较好。采用 10~30W 组件为光源的,热量集中、光衰明显加大,许多技术问题亟待解决。2007 年 5 月北京市起草了地方标准《太阳能光伏室外照明装置技术规范》标准号 DB11/T 542—2008,已于 2008 年 5 月 1 日起执行。同时也作为 2008 年北京市政府采购上万只太阳能 LED 路灯招标技术条件。对于太阳电池效率、控制器充放电指标、LED 光衰快速检测、恒流电路功率损耗、蓄电池自放电等技术指标都有明确规定,并明确规定采用的 LED 单只功率应大于 1W。有些单位还设计了上半夜全功率照明、下半夜半功率照明的智能照明时间模式,既降低了太阳电池的成本又延长了照明时间。

(9) LED 隧道灯

隧道灯属于道路照明灯具。LED 隧道灯与路灯一样,由于中间视觉效应和 24h 工作,节能效果显著而早于其他 LED 照明灯具投入使用,推广也较快。

一般采用功率 LED 制成类似于投光灯的结构，功率有 20W、40W、60W、80W、100W、140W 等，光束角为 90 × 130°，发光效率为 100lm/W，色温为 6000K 或 3000K，IP65/66 这类灯具无法避免高压钠灯隧道灯眩光、频闪等缺点。

其后在上海长江隧道使用了长条形 LED 隧道灯，上述缺点得到一定改善。由于采用长条形结构、散热条件大为改善，提高了发光效率并延长了寿命，得到大家好评并迅速推广应用。

近年来，山西光宇推出连续灯带型 LED 隧道灯，使用在上海延安东路隧道，取得了较为完美的效果，完全解决了眩光、频闪的缺点，并消除了路面和墙面的斑马线，具有良好的光诱导性，为隧道提供了高品质的照明环境。

17.9 光源效率和照明系统整体效率

半导体照明应用已度过阳春三月，将迎来四月艳阳天。发光效率市售产品 1W 功率器件目前已达 160 ~ 176lm/W，LED 光源已成为照明光源的主角。半导体照明革命成功大局已定。

我们现在讨论照明较多讨论的是光源效率，这是对的，因为它是起点。但照明应用要的是照明系统的整体效率，作为照明科学发展，还有大量新的课题值得研究。我们将在追求光源最高效率的同时，追求 LED 照明应用系统的最高效率，这才是我们的最终目的。

图 17 – 22 是分析光源效率、灯具效率、照明效率和照明系统整体效率之间关系的，还从物理效率、生理效率和心理效率方面进行了区分，对灯具、照明环境和条件以及照明系统整体效率的研究。

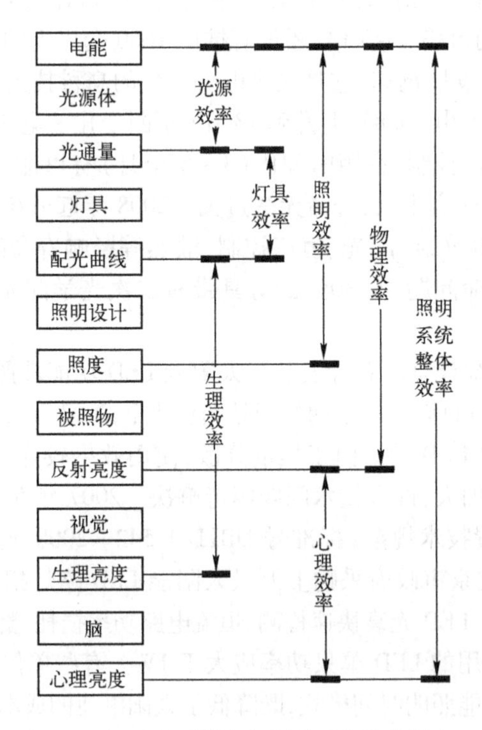

图 17 – 22 光源效率与照明系统整体效率

第 18 章 半导体照明的光品质

半导体照明的优点在于节能、环保、美化生活。美化生活不仅是指能提供多彩的显示大屏、LED 背光 LCD TV、景观照明，还应包括 LED 提供舒适、合理、健康甚至智能照明，包括光色保真度、光色均匀度、光色自然度、色调识别度、生动性、光色偏好和视觉舒适度等，即能提供更好的照明环境。

18.1 色纯度

单色光 LED 的色纯度很高，LED 的发光波长可由下式求得

$$\Delta E = h\nu = h \times c/\lambda \tag{18-1}$$

$$\lambda = \frac{1240}{\Delta E}(\mathrm{nm}) \tag{18-2}$$

其半高宽（光谱带宽 $\Delta\lambda$）一般几十纳米，一般都接近或在色度图的马蹄形轨迹线上，纯度较高，看上去颜色非常鲜艳，用其作景观照明不仅颜色漂亮，而且因不用滤色片所以非常省电，用它作舞台照明则效果远胜过传统照明中用滤色片的效果，可谓得天独厚。

由于其纯度较高，用其做成 RGB LED 的 LCD TV 背光比之 CCFL 70% 色域显示大大提高，可达 CRI 显示色域的 126%，即使 PC - 白光 LED 做背光也可达 90%，且目前已可节电一半，就是说 LED 色纯度可提高 LCD TV 的显色范围，而且颜色更为鲜艳。

用色纯度高的单色光组成的白光 LED，在色种和带宽相同的情况下，比色纯度低的其他光（包括 LED 激发黄光所产生的光）具有更为鲜艳的显色效果。但当峰值空隙较大时，其 R_a 值仍不是太高（<60），最低仅有 22。

18.2 显色性

18.2.1 显色指数

表明光源发射的光对被照物颜色正确反映的量称为显色指数。CIE 选择了 14 种颜色样品作为计算光源显色指数的标准样品，其中 13 号为白种人肤色，1984 年我国制定的光源显色性评价方法的国家标准中，增加了我国女性面部的色样，列为第 15 号。光源显色指数通常用一般显色指数 R_a 表示，R_a 是光源对 1 至 8 号八个中等饱和程度色样显色指数的算术平均值。

$$R_a = \frac{1}{8}\sum R_i \tag{18-3}$$

式中，R_i 为光源对 15 个色样中任何一种的显色指数。该显色指数 R_i 由下式计算得到：

$$R_i = 100 - 4.6\Delta E_i \quad (18-4)$$

式中,E_i为色样在被测光源与 i 参照光源下该样品的色差。

18.2.2 光色品质量值系统

总的来说,用 CRI 来评价光源的显色性能是相当成功的。但在应用中也出现了一些问题,如在有些情况下,R_a 数值的大小与人们的感受不一致等。尤其是 LED 白光的 CIE R_a显色指数对于其显色性的评价往往偏差较大。

为了改善 CRI(R_a)系统存在的问题,美国国家标准与技术研究院的二位专家 Yoshi Ohno 和 Wendy Davis 合作开发了 CQS 系统。他们在保留 CRI 的计算框架的基础上做了几个非常重要的改进(即光色品质量值系统)。

首先,他们采用了饱和度高的 15 种物体色 TCS 替代原来计算 R_a 用的 8 种 TCS,这些物体色具有最高的饱和度,相当均匀地分布,包含了整个色相,而且这些 TCS 在市场上都能买到。

其次,他们发现,在计算 CRI 时计算色差采用的 1964WUV 色空间是不均匀的,在红色区域特别不均匀。所以他们决定用 CIE 推荐的 1976LAB(CIELAB)和 1976LUV(CIELUV)来进行计算。

再次,他们计算平均色差时,不是像以前那样简单地进行算术平均,而是取其均方根值。

Ohno 博士用下面的例子来说明采用光色品质量值 CQS(Color Quality Scale)系统评价白光 LED 光源显色性的优越性。一个 RGB 模组制成的白光 LED 光源,在它照明下物体颜色很美,但由于该照明光源下色样红色、绿色的颜色饱和度增加明显,从而造成 R_a 值的降低,仅为 71,我们采用 CQS 系统来计算时得到的显色指数 $Q_a = 83$,比其 R_a 高出 12,比较客观地反映了真实状况。

采用另一个 RGB LED 光源,与上一个 RGB LED 光源不同的是红色峰值位置从 620nm 移至 600nm,$R_a = 82$,比上个例子高 11,然而我们发现,该 RGB LED 光源下物体颜色看上去很差,这与 R_a 的评价很矛盾,求出第二个光源 $Q_a = 74$ 之后,这个疑问就容易解答了。第一个光源的 Q_a 值比第二个光源大 9,所以用第一个光源照明效果好。可以发现,对于 RGB LED 光源,与采用 CRI 系统相比,采用 CQS 系统评价它的显色性所得的结果和我们视觉的感受更加一致。

经荧光粉转换得到的白光 LED 光源,PC - 白光 LED,Q_a 和 R_a 差别不大,仅差 1 ~ 2,而对传统光源白炽灯和金卤灯而言,Q_a 和 R_a 的值基本保持一致。

18.2.3 IES TM30 - 15 光源显色性评价方法

北美照明学会(IES)于 2015 年 5 月 18 日在历时两年的工作后正式发布了对于光源显色能力的新的评价方法——IES TM30 - 15 IES Method for Evaluating light Source Color Rendition。这一新的评价体系由 IES 颜色质量工作组(IES Color Metries Task Force)提出,该工作组共有 8 位委员。该文件在经过 IES 颜色委员会、技术审查委员会和董事会审查后批准通过。

相比现有的 CIE 显色指数 CRI,IES 的这个新的评价方法有几个重大改革。

1. 双指标

评价光源显色不再仅仅使用一个指标,而是由两个指标——R_f和 R_g。R_f用于表征各标准色在测试光源的照射下与参考光源相比较的相似程度(如 100 代表完全相同;0 代表差别很大);R_g则代表各标准式在测试光源下与参考光源相比饱和度的改变(100 代表饱和度相同，大于100表示光源可以提高颜色的饱和度；低于100则代表颜色的饱和度在测试光源下较低）。

2. 标准色

与CRI仅有8个标准色相比，新的体系采用99个标准色。这99个标准色不再是孟塞尔色卡。它们代表了生活中能看到的常见各种颜色（从饱和到不饱和，从亮到暗），并且这99个标准色对于各波长的敏感度相同。

3. 参考光源

由于CRI所使用的参考光源（即低于5000K时使用黑体辐射；高于5000K时使用自然光模型）存在5000K的突变问题，这个新的体系在4500～5500K的范围内使用了黑体辐射与自然光模型混合的光谱作为参考光源。另外，R_f和R_g都采用了与待测光源色温相同的参考光源。

4. 色度学

该体系采用了更均匀的色度空间、色适应方程和色貌模型（CIE Color Appearance Model 02）。

5. 颜色失真图标

由于两个指标只能综合评价光源对于各种颜色的平均显色能力，对于某些特定颜色的显色能力有时也很重要（特别对于照明设计师而言）。新的方法在提供双指标的同时还提供了一个颜色失真图标，可以提供更为直观的信息，用以表示各种颜色的色温以及饱和度的改变。

目前IES TM30－15的认同度较高，且最有可能成为国际标准。

18.2.4 环境对R_a值的要求

不同照明光源的一般显色指数、色温和发光效率见表18－1。不同照明环境对R_a值的要求见表18－2。

表18－1 不同照明光源的R_a、色温和发光效率

光　源	色温/K	R_a	发光效率/(lm/W)
白炽灯	2700	100	10～15
卤钨灯	3000	100	16～20
日光（D65）	6500	100	
氙灯	5290	93	25
荧光灯（冷白）	4200	58	81
荧光灯（暖白）	3000	51	83
荧光灯（三基色）	4000	85	93
高压钠灯	2000	25	100
金卤灯	6430	80	85
汞灯	3800	45	50
LED灯	3000～6500	70～98	120～200

表 18-2 不同照明环境对 R_a 值的要求

展览会、美术馆、橱窗	85~95
室内人员经常活动区	≥80
室内人员少活动区	60~80
室外道路和隧道	≥60

18.2.5 不同 LED 白光的显色指数

LED 白色光源可用多种方法获得,其显色指数也相差很大,分述如下。

(1) 两种以上颜色 LED 混色而得

采用两种以上颜色 LED 混色而得,往往是发光效率和显色指数之间的折中。如两个线宽 30nm 的基色光的 4870K 白光光源效率较低时 R_a 大致等于 20(481nm/580nm)。三基色体系 450nm、540nm 和 610nm,R_a=70,如降低发光效率 10%,则可以使 R_a 提高到 85。四基色体系 460nm、530nm、580nm 和 620nm 窄谱线可产生高至 90~95 的 R_a,而五基色体系可高达 98~99。当然多基色体系的优化是一个更为复杂的问题,但 LED 的窄谱线和多基色可以提供很高 R_a 的白色 LED 光源这一事实是不容置疑的。这些 LED 多芯片白光 LED 可满足多数照明应用的要求。五基色或更多基色 LED 白光灯能提供光谱准连续的极高质量的白光。

(2) 二基色黄光能转换白光 LED

460nm 发光二极管激发 YAG 荧光粉产生的发射光谱正好与补色相符(570~590nm),这正是目前大量使用的白光 LED,产品的效率已达 160~176lm/W。美国能源部已将路线图 2020 年达到指示从起初的 200lm/W 提高到 218lm/W(LED 产品最高值)。最终目标为 255lm/W。

这种方法所得白光 LED 如不加入其他颜色荧光粉,一般 R_a 都在 70~79,难以达到 80 以上,适当添加红粉或绿粉即可达 80~90。也可采用硅酸盐荧光粉,但制得白光 LED 的发光效率较 YAG: Ce 的 LED 低,主流仍是后者。

(3) 三基色荧光粉转换白光 LED

三基色荧光粉转换白光 LED 能改善显色性和发光效率。如用 $SrGa_2S4: Eu^{2+}$ 荧光粉将 450nm 的蓝光转化为 535nm 左右的绿光发射,$SrS: Eu^{2+}$ 把 450nm 的蓝光转化为 615nm 的红光,可得 3700K 的 R_a=89 的白光,且有较高的发光效率。

另有报道,Eu^{2+} 掺杂的氮化物和氮氧化物荧光粉 $MSi_2O_2N_2: Eu$(黄绿)和 $M_2Si_5N_8: Eu$(橙红)按一定比例混合与 InGaN 蓝光 LED 芯片组成大功率 LED,R_a 可提高到 88。

(4) 紫外 LED 激发多基色荧光粉

虽然这种方法可以获得 R_a=90 以上的准连续光谱,但发光效率较低,实际上没有产品。

所以目前用得比较多的 PC 白光 LED 是二基色荧光粉转换白光 LED。

RGB 白光 LED 从理论上分析,效率应比其他方案高,但由于目前绿光 LED 发光效率不高,而白光中绿光成分又占 60%,所以总体发光效率仍落后于 PC 白光 LED,目前应用较少,一旦绿光 LED 发光效率突破,RGB 白光 LED 还是大有前途的。最近有报道采用非极性 GaN 单晶作衬底,InGaN 外延材料可获得高电流密度下内量子效率 60%,发光效率提高了一倍,有望解决这一问题。

（5）多个LED或荧光粉相结合

采用多个LED或荧光粉相结合的办法，仍是获得高显色指数的好办法。如二基色芯片白光LED最高可达20，三基色芯片白光LED最高可达85，四基色芯片白光LED最高可达98，五基色芯片白光LED可达99。又如，采用荧光粉白光、冷白光、红光、绿光、蓝光、黄光二极管相结合的WWRGBA组合的光谱分布，优化后4000K CRI较高，$R_a = 97$。

至此，应该说LED从芯片和器件层面上提供了高纯度的单色光和可以借助多芯片和结合荧光粉来实现高显色性的LED光源，为高显色性的LED灯具和LED照明提供了必要的物质基础。

18.3 舒适度

眩光，是对过高亮度的一种感受，常常与过分的对比相伴在一起。它以两种不同的效果同时发生或分开发生，即失能眩光和不舒适眩光。

失能眩光是因为过亮照明使眼睛的视觉系统的精细调节控制系统失去平衡，如汽车的前照灯光使骑自行车者眼前一片白，以致无法看到东西，失能眩光也叫生理眩光。

不舒适眩光是眩光源即使不降低，观察者的视觉功能也会造成注意力的分散，此外亮度的进一步提高会使控制瞳孔的肌肉将瞳孔收缩得很小，肌肉会疲劳，瞳孔会不稳定，这也是引起不舒适眩光的原因。例如照明工程中，将大功率灯安装在不合适的地方，既浪费电又使人讨厌。有的图书馆阅览室，使用大量的灯，照度太高使坐在里面的人心情烦躁，这就是不舒适眩光，也叫作心理眩光。

不舒适眩光不能直接测量，但只要知道观察方向上光源眩光度 L_s、背景亮度 L_b 和眼睛对光源所张的立体角 ω（弧度），即可计算眩光指数UGR（CIE）：

$$\mathrm{UGR} = 8\lg \frac{0.25}{L_b} \sum \frac{L_s^2 \omega}{P^2} \tag{18-5}$$

式中，P 为经验指数，它表示在固定的视向上移去眩光源后的效果。

眩光指数的一个单位就是能观察到的最小间隙。眩光指数的6个单位就是传统的经验不舒服临界值之间的间隔——“感觉到”、“能接受”、“不舒服”、“不能接受”。

舒适是光品质的重要体现，尤其是在道路照明中，驾驶员的视觉感觉对行车安全有重要的影响。

失能眩光指标，即阈值增量TI，取决于相应的光幕亮度 L_v 和路面的平均亮度，其计算公式为

$$\mathrm{TI} = \frac{65 L_v}{L^{0.8}} \tag{18-6}$$

其物理含义为：为了弥补由于眩光源造成的观察者视觉分辨力的降低，应当相应地提高多少百分比的亮度水平，对道路照明而言，希望TI小于10。

从以上可知，眩光指数的计算主要与光源亮度、背景亮度以及立体角 ω 有关。为了避免LED灯具产生眩光，在设计中应特别重视，改进眩光的措施有降低平均亮度，对引起眩光的角度采用遮光或配光控制，对产品采用雾化处理和反射配光也是较简易的方法。

18.4 LED 色温

光源发射光的颜色与黑体在某一温度下辐射光色相同时,黑体的温度称为该光源的色温,单位为 K。

有人认为传统的高压钠灯的黄光优于 LED 灯的白光,这完全是没有科学依据的,仅仅是一个先入为主的错觉。当前白光 LED 灯在道路照明中有人不接受,原因不仅是高色温,而是在于高色温与低照度的共同作用,如图 18-1 所示。

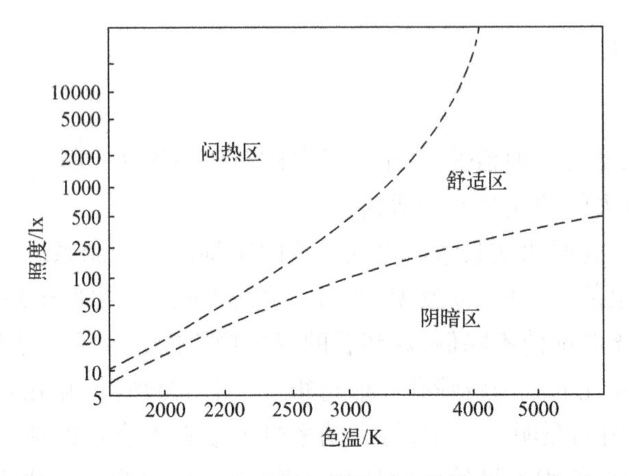

图 18-1 照度和色温对人的影响

白光使人清醒,黄光使人昏昏欲睡,具体采用什么光源,主要看应用场合。在道路照明中,为提高人的舒适感和满意度,高色温相比低色温光源需要更高的照度,但数值并不大,LED 器件的色温与发光效率有关,它的路灯发光效率平均值随色温的增加而提高,在 5500~6000K 达到最高值,然后随色温提高而逐步下降。LED 灯具色温区间的选择,需要在满足道路照明设计标准的前提下,在发光效率、色温、成本之间取得平衡。但随着发光效率的提高,特别是低色温 LED 灯具发光效率的提高,区间选择 3000~4000K,将与 5000~6000K 发光效率和成本差不多,那么应可随意选择中色温区间和低色温区间,而且还具有了色温范围可以调节的优势。

由于不同纬度具有不同的温度,所以色温选择的舒适度又与地域有关,热带地区的人们偏爱中、高色温,而寒带地区的人们则钟爱低色温。由于 LED 有色光的单色性好、色纯度高,白光的色温、显色性、眩光等光品质一样可以表现得很出色,应该注意的是通过 LED 器件、LED 灯具和 LED 照明三个层面的努力,完全能达到半导体照明中光品质的优化。

18.5 光色均匀度——色容差

在房间内装两个或以上的灯,尽管它们标称色温值一样,但实际上色温与光色是一对多的关系,光色(x、y 值)是不一样的,就是光色不均匀,感觉会很不舒服。所以在照明应用中要注意选用光源的色容差值是否符合要求,亮灯后可用仪器进行测试,以检验照明光色的均匀性。对于 LED 灯具制造商来说,在选用 LED 器件时尤其要重视。当然如果特意设计不同光色照明的场合例外。目前的色容差要求分别是 SDCN≤5 和 SDCM≤7。测试方法等详细内容参阅 1.3.3.8 色容差一节。

18.6　智能化 LED 生物节律照明

光对人体的生理特性，具有很大的影响，伴随着光的变化，人类形成了生物节律，不同的光给人不同的感觉。设计 LED 照明系统，可以模拟生物节律的变化过程，根据人体生物钟的需求，在不同的时间段自动调节办公室或病房等环境的亮度、色温等，实现生态的生物节律照明，提高办公效率和康复治疗的效果。

第19章 半导体照明技术、市场现状和展望

半导体照明的产业链由材料、制造和测试设备、LED 器件和组件、照明灯具系统、智能控制 LED 照明工程系统五个部分组成，下面按顺序对技术现状逐一叙述，再展望整个产业的发展，并对 LED 的非视觉应用进展作简单介绍。

19.1 材料

19.1.1 衬底

(1) 蓝宝石衬底

① 生长方法有四种：泡生法、提拉法、导模法和热交换法，其中泡生法占生产量的70%，目前是主流方法。

② 美国 Rubicon 公司 2011 年 10 月宣布已供应了 20 万片 6 英寸片，并已制成三台生产 8 英寸片的炉子。

③ 目前国外主要用 4 英寸片，并向 6 英寸、8 英寸发展，国内主要是 4 英寸片，向 6 英寸片发展。

(2) 碳化硅衬底

① 与 GaN 材料晶格失配小，导热性能好，外延晶片质量提高。

② 美国 Cree 公司目前主要使用 3 英寸 SiC 衬底，已开始使用 4 英寸。

③ 山东大学 2 英寸、3 英寸 SiC 衬底均已有产品，均可开盒即用。4 英寸 n 型 SiC 单晶产品已产业化，位错密度小于 1 个/m^2。6 英寸 SiC 单晶已研发成功，正进行产业化开发。

(3) GaN 单晶

GaN 单晶仍处于研制阶段。

① 德国 AIXTRON 采用垂直 HVPE 法制得了直径 2 英寸、长 7cm 的单晶，位错密度 $5\times10^5cm^{-2}$，尾部低至 10^4cm^{-2}。

② 氨热法制 GaN 单晶取得了突破性进展，美国 UCSB、日本大阪大学、波兰 Ammono 公司都获得了 2 英寸单晶。

(4) GaN 薄片

已有产品供应，但价格尚贵，主要用 HVPE 法生长。

① 美国 TDI 公司 HVPE 法生长 2 英寸 InGaN 衬底片，月产量达上千片。

② 日本三菱、住友公司已可提供 6 英寸液相外延 GaN 衬底片。

③ 日本日立电线用间隙形成剥离法制得了 3 英寸 GaN 薄片。

19.1.2 外延

(1) 图形衬底(PSS)

图形化蓝宝石衬底是使用感应耦合等离子体刻蚀机(ICP)或湿法腐蚀在平面衬底上制备具有微米或百纳米级、按六边形排列的圆锥阵列,可降低位错密度和提高出光效率,可将出光效率提高至60%以上。如能减少尺寸至纳米数量级,还可提高发光效率,目前已可由蓝宝石生产厂直接提供图形衬底。

(2) GaN 同质外延

中村修二在非极性/半极性面 GaN 衬底上外延使晶体质量大大提高,缺陷密度降低了 10^3cm^{-2},达 10^6cm^{-2},从而克服了随电流加大效率下降的"Droop 效应"。Droop 效应是起因于俄歇复合、漏电,而提高晶体质量,降低载流子浓度则可减小这些因素,这就提供了一个大幅度降低材料成本的方法,即 $1mm^2$ 的芯片通过加大电流有可能得到 500 ~ 1000lm 的光输出,美国 Soraa 公司已获得 500lm 的实验结果,他们正从事产业化的研发工作。

(3) 6 英寸 Si 衬底上生长 GaN

国内晶能光电正进行 6 英寸硅片外延生长,目前生产水平为 4545 尺寸的芯片,白光器件发光效率为 150lm/W。

(4) 新外延技术

日本碍子公司采用独特外延技术,低位错密度,内量子效率达 90%,发光效率 200lm/W(200mA)。

(5) 超低位错密度的外延技术

美国加州大学采用二次掩模、分层偏移技术,在蓝宝石衬底上以 SiN_x 为掩模,先在 530℃ 低温生长 25nm 成核层,再在 1040℃ 下外延生长 GaN,可获 $7\times10^5/cm^2$,极大提高了内量子效率,减少了光通量下降的影响。

(6) "梯度折射率(Grin)"LED

在美国伦斯勒理工学院读材料博士的中国学生马明,在芯片表面制作许多星形柱,每一个柱包含五个纳米层,特别能够将光导出材料进入空气中,从而使出光效率提高至 70%,此成果获得 2013 年的 Lemelson 奖,正申请专利。

(7) 绿光 LED(500 ~ 560nm)

绿光波段是目前可见光中效率最低的,被称为"Green Gap"(绿谷),其原因是因为 In 组分较高和量子阱较宽引起的极化效应变得更强,中村修二采用非极性/半极性面 GaN 衬底生长是提高绿光 LED 效率的有效方法,中村曾报道过填平了"绿谷",但鉴于 GaN 基板太贵,难以产业化。近期 Osram 公司采用蓝光 LED 泵浦激发绿光 InGaN/GaN 多量子阱,350mA 下峰值波长 535nm,发光效率为 127lm/W,高于 MQW 绿光 LED,RGB 白光 LED 高发光效率的实现有待绿光 LED 发光效率的提高。

日本名古屋大学于 2012 年 10 月宣布用液相外延制得氮化镓芯片,其绿光 LED 器件获得了 60% 的内量子效率,提高了两倍。国内南昌大学 2016 年硅基绿光 LED(520nm)在 $20A/cm^2$ 电流密度下,电光转换效率达 40.6%,达到国际领先水平。

(8) 黄绿光 LED(560 ~ 570nm)

我们通常将 570 ~ 600nm 峰值波长的 LED 称为黄光 LED,如以前把发光峰值波长为

565nm 的 GaP:N 发光二极管称为黄绿色发光二极管。这一波段的发光器件 InGaACP 和 InGaN 两种材料都可制成,但外量子效率特别低,可称黄绿谷,如图 19－1 所示。

从 2016 年前各种颜色 LED 来看,蓝光 LED 电光转换效率达到 65%、绿光 35%、黄绿光 10%、红光 50%,黄绿光 LED 效率显然太低,会影响全 LED 白光的整体发光效率。日本东芝公司曾有报道达 9.6%。

2016 年国内江西南昌大学江风益团队采用自制双层进气喷头 MOCVD 设备研制的硅衬底 InGaN 黄绿色发光二极管,电光转换效率取得突破性进展,为 22.7%,达到国际领先水平。电压可降至 2.31V,发光效率达 130lm/W。用它制成的三基色全 LED 白色光源,在色温 2941K 时,发光效率达到 121lm/W,显色指数 R_a = 97.5;以及多基色无荧光粉冷白光 LED,在色温 4856K 时,发光效率为 138lm/W,显色指数 R_a =92.9。这使我们看到了采用全 LED 白光,有望在提高效率的同时,又能得到高的显色性能。

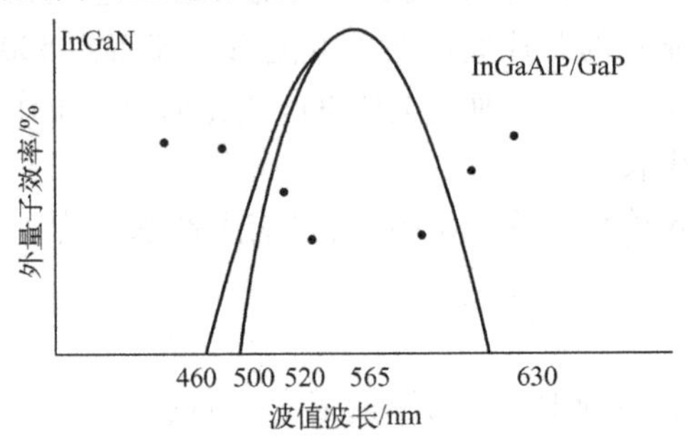

图 19－1 HBLED 的外量子效率

(9) 紫外光 LED(<400nm)

紫外光在固化、杀菌、预警、隐蔽通信等领域有重要应用。GaN 基紫外 LED,尤其是深紫外 LED(波长 <280nm)的效率还很低。日本的 RiKen 研究所和美国南卡罗来纳大学的 Arif. khan 小组是研究深紫外 LED 的先行者,RiKen 可以将深紫外 LED 的外量子效率做到 3.8%,输出功率达 30mW。日本德山公司制作光子晶体结构,然后形成混合结构,使出光效率提高到以前的两倍左右,使深紫外 LED 的输出功率超过 90mW,国内杰生电气达到 20mW 输出功率。

19.1.3 芯片技术

(1) 正装芯片

正装芯片是目前市场上使用最多的芯片,日本日亚公司是该技术路线的典型代表,考虑到蓝宝石导热不好,会将衬底减到很薄,其结构简单,制作成本低,适合小功率工作,其用外量子效率 84.3% 的蓝光 LED 正装晶片封装得到的白光 LED 在 20mA 下,可实现 249lm/W 的发光效率;高功率白光 LED 在 350mA 电流下发光效率为 183lm/W。其关键技术为:①透明导电膜 ITO(氧化铟锡);②表面粗化;③光子晶体。

二维光子晶体结构含有平行圆柱的周期阵列,其尺寸为 100 ~200nm。例如,空气中的半导体柱或半导体层中的圆柱形孔,形成方法有光刻腐蚀、电化学、垂直方向选择氧化等,由于限制了导波膜,可不受全反射限制,预计出光率可从 40% ~50% 提高到 90% 以上。

松下电器出光效率提高 1.7 ~2.7 倍,英国 Bath 大学提升了 1.62 倍,北京大学提高了两倍,Philips Lumileds 的光子晶体出光效率提高到 73%,加州大学芭芭拉分校(UCSB)报道可达

94%,目前正进行产业化研发工作。

(2) 垂直结构芯片

此结构是目前高端LED芯片采用的技术路线,以Gree为代表,这种设计不损失制作共面电极时刻蚀掉的那一部分发光面积,且电流垂直流进晶片,避免了横向流动的拥塞效应,因此散热能力很强,在大功率条件下工作的性能很高。Gree已开始量产1W功率下发光效率达200lm/W的白光LED器件(非1mm×1mm尺寸的芯片)。关键技术:①基板剥离;②表面粗化。

硅衬底外延InGaN材料也可制成垂直结构芯片。

(3) 倒装芯片

该技术路线以Philips Lumileds为代表。美国Lumileds首先开发了基于Si基热沉的倒装芯片结构,光从蓝宝石一边射出,可避免电极焊盘的遮光损失,Luxeon K2功率器件就采用这种技术,后来又免去硅热沉,将芯片直接倒装到高导热陶瓷AlN上面,改进成Luxeon Rebel功率LED。这种设计简化了封装,实现了小型化,为照明灯具的设计提供了便利。

这种芯片在COB技术中将会得到更好的应用,或直接倒装到灯具上,发展为无器件封装,可简化工艺,节省材料,提高效率,是LED灯具结构发展的方向。

(4) 六面体发光芯片

它是采用多面表面粗化技术的新结构,能减少全反射影响,提高外量子效率。

(5) 单芯片白光技术

三星公司采用纳米级棱锥结构技术做成LED同时发蓝、绿、红光,实现多色光混合的白光LED。中科院物理所利用InGaN量子阱中In的组分离实现了高In组分InGaN黄光量子点和蓝光量子阱组合发出的白光,但R_a比较低。

(6) 光子晶体技术

已有出光效率提高到73%和94%的报导,产业化尚待突破。

(7) 量子点技术

量子点的颗粒一般在2~12nm,量子点技术具有很多优点,可发射接近连续的可见光光谱,高显色性。例如CdSe,当颗粒为2.1nm时发蓝光,5nm时发绿光,接近10nm时发射红光。

美国Nexxus Lighting与QD Vision合作推出世界上首款融入量子点光学设计与冷白光LED结合的产品,可以产生色彩丰富、十分明亮的暖白光。

量子点技术最有希望取代荧光粉,因为量子点(DQS)技术能提高量子效率(避免了荧光粉转换的斯托克效应40%左右能量损耗)。

19.2 制造和测试设备

(1) 2011年AIXTRON推出Crius Ⅱ-L型MOCVD设备,装片容量为2英寸69片,近期又供应121片机,扩容近一倍。

(2) AIXTRON开发了8英寸硅衬底GaN生长设备AIXG5+,以适应硅衬底外延GaN投产的要求。

(3) VEECO推出了Maxbnight,容量为2英寸216片(54片×4)。

(4) 国内有十多家公司投入MOCVD设备研制,南昌大学黄绿照明公司开发2英寸42片MOCVD设备已获得较好外延结果。中科院半导体研究所研制成2英寸48片机。上海理想能源公司、中微半导体和中晟光电已批量生产MOCVD设备并投入使用,迎来外国设备大幅度降价近三分之二。

(5) 我国 MOCVD 设备 2017 年拥有量年已超过 1700 台。现占有量已达国际第一位。

(6) 未来 MOCVD 设备的发展方向:进一步扩大反应室体积以提高产能;进一步提高对 MO 源、氨气等原料的利用率;进一步提高对外延片的在位监控能力;进一步对温度场和气流场控制实现最佳化,以提升对大尺寸衬底外延的支持能力等。

(7) 测试设备:无论是研发和在线检测自动化设备均有较好进展,在杭州已形成产业群。

(8) 自动化封装设备、芯片制作的光刻机、感应耦合等离子体刻蚀机、真空镀膜机、LED 光电性能分选机、LED 编带机、贴片机、固晶机、键合机等已能批量生产供货,LED 应用产品如光源、灯具的生产自动线已开始研发并小批量生产,为 LED 照明灯具的产业化规模生产创造了较好的物质条件。

19.3 LED 器件和组件

(1) 大功率 LED 发展趋势:尺寸小型化(如 3535、2828 等)、光学透镜铸模化、热电通路分离化、导热陶瓷化、热阻最小化、表面贴装化、耐受结温最高化、光通量最大化。国内产品已达 160lm/W,国外产品达到 176lm/W。

(2) 中功率 SMD LED 大发展:由于相比大功率 LED 有较好的散热条件,在不少室内 LED 灯具上取代大功率 LED 有优势,3528、3014、4014、2835、3020、2323、5630、5050、7030 等一系列中功率 SMD LED 研发投产,并成为主流产品。

(3) 采用新材料:①高导热材料开始在 LED 器件中应用;②美国加州大学采用多层石墨烯的交替散热通道,使 GaN 的结温降低 20℃,石墨烯自身厚度仅为数纳米;③ SMC(Sheet Molding Compound)复合材料,即片状模塑料,具有优异的电绝缘性能、机械性能、热稳定性和耐化学腐蚀性。瑞丰光电用此研制的 3535 功率器件已经投产;④ Intematix 发布新型荧光粉混合材料,制得白光 LED CRI 为 98,R9 =99。

(4) COB 封装技术:有许多优点,并可降低成本 30%,发光效率可达 130 ~ 150lm/W。日本西铁城一直坚持此方向,其他公司也有不少产品推出,如鼎晖科技、升谱光电等公司推出的系列产品。国际大厂也分别推出 COB LED 模组新产品,并已成为主流产品之一。

(5) 微 LED(Micro - LED)前途无量。微 LED 继承了 LED 的优点,包括低功耗、高亮度、超高分辨率和高色彩饱和度、反应速度快、超省电、寿命长、效率高等。功率消耗量约为 LCD 的十分之一,OLED 的一半。即与同样自发光的 OLED 相比较,亮度高 30 倍;分辨率可达 1500PPI(像素密度),相当于苹果手表采用 OLED 面板达到 300PPI 的五倍之多。另外,具有较佳的材料稳定性和无影像烙印也是优势之一。而在大尺寸方面,与竞争对象 LCD 比较,其优势并不明显。

在制作工艺上,微 LED 主要有三种。①芯片级焊接。将 LED 直接进行切割成微米等级的 Micro - LED 芯片(含外延薄膜和衬底,利用 SMT 技术或 COB 技术,将其一颗一颗地键接于显示基板上。近来业内又将此类技术称为 Mini LED,是向 Micro LED 发展的过渡产品。现将芯片尺寸在 100 ~ 200μm 或更大一点的称 Mini LED,小于 100μm 的称 Micro LED。②外延片级焊接。在 LED 的外延薄膜上用感应耦合等离子刻蚀(ICP),直接形成微米等级的微 LED 外延薄膜结构。此结构的固定间距即为显示像素所需的间距,再将外延片直接键接于驱动电路板上,最后使用物理或化学方法剥离基板,仅剩 4 ~ 5μm 的 Micro - LED 外延薄膜结构于驱动电路基板上,形成显示器。③薄膜转移法。使用物理或化学方法剥离 LED 衬底,以一个临时的基板承载 LED 外延薄膜层，再利用 ICP 蚀刻，形成微米等级的微 LED 外延薄膜结构；或者先用 ICP 蚀刻形成微米等级的微 LED 外延薄膜结构，再用物理或化学方法剥离 LED 衬底，以一暂时衬底承载 LED 外延薄膜结构。最后根据驱动电路基板上所需的显示像素点间距，利用具有选择性的转移工具，将微 LED 外延薄膜结构进行批量转移，键接于驱动电路基板上形成显示器。

目前有三大应用方向：一是苹果为代表的可穿戴市场；二是以 Sony 为代表的超大尺寸电视市场。前者比较现实、明确，后者挑战很大；三是作为液晶屏幕的背光应用。

（6）随着免压焊芯片的推出（如倒装），加上采用 COB 模块化标准封装技术，将芯片直接倒装到灯具的散热模组上将是发展方向，既可减去键合金线工艺、降低芯片损伤、节省封装材料、降低热阻，还可降低成本。目前已有三星液晶电视 LED 背光模组采用这一技术工艺，也有少量 LED 路灯和管灯、球泡灯开始采用。

（7）美国能源部在 2012 年下半年将美国 SSL 发展路线图的每 klm 的成本从 2 美元降到 1 美元，再降至 0. 5 美元，作为 2020 年的最终目标。

（8）据有关报道，LED 器件价格近几年的降价速度为每年 20%。

（9）LED 器件和组件的发展趋势是从繁到简，最后不必用器件，最终的形式会是芯片直接倒装到灯具的光源组件上，芯片倒装的 COB 新产品就是代表着发展方向。

（10）2016 年 6 月美国能源部（DOE）公布的 LED 器件光效发展路线图，见表 19 - 1。

表 19 - 1 LED 器件发光效率发展路线图（商业化量产，25℃，35A/cm² 或 1W/1mm²）

类 型	2014 年	2015 年	2016 年	2017 年	2018 年	2019 年	2020 年	2025 年	目标
冷光的发光效率/（lm/W）	158	168	184	194	203	211	218	240	255
暖光的发光效率/（lm/W）	131	137	150	164	175	19	208	237	255

数据来源：美国能源部 DOE. SSL R&D Plan，2016 年 6 月

2016 SSL R&D Plan 的 LED 器件发光效率发展路线图设定了三种 LED 白光结构，指出了发光效率提升空间和实施办法。

① PC - LED 蓝色 LED 和黄绿荧光粉。具有显著的提升空间，可提高至 255lm/W。可通过提高出光效率和封装效率 95%，将狭窄的红色荧光粉光谱线宽扩展至大约 35nm FWHM，将蓝光 LED 热致光效下降从 20% 降低至 5% 来实现。

② HY - LED 混合 LED。其结构是结合蓝光 LED、绿色荧光粉和红光 LED 产生白光，这是一种非标但是创新的白光器件。它具有更高的提升空间，可提高至 280lm/W，但同时有艰巨的挑战，功率效率从 20% 提高至 80%，红光 LED 在 614nm 波长的热稳定性要提高。

③ RGBA。有最高的提升空间，从目前水平提高至 330lm/W。但同时有最艰巨的挑战，必须提高绿光 LED、琥珀色光 LED 和红光 LED 的效率。

2017 年 9 月美国能源部（DOE）公布新的美国 SSL 发展路线图又提出了另一种 RYGB 混色白光 LED，估计在 2030 年时会超过 PC 白光 LED 的发光效率。

（11）中国半导体照明发展目标见表 19 - 2。

表 19 - 2 中国半导体照明发展目标

技 术 指 标	LED 2004 年	LED 2005 年	LED 2008 年	LED 2010 年	LED 2020 年	白炽灯	荧光灯
发光效率/（lm/W）	20	30	60	100	200	16	85
寿命/kh	5	20	30	50	100	1	10

续表

技术指标	LED 2004 年	LED 2005 年	LED 2008 年	LED 2010 年	LED 2020 年	白炽灯	荧光灯
光通量/(lm/灯)	20	90	300	800	1500	1200	3400
输入功率/(W/灯)	1	3	5	8	10	75	40
显色指数 CRI	75	80	>80	>80	>80	95	75
成本/(¥10^6/(lm·h))	374	29.34	11.27	6.36	3.28	40	7.4
可进入照明市场	低光通量市场	白炽灯市场	白炽灯市场	荧光灯市场	所有照明市场		

19.4 照明灯具系统

我们说 2010 年是半导体照明元年,通用照明启动。2016 年 LED 照明光源和灯具已成主流产品。

如果说 2010 年前追求的是提高发光效率,以实现取代传统照明光源和灯具达到节能的目标,那么 2012 年后在已达到节能 50% ~80% 的情况下,技术发展的重点就转到提高性价比上来,即除继续提高发光效率(还有一倍可提高)外,进一步提出了降低成本和提高光品质的要求。LED 驱动和电源成为提升照明灯具效率以及延长使用寿命的关键。

(1) LED 球泡灯

LED 球泡灯主要取代白炽灯和节能灯。

① 美国 2011 年 8 月颁发能源部 L'Prize 奖给北美 Philips 的 A 灯泡,功率小于或等于 10W,大于 900lm,产品发光效率大于或等于 90lm/W。CRI 大于 90,色温 2700 ~3000K,寿命 L70 大于 25000h。经第三方权威检测机构检测达标,铝散热体,带压电泵,经测试推算,25000h 后流明维持率为 97.8%,已批量投产,2012 年 4 月价格为 25 美元,价格太高,难以推广。

② 2012 年 7 月 Cree 宣布 LED 圆柱形球泡灯创新纪录,7.3W 光通量为 1250lm,发光效率达 171lm/W,色温 2800 ~3000K,$R_a=90$。

③ Philips 2014 年 1 月 22 日宣布,TLED 照明技术突破用 RGB 混光的方法制得发光效率为200lm/W、色温 3000 ~4000K、CRI >80、R9 >0 的 7.5W 的 LED 灯泡,相当于 100W 白炽灯。

④ 日本球泡灯 2010 年销售 2000 万只,2011 年 3500 万只。全世界 2011 年销售 22 亿美元。

(2) LED 管灯

① 真明丽集团于 2012 年 12 月成功量产用 160lm/W 的 COB 灯条模组,制成 LED 管灯,25℃条件下,发光效率可达 135lm/W。

② 目前生产水平较好的 LED 管灯其发光效率可达 100 ~110lm/W,价格也降至 20 ~50 元/个,性价比提升较快,商照市场已启动,已能节电 60%,EMC 已能开展。

③ 隆达电子于 2013 年 10 月推出发光效率为 200lm/W 的 360°发光 LED 管灯,采用芯片倒装(COB)技术。

④ Cree 于 2014 年 2 月 7 日展示发光效率为 200lm/W,3200lm,CCT 3000K,CRI 80 的 LED 管灯。

(3) LED 射灯

已有各种系列产品生产、供货,如 MR16、GU4、GU5.3、GU10、G4、G5.3、G6.35、G8、G9、

PAR 灯等。以欧洲市场启动最早,美国、日本、国内的市场也已启动。发光效率一般略低于 LED 球泡灯,目前多用于宾馆、酒店照明,已能节电 60% ~ 80%,主要取代卤钨灯。器件采用功率 LED 和中功率 LED,有少量开始采用 LED 模组。

显色指数一般要求大于 80,但高度超过 6m 或较少人们活动的空间,可低于 80。

(4) LED 筒灯

它是一种嵌入到天花板内、光线下射式的照明灯具。按采用 LED 器件分类有大功率 LED、SMD LED 和 COB 模组 LED 三种。按尺寸分有 2 英寸、2.5 英寸、3 ~ 8 英寸等,主要应用于商场、酒店、宾馆、会议室、办公室,也用于家居,属室内照明灯具,一般要求 $R_a \geqslant 80$,色温 $\leqslant$4000K。

美国市场启动较早,由于功率较 LED 灯泡高,加上用雾面罩的居多,所以一般发光效率低于 LED 灯泡,由于取代的是卤素灯或节能灯,所以节电效果明显,可达 70% 以上。

(5) LED 路灯

① LED 路灯在中国使用最早,目前一般采用模块式结构加强散热,发光效率可达 100 ~ 120lm/W,色温有中性白和暖白两种,显色指数要求 70 ~ 80,目前已能取代高压钠灯,节电 50% ~ 70%,如下半夜自动调节成半功率工作,则节能效率还能提升,推广应用有加快之势。

② 洛杉矶市场 LED 路灯工程。这是全球迄今为止最大的路灯改造工程,改造了全市 209000 盏路灯中的 140000 盏,每年减排二氧化碳 40500 吨,节省 1000 万美元的能源和维护开支,节能超过 5000 万 kW · h。

③ 深圳市 120km 高速公路装上了勤上光电的约一万盏 LED 路灯,180W,效果很好,广东省还将装 100 万盏 LED 路灯,全部换装将达 300 万盏。

④ 目前,国内在支、次干道的应用日益成熟,有关单位检测总体合格率达 81%,主干道包括 6 车道公路的应用也逐步启动,产品的技术适用性和经济适用性都已达到。

全国有 3500 万盏的容量(不包括农村和居民小区),每年还有 200 万 ~ 300 万盏增量。至 2012 年 12 月全国已装 300 万盏,渗透率达 10% 左右,高于其他 LED 灯。

(6) LED 隧道灯

由于功率较 LED 路灯低,而且是 24h 不间断用灯,节能效果更为明显,国内推广较为成功。

① 青岛胶州湾海底隧道照明工程。广东中龙交通提供 7000 套,并具有无级调光功能,效果很好。

② 上海长江隧道照明工程。广东中龙交通提供 5786 盏 80W 的 LED 隧道灯,实现无级调光、自动故障检测以及灯具光衰自动检测三大功能。自 2009 年 8 月亮灯以来,实际运行超过 30 个月,直接节能 35% 以上,实际结合调光控制系统,整体节能达 50% 以上。

③ 四川境内达州到万州高速公路隧道照明工程。选用 LED 路灯 462910W,节能效果达 40.5%,综合节能率达 45% 以上,还提升了照明效果。

④ 采用连续光带型 LED 隧道灯的上海延安东路隧道引道照明中,带来几近完美的光环境,无频闪、无斑马线、无眩光以及良好的光诱导性,值得推广应用。

(7) LED 工矿灯

按采用 LED 器件分,有功率 LED 和 LED 模组两种;按散热结构分,有热管技术和散热片技术两种。目前采用模组光源功率大于 100W 的一般都用热管导热结构。广泛应用于车间、厂房、库房、公路收费站、加油站、大型超市、体育馆、展览馆等场所,散热问题较路灯容易解决,功率为60～250W,有系列产品供应。

(8) LED面板灯、LED吸顶灯

LED面板灯一般制成方形或长方形,也有圆形。面板灯有侧发光和直下式发光两种,它是最能发挥LED特点的一种均匀发光的理想面发光灯具。类似的吸顶灯一般做成圆形。这两种灯在日本的市场容量较大,国内也有较大市场需求。

LED吸顶灯2010年日本需求几乎为零,2011年猛增至160万台,而2012年更是达到了320万台,已占日本吸顶灯市场五成之上。较高档的产品带有调光、调色和调色温功能。

(9) LED台灯

LED台灯是较早进入市场的产品,从2007年开始就有产品推出,2010年后成熟并大量投入应用,调光、调色温等新品种不断涌现,今后发展空间广阔。

(10) LED灯具的研发方向

LED照明灯具的研发方向是提高性价比,包括高效优质化、功能智慧化、结构简约化、造型艺术化四个方面。

(11) LED灯具发光效率发展路线图(见表19－3)

表19－3 LED灯具发光效率发展路线图

用户得到灯具白光的性能和发光效率	2015年	将来			
		2018年	2020年	2025年	最终目标
驱动效率/%	0.88	0.91	0.93	0.95	0.95
器件的发光效率(25℃)/(lm/W)	137	175	208	237	255
效率的热下降/%	0.88	0.91	0.93	0.95	0.95
结构(光学)效率/%	0.90	0.92	0.94	0.95	0.95
白光照明的发光效率/(lm/W)	95	133	169	203	218

数据来源:美国能源部DOE. SSL R&D Plan,2016年6月。

19.5 智能控制LED照明工程系统

(1) 智能控制照明系统的分类

① 室内智能照明系统

商业照明、单位照明、家居照明等。

② 室外智能照明系统

景观、公共建筑、道路、隧道照明等。

③ 专业智能照明系统

舞台、夜总会、大型庆祝活动等。

(2) 采用的传感器

红外、超声、光敏、声控、热敏、霍尔传感器等。

(3) 采用的网络平台

KMX、DALI、ZIGBEE(适用于短距离家居、办公室等)。

（4）智能数字化控制

将实现个性化、舒适性、调光、调色温并实现二次节能，是各种照明系统发展的方向。

19.6 中国半导体照明产业现状

2017 年我国半导体照明产业总产值达 6538 亿元，增长速度达 25.3%（见表 19－4），表明市场增长速度仍然维持较高水平。

表 19－4 2017 年半导体照明产业产值和增长率

	外延芯片	器件封装	应用	总计
产值/亿元	232	963	5343	6538
增长率/%	28	29	25	25.3

2017 年我国半导体照明应用领域分布如表 19－5。

表 19－5 2017 年我国半导体照明应用领域分布

	通用照明	背光	景观	显示屏	信号指示	汽车	其他
占比/%	47.7	9.6	14	13.6	1.7	1.4	12
产值/亿元	2549	513	748	727	91	75	641

（1）2017 年规模为 5343 亿元，同比增长 25%，是增长最快的环节，中国已成为全球最主要的 LED 应用产品生产基地，除 LED 大尺寸背光产品之外，2017 年全球 80% 以上的应用产品在中国制造。

（2）中国 LED 应用企业近一万家，90% 的传统照明企业转到涉及 LED 产品生产。

（3）性价比大幅度提升，市场渗透率开始快速增长，提高到 65%。

（4）通用照明产品产值 2549 亿元。显示屏应用也保持了较快增长，产值达到 548 亿元。

2017 年国内生产 LED 照明产品 106 亿只。年节电 1983 亿 kW · h。

19.7 中国半导体照明产业发展趋势

（1）LED 发展进入第三个增长周期，2013 年起通用照明将成为增长主力。2010 年之前是信号和显示应用为主的第一个增长周期，2010—2012 年是 LCD TV LED 背光应用为主的第二个增长周期，2013 年以后是通用照明为主的第三个增长周期。

（2）成本结构和下降趋势见表 19－6。

表 19－6 不同照明产品的成本结构（%）（2014 年）

	LED 球泡灯	LED 管灯	筒灯	LED 室外灯
LED 封装件	60	55	45	30
机械/散热	15	17	20	40
光学	5	7	11	15

续表

	LED 球泡灯	LED 管灯	筒灯	LED 室外灯
驱动电源	15	16	19	10
其他(装配、壳体等)	5	5	5	5

估计 2012—2020 年总成本将下降至十分之一。

2003—2017 年,我国半导体照明产业经过十多年的拼搏和奋斗,产值已达 6538 亿元,形成了完整的产业链。我国已有一批年销售过五十亿元的企业。沪深股市中业务涉及半导体照明的公司已有 70 多家。功率 LED 产品的发光效率已从 10lm/W 发展到目前的180lm/W。MOCVD 生产设备 2017 年已超过 1700 台,产能利用率提升至 89%。芯片国产化率已达 80%,封装技术接近国际水平,照明等应用技术具有一定优势,全系列 LED 取代灯进入国内外市场,发光效率达 110 ~ 120lm/W。国际市场上 80% 以上的 LED 应用产品由我国制造,我国已成为全球 LED 封装和应用产品最大的生产和出口基地。

未来三年,半导体照明产品将开始进入商用市场的成熟期和家用市场的黄金期。到 2020 年前后,半导体照明产品的市场渗透率有望超过 85%,总产值有望超过万亿元。LED 取代灯完成取代阶段,而类似于面板灯的 LED 创新型灯具、智能型灯具和智能控制系统将广泛使用,更加节能并美化人们的生活。

19.8 全球半导体照明市场展望

全球半导体照明市场见表 19 -7。

表 19 -7 全球半导体照明市场(2010 年和 2020 年对比,产值单位为亿欧元)

产 业 链	2010 年	2020 年	2020/2010 年
智能控制 LED 照明工程系统	10	7000	700
照明灯具	60	1800	30
LED 器件和组件	20	500	25
设备(制造和测试)	60	200	3.3
材料(封底、外延、芯片)	30	100	3.3
合计	180	9600	53

(EPIC 欧洲光电产业协会 T. P. Pewrsall 提供)

从产业链发展来看,发展最大的应是智能控制 LED 照明工程系统,2020 年比 2010 年增长 700 倍,其次是照明灯具和 LED 器件,分别是 30 倍和 25 倍。

19.9 LED 的非视觉应用进展

LED 的早期应用主要是信号和显示,近期主要在照明方面。而除这两个视觉应用方面外,LED 还有其他创新应用领域,如农业、渔业、医疗和可见光通信等,统称为非视觉应用。

19.9.1 植物生长

（1）温室补光。光是农作物生长最重要的条件，温室或大棚的光照比露地要低得多。而研究表明，植物光合作用波峰为660nm和450nm的红光和蓝光，比例为4:1时是最合适的补光组成。LED光源较传统光源补光省电50%～80%，一般生长还会加快20%。

（2）植物工厂。它是指通过计算机对设施内植物生长过程的温度、湿度、LED光照、CO_2浓度和营养等环境条件进行高精度控制，实现农作物连续生产的高效农业系统。封闭的人工光完全自动控制型植物工厂，不受气候影响，可全年连续生产，可分十至二十多层，单位面积产量极高。用660nm的红色LED和5%的蓝光LED，所种生菜、芹菜定植后两周即可收获。2014年4月日本松下公司在福岛建成蔬菜工厂，在1600m^2厂房里可以实现日产蔬菜1380株。

（3）植物组织培养育苗。这是一种快速规模化生产的繁育技术，传统光源的能耗成本占运行费用的45%～55%，而使用4:1的红、蓝光LED组培光源脉冲光可取得50%～80%的节能效果。

19.9.2 蓝光高亮度LED集鱼灯

制成蓝光高亮度LED集鱼灯，取代传统光源的集鱼灯，有如下优点：

（1）节油。可节省15%～20%的船舶耗油量，增加渔船作业时间和距离。

（2）节电。可节省90%的耗电量。

（3）提高捕鱼效率。LED集鱼灯利用鱼类趋光特性与光学透镜设计制造出独特的“诱鱼光形”，能让鱼群停留于光形范围内，可提高捕鱼效率。

（4）寿命长。LED集鱼灯使用寿命可达6年以上，而传统光源集鱼灯有严重光衰，寿命只有15个月，且易破损。

LED集鱼灯已成功应用于中国台湾近海渔业和远洋秋刀鱼渔船。据估计，若将现有渔灯船全改用LED集鱼灯，每年可节省6亿～7亿新台币。

19.9.3 医疗

LED产品用于医疗主要有三类：医疗照明、医疗检测诊断和治疗。

（1）LED医疗照明灯具。主要以LED的寿命长、高效、冷光源、轻薄小巧、低电压和可动态控制等优点取代传统光源，如外科手术无影灯、外科手术头灯、牙科手术灯等，已有批量生产和应用。

（2）LED医疗检测、诊断应用。如LED光源内视镜、采用红光与红外光LED组成的快速无损伤测血氧仪器、用五种波长LED制成的新型便携式快速血红素测量仪、LED眼部广域快速成像仪等，提高了检测效率，减少了患者痛苦。

（3）LED治疗仪。采用蓝光的新生儿黄疸治疗仪疗效显著，无副作用。LED 630nm光源用于皮肤癌治疗称为LED动力光源。LED 630nm点阵光源可治癌前皮炎而无伤疤和副作用。670nm LED光照治疗可缓解视网膜功能紊乱。在美容方面，有LED美容灯，400～420nm治疗青春痘，570nm黄光和630nm红光照射皮肤，可使皮肤年轻化。470nm LED的光疗机可调节褪黑素的分泌，从而帮助调整人的生物钟和治疗季节性忧郁症。

19.9.4 LED 可见光通信

LED 照明光源具有高速调制的优势,随着 LED 照明的普及,LED 信息发射源无处不在,用其实现空间自由通信,具有很强的应用前景。同时基于其带宽高、无电磁污染、安全性好、功耗低、无须新增专用网络和频率许可证,具有一定的移动性,将成为网络用户终端的接入方式之一。

LED 可见光通信有如下特点:

(1) 白光对人眼安全,室内白光 LED 灯的功率可高达 10W 以上,使可见光通信具备非常高的信噪比,更大的带宽潜力。

(2) 可见光通信无电磁污染,白光和射频信号不相互干扰,可应用在电磁敏感环境中,适用于飞机、医院、工业控制等射频敏感领域。

(3) 可见光通信兼具照明、通信和控制定位等功能,具有能耗低、购置设备少等优势,符合节能减排国策。

(4) 由于频谱无须授权即可使用,所以可见光通信应用灵活,可单独使用,也可作为射频无线电设施的有效备份。

(5) 适合信息安全领域使用。只要有可见光不能透过的障碍物阻挡,照明信息网内的信息就不会外泄,具有高度保密性。

可见光通信自 2000 年提出之后,十几年内取得了迅猛发展,每秒传输速率从几十 Mbit/s 已提高到 3Gbit/s,最远传输距离达 2000m。

半导体照明信息网是指采用可见光 LED 作为光源,兼具照明和通信功能的可见光通信技术。它的发展依赖于半导体照明时代的来临。它是把半导体照明和近距离(10m)通信结合的一项新技术。它将在射频敏感区域场合,包括飞机内无线网络系统、医疗场所内有移动性要求的无线接入、矿井坑道内定位等方面首先使用,也会在军事基地等场所广泛使用。

无论从节能减排的迫切需要,还是巨大的市场潜力来考虑,LED 可见光通信作为照明和光通信结合的新型模式推动下一代照明和接入网的发展和技术进步,已成为国际竞争的焦点和制高点。

参 考 文 献

[1] 方志烈.半导体发光材料和器件.上海:复旦大学出版社,1992.

[2] J.R. 柯顿,A M 马斯登.陈大华等译.光源与照明(第4版).上海:复旦大学出版社,2000.

[3] 吴玲.中国半导体照明产业发展报告(2005).北京:机械工业出版社,2006.

[4] G. B. Stringfellow, M. G. Craford. High Brightness Light Emitting Diodes. San Diego: Academic Press, 1997.

[5] N. Jr. Holonyak, S. F. Bevagua. "Coherent (visible) light emission from Ga($As_{1-x}P_x$) junction," Appl. Phys. Lett, 1(4), P82(1962).

[6] N. Jr. Holonyak. "Is the light emitting diode (LED) an ultimate lamp?" Am. J. phys. 68(9)P864, (2000).

[7] R. Haitz, F. Kish, J. Tsao, and J. Nelson. "Another semiconductor revolution: This time it's lighting!" Compound semicond. 6(2)P34-36(2000).

[8] 方志烈.发光二极管材料与器件的历史、现状和展望.物理,2003,32(5):295.

[9] 方志烈.白光LED引发照明技术革命.北京:中国电子报,2004.3.19,(10版).

[10] 吴玲,傅文彪.半导体照明.沈阳:辽宁科学技术出版社,2006.

[11] A 茹考斯卡斯,M S 舒尔,R 加斯卡.黄世华译.固体照明导论.北京:化学工业出版社,2006.

[12] 陈元登.LED制造技术与应用.北京:电子工业出版社,2007.

[13] 姚梦明,陆燕.办公室照明.上海:复旦大学出版社,2005.

[14] 屠其非,徐蔚.学校照明.上海:复旦大学出版社,2004.

[15] 陆燕,姚梦明.商店照明.上海:复旦大学出版社,2004.

[16] 李福生,陈育明.住宅照明.上海:复旦大学出版社,2004.

[17] 汪建平,邓云塘,钱公权.道路照明.上海:复旦大学出版社,2005.

[18] 黄秉钧."克服散热问题,点亮LED照明路".国际光电与显示,2007,6:105.

[19] B. J. Huang et al. "Feasibility Study of Roadway Lighting using High-Power LED",第四届中国国际半导体照明论坛论文集.上海.2007.8:439.

[20] 方志烈."积极开发半导体照明应用新产品".第二届中国国际半导体照明论坛论文集.厦门.2005.4.

[21] 方志烈."热管散热技术在半导体照明光源上的应用".第二届超高亮度发光二极管和半导体照明产业发展与应用论坛论文集.上海.2005.11:48.

[22] 方志烈."LED交通信号灯使用寿命超过五年".第九届全国LED产业研讨与学术会议论文集.南昌.2004.9:83.

[23] 方志烈."LED机场信号灯".第八届全国LED产业研讨与学术会议论文集.青岛.2002.9:94.

[24] 方志烈.固态光源追赶荧光灯进展.全国电光源科技研讨会论文集.上海.2005.12:335;现代显示.2006.3:5.

[25] 郝洛西.LED在照明工程中的应用.照明,2004,4:120.

[26] 蔡明诚.LED在景观照明艺术中的应用.照明,2004,5:118.

[27] 方志烈.半导体照明应用进展.第十届全国LED产业研讨与学术会议论文集.大连.2006.9:82;中国照明.2007.1/2:54.

[28] 刘镇等.大功率LED在矿灯行业的应用.第十届全国LED产业研讨和学术会议论文集.大连.2006,9:87.

[29] 江风益. 硅衬底 GaN 蓝光 LED 的研发. 第九届全国 LED 产业研讨和学术会议论文集. 南昌 . 2004. 9:23.

[30] 裴小明. LED 可靠性初探. 第九届全国 LED 产业研讨和学术会议论文集. 南昌. 2004. 9:117.

[31] 马东阁. 白光 OLED 照明的研发进展、第四届中国国际半导体照明论坛论文集. 上海 . 2007. 8:476.

[32] 林燕丹. LED 在基于中间视觉的道路照明上的应用评估. 第四届中国国际半导体照明论坛论文集. 上海. 2007. 8:421.

[33] 樊晶美,杨华,郭金霞. LED 出光效率的提高方法. 第四届中国国际半导体照明论坛论文集. 上海. 2007. 8:260.

[34] 张荣. 周圣明等. γ-$LiAlO_2$ 衬底上生长 GaInN/GaN 量子阱及 LED. 第四届中国国际半导体照明论坛论文集. 上海. 2007. 8:134.

[35] 康香宁,章蓓,张国义. 利用表面光子结构提高 GaN 基 LED 出光效率. 第四届中国国际半导体照明论坛论文集. 上海. 2007. 8:144.

[36] 宁丽娜,王英民,徐现刚. Sic 单晶衬底制备和器件应用. 第四届中国国际半导体照明论坛论文集. 上海. 2007. 8:221.

[37] C. Weisbach. Microcavity and Photonie erystal LED:Promises and Challenges. 4th China International Forum on SSL,Shanghai. 2007. 8:100.

[38] 沈海平,潘建根,冯华君. LED 路灯标准测试方法研究. 第四届中国国际半导体照明论坛论文集. 上海. 2007. 8:589.

[39] 方志烈. GaN 基蓝色超高亮度 LED 结构与性能的优化. 第五届全国 LED 专业学术讨论会论文集. 包头. 1996. 7:7.

[40] 方志烈. 超高亮度(烛光级)发光二极管进展. 第四届全国 LED 专业学术交流会论文集. 苏州. 1994. 10:8.

[41] 方志烈等. LED 交通信号灯. 第八届全国发光学术会议论文集. 南昌. 1998. 10:290.

[42] 潘建根,李倩. LED 模组测量方法及设备. 国际 SSL 标准与检测讲座文集. 深圳. 2007. 7:44.

[43] 马东阁. 照明用白光 OLED 新进展. 第五届中国国际半导体照明论坛论文集. 深圳. 2008. 7:238.

[44] Chaowang Liu et al. Enhanced Emission from photonie Crystal LEDs. 第五届中国国际半导体照明论坛论文集. 深圳. 2008. 7:187.

[45] Chuong Tran. Solid State Lighting;Achievement and ehallenges. 第五届中国国际半导体照明论坛论文集,深圳. 2008. 7:58.

[46] A. Khan. AlInGaN Based LEDs with Thick AlN Butter Layers over Sapphire. 第五届中国国际半导体照明论坛论文集. 深圳. 2008. 7:124.

[47] 梁超等. 高光效白光 LED 荧光粉的应用研究. 第五届中国国际半导体照明论坛论文集. 深圳. 2008. 7:273.

[48] 黄进清. 大功率 LED 灯具的有效寿命与可靠性. 第五届中国国际半导体照明论坛论文集. 深圳. 2008. 7:414.

[49] 罗毅,钱可元. LED 路灯技术. 第五届中国国际半导体照明论坛论文集. 深圳,2008. 7:455.

[50] 温源,李英远等. LED 照亮水立方. 第五届中国国际半导体照明论坛论文集. 深圳,2008. 7:480.

[51] 郝洛西等. 2010 上海世博园区夜景照明规划与设计. 第五届中国国际半导体照明论坛论文集. 深圳. 2008. 7:487.

[52] 卢其庆,张安康. 半导体器件可靠性与失效分析. 南京:江苏科学技术出版社,1981.

[53] 张国义等.激光剥离 GaN 基垂直结构 LED 的制备.第三届中国(深圳)国际半导体照明论坛论文集.2006.7:63.
[54] 徐现刚.低成本 n 型 SiC 单晶的生长及衬底加工技术.第三届中国(深圳)国际半导体照明论坛论文集 2006.7:105.
[55] 江风益.硅基氮化镓 LED 研究进展.第三届中国(深圳)国际半导体照明论坛论文集.2006.7:126.
[56] 裴小明.LED 的热量管理.第三届中国(深圳)国际半导体照明论坛论文集.2006.7:216.
[57] 彭晖.LED 芯片结构的发展.LED 世界.2008.9:106.
[58] 王立达等.湿法表面粗化技术初探.第十届全国 LED 产业研讨与学术会议论文集.大连.2006.9:50.
[59] 樊晶美等.利用电镀对垂直结构发光二极管进行表面粗化的技术.等五届中国国际半导体照明论坛论文集.深圳.2008.7:169.
[60] 杨恒.LED 照明驱动电路设计与实例精选.北京:中国电力出版社,2008.
[61] 周志敏,周纪海,纪爱华.LED 驱动电路设计与应用.北京:人民邮电出版社,2006.
[62] 杨德清,康娅.LED 及其工程应用.北京:人民邮电出版社,2007.
[63] 潘冬梅.半导体照明展现科技荣光,助力奥运辉煌.LED 世界,2008.9:125.
[64] 彭万华.我国高亮度 LED 产业发展概况.第十一届全国 LED 产业与技术研讨会.镇江.2008.9:1.
[65] 方志烈.半导体照明进展.第十一届全国 LED 产业与技术研讨会论文集.镇江. 2008.9:7;照明,2008.11:20.
[66] 赵敏,张万生,徐立生.LED 寿命试验方法的研究.第十一届全国 LED 产业与技术研讨会论文集.镇江.2008.9:17.
[67] 游达,程海英,王立,江风益等.Si 基 GaN 大功率 LED 的可靠性研究.第十一届全国 LED 产业与技术研讨会论文集.镇江.2008.9:69.
[68] 黄杰等.加速寿命试验评估“水立方”功率 LED 平均寿命.第十一届全国 LED 产业与技术研讨会论文集.镇江.2008.9:131.
[69] 苏志刚,林锦波.大功率 LED 热阻问题的探讨.第十一届全国 LED 产业与技术研讨会论文集.镇江.2008.9:138.
[70] 李倩,潘建根.LED 产品总光通量的精确测量方法探讨.第十一届全国 LED 产业与技术研讨会论文集.镇江.2008.9:145.
[71] 梁超等.荧光粉对白光 LED 光衰性能的影响.第十一届全国 LED 产业与技术研讨会论文集.镇江.2008.9:166.
[72] 关积珍.我国 LED 显示屏产业与市场近年发展情况综述.第十一届全国 LED 产业与技术研讨会论文集.镇江. 2008.9:174.
[73] 何秉云.谈城市景观照明的地位、作用及前景.照明.2008. 11:36.
[74] 肖辉,李奇峰,俞丽华.无锡崇安寺夜景照明设计.中国照明,2007.1/2:28.
[75] 廖本瑜.LED 路灯用于道路照明的问题与对策.中国半导体照明,2008.2:151.
[76] 李晋闽,王国宏等.中国半导体照明技术创新进展.中国半导体照明,2008.1-6:209.
[77] A. Misra et al. Semicond. Sci. Technol. 21(2006) R35-R47,译文见中国半导体照明,2008.1-6:237.
[78] 半导体照明网. LED 背光源在 LCD 领域的技术应用.中国半导体照明,2008.1-6:234.
[79] 刘胜等.大功率 LED 封装技术与发展趋势.中国半导体照明.第十八期 2008.11.中国半导体照明网.
[80] 马东阁.有机发光二极管产业研发现状——面临的机遇与挑战.中国半导体照明,第十七期 2008.10.中国半导体照明网.

[81] 广茂达. 水立方 LED 景观照明项目——工程应用奖展示. 中国半导体照明. 第十六期. 2008. 10 中国半导体照明网.
[82] 王刚等. LED 背光应用及技术进展. 中国半导体照明产业发展年鉴(2008).
[83] 王国华. 太阳能 LED 灯具的市场应用. 中国半导体照明产业发展年鉴(2008).
[84] 李文宜,刘木清等. LED 应用于道路照明的探讨. 中国半导体照明产业发展年鉴(2008).
[85] 彭万华. 景观照明及其采用 LED 的问题探讨. 中国半导体照明产业发展年鉴(2008).
[86] 周德九. LED 室内通用照明. 中国半导体照明产业发展年鉴(2008).
[87] 方志烈. LED 交通信号灯从道路向铁道和航空发展. 中国半导体照明产业发展年鉴(2008).
[88] 王军华. 我国 LED 光源道路交通信号灯应用发展简析. 中国半导体照明产业发展年鉴(2008).
[89] 付小朝等. ITO 透明电极提高 GaN 基 LED 发光效率的研究. 第二届超高亮度发光二极管和半导体照明产业发展与应用论坛论文集 2005. 11:80.
[90] 田洪涛等. 电子束蒸发沉积 ITO 透明导电薄膜的物理性质研究. 第九届全国 LED 产业研讨与学术会议论文集. 2004. 9:39.
[91] 方志烈. LED 交通信号灯的研究进展和市场前景. 国际光电与显示,2000. 12:38.
[92] 方志烈等. 白色 LED 照明光源. 功能材料与器件学报,2000. 4:406.
[93] 方志烈. 第三代 LED 交通信号灯. 真空电子技术,2000. 5:25.
[94] 方志烈. LED 技术现状及市场展望. 中国电子报,1998. 9. 8(第九版).
[95] 方志烈. 超高亮度 LED 应用日趋广泛. 中国电子报,2002. 2. 1(第九版).
[96] 刘颂豪主编. 光子学技术与应用. 第十二篇光照明技术(方志烈主编,编著其中"光照明概述"和"半导体照明光源"). 广州:广东科技出版社. 安徽:科学技术出版社,2006.
[97] 2008 年中国半导体照明产业数据. 中国半导体照明. NO 22. 2008. 12.
[98] Amano,H. ,Sawaki,N. ,Akasaki,I. ,and Toyoda,Y. ,(1986)Appl. phys. Latt. 48,353 – 355.
[99] Akasaki,I. ,Amano,H. ,Koide,Y. ,Hiramatsu,K. ,Sawaki,N. (1989)J. Cryst. Gnowth 98,209.
[100] Nakamora,S. (1994)Nikkei Electron Asia 6. 65.
[101] Nakamora,S. (1994)J. Cyst. Growih 145. 911.
[102] Nakamora,S. (1994)Microelectron. J. 25,651.
[103] Sheng Liu, Xiaobing Luo. LED Packaging for Ligating Apptications, Design, ManufacTuring and Tes-Ting. Wiley and Chemial Industry Press. 2010.
[104] Mottier,P. ,王晓刚译 . LED 照明应用技术 . 北京:机械工业出版社,2012.
[105] 方志烈,柯建锋,陆军民,半导体照明产业链的发展 . 凝聚态物理学进展 . 2013. 2:69.
[106] 方志烈 . LED 灯具的研发方向 . 宜昌:半导体照明论坛报告 . 2014. 2.
[107] 刘祖明 . LED 照明技术与灯具设计 . 北京:机械工业出版社,2012.
[108] 迟楠 . LED 可见光通信技术 . 北京:清华大学出版社,2013.
[109] 文尚胜 . LED 灯具的光品质分析 . 照明工程学报,2011;107.
[110] 王美 . 提高 LED 照明应用光品质还要做什么? 半导体照明,2012;60.
[111] 周太明,程雯婷,孙耀杰,林燕丹 . 半导体照明,2011:80.
[112] 张雄,崔一平 . 图形化衬底技术在氮化镓基 LED 的应用 . 高工 LED. 技术与应用,2012;58.
[113] 方志烈 . 半导体照明技术、市场的现状与展望 . 中国(上海)国际半导体照明应用技术论坛会议论文集 . 2013;47.
[114] 颜重光 . MT7605 新一代高压线性恒流驱动 . 高工 LED. LED 好产品,2013:30.
[115] 郭浩中,赖芳仪,郭守义 . LED 原理与应用 . 北京:化学工业出版社,2013.
[116] 方志烈 . LED 100QdA. International SSL Alliance(ISA). 2013.

[117] Pearsall. T. P. 欧洲固态照明产业的发展. 半导体照明. 2011:68.
[118] 胡威捷,汤顺青,朱正芳. 现代颜色技术原理及应用. 北京:北京理工大学出版社,2007.
[119] 方志烈. LED 灯具智能化. 国际半导体照明应用技术论坛(上海)会议论文集. 2014.
[120] 李建胜,李琳,方志烈. 50 瓦半导体照明光源技术. 第六届中国国际半导体照明论坛论文集. 2009:224.
[121] 李建胜,李琳,方志烈. 高效散热型 COB LED 日光灯. 第七届中国国际半导体照明论坛论文集. 2010:176.
[122] 关积珍,计辉,张璐. 2015 年度中国 LED 显示应用引业发展报告第十五届全国 LED 产业发展与技术(2016′LED)、2016 全国 LED 显示应用技术交流及产业发展研讨会论文集:1-9.
[123] 2016 年中国半导体照明产业发展白皮书. 国家半导体照明工程研发及产业联盟产业研究院. 2016. 12.
[124] 邵嘉平. 更好的光改变一切. 中国 LED 照明论坛(上海)论文集. 2016:7.
[125] 方志烈. 实现二十一世纪新光源目标的创新之路. 江西省 LED 照明技术高级研修班报告. 2017. 4.
[126] 刘义成. 荧光灯"进圈"数据探讨. 光源与照明. 2002(2):26-30.
[127] 邹吉平. LED 照明色容差问题探究. 豆丁网.
[128] 余应森,屠孟龙. CSP 免封装器件的光品质与信赖性研究. 第十五届全国 LED 产业发展与技术(2016′LED)、2016 全国 LED 显示应用技术交流及产业发展研讨会论文集:33-41.
[129] 潘建根,李艳. CIE 最新出台中间视觉光度学推荐系统. 照明,2010. 11:15-16.
[130] 韩效亚. 长春理工大学. 硕士论文(2012).
[131] 美国能源部 DOE. SSL R&D Plan 2016. 6.
[132] 江风益. 第十四届中国国际半导体照明论坛暨 2017 国际第三代半导体论坛报告. 2017. 11.
[133] 杨清河,方志烈等. 多色发光二极管显示大屏幕. 发光学报,1254(1991):344.
[134] 方志烈,杨清河. 高分辨率 LED 矩阵显示屏幕. 半导体光电,(1993):3.
[135] 方志烈. 全彩色 LED 显示屏的色度学探讨. 光电子激光,增刊(1995):69.
[136] 方志烈. 室外全色屏幕用 LED 的最佳化. 光电子技术,1(1997):1.
[137] 方志烈. 发光二极管平板显示器(一). 真空电子技术,4(1997):56.
[138] 方志烈. 发光二极管平板显示器(二). 真空电子技术,5(1997):53.
[139] 方志烈,叶其春,李学勇. 白色 LED 照明光源. 功能材料与器件学报,4(2000):406.
[140] 美国能源部 DOE. SSL R&D Plan 2017. 9.
[141] 2017 年中国半导体照明产业发展蓝皮书 CSA Reseach 2018. 1.
[142] 亚成微. 走向成熟的高压线性恒流驱动. 高 ILED 网,2015. 6. 15.
[143] 叶荣南. 道路照明动态测量方法详细介绍. 半导体照明网,2018. 2. 24.
[144] 中国电力电子器件产业发展蓝皮书(2016-2020).

谨以此书献给：

我九十九岁的母亲黄若兰，和十一岁的孙子方舟。

我母亲曾生活在油灯照明时代，而孙子和他的同龄人将生活在半导体照明时代。

方志烈